横断山蝴蝶

蛱蝶卷

邓合黎　邓无畏　徐堉峰　著

科学出版社

北京

内 容 简 介

本书依据横断山蝴蝶调查团队于 2005-2020 年 11 年的间断性野外调查获取的标本和生物学信息，经 2017-2021 年的 5 年室内工作撰写而成，用于制作彩色图版的标本均是在工作期间经野外调查采集的。本书从动物地理学和群落生态学角度，较系统全面地调查、整理、总结、编目和撰写报道了横断山范围内蝴蝶的物种多样性、时空分布、种群数量、成虫出现时间等信息，共记载蛱蝶 387 种，隶属于 18 亚科 111 属，对蝴蝶的分类研究、资源保护和开发利用具有重要参考价值，并为进一步研究其起源、演化奠定了良好基础。

本书是横断山蝴蝶调查研究的成果之一，对蝴蝶的系统分类、进化演替研究，以及保育及开发利用领域的工作者有重要参考价值。

审图号：GS 京（2024）0463 号

图书在版编目（CIP）数据

横断山蝴蝶. 蛱蝶卷/邓合黎，邓无畏，徐堉峰著. —北京：科学出版社，2024.4
　ISBN 978-7-03-077443-9

Ⅰ.①横⋯　Ⅱ.①邓⋯　②邓⋯　③徐⋯　Ⅲ.①横断山脉–蛱蝶科–图集
Ⅳ.①Q969.420.8-64

中国国家版本馆 CIP 数据核字（2024）第 009707 号

责任编辑：马　俊　闫小敏 / 责任校对：郑金红
责任印制：肖　兴 / 封面设计：无极书装

科学出版社 出版
北京东黄城根北街 16 号
邮政编码：100717
http://www.sciencep.com
北京中科印刷有限公司 印刷
科学出版社发行　各地新华书店经销
*
2024 年 4 月第 一 版　　开本：787×1092　1/16
2024 年 4 月第一次印刷　　印张：24 3/4　插页：12
字数：622 000
定价：328.00 元
（如有印装质量问题，我社负责调换）

序　一

　　横断山脉是世界上最年轻的山群之一，是中国最长、最宽和最典型的南北向山系群体，位于中国地势第二级阶梯与第一级阶梯交界处，为中国四川、云南两省西部和西藏自治区东部一系列南北向平行山脉的总称，是青藏高原的一部分，地理位置为 N22°-32°、E97°-103°。横断山区地貌形态组合为高山深谷平行相间，主要山脊和江河近于平行且呈南北走向，金沙江、澜沧江和怒江及各大支流均沿深、大断裂发育，山岭褶皱紧密，断层成束且呈深切河谷形态，深谷两侧山地高大，形成很大落差。横断山脉山岭平均海拔4000 m 以上，岭谷高差一般在 1000 m 以上，山高谷深，横断东西间交通，故名。横断山脉总地势北高南低，高于 5000 m 的山峰多有雪、冰川。横断山脉受高空西风环流、印度洋和太平洋季风环流的影响，冬干夏雨，干、湿季非常明显，5 月中旬至 10 月中旬为湿季，降水量占全年的 85% 以上，且集中于 6-8 月；10 月中旬至翌年 5 月中旬为干季，降水少，日照长，蒸发大，空气干燥。横断山脉气候有明显的垂直变化，高原面年均温14-16℃，最冷月 6-9℃，谷地年均温可达 20℃ 以上。南北走向的横断山脉为印度洋暖湿气流进入中国的通道，给青藏高原东南地区带来丰沛雨水，进而对这里的冰川发育、植物分布有重大影响。横断山脉的形成过程是逐渐由近东西走向变为近南北走向的，因此这里的生物逐渐进化出非常特殊的适应性，成为动物、植物学研究的热点地区，在地理、地质、生物、水文等诸多科学领域有重要意义。

　　横断山脉动物兼具东洋界西南区、古北界青藏高原区和华北区等多种成分，有脊椎动物 1900 余种，高等植物 460 余科 2800 余属 18 000 余种。硬叶常绿阔叶林是横断山区最有代表性的植被，由栎属硬叶的高山栎类植物组成，可能是古地中海植被的直接衍生物；此类硬叶常绿阔叶林在横断山区有着广泛的分布，是横断山区森林生态系统主要的组成成分之一；横断山区也是高山栎类的分布中心。这些都是解析植物区系与板块学说，探讨北温带植物区系起源，分析种子植物演化的关键。

　　蝴蝶起源于白垩纪末期或第三纪早期。昆虫和寄主植物间的协同进化使横断山蝴蝶的某些类群在青藏高原造山运动这一复杂的地质环境演变背景下形成，并使其快速分化成典型昆虫类群之一。横断山几乎拥有北半球的各类植物区系成分，为世界高山植物区系最丰富的区域，是许多物种和类群的现代分化中心与全球被子植物起源演化的关键地区，以及昆虫与寄主植物的协同演化起源中心或分化中心；某些昆虫类群在演化过程中伴随着寄主植物的迁移而发生辐射进化。蝴蝶在漫长的进化过程中与气候要素形成了稳定的关系，为其生命发展、进化、生存和繁衍奠定了物质基础，成为生态学、地理学、形态学、仿生学、遗传学、行为学等若干生命科学领域研究的模式和目标类群。蝴蝶因形体色彩艳丽、飞行姿态婀娜，被誉为"会飞的花朵"，不仅颇具观赏价值，还因在自然界中容易被观察、监测、标记和鉴定等特性成为陆地节肢动物中最好的观测对象之一；由于种类丰富、分布广泛，具有多样的生态特性和生境要求，且对栖息地植被及微环境变化十分敏感，蝴蝶具有广泛的生物地理学和生态学探针功能；同时由于对栖息地环境的专一性强，环境的细微变化能够迅速、准确地反映在其种群动态和群落结构特征中，对环境变化的反应速度超过鸟类和其他昆虫，蝴蝶成为最重要的环境指示生物之一。通过调查、分析蝴蝶的物种多样性、种群结构及其动态，可监测并预警气候变化对生态环境的影响，从而在生物层面上科学地反映气候变化对生态系统产生的作用。环境保护部（现生态环境部）为此发布了《生物多样性观测技术导则 蝴蝶》(HJ 710.9—2014)，为以蝴蝶为指示类群的生物多样性观测工作奠定了基础。

邓合黎研究员领导的研究组经多年（11 年的间断性野外调查和 5 年的室内工作）的研究完成该书，从动物地理学和群落生态学角度，较系统全面地调查、整理、总结、编目和撰写报道了横断山区范围内蝴蝶的物种多样性、时空分布、成虫出现时间、种群数量等信息，对蝴蝶类的分类研究和保育及开发利用都有重要参考价值。

印象初

中国科学院院士

2022 年春

序 二

　　横断山脉东起四川邛崃山，西抵西藏伯舒拉岭，北界位于昌都、色达、松潘至文县一线的青海、甘肃与四川边界，南界抵达中缅边境的山区。

　　1939-1941 年和 1955-1957 年我国蝴蝶研究学者李传隆两次调查研究了四川理县、松潘、盐源、康定、泸定等地的蝴蝶。李昌廉（1989）调查得知云南鸡足山有蝶类 100 种。1992 年李传隆编撰了《云南蝴蝶》。蝴蝶研究工作者赵力（1993）调查报道四川平武、都江堰、泸定、康定和雀儿山等地有蝴蝶 300 余种。黄灏及其合作伙伴在 1998-2004 年调查报道了西藏察隅和云南境内怒江河谷、高黎贡山的蝴蝶新种、新亚种。刘维圻（1996）记录云南腾冲有蝴蝶 100 种。刘文萍和邓合黎（1997）调查记载四川木里有蝴蝶 95 种。刘文萍和汪柄红（1997）还整理出四川芦山有蝴蝶 198 种。杨大荣（1998）记载云南西双版纳热带雨林有蝴蝶 84 种。徐中志等（2000）发现云南蝴蝶新记录 15 种。杨自忠和毛本勇（2000）记载云南勐腊有蝴蝶 139 种。陈明勇（2001）记载云南西双版纳傣族自治州有蝴蝶资源 382 种。胡一中（2001）考察记载四川平武龙门山有蝴蝶 201 种。董大志等（2002）调查发现怒江河谷有蝴蝶 225 种。李秀山（2003）以博士论文形式记录甘肃白水江碧峰沟有蝴蝶 180 种。欧晓红等（2004）记载云南高黎贡山有蝴蝶 109 种。谢嗣光和李树恒（2004）记录四川九寨沟自然保护区有蝴蝶 78 种。刘文萍（2005）整理资料认为横断山区分布有蝴蝶 561 种。彭徐和雷电（2007）记载四川石棉有蝴蝶 99 种。谢嗣光和李树恒（2007）调查得知四川天全县喇叭河自然保护区有蝴蝶 89 种。徐中志等（2007）调查总结云南玉龙雪山有蝴蝶 222 种。黎璇等（2009）通过整理 2005-2008 年横断山蝴蝶调查记录得知调查区域分布有 603 种蝴蝶。邓合黎等（2011）调查报道横断山南部边缘地区有蝴蝶 451 种。Lang（2013）发表西藏察隅异点蛇眼蝶 1 新亚种。Junzo 等（2016）记载云南梅里雪山有蝴蝶 116 种。

　　虽然有众多调查报道和蝴蝶物种多样性记载，且整理后得出相关论文和刊物共记载横断山区有蝴蝶近 700 种。但是这些调查研究和报道均零星杂乱，不够系统全面，缺乏统一目标和方法；同时在横断山范围内，调查区域的选择由于研究目的不同而有所偏重。另外，横断山地域辽阔，区域内自然条件差异极大，加上交通不便、行车困难，尚缺乏系统全面的蝴蝶调查。在这样的背景下，横断山蝴蝶调查团队从 2005 年开始到 2020 年结束，间断性地用 11 年时间进行了野外调查，取得了较全面的横断山蝴蝶物种多样性、时空分布、成虫出现时间、种群数量等生物学信息，积累了大量供进一步进行动物地理学研究的信息，并以此为手段探讨横断山蝴蝶的起源、演化问题。

杨星科

中国科学院动物研究所研究员

2022 年春

序 三

庄周的梦里、杜甫的诗里、赵昌的画里、梁祝的故事里，都有一个共同的主角翩翩而来——蝴蝶！也就是说，当中国文化与蝴蝶融为一体时，一个兼具人文情怀和生物特性的精灵油然而生。

于是，你在自然荒野中看到一颗卵、一只小毛虫、一个蛹悄然蜕变……

——这是蝴蝶！

于是，你在文人史记中看到绚丽如朝霞、优雅如舞者、轻灵如花朵……

——这是蝴蝶！

如果说前者是蝴蝶的生物属性，足够吸引我的父亲倾注十多年时间跟踪研究，那么后者则是曾经执着于艺术的我对其迷恋的原因，更是我全力支持父亲撰写《横断山蝴蝶》的动力。

国有史，地有志，族有谱，家有训。

——这是中国人在几千年生存发展中，总结自我、族群、国家的立身之本。

横断山作为我国最长、最宽、最典型的山脉群之一，应该有属于自己的生命之志。这里我们不可能全面展开，一一赘述。但就其蝴蝶而言，在父亲团队长达 15 年的跟踪研究下，《横断山蝴蝶》的出版，必将完善和填补这一历史的空白。

何以为序，唯有前行！

时间回到 20 世纪 60 年代初，巴山蜀水中的宜宾走出了一位风华正茂的少年，这就是我的父亲邓合黎。

彼时的他还是兰州大学的一名学生，怀着对动物专业的热忱，正全身心地投入于学业之中。谁也不会知道，几十年后他会与蝴蝶结下不解之缘。

在调查工作开展之初，我通过父亲了解到了那些蝴蝶背后令人着迷的故事。想着翻飞在儿时记忆中的蝴蝶，幼时随父母在科研基地生活的往事渐渐浮现在了脑海，那里特有的动植物、野趣十足的草甸和蔚蓝晴朗的天空，以及父母在工作中所展现出的严谨专注、探索求知、勤勉刻苦等品质，令我难忘！

直到现在，八十岁高龄的父亲仍然对科研工作保持他一贯的激情和专注。

何以为序，唯有传承！

2005 年 7 月，父亲带领研究小组登上横断山脉，正式开启了蝴蝶调查。直到 2020 年 8 月，野外调查阶段才在四川省青川县竹溪谷画上了句号。

如果按每年 4 个月野外调查，每天 10 km 计，15 年徒步里程约 18 000 km。

行作笔，地为墨。

因此，如果说父亲的《横断山蝴蝶》是专著，不如说是用脚在丈量大地，追逐横断山脉每一只蝴蝶起飞的地方。

可能是受父母的耳濡目染，也可能是家学渊源，我这个追求艺术和浪漫的四川美术学院毕业生，最终决定投身生态行业，于2014年创立了成都野趣生境文化传播有限公司。趁着生态文明建设的徐徐春风，我决心在生态行业撸起袖子加油干，作出一番事业来。

何以为序，唯有回报！

《横断山蝴蝶》倾注了父亲大量的精力和心血，也集中展示了父亲在蝴蝶调查工作上取得的成果。

我认为，父亲所做的这一切，是他为一生科研工作所交的一份答卷，也是对社会的一种回报。

十五年磨一剑，一位老科研人的赤诚之心实在令人动容，作为他的儿子，在创业走上正轨后，我便全力支持《横断山蝴蝶》的出版工作，这一成果承载了我们父子两代人对自然生态的理解与热爱，也将激励我们在自然生态领域砥砺前行！

自然不在别处，就在你我共同站立的地方；生态不在别处，就是你我休戚与共的环境。

只要我们每一个人尊重自然、热爱生命，一个寸山寸河皆为金，绿水青山亦为银的大生态时代必然来临。

羊有跪乳，鸦有反哺。

面对未来，我们必将——筚路蓝缕，以启山林！

邓无畏

2022年冬

前　言

　　筹建于 21 世纪初的环太蝴蝶研究工作室在昆虫爱好者陈常卿先生的大力支持下，解决了交通工具问题，于 2005 年开始了横断山蝴蝶漫长而艰难的调查历程。2005-2010 年正是重庆市生物物种调查、整理、编目工作开展期间，工作室在重庆市环境保护局（现重庆市生态环境局）和重庆自然博物馆的支持与帮助下，通过环境保护局自然生态保护处陈盛樑处长、博物馆欧阳辉馆长的直接领导，一方面进行重庆市生物物种编目工作，另一方面通过获取的经费连续地在 2005-2008 年进行了 4 年的横断山蝴蝶野外调查。

　　为了开展国家级湿地公园的调查研究、规划编制、申报评审、生态修复、科学普及、文化创意等工作，2013 年成都野趣生境环境设计研究院开始了与环太蝴蝶研究工作室的合作，一方面工作室配合设计研究院开展全国各地国家级湿地公园生物本底调查中的鸟类和蝴蝶调查工作，另一方面工作室通过配合工作获取经费，在 2013-2018 年连续进行了 6 年的横断山蝴蝶野外调查。

　　2018 年环太蝴蝶研究工作室正式落户成都野趣生境环境设计研究院，从此调查获得的蝴蝶标本得到–27℃条件的妥善保存，工作室也正式开展横断山蝴蝶调查资料的整理、分类、归纳，蝴蝶标本的展翅、拍摄，以及《横断山蝴蝶》的编撰等室内工作。伴随着 2020 年对横断山东北角的调查，横断山蝴蝶野外调查工作圆满收官。

　　在间断性的 11 年间，参加调查的人员有 23 人（按照参加野外调查时间的长短排序），分别是邓合黎、左燕、李爱民、杨晓东、徐堉峰、左瑞、张乔勇、吴立伟、邓无畏、余波、吕志坚、王立豪、梁家源、薛俊、陈建仁、汪柄红、林立信、杨盛语、杨丽娜、李海平、李勇、周树军、东北蝉子；2020 年 8 月至 2021 年 9 月，除冬季外，余波每月在景洪野象谷采集蝴蝶标本。经整理，本书调查、获取、记载蛱蝶 387 种，隶属于 18 亚科 111 属。

　　本书编撰分工如下：文稿撰写由邓合黎、邓无畏、徐堉峰完成；蝴蝶标本展翅由左燕、张宸睿完成；蝴蝶展翅标本拍摄由左燕、张宸睿完成；横断山地图制作、标本照片整理及再命名由何昌桦完成；蝴蝶生物学、生态学资料整理、分类、归纳、统计由左瑞完成；彩色图版制作由黄秋霞完成。

　　本书记载的所有种类及其全部生态学信息完全是由横断山蝴蝶调查团队在间断性的 11 年间通过野外调查获取的。本书用于彩色图版制作的标本均是团队野外调查采集的，因此图版标本照片的精美效果受到不同程度的影响。

　　在此，向多年来关注、关心并提供帮助的印象初院士、郑光美院士、徐如梅院士、陈常卿先生、陈盛樑先生、欧阳辉先生、高碧春先生、涂翠平女士、杨星科先生、蒋志刚先生、黄大卫先生、武春生先生、张雅林先生、赵新全先生、王权业先生、孙凡先生、蔡吉祥先生、刘文萍女士、路易女士、郎嵩云老师、黄灏老师、薛国喜老师、李元胜老师，以及成都野趣生境环境设计研究院、台湾师范大学、重庆自然博物馆、西双版纳国家级自然保护区、高黎贡山国家级自然保护区、蜂桶寨国家级自然保护区、贡嘎山海螺沟景区、唐家河国家级自然保护区相关同仁和我的大学同班同学李锡璋致以深切、衷心的感谢！

邓合黎

于环太蝴蝶研究工作室

2022 年春

本书撰写说明

1. 本书所列蝴蝶物种的标本均由作者调查获取，所有标本的生物学信息均由作者采用群落生物学和动物区系学的方法调查获得。图版所列物种的照片均从作者获取的标本中选出后经展翅拍摄而成。

2. 本书主要根据期刊 *Zoological Record* 和网站 http://ftp.funet.fi/pub/sci/bio/life/insecta/lepidoptera/提供的信息辨别横断山区域蝴蝶的同物异名。

3. 本书关于期刊 *Zoological Record* 信息引用的说明。

例：*Zoological Record* 13D: Lepidoptera Vol. 140-1374.

（1）13D：13 是期刊 *Zoological Record* 的第 13 分册，D 是第 13 分册中的鳞翅目（Lepidoptera）册。

（2）140-1374：连接号前是该信息在期刊 *Zoological Record* 中卷的序号；连接号后是该信息在该卷的编码。

4. 本书关于垂直分布记载的说明。从群落生态学角度考虑，将横断山蝴蝶垂直分布按 500 m 为一梯度划分垂直带；鉴于横断山区域最低海拔在 500 m 以上，所以最低的一条垂直带为 500-1000 m，依次向上为 1000-1500 m，1500-2000 m，…。

5. 本书关于蝴蝶分布生境命名的说明。

（1）由于环境破碎化，蝴蝶的栖息环境多呈零星、小块、镶嵌状态，因此调查时一条样线往往要经过几种蝴蝶生境，所以我们将每条样线的最主要植被作为主语：如果该样线生境单一，则只用主语作为该样线生境的名称，如常绿阔叶林、针叶林、灌丛、草地、农田；如果该样线生境多样，除最主要生境外，还有其他占比较大的生境，则将第二位占比较大的生境作为主语的定语，如除最主要的灌丛外，还有第二位生境常绿阔叶林，则该生境命名为常绿阔叶林灌丛，同理，还有第二位生境为草地的则命名为草地灌丛；如果还有第三位占比较大的生境，则再作为定语，如草地灌丛夹杂有农田，则命名为农田草地灌丛。每条样线中，占比小于第三位生境的植被型就不考虑了。

（2）样线经过区域地貌变化大时，则在其占比最大的植被名称前加上地貌的称谓形成复合的样线名称，如山坡灌丛、林缘灌丛、农田灌丛、溪流灌丛、草地灌丛、河谷灌丛等。

6. 本书关于种群数量（相对数量）等级判别标准的说明。每个数量级别，均同时以采集个体数、分布县（市、区）数和分布生境数来衡量。

（1）罕见种：采集个体数在 1-2 只，分布县（市、区）数 1 个，分布生境数在 2 个以内。

（2）少见种：采集个体数在 2-10 只，分布县（市、区）数在 1-10 个，分布生境数在 1-7 个。

（3）常见种：采集个体数在 11-140 只，分布县（市、区）数在 20 个以下，分布生境数在 9 个以下。

（4）优势种：采集个体数在 141 只以上，分布县（市、区）数在 10 个以上，分布生境数在 13 个以上。

7. 本书关于地名的说明。

（1）模式产地：一律采用该物种发表时地名，中国境内的地名用中文表述，中国之外的地名用英文表述。

（2）注记中的分布区域：境内以省（区、市）等为基本单元，用中文表述；境外以国家名称为基本单元，用英文表述。

（3）关于横断山区常用历史地名的说明。

1）Ta-Tsien-Lu [Ta-Tsien-Lou]：打箭炉，今康定市。

2）Moupin：穆坪，今宝兴县。

3）Zhongdian：中甸，今香格里拉市。

4）Shangrila：今香格里拉市。

5）Huang-Mu-Chang：皇木城，今属汉源县。

6）Siaolu [Siao-Lou]：小路，今属天全县。小路在民国时期称小路乡，今为两路乡，位于天全县城西。

7）Wa-ssu-kow [Wassu, Waszekou]：瓦斯沟，属康定市。为折多河与大渡河交汇的地方。

8）Mi-ya-luo：米亚罗，属理县。

9）Pu-tzu-fong [Pu-Tsu-Fong]：八字房，属泸定县。位于大渡河与贡嘎山之间。

10）Chapa：沙坝，属泸定县。位于大渡河东岸，泸定桥西南约 2 km 处。

11）Tseku [Tsekou]：茨菇，一个小村落，属德钦县。具体地点位于澜沧江德钦段河谷西岸。

12）A-tun-tze：阿墩子，属德钦县。

13）Emei Shan [Omei-Shan, Omi-Shan, Omei-shan, Ome-Shan]：不同外籍蝴蝶物种定名人以峨眉山为模式产地时为该山取的名称。

8. 本书关于物种模式产地、分布区域的中文名和外文名对照如下表。

本书物种模式产地、分布区域等一览[中文名和外文名对照]

地名		归属/区位
中文名	外文名	
阿坝	Aba	今阿坝县，属四川省阿坝藏族羌族自治州
阿富汗	Afghanistan	
非洲	Africa	
阿尔及利亚	Algeria	
阿尔卑斯山	Alps	位于欧洲
阿尔泰	Altai	中国新疆维吾尔自治区东北部、内蒙古自治区，蒙古西部边缘，俄罗斯西伯利亚西南角之间的区域
安波那	Amboina	印度尼西亚岛屿
安多地区	Amdo	青海东部的黄河流域及邻近的甘肃省洮河流域这一区域，而非今天西藏北部的安多县

续表

地名		归属/区位
中文名	外文名	
美洲	America	
阿穆尔河	Amur	
安达曼群岛	Andaman Is.	
阿拉伯半岛	Arabia	
亚洲	Asia	
小亚细亚半岛	Asia Minor	又称安纳托利亚半岛，属土耳其
阿萨姆邦	Assam	属印度
阿特卡尔斯克	Atkarsk	属俄罗斯萨拉托夫州
澳大利亚	Australia	
奥地利	Austria	
贝加尔湖	Baikal Lake	位于俄罗斯
巴厘岛	Bali Is.	属印度尼西亚
巴塘	Batang	巴塘县，属四川省
巴韦安岛	Bawean	属印度尼西亚
孟加拉地区	Bengal	包含孟加拉国和印度控制的西孟加拉邦
贝拿勒斯	Benares	瓦拉纳西的旧称，为印度北部城市
不丹	Bhutan	
布拉戈维申斯克和拉德	Blagoveshchensk & Radde	属俄罗斯
婆罗洲	Borneo	马来西亚、印度尼西亚和文莱共有的一个岛屿，也称加里曼丹岛
缅甸	Burma	
布里亚特	Buryatia	俄罗斯联邦的一个共和国，在西伯利亚，南同蒙古接壤
柬埔寨	Cambodia	
加那利群岛	Canary Is.	属西班牙
广州	Canton [Guangzhou]	广州市，属广东省
喀尔巴阡山脉	Carpathians	位于欧洲
高加索	Caucasus	包括俄罗斯西南部和格鲁吉亚与阿塞拜疆、亚美尼亚北部地带
锡兰	Ceylon	斯里兰卡的旧称
中，中部	C. [Center, Central]	
茶卡	Chaka	青海省乌兰县一小地名，以茶卡盐湖著称
长阳	Changyang	长阳土家族自治县，属湖北省宜昌市
察隅	Chayu	察隅县，属西藏自治区
浙江	Chekiang [Zhejiang]	浙江省
乞拉朋齐	Cherra Punji [Cherrapunji]	属印度梅加拉亚邦
金口河	Chia-Kou-Ho	位于四川省乐山市，大渡河河谷的一段，即现在的金口河峡谷
嘉定府	Chia-Ting-Fu	今乐山市，属四川省
中国	China	
周至	Chouzhi	周至县，属陕西省西安市
高丽	Corea [Korea]	今朝鲜和韩国
措拉	Cuola	四川省巴塘县一小村落

地名		归属/区位
中文名	外文名	
达尔姆萨拉	Dharmsala	印度喜马偕尔邦坎格拉（Kangra）县的一个城镇
大吉岭	Darjeeling	位于印度
大围山	Daweishan	位于湖南省浏阳市
大邑	Dayi	大邑县，属四川省成都市
德钦	Deqin	德钦县，属云南省
都江堰	Dujiangyan	都江堰市，属四川省成都市
独龙江	Dulongjiang	位于云南省贡山独龙族怒族自治县
东，东部	E. [East]	
中国东半部	Eastern Half of China	
埃及	Egypt	
英国	England	
埃塞俄比亚	Ethiopia	
欧洲	Europe	
法国	France	
斐济	Fiji	位于南太平洋
五指山	Five Finger Mts.	位于海南省
福贡	Fugong	福贡县，属云南省怒江傈僳族自治州
福建	Fukien [Fujian]	福建省
甘托克	Gangtok	印度锡金邦首府
高黎贡山	Gaoligong Mts.	位于云南省西部
甘孜	Ganzi	甘孜县，属于四川省甘孜藏族自治州
嘎竺	Gazu	位于云南省西北部，怒江河谷一小地名
葛弄	Genong	位于西藏自治区东南部，怒江边一小地名
德国	Germany	
贡山	Gongshan	贡山独龙族怒族自治县，属云南省怒江傈僳族自治州
广东	Guangdong	广东省
广西	Kiangsi [Guangxi]	广西壮族自治区
江孜	Gyangtse	江孜县，属西藏自治区日喀则市
海南	Hainan	海南省
夏威夷	Hawaii	属美国
和丰	Hefeng	和布克赛尔蒙古自治县，属新疆维吾尔自治区伊犁哈萨克自治州
喜马拉雅山脉	Ximalayas [Himalayas]	位于中国与巴基斯坦、尼泊尔、不丹、印度、缅甸等国家境内
霍城	Huocheng	霍城县，属新疆维吾尔自治区伊犁哈萨克自治州
香港	Hongkong	香港特别行政区
本州	Honshu	属日本
河口	How-kow	河口瑶族自治县，属云南省红河哈尼族彝族自治州
湖北	Hubei	湖北省
户县	Huxian	今鄠邑区，属陕西省西安市
宜昌	Ichang	宜昌市，属湖北省
印度	India	

续表

地名		归属/区位
中文名	外文名	
中南半岛	Indochina	包括缅甸、泰国、老挝、越南、柬埔寨、马来西亚西部及中国云南省南部
印度尼西亚	Indonesia	
伊朗	Iran	
伊尔库茨克	Irkutsk	俄罗斯伊尔库茨克州首府
意大利	Italy	
日本	Japan	
玉龙雪山	Jade Dragon Snow Mountain	位于云南省丽江市
箭蹬舆	Jiandengyu	新疆维吾尔自治区一地名
金平	Jinping	金平苗族瑶族傣族自治县，属云南省红河哈尼族彝族自治州
爪哇	Java	属印度尼西亚
九寨沟	Jiuzhaigou	九寨沟县，属四川省阿坝藏族羌族自治州
甘肃	Kansu [Gansu]	甘肃省
凯伦山	Karen Hills	位于缅甸
加尔瓦尔	Karwar	港口，属印度
克什米尔	Kashmir	
加德满都	Kathmandu	尼泊尔首都
哈萨克斯坦	Kazakhstan	
建亭山	Kentei-Gebirge	位于德国
卡西山[卡西亚山]	Khasi Hills [Khasia Hills]	位于印度梅加拉亚邦
江西	Kiangsi [Jiangxi]	江西省
九江	Kiukiang	九江市，属江西省
康定	Kia-ting-fu	康定市，属四川省
青海湖	Ku-ku-noor	位于青海省海北、海南藏族自治州的海晏、刚察、共和三县之间
库尔图克	Kultuk	俄罗斯伊尔库茨克州一村庄
千岛群岛	Kurile	
库马翁	Kumaon	印度北安恰尔一部分
昆明	Kunming	昆明市，属云南省
贵州	Kwei-Chow [Guizhou]	贵州省
吉尔吉斯斯坦	Kyrgyzstan	
拉达克地区	Ladakh	位于克什米尔高原东南部，北有喀喇昆仑山脉、南有喜马拉雅山脉
老挝	Laos	
拉孜	Lazi	拉孜县，属西藏自治区日喀则市
莱比锡	Leipzig	属德国
临安	Linan	临安区，属浙江省杭州市
丽江	Lijiang	丽江市，属云南省
丽江和大理	Likiang & Tali	丽江市和大理市，属云南省
砾砂地	Lishadi	云南省福贡县一小村落
浏阳	Liuyang	浏阳市，属湖南省
理县	Lixian	属四川省阿坝藏族羌族自治州

续表

地名		归属/区位
中文名	外文名	
洛马谷	Loma Valley	位于云南省西北部
龙坡	Longpo	怒江边一地名，位于西藏自治区东南部
陇圹	Longkuang	广西壮族自治区一地名
龙山	Lonshan [Longshan]	龙山县，属湖南省湘西土家族苗族自治州
洛泽江	Lozejiang	云南省西北部一小河
泸定	Luding	泸定县，属四川省甘孜藏族自治州
庐山	Lushan	位于江西省九江市
吕宋岛	Luzon	位于菲律宾
马达加斯加	Madagascar	
马六甲	Malacca	位于亚洲东南部，马来西亚西部
马来西亚	Malaysia	
马来亚	Malaya	马来西亚的一部分
曼尼普尔	Manipur	属印度
马苏里	Masuri	属印度
眉谬	Maymyo	位于缅甸曼德勒市
嘎坦	Meetan	孟加拉国一小村落
芒康	Mekong [Mangkang]	芒康县，属西藏自治区昌都市
梅里雪山	Meilishueshan Mts. [Mei-li Snow Mountain]	位于云南省德钦县
墨脱	Metok [Mêdog]	墨脱县，属西藏自治区林芝市
明打威群岛	Mentawai Is.	属印度尼西亚
中亚	Middle Asia	中亚，包括五国，即土库曼斯坦、吉尔吉斯斯坦、乌兹别克斯坦、塔吉克斯坦和哈萨克斯坦
岷山	Mienshan [Minshan]	北起甘肃省东南岷县南部，南至四川盆地西部峨眉山，南北逶迤 700 km 以上，大部分在横断山山脉范围内
棉兰老岛	Mindanao	属菲律宾
墨西哥	Mexico	
蒙古	Mongolia	
勐海	Monghai	勐海县，属云南省西双版纳傣族自治州
摩洛哥	Morocco	
毛淡棉	Moulmein	港口城市，属缅甸
木格措	Muge Cuo Lake	属四川省康定市
穆里	Murree	巴基斯坦东北部城镇
那加丘陵	Naga Hills	位于印度和缅甸
长崎	Nagasaki	日本九州一城市
南京	Nanjing	南京市，属江苏省
尼泊尔	Nepal	
新几内亚岛	New Guinea	太平洋第一大岛，分属印度尼西亚和巴布亚新几内亚
尼亚斯岛	Nias	属印度尼西亚北苏门答腊省
坭搭担	Nidadan	云南省西北部怒江河谷一地名
日光	Nikko	日本一小地名
宁波	Ningbo	宁波市，属浙江省

地名		归属/区位
中文名	外文名	
宁陕	Ningshan	宁陕县，属陕西省安康市
北，北部	N. [North]	
东北部	NE. [Northeast]	
怒江河谷	Nujiang River Valley	怒江流经云南省西北部时，在崇山峻岭中形成的深切河谷
诺拉	Nuola	属云南省贡山独龙族怒族自治县
西北，西北部	NW. [Northwest]	
大洋洲	Oceania	
奥斯特赖希	Oesterreich	奥地利一地名
伯杰默里	Pachmarhi	属印度
巴基斯坦	Pakistan	
巴拉望	Palawan	属菲律宾
帕米尔高原	Pamirs	亚洲中部高原
巴布亚新几内亚	Papua New Guinea	位于南太平洋
攀枝花	Panzhihua	攀枝花市，属四川省
北京	Pekin [Beijing]	北京市
菲律宾	Philippines	
坡鹿	Polu	云南省德钦县一小地名
波密	Pomi [Bomi]	波密县，属西藏自治区林芝市
比利牛斯山	Pyrenees	位于欧洲
祁连山	Chilienshan [Qilianshan]	位于中国青海省东北部与甘肃省西部边境
青神山	Qingchengshan	位于四川省成都市都江堰市
青岛	Tsingtao [Qingdao]	青岛市，属山东省
青海	Qinghai	青海省
泉州	Quanzhou	泉州市，属福建省
昆士兰	Queensland	属澳大利亚
曲麻莱	Qumalai	曲麻莱县，属青海省玉树藏族自治州
仰光	Rangoon	缅甸首都
罗马尼亚	Romania	
俄罗斯	Russia	
萨哈林岛	Saghalin Is. [Sakhalin Is.]	又称库页岛，属俄罗斯
撒马尔罕	Samarkand	位于乌兹别克斯坦
札幌	Sapporo	日本一城市
萨拉托夫	Saratov	俄罗斯伏尔加河港口
东南	SE. [Southeast]	
陕西	Shaanxi	陕西省
上海	Shanghai	上海市
山南地区	N. Shan States [Shannan area]	今山南市，属西藏自治区
山西	Shanxi	山西省
神农架	Shennongjia	位于湖北省
顺昌	Shunchang	顺昌县，属福建省南平市

地名		归属/区位
中文名	外文名	
栓潭	Shuantan	云南省西北部洛马谷一小地名
暹罗	Siam	今泰国
西伯利亚	Siberia	
西西里岛	Sicily	属意大利
四姑娘山	Siguniang Mt.	位于四川省阿坝藏族羌族自治州汶川县、小金县和理县之间
锡金	Sikkim	今属印度管辖
四里河	Silhet	印度一小村落
四面山	Simianshan	位于重庆市江津区
新加坡	Singapore	
西宁	Sining [Xining]	西宁市，属青海省
南，南部	S. [South]	
西班牙	Spain	
苏拉威西岛	Sulawesi	属印度尼西亚
苏门答腊岛	Sumatra	属印度尼西亚
四川	Su Tchuen, Szechuan [Sichuan]	四川省
松潘	Sung-pan-ting	松潘县，属四川省阿坝藏族羌族自治州
日月潭	Lake Candidius	位于台湾省台中市
瑞典	Sweden	
锡莱特	Sylhet	属孟加拉国
泰顺	Taishun	泰顺县，属浙江省温州市
台湾	Taiwan	台湾省
太原	Taiyuan	太原市，属山西省
踏通口	Ta Tong Kiao	青海省门源回族自治县一小地名
腾冲	Tenchong [Tengchong]	腾冲市，属云南省
温带亚洲	Temperate Asia	
德林达伊	Tenasserim	属缅甸
泰国	Thailand	
越南	Than-Moi [Vietnam]	
天全	Tien-tsuen [Tianquan]	天全县，属四川省雅安市
天山	Tianshan	东西横跨中国、哈萨克斯坦、吉尔吉斯斯坦和乌兹别克斯坦四国
天祝	Tien-Tsuen [Tianzhu]	天祝藏族自治县，属甘肃省武威市
东京	Tonkin	日本首都
东吁	Toungoo	位于缅甸
外贝加尔	Transbaikalia	位于俄罗斯
热带非洲	Tropical Africa	
热带亚洲	Tropical Asia	
土官村	Tuguancun	属云南省德钦县
土耳其	Türkiye	
土库曼	Turkmenia	土库曼斯坦

续表

地名		归属/区位
中文名	外文名	
奥匈帝国	Ungarn	
上德林达依	Upper Tenasserim	属缅甸
乌拉尔	Ural	位于俄罗斯
乌苏里江	Ussuri	属黑龙江支流区域，是中国与俄罗斯的界河区域
维也纳	Vienna	
瓦山	Wa-sha [Washan]	今大瓦山，属四川省乐山市金口河区
维西	Weixi	维西傈僳族自治县，属云南省迪庆藏族自治州
西，西部	W. [West]	
乌兰	Wulan	乌兰县，属青海省海西蒙古族藏族自治州
乌岩岭	Wuyanling	位于浙江省
武夷山	Wuyishan	位于福建省和江西省交界处
新疆	Xinjiang	新疆维吾尔自治区
西双版纳	Xishuangbanna	西双版纳傣族自治州，属云南省
西藏	Tibet, Thibet [Xizang]	西藏自治区
雅安	Yaan	雅安市，属四川省
扬子江	Yang-tse-kiang [Yangtze River]	长江从南京以下至入海口的下游河段的旧称
云南	Yunnan	云南省
玉树	Yushu	玉树藏族自治州，属青海省
张家界	Zhangjiajie	张家界市，属湖南省
左贡	Zuogong	左贡县，属西藏自治区昌都市

注：地名使用模式标本发表时的名称

目　　录

绪　　论

横断山脉南北纵贯、东西骈列，山与河相伴，自东而西有邛崃山、大渡河，大雪山-锦屏山、雅砻江，沙鲁里山-雀儿山、金沙江，芒康山-云岭、澜沧江，他念他翁山-怒山、怒江，伯舒拉岭-高黎贡山、察隅河，岗日嘎布山-米什米山、丹巴曲等。横断山区在行政区域上包括西藏自治区的昌都，四川省的阿坝、甘孜、凉山、雅安、绵阳、广元，云南省的西双版纳、德宏、普洱、临沧、保山、大理、丽江、迪庆、怒江及甘肃省的陇南等地。人们对横断山区范围的界定并不一致，因研究目的、对象、尺度的不同而变化。本书基于动物地理学调查研究，采用上述界定范围，涉及 101 个县（市、区），面积679 412 km²，各县（市、区）的区位及编号见图 1 和表 1。

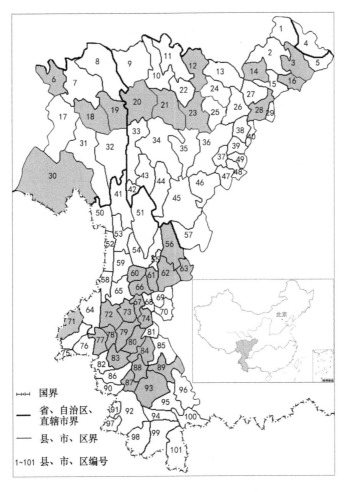

图 1　横断山区各县（市、区）区位及编号图
灰色的县（市、区）是横断山蝴蝶调查未涉及的区域

表1　横断山区各县（市、区）名称相对区位及其编号

								北						
											九寨沟 1			
											松潘 2	平武 3	文县 4	青川 5
			类乌齐 6	昌都 7	江达 8	德格 9	甘孜 10	色达 11	壤塘 12	马尔康 13	黑水 14	茂县 15	北川 16	
		八宿 17	察雅 18	贡觉 19	白玉 20	新龙 21	炉霍 22	道孚 23	金川 24	丹巴 25	小金 26	理县 27	汶川 28	都江堰 29
	察隅 30	左贡 31	芒康 32	巴塘 33	理塘 34	雅江 35	康定 36	泸定 37	宝兴 38	天全 39	芦山 40			
			德钦 41	得荣 42	乡城 43	稻城 44	木里 45	九龙 46	石棉 47	汉源 48	荥经 49			
			贡山 50	香格里拉 51										
西			福贡 52	维西 53	玉龙 54	丽江 55	宁蒗 56	盐源 57						东
			泸水 58	兰坪 59	剑川 60	鹤庆 61	永胜 62	华坪 63						
			腾冲 64	云龙 65	洱源 66	漾濞 67	大理 68	宾川 69	祥云 70					
			盈江 71	保山 72	永平 73	巍山 74								
	瑞丽 75	芒市 76	龙陵 77	施甸 78	昌宁 79	凤庆 80	南涧 81							
			镇康 82	永德 83	云县 84	景东 85								
			耿马 86	双江 87	临沧 88	镇沅 89								
			沧源 90	西盟 91	澜沧 92	景谷 93	普洱 94	宁洱 95	墨江 96					
			孟连 97	勐海 98	景洪 99	江城 100	勐腊 101							
							南							

注：各县（市、区）按照从北向南、从西至东编号

有研究在全球范围内确定了 25 个生物多样性保护的热点地区，包括我国横断山区所在的西南地区。横断山区及东喜马拉雅区域被认为是东亚植物区系的一个现代分化中心，且横断山区一直被认为是世界上物种最为丰富的区域之一。各种地质历史事件导致横断山区地形地势复杂多变、大江大河广布、气候多样等，因此该地区生物区系成分复杂多样，在有限的区域内几乎拥有北半球的各类植物区系成分，成为世界上高山植物区系最丰富的地区；吴征镒认为横断山区是解决北温带植物区系（包括东亚、北美和欧洲植物区系）起源和演化问题的关键地区。这样一个生物多样性热点区域，吸引了大量的蝴蝶工作者前来采集、调查。

Felder C 和 Felder R、Mabille、Butler、Moore、Elwes 和 Edwards、Obürther、Holland 等曾在横断山区云南部分采集蝴蝶标本。Leech 在 1887-1891 年雇用采集者在横断山范

围内的宝兴、汉源（皇木城、宜东）、泸定、康定等地采集蝴蝶，发表蝴蝶新种论文 6篇，并撰写 *Butterflies from China, Japan and Korea* 一书，其中以明确的具体分布地点方式记载横断山蝴蝶 213 种。Johnson（1992）通过整理大英博物馆馆藏蝴蝶标本，发表横断山美灰蝶族 Eumaeini 新种 6 个，其中 5 种模式产地在横断山区。Koiwaya（1989，1993）报道了横断山 6 个绢粉蝶新种。Sugiyama（1992，1993，1994a，1994b，1996，1997，1999）发表了平武、理县（四姑娘山）、都江堰、大理、中甸等地的 28 个新种、31 个新亚种。Yoshino（1995，1997，1999，2001，2003）记载了西双版纳、高黎贡山、梅里雪山、中甸、德钦、大邑、四姑娘山、汶川等地新种 4 个、新亚种 14 个。

表2　横断山区蝴蝶调查历程

						北							
									九寨沟 20				
									松潘 20	平武	文县 20	青川 20	
		类乌齐	昌都 05	江达 05	德格 05	甘孜 0520	色达 05	壤塘	马尔康 20	黑水	茂县 20	北川	
	八宿 05	察雅	贡觉	白玉	新龙	炉霍 05	道孚	金川 141617	丹巴 0517	小金 1416	理县 051416	汶川	都江堰 19
	察隅	左贡 0515	芒康 0515	巴塘 15	理塘 15	雅江 15	康定 0516	泸定 050715	宝兴 05-07 15-18	天全 05-07	芦山 05-07		
		德钦 06	得荣 13	乡城 13	稻城 13	木里 08	九龙 05	石棉 06	汉源 06	荥经 0607			
		贡山 16	香格里拉 06										
		福贡 16	维西 06	玉龙 06	丽江 06	宁蒗	盐源 08						
西		泸水 16	兰坪 06	剑川	鹤庆	永胜	华坪						东
		腾冲 16	云龙 06	洱源	漾濞	大理 06	宾川 18	祥云 18					
		盈江	保山	永平	巍山								
瑞丽 0617	芒市 0617	龙陵	施甸	昌宁	凤庆	南涧 18							
		镇康 17	永德	云县	景东 18								
		耿马 17	双江	临沧	镇沅								
		沧源 17	西盟 17	澜沧 17	景谷	普洱 18	宁洱 18	墨江 18					
		孟连 17	勐海 06	景洪 061920	江城 18	勐腊 06							
						南							

注：名称后面数字是调查该县（市、区）的时间（2005-2020 年）[每两位数字是该年份的后两位数；4-8 位数字则表明该县（市、区）在不同年份进行了 2-7 次调查，如"景洪 061920"表示在 2006、2019 和 2020 年进行了调查，而"天全 05-07"表示在 2005-2007 年进行了连续调查]，没有标明调查年份的县（市、区）没有进行调查

鉴于昆虫与显花植物协调演化（钦俊德，1995），横断山是显花植物的摇篮（王荷生，1989；王荷生和张镱锂，1994），有可能是蝴蝶的起源、分化中心。动物地理学原理与方法是探索起源进化的重要手段（陈宜瑜，1992；张荣祖，1995，2011），群落生态学原理与方法是获取物种生物学、生态学信息的主要途径（赵志模和郭依泉，1990）。2005-2020 年，成都野趣生境环境设计研究院环太蝴蝶研究工作室采用群落生态学和动物地理学原理与方法用间断性的 11 年时间调查了 67 个县（市、区）的蝴蝶类，占横断山区范围内 101 个县（市、区）的 2/3（表 2）；历年调查的县（市、区）和参加调查的人员见表 3。

表 3　横断山区蝴蝶野外调查日程和参调人员

年份	调查县（市、区）	参调人员
2005	九龙、天全、芦山、宝兴、理县、色达、甘孜、德格、江达、昌都、八宿、左贡、芒康	邓合黎，左燕，李爱民，杨晓东，薛俊
	炉霍、丹巴、康定、泸定	
2006	(1 次) 勐腊、景洪、勐海、芒市、大理	邓合黎，左燕，李爱民，杨晓东，吴立伟
	(2 次) 石棉、汉源、荥经、天全、芦山、宝兴	邓合黎，左燕，李爱民，杨晓东，汪柄红
	(3 次) 瑞丽、德钦、香格里拉、丽江、玉龙、维西、兰坪、云龙	邓合黎，左燕，李爱民，杨晓东，陈建仁
2007	荥经、天全、芦山、泸定、宝兴	邓合黎，杨晓东，左燕，吕志坚，李海平，汪柄红，东北蝉子
2008	木里、盐源	徐堉峰，左燕，邓合黎，吴立伟，王立豪，林立信
2013	得荣、乡城、稻城	邓合黎，张乔勇，李爱民，左燕
2014	金川、小金、理县	徐堉峰，邓合黎，左燕，李爱民
2015	芒康、巴塘、理塘、雅江、泸定、宝兴、左贡	邓合黎，张乔勇，李爱民，左燕，杨丽娜
2016	小金、金川、理县、宝兴、康定、贡山、福贡、泸水、腾冲	徐堉峰，邓合黎，左燕，李爱民，梁家源
2017	丹巴、宝兴、小金、金川、瑞丽、芒市、镇康、耿马、沧源、西盟、孟连、澜沧	徐堉峰，左燕，邓合黎，左瑞，李勇，周树军
2018	宝兴、祥云、宾川、南涧、景东、普洱、宁洱、墨江、江城	邓合黎，左燕，左瑞，周树军
2019	都江堰、景洪	邓合黎，左燕，左瑞，邓无畏，余波
2020	甘孜、马尔康、茂县、松潘、九寨沟、文县、青川、景洪	邓合黎，左燕，左瑞，杨盛语，余波

注：因条件限制，只有 2006 年进行了 3 次调查；其他年份均仅调查 1 次

调查获取标本 2 万余号，并收集了相应的生物学信息，后依据 2017-2021 年的室内研究工作撰写完成本书，报道了横断山区范围内蝴蝶的物种多样性、时空分布、种群数量、成虫出现时间等信息，共记载蛱蝶 387 种，隶属于 18 亚科 111 属，对蝴蝶类的分类研究、资源保护和开发利用具有重要参考价值，并为进一步研究其起源、演化奠定了良好基础。

一、斑蝶亚科 Danainae Boisduval, [1833]

Danaides Boisduval, [1833]; Iconorgraphy of Lepidopterists' History of Europe 1(9-10): 84; Type genus: *Danaus* Kluk, 1780.

Danainae Harvey, 1991; in Nijhour, The Development and Evolution of Butterfly Wing Patterns 255-272.

Danainae de Jong *et al.*, 1996; Entomologist of Scandinavia 27: 65-102.

Danaidae Chou, 1998; Classification and Identification of Chinese Butterflies 45-52.

Danaidae Chou, 1999; Monographa Rhopalocerorum Sinensium I: 62, 267-292.

Danainae (Nymphalidae) Vane-Wright *et* de Jong, 2003; Zoologische Verhandelingen Leiden 343: 214.

　　体强壮、黑色，头、胸具小白点。前翅翅脉 12 条，基部不膨大；2A 脉基部分叉。能够散发驱避天敌的臭味，群栖。

　　注记：周尧（1998，1999）将此亚科作为斑蝶科 Danaidae。http://ftp.funet.fi/pub/sci/bio/life/insecta/lepidoptera/网站则将斑蝶科 Danaidae 降为斑蝶亚科 Danainae，隶属于蛱蝶科 Nymphalidae。

（一）斑蝶属 *Danaus* Kluk, 1780

Danaus Kluk, 1780; Historyi Naturalney Poczatki, i Gospodarstwo 4: 84; Type species: *Papilio plexippus* (Linnaeus, 1758).

Danaida Latreille, 1804; Nouveau Dictionnaire d'Histoire Naturelle 24(6): 185, 199; Type species: *Papilio plexippus* (Linnaeus, 1758).

Danais Latreille, 1807; Genera Crustaceous Insectology 4: 201(preocc. *Danaus* Kluk, 1780); Type species: *Papilio plexippus* (Linnaeus, 1758).

Anosia Hübner, 1816; Verzeichniss Bekannter Schmettlinge (1): 16; Type species: *Papilio gilippus* (Cramer, [1775]).

Festivus Crotch, 1872; Cistern Entomology 1: 62; Type species: *Papilio plexippus* Linnaeus, 1758.

Salatura (*Euploeinae*) Moore, [1880]; Lepidopteral Ceylon 1(1): 5; Type species: *Papilio genutia* (Cramer, [1779]).

Nasuma Moore, 1883; Proceedings of Zoological Society of London 1883(2): 233; Type species: *Papilio ismare* (Cramer, 1780).

Tasitia Moore, 1883; Proceedings of Zoological Society of London 1883(2): 235; Type species: *Papilio gilippus* (Cramer, [1775]).

Danaomorpha Kremky, 1925; Annual Zoological Museum Polon History Nature 4: 164, 167; Type species: *Papilio gilippus* (Cramer, [1775]).

Panlymnas Bryk, 1937; in Strand, Lepidoptera Category 28(78): 56; Type species: *Papilio chrysippus* (Linnaeus, 1758).

　　前翅 Sc 脉与 R$_1$ 脉基本平行，但根部接触；R$_1$ 脉从中室上脉近上端角分出，R$_2$ 脉、R$_3$ 脉、R$_4$ 脉、R$_5$ 脉共柄，着生上端角；中室端脉凹入，M$_2$ 脉有回脉。后翅肩脉发达、直、末端不分叉，着生在 Sc + R$_1$ 脉的分叉点上，Sc + R$_1$ 脉短，末端在前缘一半处；端脉两次向外缘突出，M$_1$ 脉和 M$_2$ 脉着生突出的顶端；亚缘斑列整齐，接近缘斑列。雄蝶

后翅 Cu_2 脉上有袋状结构。

注记：周尧（1998，1999）将此属置于斑蝶亚科 Danainae 斑蝶族 Danaini。http://ftp.funet.fi/pub/sci/bio/life/insecta/lepidoptera/网站则将此属置于斑蝶亚科 Danainae 斑蝶族 Danaini 斑蝶亚族 Danaina。

1. 金斑蝶 *Danaus chrysippus* (Linnaeus, 1758)

Papilio chrysippus Linnaeus, 1758; Systematic Nature (10th ed.) 1: 471, fig. 81; Type locality: 广州.
Papilio aegyptius Schreber, 1759; Novae Species Insectorum: 9, figs. 11-12.
Papilio asclepiadis Gagliardi, 1811; Attic Institute of Incorrupt Napol 1: 155, pl. 1.
Danais chrysippus Moore, 1878; Proceedings of Zoological Society of London 1878(4): 822.
Limnas alcippoides Moore, 1883; Proceedings of Zoological Society of London 1883(2): 238, pl. 31, fig. 1; Type locality: India.
Danaus chrysippus chrysippus f. *amplifascia* Talbot, 1943; Transactions R. Entomological Society of London 93(1): 122; Type locality: 中国南部；India, Tonkin.

（1）查看标本：兰坪，2006 年 9 月 3 日，1000-1500 m，1 只，左燕；兰坪，2006 年 9 月 3-4 日，1000-2000 m，2 只，李爱民；景洪，2021 年 10 月 5 日，500-1000 m，1 只，余波。

（2）分类特征：头胸具小白点，翅橘黄色，脉纹黄褐色；背腹面斑纹色彩相似。前缘和外缘黑褐色，色带内有成 1 列的小白点，亚顶角横排 4 个白斑，周边散布若干小白斑。前翅三角形，中室端脉上段消失，R_3 脉、R_4 脉、R_5 脉同柄，与 R_2 脉、M_1 脉一起，从中室上端角分出，M_2 脉有回脉伸入中室。后翅梨形，肩脉直而不分叉，中室端 3 个黑褐色斑，亚缘斑列整齐、接近缘斑列。雄蝶后翅 Cu_2 脉上有袋状结构，前翅顶角腹面金黄色，雌蝶此区域黄褐色。

（3）分布。
水平：景洪、兰坪。
垂直：500-2000 m。
生境：常绿阔叶林、山坡灌草丛、溪流灌丛、河流灌丛。
（4）出现时间（月份）：9、10。
（5）种群数量：少见种。
（6）标本照片：彩色图版 I-1。
（7）注记：http://ftp.funet.fi/pub/sci/bio/life/insecta/lepidoptera/网站记载分布于中国南部；Africa，Arabia，Tropical Asia，AU，Canary Is.，India，Ceylon，Burma。

2. 虎斑蝶 *Danaus genutia* (Cramer, [1779])

Papilio genutia Cramer, [1779]; Uitland Kapellen 3(17-21): 23, pl. 206, figs. C, D; Type locality: 广州.
Danaus nipalensis Moore, 1877; Annual Magazine of Nature History 2(115): 43; Type locality: Nepal.
Salatura plexippus adnana Swinhoe, 1917; Annual Magazine of Nature History (8)19(112): 331; Type locality: Luzon, Philippines.

（1）查看标本：勐海，2006 年 3 月 21 日，500-1000 m，3 只，左燕；勐海，2006 年 3 月 21-22 日，500-1000 m，4 只，李爱民；景洪，2006 年 3 月 20 日，500-1000 m，1 只，杨晓东；兰坪，2006 年 9 月 4 日，1000-1500 m，2 只，左燕；兰坪，2006 年 9 月 4 日，1000-1500 m，1 只，李爱民；瑞丽，2017 年 8 月 18 日，500-1000 m，1 只，李勇；澜沧，2017 年 8 月 30-31 日，500-1000 m，2 只，李勇；瑞丽，2017 年 8 月 18 日，1000-1500 m，1 只，左燕；孟连，2017 年 8 月 28 日，1000-1500 m，2 只，左燕；澜沧，2017 年 8 月 31 日，1000-1500 m，1 只，左燕；宁洱，2018 年 6 月 27-28 日，1000-1500 m，2 只，左燕；墨江，2018 年 6 月 29 日，1000-1500 m，2 只，左燕；宁洱，2018 年 6 月 29 日，500-1000 m，2 只，邓合黎；墨江，2018 年 7 月 1 日，1000-1500 m，1 只，邓合黎；江城，2018 年 6 月 23 日，500-1000 m，1 只，左瑞；宁洱，2018 年 6 月 29 日，500-1000 m，1 只，左瑞。

（2）分类特征：前翅三角形，后翅梨形、粗壮。翅橙黄色，脉纹黑褐色，背腹面斑纹色彩近似；弧形前缘和波状外缘具黑褐色带，前者色带内散布小白点，后者色带较宽、有成 2 列的小白点，这些小白点在后翅比前翅明显、腹面比背面清晰；亚顶角背面黑褐色，腹面红褐色，横排 5 个大白斑形成宽的斜带，周边散布若干小白斑。雄蝶后翅 Cu_2 脉上有黑褐色袋状结构。

（3）分布。

水平：瑞丽、孟连、勐海、景洪、江城、宁洱、墨江、澜沧、兰坪。

垂直：500-1500 m。

生境：常绿阔叶林、林灌、半干旱灌丛、溪流灌丛、河流灌丛、草地、针阔混交林草地、林灌农田。

（4）出现时间（月份）：3、6、7、8、9。

（5）种群数量：常见种。

（6）标本照片：彩色图版 I-2、3。

（7）注记：http://ftp.funet.fi/pub/sci/bio/life/insecta/lepidoptera/网站记载分布于中国西南部；Afghanistan，Kashmir，India，Ceylon，Indochina，Sumatra，Bali Is.，Sulawesi，Australia。

（二）青斑蝶属 *Tirumala* Moore, [1880]

Tirumala Moore, [1880]; Lepidoptera Ceylon 1(1): 4; Type species: *Papilio limniace* (Cramer, [1775]).

Melinda Moore, 1883; Proceedings of Zoological Society of London 1883(2): 229(preocc. *Melinda* Robineau-Desvoidy, 1830); Type species: *Danais formosa* Godman, 1880.

Elsa Honrath, 1892; Berlin Entomological Zeitschrift. 36(2): 436; Type species: *Elsa morgeni* (Honrath, 1892).

前翅 Sc 脉与 R_1 脉基本平行，根部接触；R_1 脉从中室上脉近上端角分出，R_2 脉、R_3 脉、R_4 脉、R_5 脉共柄，与 M_1 脉一起着生上端角；中室端脉凹入，M_2 脉有回脉。后翅肩脉弯向外缘、末端不分叉，着生在 $Sc + R_1$ 脉与 Rs 脉的分叉点上，$Sc + R_1$ 脉较长，末端在前缘近基部 3/5 处；端脉直，上、中、下段三等分；亚缘斑列不整齐，远离缘斑列。雄蝶后翅 Cu_2 脉上有袋状结构。

注记：周尧（1998，1999）将此属置于斑蝶亚科 Danainae 斑蝶族 Danaini。

http://ftp.funet.fi/pub/sci/bio/life/insecta/lepidoptera/网站则将此属置于斑蝶亚科 Danainae 斑蝶族 Danaini 斑蝶亚族 Danaina。

3. 青斑蝶 *Tirumala limniace* (Cramer, [1775])

Papilio limniace Cramer, [1775]; Uitland Kapellen 1(1-7): 92, pl. 59, figs. D, E; Type locality: 中国.
Tirumala mutina Fruhstorfer, 1910; in Seitz, Gross-Schmetterling Erde 9: 204; Type locality: 台湾.
Tirumala norinia Fruhstorfer, 1911; in Seitz, Gross-Schmetterling Erde 9: 274; Type locality: 海南.
Danaida limniace mutina Ormiston, 1918; Spolia Zeylanica: 4; Type locality: Ceylon.

（1）查看标本：勐腊，2006 年 3 月 17 日，500-1000 m，1 只，邓合黎；耿马，2017 年 8 月 22 日，1000-1500 m，左燕；孟连，2017 年 8 月 28-29 日，1000-1500 m，2 只，邓合黎；瑞丽，2017 年 8 月 18 日，1000-1500 m，1 只，李勇；孟连，2017 年 8 月 29 日，1500-2000 m，1 只，李勇；普洱，2018 年 6 月 24 日，1000-1500 m，4 只，左燕；宁洱，2018 年 6 月 28-29 日，1000-1500 m，5 只，左燕；墨江，2018 年 7 月 1 日，1000-1500 m，1 只，左燕；宁洱，2018 年 6 月 28-29 日，500-1500 m，6 只，邓合黎；墨江，2018 年 7 月 1 日，1000-1500 m，1 只，邓合黎；宁洱，2018 年 6 月 28-29 日，500-1500 m，5 只，左瑞；墨江，2018 年 6 月 30 日，1000-1500 m，1 只，左瑞。

（2）分类特征：翅深棕色，斑纹较粗，半透明青白色。前翅三角形，cu_2 室有 2 个长斑，近后缘者比中室斑长；中室端有一齿状纹，近顶角是 5 个排列不整齐的纵纹，中域斑 3 个。后翅梨形，边缘有 2 排基本平行的弯曲白斑列；中室有 2 条在基部接触的条纹，下侧 1 条末端钩状；中室与后缘间在翅基生出 5 条放射状条纹，除沿后缘 1 条外，其余 4 条基部两两接触；中室与前、外缘间有 2-4 列排列不规则的大小有差异的斑点，到达臀角的只有 2 列。雄蝶 cu_2 室有突出为耳状的性标。

（3）分布。
水平：瑞丽、耿马、孟连、勐腊、宁洱、普洱、墨江。
垂直：500-2000 m。
生境：常绿阔叶林、农田林灌、灌草丛、草地、针阔混交林草地、林灌农田。
（4）出现时间（月份）：3、6、7、8。
（5）种群数量：常见种。
（6）标本照片：彩色图版 I-4。
（7）注记：http://ftp.funet.fi/pub/sci/bio/life/insecta/lepidoptera/网站记载分布于中国南部；Afghanistan, Kashmir, India, Ceylon, Indochina, Philippines, Indonesia。

4. 蔷青斑蝶 *Tirumala septentrionis* Butler, 1874

Tirumala septentrionis Butler, 1874; Entomological Monthly Magazine 11: 163; Type locality: Nepal.

（1）查看标本：荥经，2006 年 7 月 4 日，1000-1500 m，1 只，邓合黎；荥经，2006 年 7 月 4 日，1000-1500 m，1 只，左燕；天全，2006 年 6 月 15 日，1000-1500 m，1 只，李爱民；天全，2006 年 6 月 12 日，1000-1500 m，1 只，杨晓东；荥经，2007 年 8 月

10 日，1000-1500 m，1 只，李海平；泸定，2015 年 9 月 2 日，1500-2000 m，1 只，邓合黎；孟连，2017 年 8 月 28 日，1000-1500 m，1 只，邓合黎；瑞丽，2017 年 8 月 17 日，1000-1500 m，1 只，左燕；宁洱，2018 年 6 月 28 日，500-1500 m，1 只，邓合黎；景洪，2021 年 4 月 10 日，500-1000 m，2 只，余波。

（2）分类特征：翅黑棕色，后翅色比前翅浅，青白色斑纹较细。前翅三角形，cu_2 室有 2 个短斑，均无中室斑长，中室端有 1 个独立齿状斑，其与顶角间有 5 条不规则排列的大小不等的条纹，中域斑 3 个，外缘有 1 列小点，亚外缘有 1 列不整齐斑。后翅梨形，肩脉弯曲不分叉；基部条纹"V"形、放射状排列，外缘区有 2 列散乱排列的小点。雄蝶 cu_2 室有突出为耳状的性标。

（3）分布。

水平：瑞丽、孟连、景洪、宁洱、荥经、泸定、天全。

垂直：500-2000 m。

生境：常绿阔叶林、针阔混交林、河滩林灌、草地。

（4）出现时间（月份）：4、6、7、8、9。

（5）种群数量：常见种。

（6）标本照片：彩色图版 I-5。

（7）注记：http://ftp.funet.fi/pub/sci/bio/life/insecta/lepidoptera/网站记载分布于中国西部；India，Ceylon，Indochina，Mindanao，Bali Is.，Bawean。

（三）绢斑蝶属 *Parantica* Moore, [1880]

Parantica Moore, [1880]; Lepidoptera Ceylon 1(1): 7; Type species: *Papilio aglea* (Stoll, [1782]).

Chittira Moore, [1880]; Lepidoptera Ceylon 1(1): 8; Type species: *Danais fumata* (Butler, 1866).

Caduga Moore, 1882; Proceedings of Zoological Society of London 1882(1): 235; Type species: *Danais tytia* (Gray, 1846).

Lintorata Moore, 1883; Proceedings of Zoological Society of London 1883(2): 229; Type species: *Lintorata menadensis* (Moore, 1883).

Ravadeba Moore, 1883; Proceedings of Zoological Society of London 1883(2): 244; Type species: *Papilio cleona* (Stoll, [1782]).

Bahora Moore, 1883; Proceedings of Zoological Society of London 1883(2): 245; Type species: *Euploea philomela* (Zinken, 1831).

Phirdana Moor, 1883; Proceedings of Zoological Society of London 1883(2): 245; Type species: *Danais pumila* (Boisduval, 1859).

Asthipa Moore, 1883; Proceedings of Zoological Society of London 1883(2): 246; Type species: *Danais vitrina* (C. *et* R. Felder, 1861).

Mangalisa Moore, 1883; Proceedings of Zoological Society of London 1883(2): 248; Type species: *Euploea albata* (Zinken, 1831).

Caduga Moore, 1883; Proceedings of Zoological Society of London 1883(2): 249; Type species: *Danais tytia* (Gray, 1846).

Badacara Moore, [1890]; Lepidoptera Indica 1: 65; Type species: *Danais nilgiriensis* (Moore, 1877).

Chlorochropsis Rothschild, 1892; Deutschla of Entomological and Zoological Iris 5(2): 430; Type species: *Chlorochropsis dohertyi* (Rothschild, 1892).

前翅中室比较狭长，Sc 脉与 R_1 脉基本平行、根部并列不接触；R_1 脉从中室上脉近上端角分出，R_2 脉、R_3 脉、R_4 脉、R_5 脉共柄，与 M_1 脉一起着生上端角；中室端脉凹入、顶端有一小段回脉，M_2 脉着生端脉上段。后翅中室特别长，肩脉弯向外缘，末端不分叉，着生在 $Sc + R_1$ 脉与 Rs 脉的分叉点上；$Sc + R_1$ 脉短，末端在前缘一半处；M_1-M_2 和 M_2-M_3 两横脉成钝角。雄蝶后翅 Cu_2 脉上无袋状结构。

注记：周尧（1998，1999）将此属置于斑蝶亚科 Danainae 斑蝶族 Danaini。http://ftp. funet.fi/pub/sci/bio/life/insecta/lepidoptera/网站则将此属置于斑蝶亚科 Danainae 斑蝶族 Danaini 绢斑蝶亚族 Amaurina。

5. 大绢斑蝶 *Parantica sita* (Kollar, [1844])

Danais sita Kollar, [1844]; in Hügel, Kaschmir und das Reich der Siek 4: 424, pl. 6; Type locality: N. India.
Caduga ethologa Swinhoe, 1899; Annuals Magazine of Natural History 3(13): 102; Type locality: Malaysia.
Danaus sita sita f. *pedonga* Talbot, 1943; Transactions R. Entomological Society of London 93(1): 141; Type locality: Sikkim.

（1）查看标本：宝兴，2005 年 7 月 9 日，1500-2000 m，2 只，邓合黎；天全，2005 年 8 月 31 日和 9 月 2-3 日，1000-2000 m，4 只，邓合黎；宝兴，2005 年 7 月 9、11-12 日，500-2000 m，3 只，左燕；宝兴，2005 年 7 月 12 日和 9 月 8 日，1000-2000 m，2 只，杨晓东；天全，2005 年 8 月 29-30 日和 9 月 6 日，500-3000 m，3 只，杨晓东；宝兴，2005 年 7 月 11 日，500-1000 m，1 只，李爱民；景洪，2006 年 3 月 20 日，500-1000 m，1 只，吴立伟；勐海，2006 年 3 月 23 日，500-1000 m，1 只，吴立伟；勐腊，2006 年 3 月 17 日，500-1000 m，1 只，邓合黎；芒市，2006 年 3 月 27 日，1000-1500 m，1 只，邓合黎；荥经，2006 年 7 月 5 日，1000-1500 m，1 只，邓合黎；维西，2006 年 8 月 28 日，2000-2500 m，2 只，邓合黎；勐腊，2006 年 3 月 17-18 日，500-1000 m，4 只，左燕；芒市，2006 年 3 月 27 日，1000-1500 m，2 只，左燕；瑞丽，2006 年 3 月 30 日，1000-1500 m，1 只，左燕；汉源，2006 年 6 月 27 日，2000-2500 m，2 只，左燕；维西，2006 年 8 月 28 日，2000-2500 m，3 只，左燕；芒市，2006 年 3 月 26-27 日，1000-2000 m，2 只，李爱民；天全，2006 年 6 月 15 日，1000-1500 m，1 只，李爱民；汉源，2006 年 6 月 29 日，1500-2500 m，1 只，李爱民；芒市，2006 年 3 月 27 日，1000-1500 m，2 只，杨晓东；瑞丽，2006 年 3 月 30-31 日，1000-1500 m，3 只，杨晓东；汉源，2006 年 6 月 27 日和 7 月 1 日，1500-2500 m，4 只，杨晓东；荥经，2006 年 7 月 5 日，1000-1500 m，1 只，杨晓东；维西，2006 年 8 月 26 日，2000-2500 m，2 只，杨晓东；宝兴，2006 年 6 月 17 日，1000-1500 m，1 只，汪柄红；天全，2007 年 8 月 3-5 日，500-2500 m，7 只，杨晓东；泸定，2015 年 9 月 2 日，1500-2000 m，1 只，李爱民；腾冲，2016 年 8 月 30 日，2000-2500 m，1 只，李爱民；福贡，2016 年 8 月 30 日，1500-2000 m，1 只，邓合黎；腾冲，2016 年 8 月 30 日，2000-2500 m，1 只，邓合黎；腾冲，2016 年 8 月 30 日，2000-2500 m，2 只，左燕；耿马，2017 年 8 月 23 日，2000-2500 m，1 只，左燕；沧源，2017 年 8 月 26 日，1000-1500 m，1 只，左燕；宝兴，2018 年 5 月 23 日和 6 月 4 日，1000-2000 m，3 只，周树军；宝兴，2018 年 6 月 4 日，1500-2000 m，1 只，左瑞；南涧，2018 年 6 月 17 日，1500-2000 m，1 只，邓合黎；宝兴，2018 年 6 月 3-4 日，1500-2000 m，

2 只，左燕；宾川，2018 年 6 月 16 日，2000-2500 m，1 只，左燕；青川，2020 年 8 月 20 日，500-1000 m，1 只，杨盛语。

（2）分类特征：翅半透明青白色。前翅脉纹、前后缘和顶角黑色，后者区域内有放射状条纹；外缘黑带宽，内有小点 2 列；中室和 cu_2 室内无细长黑线，前者室前无白色条纹。后翅脉纹、前缘、外缘及臀角均红褐色，亚缘点模糊；亚缘斑列不整齐，远离缘斑列。雄蝶腹面 Cu_2 脉、2A 脉、3A 脉上有长圆形的块状"香鳞斑"，无袋状结构，性斑到 Cu_2 脉。

（3）分布。

水平：瑞丽、芒市、耿马、腾冲、勐海、景洪、勐腊、沧源、福贡、维西、南涧、宾川、汉源、泸定、荥经、天全、宝兴、青川。

垂直：500-2500 m。

生境：常绿阔叶林、针阔混交林、农田树林、河滩林灌、灌丛、亚高山灌丛、山坡灌丛、溪流灌丛、河滩灌丛、溪流农田灌丛、灌草丛、河滩草地、灌丛草地、农田灌丛草地、阔叶林缘农田、树林农田。

（4）出现时间（月份）：3、5、6、7、8、9。

（5）种群数量：常见种。

（6）标本照片：彩色图版 I-6。

（7）注记：http://ftp.funet.fi/pub/sci/bio/life/insecta/lepidoptera/网站记载分布于中国西藏、云南、台湾；Kashmir，Korea，Japan，Ussuri，Sakhalin Is.，India，Indochina。

6. 黑绢斑蝶 *Parantica melanea* (Cramer, [1775])

Papilio melaneus Cramer, [1775]; Uitland Kapellen 1(1-7): 48, pl. 30, fig. D; Type locality: 广州.
Hestia ephyre Hübner, 1816; Verzeichniss Bekannter Schmettlinge (1): 15.
Chittira melaneus szechuana Fruhstorfer, 1899; Berlin Entomology Zoology 44(1/2): 65; Type locality: 四川.
Danaida melaneus sinopion Fruhstorfer, 1910; in Seitz, Gross-Schmetterling Erde 9: 210; Type locality: W. Malaysia.

（1）查看标本：宝兴，2005 年 7 月 11 日，500-1000 m，1 只，左燕；宝兴，2005 年 7 月 11 日，500-1000 m，1 只，李爱民；勐腊，2006 年 3 月 18 日，500-1000 m，1 只，吴立伟；勐海，2006 年 3 月 21-23 日，500-1000 m，3 只，邓合黎；芒市，2006 年 3 月 28 日，1000-1500 m，1 只，邓合黎；汉源，2006 年 6 月 27、29 日，1500-2500 m，2 只，邓合黎；勐腊，2006 年 3 月 17 日，500-1000 m，7 只，李爱民；勐海，2006 年 3 月 21、23 日，500-1500 m，2 只，左燕；芒市，2006 年 3 月 28 日，1000-1500 m，4 只，左燕；瑞丽，2006 年 3 月 31 日，500-1000 m，1 只，左燕；勐海，2006 年 3 月 22-23 日，500-1500 m，2 只，杨晓东；盐源，2008 年 8 月 23 日，3000-3500 m，1 只，邓合黎；盐源，2008 年 8 月 23 日，3000-3500 m，1 只，杨晓东；贡山，2016 年 8 月 25 日，1000-1500 m，1 只，李爱民；贡山，2016 年 8 月 24 日，2000-2500 m，1 只，李爱民；宝兴，2016 年 5 月 1 日，1500-2000 m，1 只，李爱民；瑞丽，2017 年 8 月 18 日，1000-1500 m，1 只，邓合黎；孟连，2017 年 8 月 31 日，1000-1500 m，1 只，左燕；孟连，2017 年 8

月 28 日，1000-1500 m，1 只，李勇；澜沧，2017 年 8 月 31 日，1000-1500 m，1 只，李勇；景洪，2020 年 10 月 9 日，500-1000 m，4 只，余波。

（2）分类特征：翅青白色，斑纹、翅脉黑褐色；前翅中室前无 1 条细长白色条纹，中室内、cu_2 室内无细长黑线；后翅前缘、外缘后缘及臀区均黑褐色，这是与大绢斑蝶的最大区别；亚缘点灰蓝色，亚缘斑列不整齐、远离缘斑列。雄蝶后翅 Cu_2 脉上无袋状结构。

（3）分布。

水平：瑞丽、芒市、孟连、勐海、景洪、勐腊、澜沧、贡山、盐源、汉源、宝兴。

垂直：500-3500 m。

生境：常绿阔叶林、山坡树林、河谷树林、农田林灌、高山灌丛、河滩灌丛、林灌草地、草地、山坡灌草丛、灌丛草地、林缘农田。

（4）出现时间（月份）：3、5、6、7、8、10。

（5）种群数量：常见种。

（6）标本照片：彩色图版 I-7。

（7）注记：http://ftp.funet.fi/pub/sci/bio/life/insecta/lepidoptera/网站记载分布于中国南部；India，Indochina；该网站及武春生和徐堉峰（2017）将 *Chittira melaneus szechuana* Fruhstorfer, 1899 提升为独立的种 *Parantica swinhoei* (Moore, 1883)。

7. 绢斑蝶 *Parantica aglea* (Stoll, [1782])

Papilio aglea Stoll, [1782]; in Cramer, Uitland Kapellen 4(32): 173, pl. 377, fig. E; Type locality: India.

Danais grammica Boisduval, 1836; Historical Natural Institute (Spec. Gén. Lépid.) 1: 56, pl. 11, fig. 10; Type locality: Java.

Danais ceylanica Felder, 1862; Verhandlungen der Zoologisch-Botanischen Gesellschaft in Wien 12(1/2): 479; Type locality: Ceylon.

Parantica melanoides Moore, 1883; Proceedings of Zoological Society of London 1883(2): 247; Type locality: Nepal.

（1）查看标本：景洪，2006 年 3 月 20 日，500-1000 m，1 只，邓合黎；芒市，2006 年 3 月 28 日，500-1000 m，1 只，李爱民；勐海，2006 年 3 月 23 日，500-1000 m，1 只，吴立伟；芒市，2006 年 3 月 28 日，500-1000 m，1 只，吴立伟；勐海，2006 年 3 月 23 日，1000-1500 m，2 只，杨晓东；勐腊，2006 年 3 月 17-18 日，500-1000 m，3 只，杨晓东；芒市，2006 年 3 月 28 日，500-1500 m，5 只，杨晓东；孟连，2017 年 8 月 29 日，1000-1500 m，2 只，邓合黎；孟连，2017 年 8 月 28 日，1000-1500 m，3 只，左燕；澜沧，2017 年 8 月 31 日，1000-1500 m，1 只，左燕；耿马，2017 年 8 月 21-22 日，1000-1500 m，3 只，李勇；孟连，2017 年 8 月 28 日，1000-1500 m，1 只，李勇；澜沧，2017 年 8 月 31 日，1000-1500 m，3 只，李勇；宁洱，2018 年 6 月 29 日，500-1000 m，2 只，左燕；宁洱，2018 年 6 月 29 日，500-1000 m，3 只，邓合黎；宁洱，2018 年 6 月 29 日，500-1000 m，1 只，左瑞。

（2）分类特征：在绢斑蝶属中个体最小；翅半透明青白色，翅脉、翅缘、亚缘、前翅端部 2/5 均黑褐色；翅背腹面的中室、cu_2 室及 2a 室内均有细长黑褐色纵纹。前翅中室前有 1 条细长白色条纹。后翅亚缘斑列较整齐，较接近缘斑列。雄蝶后翅 Cu_2 脉上无袋状结构。

（3）分布。

水平：芒市、孟连、耿马、勐海、景洪、勐腊、宁洱、澜沧。

垂直：500-1500 m。

生境：常绿阔叶林、针阔混交林、农田林灌、溪流灌丛、针阔混交林草地、林灌草地。

（4）出现时间（月份）：3、6、8。

（5）种群数量：常见种。

（6）标本照片：彩色图版 I-8。

（7）注记：http://ftp.funet.fi/pub/sci/bio/life/insecta/lepidoptera/网站记载分布于中国云南、海南；India，Indochina。

（四）紫斑蝶属 Euploea Fabricius, 1807

Euploea Fabricius, 1807; Magazin für Insektenkunde 6: 280; Type species: *Papilio corus* (Fabricius, 1793).

Euploea Illiger, [1807]; Allgemeines Litera Zeitung Halle [Jena] 1807(2): 1180-1181 (suppr.); Type species: *Limnas nemertes* (Hübner, [1807]).

Crastia Hübner, 1816; Verzeichniss Bekannter Schmettlinge (1): 16; Type species: *Papilio core* (Cramer, [1780]).

Trepsichrois Hübner, 1816; Verzeichniss Bekannter Schmettlinge (1): 16; Type species: *Papilio claudia* (Fabricius, 1777).

Salpinx Hübner, [1819]; Verzeichniss Bekannter Schmettlinge (2): 17; Type species: *Limnas nemertes* (Hübner, [1807]).

Eudaemon Billberg, 1820; Enumeration of Inscriptionl Museum Billberg 76; Type species: *Papilio claudia* (Fabricius, 1777).

Calliploea Butler, 1875; Transactions of the Entomological Society of London 1875(1): 1; Type species: *Danais darchia* (MacLeay, [1826]).

Macroploea Butler, 1878; Journal of the Linnean Society of Zoology, London 14: 2, 91; Type species: *Papilio phaenareta* (Schaller, 1785).

Stictoploea Butler, 1878; Journal of the Linnean Society of Zoology, London 14: 291, 301; Type species: *Euploea gloriosa* (Butler, 1866).

Isamia Moore, [1880]; Lepidopteral Ceylon 1(1): 10; Type species: *Papilio superbus* (Herbst, 1793).

Narmada Moore, [1880]; Lepidopteral Ceylon 1(1): 13; Type species: *Euploea coreoides* (Moore, 1877).

Pademma Moore, 1883; Proceedings of Zoological Society of London 1883(2): 205; Type species: *Euploea klugii* (Moore, [1858]).

Doricha Moore,1883; Proceedings of Zoological Society of London 1883(3): 317(preocc. *Doricha* Reichenbach, 1853); Type species: *Papilio sylvester* (Fabricius, 1793).

翅黑紫色，雄性具紫色光泽。前翅 Sc 脉与 Rs 脉基本平行，根部并列不接触；R_1 脉从中室上脉近上端角分出，R_2 脉、R_3 脉、R_4 脉、R_5 脉共柄，与 M_1 脉一起着生上端角；中室端脉凹入，M_2 脉基部有回脉，后翅肩室很小，肩脉末端分叉，着生在 $Sc + R_1$ 脉与 Rs 脉的分叉点上，$Sc + R_1$ 脉长、末端接近顶角。

注记：周尧（1998，1999）将此属置于斑蝶亚科 Danainae 紫斑蝶族 Euploeini。http://ftp.funet.fi/pub/sci/bio/life/insecta/lepidoptera/网站则将此属置于斑蝶亚科 Danainae

斑蝶族 Danaini 紫斑蝶亚族 Euploeina。

8. 妒丽紫斑蝶 *Euploea tulliolus* (Fabricius, 1793)

Papilio tulliolus Fabricius, 1793; Entomological Systematics 3(1): 41, no. 123; Type locality: Queensland.
Euploea pollita Erichson, 1834; Novelty Actinic Leopard of Carolina 16(Suppl. 1): 282, pl. 50, fig. 6; Type
    locality: Philippines.
Calliploea mariesis Moore, 1883; Proceedings of Zoological Society of London 1883(3): 293; Type locality:
    庐山, 九江.

（1）查看标本：勐腊，2006 年 3 月 18 日，500-1000 m，1 只，李爱民。
（2）分类特征：前后翅的缘点列与亚缘点列排列整齐，前翅 M$_2$ 脉基部未伸进中室，后翅腹面中室内无端点。雄蝶前翅背面 cu 室无性标。
（3）分布。
水平：勐腊。
垂直：500-1000 m。
生境：常绿阔叶林。
（4）出现时间（月份）：3。
（5）种群数量：罕见种。
（6）注记：http://ftp.funet.fi/pub/sci/bio/life/insecta/lepidoptera/网站记载分布于中国南部边缘及台湾；Indochina，Philippines，Iran，Bawean，Sumatra，Oceania，Australia。

9. 异型紫斑蝶 *Euploea mulciber* (Cramer, [1777])

Papilio mulciber Cramer, [1777]; Uitland Kapellen 2(9-16): 45, pl. 127, figs. C, D; Type locality: India.
Papilio claudius Fabricius, 1787; Mantissa Insectorum 2: 25; Type locality: Philippines.
Trepsichrois diocletia Geyer, [1828]; in Hübner, Sammly Exotisch Schmetterling 3: 169, pl. 42, figs. 3-4;
    Type locality: Philippines.
Euploea tisiphone Butler, 1866; Proceedings of Zoological Society of London 1866(2): 274; Type locality:
    Philippines.
Trepsichrois linnaei Moore, 1883; Proceedings of Zoological Society of London 286(3): pls. 29: 4, 30: 1;
    Type locality: N. & NW. Himalayas.

（1）查看标本：勐海，2006 年 3 月 23 日，1000-1500 m，1 只，邓合黎；芒市，2006 年 3 月 28 日，1000-1500 m，4 只，邓合黎；瑞丽，2006 年 3 月 31 日，500-1000 m，邓合黎；勐腊，2006 年 3 月 17 日，500-1000 m，2 只，左燕；勐海，2006 年 3 月 23 日，1000-1500 m，3 只，左燕；芒市，2006 年 3 月 28 日和 4 月 1 日，1000-1500 m，4 只，左燕；勐海，2006 年 3 月 21 日，500-1000 m，1 只，李爱民；勐海，2006 年 3 月 23 日，500-1000 m，1 只，吴立伟；勐腊，2006 年 3 月 17 日，500-1000 m，1 只，李爱民；勐腊，2006 年 3 月 18 日，500-1000 m，1 只，吴立伟；勐腊，2006 年 3 月 17 日，500-1000 m，1 只，杨晓东；芒市，2006 年 3 月 27-28 日和 4 月 1 日，500-1500 m，3 只，李爱民；景洪，2006 年 3 月 20 日，500-1000 m，1 只，杨晓东；勐海，2006 年 3 月 23 日，1000-1500 m，1 只，杨晓东；芒市，2006 年 4 月 1 日，1000-1500 m，1 只，吴立伟；芒市，2006 年 3

月 28 日和 4 月 1 日，4 只，杨晓东；福贡，2016 年 8 月 27 日，1500-2000 m，2 只，邓合黎；福贡，2016 年 8 月 27 日，1500-2000 m，2 只，左燕；福贡，2016 年 8 月 27 日，1000-1500 m，1 只，李爱民；瑞丽，2017 年 8 月 18 日，100-1500 m，1 只，邓合黎；耿马，2017 年 8 月 21 日，1000-1500 m，1 只，邓合黎；耿马，2017 年 8 月 22 日，1000-1500 m，1 只，左燕；孟连，2017 年 8 月 29 日，1000-1500 m，2 只，左燕；澜沧，2017 年 8 月 31 日，1000-1500 m，3 只，左燕；耿马，2017 年 8 月 21-22 日，1000-1500 m，7 只，李勇；孟连，2017 年 8 月 22-23、29 日，1000-2000 m，8 只，李勇；澜沧，2017 年 8 月 31 日，1000-1500 m，10 只，李勇；景东，2018 年 6 月 19 日，1000-1500 m，1 只，左燕；宁洱，2018 年 6 月 27-29 日，500-1500 m，4 只，邓合黎；江城，2018 年 6 月 23 日，500-1000 m，2 只，左瑞；宁洱，2018 年 6 月 29 日，500-1000 m，1 只，左燕；景洪，2020 年 10 月 9 日，500-1000 m，3 只，余波；景洪，2021 年 5 月 10 日，500-1000 m，4 只，余波。

（2）分类特征：雌雄异型。翅褐色，基部色深，边缘色浅。雌蝶后翅各室有 2 条白色细线和 2 个亚缘小白点。雄蝶前翅背面端半部有蓝紫色光泽和很多小白点，后缘背腹面有 3 条细长白纹；后翅背面前半部浅黄褐色，后半部褐色。

（3）分布。

水平：瑞丽、芒市、耿马、孟连、勐海、景洪、勐腊、江城、澜沧、景东、福贡、宁洱。

垂直：500-2000 m。

生境：常绿阔叶林、针阔混交林、山坡农田树林、天然林灌、农田林灌、溪流灌丛、河滩灌丛、草地、针阔混交林草地、林灌草地。

（4）出现时间（月份）：3、4、5、6、8、10。

（5）种群数量：常见种。

（6）标本照片：彩色图版 I-9、10。

（7）注记：http://ftp.funet.fi/pub/sci/bio/life/insecta/lepidoptera/网站记载分布于中国南部；India，Bangladesh，Indochina，Indonesia，Philippines。

10. 白璧紫斑蝶 *Euploea radamantha* (Fabricius, 1793)

Papilio radamanthus Fabricius, 1793; Entomological Systematics 3(1): 42, no. 127; Type locality: 广州.

Danais rhadamia Godart, 1819; Encyclopédie Méthodique 9(1): 180.

Danais diocletia Godart, 1819; Encyclopédie Méthodique 9(1): 181.

Trepsichrois thoosa Hübner, [1825]; Sammlung Exotischer Schmetterling 2: 86, pl. 8, figs. 1-2.

Euploea maasseni Weymer, 1885; Stettin Entomology Ztg 46(4-6): 260, pl. 1, fig. 3; Type locality: Nias.

Danisepa niasana Swinhoe, 1893; Annual Magazine of Natural History 12(70): 254; Type locality: Nias.

Euploea radamanthus var. *niasica* Snellen, 1899; Tijdschr Entomology 42: 104; Type locality: Nias.

Euploea diocletianus diocletianus f. *despoliata* Fruhstorfer, 1910; in Seitz, Gross-Schmetterling Erde 9: 271; Type locality: Siam.

（1）查看标本：勐海，2006 年 3 月 23 日，1000-1500 m，1 只，邓合黎；勐腊，2006 年 3 月 17-18 日，500-1000 m，2 只，邓合黎；耿马，2017 年 8 月 22 日，1000-1500 m，

1 只，左燕。

（2）分类特征：翅深褐色，外缘有 2 列大小不等的断续小白斑。前翅中室具宽阔大白斑，前缘中部有与之并列的白斑；后翅中部有源自基部的放射状白色条斑。雄蝶前翅背面具显著性标，常覆有不同颜色的鳞片。

（3）分布。

水平：耿马、勐海、勐腊。

垂直：500-1500 m。

生境：常绿阔叶林、农田林灌。

（4）出现时间（月份）：3、8。

（5）种群数量：少见种。

（6）标本照片：彩色图版 I-11。

（7）注记：http://ftp.funet.fi/pub/sci/bio/life/insecta/lepidoptera/网站记载分布于 India，Indochina，Indonesia，Australia。

二、闪蝶亚科 Morphinae Harvey, 1991

Morphinae Harvey, 1991; in Nijhour, The Development and Evolution of Butterfly Wing Patterns 255-272.
Morphinae de Jong *et al*., 1996; Entomologist of Scandinavia 27: 65-102.
Amathusiidae Chou, 1998; Classification and Identification of Chinese Butterflies 53-59.
Amathusiidae Chou, 1999; Monographa Rhopalocerorum Sinensium I: 62, 293-321.
Morphinae Vane-Wright *et de Jong*, 2003; Zoologische Verhandelingen Leiden 343: 168, 192.

　　大型或中型种类，色彩暗而不鲜艳。中室短，前翅中室闭式，后翅中室开式。后翅A 脉 2 条。

　　注记：周尧（1998，1999）将环蝶亚科 Amathusiinae（闪蝶亚科的异名）作为独立的科 Amathusiidae。http://ftp.funet.fi/pub/sci/bio/life/insecta/lepidoptera/网站则将环蝶科 Amathusiidae 降为环蝶亚科 Amathusiinae，并作为闪蝶亚科 Morphinae 的同物异名，隶属于蛱蝶科 Nymphalidae。

（五）方环蝶属 *Discophora* Boisduval, [1836]

Discophora Boisduval, [1836]; Historic and Natural Institute of Species and Génera Lépidoptera: pl. 4, fig. 3;
　　Type species: *Papilio menetho* (Fabricius, 1793).
Zerynthia Hübner, [1825]; Sammly Exotisch Schmetterling 2: 97, pl. 60; Type species: *Zerynthia ogina*
　　(Hübner, [1825]).

　　中型种类，翅近似方形，外缘微波状。前翅翅脉 11 条；M_1 脉和 M_2 脉共同着生端脉上段与下段连接点上，中段消失，下段凹入；R 脉 4 条；R_1 脉从中室上脉近上端角处分出，在翅前缘约 2/3 处与 Sc 脉合并，然后在前缘约 4/5 处与 Sc 脉分叉，此后很快就到达翅前缘；R_{2+3} 脉、R_4 脉、R_5 脉长共柄从中室上端角分出，与 R_1 脉平行，快到达顶角前与分叉后的 R 脉贴近。

　　注记：周尧（1998，1999）将此属置于方环蝶亚科 Discophorinae，隶属于环蝶科 Amathusiidae。http://ftp.funet.fi/pub/sci/bio/life/insecta/lepidoptera/网站则将此属置于闪蝶亚科 Morphinae 环蝶族 Amathusiini，隶属于蛱蝶科 Nymphalidae。

11. 惊恐方环蝶 *Discophora timora* Westwood, [1850]

Discophora timora Westwood, [1850]; in Doubleday, Westwood & Hewttson, General Diurnal Lepidoptera 2:
　　98, pl. 54: 2; Type locality: Sylhet.

　　（1）查看标本：景洪，2020 年 10 月 10 日，500-1000 m，1 只，余波。
　　（2）分类特征：翅短而阔，略呈方形。头小，触角、锤部均细长。前翅顶角、臀角均尖；后翅中室小，外缘成角度，臀角尖。腹面 M_3 脉与 Cu_2 脉分叉处有鳞片组成的圆斑。雌雄异型，雄蝶前翅深紫褐色，背面中室端外有 2 个大白斑，亚外缘有 1 列小白斑，后翅蓝紫色，中域有 1 个黑色明显性标，围着淡色圈；腹面深褐色，中域从前翅前缘到后翅臀角有 1 条深色带，此带外侧有 2 个眼斑，亚外缘有 1 条浅色带。雌蝶翅褐色，前翅前缘中部到臀角有 1 条宽的橙色斜带。

（3）分布。

水平：景洪。

垂直：500-1000 m。

生境：常绿阔叶林。

（4）出现时间（月份）：10。

（5）种群数量：罕见种。

（6）标本照片：彩色图版 I-12。

（7）注记：http://ftp.funet.fi/pub/sci/bio/life/insecta/lepidoptera/网站记载分布于 India，Bangladesh，Indochina，Indonesia。

（六）斑环蝶属 *Thaumantis* Hübner, [1826]

Thaumantis Hübner, [1826]; Sammlung Exotischer Schmetterling 2: 102, pl. 61; Type species: *Thaumantis oda* Hübner, [1826].

Nandogea Moore, 1894; Lepidoptera Indica 2(19): 173; Type species: *Thaumantis diores* Doubleday, 1845.

Kringana Moore, [1895]; Lepidoptera Indica 2(20): 185; Type species: *Thaumantis noureddin* Westwood, 1851.

大型种类，外缘微波状。前翅翅脉 10 条；Sc 脉与 R_1 脉交叉；端脉上段、中段短，M_1 脉着生端脉上段与中段连接点上，M_2 脉着生端脉中段与下段连接点上，下段微凹入；M_1 脉与 R_5 脉在中室端接近，而离开 M_2 脉。后翅臀叶小，中室开式；翅背面有蓝紫色区。

注记：周尧（1998，1999）将此属置于环蝶亚科 Amathusiinae 环蝶族 Amathusiini，隶属于环蝶科 Amathusiidae。http://ftp.funet.fi/pub/sci/bio/life/insecta/lepidoptera/网站则将此属置于闪蝶亚科 Morphinae 环蝶族 Amathusiini，隶属于蛱蝶科 Nymphalidae。

12. 紫斑环蝶 *Thaumantis diores* Doubleday, 1845

Thaumantis diores Doubleday, 1845; Annuals Magazine of Natural History 16: 234; Type locality: Sylhet.

Thaumantis ramdeo Moore, 1857; in Horsfield & Moore, Catholic Lepidoptral Insect Museum of East-India Company 1: 215; Type locality: Darjeeling.

Nandoges [sic] *hainana* Crowley, 1900; Proceedings of Zoological Society of London 1900(3): 505; Type locality: 海南.

（1）查看标本：景洪，2020 年 10 月 10 日，500-1000 m，2 只，余波。

（2）分类特征：触角细，长超过前翅一半。翅深褐色，近圆形。前翅前缘弯曲明显，顶角圆，外缘和后缘弧形；中室短阔；翅 R_1 脉从中室上脉分出，在前缘中点与 Sc 脉愈合；R_{2+3}、R_4、R_5 共柄，从中室顶角分出，在近顶角处分叉，到达顶角。后翅臀角圆形，肩脉分叉，Sc + R$_1$ 脉很短，M$_3$ 脉在近基部向上弯曲，折成角度，使中室开口狭小；后翅腹面 rs 室、cu$_1$ 室各有 1 个眼斑。

（3）分布。

水平：景洪。

垂直：500-1000 m。

生境：常绿阔叶林。

（4）出现时间（月份）：10。

（5）种群数量：罕见种。

（6）标本照片：彩色图版 I-13。

（7）注记：http://ftp.funet.fi/pub/sci/bio/life/insecta/lepidoptera/网站记载分布于中国海南；Burma，Thailand，Vietnam。

（七）带环蝶属 *Thauria* Moore, 1894

Thauria Moore, 1894; Lepidoptera Indica 2(19): 173; Type species: *Thaumantis aliris* (Westwood, [1858]).

Morphindra Röber, 1903; Stettin Entomological Ztg 64(2): 337; Type species: *Thaumantis aliris* (Westwood, [1858]).

大型种类。前翅近方形、外缘平整，后翅圆扇形、外缘微波状。前翅翅脉 11 条；M$_1$ 脉和 M$_2$ 脉共同着生端脉上段与下段连接点上，中段消失，下段凹入成钝角；R 脉 4 条；R$_1$ 脉从中室上脉近上端角处分出，几乎与 Sc 脉平行，到达翅前缘近顶角处，不和 R$_{2+3}$ 脉交叉，也不和 Sc 脉交叉；R$_{2+3}$ 脉、R$_4$ 脉、R$_5$ 脉共柄，从中室上端角分出，R$_{2+3}$ 脉到达前缘、R$_4$ 脉到达顶角、R$_5$ 脉到达外缘。后翅 Sc+R$_1$ 脉短，M$_3$ 脉向上弯曲，但不成角度；中室开式。

注记：周尧（1998，1999）将此属置于环蝶亚科 Amathusiinae 环蝶族 Amathusiini，隶属于环蝶科 Amathusiidae。http://ftp.funet.fi/pub/sci/bio/life/insecta/lepidoptera/网站则将此属置于闪蝶亚科 Morphinae 环蝶族 Amathusiini，隶属于蛱蝶科 Nymphalidae。

13. 斜带环蝶 *Thauria lathyi* (Fruhstorfer, 1902)

Thaumantis aliris lathyi Fruhstorfer, 1902; Deutschla of Entomological and Zoological Iris 15: 177; Type locality: Tonkin.

（1）查看标本：景洪，2021 年 3 月 8 日和 4 月 10 日，500-1000 m，3 只，余波。

（2）分类特征：前翅深褐色，顶角圆形，有 2 个模糊的小条形白斑；从前缘近基部到臀角有宽的白色斜带。后翅圆扇形，前缘缘区橙色，背面有 1 块鳞片组成的大黑斑；臀角圆，橙色；腹面中域有 1 条深红褐色斜带，从前缘至臀角，并逐渐变窄，在此斜带内侧有 2 个大的眼状纹。

（3）分布。

水平：景洪。

垂直：500-1000 m。

生境：常绿阔叶林。

（4）出现时间（月份）：3、4。

（5）种群数量：少见种。

（6）标本照片：彩色图版 I-14。

（7）注记：http://ftp.funet.fi/pub/sci/bio/life/insecta/lepidoptera/网站记载分布于 Burma。

（八）串珠环蝶属 *Faunis* Hübner, [1819]

Faunis Hübner, [1819]; Verzeichniss Bekannter Schmettlinge (4): 55; Type species: *Papilio eumeus* (Drury, [1773]).

Clerome Westwood, [1850]; General Diurnal Lepioptera (2): 333, pl. 54, fig. 5; Type species: *Papilio arcesilaus* (Fabricius, 1787).

中型种类，触角超过前翅前缘的 1/2。翅黑褐色，有暗色横线和成列小白点；前翅圆扇形，顶角圆；后翅近圆形。前翅翅脉 12 条；R 脉 5 条，R_1 脉从中室上脉近上端角处分出，与 Sc 脉分离、平行。端脉上段消失、中段短，M_1 脉与 R 脉一起着生上端角；M_2 脉着生端脉中段与下段连接点上，下段呈"S"形；R_2 脉、R_3 脉、R_4 脉、R_5 脉长共柄在前缘约 4/5 处开始分叉，R_2 脉、R_3 脉到前缘，R_4 脉、R_5 脉到顶角。

注记：周尧（1998，1999）将此属置于环蝶亚科 Amathusiinae 串珠环蝶族 Faunini，隶属于环蝶科 Amathusiidae。http://ftp.funet.fi/pub/sci/bio/life/insecta/lepidoptera/网站则将此属置于闪蝶亚科 Morphinae 环蝶族 Amathusiini，隶属于蛱蝶科 Nymphalidae。

14. 串珠环蝶 *Faunis eumeus* (Drury, [1773])

Papilio eumeus Drury, [1773]; Illustration of Nattural History of Exotisch Insects 1: index, 4, pl. 2, fig. 3; Type locality: 中国南部。

Clerome assama Westwood, 1858; Transactions of the Entomological Society of London 4(6): 185; Type locality: Assam.

Faunis eumeus incerta (Staudinger, [1887]); in Staudinger & Schatz, Exotisch Schmetterling 1(16): 202; Type locality: Tonkin.

（1）查看标本：勐腊，2006 年 3 月 17-18 日，500-1000 m，3 只，邓合黎；勐腊，2006 年 3 月 17 日，500-1000 m，2 只，左燕；勐腊，2006 年 3 月 17-18 日，500-1000 m，5 只，李爱民；勐腊，2006 年 3 月 18 日，500-1000 m，4 只，杨晓东；勐腊，2006 年 3 月 18 日，500-1000 m，1 只，吴立伟。

（2）分类特征：翅圆形，后缘微凹入，触角超过前翅前缘的 1/2。前翅顶角、臀角均圆，亚顶角从翅前缘中部到外缘中部有 1 条黄褐色斜带，腹面色稍浅。翅赭色，腹面颜色比背面深；排列 3 条波状曲折褐纹，从前翅前缘伸向后翅后缘，外侧 2 条褐纹间有 1 列淡色串珠状斑点。

（3）分布。

水平：勐腊。

垂直：500-1000 m。

生境：常绿阔叶林。

（4）出现时间（月份）：3。

（5）种群数量：少见种。

（6）标本照片：彩色图版 I-15。

（7）注记：http://ftp.funet.fi/pub/sci/bio/life/insecta/lepidoptera/网站记载分布于中国山南地区、云南及香港；Assam，Indonesia。

15. 灰翅串珠环蝶 *Faunis aerope* (Leech, 1890)

Clerome aerope Leech, 1890; Entomologist 23: 31; Type locality: 宜昌.

Clerome aerope excelsa Fruhstorfer, 1901; Society of Entomology 16(13): 97; Type locality: Than-Moi, Tonkin.

Faunis aerope yunnanensis Brooks, 1933; Entomologist 66: 65; Type locality: 维西.

Faunis aerope masseyeffi Brooks, 1949; Entomologist 82: 256.

Faunis aerope longpoensis Huang, 2001; Neue Entomologische Nachrichten 51: 90, pl. 6, fig. 46; Type locality: 龙坡, 怒江河谷, 西藏东南部.

（1）查看标本：宝兴，2005 年 7 月 10 日，1000-1500 m，2 只，左燕；宝兴，2005 年 7 月 10 日，1000-1500 m，5 只，李爱民；宝兴，2005 年 7 月 10 日，1000-1500 m，3 只，杨晓东；荥经，2006 年 7 月 5 日，1000-1500 m，1 只，李爱民；荥经，2006 年 7 月 4-5 日，1000-1500 m，2 只，杨晓东；荥经，2007 年 8 月 12 日，1000-1500 m，1 只，杨晓东；耿马，2017 年 8 月 23 日，2000-2500 m，1 只，李勇。

（2）分类特征：翅圆形，顶角和臀角均圆，后缘微凹入；触角超过前翅前缘的 1/2。翅浅灰褐色；腹面颜色比背面深，排列 3 条褐纹，从前翅前缘伸向后翅后缘，外侧 2 条褐纹间有 1 列大小不等的淡色串珠状斑点。

（3）分布。

水平：耿马、荥经、宝兴。

垂直：1000-2500 m。

生境：常绿阔叶林、针阔混交林、阔叶林缘农田竹林、灌丛、河滩灌丛、针阔混交林农田。

（4）出现时间（月份）：7、8。

（5）种群数量：常见种。

（6）标本照片：彩色图版 II-1。

（7）注记：Monastyrskii（2004）认为 *Faunis aerope yunnannesis* Brooks, 1993 和 *Faunis aerope longpoensis* Huang, 2001 是指名亚种 *Faunis aerope aerope* (Leech, 1890)的同物异名（*Zoological Record* 13D: Lepidoptera Vol. 140-2140）；还认为 *Faunis aerope masseyeffi* Brooks, 1949 是 *Faunis aerope excelsa* (Fruhstorfer, 1901)的同物异名（*Zoological Record* 13D: Lepidoptera Vol. 140-2140）。http://ftp.funet.fi/pub/sci/bio/life/insecta/lepidoptera/网站记载分布于中国西藏、四川、海南；India，Indochina。

（九）箭环蝶属 *Stichophthalma* C. *et* R. Felder, 1862

Stichophthalma C. *et* R. Felder, 1862; Wien Entomology Monatschrs 6(1): 27; Type species: *Thaumantis howqua* (Westwood, 1851).

环蝶中最大类型；黄褐色，触角不及前翅前缘的 1/2，腹面有波状黑线和大型眼斑。前翅近三角形，后翅近圆扇形，边缘平直。前翅翅脉 11 条；端脉上段、中段短，M_1 脉着生端脉上段与中段连接点上，M_2 脉着生端脉中段与下段连接点上，下段凹入；R 脉 4 条；R_1 脉从中室上脉近上端角处分出，几与 Sc 脉平行，而且非常贴近；R_{2+3} 脉、R_4 脉、R_5 脉长共柄从中室上端角分出，与 R_1 脉平行，快到达顶角时分叉，均到达顶角。

注记：周尧（1998，1999）将此属置于环蝶亚科 Amathusiinae 串珠环蝶族 Faunini，隶属于环蝶科 Amathusiidae。http://ftp.funet.fi/pub/sci/bio/life/insecta/lepidoptera/网站则将此属置于闪蝶亚科 Morphinae 环蝶族 Amathusiini，隶属于蛱蝶科 Nymphalidae。

16. 双星箭环蝶 *Stichophthalma neumogeni* Leech, [1892]

Stichophthalma neumogeni Leech, [1892]; Butterflies from China, Japan and Corea (1): 114; Type locality: 峨眉山.

Stichophthalma neumogeni le Joicey *et* Talbot, 1921; Bulletin of the Hill Museum 1(1): 173, pl. 23, fig. 20; Type locality: 海南.

Stichophthalma neumogeni renqingduojiei Huang, 1998; Neue Entomologische Nachrichten 41: 226, pl. 10, fig. 5; Type locality: 墨脱.

（1）查看标本：宝兴，2005 年 7 月 10 日，1000-1500 m，1 只，邓合黎；天全，2005 年 8 月 29 日，1000-1500 m，2 只，邓合黎；天全，2005 年 9 月 3 日，1000-1500 m，2 只，杨晓东；荥经，2016 年 7 月 2 日，500-1000 m，1 只，邓合黎；荥经，2006 年 7 月 2 日，1000-1500 m，1 只，左燕；荥经，2006 年 7 月 2 日，500-1000 m，2 只，李爱民。

（2）分类特征：触角不及前翅前缘的 1/2。翅黄褐色，基部比翅缘色深，阔圆，背面边缘的箭状纹分离；腹面基部到外缘排列 4 条波状黑线和 1 条眼状纹，其从前翅前缘伸向后翅臀角，外侧 2 条带绿色；眼状纹内侧有 1 列前宽后窄的近白色斑。前翅黑色顶角圆，具 2 个小白点。雄蝶 Rs 脉基部有性标，中室基部有毛束。

（3）分布。

水平：荥经、天全、宝兴。

垂直：500-1500 m。

生境：常绿阔叶林、针阔混交林、针叶林、山坡灌丛、河谷灌丛、阔叶林缘农田竹林、林缘农田。

（4）出现时间（月份）：7、8、9。

（5）种群数量：少见种。

（6）标本照片：彩色图版 II-2、3。

（7）注记：http://ftp.funet.fi/pub/sci/bio/life/insecta/lepidoptera/网站记载分布于中国陕西、西藏、四川、江西、浙江、福建、海南；Vietnam。

17. 箭环蝶 *Stichophthalma howqua* (Westwood, 1851)

Thaumantis howqua Westwood, 1851; Transactions of the Entomological Society of London 1(5): 174; Type locality: 上海.

Stichophthalma suffusa suffusa Leech, 1892; Butterflies of China 1: 114, pl. 1: 3; Type locality: 峨眉山.

Stichophthalma howqua miyana Fruhstorfe, 1913; Entomology Rundschau 30(23): 133; Type locality: 广州.

Stichophthalma howqua xizhengensis Zhao, 1997; Atalanta 41(3-4): 323-326.

Stichophthalma howqua suffusa Huang, 2003; Neue Entomologische Nachrichten 55: 46(note), fig. 65; Type locality: 贡山.

（1）查看标本：宝兴，2005 年 7 月 11-12 日，500-1500 m，2 只，邓合黎；天全，2005 年 9 月 5-6 日，500-1000 m，2 只，邓合黎；宝兴，2005 年 7 月 10-12 日，500-1500 m，7 只，左燕；宝兴，2005 年 7 月 10、12、13 日，500-1500 m，5 只，李爱民；宝兴，2005 年 7 月 10 日，1000-1500 m，1 只，杨晓东；天全，2005 年 8 月 3 日，1000-2000 m，2 只，杨晓东；天全，2007 年 8 月 3 日，1500-2000 m，1 只，杨晓东；福贡，2016 年 8 月 27 日，1500-2000 m，1 只，左燕。

（2）分类特征：触角不及前翅前缘的 1/2。翅黄褐色，阔圆，背面边缘的箭状纹相互联合；腹面基部到外缘排列 4 条波状黑色线和 1 条眼状纹，其从前翅前缘伸向后翅臀角；眼状纹内侧有 1 列上宽下窄的近白色斑。前翅黑色顶角圆，无小白点。雄蝶 Rs 脉基部有性标，中室基部有毛束。

（3）分布。

水平：福贡、天全、宝兴。

垂直：500-2000 m。

生境：常绿阔叶林、针阔混交林、针叶林、阔叶林缘农田竹林、河滩灌丛、河谷灌丛、阔叶林缘农田、树林农田。

（4）出现时间（月份）：7、8、9。

（5）种群数量：常见种。

（6）标本照片：彩色图版 II-4。

（7）注记：武春生和徐堉峰（2017）将 *Stichophthalma howqua suffusa* Huang, 2003 作为独立的种。Lang（2010）认为 *Stichophthalma howqua xizhengensis* Zhao, 1997 是指名亚种 *Stichophthalma s. suffusa* Leech, 1892 的同物异名（*Zoological Record* 13D: Lepidoptera Vol. 147-2047）。Lang（2012）认为 *Stichophthalma howqua miyana* Fruhstorfer, 1913 是指名亚种 *Stichophthalma s. suffusa* Leech, 1892 的同物异名（*Zoological Record* 13D: Lepidoptera Vol. 148-1948）。http://ftp.funet.fi/pub/sci/bio/life/insecta/lepidoptera/网站记载分布于中国东半部；Vietnam。

三、暮眼蝶亚科 Melanitinae Miller, 1968

Melanitinae Miller, 1968; Mimoirs of American Entomological Society 24: 1-174.
Melanitinae Chou, 1998; Classification and Identification of Chinese Butterflies 61.
Melanitinae Chou, 1999; Monographa Rhopalocerorum Sinensium I: 322-376.

大型种类，翅色暗而不鲜艳，复眼无毛。翅外缘凹凸不平，前翅端部钩状突出，后翅 M_1 脉端突出。

注记：周尧（1998，1999）确认暮眼蝶亚科 Melanitinae 的级位。http://ftp.funet.fi/pub/sci/bio/life/insecta/lepidoptera/网站则将暮眼蝶亚科 Melanitinae 降为暮眼蝶族 Melanitini，隶属于眼蝶亚科 Satyrinae。

（十）暮眼蝶属 *Melanitis* Fabricius, 1807

Melanitis Fabricius, 1807; Magazine of Frankf Insektenk 6: 282; Type species: *Papilio leda* (Linnaeus, 1758).

Hipio Hübner, [1819]; Verzeichniss Bekannter Schmettlinge (4): 56; Type species: *Papilio constantia* (Cramer, [1777]).

Cyllo Boisduval, 1832; in d'Urville, Voyage de Découvertes de l'Astrolabe (Faune ent. Pacif.) 1: 151; Type species: *Papilio leda* (Linnaeus, 1758).

中室闭式。前翅顶角钩状突出；Sc 脉基部不膨大；R_1 脉与 R_2 脉一起，从中室上脉分出；R_3 脉、R_4 脉、R_5 脉共柄，与 M_1 脉、M_2 脉一起，从中室上端角分叉，R_4 脉到达外缘；端脉凹入。后翅中室短，长约为前缘的 2/5；Cu_1 脉从中室下端角前分出，与从中室下端角分叉并形成较短而钝尾突的 M_3 脉远离；Sc + R_1 脉与 Rs 脉长，到达顶角。不同季节型，眼斑有所消失的情况下，腹面 cu_2 室有白点或白瞳眼斑。

注记：周尧（1998，1999）将此属独立为暮眼蝶亚科 Melanitinae。http://ftp.funet.fi/pub/sci/bio/life/insecta/lepidoptera/ 网站则将此属置于眼蝶亚科 Satyrinae 暮眼蝶族 Melanitini。

18. 暮眼蝶 *Melanitis leda* (Linnaeus, 1758)

Papilio leda Linnaeus, 1758; Systematic Nature (10th ed.) 1: 474.
Papilio ismene Cramer, [1775]; Uitland Kapellen 1(1-7): 40, pl. 26, figs. A, B; Type locality: 中国.
Melanitis determinata Butler, 1885; Proceedings Entomological Society 1885: vi; Type locality: India.
Melanitis leda levuna Fruhstorfer, 1908; Entomologische Zeitschrift 22(22): 87; Type locality: Fiji.

（1）查看标本：九龙，2005 年 6 月 8 日，1000-1500 m，1 只，邓合黎；天全，2005 年 9 月 7 日，500-1000 m，1 只，邓合黎；勐海，2006 年 3 月 22 日，500-1000 m，1

只，左燕；兰坪，2006 年 9 月 3 日，1000-1500 m，1 只，杨晓东；贡山，2016 年 8
月 25 日，2000-2500 m，1 只，左燕；耿马，2017 年 8 月 21-22 日，1000-1500 m，2
只，李勇；孟连，2017 年 8 月 29 日，1000-1500 m，1 只，李勇；江城，2018 年 6 月
23 日，500-1000 m，1 只，左瑞；普洱，2018 年 6 月 24 日，1000-1500 m，1 只，左
瑞；青川，2020 年 8 月 20 日，500-1000 m，1 只，左燕；景洪，2021 年 5 月 10 日，
500-1000 m，1 只，余波。

（2）分类特征：翅暗褐色。前翅近直角三角形，近钩状突出的顶角有 1 个外为橙色、
内为黑色的有圆形白瞳眼斑；腹面顶角为 2 个小眼斑或者小黑点或者小白点；中央有 3
条斜纹。后翅外缘波状，M_3 脉端尖出，背面外缘区有 2-3 个小眼斑；腹面中央有 1 条斜
纹、6 个眼斑。斑纹色彩的季节变化大，夏型茶褐色，腹面较淡、密布灰褐色细波纹，
眼斑明显；秋型色深，枯叶色，眼斑退化或消失。

（3）分布。

水平：耿马、孟连、景洪、勐海、江城、贡山、兰坪、普洱、九龙、天全、青川。

垂直：500-2500 m。

生境：常绿阔叶林、林灌、农田林灌、灌草丛、溪流灌丛、林灌草地、灌丛草地、
树林农田、灌丛农田。

（4）出现时间（月份）：3、5、6、8、9。

（5）种群数量：常见种。

（6）标本照片：彩色图版 II-5、6。

（7）注记：http://ftp.funet.fi/pub/sci/bio/life/insecta/lepidoptera/网站记载分布于中国东
部和中部；Tropical Africa，Madagascar，Arabia，India，Indochina，Philippines，Indonesia，
Oceania，Australia。

19. 睇暮眼蝶 *Melanitis phedima* (Cramer, [1780])

Papilio phedima Cramer, [1780]; Uitland Kapellen 4(25-26a): 8, pl. 292, fig. B; Type locality: Java.

Melanitis suyudana Moore, 1857; in Horsfield & Moore, Catholic Lepidoptral Insect Museum of East India Coy 1: 4; Type locality: Java.

Melanitis bethami de Nicéville, 1887; Proceedings of Zoological Society of London 1887(3): 451; Type locality: Pachmarhi.

Melanitis phedima muskata Fruhstorfer, 1908; Entomologische Zeitschrift 22(20): 80; Type locality: 中国西部.

Melanitis phedima muskata f. *autumnalis* Fruhstorfer, 1908; Entomologische Zeitschrift 22(20): 80; Type locality: 中国西部.

Melanitis phedima ganapati Fruhstorfer, 1908; Entomologische Zeitschrift 22(20): 80; Type locality: 云南.

（1）查看标本：勐海，2006 年 3 月 23 日，1000-1500 m，1 只，杨晓东。

（2）分类特征：此种与暮眼蝶 *M. leda* 非常近似，其共同特征是翅黑褐色，腹面色
彩深，眼斑不狭窄；前翅端部钩状且向下弯曲，在 M_2 脉端顶角眼斑围绕的橙色区大。
与暮眼蝶比较，睇暮眼蝶橙色区内的 2 个小白点位置偏外侧。后翅 M_3 脉端部尖出，腹
面中央的 1 条斜纹比暮眼蝶弯曲。

（3）分布。

水平：勐海。

垂直：1000-1500 m。

生境：常绿阔叶林。

（4）出现时间（月份）：3。

（5）种群数量：罕见种。

（6）标本照片：彩色图版 II-7。

（7）注记：http://ftp.funet.fi/pub/sci/bio/life/insecta/lepidoptera/网站记载分布于中国；Kashmir，India，Ceylon，Indochina，Indonesia，Japan。

20. 黄带暮眼蝶 *Melanitis zitenius* (Herbst, 1796)

Papilio zitenius Herbst, 1796; in Jablonsky, Naturs Schmetterling 8: 5; Type locality: India.

Melanitis vamana Moore, 1857; in Horsfield & Moore, Proceedings of Zoological Society of London 1: 223; Type locality: Darjeeling.

Melanitis zitenius hainanensis Gu, 1994; in Chou, Monographia Rhopalocerorum Sinensium I-II: 321, 755, fig. 16; Type locality: 海南.

（1）查看标本：勐海，2006 年 3 月 23 日，1000-1500 m，1 只，杨晓东；澜沧，2017 年 8 月 30 日，500-1000 m，1 只，左燕。

（2）分类特征：翅红褐色。前翅端部钩状突出，黑色眼斑不发达、小、有白点或消失，亚顶角有宽阔的淡橙黄色斜带和 2 个长卵形黑斑；腹面中室内有 2 条浅色横纹。后翅 M_2 脉端尖出，腹面沿前缘有色彩较淡的狭长区域。

（3）分布。

水平：勐海、澜沧。

垂直：500-1500 m。

生境：常绿阔叶林。

（4）出现时间（月份）：3、8。

（5）种群数量：罕见种。

（6）标本照片：彩色图版 II-8。

（7）注记：http://ftp.funet.fi/pub/sci/bio/life/insecta/lepidoptera/网站记载分布于中国云南、海南；India，Indochina。

（十一）污斑眼蝶属 *Cyllogenes* Butler, 1868

Cyllogenes Butler, 1868; The Entomologist's Monthly Magazine 4: 194; Type species: *Melanitis suradeva* Moore, 1857.

中型偏大种类，雌雄同型。中室闭式。外部形态近似于暮眼蝶属 *Melanitis*，但前翅顶角无钩状突出；Sc 脉基部也不膨大；R_1 脉与 R_2 脉一起，同样从中室上脉分出；R_3 脉、R_4 脉、R_5 脉也共柄，与 M_1 脉、M_2 脉一起，从中室上端角分叉，R_4 脉到达外缘；端脉比暮眼蝶平直。后翅中室短，同样长约为前缘的 2/5；Cu_1 脉也从中室下端角前分出，与从中室下端角分叉并形成较短而钝尾突的 M_3 脉较远；$Sc + R_1$ 脉与 Rs 脉长，到达顶角；肩脉直，较暮眼蝶长。

注记：周尧（1998，1999）未记载此属。http://ftp.funet.fi/pub/sci/bio/life/insecta/lepidoptera/网站将此属置于眼蝶亚科 Satyrinae 暮眼蝶族 Melanitini。

21. 污斑眼蝶 *Cyllogenes maculata* Chou *et* Qi, 1999

Cyllogenes maculata Chou *et* Qi, 1999; Entomological Journal of East China 8(2): 4-5; Type locality: 顺昌.

（1）查看标本：景洪，2021 年 9 月 10 日，500-1000 m，1 只，余波。

（2）分类特征：前翅前缘弧形，外缘和后缘平直，顶角不突出，臀角成直角；后翅前缘微弧形，后缘较平直，外缘弧形，但因 M_3 脉、Cu_1 脉和 Cu_2 脉末端突出，后半段波状。背腹面翅色黑褐，背面无斑纹；腹面前翅也无斑纹，后翅亚外缘有 7 个平行外缘排列的黑色白瞳眼斑；每个眼斑环绕浅色圆圈。

（3）分布。

水平：景洪。

垂直：500-1000 m。

生境：常绿阔叶林。

（4）出现时间（月份）：9。

（5）种群数量：罕见种。

（6）标本照片：彩色图版 II-9。

（7）注记：http://ftp.funet.fi/pub/sci/bio/life/insecta/lepidoptera/网站虽记载有此种，但未记载其分布。

四、锯眼蝶亚科 Elymninae Clack, 1947

Elymninae Clack, 1947; Proceedings of Entomological Society of Washington 49: 148-149.
Elymninae Miller, 1968; Mimoirs of American Entomological Society 24: 1-174.
Elymninae Chou, 1998; Classification and Identification of Chinese Butterflies 61-80.
Elymninae Chou, 1999; Monographa Rhopalocerorum Sinensium I: 322-375.

中型或大型种类。复眼有毛，无毛则前翅翅脉基部不膨大。前翅端部不钩状突出，后翅中室闭式。

注记：周尧（1998，1999）仍维持此亚科级位，隶属于眼蝶科 Saturidae。http://ftp.funet.fi/pub/sci/bio/life/insecta/lepidoptera/网站则将锯眼蝶亚科 Elymninae 作为锯眼蝶族 Elymniini，隶属于眼蝶亚科 Satyrinae。

（十二）黛眼蝶属 *Lethe* Hübner, [1819]

Lethe Hübner, [1819]; Verzeichniss Bekannter Schmettlinge (4): 56; Type species: *Papilio europa* Fabricius, 1775.

Tanaoptera Billberg, 1820; Enumeration of Inscriptionl Museum Billb 79; Type species: *Papilio europa* Fabricius, 1775.

Zophoessa Doubleday, [1849]; General Diurnal Lepidoptera (1): 46, pl. 61, fig. 1; Type species: *Zophoessa sura* Doubleday, [1849].

Debis Doubleday, [1849]; General Diurnal Lepidoptera (1): 47, pl. 61, fig. 3; Type species: *Debis samio* Doubleday, [1849].

Hanipha Moore, [1880]; Lepioptera Ceylon 1(1): 18; Type species: *Lethe sihala* Moore, 1872.

Tansima Moore, 1881; Transactions of the Entomological Society of London 1881(3): 305; Type species: *Lethe satyrina* Butler, 1871.

Charma Doherty, 1886; Journal of Asiatic Society of Bengal 55 Pt. II (2): 117; Type species: *Zophoessa baladeva* Moore, [1866].

Rangbia Moore, [1892]; Lepidoptera Indica 1: 232; Type species: *Debis scanda* Moore, 1857.

Nemetis Moore, [1892]; Lepidoptera Indica 1: 237; Type species: *Papilio minerva* Fabricius, 1775.

Pegada Moore, [1892]; Lepidoptera Indica 1: 224; Type species: *Mycalesis oculatissima* Poujade, 1885.

Kirrodesa Moore, [1892]; Lepidoptera Indica 1: 237; Type species: *Debis sicelis* Hewitson, 1862.

Placilla Moore, [1892]; Lepidoptera Indica 1: 253; Type species: *Lethe christophi* Leech, 1891.

Archondesa Moore, [1892]; Lepidoptera Indica 1: 270; Type species: *Lethe lanaris* Butler, 1877.

Choranesa Moore, [1892]; Lepidoptera Indica 1: 270; Type species: *Lethe trimacula* Leech, 1890.

Dionana Moore, [1892]; Lepidoptera Indica 1: 271; Type species: *Lethe margaritae* Elwes, 1882.

Sinchula Moore, [1892]; Lepidoptera Indica 1: 275; Type species: *Debis sidonis* Hewitson, 1863.

Kerrata Moore, [1892]; Lepidoptera Indica 1: 285; Type species: *Lethe tristigmata* Elwes, 1887.

Putlia Moore, [1892]; Lepidoptera Indica 1: 287; Type species: *Zophoessa baladeva* Moore, [1866].

Harima Moore, [1892]; Lepidoptera Indica 1: 299; Type species: *Neope callipteris* Butler, 1877.

Hermias Fruhstorfer, 1911; in Seitz, Gross-Schmetterling Erde 9: 324; Type species: *Satyrus verma* Kollar, [1844].

Magula Fruhstorfer, 1911; in Seitz, Gross-Schmetterling Erde 9: 313; Type species: *Zophoessa jalaurida* de

Nicéville, 1881.

Lethe (Lethina) Vane-Wright *et* de Jong, 2003; Zoologische Verhandelingen Leiden 43: 176.

Lethe europa gada Huang *et* Xue, 2004; Neue Entomologische Nachrichten 57: 140.

Zophoessa (Elymniinae, Lethina) Korb *et* Bolshakov, 2011; Eversmannia (Suppl.) 2: 44.

翅背面眼斑无梭形外框，中室闭式。前翅三角形，顶角明显，Sc 脉基部加粗，R_1 脉从中室上脉近上端角处分出；R_3 脉、R_4 脉、R_5 脉共柄，与 R_2 脉一起，从中室上端角分叉，R_4 脉到达前缘；M_1 脉和 M_2 脉从较直的端脉上段分出；Cu_1 脉从中室下端角前分出，与从中室下端角分叉的 M_3 脉远离；端脉凹入。后翅 M_3 脉基部弯曲，在外缘的脉端突出，$Sc + R_1$ 脉与 Rs 脉短，未到达顶角；腹面除 $sc + r_1$ 室无眼斑外，其余翅室有白瞳眼斑。

注记：周尧（1998，1999）将此属置于锯眼蝶亚科 Elymninae 黛眼蝶族 Lethini。http://ftp.funet.fi/pub/sci/bio/life/insecta/lepidoptera/网站则将此属置于黛眼蝶亚族 Lethina，隶属于眼蝶亚科 Satyrinae 锯眼蝶族 Elymniini。

22. 黛眼蝶 *Lethe dura* (Marshall, 1882)

Zophoessa dura Marshall, 1882; Journal of Asiatic Society of Bengal 51 Pt. II (2-3): 38, pl. 4, fig. 2; Type locality: Upper Tenasserim.

Debis moupiniensis Poujade, 1884; Bulletin Society of Entomology France (6)4: cxl; Type locality: 穆坪.

Zophoessa libitina Leech, 1891; Entomologist 24(Suppl.): 2; Type locality: 嘉定府，长阳.

（1）查看标本：康定，2005 年 8 月 17-21 日，2500-3000 m，5 只，邓合黎；康定，2005 年 8 月 18-21 日，2500-3500 m，6 只，杨晓东；天全，2005 年 9 月 13 日，1500-2000 m，1 只，杨晓东；勐海，2006 年 3 月 14 日，1500-2000 m，1 只，邓合黎；芦山，2006 年 6 月 8 日，1000-1500 m，2 只，邓合黎；香格里拉，2006 年 8 月 20 日，3000-3500 m，1 只，邓合黎；玉龙，2006 年 8 月 31 日，2500-3000 m，1 只，左燕；天全，2007 年 3 月 29 日，1500-2000 m，1 只，杨晓东；泸定，2015 年 9 月 2 日，1500-2000 m，1 只，邓合黎；泸定，2015 年 9 月 2、4 日，2000-2500 m，3 只，张乔勇；贡山，2016 年 8 月 24 日，2500-3500 m，14 只，邓合黎；贡山，2016 年 8 月 24 日，3000-3500 m，4 只，李爱民；孟连，2017 年 8 月 28 日，1000-1500 m，1 只，李勇；镇康，2017 年 8 月 20 日，1000-1500 m，1 只，邓合黎。

（2）分类特征：背面前翅黑褐色，具紫色光泽，无斑纹；亚缘有淡色带，比翅的其余部分显著色淡；后翅端半部具淡灰褐色带，有 7 个黑色圆斑，其中臀角 2 个偏小；外缘波状，从 M_3 脉到 Cu_2 脉有 3 个突出，M_3 脉较直，其形成的尾突较短而钝。腹面褐色，前翅中室有 1 条淡色横带，中室外从前缘到后角有 1 条淡色斜横带，亚顶角有 3 个小白斑；后翅中横带黑褐色，基半部具淡紫色的云片状纹。

（3）分布。

水平：镇康、孟连、勐海、玉龙、贡山、香格里拉、康定、泸定、天全、芦山。

垂直：1000-3500 m。

生境：常绿阔叶林、针阔混交林、灌丛、河滩灌丛、河谷灌丛、高山沼泽灌丛、林灌草地、河谷山坡灌草丛、树林农田。

（4）出现时间（月份）：3、6、8、9。

（5）种群数量：常见种。

（6）标本照片：彩色图版 II-10。

（7）注记：http://ftp.funet.fi/pub/sci/bio/life/insecta/lepidoptera/网站记载分布于中国西南部及台湾；India，Bhutan，Indochina。

23. 甘萨黛眼蝶 *Lethe kansa* (Moore, 1857)

Debis kansa Moore, 1857; in Horsfield & Moore, Catholic Lepidoptral Insect Museum of East India Coy 1: 220; Type locality: Darjeeling.

Lethe kansa vaga Fruhstorfer, 1911; in Seitz, Gross-Schmetterling Erde 9: 318-319; Type locality: 云南.

（1）查看标本：勐海，2006 年 3 月 14 日，1000-1500 m，1 只，吴立伟。

（2）分类特征：翅褐色；背面前翅无白色斜带，亚外缘有 3 个小黄点；后翅有 5 个明显的圆形大黑斑。腹面前翅亚外缘有 4 个眼斑，2 条明显的棕色线从前翅前缘延到后翅后缘。后翅臀角凹入，M_3 脉延成宽短显著的尾突。

（3）分布。

水平：勐海。

垂直：1000-1500 m。

生境：常绿阔叶林。

（4）出现时间（月份）：3。

（5）种群数量：罕见种。

（6）标本照片：彩色图版 II-11。

（7）注记：http://ftp.funet.fi/pub/sci/bio/life/insecta/lepidoptera/网站记载分布于中国云南；India，Indochina。

24. 长纹黛眼蝶 *Lethe europa* (Fabricius, 1775)

Papilio europa Fabricius, 1775; Systematic Entomology 500, no. 247; Type locality: India.

Papilio beroe Crame, [1775]; Uitland Kapellen 1: 1-7, pl. 79, figs. C, D; Type locality: 中国南部.

Lethe europa f. *gada* Fruhstorfer, 1911; in Seitz, Gross-Schmetterling Erde 9: 316; Type locality: Siam, Tonkin.

（1）查看标本：勐海，2006 年 3 月 14 日，1000-1500 m，1 只，邓合黎。

（2）分类特征：翅背面茶褐色；腹面褐色，从前翅中室中部至后翅臀缘有 1 条白色细带。前翅眼斑模糊；后翅 6 个眼斑变成长椭圆形，不呈眼斑状，周围有白色细边，内面浅褐底色上有深褐色斑块。后翅外缘波状，从 M_3 脉到 Cu_2 脉有 3 个突出，M_3 脉较直，其形成的尾突尖。

雌雄异型：雌蝶前翅背腹面均具有外边白色、直、内侧平滑的宽斜带，从前缘中央到臀角；雄蝶前翅背面无白色斜带，腹面斜带狭窄、暗黄色。

（3）分布。

水平：勐海。

垂直：1000-1500 m。

生境：常绿阔叶林。

（4）出现时间（月份）：3。

（5）种群数量：罕见种。

（6）注记：http://ftp.funet.fi/pub/sci/bio/life/insecta/lepidoptera/网站记载分布于中国南部；India，Indochina，Philippines，Japan。

25. 波纹黛眼蝶 *Lethe rohria* (Fabricius, 1787)

Papilio rohria Fabricius, 1787; Mantissa Insectorum 2: 45; Type locality: India.

Lethe rohria yoga Fruhstorfer, 1911; in Seitz, Gross-Schmetterling Erde 9: 317; Type locality: Ceylon.

Lethe rohria permagnis Fruhstorfer, 1911; in Seitz, Gross-Schmetterling Erde 9: 317; Type locality: 中国南部.

（1）查看标本：瑞丽，2006 年 3 月 31 日，500-1000 m，1 只，左燕；兰坪，2006 年 9 月 4 日，1000-1500 m，1 只，邓合黎；勐海，2006 年 3 月 22 日，500-1000 m，2 只，杨晓东；兰坪，2006 年 9 月 4 日，1000-1500 m，1 只，杨晓东。

（2）分类特征：背腹面的顶角均有 2 个不规则的小白点。翅背面黑褐色，具浅棕色不规则斑纹；腹面浅黑褐色，中横带为 2 条细白带，中间夹褐色，从前翅前缘近基部 1/3 处伸至后翅后缘，2 条白带在后缘合在一起指向最后 1 个双瞳眼斑。后翅外缘波状，从 M_3 脉到 Cu_2 脉有 3 个突出，M_3 脉较直，其形成的尾突尖；眼斑列两侧有白色波状纹；第 1 个眼斑大、具白瞳，第 2-4 个眼斑椭圆形、失去眼斑态，最后的 cu_2 室眼斑为 2 个黑点且各有白瞳。

雌雄异型：雌蝶前翅白色斜带曲折弯曲、从前缘中间至臀角，3 个无瞳眼斑无黄环；后翅有 6 个无瞳、无黄环的眼斑。雄蝶的白色斜带在中室端是 4 个小白长条，其余部分是白色细线、连至臀角；亚缘有 4 个具黄环的无瞳眼斑。

（3）分布。

水平：瑞丽、勐海、兰坪。

垂直分布：500-1500 m。

生境：常绿阔叶林、山坡灌丛、半干旱灌丛、草地。

（4）出现时间（月份）：3、9。

（5）种群数量：少见种。

（6）标本照片：彩色图版 II-12。

（7）注记：http://ftp.funet.fi/pub/sci/bio/life/insecta/lepidoptera/网站记载分布于中国南部；Afghanistan，Kashmir，India，Ceylon，Burma，Java。

26. 白水隆黛眼蝶 *Lethe shirozui* Sugiyama, 1997

Lethe shirozui Sugiyama, 1997; Pallarge 6: 1-8; Type locality: 中甸.

（1）查看标本：兰坪，2006 年 9 月 2 日，2500-3000 m，1 只，李爱民。

（2）分类特征：斑纹色彩近似明带黛眼蝶 *L. helle*；翅背面褐色，腹面黄褐色，斑纹黑褐色。前翅腹面中室内有 1 个长方形镶有黑褐色边的黄白色斑；外横带、中室端斑及亚顶端斑黄白色，镶有明显黑边；白斑连续排列成弧形，指向后缘近臀角；后翅腹面基部有白线组成的云状斑纹，中域有 2 条褐色横线，均弯曲，中间的斑黄褐色；外缘波状，从 M_3 脉到 Cu_2 脉有 3 个不明显的突出。

（3）分布。

水平：兰坪。

垂直：2500-3000 m。

生境：针阔混交林。

（4）出现时间（月份）：9。

（5）种群数量：罕见种。

（6）标本照片：彩色图版 II-13。

（7）注记：周尧（1998，1999）和 http://ftp.funet.fi/pub/sci/bio/life/insecta/lepidoptera/ 网站均未记载此种。

27. 小云斑黛眼蝶 *Lethe jalaurida* (de Nicéville, 1881)

Zophoessa jalaurida de Nicéville, 1881; Journal of Asiatic Society of Bengal 49 Pt. II (4): 245; Type locality: SW. Himalayas.

Lethe sidonis f. *gelduba* Fruhstorfer, 1911; in Seitz, Gross-Schmetterling Erde 9: 312; Type locality: Sikkim, Bhutan, Assam.

Lethe jalaurida nuolaensis Huang, 2001; Neue Entomologische Nachrichten 51: 94, pl. 7, fig. 52; Type locality: 诺拉.

（1）查看标本：康定，2005 年 8 月 23 日，3000-3500 m，1 只，邓合黎；德钦，2006 年 8 月 14 日，3000-3500 m，1 只，邓合黎；德钦，2006 年 8 月 14 日，3000-3500 m，2 只，李爱民；玉龙，2006 年 8 月 31 日，3000-3500 m，1 只，邓合黎；盐源，2008 年 8 月 23 日，2500-3000 m，1 只，邓合黎；泸定，2015 年 9 月 3 日，2500-3000 m，5 只，李爱民；泸定，2015 年 9 月 2-3 日，2500-3000 m，3 只，张乔勇；贡山，2016 年 8 月 24 日，3000-3500 m，2 只，李爱民；贡山，2016 年 8 月 24 日，3000-3500 m，2 只，左燕。

（2）分类特征：翅背面黑褐色，腹面黄褐色；前翅背腹面斑纹近似，较狭窄的白色斜带曲折弯曲、从前缘中间至后缘近臀角，斜带后半段由 2 个三角形和 1 个长方形白斑组成，内侧是 1 条同样形状的褐纹；中室具白色横纹，其两侧为褐斑；亚缘从外至内分别是黄褐色条纹、褐纹和 4 个小白点。后翅眼斑小，cu_2 室眼斑单瞳；背面亚缘眼斑为圆斑；腹面翅中横带为 2 条赭色粗带，其中间夹黄褐色，外线从前缘近顶角 1/3 处曲折伸至后缘，内线仅到中室下脉；基半部还有 1 条与外缘平行的褐色条纹。后翅外缘波状，从 M_3 脉到 Cu_2 脉有 3 个突出，M_3 脉较直，形成尖尾突；眼斑外围有淡赭色圈，各有白瞳。

（3）分布。

水平：玉龙、贡山、德钦、盐源、康定、泸定。

垂直：2500-3500 m。

生境：常绿阔叶林、针阔混交林、山坡灌丛草地、高山草地。

（4）出现时间（月份）：8、9。

（5）种群数量：常见种。

（6）标本照片：彩色图版 III-1。

（7）注记：http://ftp.funet.fi/pub/sci/bio/life/insecta/lepidoptera/网站记载分布于中国四川、云南；India，Burma。

28. 米勒黛眼蝶 *Lethe moelleri* (Elwes, 1887)

Zophoessa moelleri Elwes, 1887; Proceedings of Zoological Society of London 1887: 445.

Lethe moelleri bruno Tytler, 1939; Journal of the Bombay Natural History Society 41(2): 246; Type locality: Burma.

Lethe moelleri bitaensis Yochino, 1999; Neo Lepidoptera 4: 7, figs. 49-50; Type locality: 中甸.

Lethe gesangdawai Huang, 2001; Neue Entomologische Nachrichten 51: 95, pl. 7, figs. 55, 86; Type locality: 诺拉, 贡山.

（1）查看标本：德钦，2006 年 8 月 14 日，3000-3500 m，1 只，杨晓东；贡山，2016 年 8 月 28 日，2500-3000 m，1 只，邓合黎；贡山，2016 年 8 月 24 日，2500-3000 m，1 只，左燕；贡山，2016 年 8 月 24、28 日，2500-3500 m，2 只，李爱民；泸水，2016 年 8 月 28 日，3000-3500 m，2 只，李爱民。

（2）分类特征：前翅红褐色，白带弧形弯曲、后半段由 3 个三角形白斑组成、在腹面宽而显著、至后缘近臀角处；后翅眼斑较大，cu_2 室眼斑双瞳；外缘波状，从 M_3 脉到 Cu_2 脉有 3 个突出，M_3 脉突出成尖尾突。

（3）分布。

水平：泸水、贡山、德钦。

垂直：2500-3500 m。

生境：常绿阔叶林、针阔混交林。

（4）出现时间（月份）：8。

（5）种群数量：少见种。

（6）标本照片：彩色图版 III-2。

（7）注记：http://ftp.funet.fi/pub/sci/bio/life/insecta/lepidoptera/网站记载分布于中国广西；India，Bhutan，Burma。

29. 云纹黛眼蝶 *Lethe elwesi* (Moore, [1892])

Zophoessa elwesi Moore, [1892]; Lepidoptera Indica 1: 298, pl. 92, fig. 3.

Lethe jalaurida elwesi Huang, 2001; Neue Entomologische Nachrichten 51: 94(note).

（1）查看标本：金川，2017 年 5 月 29 日，2500-3000 m，1 只，李爱民。

（2）分类特征：前翅三角形，前缘和外缘微弧形，后缘平直；背面外缘浅褐色，亚外缘黑褐色；内侧近前缘平行外缘有 3 个黄白色小长斑，斑下方有 2 个黄褐色眼斑，具浅黄白色瞳；中横带由内侧波状黑褐色纹和外侧黄白色波状纹组成；中室内近端脉有 2 个长方形黑褐色横斑，中间是黄白色横斑；前翅腹面斑纹色彩近似背面。后翅卵圆形，前缘弧形，后缘平直、臀角凹入，外缘波状、M$_3$ 脉末端突出成短尾；基半部排列数条从前缘至后缘的斑纹，黑褐色和浅褐色相间；端半部与外缘平行区域黑褐色，中间是黄白色细纹；亚外缘黄白色区域内与外缘平行分布 5 个圆形黑斑；内侧黄白色、外侧黑褐色中横带宽且直，从前缘中部到后缘中部，下半段曲折；腹面与背面近似，圆形黑斑被白瞳眼斑替代，眼斑被黑褐色细线环绕。

（3）分布。

水平：金川。

垂直：2500-3000 m。

生境：亚高山灌丛。

（4）出现时间（月份）：5。

（5）种群数量：罕见种。

（6）标本照片：彩色图版 III-3。

（7）注记：周尧（1998，1999）未记载此种；Huang（2001）和 http://ftp.funet.fi/pub/sci/bio/life/insecta/lepidoptera/网站将此种作为小云斑黛眼蝶 *Lethe jalaurida* 的亚种，并记载分布于中国西部；India，Burma。

30. 曲纹黛眼蝶 *Lethe chandica* (Moore, 1858)

Debis chandica Moore, 1858; in Horsfield & Moore, Catholic Lepidoptral Insect Museum of East India Coy 1: 219; Type locality: Darjeeling.

Lethe chandica coelestis Leech, 1892; Butterflies from China, Japan and Corea (1): 19-20, pl. 3, figs. 7-8; Type locality: 中国西部.

Lethe rahula Fruhstorfer, 1911; in Seitz, Gross-Schmetterling Erde 9: 320; Type locality: 海南.

（1）查看标本：勐海，2006 年 3 月 14 日，1000-1500 m，1 只，邓合黎；勐海，2006 年 3 月 14 日，1000-1500 m，1 只，吴立伟；勐海，2006 年 3 月 22-23 日，1000-1500 m，2 只，杨晓东；景洪，2021 年 5 月 21 日，1000-1500 m，1 只，余波。

（2）分类特征：雌雄异型，两性顶角附近无白斑，前翅亚缘小眼斑 5 个；后翅眼斑多变，不规则圆形、椭圆形到长椭圆形。后翅外缘波状，从 M$_3$ 脉到 Cu$_2$ 脉有 3 个突出，M$_3$ 脉突出为钝尾突。翅腹面有 2 条褐色横线，内侧横线直，外侧横线强烈向外弯曲。

雌雄异型：雌蝶翅棕褐色，背腹面斑纹色彩近似，前翅有明显白色斜带，其到中室端折断向后缘但并未抵达后缘；后半段主要由 2 个三角形白斑组成，但背面模糊，没有腹面清晰。雄蝶无白色斜带，背面棕黑色，其余似雌蝶。

（3）分布。

水平：勐海、景洪。

垂直：1000-1500 m。

生境：常绿阔叶林。

（4）出现时间（月份）：3、5。

（5）种群数量：少见种。

（6）标本照片：彩色图版 III-4、5。

（7）注记：http://ftp.funet.fi/pub/sci/bio/life/insecta/lepidoptera/网站记载分布于中国西部及台湾、海南；India，Laos，Vietnam，Malaysia，Sumatra，Philippines。

31. 华山黛眼蝶 *Lethe serbonis* (Hewitson, 1876)

Debis serbonis Hewitson, 1876; The Entomologist's Monthly Magazine 13(7): 151; Type locality: Darjeeling.

Debis davidi Oberthür, 1881; Études d'Entomologie 6: 15, pl. 7, fig. 5; Type locality: 穆坪.

Lethe serbonis teesta Talbot, 1947; Fauna of British India, Butterflies (2nd ed.) 220; Type locality: Sikkim.

Lethe serbonis bhutya Talbot, 1947; Fauna of British India, Butterflies (2nd ed.) 221; Type locality: Bhutan.

（1）查看标本：木里，2008 年 8 月 1 日，2500-3000 m，1 只，邓合黎；青川，2020 年 8 月 14 日，1500-2000 m，1 只，左燕。

（2）分类特征：翅红褐色。背面深黑褐色且宽的外横线从前缘曲折呈弧形至后缘近臀角处，在前缘和中室端向内扩散，此处外侧色彩浅淡。腹面有 2 条褐色横线，内横线较直，外横线向外弯曲，中室内有 1 条横线。眼斑小，前翅腹面仅 1 个眼斑；后翅 rs 室和 cu_1 室眼斑明显、具黑环。后翅外缘波状，从 M_3 脉到 Cu_2 脉有 3 个突出，M_3 脉突出为尖尾突。

（3）分布。

水平：木里、青川。

垂直：1500-3000 m。

生境：常绿阔叶林、河谷灌丛草地。

（4）出现时间（月份）：8。

（5）种群数量：罕见种。

（6）标本照片：彩色图版 III-6。

（7）注记：http://ftp.funet.fi/pub/sci/bio/life/insecta/lepidoptera/网站记载分布于中国西部；Bhutan，India，Burma。

32. 白带黛眼蝶 *Lethe confusa* Aurivillius, 1897

Lethe confusa Aurivillius, 1897; Entomology Tidskr 18(3/4): 142; Type locality: India.

Lethe rohria var. *apara* Fruhstorfer, 1911; in Seitz, Gross-Schmetterling Erde 9: 318; Type locality: Tenasserim.

Lethe confusa fuhaica Lee, 1962; Acta Entomology Sinica 11(2): 139, 144; Type locality: 云南.

（1）查看标本：勐海，2006 年 3 月 14 日，1500-2000 m，2 只，邓合黎；芒市，2006 年 3 月 26 日，1500-2000 m，2 只，邓合黎；勐海，2006 年 3 月 22 日，500-1000 m，2 只，左燕；芒市，2006 年 3 月 26 日和 4 月 1 日，1000-2000 m，2 只，李爱民；勐海，2006 年 3 月 21 日，500-1000 m，2 只，李爱民；兰坪，2006 年 9 月 4 日，1000-1500 m，1 只，李爱民；勐海，2006 年 3 月 22 日，500-1000 m，2 只，杨晓东；芒市，2006 年 3

月 26 日，1500-2000 m，1 只，杨晓东；勐海，2006 年 3 月 14 日，1000-1500 m，1 只，吴立伟；勐腊，2006 年 3 月 18 日，500-1000 m，1 只，吴立伟；景洪，2006 年 3 月 21 日，500-1000 m，1 只，吴立伟；瑞丽，2006 年 3 月 30 日，1000-1500 m，1 只，吴立伟；镇康，2017 年 8 月 20 日，1000-1500 m，1 只，邓合黎；孟连，2017 年 8 月 28 日，1000-1500 m，1 只，左燕；澜沧，2017 年 8 月 31 日，500-1000 m，1 只，左燕。

（2）分类特征：翅黑褐色带紫色。前翅顶角有白斑，明显的白色斜带从前缘中部到臀角、直而连续且末端不尖；腹面亚缘小眼斑 3 个。后翅外缘波状，从 M_3 脉到 Cu_2 脉有 3 个突出，M_3 脉突出为不明显的尾突；腹面有 2 条白色横线，内侧横线直，在后缘会合成"V"形。

（3）分布。

水平：瑞丽、芒市、镇康、孟连、勐海、景洪、勐腊、澜沧、兰坪。

垂直：500-2000 m。

生境：常绿阔叶林、河流灌丛、溪流林灌、灌丛草地。

（4）出现时间（月份）：3、4、8、9。

（5）种群数量：常见种。

（6）标本照片：彩色图版 III-7。

（7）注记：http://ftp.funet.fi/pub/sci/bio/life/insecta/lepidoptera/网站记载分布于中国南部；India，Indochina，Sumatra。

33. 深山黛眼蝶 *Lethe isana* (Kollar, [1844])

Satyrus isana Kollar, [1844]; in Hügel, Kaschmir und das Reich der Siek 4: 448, pl. 16, figs. 3-4.
Satyrus hyrania Kollar, [1844]; in Hügel, Kaschmir und das Reich der Siek 4: 449, pl. 17, figs. 1-2.
Lethe procris Leech, 1891; Entomologist 24(Suppl.): 2; Type locality: 瓦山, 长阳.
Lethe baucis Leech, 1891; Entomologist 24(Suppl.): 3; Type locality: 瓦山, 金口河, 打箭炉.

（1）查看标本：天全，2005 年 8 月 31 日，1500-2000 m，1 只，邓合黎；芒市，2006 年 3 月 26 日，1500-2000 m，1 只，左燕；泸定，2015 年 9 月 2 日，2000-2500 m，1 只，李爱民；宝兴，2016 年 5 月，1500-2000 m，1 只，李爱民。

（2）分类特征：前翅顶角有 2 个小白斑，腹面亚缘小眼斑 3 个。后翅腹面 2 条褐色中横线均直，相互远离，大致平行，末端不会合成"V"形；外缘波状，从 M_3 脉到 Cu_2 脉有 3 个突出，M_3 脉突出为不明显的尾突。

雌雄异型：雌蝶有明显的白色斜带，其从前缘中部到臀角、直而连续且末端不尖；背腹面色彩相近，为黄褐色。雄蝶背面黑褐色，斜带为 1 条隐约可见的浅色细线；腹面褐色，斜带比背面明显可见，为浅褐色。

（3）分布。

水平：芒市、泸定、天全、宝兴。

垂直：1500-2500 m。

生境：常绿阔叶林、针阔混交林。

（4）出现时间（月份）：3、5、8、9。

（5）种群数量：少见种。

（6）注记：http://ftp.funet.fi/pub/sci/bio/life/insecta/lepidoptera/网站记载分布于中国中部及西部；Bhutan，India，Nepal，Indochina。

34. 玉带黛眼蝶 *Lethe verma* (Kollar, [1844])

Satyrus verma Kollar, [1844]; in Hügel, Kaschmir und das Reich der Siek 4: 447, pl. 16, figs. 1-2.
Lethe verma Moore, 1878; Proceedings of Zoological Society of London 1878(4): 824, pl. 168, fig. 5.
Lethe (Tausima) verma stenopa Fruhstorfer, 1908; Entomologische Zeitschrift 22(31): 127; Type locality: Vietnam.
Lethe verma satarnus Fruhstorfer, 1911; in Seitz, Gross-Schmetterling Erde 9: 324; Type locality: 中国西部。

（1）查看标本：勐海，2006 年 3 月 14、22 日，500-1500 m，2 只，邓合黎；勐腊，2006 年 3 月 18 日，500-1000 m，1 只，邓合黎；勐腊，2006 年 3 月 18 日，500-1000 m，1 只，吴立伟；勐腊，2006 年 3 月 17 日，500-1000 m，1 只，杨晓东；芒市，2006 年 3 月 26 日，1500-2000 m，1 只，左燕；芒市，2006 年 3 月 28 日，500-1000 m，1 只，杨晓东；瑞丽，2006 年 3 月 30 日，1000-1500 m，1 只，左燕；瑞丽，2006 年 3 月 30 日，1000-1500 m，1 只，吴立伟；石棉，2006 年 6 月 21 日，1000-1500 m，1 只，左燕；石棉，2006 年 6 月 21 日，500-1000 m，1 只，李爱民；汉源，2006 年 6 月 24、29 日，1500-2000 m，4 只，李爱民；汉源，2006 年 6 月 24、29 日，1500-2000 m，3 只，杨晓东；汉源，2006 年 6 月 29 日，1500-2000 m，4 只，邓合黎；汉源，2006 年 6 月 29 日，2000-2500 m，1 只，左燕；泸定，2015 年 9 月 2、4 日，1500-2000 m，2 只，李爱民；泸定，2015 年 9 月 4 日，1500-2000 m，2 只，邓合黎；泸定，2015 年 9 月 4 日，1500-2000 m，2 只，左燕；泸定，2015 年 9 月 4 日，1500-2000 m，2 只，张乔勇；贡山，2016 年 8 月 25 日，1000-1500 m，1 只，邓合黎；孟连，2017 年 8 月 29 日，1500-2000 m，1 只，左燕；墨江，2018 年 6 月 30 日，1000-1500 m，2 只，邓合黎。

（2）分类特征：翅背面黑褐色，腹面稍浅。前翅顶角无白斑，亚缘小眼斑 2 个，明显的白色斜带从前缘中部到 Cu_2 脉、直而连续且不尖。后翅外缘波状；腹面 2 条连续弯曲的黄白色中横线较为接近但不接触、末端不会合成"V"形，外侧 1 条中部呈乳突状。

（3）分布。

水平：瑞丽、芒市、勐海、勐腊、孟连、墨江、贡山、石棉、汉源、泸定。

垂直：500-2500 m。

生境：常绿阔叶林、针阔混交林、农田树林、河谷林灌、灌丛、山坡灌丛、河滩灌丛、灌丛草地、林灌农田。

（4）出现时间（月份）：3、4、6、8、9。

（5）种群数量：常见种。

（6）标本照片：彩色图版 III-8。

（7）注记：http://ftp.funet.fi/pub/sci/bio/life/insecta/lepidoptera/网站记载分布于中国西部及南部；Kashmir，India，Indochina。

35. 八目黛眼蝶 *Lethe oculatissima* (Poujade, 1885)

Mycalesis oculatissima Poujade, 1885; Bulletin Society of Entomology France (6)5: xxiv.
Lethe occulta Leech, 1890; Entomologist 23: 26; Type locality: 长阳.

（1）查看标本：宝兴，2005 年 7 月 7 日，2000-2500 m，1 只，邓合黎；宝兴，2005 年 7 月 13 日，2000-2500 m，1 只，杨晓东；荥经，2006 年 7 月 5 日，2000-2500 m，1 只，邓合黎；荥经，2006 年 7 月 1 日，1500-2000 m，1 只，杨晓东；青川，2020 年 8 月 14 日，1500-2000 m，1 只，左燕。

（2）分类特征：翅红褐色。背面色彩单纯，仅有黑色眼斑；前翅 m_1 室和 cu_2 室各有 1 个黑斑，后翅 rs 室和 cu 室眼斑显著且后者有白瞳。腹面眼斑列两侧具白色波状细纹，2 条几乎平行的深红褐色横线从前翅外缘延伸至后翅后缘；外缘有 2 条平行的黄白色细线；前翅顶角无白斑，亚缘眼斑 5 个，第 2、5 眼斑较大且具显著黑环；明显的直而连续的白色斜带非常狭窄，从前缘中部伸至后缘近臀角；后翅第 3、4 眼斑无黑环，其余眼斑具黑环，第 1、5 眼斑最大；外缘微波状，从 M_3 脉到 Cu_2 脉有 3 个微突出。

（3）分布。

水平：荥经、宝兴、青川。

垂直：1500-2500 m。

生境：常绿阔叶林、河滩灌丛、溪流灌丛。

（4）出现时间（月份）：7、8。

（5）种群数量：少见种。

（6）标本照片：彩色图版 III-9。

（7）注记：http://ftp.funet.fi/pub/sci/bio/life/insecta/lepidoptera/网站记载分布于中国西部。

36. 宽带黛眼蝶 *Lethe helena* Leech, 1891

Lethe helena Leech, 1891; Entomologist 24(Suppl.): 3; Type locality: 嘉定府.
Lethe obscura Mell, 1942; Archive Naturgesch. (N. F.) 11: 279.

（1）查看标本：勐腊，2006 年 3 月 18 日，500-1000 m，1 只，邓合黎；泸定，2015 年 9 月 2 日，1500-2000 m，1 只，李爱民。

（2）分类特征：前翅前缘弧形，外缘和后缘平直；背腹面顶角无白斑，亚缘 5 个小眼斑大小一致；白色斜带宽，从前缘中部到臀角，直而连续，末端不尖。后翅外缘波状，M_3 脉端不突出。腹面中域 2 条从前翅前缘延伸至后翅后缘的棕褐色细线不规则弯曲。

（3）分布。

水平：勐腊、泸定。

垂直：500-2000 m。

生境分布：常绿阔叶林、河滩林灌。

（4）出现时间（月份）：3、9。

（5）种群数量：罕见种。

（6）标本照片：彩色图版 III-10。

（7）注记：http://ftp.funet.fi/pub/sci/bio/life/insecta/lepidoptera/网站记载分布于中国西部。

37. 紫线黛眼蝶 *Lethe violaceopicta* (Poujade, 1884)

Debis violaceopicta Poujade, 1884; Bulletin Society of Entomology France (6)4: clviii.
Lethe calisto Leech, 1891; Entomologist 24(Suppl.): 23; Type locality: 峨眉山.
Zophoessa violaceopicta Huang, 2003; Neue Entomologische Nachrichten 55: 91(note), fig. 143.

（1）查看标本：宝兴，2005 年 7 月 7 日，2000-2500 m，1 只，邓合黎；左贡，2005 年 8 月 7 日，3500-4000 m，1 只，邓合黎；天全，2005 年 8 月 29、31 日，2 只，邓合黎；天全，2005 年 8 月 29 日和 10 月 5 日，1500-2500 m，5 只，杨晓东；芦山，2005 年 9 月 10 日，1000-1500 m，5 只，邓合黎；天全，2005 年 9 月 3 日，1000-1500 m，2 只，李爱民；宝兴，2005 年 9 月 8 日，1500-2000 m，1 只，李爱民；德钦，2006 年 8 月 14 日，3000-3500 m，左燕；泸定，2015 年 9 月 3 日，2500-3000 m，1 只，张乔勇；宝兴，2017 年 9 月 27-29 日，1000-2500 m，10 只，周树军；宝兴，2018 年 6 月 4 日，1500-2000 m，1 只，周树军。

（2）分类特征：雌雄异型。雌蝶背面棕褐色，前翅顶角有 2 个白瞳；中室外侧白斑和亚缘各室白斑排成弧形、指向后缘到达臀角，并与顶角 1 列黄白色斑组成 "Y" 形，背腹面均可见；腹面后翅基半部有紫白色线组成的云状斑纹，亚外缘只前端 1 个眼斑较清晰，眼斑均围有紫线，cu$_2$ 室 2 个眼斑相连，眼斑列内侧为淡黄褐色曲折纹。雄蝶翅黑褐色，背面几无斑纹，腹面斑纹似雌蝶但非常模糊。后翅外缘从 M$_3$ 脉到 Cu$_2$ 脉有 3 个微突出。

（3）分布。

水平：德钦、左贡、泸定、天全、芦山、宝兴。

垂直：500-4000 m。

生境：常绿阔叶林、针阔混交林、溪流灌丛、河滩灌丛、河谷灌丛。

（4）出现时间（月份）：6、7、8、9、10。

（5）种群数量：常见种。

（6）标本照片：彩色图版 III-11、12。

（7）注记：http://ftp.funet.fi/pub/sci/bio/life/insecta/lepidoptera/网站记载分布于中国西藏、四川、贵州。

38. 小圈黛眼蝶 *Lethe ocellata* (Poujade, 1885)

Debis ocellata Poujade, 1885; Bulletin Society of Entomology France (6)5: x; Type locality: 穆坪.
Lethe simulans Leech, 1891; Entomologist 24(Suppl.): 23; Type locality: 峨眉山.
Zophoessa ocellata de Lesse, 1956; Annual Society of Entomology France 125: 78.

（1）查看标本：泸定，2015年9月2日，1500-2000 m，1只，邓合黎；泸定，2015年9月2、4日，2000-2500 m，2只，张乔勇；泸定，2015年9月4日，2000-2500 m，1只，左燕。

（2）分类特征：翅红褐色，背面无白斑，眼斑小；腹面2条褐色横线均弯曲。前翅腹面顶角有3个白瞳小眼斑，排列在2个小白点之后。后翅眼斑均有黑环，外横线中段弧形突出；外缘波状，从M_3脉到Cu_2脉有3个微突出。

（3）分布。

水平：泸定。

垂直：1500-2500 m。

生境：常绿阔叶林、针阔混交林、山坡灌草丛、河谷山坡灌草丛。

（4）出现时间（月份）：9。

（5）种群数量：少见种。

（6）标本照片：彩色图版III-13。

（7）注记：武春生和徐堉峰（2017）记载此种前翅亚外缘无眼斑；周尧（1998，1999）则记载有5个小眼斑。http://ftp.funet.fi/pub/sci/bio/life/insecta/lepidoptera/网站记载分布于中国四川、西藏；India，Vietnam。

39. 西峒黛眼蝶 *Lethe sidonis* (Hewitson, 1863)

Debis sidonis Hewitson, 1863; Illustrations of New Species of Exotic Butterflies 4(Debis II-III): 37, pl. 20, fig. 16; Type locality: India.

Lethe vaivarta Doherty, 1886; Journal of Asiatic Society of Bengal 55 Pt. II (2): 115; Type locality: Kumaon.

Lethe irma Evans, 1923; Journal of the Bombay Natural History Society 29(2): 531; Type locality: Gangtok.

Zophoessa nicevillei Evans, 1923; Journal of the Bombay Natural History Society 9(2): 531; Type locality: Bhutan.

Zophoessa sidonis Huang, 2003; Neue Entomologische Nachrichten 55: 91(note).

（1）查看标本：德钦，2006年8月14日，3000-3500 m，3只，杨晓东；泸水，2016年8月28日，2000-3000 m，2只，邓合黎；福贡，2016年8月27日，2000-2500 m，1只，左燕；泸水，2016年8月28日，2500-3000 m，2只，左燕；贡山，2016年8月24日，2500-3000 m，4只，左燕；贡山，2016年8月24日，2500-3500 m，2只，李爱民；泸水，2016年8月28日，3000-3500 m，1只，李爱民。

（2）分类特征：翅背面纯黑褐色，无斑纹，腹面也是黑褐色。前翅中室内有1条白色横线，中室端有白斑，排成弧形的白斑断续；近顶角有4个眼斑。后翅无褐色横线，基半部白色纹线较杂，是白线组成的云状斑纹，rs室和cu_2室眼斑黑环明显；外缘黄褐色，与黑褐色翅面相间1条白色细线。

（3）分布。

水平：泸水、福贡、贡山、德钦。

垂直：2000-3500 m。

生境：常绿阔叶林、针阔混交林、农田树林。

（4）出现时间（月份）：8。

（5）种群数量：少见种。

（6）标本照片：彩色图版 III-14。

（7）注记：http://ftp.funet.fi/pub/sci/bio/life/insecta/lepidoptera/网站记载分布于中国西藏；India。

40. 圣母黛眼蝶 *Lethe cybele* Leech, 1894

Lethe cybele Leech, 1894; Butterflies from China, Japan and Corea (5): 643-644; Type locality: 峨眉山.

Lethe cyrene Leech, 1890; Entomologist 23: 27; Type locality: 长阳.

（1）查看标本：色达，2005 年 7 月 24 日，4000-4500 m，1 只，邓合黎；宝兴，2005 年 9 月 8 日，1500-2000 m，1 只，李爱民；汉源，2006 年 7 月 1 日，2000-2500 m，1 只，李爱民；泸定，2015 年 9 月 2 日，1500-2000 m，1 只，李爱民；青川，2020 年 8 月 14 日，1500-2000 m，1 只，左瑞。

（2）分类特征：翅背面深棕色，外缘内侧、亚缘和眼斑黑褐色，无白斑。腹面前翅亚端有 3 个白瞳小眼斑，中室端无白斑，其外侧白斑排成弧形且下段分 3 段、指向后缘；后翅腹面有白线组成的云状斑纹；外缘从 M_3 脉到 Cu_2 脉有 3 个微突出；rs 室、m_1 室、cu_1 室、cu_2 室 4 翅室眼斑均具明显黑环，眼斑列内侧的上段深褐色、中段有 2 个黄点、下段为曲折白线。

（3）分布。

水平：汉源、泸定、宝兴、色达、青川。

垂直：1500-4500 m。

生境：常绿阔叶林、河滩林灌、灌丛、山坡灌丛、高寒草甸。

（4）出现时间（月份）：7、8、9。

（5）种群数量：少见种。

（6）标本照片：彩色图版 III-15。

（7）注记：http://ftp.funet.fi/pub/sci/bio/life/insecta/lepidoptera/网站记载分布于中国西藏。

41. 黑带黛眼蝶 *Lethe nigrifascia* Leech, 1890

Lethe nigrifascia Leech, 1890; Entomologist 23: 28; Type locality: 长阳.

Lethe nigrifascia ab. *fasciata* Seitz, [1909]; in Seitz, Gross-Schmetterling Erde 1: 86, pl. 31d; Type locality: 八字房.

Zophoessa nigrifascia de Lesse, 1956; Annual Society of Entomology France 125: 79.

Zophoessa nigrifascia Huang, 2003; Neue Entomologische Nachrichten 55: 91, fig. 138(note).

（1）查看标本：宝兴，2005 年 9 月 8 日，1500-2000 m，1 只，杨晓东；天全，2005 年 9 月 3 日，1500-2000 m，2 只，杨晓东；德钦，2006 年 8 月 9 日，3000-3500 m，3 只，左燕；德钦，2006 年 8 月 9 日，3000-3500 m，2 只，杨晓东；香格里拉，2006 年

8 月 21 日，2500-3000 m，杨晓东；维西，2006 年 8 月 28 日，2500-3000 m，2 只，左燕；维西，2006 年 8 月 28 日，2500-3000 m，1 只，李爱民；维西，2006 年 8 月 28-31 日，2500-3500 m，3 只，杨晓东；兰坪，2006 年 9 月 2 日，2500-3000 m，1 只，李爱民；天全，2007 年 8 月 4 日，1500-2000 m，1 只，杨晓东；盐源，2008 年 8 月 23 日，2500-3000 m，7 只，邓合黎；泸定，2015 年 9 月 3 日，2500-3000 m，5 只，邓合黎；泸定，2015 年 9 月 2-4 日，1500-3000 m，5 只，左燕；泸定，2015 年 9 月 3 日，2500-3000 m，5 只，李爱民；泸定，2015 年 9 月 3 日，2500-3000 m，2 只，张乔勇。

（2）分类特征：翅褐色。前翅中室有 1 个长方形的白色横斑，背腹面 1 条深褐色横带从中室端伸至后缘近臀角处；外侧白斑连成波状曲线并指向后缘，在 M_3 脉与 Cu_2 脉处突出；亚外缘有 1 条与外缘平行的宽阔褐色带，次带外侧为 1 条白色细线。后翅腹面基半部有白线组成的云状斑纹；中域 2 条深褐色横线均弯曲，横线两侧有白线；外缘波状；从 M_3 脉到 Cu 脉有 3 个微突出，M_3 脉突出为非常短小的尾突；与外缘平行的褐色带外侧齿状。

（3）分布。

水平：维西、兰坪、香格里拉、德钦、盐源、泸定、天全、宝兴。

垂直：1500-3500 m。

生境：常绿阔叶林、针阔混交林、山坡林灌、山坡灌丛草地、草地、山坡草地。

（4）出现时间（月份）：8、9。

（5）种群数量：常见种。

（6）标本照片：彩色图版 III-16。

（7）注记：http://ftp.funet.fi/pub/sci/bio/life/insecta/lepidoptera/网站记载分布于中国湖北、湖南、河南、陕西、甘肃、四川。

42. 蟠纹黛眼蝶 *Lethe labyrinthea* Leech, 1890

Lethe labyrinthea Leech, 1890; Entomologist 23: 28; Type locality: 长阳.

（1）查看标本：盐源，2008 年 8 月 23 日，2500-3000 m，2 只，邓合黎；泸定，2015 年 9 月 4 日，2000-2500 m，2 只，左燕。

（2）分类特征：翅斑纹清晰明显，翅脉粗、黑褐色，特别是 M_1 脉至 Cu_2 脉基半部两侧有黑褐色纹、无白斑；翅背面黄褐色，腹面淡黄褐色。前翅背腹面顶角均无眼斑，背面从中室端到后缘有 1 条锯齿状黑色横带。后翅有 2 条弯曲褐纹，相距较宽，组成简单图案，无白线组成的云斑；外缘波状，从 M_3 脉到 Cu_2 脉有 3 个微突起，M_3 脉突出不明显、未形成尾突。

（3）分布。

水平：盐源、泸定。

垂直：2000-3000 m。

生境：山坡灌丛草地。

（4）出现时间（月份）：8、9。

（5）种群数量：少见种。

（6）注记：http://ftp.funet.fi/pub/sci/bio/life/insecta/lepidoptera/网站记载分布于中国西部。

43. 明带黛眼蝶 *Lethe helle* (Leech, 1891)

Zophoessa helle Leech, 1891; Entomologist 24(Suppl.): 1; Type locality: 瓦山，嘉定府，皇木城.

Lethe helle gregoryi Watkins, 1927; Annual Magazine of Natural History (9)19: 323; Type locality: 云南.

Zophoessa shirozui Sugiyama, 1997; Pallarge 6: 1-8; Type locality: 中甸.

Zophoessa helle Huang, Wu *et* Yuan, 2003; Neue Entomologische Nachrichten 55: 151(note).

（1）查看标本：宝兴，2005 年 7 月 13 日和 9 月 8 日，1500-2500 m，4 只，邓合黎；宝兴，2005 年 7 月 7 日，2000-2500 m，1 只，杨晓东；天全，2005 年 8 月 30 日和 9 月 3 日，1000-2500 m，10 只，邓合黎；天全，2005 年 8 月 30 日，2000-2500 m，4 只，杨晓东；康定，2005 年 8 月 23 日，3000-3500 m，1 只，杨晓东；德钦，2006 年 8 月 9 日，3000-3500 m，1 只，邓合黎；德钦，2006 年 8 月 9 日，3000-3500 m，2 只，陈静仁；德钦，2006 年 8 月 9 日，3000-3500 m，1 只，李爱民；维西，2006 年 8 月 28 日，2500-3000 m，2 只，邓合黎；维西，2006 年 8 月 28 日，2000-2500 m，1 只，李爱民；维西，2006 年 8 月 31 日，2500-3500 m，3 只，杨晓东；天全，2007 年 8 月 4-5 日，1500-2500 m，3 只，杨晓东；泸定，2015 年 9 月 3-4 日，2000-3000 m，2 只，张乔勇；宝兴，2017 年 9 月 29 日，2500-3000 m，2 只，周树军。

（2）分类特征：翅背面褐色，腹面黄褐色，斑纹黑褐色。前翅中室内有 1 个长方形的镶有黑褐色边的黄白色斑；外横带、中室端斑及亚顶端斑黄白色，镶有明显的黑边；白斑连续排列成弧形，指向后缘近臀角。后翅腹面基部有白线组成的云状斑纹，中域 2 条褐色横线均弯曲，中间的斑黄褐色；外缘波状，从 M_3 脉到 Cu_2 脉有 3 个微突出。

（3）分布。

水平：维西、德钦、康定、泸定、天全、宝兴。

垂直：1500-3500 m。

生境：常绿阔叶林、针阔混交林、河滩灌丛、山坡灌丛草地、山坡草地。

（4）出现时间（月份）：7、8、9。

（5）种群数量：常见种。

（6）标本照片：彩色图版 III-17。

（7）注记：http://ftp.funet.fi/pub/sci/bio/life/insecta/lepidoptera/网站记载分布于中国西部。

44. 彩斑黛眼蝶 *Lethe procne* (Leech, 1891)

Zophoessa procne Leech, 1891; Entomologist 24(Suppl.): 2; Type locality: 瓦山，皇木城，打箭炉.

Zophoessa procne Huang Wu *et* Yuan, 2003; Neue Entomologische Nachrichten 55: 151(note).

（1）查看标本：康定，2005 年 8 月 22 日，2500-3000 m，2 只，邓合黎；康定，2005 年 8 月 16-23 日，2500-3500 m，4 只，杨晓东；维西，2006 年 8 月 28 日，2500-3000 m，1 只，左燕；玉龙，2006 年 8 月 31 日，2500-3000 m，1 只，左燕；天全，2007 年 8 月 4 日，1500-2000 m，3 只，杨晓东；木里，2008 年 8 月 18 日，3000-3500 m，1 只，邓合黎；泸定，2015 年 9 月 3 日，2500-3000 m，2 只，邓合黎；泸定，2015 年 9 月 2-3 日，1500-3000 m，2 只，左燕。

（2）分类特征：翅背面黑褐色，腹面黄褐色。前翅外横带、中室端斑及亚顶端斑黄色，镶有明显的黑边；白斑排列成弧形但不连续，指向后缘近臀角。后翅腹面基部有白线组成的云状斑纹，中域 2 条褐色横线均弯曲，中间的斑黄色，越近前缘越明显；外缘从 M_3 脉到 Cu_2 脉有 3 个不明显的突出。

（3）分布。

水平：玉龙、维西、木里、康定、泸定、天全。

垂直：1500-3500 m。

生境：常绿阔叶林、针阔混交林、河谷灌丛。

（4）出现时间（月份）：8、9。

（5）种群数量：少见种。

（6）标本照片：彩色图版 III-18。

（7）注记：周尧（1998，1999）未记载此种。http://ftp.funet.fi/pub/sci/bio/life/insecta/lepidoptera/网站记载分布于中国云南、四川。

45. 迷纹黛眼蝶 *Lethe maitrya* de Nicéville, 1881

Lethe maitrya de Nicéville, 1881; Journal of Asiatic Society of Bengal 49 Pt. II (4): 245; Type locality: NW. Himalayas.

Lethe maitrya metokana Huang, 1998; Neue Entomologische Nachrichten 41: 223, pl. 4, figs. 1a-c, 2a-c; Type locality: 墨脱.

Lethe maitrya lijiangensis Huang, 2001; Neue Entomologische Nachrichten 51: 96; Type locality: 丽江.

（1）查看标本：德钦，2006 年 8 月 14 日，3000-3500 m，2 只，李爱民；贡山，2015 年 8 月 24 日，2000-3500 m，6 只，李爱民；贡山，2016 年 8 月 24 日，2500-3500 m，7 只，左燕。

（2）分类特征：翅背面黑褐色；前翅眼斑白色，外缘褐色，近顶角有 2 个白色点斑，外横线白色、曲折、从前缘至后缘，中室端具白斑；后翅仅有带黄圈的黑色圆斑。腹面棕褐色，黄白色斑纹杂乱；前翅淡色斑两侧色深，中室端有白斑，外侧白斑弧形、指向后缘；后翅基半部腹面银白色波状线完整、横穿并形成云斑状，白瞳小眼斑不显。

（3）分布。

水平：贡山、德钦。

垂直：2000-3500 m。

生境：常绿阔叶林、针阔混交林、山坡树林。

（4）出现时间（月份）：8。

（5）种群数量：少见种。

（6）标本照片：彩色图版 III-19。

（7）注记：http://ftp.funet.fi/pub/sci/bio/life/insecta/lepidoptera/网站记载分布于中国云南、西藏；Bhutan，India，Nepal，Burma。

46. 纤细黛眼蝶 *Lethe gracilis* (Oberthür, 1886)

Pararge gracilis Oberthür, 1886; Études d'Entomologie 11: 23, pl. 4, fig. 19; Type locality: 打箭炉.

（1）查看标本：盐源，2008 年 8 月 23 日，2500-3000 m，1 只，邓合黎。

（2）分类特征：翅前缘、外缘、后缘几微弧形，后翅外缘齿状。背面棕褐色，前翅仅中室有 1 个浅色横纹，端半部亚缘靠近前缘有 2 个小白斑，下面有 3 个中心有黑点的浅色圆斑，内侧 1 条稍带浅褐色的不规则白色斑纹从前缘近顶角 1/3 处斜向延伸至后缘近臀角处；后翅基半部无斑纹，亚外缘 5 个弧形黑色圆斑平行于外缘，第 4 个有白色瞳点。腹面灰褐色，基半部无斑纹；端半部前翅斑纹似背面，但白色明显增多且清晰，外缘与眼斑列间多有 1 条白纹；后翅 2 条中横带深棕色，外缘与眼斑列间有 2 条细线，外侧深棕色、内侧灰褐色。

（3）分布。

水平：盐源。

垂直：2500-3000 m。

生境：山坡灌丛草地。

（4）出现时间（月份）：8。

（5）种群数量：罕见种。

（6）标本照片：彩色图版 III-20。

（7）注记：周尧（1998）未记载此种。http://ftp.funet.fi/pub/sci/life/insecta/lepidoptera/网站记载分布于中国西藏。

47. 白条黛眼蝶 *Lethe albolineata* (Poujade, 1884)

Debis albolineata Poujade, 1884; Bulletin Society of Entomology France (6)4: clv; Type locality: 扬子江.

（1）查看标本：宝兴，2005 年 7 月 7 日，2000-2500 m，1 只，左燕；天全，2005 年 8 月 29 日，1000-1500 m，1 只，邓合黎。

（2）分类特征：翅背面黑褐色，除后翅 5 个黑色圆斑外，几无斑纹。腹面褐色，斑纹白色；前翅具 4 条白纹，中室 1 条，从前翅前缘指向后翅近臀角的 2 条呈斜线，亚缘区 1 条且其内侧 5 个眼斑成列；后翅具 3 条白线，中横带 1 条，眼斑列内侧 1 条且这条白线在第 1 个眼斑外侧，平行于外缘的亚缘 1 条。腹面这 3 条白线在背面几乎不见，中横带与亚缘带在臀角的眼斑处消失。后翅腹面第 1 个眼斑明显比其余眼斑大得多；外缘波状，从 M_3 脉到 Cu_2 脉有 3 个微突出。

（3）分布。

水平：天全、宝兴。

垂直：1000-2500 m。

生境：常绿阔叶林。

（4）出现时间（月份）：7、8。

（5）种群数量：罕见种。

（6）标本照片：彩色图版 III-21。

（7）注记：http://ftp.funet.fi/pub/sci/bio/life/insecta/lepidoptera/网站记载分布于中国长江干流。

48. 黄带黛眼蝶 *Lethe luteofasciata* (Poujade, 1884)

Debis luteofasciata Poujade, 1884; Bulletin Society of Entomology France (6)4: cliv; Type locality: 中国.

（1）查看标本：宝兴，2005 年 7 月 7 日，2000-2500 m，1 只，邓合黎。

（2）分类特征：翅黑褐色。背面脉纹及横带黄色，较模糊。腹面前翅中室内有 2 条短白带，亚缘 4 个眼斑成列，两侧各有 1 条白纹；后翅翅脉白色，是其最明显的特征，外缘波状，翅脉末端尖出；臀角有 2 个橙斑，近三角形；有白色斜线从前翅前缘指向后翅臀角，眼斑两侧是弯曲的白纹，外侧斑纹与外缘间 3 条弯曲黑色细线夹有 2 条同样形态的白色细线。

（3）分布。

水平：宝兴。

垂直：2000-2500 m。

生境分布：常绿阔叶林。

（4）出现时间（月份）：7。

（5）种群数量：罕见种。

（6）注记：http://ftp.funet.fi/pub/sci/bio/life/insecta/lepidoptera/网站记载分布于中国。

49. 安徒生黛眼蝶 *Lethe andersoni* (Atkinson, 1871)

Zophoessa andersoni Atkinson, 1871; Proceedings of Zoological Society of London 1871: 215, pl. 12, fig. 3; Type locality: 云南.

（1）查看标本：维西，2006 年 8 月 28 日，2000-2500 m，1 只，李爱民；维西，2006 年 8 月 28 日，2000-2500 m，1 只，杨晓东。

（2）分类特征：翅背面褐色，腹面黄褐色，斑纹白色，1 条白色细线与外缘平行。前翅中室内有白色横斑，亚缘无眼斑；后翅外缘 M_1 脉突出成钝角，M_3 脉和 Cu_2 脉突出为 2 个尖尾突，无横基带，白色中横带在中室端几乎没有分叉；第 1 个眼斑不比最末眼斑大。腹面 3 条白色斑纹从前翅前缘指向后翅臀角的眼斑，其两侧有非常细的褐色线条；后翅第 1、6 两个眼斑在内侧白纹与中间白纹之间，其余 4 个眼斑在中间白纹与外侧白纹之间；最外侧白纹细。背面斑纹似腹面，但较模糊。

（3）分布。

水平：维西。

垂直：2000-2500 m。

生境：常绿阔叶林。

（4）出现时间（月份）：8。

（5）种群数量：罕见种。

（6）标本照片：彩色图版 III-22。

（7）注记：http://ftp.funet.fi/pub/sci/bio/life/insecta/lepidoptera/网站记载分布于中国云南；India，Burma。

50. 棕褐黛眼蝶 *Lethe christophi* Leech, 1891

Lethe christophi Leech, 1891; Entomologist 24(Suppl.): 67; Type locality: 峨眉山，长阳.
Lethe christophi hanako Fruhstorfer, 1908; Entomologcal Wochenbl 25(9): 38; Type locality: 日月潭.
Lethe obscura Mell, 1942; Archive Naturgesch (N. F.) 11: 276.

（1）查看标本：芦山，2005 年 8 月 1 日，1000-1500 m，1 只，邓合黎；天全，2005 年 8 月 31 日，1500-2000 m，1 只，邓合黎；天全，2005 年 9 月 1 日，1000-1500 m，1 只，杨晓东；孟连，2017 年 8 月 28 日，1000-1500 m，1 只，李勇。

（2）分类特征：眼斑微小，后翅外缘波状，从 M_3 脉到 Cu_2 脉有 3 个突出，M_3 脉突出为小尖尾突。翅背面棕褐色，无斑纹，后翅有 4 个大小不等的黑色圆斑；腹面色彩稍浅，2 条基本平行的波状曲折的褐色横带从前翅前缘通到后翅后缘，前翅顶角有 1 个界限模糊的小白斑，亚缘前端有 3 个无白瞳、无黑环的小眼斑，后翅第 4 个眼斑为一白点。

（3）分布。

水平：孟连、天全、芦山。

垂直：1000-2000 m。

生境：常绿阔叶林、林灌草地。

（4）出现时间（月份）：8、9。

（5）种群数量：少见种。

（6）标本照片：彩色图版 III-23。

（7）注记：http://ftp.funet.fi/pub/sci/bio/life/insecta/lepidoptera/网站记载分布于中国中部和西部及台湾。

51. 奇纹黛眼蝶 *Lethe cyrene* Leech, 1890

Lethe cyrene Leech, 1890; Entomologist 23: 27; Type locality: 长阳.

（1）查看标本：木里，2008 年 8 月 6 日，3000-3500 m，1 只，邓合黎；青川，2020 年 8 月 14 日，1500-2000 m，1 只，邓合黎。

（2）分类特征：翅腹面浅棕褐色，外缘 3 条平行的浅褐色细线夹有 2 条粉白色细线，亚缘有 1 列 5 个小眼斑，内侧有 "Y" 形淡色带，带内侧有褐线；从前翅前缘延伸至后翅眼斑列最后 1 个眼斑的暗色中横线 2 条，其间夹有淡色带，末端外横线在后翅中段稍微向外弯曲。后翅白瞳黑环眼斑列内侧有一波状浅黄白色条纹；外缘波状，M_3 脉端突出。翅背面棕褐色，斑纹似腹面，但非常模糊。

（3）分布。

水平：木里、青川。

垂直：1500-3500 m。

生境：常绿阔叶林、灌丛。

（4）出现时间（月份）：8。

（5）种群数量：罕见种。

（6）标本照片：彩色图版 III-24。

（7）注记：http://ftp.funet.fi/pub/sci/bio/life/insecta/lepidoptera/网站记载分布于中国西部。

52. 连纹黛眼蝶 *Lethe syrcis* (Hewitson, 1863)

Debis syrcis Hewitson, 1863; Illustrations of New Species of Exotic Butterflies 4(Debis II-III): 37, pl. 20, figs. 13-14; Type locality: 中国北部.

Lethe syrcis diunaga Fruhstorfer, 1908; Entomologische Zeitschrift 22(2): 7; Type locality: Tonkin.

Debis syrcis ab. *confluens* Oberthür, 1913; Etudes de Lépidoptérologie Comparée 7: 669, pl. 186, figs. 1820-1821; Type locality: 打箭炉.

Lethe sikiangensis Mell, 1942; Archive Naturgesch (N. F.) 11: 277.

Lethe ochrescens Mell, 1942; Archive Naturgesch (N. F.) 11: 277.

（1）查看标本：芦山，2005 年 6 月 8 日，1000-1500 m，1 只，邓合黎；天全，2005 年 9 月 7 日，500-1000 m，1 只，邓合黎。

（2）分类特征：翅纯黄褐色，线条状的斑纹比翅色深、褐色；腹面颜色比背面稍浅，但斑纹相同。2 条从前翅前缘至后翅后缘的暗色线间夹有淡色带，暗色线与翅外缘基本平行；前翅前缘、外缘及后翅外缘深褐色，但边缘稍浅。前翅无眼斑；后翅有 5 个眼斑，第 1、4 两个最大，第 5 眼斑隐约可见；背面眼斑黑色圆形，腹面眼斑有白瞳和内黑外黄褐色环。后翅外缘波状，M_3 脉略突出。

（3）分布。

水平：天全、芦山。

垂直：500-1500 m。

生境：常绿阔叶林、树林农田。

（4）出现时间（月份）：6、9。

（5）种群数量：罕见种。

（6）标本照片：彩色图版 IV-1。

（7）注记：http://ftp.funet.fi/pub/sci/bio/life/insecta/lepidoptera/网站记载分布于中国；Vietnam。

53. 边纹黛眼蝶 *Lethe marginalis* Motschulsky, 1860

Lethe marginalis Motschulsky, 1860; Études d'Entomologie 9: 29; Type locality: Japan.

Satyrus (Pararge) davidianus Poujade, 1885; Bulletin Society of Entomology France (6)5: xciv; Type locality: 穆坪.

Debis syrcis ab. *confluens* Oberthür, 1913; Étude Lépidopteral Company 7: 669, pl. 186, figs. 1820-1821; Type locality: 打箭炉.

Lethe marginalis obscurofasciata Huang, 2002; Atalanta 33(3/4): 369, pl. 22, figs. 2, 6; Type locality: 嘎竺.

（1）查看标本：宝兴，2005 年 7 月 12 日，1000-2000 m，2 只，杨晓东；荥经，2006 年 7 月 4 日，1000-1500 m，1 只，邓合黎；荥经，2006 年 7 月 4 日，1000-1500 m，1 只，李爱民；维西，2006 年 8 月 23 日，1500-2000 m，1 只，左燕；宝兴，2017 年 7 月 9 日，1000-1500 m，1 只，左燕。

（2）分类特征：翅纯赭褐色带紫色。背面除后翅 4 个眼斑外，无斑纹，第 1、2 两个眼斑微小且呈黑点状，第 3、4 两个具白瞳和内黑外赭褐色环。腹面斑纹简单，中室内有 1 条黑色横线、2 条从前翅前缘到后翅后缘的褐色横线，后翅外横线中段尖锐、向外突出；外缘边缘由 2 条赭褐色细线和 2 条浅赭色细线相间组成。前翅腹面亚缘有 3 个眼斑，其内侧有 1 条白色细线，后翅有 6 个眼斑，均具白瞳和内黑外浅赭色环，并且内绕赭褐色细线、外绕淡赭色细线。后翅外缘平滑，不呈波状或无突出。

（3）分布。

水平：维西、荥经、宝兴。

垂直：1000-2000 m。

生境：常绿阔叶林、居民点树林、溪流林灌、林缘农田。

（4）出现时间（月份）：7、8。

（5）种群数量：少见种。

（6）标本照片：彩色图版 IV-2。

（7）注记：http://ftp.funet.fi/pub/sci/bio/life/insecta/lepidoptera/网站记载分布于中国东部及云南；Ussuri，Korea，Japan。

54. 罗丹黛眼蝶 *Lethe laodamia* Leech, 1891

Lethe laodamia Leech, 1891; Entomologist 24(Suppl.): 67; Type locality: 瓦山.

（1）查看标本：兰坪，2006 年 9 月 2 日，2500-3000 m，1 只，邓合黎；稻城，2013 年 8 月 22 日，2500-3000 m，1 只，左燕。

（2）分类特征：翅红褐色稍带紫色，斑纹比翅面颜色深；背腹面斑纹色彩相同，雌雄斑纹色彩相近，眼斑列及其周围色彩较浅。前翅和后翅中室内均有 2 条棕色横线；中域有 2 条棕色横线，内横线直，前翅外横线也较直、指向臀角，后翅外横线尖锐突出、指向后缘。前翅亚缘有 4 个眼斑，后翅有 6 个眼斑。后翅外缘波状，从 M_3 脉到 Cu_2 脉有 3 个微突出。

（3）分布。

水平：兰坪、稻城。

垂直：2500-3000 m。

生境：常绿阔叶林、河滩灌丛。

（4）出现时间（月份）：8、9。

（5）种群数量：罕见种。

（6）标本照片：彩色图版 IV-3。

（7）注记：http://ftp.funet.fi/pub/sci/bio/life/insecta/lepidoptera/网站记载分布于中国西部。

55. 泰妲黛眼蝶 *Lethe titania* Leech, 1891

Lethe titania Leech, 1891; Entomologist 24(Suppl.): 67; Type locality: 八字房, 嘉定府.

（1）查看标本：宝兴，2016 年 5 月 11 日，1500-2000 m，1 只，张乔勇。

（2）分类特征：翅前缘弧形，外缘、后缘较平直，但后翅臀区凹入，外缘波状，M_3 脉末端突出成短尾状。背面前翅无斑纹，基半部色彩比端半部深，外缘色也深，亚外缘前翅顶角有 4 个浅色圆点，后翅平行外缘有 5 个黑色圆斑；腹面前翅顶角外缘有 4 个白点，其环绕深色圆圈，后翅第 4 个眼斑中心几全白色。翅褐色，斑纹比翅底色更深，前后翅背腹面中室具端斑；腹面中域有 2 条平行的褐色横线，内面 1 条直，外面 1 条弧形且在后翅呈波状。

（3）分布。

水平：宝兴。

垂直：1500-2000 m。

生境：常绿阔叶林缘灌丛。

（4）出现时间（月份）：5。

（5）种群数量：罕见种。

（6）标本照片：彩色图版 IV-4。

（7）注记：http://ftp.funet.fi/pub/sci/bio/life/insecta/lepidoptera/网站记载分布于中国四川。

56. 苔娜黛眼蝶 *Lethe diana* (Butler, 1866)

Debis diana Butler, 1866; Journal of the Linnean Society of Zoology, London 9(34): 55; Type locality: Japan.

Lethe whitelyi Butler, 1867; Annual Magazine of Natural History (3)20(120): 403, pl. 9, fig. 8; Type locality: Japan.

Lethe diana sachalinensis Matsumura, 1925; Journal of College Agricultural Hokkaido Imperial University 15: 92, pl. 9, fig. 14♂; Type locality: Saghalin Is.

（1）查看标本：天全，2005 年 8 月 29 日，1000-1500 m，1 只，杨晓东；荥经，2007

年 8 月 12 日，1000-1500 m，1 只，杨晓东；宝兴，2016 年 5 月 11 日，1500-2000 m，1 只，张乔勇；宝兴，2016 年 5 月 11 日，1500-2000 m，1 只，杨丽娜；宝兴，2016 年 5 月 11 日，1500-2000 m，1 只，李爱民。

（2）分类特征：翅背腹面棕褐紫色，无白斑。腹面眼斑列两侧有浅褐色波状纹，前翅亚缘有 3 个眼斑，如下端还有第 4 个眼斑则特小而模糊；后翅 6 个眼斑弧形排列。腹面前翅中室内有 2 条黑褐色横线，外缘的外横线直、从前缘至后缘近臀角处，并与外缘形成 1 个倒三角形浅色区域，内横线直、从前翅前缘至后翅后缘；后翅外横线尖锐突出。后翅圆，外缘波状。背面斑纹近似腹面，但非常模糊。

（3）分布。

水平：荥经、天全、宝兴。

垂直：1000-2000 m。

生境：常绿阔叶林、针阔混交林、溪流山坡树林。

（4）出现时间（月份）：5、8。

（5）种群数量：少见种。

（6）标本照片：彩色图版 IV-5。

（7）注记：http://ftp.funet.fi/pub/sci/bio/life/insecta/lepidoptera/网站记载分布于中国东部；Ussuri，Korea，Japan。

57. 康定黛眼蝶 *Lethe sicelides* Grose-Smith, 1893

Lethe sicelides Grose-Smith, 1893; Annual Magazine of Natural History (6)11(63): 218; Type locality: 峨眉山.
Lethe sicelides Leech, 1893; Butterflies from China, Japan and Corea (5): 644-645; Type locality: 峨眉山.

（1）查看标本：盐源，2008 年 8 月 23 日，2500-3000 m，1 只，邓合黎。

（2）分类特征：翅背面褐色带黄色，斑纹模糊，腹面浅红褐色带灰色；背面斑纹色彩近似腹面，但非常模糊。翅外缘边缘由 3 条褐色细线夹 2 条浅色细线组成，其在前翅直，在后翅呈波状曲折，内侧浅色条纹明显变宽。后翅外缘波状，M_3 脉、Cu_1 脉、Cu_2 脉微突出。腹面 2 条深褐色横带从前翅前缘延伸至后翅后缘、指向臀角，外侧镶白边，在近后翅后缘处合并；中室有 2 条褐纹，其间浅黄白色。前翅背腹面顶角有 2-3 个模糊眼斑；后翅眼斑小，在背面是 6 个黑色圆斑，腹面第 3、6 个眼斑小而模糊。

（3）分布。

水平：盐源。

垂直：2500-3000 m。

生境：山坡灌丛草地。

（4）出现时间（月份）：8。

（5）种群数量：罕见种。

（6）标本照片：彩色图版 IV-6。

（7）注记：Murayama 认为峨眉黛眼蝶 *Lethe emeica* Murayama, 1982 是康定黛眼蝶 *Lethe sicelides* Grose-Smith, 1893 的同物异名（*Zoological Records* 13D: Lepidoptera Vol. 131-2172）。http://ftp.funet.fi/pub/sci/bio/life/insecta/lepidoptera/网站记载分布于中国西部。

58. 文娣黛眼蝶 *Lethe vindhya* (Felder, 1859)

Debis vindhya Felder, 1859; Wien Entomology Monatschrs 3(12): 402; Type locality: Assam.
Lethe alberta Butler, 1871; Annual Magazine of Natural History (4)8(46): 283; Type locality: Benares.
Lethe dolopes Hewitson, 1872; The Entomologist's Monthly Magazine 9: 85; Type locality: Darjeeling.
Lethe luaba Corbet, 1941; Journal of the Federate Malay Saint Museum 18(5): 807.

（1）查看标本：芒市，2006 年 3 月 28 日，1000-1500 m，1 只，邓合黎。

（2）分类特征：翅深棕色，腹面 2 条外侧镶白边的爬行黑褐色横带从前翅前缘通到后翅后缘，2 条横带相互远离使翅明显分为基部、中部和端部：端部棕色，中部和基部深棕色，均稍带紫色。背面斑纹似腹面，但非常模糊。腹面前翅亚缘 1 列 5 个眼斑较模糊；后翅亚缘弧形眼斑列较清晰，背面有黑色圆斑，腹面有正常眼斑，均在外围有 1 个浅色圈。后翅外缘波状，M_3 脉突出几成近 90°角的外缘。

（3）分布。

水平：芒市。

垂直：1000-1500 m。

生境：常绿阔叶林。

（4）出现时间（月份）：3。

（5）种群数量：罕见种。

（6）注记：http://ftp.funet.fi/pub/sci/bio/life/insecta/lepidoptera/网站记载分布于 India，Burma。

59. 直带黛眼蝶 *Lethe lanaris* Butler, 1877

Lethe lanaris Butler, 1877; Annual Magazine of Natural History (4)19(109): 95; Type locality: 中国西部.
Lethe conspicua Mell, 1942; Archive Naturgesch (N. F.) 11: 279.

（1）查看标本：孟连，2017 年 8 月 29 日，1500-2000 m，1 只，李勇。

（2）分类特征：翅黑褐色带紫色，斑纹色更深，两侧有呈波状的白色细线状眼斑列，其所在的端部颜色明显比内侧浅。腹面后翅第 1、5 个眼斑特别大、有黑圈，前翅 5 个眼斑和后翅 4 个眼斑均小、缺少黑圈；背面后翅眼斑黑色圆形。腹面从前翅前缘至后翅后缘的横线比背面明显，其末端合并为一尖形，外横线中段弧形突出。前翅外缘直、中部稍微内凹，后翅外缘波状、圆形。

雌雄异型：翅的色彩，雌蝶比雄蝶浅，雌蝶基半部棕白色；后翅横带间颜色，雌蝶比雄蝶浅、灰白色；后翅外缘波状，雌蝶比雄蝶明显。

（3）分布。

水平：孟连。

垂直：1500-2000 m。

生境：常绿阔叶林。

（4）出现时间（月份）：8。

（5）种群数量：罕见种。

（6）标本照片：彩色图版 IV-7。

（7）注记：http://ftp.funet.fi/pub/sci/bio/life/insecta/lepidoptera/网站记载分布于中国西部；Vietnam。

60. 侧带黛眼蝶 *Lethe latiaris* (Hewitson, 1862)

Debis latiaris Hewitson, 1862; Illustrations of New Species of Exotic Butterflies 4(Debis I): 34, pl. 18, fig. 4; Type locality: Sylhet.

Lethe latialis [sic] *hige* Fujioka,1970; Special Bulletin of the Lepidopterological Society of Japan (4): 47; Type locality: Kathmandu.

Lethe latiaris lishadii Huang, 2002; Atalanta 33(3/4): 368, pl. 22, figs. 4, 8; Type locality: 砾砂地, 福贡.

（1）查看标本：孟连，2017 年 8 月 28 日，1000-1500 m，1 只，李勇。

（2）分类特征：翅前缘和后缘微弧形，前翅外缘微凹入、后翅外缘波状。斑纹色彩比翅底色深；翅背面褐色，亚外缘眼斑隐约可见；腹面棕色，亚外缘眼斑在前翅 4 个并在一浅色区域内排成一直线，后翅 6 个白瞳眼斑细小、与外缘平行排成弧形；中横带是 2 条深棕褐色细线，内侧 1 条从前翅前缘近基部通至后翅 2A 脉，外侧 1 条在前翅从前缘近顶角斜向前翅近臀角、在后翅从前缘近顶角延伸至近臀角的 2A 脉。

雌雄异型：雄蝶背面斑纹几不可见，仅在后翅 Cu_2 脉有一黑色眉形性标；雌蝶前翅中横带外侧有白色条纹伴随，此条纹在腹面比背面宽而显著。

（3）分布。

水平：孟连。

垂直：1000-1500 m。

生境：林灌草地。

（4）出现时间（月份）：8。

（5）种群数量：罕见种。

（6）标本照片：彩色图版 IV-8。

（7）注记：周尧（1998，1999）未记载此种。http://ftp.funet.fi/pub/sci/bio/life/insecta/lepidoptera/网站记载分布于中国云南；India，Burma，Laos，Thailand，Vietman。

61. 重瞳黛眼蝶 *Lethe trimacula* Leech, 1890

Lethe trimacula Leech, 1890; Entomologist 23: 27; Type locality: 长阳.

Lethe pekiangensis Mell, 1935; Mitteilungen der Münchner Entomologischen Gesellschaft 6: 37.

Lethe kuatunensis Mell, 1942; Archive Naturgesch (N. F.) 11: 277.

（1）查看标本：荥经，2006 年 7 月 4 日，1000-1500 m，1 只，左燕；宝兴，2016年 5 月 16 日，1500-2000 m，1 只，李爱民。

（2）分类特征：翅背面褐色、无斑纹，腹面浅褐色、斑纹比翅色深。对于椭圆形眼斑，背面前翅顶角 1 个，后翅 m_3 室、cu_1 室各 1 个，大而清晰；腹面前翅顶角 1 个，后翅前缘 2 个等大、由黑圈融合成，其后有 4 个较小眼斑。腹面有黑线组成的复杂图案，前翅中室内有 1 条褐色细线；前缘中部有 1 条斜向臀角、呈锯齿状的黑褐色宽带，带的外侧为 1 条灰白色纹；后翅有 2 条横带，内带直、外带弯曲且不规则。前翅外缘直，后翅外缘圆形、微波状。

（3）分布。

水平：荥经、宝兴。

垂直：1000-2000 m。

生境：常绿阔叶林。

（4）出现时间（月份）：5、7。

（5）种群数量：罕见种。

（6）注记：http://ftp.funet.fi/pub/sci/bio/life/insecta/lepidoptera/网站记载分布于中国西部。

62. 比目黛眼蝶 *Lethe proxima* Leech, [1892]

Lethe proxima Leech, [1892]; Butterflies from China, Japan and Corea (1): 32-33, pl. 6, fig. 8; Type locality: 中国西部.

（1）查看标本：勐海，2006 年 3 月 22 日，500-1000 m，1 只，杨晓东。

（2）分类特征：翅底色褐，斑纹深褐色；前缘、外缘、后缘均弧形，外缘微波状。前翅中横带外侧波状弯曲，背面除顶角大眼斑外几无其他斑纹，腹面中室内有 1 条横纹，端斑为 1 条细线。后翅背面亚缘有 1 条细线，内侧隐约可见 3-4 个小眼斑，腹面双瞳眼斑前大后小，深色斑纹组成复杂图案，中横带明显曲折。

（3）分布。

水平：勐海。

垂直：500-1000 m。

生境：常绿阔叶林。

（4）出现时间（月份）：3。

（5）种群数量：罕见种。

（6）标本照片：彩色图版 IV-9。

（7）注记：http://ftp.funet.fi/pub/sci/bio/life/insecta/lepidoptera/网站记载分布于中国西部。

63. 舜目黛眼蝶 *Lethe bipupilla* Chou *et* Zhao, 1994

Lethe bipupilla Chou et Zhao, 1994; in Chou, Monographia Rhopalocerorum Sinensium I: 341, 755, fig. 17; Type locality: 大邑.

（1）查看标本：宝兴，2005 年 7 月 12 日，1500-2000 m，1 只，邓合黎；芦山，2006 年 6 月 16 日，1000-1500 m，1 只，邓合黎；芦山，2006 年 6 月 16 日，1500-2000 m，1 只，杨晓东；荥经，2006 年 7 月 4 日，1000-1500 m，1 只，邓合黎；荥经，2006 年 7

月 4 日，1000-1500 m，1 只，左燕。

（2）分类特征：翅褐色，腹面斑纹比翅色深、有紫色光泽。前翅背腹面黑色斜带锯状、明显弯曲、外侧附白带，中室有 2 条褐纹，顶角眼斑大而明显、清晰，腹面大眼斑下附 1 个小眼斑。后翅外缘微波状；腹面黑线组成复杂图案，外缘边缘由 3 条褐色细线夹 2 条白色细线组成；前缘连在一起的双眼斑不等大、前小后大，其后有 5 个眼斑。

（3）分布。

水平：荥经、芦山、宝兴。

垂直：1000-2000 m。

生境：常绿阔叶林。

（4）出现时间（月份）：6、7。

（5）种群数量：少见种。

（6）标本照片：彩色图版 IV-10。

（7）注记：Koiwaya（1998）认为 *Lethe bipupilla* Chou *et* Zhao, 1994 是 *Lethe trimacula* Leech, 1892 的同物异名（*Zoological Record* 13D: Lepidoptera Vol. 134-1636）。http://ftp. funet.fi/pub/sci/bio/life/insecta/lepidoptera/网站记载分布于中国四川。

64. 珠连黛眼蝶 *Lethe monilifera* Oberthür, 1923

Lethe monilifera Oberthür, 1923; Etudes de Lépidoptérologie Comparée 20: 199, fig. 4866.
Lethe monilifera trungha Monastyrskii, 2012; Atalanta 43(1/2): 157; Type locality: Vietnam.

（1）查看标本：泸定，2015 年 9 月 4 日，1500-2000 m，1 只，邓合黎。

（2）分类特征：翅背面棕黄色，腹面黄褐色，斑纹较翅底色深；前后翅前缘和后缘、前翅外缘微弧形，后翅外缘波状。前后翅腹面有 2 条深色线，中间没有淡色带，外侧 1 条波状弯曲。前翅无眼斑，腹面暗色线斜且不与外缘平行。后翅背腹面有 6 个眼斑，第 5 个最大，第 1 个眼次之；背面第 5 个眼斑有白瞳，其余为黑色圆斑；腹面第 2-4 个眼斑隐约可见。腹面只有 2 条黑线，中横带波状弯曲，亚外缘各有 1 条白色细线。

（3）分布。

水平：泸定。

垂直：1500-2000 m。

生境：常绿阔叶林。

（4）出现时间（月份）：9。

（5）种群数量：罕见种。

（6）标本照片：彩色图版 IV-11。

（7）注记：http://ftp.funet.fi/pub/sci/bio/life/insecta/lepidoptera/网站记载分布于中国西部；Vietnam。

65. 圆翅黛眼蝶 *Lethe butleri* Leech, 1889

Lethe butleri Leech, 1889; Transactions of the Entomological Society of London 1889(1): 99, pl. 8, fig. 3;

Type locality: 九江.

Mycalesis turpilius Oberthür, 1890; Études d'Entomologie 13: 43, pl. 9, fig. 101.

Mycalesis periscelis Fruhstorfer, 1908; Entomologische Zeitschrift 22(35): 141; Type locality: 台湾.

（1）查看标本：荥经，2006 年 7 月 4、5 日，1000-2500 m，2 只，左燕；石棉，2006 年 6 月 21 日，500-1000 m，1 只，李爱民。

（2）分类特征：翅背面深褐色，斑纹模糊不清；腹面浅褐色带灰色，斑纹比翅色深。腹面眼斑两侧有波状曲折的细线；前翅亚缘有 4 个眼斑，第 1 个大而清晰，其下眼斑在个体间不同程度退化；深褐色横线曲折，与翅外缘不平行；后翅 2 条褐色线从前缘通向后缘，其间没有淡色带，外带在第 1 个眼斑内侧折成直角，向外缘绕过眼斑下侧再沿眼斑列至臀角。后翅外缘圆形，微波状。

（3）分布。

水平：荥经、石棉。

垂直：500-2500 m。

生境：常绿阔叶林、山坡灌丛。

（4）出现时间（月份）：6、7。

（5）种群数量：少见种。

（6）标本照片：彩色图版 IV-12。

（7）注记：http://ftp.funet.fi/pub/sci/bio/life/insecta/lepidoptera/网站记载分布于中国中部、西部及台湾。

66. 蛇神黛眼蝶 *Lethe satyrina* Butler, 1871

Lethe satyrina Butler, 1871; Transactions of the Entomological Society of London 1871(3): 402; Type locality: 中国西部.

Lethe naias Leech, 1889; Transactions of the Entomological Society of London 1889(1): 100, pl. 8, fig. 4; Type locality: 九江.

Mycalesis styppax Oberthür, 1890; Études d'Entomologie 13: 44, pl. 10, fig. 110.

Lethe obscura Mell, 1942; Archive Naturgesch (N. F.) 11: 280.

（1）查看标本：芦山，2005 年 6 月 8 日，1000-1500 m，1 只，邓合黎；八宿，2005 年 8 月 1 日，3500-4000 m，1 只，李爱民；芦山，2006 年 6 月 16 日，1000-1500 m，2 只，李爱民；泸定，2015 年 9 月 2-3 日，1500-2500 m，2 只，张乔勇。

（2）分类特征：翅圆、茶褐色，背面色深，仅见外缘浅色线和前后翅各 2 个眼斑；腹面斑纹比翅色深、淡紫色，内横线直、外横线弯曲，后翅外横线在第 1 个眼斑下形成 1 个向外的突起；翅前缘、外缘、后缘均弧形。背腹面外缘有 4 条细线，从内至外为赭色、淡黄赭色、赭色、淡黄赭色相间；内面在前翅是 4 个眼斑成列，腹面第 1 个眼斑特别大，其后 5 个眼斑几为直线排列。

（3）分布。

水平：泸定、芦山、八宿。

垂直：1000-4000 m。

生境：常绿阔叶林、河滩林灌、高山灌丛草甸。

（4）出现时间（月份）：6、8、9。

（5）种群数量：少见种。

（6）标本照片：彩色图版 IV-13。

（7）注记：http://ftp.funet.fi/pub/sci/bio/life/insecta/lepidoptera/网站记载分布于中国西部及上海。

67. 细黛眼蝶 *Lethe siderea* Marshall, 1881

Lethe siderea Marshall, 1881; Journal of Asiatic Society of Bengal 49 Pt. II (4): 246; Type locality: Sikkim.
Lethe siderea kanoi Esaki *et* Nomura, 1937; Zephyrus 7: 107; Type locality: 台湾.

（1）查看标本：泸定，2015 年 9 月 2 日，2000-2500 m，1 只，李爱民。

（2）分类特征：小型种类。翅背面黑褐色，腹面黄褐色；斑纹紫白色，比翅色浅，在后翅腹面组成云斑。仅后翅腹面有眼斑，第 1 个比第 4、5 个小。前翅外缘弧形，2 条黑褐色线间是狭窄的黄褐色纹；后翅外缘圆形、不呈波状，在亚缘有与外缘平行的波状灰白色细线。

（3）分布。

水平：泸定。

垂直：2000-2500 m。

生境：针阔混交林。

（4）出现时间（月份）：9。

（5）种群数量：罕见种。

（6）标本照片：彩色图版 IV-14。

（7）注记：http://ftp.funet.fi/pub/sci/bio/life/insecta/lepidoptera/网站记载分布于中国西部；India。

68. 厄目黛眼蝶 *Lethe umedai* Koiwaya, 1998

Lethe umedai Koiwaya, 1998; Gekkan-Mushi 2: 5-7; Type locality: 四川.
Lethe umedai Lang, 2020; Atalanta 51(3/4): 334; Type locality: 独龙江.

（1）查看标本：天全，2007 年 8 月 3 日，1500-2000 m，1 只，杨晓东。

（2）分类特征：与明带黛眼蝶 *L. helle* 近似，但前翅腹面深色中横带更弯曲，外侧下段齿状纹没有明带黛眼蝶明显。

（3）分布。

水平：天全。

垂直：1500-2000 m。

生境：常绿阔叶林。

（4）出现时间（月份）：8。

（5）种群数量：罕见种。

（6）标本照片：彩色图版 IV-15。

（7）注记：周尧（1998，1999）和 http://ftp.funet.fi/pub/sci/bio/life/insecta/lepidoptera/
网站均未记载此种。

（十三）荫眼蝶属 *Neope* Moore, [1866]

Neope Moore, [1866]; Proceedings of Zoological Society of London 1865(3): 770; Type species:
  Lasiommata bhadra Moore,1857.

Neope Butler, 1867; Annual Magazine of Natural History (3)19: 166; Type species: *Lasiommata bhadra*
  Moore, 1857.

Enope Moore, 1857; in Horsfield & Moore, Catholic Lepidoptral Insect Museum of East India Coy 1:
  228(preocc. *Enope* Walker, 1854).

Blanaida Kirby, 1877; Synonptical Catalogue of the Diurnal Lepidoptera (Suppl): 699; Type species:
  Lasiommata bhadra Moore, 1857.

Patala Moore, [1892]; Lepidoptera Indica 1: 305; Type species: *Zophoessa yama* Moore, [1857].

翅缘毛黑白相间，中室闭式，前缘光滑弧形，外缘和后缘弧形波状。前翅中室多有
由浅色纹间隔的 3 条深色横纹。眼斑圆形或多椭圆形；与黛眼蝶属 *Lethe* 相比，翅背面
圆形的黑斑无白瞳，但有浅色梭形或椭圆形外框；腹面眼斑具白瞳；sc + r$_1$ 室有眼斑，
其位置偏外缘，不与眼斑列的其他眼斑在同一弧形上。前翅 Sc 脉基部加粗，R$_1$ 脉从中
室上脉近上端角处分出；R$_3$ 脉、R$_4$ 脉、R$_5$ 脉共柄，与 R$_2$ 脉一起，从中室上端角分叉，
R$_4$ 脉到达前缘；M$_1$ 脉和 M$_2$ 脉从较直的端脉上段分出；Cu$_1$ 脉从中室下端角前分出，与
从中室下端角分叉的 M$_3$ 脉远离，端脉直。后翅中室端脉微凹入；M$_3$ 脉基部弯曲，并与
Cu$_1$ 脉、Cu$_2$ 脉一起，在外缘的脉端突出；Sc + R$_1$ 脉与 Rs 脉长，到达顶角。

注记：周尧（1998，1999）将此属置于锯眼蝶亚科 Elymninae 黛眼蝶族 Lethini。
http://ftp.funet.fi/pub/sci/bio/life/insecta/lepidoptera/网站则将此属置于眼蝶亚科 Satyrinae
锯眼蝶族 Elymniini 黛眼蝶亚族 Lethina。

69. 阿芒荫眼蝶 *Neope armandii* (Oberthür, 1876)

Satyrus armandii Oberthür, 1876; Études d'Entomologie 2: 26, pl. 2, fig. 5; Type locality: 穆坪, 打箭炉.

Neope khasiana Moore, 1881; Transactions of the Entomological Society of London 1881(3): 306; Type
  locality: Khasi Hills.

Neope khasiana var. *fusca* Leech, 1891; Entomologist 24(Suppl.): 68; Type locality: 长阳, 峨眉山.

Lethe armandi khasiana f. *alcas* Talbot, 1947; in Seitz, Gross-Schmetterling Erde 9: 325 Type locality: Naga
  Hills.

Neope armandii khasiana Huang, 2003; Neue Entomologische Nachrichten 55: 96(note).

（1）查看标本：荥经，2006 年 7 月 5 日，2000-2500 m，1 只，邓合黎。

（2）分类特征：翅背面黄褐色，腹面褐色，有淡色斑和黑斑，中室内有 3 个不规则
横斑。前翅腹面有 2 个黑色眼斑，中室端有 1 个白斑。后翅深褐色，翅脉白色，形成网
状纹；外缘 M$_3$ 脉端明显突出，臀角成锐角。

（3）分布。

水平：荥经。

垂直：2000-2500 m。

生境：常绿阔叶林。

（4）出现时间（月份）：7。

（5）种群数量：罕见种。

（6）注记：http://ftp.funet.fi/pub/sci/bio/life/insecta/lepidoptera/网站记载分布于中国西部；India，Burma，Thailand，Vietnam。

70. 黄斑荫眼蝶 *Neope pulaha* (Moore, [1858])

Lasiommata pulaha Moore, [1858]; in Horsfield & Moore, Catholic Lepidoptral Insect Museum of East India Coy 1: 227; Type locality: Sikkim.

Neope pulaha emeinsis Li, 1995; Atalanta 33(3/4): 362; Type locality: 峨眉山.

Neope pulaha nuae Huang, 2002; Atalanta 33(3/4): 362, pl. 19, figs. 2, 6; Type locality: 贡山.

（1）查看标本：天全，2005 年 9 月 1 日，500-1000 m，1 只，杨晓东；泸水，2016 年 8 月 28 日，1500-2000 m，1 只，左燕；宝兴，2016 年 5 月 10 日，1500-2000 m，2 只，李爱民；宝兴，2018 年 6 月 2、4 日，500-2500 m，5 只，周树军；宝兴，2018 年 6 月 4 日，1500-2000 m，6 只，左燕。

（2）分类特征：翅浅黄褐色，斑纹黑褐色。前翅腹面 cu_1 室和 m_3 室的椭圆形黄斑中是黑色圆斑，m_1 室为黑色眼斑，m_5 室和 cu_2 室为不规则黄斑。前翅背面中室黑褐色，端部无明显白斑，腹面有 3 条黑色弯曲条纹，其间黄白色；后翅背面基半部无斑纹，腹面基半部密纹中有云斑。后翅外缘 M_3 脉端突出不明显，臀角不成锐角。

（3）分布。

水平：泸水、天全、宝兴。

垂直：500-2500 m。

生境：常绿阔叶林、溪流农田灌丛。

（4）出现时间（月份）：5、6、8、9。

（5）种群数量：少见种。

（6）标本照片：彩色图版 IV-16。

（7）注记：http://ftp.funet.fi/pub/sci/bio/life/insecta/lepidoptera/网站记载分布于中国四川、云南、西藏、台湾；Bhutan，Nepal，India，Burma。

71. 黑斑荫眼蝶 *Neope pulahoides* (Moore, 1892)

Blanaida pulahoides Moore, 1892; Lepidoptera Indica 1: 304, pl. 94, fig. 2; Type locality: Karen Hills.

Neope pulahoides tamur Fujioka, 1970; Special Bulletin of the Lepidopterological Society of Japan (4): 48; Type locality: Nepal.

Neope pulahoides leechi Okano *et* Okano, 1984; Neue Entomologische Nachrichten 55: 94; Type locality: 峨眉山.

Neope pulahoides chuni Huang, 2003; Neue Entomologische Nachrichten 55: 96(note).

（1）查看标本：汉源，2006年6月27日，2000-2500 m，1只，左燕；汉源，2006年6月27日，2000-2500 m，1只，邓合黎；汉源，2006年6月27日，2000-2500 m，1只，杨晓东；泸水，2016年8月28日，1500-2000 m，1只，左燕；宝兴，2018年5月15、23日，500-2500 m，14只，周树军；宝兴，2018年6月4日，1500-2000 m，2只，邓合黎；宝兴，2018年6月4日，1500-2000 m，4只，左瑞。

（2）分类特征：翅黑色，背面有淡色斑和黑斑。前翅背面中室端部有明显的三角形白斑，中室内有1个条形白斑；腹面黑褐色，在梭形黄框内有3个黑斑；后翅基半部密布杂乱的浅色线纹。后翅外缘 M_3 脉端突出不明显，臀角不成锐角；腹面臀区基部有环状纹。

（3）分布。

水平：泸水、汉源、宝兴。

垂直：500-2500 m。

生境：常绿阔叶林、溪流灌丛、溪流农田灌丛。

（4）出现时间（月份）：5、6、8。

（5）种群数量：少见种。

（6）标本照片：彩色图版 IV-17。

（7）注记：Huang（1998）认为 *Neope pulahoides xizangana* Wang, 1994 是指名亚种 *Neope p. pulaha* Moore, 1857 的同物异名（*Zoological Record* 13D: Lepidoptera Vol. 135-1151）。http://ftp.funet.fi/pub/sci/bio/life/insecta/lepidoptera/网站记载分布于中国福建、广东、四川、云南；Nepal，India，Laos，Thailand，Vietnam。

72. 布莱荫眼蝶 *Neope bremeri* (C. *et* R. Felder, 1862)

Lasiommata bremeri C. *et* R. Felder, 1862; Wien Entomology Monatschrs 6(1): 28; Type locality: 宁波.
Neope romanovi Leech, 1890; Entomologist 23: 29; Type locality: 长阳.
Neope watanabei Matsumura, 1909; Entomologische Zeitschrift 23(19): 92; Type locality: 台湾.
Neope pulata brunnescens Mell, 1923; Deutschla of Entomology Zeitschrift 1923(2): 156.
Neope bremeri bremeri Huang, 2002; Atalanta 33(3/4): 363(note).

（1）查看标本：宝兴，2016年6月18日，1500-2000 m，1只，李爱民。

（2）分类特征：翅浅褐色，前缘、后缘弧形，外缘波状；前翅顶角圆，外缘微凹入；后翅臀角也微凹入；背腹面浅黄色斑纹清晰。前翅背腹面亚外缘有3个黑色眼斑，腹面眼斑具瞳点，后翅 M_3 脉端不明显突出。前翅背面有明显的中室端斑，后翅腹面基部3个环状纹"品"字形排列，臀区有环状纹。

（3）分布。

水平：宝兴。

垂直：1500-2000 m。

生境：常绿阔叶林。

（4）出现时间（月份）：6。

（5）种群数量：少见种。

（6）标本照片：彩色图版 IV-18。

（7）注记：http://ftp.funet.fi/pub/sci/bio/life/insecta/lepidoptera/网站记载分布于中国西部及浙江、台湾、广东。

73. 田园荫眼蝶 *Neope agrestis* (Oberthür, 1876)

Satyrus agrestis Oberthür, 1876; Études d'Entomologie 2: 27, pl. 2, figs. 3a-b.

Neope agrestis albicans Leech, [1892]; Butterflies from China, Japan and Corea (1): 53-54, pl. 7, fig. 7; Type locality: 打箭炉.

Neope argestoides Murayama, 1995; Nature & Insects 30(14): 32-35; Type locality: 土官村, 德钦.

Neope agrestis Huang, 2003; Neue Entomologische Nachrichten 55: 96(note).

（1）查看标本：宝兴，2018 年 5 月 15 日，2000-2500 m，1 只，周树军；宝兴，2018 年 6 月 4 日，1500-2000 m，1 只，左燕。

（2）分类特征：前缘弧形，外缘波状、M_3 脉端未明显突出，后缘平直。翅脉纹比翅色稍深，背面红褐色，腹面黄褐色，梭形浅色外框内有 3 个黑色圆斑；中室外及端部有较明显的白斑。后翅外缘波状，有明显的黑色边缘；臀区有环状纹，臀角不成锐角、凹入；腹面基部色暗，黑色和白色斑纹不规则、不呈网状，3 个环状纹排成一斜线。

（3）分布。

水平：宝兴。

垂直：1500-2500 m。

生境：常绿阔叶林、针阔混交林。

（4）出现时间（月份）：5、6。

（5）种群数量：罕见种。

（6）标本照片：彩色图版 V-1。

（7）注记：http://ftp.funet.fi/pub/sci/bio/life/insecta/lepidoptera/网站记载分布于中国西部。

74. 拟网纹荫眼蝶 *Neope simulans* Leech, 1891

Neope simulans Leech, 1891; Entomologist 24(Suppl.): 66; Type locality: 瓦斯沟.

Neope simulans var. *confusa* South, 1913; Journal of the Bombay Natural History Society 22(2): 345; Type locality: 浏阳.

Neope simulans binchuanensis Wan *et al.*, 1996; Sichuan Journal of Entomology 92(1): 215-216; Type locality: 云南.

Neope simulans simulans Huang, 2003; Neue Entomologische Nachrichten 55: 96(note); Type locality: 云南.

（1）查看标本：汉源，2006 年 6 月 29 日，2000-2500 m，1 只，左燕。

（2）分类特征：翅黑褐色，具黑斑，腹面稍浅，翅脉白色。前翅中室端有明显的白斑，背腹面浅色梭状框内有 1 个黑色眼斑、3 个黑色圆斑；后翅有 6 个带黄色圆圈的黑斑，第一个梭形，第 2-6 个圆形。后翅各脉突出成尖，臀角不成角度；腹面基半部具网状纹。

（3）分布。

水平：汉源。

垂直：2000-2500 m。

生境：常绿阔叶林。

（4）出现时间（月份）：6。

（5）种群数量：罕见种。

（6）注记：http://ftp.funet.fi/pub/sci/bio/life/insecta/lepidoptera/网站记载分布于中国西藏、云南。

75. 德祥荫眼蝶 *Neope dejeani* Oberthür, 1894

Neope dejeani Oberthür, 1894; Études d'Entomologie 19: 18, pl. 7, fig. 63; Type locality: 西藏.

（1）查看标本：八宿，2005 年 8 月 6 日，3000-3500 m，1 只，杨晓东。

（2）分类特征：翅黑褐色，前缘弧形，外缘波状，后缘平直。前翅背腹面亚外缘有3 个黑斑，第 1 与 2 个间有一黄斑，第 3 个下有一黄斑；背面中室端斑明显；腹面有 3个黑色眼斑。后翅臀角不成角度，M_3 脉突出不显；腹面基部色暗，3 个环状纹排成一直线，其他黑色斑纹不规则、不呈网状；外缘色浅，无黑边；臀区有环状纹。

（3）分布。

水平：八宿。

垂直：3000-3500 m。

生境：高山农田灌丛。

（4）出现时间（月份）：8。

（5）种群数量：罕见种。

（6）标本照片：彩色图版 V-2。

（7）注记：http://ftp.funet.fi/pub/sci/bio/life/insecta/lepidoptera/网站记载分布于中国西藏、云南。

76. 蒙链荫眼蝶 *Neope muirheadii* (Felder *et* Felder, 1862)

Lasiommata muirheadii Felder *et* Felder, 1862; Wien Entomology Monatschrs 6(1): 28; Type locality: 扬子江.

Debis segonax Hewitson, 1862; Illustrations of New Species of Exotic Butterflies 4(Debis I): 34, pl. 18, fig. 5; Type locality: 中国.

Neope muirheadii menglaensis Li, 1995; Entomotaxonomia 17(1): 38-43; Type locality: 云南.

（1）查看标本：宝兴，2005 年 7 月 7 日，2000-2500 m，1 只，左燕；维西，2006年 8 月 23 日，1500-2000 m，1 只，杨晓东；宝兴，2016 年 5 月 10 日，1500-2000 m，1只，邓合黎；宝兴，2016 年 5 月 11 日，500-1000 m，1 只，左燕；澜沧，2017 年 8 月1 日，500-1000 m，1 只，左燕；普洱，2018 年 6 月 24 日，1000-1500 m，1 只，左瑞。

（2）分类特征：翅眼斑椭圆形，眼斑外无浅色梭状框。背面纯黑褐色，无淡色斑及明显的黑斑，腹面密布杂乱的密纹、线纹和从前翅前缘至后翅后缘贯通的白色带紫色的中横带。

（3）分布。

水平：澜沧、普洱、维西、宝兴。

垂直：500-2500 m。

生境：常绿阔叶林、林灌、山坡灌丛、溪流农田灌丛、林灌草地。

（4）出现时间（月份）：5、6、7、8。

（5）种群数量：少见种。

（6）标本照片：彩色图版 V-3。

（7）注记：http://ftp.funet.fi/pub/sci/bio/life/insecta/lepidoptera/网站记载分布于中国中部和西部及山南地区、台湾；India，Indochina。

77. 丝链荫眼蝶 *Neope yama* (Moore, [1858])

Zophoessa yama Moore, [1858]; in Horsfield & Moore, Catholic Lepidoptral Insect Museum of East India Coy 1: 221; Type locality: Bhutan, India.

Neope yama uemurai (Sugiyam, 1994); Pallarge 3: 13-15; Type locality: 四川.

（1）查看标本：荥经，2006 年 7 月 4 日，1000-1500 m，1 只，李爱民；宝兴，2016 年 5 月，1500-2000 m，2 只，李爱民。

（2）分类特征：翅背面黑褐色，无淡色斑和明显的黑斑；腹面色彩稍浅，无贯通的白色中横带，基半部白色细线组成网状纹。腹面前翅 5 个眼斑组成的斑列位于 1 个倒三角形浅色区域内；后翅眼斑列两侧色深，使得该区域色彩特别深。后翅每条翅脉均尖出，使得外缘波形锯齿状。

（3）分布。

水平：荥经，宝兴。

垂直：1000-2000 m。

生境：常绿阔叶林。

（4）出现时间（月份）：5、7。

（5）种群数量：少见种。

（6）标本照片：彩色图版 V-4。

（7）注记：Sugiyama（1994）将丝链荫眼蝶变种 *Neope yama* var. *serica* (Leech, 1892) 升为独立的种 *Neope s. serica* (Leech, 1892)（*Zooloical Record* 13D: Lepidoptera Vol. 130-2757）。http://ftp.funet.fi/pub/sci/bio/life/insecta/lepidoptera/网站记载分布于 India，Burma。

78. 奥荫眼蝶 *Neope oberthueri* Leech, 1891

Neope oberthüri Leech, 1891; Entomologist 24(Suppl.): 24; Type locality: 峨眉山.

Neope oberthueri yangbiensis Li, 1995; Entomotaxonomia 17(1): 38-43; Type locality: 云南.
Neope oberthueri qiqia Huang, 2002; Atalanta 33(3/4): 361, pl. 19, figs. 3, 7; Type locality: 贡山.

（1）查看标本：八宿，2005 年 8 月 6 日，3000-3500 m，1 只，杨晓东。

（2）分类特征：翅背面红褐色，黑色圆斑位于梭形黄斑内。腹面前翅赭红色，中室端无明显的白斑；有 3 个黑色眼斑，前 1 个外围黄环下的 2 个黑色圆斑位于黄框中，之间的 cu_2 室是 1 个黄白色圆点；后翅基半部有杂乱的灰白色线条与深褐色线条相间，使之模糊不清。后翅外缘波状，脉端突出不明显，臀角不成锐角。

（3）分布。

水平：八宿。

垂直：3000-3500 m。

生境：高山农田灌丛。

（4）出现时间（月份）：8。

（5）种群数量：罕见种。

（6）标本照片：彩色图版 V-5。

（7）注记：http://ftp.funet.fi/pub/sci/bio/life/insecta/lepidoptera/网站记载分布于中国四川、云南。

（十四）宁眼蝶属 *Ninguta* Moore, [1892]

Ninguta Moore, [1892]; Lepidoptera Indica 1: 310; Type species: *Pronophila schrenkii* Ménétriés, 1859.
Aranda Fruhstorfer, 1909; International Entomological Zs 3(24): 134; Type species: *Pronophila schrenkii* Ménétriés, 1859.

中室闭式，翅展约 70 mm、阔圆，眼斑具瞳；前翅后缘不突出。Sc 脉基部加粗，R_1 脉与 R_2 脉从中室上脉近上端角处分出；R_3 脉、R_4 脉、R_5 脉共柄，从中室上端角分叉，R_4 脉到达顶角；M_1 脉和 M_2 脉从较直的端脉上段分出；Cu_1 脉从中室下端角前分出，与从中室下端角分叉的 M_3 脉远离；中室端脉上段凹入。后翅 M_3 脉近基部明显弯曲，脉端不突出，与 Cu_1 脉同从中室下角分出。

注记：周尧（1998，1999）将此属置于锯眼蝶亚科 Elymninae 黛眼蝶族 Lethini。http://ftp.funet.fi/pub/sci/bio/life/insecta/lepidoptera/网站则将此属置于眼蝶亚科 Satyrinae 锯眼蝶族 Elymniini 黛眼蝶亚族 Lethina。

79. 宁眼蝶 *Ninguta schrenkii* (Ménétriés, 1859)

Pronophila schrenkii Ménétriés, 1859; Bulletin Physical-Math Academy Science St. Pétersb 17(12-14): 215; Type locality: Amur.
Pronophila schrenckii Ménétriés, 1859; in Schrenck, Reise Forschungen Amur-Lande 2(1): 33, pl. 3, fig. 3; Type locality: Amur.
Aranda (Pararge) schrenckii damontas Fruhstorfer, 1909; International Entomological Zs 3(24): 134; Type locality: 四川.

（1）查看标本：天全，2005 年 8 月 3、31 日，500-2000 m，4 只，邓合黎；天全，2005 年 8 月 30 日至 9 月 3 日，1000-2000 m，15 只，杨晓东；天全，2005 年 9 月 3 日，1000-1500 m，3 只，李爱民；宝兴，2005 年 7 月 12 日和 9 月 3 日，1000-2000 m，2 只，邓合黎；宝兴，2005 年 7 月 12 日和 9 月 8 日，500-2000 m，4 只，杨晓东；宝兴，2005 年 7 月 12 日和 9 月 8 日，1000-2000 m，4 只，李爱民；荥经，2006 年 7 月 4 日，1000-1500 m，1 只，李爱民；荥经，2006 年 7 月 2、4 日，1000-1500 m，2 只，左燕；荥经，2006 年 7 月 4 日，1000-1500 m，3 只，邓合黎；荥经，2005 年 7 月 4 日，1000-1500 m，2 只，杨晓东；天全，2007 年 8 月 3 日，1500-2000 m，杨晓东；宝兴，2017 年 7 月 9 日，1000-1500 m，邓合黎；青川，2020 年 8 月 14、20 日，500-2000 m，3 只，左瑞。

（2）分类特征：翅脉和斑纹褐色，背面淡褐色、腹面紫褐色，中室内和中室端各有 1 条褐色细线；前翅端半部色浅，中横带从前缘曲折伸至后缘，后翅内横线与中横带组成"凸"字形。翅前缘明显弧形，外缘波状，亚外缘有 2 条棕色横线。雄蝶后翅内缘有丝状光泽性标。背面前翅顶角有 1 个小黑点，后翅有 5 个黑斑且中间 1 个最小；腹面前翅 m_1 室、m_2 室有眼斑，后翅 6 个眼斑呈"？"形，眼斑列周围褐色。

（3）分布。

水平：荥经、天全、宝兴、青川。

垂直：500-2000 m。

生境：常绿阔叶林、针阔混交林、溪流林灌、灌丛、河滩灌丛、河谷灌丛、灌草丛、树林农田。

（4）出现时间（月份）：7、8、9。

（5）种群数量：常见种。

（6）标本照片：彩色图版 V-6。

（7）注记：http://ftp.funet.fi/pub/sci/bio/life/insecta/lepidoptera/网站记载分布于中国东部和黑龙江流域及四川；Ussuri，Korea，Japan。

（十五）网眼蝶属 *Rhaphicera* Butler, 1867

Rhaphicera Butler, 1867; Annual Magazine of Natural History (3)19: 164; Type species: *Lasiommata satricus* Doubleday, [1849].

中室闭式，翅背腹面有黑色和黄色相间的平行网状纹。前翅 Sc 脉基部明显加粗，R_3 脉、R_4 脉、R_5 脉共柄，与 R_1 脉和 R_2 脉一起，从中室上脉近上端角处分出；R_4 脉到达前缘，R_5 脉到达外缘；M_1 脉和 M_2 脉一起，从中室上端角分叉；Cu_1 脉从中室下端角前分出，与从中室下端角分叉的 M_3 脉远离；中室端脉微凹入。后翅近基部明显弯曲的 M_3 脉连在端脉与 Cu_1 脉分叉点上；后翅外缘微波状，M_3 脉端略突出。

注记：周尧（1998，1999）将此属置于锯眼蝶亚科 Elymninae 黛眼蝶族 Lethini。http://ftp.funet.fi/pub/sci/bio/life/insecta/lepidoptera/网站则将此属置于眼蝶亚科 Satyrinae 锯眼蝶族 Elymniini 黛眼蝶亚族 Lethina。

80. 网眼蝶 *Rhaphicera dumicola* (Oberthür, 1876)

Satyrus dumicola Oberthür, 1876; Études d'Entomologie 1: 29, pl. 4, fig. 7; Type locality: 中国西部.

（1）查看标本：宝兴，2005年9月8日，1500-2000 m，1只，邓合黎；宝兴，2005年9月8日，1500-2000 m，1只，李爱民；天全，2005年8月30日和9月3日，1000-2500 m，7只，邓合黎；天全，2005年8月30日和9月3日，1000-2500 m，10只，杨晓东；康定，2005年8月19、22日，1500-3000 m，2只，邓合黎；天全，2007年8月4-5日，1500-2000 m，5只，杨晓东；木里，2008年8月22日，3000-3500 m，6只，邓合黎；金川，2014年8月8日，2500-3000 m，4只，邓合黎；金川，2014年8月8日，2500-3000 m，5只，左燕；金川，2014年8月8日，2500-3000 m，8只，李爱民；泸定，2015年9月4-5日，1500-2500 m，2只，邓合黎；泸定，2015年9月4日，1500-2000 m，1只，左燕；泸定，2015年9月4日，1500-2000 m，3只，李爱民；泸定，2015年9月2-4日，1500-2500 m，6只，张乔勇；金川，2016年8月12日，2500-3500 m，2只，李爱民；金川，2016年8月11、13日，2500-3000 m，4只，左燕；金川，2016年8月11日，2500-3000 m，1只，邓合黎。

（2）分类特征：翅淡黄色，脉纹黑色，二者构成密集的黑色网状纹和许多不规则的黄斑。前翅无眼斑，中室基部有1条黄色纵带，中部和端部各有1个黄色横斑；中室下为1个三角形黄斑，其余各翅室有大小不等的3个黄斑。后翅外缘从M_1脉到臀角有1条橙带，亚缘有1列小圆圈。后翅外缘波状，雌性M_3脉微突。

（3）分布。

水平：木里、康定、泸定、天全、宝兴、金川。

垂直：1000-3500 m。

生境：常绿阔叶林、针阔混交林、溪流树林、农田树林、河滩林灌、沟谷林灌、灌丛、山坡灌丛、溪流灌丛、溪流山坡灌丛、农田灌丛、溪流农田灌丛、山坡灌草丛、河谷山坡灌草丛。

（4）出现时间（月份）：8、9、10。

（5）种群数量：常见种。

（6）标本照片：彩色图版 V-7。

（7）注记：http://ftp.funet.fi/pub/sci/bio/life/insecta/lepidoptera/网站记载分布于中国西部。

（十六）带眼蝶属 *Chonala* Moore, 1893

Chonala Moore, 1893; Lepidoptera Indica 2(13): 14; Type species: *Debis masoni* Elwes, 1882.

翅背腹面均棕褐色，除前翅有白色或黄色斜带外，纹线黑色；中室闭式；前翅近顶角有1个眼斑。Sc脉基部明显膨大，R_1脉和R_2脉从中室上脉近上端角处分叉，R_3脉、R_4脉、R_5脉共柄，与M_1脉一起，从中室上端角分出；M_2脉从中室端脉生出，Cu_1脉从中室下端角前分出，与 M_3 脉远离；M_3 脉明显弯曲，端脉连在 M_3 脉与 Cu_2 脉分叉点之前。后翅外缘波状；腹面无平行线，亚缘有 1 列眼斑。

注记：周尧（1998，1999）将此属置于锯眼蝶亚科 Elymninae 黛眼蝶族 Lethini。http://ftp.funet.fi/pub/sci/bio/life/insecta/lepidoptera/网站则将此属置于眼蝶亚科 Satyrinae 锯眼蝶族 Elymniini 黛眼蝶亚族 Lethina。

81. 棕带眼蝶 *Chonala praeusta* (Leech, 1890)

Pararge praeusta Leech, 1890; Entomologist 23: 188; Type locality: 瓦山，皇木城.

Pararge praeusta burmana Tytler, 1939; Journal of the Bombay Natural History Society 41(2): 246; Type locality: Burma.

（1）查看标本：天全，2005 年 8 月 30 日，2000-2500 m，9 只，邓合黎；康定，2005 年 8 月 18 日，2500-3000 m，13 只，杨晓东；德钦，2006 年 8 月 14 日，3000-3500 m，2 只，杨晓东；维西，2006 年 8 月 28、31 日，2500-3000 m，5 只，邓合黎；维西，2006 年 8 月 28、31 日，2500-3000 m，2 只，李爱民；维西，2006 年 8 月 28 日，2500-3000 m，4 只，杨晓东；维西，2006 年 8 月 31 日，2500-3000 m，2 只，左燕；玉龙，2002 年 8 月 31 日，2000-2500 m，1 只，邓合黎；兰坪，2006 年 9 月 2 日，2500-3000 m，1 只，邓合黎；兰坪，2006 年 9 月 2 日，2500-3000 m，1 只，李爱民；兰坪，2006 年 9 月 2 日，2500-3000 m，2 只，杨晓东；兰坪，2006 年 9 月 2 日，2500-3000 m，1 只，左燕；香格里拉，2006 年 8 月 21 日，2500-3000 m，1 只，左燕；天全，2007 年 8 月 4-5 日，1500-2500 m，2 只，杨晓东；木里，2008 年 8 月 13、22 日，2500-3500 m，2 只，邓合黎；木里，2008 年 8 月 16 日，3500-4000 m，1 只，杨晓东；贡山，2015 年 8 月 25 日，1000-1500 m，3 只，邓合黎。

（2）分类特征：翅深红棕色，前翅从前缘 2/3 处到臀角有 1 条波状曲折的红棕色斜带，顶角有 1 个小白点。腹面前翅顶角有 1 个黑色眼斑和 2 个白斑，后翅密布淡褐色微点，弯曲的基线和内外横线均深红棕色，外缘波状。

（3）分布。

水平：贡山、玉龙、兰坪、维西、香格里拉、贡山、德钦、木里、康定、天全。

垂直：1000-4000 m。

生境：常绿阔叶林、针阔混交林、灌丛、草地、山坡草地、山坡灌丛草地。

（4）出现时间（月份）：8、9。

（5）种群数量：常见种。

（6）标本照片：彩色图版 V-8。

（7）注记：http://ftp.funet.fi/pub/sci/bio/life/insecta/lepidoptera/网站记载分布于中国四川、云南；Burma。

82. 带眼蝶 *Chonala episcopalis* (Oberthür, 1885)

Pararge episcopalis Oberthür, 1885; Bulletin Society of Entomology France (6)5: ccxxvii; Type locality: 打箭炉.

Chonala episcopalis yunnana Li, 1994; in Chou, Monographia Rhopalocerorum Sinensium I-II: 356, 757, fig. 24; Type locality: 中甸.

（1）查看标本：康定，2005 年 8 月 18 日，2500-3000 m，1 只，邓合黎；康定，2005 年 8 月 18 日，2500-3000 m，2 只，杨晓东；天全，2005 年 9 月 2 日，1500-2000 m，1 只，杨晓东；德钦，2006 年 8 月 9 日，3000-3500 m，1 只，邓合黎。

（2）分类特征：前翅从前缘 2/3 处到臀角有 1 条曲折的白色斜带，其中段向顶角突出，顶角无小白点；后翅几无斑纹。

（3）分布。

水平：德钦、康定、天全。

垂直：1500-3500 m。

生境：常绿阔叶林、灌丛、树林农田。

（4）出现时间（月份）：8、9。

（5）种群数量：少见种。

（6）标本照片：彩色图版 V-9。

（7）注记：http://ftp.funet.fi/pub/sci/bio/life/insecta/lepidoptera/网站记载分布于中国四川西部。

83. 马森带眼蝶 *Chonala masoni* (Elwes, 1882)

Debis (Tansima) masoni Elwes, 1882; Proceedings of Zoological Society of London 1882(4): 405, pl. 25, fig. 2; Type locality: Sikkim.

（1）查看标本：木里，2008 年 8 月 22 日，3000-3500 m，3 只，邓合黎；金川，2014 年 8 月 8 日，2500-3000 m，1 只，李爱民；泸定，2015 年 9 月 2-4 日，2000-3000 m，26 只，张乔勇；泸定，2015 年 9 月 3-4 日，2000-3000 m，9 只，左燕；泸定，2015 年 9 月 2-3 日，2000-3000 m，6 只，邓合黎；泸定，2015 年 9 月 2-4 日，2000-3000 m，4 只，李爱民；贡山，2016 年 8 月 24 日，2500-3000 m，2 只，李爱民。

（2）分类特征：翅黑褐色，外缘微波状。前翅从前缘 2/3 处到臀角有 1 条宽阔的白色斜带，顶角有 2-3 个小白点及 1 个黑色眼斑；后翅顶角白色，背面眼斑模糊，腹面 6 个带有清晰橙框的眼斑排成弧形，外缘 3 条黑褐色线夹有 2 条浅色细线。

（3）分布。

水平：贡山、木里、泸定、金川。

垂直：2000-3500 m。

生境：常绿阔叶林、针阔混交林、河滩林灌、山坡林灌、河谷山坡灌草丛、河滩灌丛草地、山坡灌丛草地。

（4）出现时间（月份）：8、9。

（5）种群数量：常见种。

（6）标本照片：彩色图版 V-10。

（7）注记：http://ftp.funet.fi/pub/sci/bio/life/insecta/lepidoptera/网站记载分布于中国西藏南部；Bhutan，India。

（十七）藏眼蝶属 *Tatinga* Moore, 1893

Tatinga Moore, 1893; Lepidoptera Indica 2(13): 5; Type species: *Satyrus thibetanus* Oberthür, 1876.

　　翅腹面白色，布满黑斑；中室闭式。前翅 Sc 脉基部明显膨大，R_1 脉和 R_2 脉从中室上脉近上端角处分出，R_3 脉、R_4 脉、R_5 脉共柄，与 M_1 脉一起，从中室上端角分出，M_2 脉从中室端脉生出，离开 M_1 脉；Cu_1 脉从中室下端角前分出，与从中室下端角分叉的 M_3 脉远离；后翅 M_3 脉弯曲。

　　注记：周尧（1998，1999）将此属置于锯眼蝶亚科 Elymninae 黛眼蝶族 Lethini。http://ftp.funet.fi/pub/sci/bio/life/insecta/lepidoptera/网站则将此属置于眼蝶亚科 Satyrinae 锯眼蝶族 Elymniini 黛眼蝶亚族 Lethina。

84. 藏眼蝶 *Tatinga thibetanus* (Oberthür, 1876)

Satyrus thibetanus Oberthür, 1876; Études d'Entomologie 2: 28, pl. 2, fig. 4.
Tatinga thibetanus ab. *albicans* South, 1913; Journal of the Bombay Natural Society 22(2): 346; Type locality: 坡鹿，德钦.
Pararge thibetana menpa Yoshino, 1998; Neo Lepidoptera 3: 5, figs. 19-20, 23-24; Type locality: 西藏东部.
Pararge thibetana tonpa Yoshino, 1998; Neo Lepidoptera 3: 5, figs. 21-22, 25-26; Type locality: 腾冲.

　　（1）查看标本：宝兴，2005 年 7 月 7 日，2000-2500 m，2 只，邓合黎；宝兴，2005 年 7 月 7 日，2000-2500 m，2 只，左燕；宝兴，2005 年 7 月 7 日，2000-2500 m，1 只，李爱民；宝兴，2005 年 7 月 5 日，2000-2500 m，1 只，杨晓东；理县，2005 年 7 月 22 日，2500-3000 m，1 只，邓合黎；甘孜，2005 年 7 月 26 日，3500-4000 m，1 只，杨晓东；江达，2005 年 7 月 29 日，3000-3500 m，3 只，邓合黎；昌都，2005 年 7 月 31 日，3000-3500 m，1 只，邓合黎；昌都，2005 年 7 月 31 日，3000-3500 m，1 只，杨晓东；康定，2005 年 8 月 18、21-22、25 日，1500-3000 m，7 只，邓合黎；康定，2005 年 8 月 17、22-23 日，2500-3500 m，6 只，杨晓东；汉源，2006 年 7 月 1 日，2000-2500 m，1 只，杨晓东；汉源，2006 年 6 月 25 日和 7 月 1 日，1500-2000 m，2 只，左燕；汉源，2006 年 7 月 1 日，2000-2500 m，2 只，李爱民；德钦，2006 年 8 月 9-10 日，3000-4000 m，6 只，李爱民；德钦，2006 年 8 月 14 日，3000-4000 m，2 只，杨晓东；维西，2006 年 8 月 28、31 日，2500-3000 m，5 只，杨晓东；维西，2006 年 8 月 31 日，2500-3000 m，4 只，邓合黎；维西，2006 年 8 月 28-31 日，2000-3000 m，5 只，左燕；维西，2006 年 8 月 28、31 日，11 只，李爱民；兰坪，2006 年 9 月 2 日，2500-3000 m，2 只，杨晓东；兰坪，2006 年 9 月 2 日，2000-2500 m，1 只，左燕；德钦，2006 年 8 月 14 日，2500-3000 m，1 只，邓合黎；香格里拉，2006 年 8 月 21 日，2500-3000 m，2 只，邓合黎；香格里拉，2006 年 8 月 21 日，2500-3000 m，2 只，左燕；香格里拉，2006 年 8 月 21 日，2500-3000 m，2 只，李爱民；玉龙，2006 年 8 月 31 日，2500-3000 m，1 只，邓合黎；天全，2007 年 8 月 4 日，1500-2000 m，1 只，杨晓东；木里，2008 年 8 月 1、13、16、22 日，3000-3500 m，

6只，杨晓东；盐源，2008年8月6、23日，3000-3500 m，1只，杨晓东；木里，2008年8月1、13、16、22日，3000-3500 m，10只，邓合黎；盐源，2008年8月6、23日，3000-3500 m，2只，邓合黎；得荣，2013年8月13日，3500-4000 m，1只，李爱民；乡城，2013年8月17日，3000-3500 m，1只，张乔勇；得荣，2013年8月13日，3000-3500 m，1只，左燕；稻城，2013年8月20日，3500-4000 m，1只，左燕；金川，2014年8月11日，2500-3000 m，1只，左燕；金川，2014年8月9、11日，3000-3500 m，5只，李爱民；芒康，2015年8月11日，3500-4000 m，1只，李爱民；巴塘，2015年8月12日，3500-4000 m，1只，邓合黎；巴塘，2015年8月12日，3500-4000 m，2只，左燕；巴塘，2015年8月12日，3500-4000 m，1只，张乔勇；巴塘，2015年8月12日，3500-4000 m，1只，李爱民；泸定，2015年9月4日，1500-2000 m，1只，邓合黎；泸定，2015年9月4日，1500-2000 m，1只，张乔勇；雅江，2015年8月14日，2500-3000 m，1只，张乔勇；金川，2016年8月11日，3000-3500 m，1只，李爱民；宝兴，2018年6月4日，1500-2000 m，1只，周树军；甘孜，2020年7月26日，3500-4000 m，1只，邓合黎；甘孜，2020年7月26日，3500-4000 m，2只，左瑞；甘孜，2020年7月26日，3500-4000 m，2只，左燕；松潘，2020年8月5日，2000-2500 m，1只，左瑞；九寨沟，2020年8月8日，2000-2500 m，1只，左瑞；九寨沟，2020年8月8日，2000-2500 m，1只，左燕。

（2）分类特征：翅背面深黑褐色，前翅顶角有4个小白斑；3个成列靠近前缘、1个靠近外缘，其之间是1个眼斑；中室外是1条曲折的白纹，近后缘是几条黄褐色纹；后翅色深，隐约可见圆形眼斑。腹面灰白色渲染橙色，有明显的黑色眼斑和楔形斑；前翅中室被黑褐色纹分为2段，近顶角有1个眼斑；后翅斑纹分为3组：基部有6个大小不等的椭圆形斑，中域从顶角至后缘的6个长方形斑组成三角形；亚外缘6个眼斑的外侧是与外缘平行的波状黑褐色区。

（3）分布。

水平：玉龙、兰坪、维西、香格里拉、德钦、盐源、木里、汉源、得荣、乡城、稻城、芒康、巴塘、雅江、康定、泸定、天全、宝兴、金川、理县、昌都、江达、甘孜、松潘、九寨沟。

垂直：1500-4000 m。

生境：常绿阔叶林、针阔混交林、居民点树林、高山栎树灌丛、河谷林灌丛、山坡林灌、灌丛、溪流灌丛、河滩灌丛、河谷灌丛、高山河谷灌丛、山坡灌丛、高山灌丛、农田灌丛、山坡灌丛草地、灌草丛、灌丛草甸、草地、河滩草地、山坡草地、河滩草甸、高寒草甸。

（4）出现时间（月份）：6、7、8、9。

（5）种群数量：优势种。

（6）标本照片：彩色图版V-11。

（7）注记：Huang（2000）认为 *Tatinga thibetana menpa* Yoshino, 1998 是 *Tatinga thibetana albicans* South, 1913 的同物异名（*Zoological Record* 13D: Lepidoptera Vol. 136-1795）。http://ftp.funet.fi/pub/sci/bio/life/insecta/lepidoptera/网站记载分布于中国西藏、云南。

（十八）链眼蝶属 *Lopinga* Moore, 1893

Lopinga Moore, 1893; Lepidoptera Indica 2(13): 11; Type species: *Pararge dumetorum* Oberthür, 1886.
Crebeta Moore, 1893; Lepidoptera Indica 2(13): 11; Type species: *Hipparchia deidamia* Eversmann, 1851.
Polyargia Verity, 1957; Variation Geographique Saisonnier Papillons Diurne du France (3): 436; Type species: *Papilio achine* Scopoli, 1866.

前后翅背腹面的亚缘均有 5 个以上眼斑；中室闭式；后翅腹面无平行斜线。前翅 Sc 脉基部明显膨大，R_1 脉和 R_2 脉从中室上脉近上端角处分出，R_3 脉、R_4 脉、R_5 脉共柄，与 M_1 脉一起，从中室上端角分出，M_2 脉从中室端脉生出，离开 M_1 脉；Cu_1 脉从中室下端角前分出，与从中室下端角分叉的 M_3 脉远离；端脉上段凹入并形成短的回脉；M_3 脉明显弯曲，端脉连在从中室下端角与 Cu_1 分叉的 M_3 脉上。

注记：周尧（1998，1999）将此属置于锯眼蝶亚科 Elymninae 黛眼蝶族 Lethini。http://ftp.funet.fi/pub/sci/bio/life/insecta/lepidoptera/网站则将此属置于眼蝶亚科 Satyrinae 锯眼蝶族 Elymniini 黛眼蝶亚族 Lethina。

85. 丛林链眼蝶 *Lopinga dumetorum* (Oberthür, 1886)

Pararge dumetorum Oberthür, 1886; Études d'Entomologie 11: 23, pl. 4, fig. 20; Type locality: 中国西部.

（1）查看标本：理县，2005 年 7 月 22 日，1500-2000 m，1 只，杨晓东；甘孜，2005 年 7 月 26 日，3500-4000 m，4 只，邓合黎；甘孜，2005 年 7 月 26 日，3500-4000 m，4 只，李爱民；甘孜，2005 年 7 月 26 日，3500-4000 m，8 只，杨晓东；色达，2005 年 7 月 25 日，3000-3500 m，18 只，李爱民；色达，2005 年 7 月 25 日，3000-3500 m，2 只，薛俊；色达，2005 年 7 月 25 日，3000-3500 m，8 只，杨晓东；江达，2005 年 7 月 29 日，3000-3500 m，1 只，邓合黎；甘孜，2020 年 7 月 26 日，3500-4000 m，1 只，邓合黎；甘孜，2020 年 7 月 26-27 日，3500-4000 m，2 只，左瑞；甘孜，2020 年 7 月 26 日，3500-4000 m，1 只，左燕。

（2）分类特征：翅棕褐色。背面前翅有 1 个眼斑、2 条白色斜纹，中室内有 1 条白纹；后翅有 2 个眼斑；腹面前翅顶角有眼斑，后翅基部肉色，云片状斑纹褐色，6 个眼斑链状排成弧形且有黄框。

（3）分布。

水平：理县、江达、甘孜、色达。

垂直：1500-4000 m。

生境：高山灌丛、高山河谷灌丛、山坡草甸、河滩草甸、高寒草甸。

（4）出现时间（月份）：7。

（5）种群数量：常见种。

（6）标本照片：彩色图版 V-12。

（7）注记：http://ftp.funet.fi/pub/sci/bio/life/insecta/lepidoptera/网站记载分布于中国西部。

86. 小链眼蝶 *Lopinga nemorum* (Oberthür, 1890)

Pararge nemorum Oberthür, 1890; Études d'Entomologie 13: 42; Type locality: 中国西部.

（1）查看标本：香格里拉，2006 年 8 月 20 日，3000-3500 m，1 只，左燕；芒康，2015 年 8 月 11 日，3000-3500 m，2 只，邓合黎；芒康，2015 年 8 月 11 日，3500-4000 m，1 只，张乔勇；芒康，2015 年 8 月 11 日，3500-4000 m，1 只，李爱民；甘孜，2020 年 7 月 27 日，3500-4000 m，2 只，左瑞。

（2）分类特征：翅背面黑褐色，斑纹模糊，腹面深黄褐色。前翅中室有 1 个小白点；后翅基半部云片状，端半部橘红色。前翅背面无眼斑，腹面有 2 个眼斑，后翅有 1 个眼斑。腹面前翅有 2 个眼斑，后翅有 6 个眼斑，其中 3 个一组构成直角且有红褐色框。

（3）分布。

水平：香格里拉、芒康、甘孜。

垂直：3000-4000 m

生境：山坡灌丛、高山灌丛、山坡溪流灌丛、高山河谷灌丛、高山沼泽灌丛、河谷灌丛草地、山坡草甸、高寒草甸。

（4）出现时间（月份）：7、8。

（5）种群数量：少见种。

（6）标本照片：彩色图版 V-13。

（7）注记：http://ftp.funet.fi/pub/sci/bio/life/insecta/lepidoptera/网站记载分布于中国西部。

（十九）毛眼蝶属 *Lasiommata* Westwood, 1841

Lasiommata Westwood, 1841; British Butterflies 65; Type species: *Papilio megera* Linnaeus, 1767.
Amecera Butler, 1867; Annual Magazine of Natural History (3)19: 162; Type species: *Papilio megera* Linnaeus, 1767.

触角梨形。中室闭式，其端脉上段凹入并有短的回脉。前翅 Sc 脉基部明显膨大，Cu 脉基部加粗；R_3 脉、R_4 脉、R_5 脉共柄，与 R_2 脉一起，着生中室上端角；M_1 脉与 M_2 脉从中室端脉生出；Cu_1 脉从中室下端角前分出，与 M_3 脉远离；端脉连在弯曲的 M_3 脉与 Cu_1 脉分叉点上。前翅腹面有白色斜纹，只近顶角有 1 个大眼斑；后翅腹面无平行斜线，外缘波状。

注记：周尧（1998，1999）将此属置于锯眼蝶亚科 Elymninae 黛眼蝶族 Lethini。http://ftp.funet.fi/pub/sci/bio/life/insecta/lepidoptera/网站则将此属置于眼蝶亚科 Satyrinae 锯眼蝶族 Elymniini 黛眼蝶亚族 Lethina。

87. 小毛眼蝶 *Lasiommata minuscula* (Oberthür, 1923)

Lasiommata minuscula (Oberthür, 1923); Etudes de Lépidoptérologie Comparée 20: 200.

（1）查看标本：德钦，2006 年 8 月 14 日，2500-3000 m，1 只，左燕；德钦，2006 年 8 月 11 日，2500-3000 m，1 只，李爱民；木里，2008 年 8 月 22 日，3000-3500 m，1 只，邓合黎；得荣，2013 年 8 月 13 日，3000-3500 m，1 只，李爱民；雅江，2015 年 8 月 14 日，2500-3000 m，1 只，张乔勇；芒康，2015 年 8 月 10 日，3000-3500 m，1 只，左燕；芒康，2015 年 8 月 11 日，3500-4000 m，2 只，李爱民；芒康，2015 年 8 月 10 日，3500-4000 m，1 只，邓合黎；甘孜，2020 年 7 月 26 日，3500-4000 m，1 只，左燕。

（2）分类特征：翅背面棕褐色，除眼斑外几无斑纹；腹面端半部黄褐色，基半部褐色，前翅中室有 2 条褐纹，后翅有杂乱的褐色细线；外缘齿状，前缘与后缘弧形。前翅背面顶角 2 个黑色眼斑相连，腹面 2 个眼斑黑褐色、大、有 2 个白色瞳点，其黄框狭窄，均在一倒三角形浅色区域内。

（3）分布。

水平：德钦、得荣、木里、芒康、雅江、甘孜。

垂直：2500-4000 m。

生境：灌丛、河谷灌丛、溪流灌丛、山坡灌丛、溪谷山坡灌丛、山坡溪流灌丛、高山灌丛草地、高寒草甸。

（4）出现时间（月份）：7、8。

（5）种群数量：少见种。

（6）标本照片：彩色图版 V-14。

（7）注记：http://ftp.funet.fi/pub/sci/bio/life/insecta/lepidoptera/网站记载分布于中国西部。

88. 大毛眼蝶 *Lasiommata majuscula* Leech, [1892]

Lasiommata majuscula Leech, [1892]; Butterflies from China, Japan and Corea (1): 67; Type locality: 打箭炉, 八字房, 瓦斯沟, 嘉定府.

（1）查看标本：江达，2005 年 7 月 29 日，3000-3500 m，2 只，邓合黎；昌都，2005 年 7 月 31 日，3000-3500 m，1 只，邓合黎；八宿，2005 年 8 月 4、6 日，3500-4000 m，3 只，邓合黎；八宿，2005 年 8 月 4 日，3500-4000 m，1 只，杨晓东；康定，2005 年 8 月 19、23 日，1500-3000 m，2 只，邓合黎；康定，2005 年 8 月 22 日，2500-3000 m，1 只，杨晓东；木里，2008 年 8 月 18 日，3000-3500 m，1 只，邓合黎；芒康，2015 年 8 月 11 日，3000-3500 m，1 只，左燕；雅江，2015 年 8 月 14 日，1 只，2500-3000 m，1 只，张乔勇；甘孜，2020 年 7 月 26 日，3500-4000 m，1 只，左燕。

（2）分类特征：翅背面棕褐色，除眼斑外斑纹不清晰；腹面端半部红褐色，基半部棕色，前翅中室有 2 条褐纹，后翅有杂乱的褐色细线；外缘齿状，前缘与后缘弧形。前翅背面顶角 2 个黑色眼斑相连，腹面 2 个眼斑黑褐色、大、有 2 个白色瞳点，其黄框宽，均在一倒三角形浅色区域内。

（3）分布。

水平：木里、芒康、雅江、康定、八宿、昌都、江达、甘孜。

垂直：1500-4000 m。

生境：针阔混交林、河谷灌丛、河滩灌丛、溪谷山坡灌丛、高山灌丛、高山农田灌丛、河谷灌丛草地、河滩草地、高寒草甸。

（4）出现时间（月份）：7、8。

（5）种群数量：常见种。

（6）标本照片：彩色图版 V-15。

（7）注记：http://ftp.funet.fi/pub/sci/bio/life/insecta/lepidoptera/网站记载分布于中国西部。

89. 和丰毛眼蝶 *Lasiommata hefengana* Chou *et* Zhang, 1994

Lasiommata hefengana Chou *et* Zhang, 1994; in Chou, Monographia Rhopalocerorum Sinensium I-II: 359, 757, fig. 25; Type locality: 和丰.

（1）查看标本：八宿，2005 年 8 月 4 日，3500-4000 m，1 只，杨晓东。

（2）分类特征：前翅顶角无黑斑，具黄框的黑色眼斑小，背面只有 1 个白色瞳点，腹面眼斑有 2 个瞳点。翅背面褐色，腹面灰褐色，前翅边缘灰褐色、中间橙黄色。

（3）分布。

水平：八宿。

垂直：3500-4000 m。

生境：高山灌丛。

（4）出现时间（月份）：8。

（5）种群数量：罕见种。

（6）标本照片：彩色图版 V-16。

（7）注记：武春生和徐堉峰（2017）未记载此种。http://ftp.funet.fi/pub/sci/bio/life/insecta/lepidoptera/网站记载分布于中国新疆。

（二十）多眼蝶属 *Kirinia* Moore, 1893

Kirinia Moore, 1893; Lepidoptera Indica 2(13): 14; Type species: *Lasiommata epimenides* Ménétriés, 1859.

Esperia Nekrutenko, 1987; Vestnik Zoologii 1987(2): 84; Type species: *Papilio climene* Esper, 1783.

Esperarge Nekrutenko, 1988; Vestnik Zoologii 1988(1): 50; Type species: *Papilio climene* Esper, 1783.

Marginarge Korb, 2005; Eversmannia (Suppl.) 2: 45; Type species: *Hipparchia eversmanni* Eversmann, 1847.

前后翅腹面有网状纹，外缘圆形；中室闭式，中室长度约等于前翅一半。前翅 Sc 脉基部明显膨大，R_1 脉从中室上脉近上端角处分出，R_3 脉、R_4 脉、R_5 脉共柄，与 R_2 脉和 M_1 脉一起，着生中室上端角；M_2 脉从中室端脉生出，离开 M_1 脉；中室端脉上段凹入并形成回脉，下段直；Cu_1 脉从中室下端角分出，与 M_3 脉远离；顶角有 1 个眼斑。后翅圆形，外缘波状；明显弯曲的 M_3 脉与 Cu_1 脉从中室下端角分出，凹入的端脉连在 M_3 脉与 Cu_1 脉的分叉点上；rs 室眼斑显著。

注记：周尧（1998，1999）将此属置于锯眼蝶亚科 Elymninae 黛眼蝶族 Lethini。

http://ftp.funet.fi/pub/sci/bio/life/insecta/lepidoptera/网站则将此属置于眼蝶亚科 Satyrinae
锯眼蝶族 Elymniini 黛眼蝶亚族 Lethina。

90. 多眼蝶 *Kirinia epaminondas* (Staudinger, 1887)

Pararge epimenides var. *epaminondas* Staudinger, 1887; in Romanoff, Memoir of Lepidoptera 3: 150, pl. 17,
  figs. 1-2; Type locality: Amur.

（1）查看标本：九寨沟，2020 年 8 月 8 日，1500-2000 m，1 只，邓合黎；九寨沟，
2020 年 8 月 8 日，1500-2000 m，1 只，左燕；青川，2020 年 8 月 13 日，1000-1500 m，
1 只，杨盛语；茂县，2020 年 8 月 3 日，1500-2000 m，1 只，左燕。

（2）分类特征：翅背面深褐色，腹面淡褐色，脉纹色深；中室网格化。内外横线均
向外弯曲，且外横线曲折成锐角。背面眼斑无白瞳，腹面后翅眼斑排成直角。翅前缘、
外缘和后缘均弧形，后翅外缘波状。

（3）分布。

水平：茂县、九寨沟、青川。

垂直：1000-2000 m。

生境：常绿阔叶林、灌丛、灌草丛。

（4）出现时间（月份）：8。

（5）种群数量：少见种。

（6）标本照片：彩色图版 V-17。

（7）注记：http://ftp.funet.fi/pub/sci/bio/life/insecta/lepidoptera/网站记载分布于中国东
部；Ussuri，Korea，Japan。

（二十一）眉眼蝶属 *Mycalesis* Hübner, 1818

Mycalesis Hübner, 1818; Zuträge zur Sammlung Exotischer Schmetterlinge 1: 17; Type species: *Papilio francisca* Stoll, [1780].

Dasyomma Felder *et* Felder, 1860; Transactions of the Entomological Society of London 4(12): 401; Type species: *Dasyomma fuscum* Felder *et* Felder, 1860.

Culapa Moore, 1878; Proceedings of Zoological Society of London 1878(4): 825; Type species: *Mycalesis mnasicles* Hewitson, 1864.

Calysisme Moore, [1880]; Lepidopteral Ceylon 1(1): 20; Type species: *Papilio drusia* Cramer, [1775].

Virapa Moore, 1880; Transactions of the Entomological Society of London 1880(4): 155; Type species: *Mycalesis anaxias* Hewitson, 1862.

Myrtilus de Nicéville, 1891; Journal of the Bombay Natural Society 6(3): 341; Type species: *Mycalesis mystes* de Nicéville, 1891.

Samundra Moore, [1891]; Lepidoptera Indica 1: 162; Type species: *Mycalesis anaxioides* Marshall *et* de Nicéville, 1883.

Hamadryopsis Oberthür, 1894; Études d'Entomologie 19: 17; Type species: *Hamadryopsis drusillodes* Oberthür, 1894.

Drusillopsis Oberthür, 1894; Études d'Entomologie 19: 16; Type species: *Drusillopsis dohertyi* Oberthür, 1891.

Drusillopsis Fruhstorfer, 1908; Verhandlungen der Zoologisch-Botanischen Gesellschaft in Wien 58(4/5):

217; Type species: *Drusillopsis dohertyi* Oberthür, 1891.

Bigaena van Eecke, 1915; Nova Guinea 13(1): 66; Type species: *Bigaena pumilio* van Eecke, 1915.

 复眼有毛，中室闭式；中室长度等于前翅一半；翅腹面有淡色外横线和亚缘眼斑列，前翅眼斑 1-5 个，后翅 6-7 个；翅前缘、外缘和后缘均弧形，前翅后缘外半段凹入。前翅 3 条脉纹基部均膨大，R_1 脉和 R_2 脉从中室上脉近上端角处分出，R_3 脉、R_4 脉、R_5 脉共柄，与 M_1 脉一起，着生中室上端角；M_2 脉从中室端脉生出，离开 M_1 脉；中室端脉上段直，下段凹入；Cu_1 脉从中室下端角前分出，与着生下端角的 M_3 脉远离。后翅肩脉长，向外缘弯曲；明显弯曲的 M_3 翅与 Cu_1 翅的共柄非常短，从中室下端角分出；端脉直，连在 M_3 脉与 Cu_1 脉的分叉点前。

 注记：周尧（1998，1999）将此属独立置于锯眼蝶亚科 Elymninae 眉眼蝶族 Mycalesini。http://ftp.funet.fi/pub/sci/bio/life/insecta/lepidoptera/网站则将此属置于眼蝶亚科 Satyrinae 锯眼蝶族 Elymniini 眉眼蝶亚族 Mycalesina。Ullasa 等将眉眼蝶亚族 Mycalesina 分为 *Mycalesis*、*Heteropsis*、*Mydosama* 三属（*Zoological Record* 13D: Lepidoptera Vol. 146-1868）。

91. 小眉眼蝶 *Mycalesis mineus* (Linnaeus, 1758)

Papilio mineus Linnaeus, 1758; Systematic Nature (10th ed.) 1: 471, no. 84; Type locality: 广州.

Calysisme subfasciata Moore, 1882; Proceedings of Zoological Society of London 1882(1): 237, pl. 12, fig. 8; Type locality: 云南南部.

 （1）查看标本：天全，2005 年 9 月 6 日，500-1000 m，1 只，邓合黎；天全，2005 年 9 月 6 日，500-1000 m，5 只，杨晓东；勐腊，2006 年 3 月 18 日，1 只，左燕；澜沧，2017 年 8 月 30 日，500-1000 m，1 只，邓合黎；孟连，2017 年 8 月 28 日，1000-1500 m，1 只，李勇；南涧，2018 年 6 月 18 日，1500-2000 m，1 只，左燕；宁洱，2018 年 6 月 29 日，1000-1500 m，1 只，邓合黎；祥云，2018 年 6 月 16 日，2000-2500 m，1 只，左瑞。

 （2）分类特征：小型种类，翅展 30-45 mm。有春夏型之分，春型腹面斑纹消失，仅留少数小点；夏型眼斑清晰。翅黑褐色，腹面稍浅，2 条外缘线和 1 条波状亚外缘线明显；无密纱纹，平行的内外较直的横线从前翅前缘通达后翅后缘，外横线外侧为 1 条较宽的白带，接近翅的外缘。前翅背面仅 cu_1 室有 1 个大眼斑，顶角无眼斑也无白色斜带。

 （3）分布。

 水平：孟连、勐腊、澜沧、宁洱、南涧、祥云、天全。

 垂直：500-2500 m。

 生境：常绿阔叶林、林灌、灌草丛、林灌草地、树林农田。

 （4）出现时间（月份）：3、6、8、9。

 （5）种群数量：常见种。

 （6）标本照片：彩色图版 V-18。

（7）注记：http://ftp.funet.fi/pub/sci/bio/life/insecta/lepidoptera/网站记载分布于中国云南、台湾；Nepal，India，Ceylon，Burma，Thailand，Malaysia，Philippines。

92. 稻眉眼蝶 *Mycalesis gotama* Moore, 1857

Mycalesis gotama Moore, 1857; in Horsfield & Moore, Catholic Lepidoptral Insect Museum of East India Coy 1: 232; Type locality: 中国.

Mycalesis borealis C. et R. Felder, [1867]; Reise Fregatte Novara, Bd 2(Abth.)(3): 500; Type locality: 上海.

Mycalesis charaka Moore, [1875]; Proceedings of Zoological Society of London 1874(4): 566; Type locality: Bengal.

Mycalesis gotama f. *fulginia* Fruhstorfer, 1911; in Seitz, Gross-Schmetterling Erde 9: 348; Type locality: Japan.

（1）查看标本：天全，2005 年 9 月 6 日，500-1000 m，3 只，邓合黎；天全，2005 年 9 月 6 日，500-1000 m，7 只，杨晓东；宝兴，2005 年 7 月 10 日，1000-1500 m，1 只，左燕；宝兴，2005 年 9 月 8 日，1000-1500 m，1 只，邓合黎；康定，2005 年 8 月 19 日，1500-2000 m，1 只，杨晓东；景洪，2006 年 3 月 21 日，500-1000 m，1 只，李爱民；景洪，2006 年 3 月 21 日，500-1000 m，1 只，左燕；景洪，2006 年 3 月 21 日，500-1000 m，1 只，吴立伟；勐海，2006 年 3 月 23 日，1000-1500 m，1 只，杨晓东；勐海，2006 年 3 月 23 日，1000-1500 m，1 只，李爱民；勐海，2006 年 3 月 23 日，1000-1500 m，邓合黎；勐海，2006 年 3 月 23 日，1000-1500 m，3 只，左燕；勐海，2006 年 3 月 23 日，500-1000 m，1 只，吴立伟；芒市，2006 年 3 月 26-27 日，1000-1500 m，3 只，杨晓东；芒市，2006 年 3 月 26、28 日和 4 月 1 日，1000-1500 m，5 只，李爱民；芒市，2006 年 3 月 26、28 日，1000-2000 m，2 只，左燕；芒市，2006 年 3 月 27 日，1000-1500 m，1 只，吴立伟；瑞丽，2006 年 3 月 30 日，1000-1500 m，1 只，杨晓东；瑞丽，2006 年 3 月 31 日，500-1000 m，1 只，李爱民；瑞丽，2006 年 3 月 23 日，500-1000 m，1 只，邓合黎；天全，2006 年 6 月 15 日，1500-2000 m，1 只，李爱民；维西，2006 年 8 月 27 日，1500-2000 m，2 只，杨晓东；维西，2006 年 8 月 27 日，1500-2000 m，1 只，李爱民；维西，2006 年 8 月 27 日，1500-2000 m，3 只，邓合黎；瑞丽，2017 年 8 月 18 日，500-1000 m，1 只，左燕；孟连，2017 年 8 月 29 日，1500-2000 m，1 只，左燕；宁洱，2018 年 6 月 28 日，1000-1500 m，1 只，左瑞。

（2）分类特征：翅背面无黄白色横带，腹面白色横带较宽。前翅近顶角无白色斜带，背面 cu_1 室有 1 个大眼斑，顶角不平截、有 1 个小眼斑。后翅腹面有 7 个眼斑，第 5 个最大。

（3）分布。

水平：瑞丽、芒市、孟连、景洪、勐海、宁洱、维西、康定、天全、宝兴。

垂直：500-2000 m。

生境：常绿阔叶林、针阔混交林、阔叶林缘竹林、河滩林灌、农田林灌、河滩灌丛、河谷灌丛、灌丛草地、草地、树林农田。

（4）出现时间（月份）：3、4、6、7、8、9。

（5）种群数量：常见种。

（6）标本照片：彩色图版 VI-1、2。

（7）注记：http://ftp.funet.fi/pub/sci/bio/life/insecta/lepidoptera/网站记载分布于中国；India，Burma，Vietnam。

93. 僧袈眉眼蝶 *Mycalesis sangaica* Butler, 1877

Mycalesis sangaica Butler, 1877; Annual Magazine of Natural History (4)19(109): 95.

Mycalesis mystes tunicula Fruhstorfer, 1911; in Seitz, Gross-Schmetterling Erde 9: 355; Type locality: 云南南部.

Mycalesis sangaica f. *ushiodai* Matsumura, 1935; Insecta Matsumurana 9(4): 174; Type locality: Honshu.

（1）查看标本：景洪，2006 年 3 月 21 日，500-1000 m，1 只，李爱民；景洪，2006 年 3 月 21 日，500-1000 m，1 只，杨晓东；勐海，2006 年 3 月 14 日，1500-2000 m，2 只，杨晓东；芒市，2006 年 3 月 26 日，1500-2000 m，1 只，杨晓东；孟连，2017 年 8 月 28 日，1000-1500 m，1 只，李勇；江城，2018 年 6 月 23 日，500-1000 m，1 只，邓合黎；景东，2018 年 6 月 29 日，1000-1500 m，1 只，左瑞；墨江，2018 年 7 月 1 日，1000-1500 m，2 只，左燕。

（2）分类特征：前翅顶角不平截，背面 cu_1 室有 1 个大眼斑，近顶角有 1 个小眼斑、无白色斜带。翅背面无黄白色横带，腹面白带狭窄；前翅有多个眼斑，后翅有 7 个眼斑，第 4、5 个最大。

（3）分布。

水平：芒市、孟连、勐海、景洪、江城、景东、墨江。

垂直：500-2000 m。

生境：常绿阔叶林、针阔混交林、林灌草地、林灌农田。

（4）出现时间（月份）：3、6、7、8。

（5）种群数量：少见种。

（6）标本照片：彩色图版 VI-3。

（7）注记：Ullasa 等（2010）将此种移至 *Heteropsis* 属（*Zoological Record* 13D: Lepidoptera Vol. 146-1868）。http://ftp.funet.fi/pub/sci/bio/life/insecta/lepidoptera/网站记载分布于中国云南、台湾；Laos，Thailand。

94. 裴斯眉眼蝶 *Mycalesis perseus* (Fabricius, 1775)

Papilio perseus Fabricius, 1775; Systematic Entomology 488: no. 199; Type locality: Australia.

Mycalesis modestus Miskin, 1890; Proceedings of the Linnean Society N. S. W. (2)5(1): 29; Type locality: Queensland.

Mycalesis persa Grose-Smith, 1895; Noviates Zoologicae 2(2): 81; Type locality: Ceylon.

（1）查看标本：瑞丽，2017 年 8 月 18 日，500-1000 m，1 只，李勇；耿马，2017 年 8 月 21 日，1000-1500 m，1 只，李勇。

（2）分类特征：翅展 30-45 mm，黑褐色。翅背面 cu_1 室有大眼斑，近顶角无小眼斑。

腹面无密纱纹，白色中横带位于基部与外缘中间。

（3）分布。

水平：瑞丽、耿马。

垂直：500-1500 m。

生境：农田林灌。

（4）出现时间（月份）：8。

（5）种群数量：罕见种。

（6）标本照片：彩色图版 VI-4。

（7）注记：Michael（1999）认为 *Mycalesis perseus subpersa* Rothschild, 1915 和 *Mycalesis perseus vulcanica* Rothschild, 1915 均是指名亚种 *Mycalesis p. perseus* (Fabricius, 1775)的同物异名（*Zoological Record* 13D: Lepidoptera Vol. 135-2586）。http://ftp.funet. fi/pub/sci/bio/life/insecta/lepidoptera/网站记载分布于中国东部和南部；India，Ceylon，Indochina，Indonesia，Philippines，New Guinea。

95. 拟稻眉眼蝶 *Mycalesis francisca* (Stoll, [1780])

Papilio francisca Stoll, [1780]; in Cramer, Uitland Kapellen 4(26b-28): 75, pl. 326, figs. E, F; Type locality: 中国.

Mycalesis sanatana Moore, [1858]; in Horsfield & Moore, Catholic Lepidoptral Insect Museum of East India Coy 1: 231; Type locality: Assam.

Mycalesis albofasciata Tytler, 1914; Journal of the Bombay Natural History Society 23(2): 224, 23(3): pl. 2, fig. 14; Type locality: 云南西北部.

（1）查看标本：天全，2005 年 8 月 29、31 日，1000-2000 m，3 只，邓合黎；天全，2005 年 9 月 3 日，1000-1500 m，1 只，李爱民；宝兴，2005 年 9 月 8 日，1000-1500 m，1 只，李爱民；宝兴，2005 年 9 月 8 日，1000-1500 m，2 只，邓合黎；勐腊，2006 年 3 月 17 日，500-1000 m，1 只，左燕；瑞丽，2006 年 3 月 30 日，1000-1500 m，1 只，左燕；勐海，2006 年 3 月 22 日，500-1000 m，1 只，邓合黎；景洪，2006 年 3 月 21 日，500-1000 m，1 只，杨晓东；天全，2007 年 8 月 4 日，500-1000 m，1 只，杨晓东；木里，2008 年 8 月 1 日，2000-2500 m，1 只，邓合黎；泸定，2015 年 9 月 4 日，1500-2000 m，1 只，邓合黎；泸定，2015 年 9 月 4 日，1500-2000 m，2 只，李爱民；贡山，2016 年 8 月 24 日，1500-2000 m，1 只，左燕；福贡，2016 年 8 月 27 日，1000-1500 m，1 只，左燕；孟连，2017 年 8 月 29 日，1500-2000 m，1 只，左燕；宝兴，2018 年 5 月 10、13 日，1500-2000 m，4 只，周树军；宝兴，2018 年 6 月 4 日，1000-1500 m，1 只，左瑞。

（2）分类特征：翅背面无黄白色横带，腹面横带紫色且较狭窄。前翅近顶角无白色斜带，背面 cu_1 室有 1 个大眼斑，顶角不平截、有 1 个小眼斑。后翅腹面有 7 个眼斑，第 5 个最大。

（3）分布。

水平：瑞丽、孟连、勐海、景洪、勐腊、福贡、贡山、木里、泸定、天全、宝兴。

垂直：500-2500 m。

生境：常绿阔叶林、河滩林灌、灌丛、灌丛草地、山坡灌丛草地、树林农田。

（4）出现时间（月份）：3、5、6、8、9。

（5）种群数量：常见种。

（6）标本照片：彩色图版 VI-5。

（7）注记：http://ftp.funet.fi/pub/sci/bio/life/insecta/lepidoptera/网站记载分布于中国；India，Laos，Burma，Thailand，Vietnma。

96. 中介眉眼蝶 *Mycalesis intermedia* (Moore, [1892])

Calysisme intermedia Moore, [1892]; Lepidoptera Indica 1: 187; Type locality: Sylhet.
Calysisme distanti Moore, [1892]; Lepidoptera Indica 1: 198, pl. 66, fig. 3; Type locality: Malaya.
Mycalesis perseoides khasia Evans, 1912; Journal of the Bombay Natural History Society 21(2): 568; Type locality: Khasi Hills.
Mycalesis intermedia Huang *et* Xue, 2004; Neue Entomologische Nachrichten 57: 141, pl. 11, figs. 4, 5; Type locality: 云南南部.

（1）查看标本：宁洱，2018 年 6 月 18 日，500-1000 m，1 只，左瑞；墨江，2018 年 6 月 30 日，1500-2000 m，1 只，左燕。

（2）分类特征：大型种类，翅展约 55 mm、红棕色；腹面无密纱纹，白色横带靠近眼斑列。前翅背面 cu_1 室有 1 个大眼斑，顶角无眼斑也无白色斜带。

（3）分布。

水平：墨江、宁洱。

垂直：500-2000 m。

生境分布：针阔混交林草地。

（4）出现时间（月份）：6。

（5）种群数量：罕见种。

（6）标本照片：彩色图版 VI-6。

（7）注记：http://ftp.funet.fi/pub/sci/bio/life/insecta/lepidoptera/网站记载分布于中国云南；Indochina。

97. 平顶眉眼蝶 *Mycalesis panthaka* Fruhstorfer, 1909

Mycalesis horsfieldi panthaka Fruhstorfer, 1909; Entomologische Zeitschrift 23(25): 116; Type locality: 台湾.

（1）查看标本：勐海，2006 年 3 月 23 日，1000-1500 m，2 只，邓合黎；勐海，2006 年 3 月 21、23 日，500-1500 m，2 只，杨晓东；勐海，2006 年 3 月 23 日，500-1000 m，1 只，吴立伟；景洪，2006 年 3 月 21 日，500-1000 m，1 只，杨晓东；勐腊，2006 年 3 月 18 日，500-1000 m，1 只，左燕；勐海，2006 年 3 月 21 日，500-1000 m，1 只，左燕；瑞丽，2017 年 8 月 18 日，500-1000 m，1 只，李勇。

（2）分类特征：翅背面无黄白色横带。前翅背面 cu_1 室有 1 个大眼斑，顶角平截、有 1 个小眼斑。后翅有 7 个眼斑，第 1、4、5 个最大。

（3）分布。

水平：瑞丽、勐海、景洪、勐腊。

垂直：500-1500 m。

生境：常绿阔叶林、农田林灌。

（4）出现时间（月份）：3、8。

（5）种群数量：少见种。

（6）标本照片：彩色图版 VI-7、8。

（7）注记：http://ftp.funet.fi/pub/sci/bio/life/insecta/lepidoptera/网站记载分布于中国台湾；Indochina。

98. 君主眉眼蝶 *Mycalesis anaxias* Hewitson, 1862

Mycalesis anaxias Hewitson, 1862; Illustrations of New Species of Exotic Butterflies 4: 54, pl. 28, figs. 25-26; Type locality: India.

Mycalesis anaxias miranda Evans, 1920; Journal of the Bombay Natural History Society 27(2): 358; Type locality: Sikkim, Assam.

（1）查看标本：勐腊，2006 年 3 月 17 日，500-1000 m，1 只，邓合黎；勐腊，2006 年 3 月 17 日，500-1000 m，1 只，李爱民；景洪，2021 年 7 月 5 日，500-1000 m，1 只，余波。

（2）分类特征：翅棕褐色，前翅近顶角的背腹面均有白色斜带；背面无斑纹，腹面紫带狭窄，内侧黑褐色、外侧淡褐色；前翅有 5 个眼斑，后翅有 7 个眼斑。

（3）分布。

水平：景洪、勐腊。

垂直：500-1000 m。

生境：常绿阔叶林。

（4）出现时间（月份）：3、7。

（5）种群数量：少见种。

（6）标本照片：彩色图版 VI-9。

（7）注记：http://ftp.funet.fi/pub/sci/bio/life/insecta/lepidoptera/网站记载分布于 India，Laos，Thailand，Vietnam，Malaysia。

99. 密纱眉眼蝶 *Mycalesis misenus* de Nicéville, 1901

Mycalesis (Samantha) misenus de Nicéville, 1901; Journal of the Bombay Natural History Society 4(3): 164, pl. A, fig. 8♂; Type locality: Sikkim.

（1）查看标本：景洪，2006 年 3 月 21 日，500-1000 m，3 只，杨晓东。

（2）分类特征：前翅背面仅 cu_1 室有 1 个大眼斑，近顶角的小眼斑不见。翅腹面基半部密布绉纱纹。

（3）分布。

水平：景洪。

垂直：500-1000 m。

生境：常绿阔叶林。

（4）出现时间（月份）：3。

（5）种群数量：少见种。

（6）标本照片：彩色图版 VI-10。

（7）注记：http://ftp.funet.fi/pub/sci/bio/life/insecta/lepidoptera/网站记载分布于中国西部；India。

100. 珞巴眉眼蝶 *Mycalesis lepcha* (Moore, 1880)

Samanta lepcha Moore, 1880; Transactions of the Entomological Society of London 1880(4): 167; Type locality: Nepal.

Mycalesis malsara lepcha Fruhstorfer, 1908; Verhandlungen der Zoologisch-Botanischen Gesellschaft in Wien 58(4/5): 145(note).

（1）查看标本：芒市，2006 年 3 月 26 日，1500-2000 m，1 只，李爱民；瑞丽，2006 年 3 月 31 日，500-1000 m，1 只，李爱民。

（2）分类特征：翅背面可见黄白色横带，cu_1 室有 1 个大眼斑，顶角无白色斜带，近顶角有 1 个小眼斑；腹面无云斑。

（3）分布。

水平：瑞丽、芒市。

垂直：500-2000 m。

生境：常绿阔叶林、河滩灌丛。

（4）出现时间（月份）：3。

（5）种群数量：罕见种。

（6）标本照片：彩色图版 VI-11。

（7）注记：http://ftp.funet.fi/pub/sci/bio/life/insecta/lepidoptera/网站记载分布于 Nepal，Bhutan，India，Laos，Burma，Thailand。

101. 大理石眉眼蝶 *Mycalesis mamerta* (Stoll, [1780])

Papilio mamerta Stoll, [1780]; in Cramer, Uitland Kapellen 4(26b-28): 75, pl. 326, fig. D; Type locality: Java.

Mycalesis mamerta mamerta Evans, 1920; Journal of the Bombay Natural History Society 27(2): 361; Type locality: S. India.

（1）查看标本：景洪，2006 年 3 月 21 日，500-1000 m，1 只，李爱民；澜沧，2017 年 8 月 31 日，500-1000 m，1 只，李勇；宁洱，2018 年 6 月 29 日，1000-1500 m，1 只，左瑞。

（2）分类特征：翅背面有黄白色横带，腹面有极细的云斑。前翅背面 cu_1 室有 1 个大眼斑，顶角有 1 个小眼斑、无白色斜带。

（3）分布。

水平：景洪、宁洱、澜沧。

垂直：500-1500 m。

生境：常绿阔叶林、混交林林灌、天然林灌。

（4）出现时间（月份）：3、6、8。

（5）种群数量：少见种。

（6）标本照片：彩色图版 VI-12。

（7）注记：Ullasa 等（2010）将此种移至 *Heteropsis* 属（*Zoological Record* 13D: Lepidoptera Vol. 146-1868）。http://ftp.funet.fi/pub/sci/bio/life/insecta/lepidoptera/网站记载分布于中国；India，Indochina。

（二十二）斑眼蝶属 *Penthema* Doubleday, 1848

Penthema Doubleday, 1848; General Diurnal Lepidoptera (1): pl. 39, fig. 3; Type species: *Diadema lisarda* Doubleday, 1936.

Paraplesia Felder *et* Felder, 1862; Wien Entomology Monatschrs 6(1): 26; Type species: *Paraplesia adelma* Felder *et* Felder, 1942.

Isodema Felder *et* Felder, 1863; Wien Entomology Monatschrs 7(4): 109; Type species: *Paraplesia adelma* Felder *et* Felder, 1942.

大型种类，复眼光滑，翅无眼斑，中室短而闭式。前翅翅脉不膨大，R_1 脉从中室上脉近上端角处分出，R_2 脉、R_3 脉、R_4 脉、R_5 脉共柄，与靠近 M_2 脉的 M_1 脉一起，从中室上端角分出；端脉凹入成钝角。后翅外缘不突出、波状，$Sc + R_1$ 脉长，伸至顶角；端脉直，连在弯曲的 M_3 脉与 Cu_1 脉的分叉点上。

注记：周尧（1998，1999）将此属独立为锯眼蝶亚科 Elymninae 帻眼蝶族 Zetherini。http://ftp.funet.fi/pub/sci/bio/life/insecta/lepidoptera/网站则将此属置于眼蝶亚科 Satyrinae 锯眼蝶族 Elymniini 帻眼蝶亚族 Zetherina。

102. 白斑眼蝶 *Penthema adelma* (Felder *et* Felder, 1862)

Paraplesia adelma Felder *et* Felder, 1862; Wien Entomology Monatschrs 6(1): 26; Type locality: 宁波.

Isodema adelma var. *latifasciata* Lathy, 1903; Entomologist 36: 12; Type locality: 中国西部.

（1）查看标本：芦山，2005 年 7 月 24 日，1000-1500 m，1 只，邓合黎；宝兴，2005 年 7 月 10、12 日，500-1500 m，2 只，李爱民；宝兴，2005 年 7 月 10、12 日，500-1500 m，2 只，李爱民；宝兴，2005 年 7 月 10、12 日，500-1500 m，2 只，李爱民；芦山，2006 年 6 月 16 日，1000-1500 m，1 只，李爱民；芦山，2006 年 6 月 16 日，1000-1500 m，1 只，杨晓东；荥经，2006 年 7 月 2 日，500-1000 m，1 只，杨晓东；宝兴，2017 年 7 月 9 日，1000-1500 m，2 只，周树军。

（2）分类特征：翅黑褐色，与外缘平行有 1 列"□"形小白斑。前翅从前缘中部向后角有 1 列大白斑，中室内有 1 个宽阔白斑，中室端有数个并列长斑；亚缘有 1 列大小不等的小圆斑。后翅外缘锯齿状，各翅室无长斑，腹面外缘浅色。

（3）分布。

水平：荥经、芦山、宝兴。

垂直：500-1500 m。

生境：常绿阔叶林、针叶林、溪流林灌、阔叶林缘农田、阔叶林缘农田竹林。

（4）出现时间（月份）：6、7。

（5）种群数量：少见种。

（6）标本照片：彩色图版 VI-13。

（7）注记：http://ftp.funet.fi/pub/sci/bio/life/insecta/lepidoptera/网站记载分布于中国。

103. 彩裳斑眼蝶 *Penthema darlisa* Moore, 1878

Penthema darlisa Moore, 1878; Proceedings of Zoological Society of London 1878(4): 829; Type locality: Meetan.

Penthema darlisa pallida Li, 1994; in Chou, Monographia Rhopalocerorum Sinensium I-II: 368, 758, fig. 26; Type locality: 福贡.

（1）查看标本：澜沧，2017 年 8 月 31 日，500-1000 m，1 只，左燕；景洪，2021 年 8 月 8 日，500-1000 m，3 只，余波。

（2）分类特征：翅背腹面斑纹色彩相同。前翅黑褐色，散布淡紫色鳞，中室内有 3 条纹，中室端有 4 个小白斑，与后缘平行的是 1 条细长斑纹；端半部是 2 列小白斑。后翅棕褐色，各翅室内基半部是放射状的黄白色长条斑，与端半部内侧 1 列圆斑不相连；圆斑外侧是 1 列齿状斑。

（3）分布。

水平：景洪、澜沧。

垂直：500-1000 m。

生境：常绿阔叶林、林灌。

（4）出现时间（月份）：8。

（5）种群数量：少见种。

（6）标本照片：彩色图版 VI-14。

（7）注记：http://ftp.funet.fi/pub/sci/bio/life/insecta/lepidoptera/网站记载分布于中国云南；India，Laos，Burma，Thailand，Vietnam。

（二十三）粉眼蝶属 *Callarge* Leech, [1892]

Callarge Leech, [1892]; Butterflies from China, Japan and Corea (1): 57-58, pl. 7, fig. 1; Type species: *Zethera sagitta* Leech, 1890.

复眼光滑裸出，中室闭式。前翅脉纹不膨大；R_1 脉从中室上脉近上端角处分出，

R$_3$ 脉、R$_4$ 脉、R$_5$ 脉共柄，与 R$_2$ 脉、M$_1$ 脉、M$_2$ 脉一起，从中室上端角分出；端脉微凹入。后翅肩脉短小、弯向基部，Sc + R$_1$ 脉长，伸至顶角；端脉直，连在明显弯曲的 M$_3$ 脉上。

注记：周尧（1998，1999）将此属独立为锯眼蝶亚科 Elymninae 帻眼蝶族 Zetherini。http://ftp.funet.fi/pub/sci/bio/life/insecta/lepidoptera/网站则将此属置于眼蝶亚科 Satyrinae 锯眼蝶族 Elymniini 帻眼蝶亚族 Zetherina。

104. 粉眼蝶 *Callarge sagitta* (Leech, 1890)

Zethera sagitta Leech, 1890; Entomologist 23: 26; Type locality: 长阳.

Callarge sagitta pseudouvrari Yoshino, 1999; Neo Lepidoptera 4: 7, figs. 49-50; Type locality: 维西.

（1）查看标本：芦山，2005 年 6 月 8 日，1000-1500 m，1 只，邓合黎；芦山，2005 年 6 月 8 日，1000-1500 m，1 只，李爱民；芦山，2005 年 6 月 8 日，1000-1500 m，1 只，汪柄红；天全，2005 年 6 月 15 日，1000-1500 m，1 只，李爱民；天全，2005 年 9 月 6 日，500-1000 m，1 只，杨晓东。

（2）分类特征：无眼斑也无白色圆斑。翅背面黄白色，腹面浅褐色，翅脉粗大、深黑褐色，腹面后翅外缘圆滑、不突出，缘斑箭状、与翅脉色彩相同。

（3）分布。

水平：天全、芦山。

垂直：500-1500 m。

生境：常绿阔叶林。

（4）出现时间（月份）：6、9。

（5）种群数量：少见种。

（6）标本照片：彩色图版 VI-15。

（7）注记：http://ftp.funet.fi/pub/sci/bio/life/insecta/lepidoptera/网站记载分布于中国扬子江流域；Japan。

（二十四）凤眼蝶属 *Neorina* Westwood, [1850]

Neorina Westwood, [1850]; General Diurnal Lepidoptera (2): pl. 65, fig. 2; Type species: *Neorina hilda* Westwood, [1850].

Hermianax Fruhstorfer, 1911; in Seitz, Gross-Schmetterling Erde 9: 326; Type species: *Neorina lowii latipicta* Fruhstorfer, 1897.

翅展 70-100 mm，中室闭式且很短，复眼光滑；触角细长，长约为前翅一半，棒状部不明显。前翅 R$_1$ 脉、R$_2$ 脉从中室上脉近上端角处分出，R$_3$ 脉、R$_4$ 脉、R$_5$ 脉共柄，与 M$_1$ 脉一起，着生中室上端角；M$_2$ 脉从直的端脉上段分叉，端脉下段凹入。后翅外缘波状，腹面有眼斑；端脉连在 M$_3$ 脉与 Cu$_1$ 脉的分叉点上，前者端部突出为尾突状。

注记：周尧（1998，1999）将此属独立为锯眼蝶亚科 Elymninae 帻眼蝶族 Zetherini。

http://ftp.funet.fi/pub/sci/bio/life/insecta/lepidoptera/网站则将此属置于眼蝶亚科 Satyrinae
锯眼蝶族 Elymniini 帻眼蝶亚族 Zetherina。

105. 凤眼蝶 *Neorina patria* Leech, 1891

Neorina patria Leech, 1891; Entomologist 24(Suppl.): 25; Type locality: 穆坪.

（1）查看标本：天全，2005 年 8 月 29 日，1000-1500 m，1 只，杨晓东；福贡，2016
年 8 月 27 日，2000-2500 m，1 只，左燕。

（2）分类特征：翅背面黑褐色，腹面红褐色带紫色；端半部外侧一半色彩同基半部，
内侧一半淡紫色，淡紫色区域内的前翅有 1 列小圆形白点；后翅有 2 个不明显的眼斑。
从前缘中部到臀角有白色宽阔大斜带，带中近前缘有 1 个月牙形斑。

（3）分布。

水平：福贡、天全。

垂直：1000-2500 m。

生境：针阔混交林、农田山林。

（4）出现时间（月份）：8。

（5）种群数量：罕见种。

（6）标本照片：彩色图版 VI-16。

（7）注记：http://ftp.funet.fi/pub/sci/bio/life/insecta/lepidoptera/网站记载分布于 India，
Laos，Burma，Thailand，Vietnam。

（二十五）锯眼蝶属 *Elymnias* Hübner, 1818

Elymnias Hübner, 1818; Zuträge zur Sammlung Exotischer Schmetterlinge 1: 12; Type species: *Elymnias*
　　　jynx Hübner, 1818.

Didonis Hübner, [1819]; Verzeichniss Bekannter Schmettlinge (2): 17; Type species: *Papilio vitellia* Stoll,
　　　[1781].

Dyctis Boisduval, 1832; in d'Urville, Voyage de Découvertes de l'Astrolabe (Faune ent. Pacif.) 1: 138; Type
　　　species: *Dyctis agondas* Boisduval, 1832.

Agrusia Moore, 1894; Lepidoptera Indica 2(19): 169; Type species: *Melanitis esaca* Westwood, 1851.

Bruasa Moore, 1894; Lepidoptera Indica 2(19): 164; Type species: *Melanitis penanga* Westwood, 1851.

Melynias Moore, 1894; Lepidoptera Indica 2(18): 144, 156; Type species: *Papilio lais* Cramer, [1777].

Mimadelias Moore, 1894; Lepidoptera Indica 2(18): 166; Type species: *Elymnias vasudeva* Moore, 1857.

Elymniopsis Fruhstorfer, 1907; Deutschla of Entomological and Zoological Iris 20(3): 171, 173-174; Type
　　　species: *Papilio phegea* Fabricius, 1793.

　　复眼无毛，中室非常短阔、闭式，端脉凹入，无眼斑。翅外缘锯齿状，腹面密布雾
状的细密线纹，中室端脉均连在弯曲的 M_3 脉与 Cu_1 脉的分叉点上。前翅 Sc 脉基部加粗，
R_1 脉从中室上脉近上端角处分出，直达顶角；R_3 脉、R_4 脉、R_5 脉共柄，与 R_2 脉一起，
着生中室上端角；M_1 脉和 M_2 脉均从端脉分出，两者远离，前者非常接近上端角；M_3
脉与 Cu_1 脉接近，从中室下端角分出。后翅肩脉非常短小，弯向基部，基部有一狭窄肩

室；Sc + R$_1$ 脉和 Rs 脉均短，在外缘 M$_3$ 脉处突出。

注记：周尧（1998，1999）将此属独立为锯眼蝶亚科 Elymninae 锯眼蝶族 Elymniini。http://ftp.funet.fi/pub/sci/bio/life/insecta/lepidoptera/网站则将此属置于眼蝶亚科 Satyrinae 锯眼蝶族 Elymniini 锯眼蝶亚族 Elymniina。

106. 闪紫锯眼蝶 *Elymnias malelas* (Hewitson, 1863)

Melanitis malelas Hewitson, 1863; Illustrations of New Species of Exotic Butterflies 4(Melanitis): 70, pl. 36, figs. 6-7; Type locality: Bengal.

Elymnias malelas ivena Fruhstorfer, 1911; in Seitz, Gross-Schmetterling Erde 9: 381; Type locality: Thailand, Vietnam.

（1）查看标本：勐海，2006 年 3 月 21-22 日，500-1000 m，2 只，邓合黎。

（2）分类特征：雄蝶前翅斜三角形，后翅外缘弧形、微波状，与前缘和后缘在顶角、臀角均成直角。翅暗褐色；前翅背面整个翅面有紫色闪光；中室端有 1 个淡蓝色斑纹，端半部有 2 列紫蓝色斑，其与基部间有 1 列紫蓝色斑；外缘 M$_2$ 脉、Cu$_1$ 脉端不突出；后翅外缘蓝白色斑列模糊。腹面栗褐色，具白色微波状纹。雌蝶似雄蝶，但是前翅背面可及后缘的斑纹白色，紫蓝色闪光仅限端半部；后缘和 cu$_2$ 室有淡褐色条纹；后翅翅脉褐色，M$_1$ 脉至 Cu$_2$ 脉端均突出，背面翅脉间有浅褐色波纹，翅缘深褐色；腹面色浅，白色波纹更密。

（3）分布。

水平：勐海。

垂直分布：500-1000 m。

生境：溪流灌丛、灌丛草地。

（4）出现时间（月份）：3。

（5）种群数量：罕见种。

（6）注记：http://ftp.funet.fi/pub/sci/bio/life/insecta/lepidoptera/网站记载分布于中国云南；India。

107. 素裙锯眼蝶 *Elymnias vasudeva* Moore, 1857

Elymnias vasudeva Moore, 1857; in Horsfield & Moore, Catholic Lepidoptral Insect Museum of East India Coy 1: 238; Type locality: Darjeeling.

Elymnias vacudeva sinensis Chou, Zhang *et* Xie, 2000; Entomotaxonomia 22(3): 224, 228, figs. 7-8; Type locality: 云南.

（1）查看标本：景洪，2021 年 5 月 21 日，500-1000 m，1 只，余波。

（2）分类特征：中型种类，翅短阔、灰褐色，满布黄白色纹点和细纹，腹面斑纹较背面粗大，外缘锯齿状。前翅背面各翅室有灰蓝色斑，斑的外缘弧形。后翅中域各翅室黄白色宽纹从前缘至后缘逐渐变长阔；背面基半部浅红色，腹面红纹分布在两个 a 室近基部区域内。

（3）分布。

水平：景洪。

垂直：500-1000 m。

生境：常绿阔叶林。

（4）出现时间（月份）：5。

（5）种群数量：罕见种。

（6）标本照片：彩色图版 VII-1。

（7）注记：http://ftp.funet.fi/pub/sci/bio/life/insecta/lepidoptera/网站记载分布于中国云南；Nepal，India，Burma。

五、玳眼蝶亚科 Ragadiinae Miller, 1968

Ragadiinae Miller, 1968; American Entomological Society 24: 1-174.
Ragadiinae Chou, 1998; Classification and Identification of Chinese Butterflies 81.
Ragadiinae Chou, 1999; Monographa Rhopalocerorum Sinensium I: 377.
Ragadiini (Satyrinae) Vane-Wright *et* de Jong, 2003; Zoologische Verhandelingen Leiden 343: 181.

　　复眼有极细的毛。前翅 Rs 脉 4 支同柄，顶角不呈钩状突出；后翅中室非常短、开式，M_2 脉在 M_1 脉前从 Rs 脉分出。雄蝶中室端脉凹入，闭式。

　　注记：周尧（1998，1999）仍维持此亚科级位，隶属于眼蝶科 Satyridae。http://ftp.funet.fi/pub/sci/bio/life/insecta/lepidoptera/网站则将玳眼蝶类群作为玳眼蝶族 Eritini，隶属于眼蝶亚科 Satyrinae。

（二十六）玳眼蝶属 *Ragadia* Westwood, [1851]

Ragadia Westwood, [1851]; General Diurnal Lepidoptera 2: 376, pl. 43: 18; Type species: *Euptychia crisia* Geyer, [1832].

　　小型种类。形态与一般眼蝶相异，除前翅后缘较平直外，翅其他边缘均呈弧形或微弧形，无突出；顶角与臀角均较圆滑。背腹面有斜条纹和眼斑列。前翅 Sc 脉基部膨大，R_2 脉、R_3 脉、R_4 脉、R_5 脉共柄，与 M_1 脉一起，着生中室上顶角；中室端脉成直角凹入，具短的回脉，其长度超过翅一半。后翅中室非常短，没有后翅的 1/3 长；M_3 脉与 Cu_1 脉共柄。

　　注记：周尧（1998，1999）仍维持此属为单一的属，隶属于眼蝶科 Satyridae 玳眼蝶亚科 Ragadiinae。http://ftp.funet.fi/pub/sci/bio/life/insecta/lepidoptera/网站则将玳眼蝶属置于眼蝶亚科 Satyrinae 玳眼蝶族 Ragadiini。

108. 玳眼蝶 *Ragadia crisilda* Hewitson, 1862

Ragadia crisilda Hewitson, 1862; Illustrations of New Species of Exotic Butterflies 4(Euptychia & Ragadia): 44, pl. 23, figs. 5-6; Type locality: Assam.
Ragadia latifasciata Leech, 1891; Entomologist 24(Suppl.): 25; Type locality: 穆坪.
Ragadia crisilda crisildina Joicey *et* Talbot, 1921; Bulletin of the Hill Museum 1(1): 174, pl. 23, fig. 22; Type locality: 五指山.
Ragadia crisilda critolina Evans, 1923; Journal of the Bombay Natural History Society 29(3): 789, 797, no. D. 18d, pl. 13; Type locality: Burma.

　　（1）查看标本：勐腊，2006 年 3 月 18 日，500-1000 m，1 只，邓合黎。
　　（2）分类特征：翅黑褐色，边缘光滑、弧形。从前翅前缘至后翅后缘有 6 条平行的长短、宽窄不一的白色条纹，在从基部到端部数的第 4 与 5 条之间有眼斑列，前后翅各有 6 个眼斑。前后翅近后缘 2 个眼斑融合为双瞳，后翅第 1-4 个眼斑融合。

（3）分布。

水平：勐腊。

垂直：500-1000 m。

生境：常绿阔叶林。

（4）出现时间（月份）：3。

（5）种群数量：少见种。

（6）标本照片：彩色图版 VII-2。

（7）注记：http://ftp.funet.fi/pub/sci/bio/life/insecta/lepidoptera/网站记载分布于中国西部及海南；Bhutan，India，Indochina。

六、眼蝶亚科 Satyrinae Clack, 1947

Satyrinae Clack, 1947; Proceedings of Entomological Society of Washington 49: 148-149.
Satyrinae Miller, 1968; Mimoirs of American Entomological Society 24: 1-174.
Satyrinae Harvey, 1991; in Nijhour, The Development and Evolution of Butterfly Wing Patterns 255-272.
Satyrinae de Jong *et al.*, 1996; Entomologist of Scandinavia 27: 65-102.
Satyrinae Chou, 1998; Classification and Identification of Chinese Butterflies 82-100.
Satyrinae Chou, 1999; Monographa Rhopalocerorum Sinensium I: 378-408.

　　小型或中型种类，翅色暗而不鲜艳，通常有外横列眼斑。前翅翅脉 12 条，有 1 条以上翅脉基部膨大；后翅 A 脉 2 条，有肩脉。

　　注记：周尧（1998，1999）将此亚科独立为眼蝶科 Satyridae。http://ftp.funet.fi/pub/sci/bio/life/insecta/lepidoptera/网站则将眼蝶科 Satyridae 降为亚科 Satyrinae，隶属于蛱蝶科 Nymphalidae。

（二十七）白眼蝶属 *Melanargia* Meigen, 1828

Melanargia Meigen, 1828; Systematic Beschr European Schmetterling 1: 97; Type species: *Papilio galathea* Linnaeus, 1758.
Agapetes Billberg, 1820; Enumeration of Inscriptionl Museum Billberg 78(suppr.); Type species: *Papilio galathea* Linnaeus, 1758.
Arge Hübner, [1819]; Verzeichniss Bekannter Schmettlinge (4): 60(preocc. *Arge* Schrank, 1802); Type species: *Papilio psyche* Hübner, [1799-1800].
Ledargia Houlbert, 1922; Etudes de Lépidoptérologie Comparée 19(2): 157, 162; Type species: *Arge yunnana* Oberthür, 1891.
Epimede Houlbert, 1922; Etudes de Lépidoptérologie Comparée 19(2): 132, 142, 160; Type species: *Halimede menetriesi* Oberthür *et* Houlbert, 1922.
Parce Oberthür *et* Houlbert, 1922; Comptes Rendus de l'Académie des Sciences de Paris 174: 192; Type species: *Parce fergana* Oberthür *et* Houlbert, 1922.
Halimede Oberthür *et* Houlbert, 1922; Comptes Rendus de l'Académie des Sciences de Paris 174: 192; Type species: *Halimede asiatica* Oberthür *et* Houlbert, 1922.
Lachesis Oberthür *et* Houlbert, 1922; Comptes Rendus de l'Académie des Sciences de Paris 174: 192; Type species: *Lachesis ruscinonensis* Oberthür *et* Houlbert, 1922.
Arge formia Verity, 1953; Le Farfalle Diurnal d'Italia 5: 47, 49; Type species: *Papilio arge* Sulzer, 1776.

　　复眼无毛，中室闭式、长等于翅 1/2。前翅三角形，顶角和臀角圆，黑白斑纹相间；Sc 脉基部膨大，R_1 脉和 R_2 脉从中室上脉近上端角处分出；R_3 脉、R_4 脉、R_5 脉共柄，与 M_1 脉一起，从中室上端角分出。后翅梨形，外缘波状；眼斑退化，仅见于后翅腹面；肩脉短小、直，Sc + R_1 脉比中室略长，端脉直、连在 M_3 脉上。

　　注记：周尧（1998，1999）将此属置于白眼蝶族 Melanargiini。http://ftp.funet.fi/pub/sci/bio/life/insecta/lepidoptera/网站则将此属置于眼蝶族 Satyrini 白眼蝶亚族 Melanargiina。

109. 白眼蝶 *Melanargia halimede* (Ménétriés, 1859)

Arge halimede Ménétriés, 1859; Bulletin Physical-Math Academy Sciences St. Pétersb 17(12-14): 216; Type
　locality: Amur.

Halimede menetriesi Oberthür *et* Houlbert, 1922; Comptes Rendus de l'Académie des Sciences de Paris 174:
　707.

（1）查看标本：康定，2005 年 8 月 23、26 日，1500-3500 m，2 只，邓合黎；宝兴，2005 年 7 月 12 日和 9 月 8 日，1500-2000 m，2 只，邓合黎；宝兴，2005 年 7 月 12 日和 9 月 8 日，500-2000 m，4 只，李爱民；康定，2005 年 8 月 18、23 日，2500-3500 m，12 只，杨晓东；宝兴，2005 年 7 月 9-10、12 日和 9 月 8 日，1500-2000 m，12 只，杨晓东；荥经，2006 年 7 月 4-5 日，1000-1500 m，4 只，杨晓东；宝兴，2005 年 7 月 9、12 日，1000-1500 m，6 只，左燕；德钦，2006 年 8 月 14 日，2500-3000 m，3 只，李爱民；香格里拉，2006 年 8 月 20 日，2500-3000 m，1 只，李爱民；维西，2006 年 8 月 28 日，2500-3000 m，2 只，李爱民；汉源，2006 年 6 月 25 日，1500-2000 m，2 只，左燕；德钦，2006 年 8 月 14 日，2500-3000 m，3 只，左燕；维西，2006 年 8 月 28 日，2500-3000 m，1 只，左燕；香格里拉，2006 年 8 月 15 日，3000-3500 m，1 只，邓合黎；维西，2006 年 8 月 28-29 日，2000-3000 m，2 只，邓合黎；维西，2006 年 8 月 26 日，2500-3000 m，1 只，杨晓东；天全，2007 年 8 月 4 日，1500-2000 m，1 只，杨晓东；金川，2014 年 8 月 8-11 日，2500-3500 m，10 只，邓合黎；金川，2014 年 8 月 8-10 日，2500-3000 m，9 只，李爱民；金川，2014 年 8 月 8-11 日，2000-3000 m，7 只，左燕；理县，2014 年 8 月 6 日，2500-3000 m，4 只，左燕；雅江，2015 年 8 月 15 日，2500-3000 m，1 只，张乔勇；雅江，2015 年 8 月 15 日，2500-3000 m，1 只，邓合黎；泸定，2015 年 9 月 4 日，1500-2500 m，11 只，张乔勇；泸定，2015 年 9 月 4 日，2000-2500 m，3 只，邓合黎；泸定，2015 年 9 月 4 日，2000-2500 m，2 只，李爱民；泸定，2015 年 9 月 4 日，2000-2500 m，3 只，左燕；金川，2016 年 8 月 11-12 日，2500-3000 m，2 只，李爱民；宝兴，2016 年 6 月 15 日，1500-2000 m，4 只，李爱民；理县，2016 年 8 月 15 日，2000-2500 m，1 只，邓合黎；金川，2016 年 8 月 11 日，2500-3000 m，1 只，邓合黎；宝兴，2017 年 7 月 9、13 日，500-2000 m，4 只，左燕；理县，2016 年 8 月 15 日，2500-3000 m，1 只，左燕；宝兴，2017 年 9 月 29 日，2000-2500 m，1 只，周树军；马尔康，2020 年 8 月 31 日，2000-2500 m，3 只，杨盛语；茂县，2020 年 8 月 3 日，1500-2000 m，1 只，邓合黎；松潘，2020 年 8 月 5 日，2000-2500 m，4 只，邓合黎；九寨沟，2020 年 8 月 7-8 日，1500-2500 m，4 只，邓合黎；青川，2020 年 8 月 14 日，1500-2000 m，1 只，邓合黎；茂县，2020 年 8 月 3 日，1500-2000 m，2 只，杨盛语；松潘，2020 年 8 月 5 日，2000-2500 m，5 只，杨盛语；九寨沟，2020 年 8 月 7-8 日，1500-2500 m，8 只，杨盛语；青川，2020 年 8 月 14 日，1500-2000 m，2 只，杨盛语；茂县，2020 年 8 月 3 日，1500-2000 m，1 只，左瑞；九寨沟，2020 年 8 月 7-8 日，1500-2500 m，2 只，左瑞；青川，2020 年 8 月 14 日，1500-2000 m，2 只，左瑞；马尔康，2020 年 8 月 31 日，2000-2500 m，1 只，左燕；松潘，2020 年 8 月 5 日，2000-2500 m，2 只，左燕。

（2）分类特征：翅面黑色占不到翅 1/2，中室大部分白色；黑斑发达，中部的黑色不规则斜带通到臀角，但基部和中室下面不是黑色。前翅端区有斜带，中室中间无横线。后翅无基横带，亚缘眼斑明显，其黑斑呈长带状。

（3）分布。

水平：维西、香格里拉、德钦、汉源、荥经、雅江、康定、泸定、天全、金川、理县、宝兴、马尔康、茂县、松潘、九寨沟、青川。

垂直：500-3500 m。

生境：常绿阔叶林、溪谷阔叶林、针阔混交林、溪流树林、树林河谷林灌、河滩林灌、山坡林灌、灌丛、溪流灌丛、河滩灌丛、山坡灌丛、农田灌丛、河流农田灌丛、灌草丛、灌丛草地、草地、树林草地、山坡灌草丛、河谷山坡灌草丛、亚高山灌草丛、阔叶林缘农田。

（4）出现时间（月份）：6、7、8、9。

（5）种群数量：优势种。

（6）标本照片：彩色图版 VII-3。

（7）注记：Nazari 等认为 *Melanargia halimede gratiani* Wagener, 1961 是指名亚种 *Melanargia h. halimede* (Ménétriés, 1858)的同物异名（*Zoological Record* 13D: Lepidoptera Vol. 146-2544）。Bozano（2004）认为 *Melanargia halimede gratiani* Wagener, 1961 是 *Melanargia h. beicki* Wagener, 1959 的同物异名（*Zoological Record* 13D: Lepidoptera Vol. 140-0371）；*Melanargia h. chosenica* Wagener, 1961 是 *Melanargia h. corimede* Okamoto, 1926 的同物异名（*Zoological Record* 13D: Lepidoptera Vol. 146-2544）。http://ftp.funet.fi/pub/sci/bio/life/insecta/lepidoptera/网站记载分布于中国东北部；Transbaikalia, Mongolia, Korea。

110. 华西白眼蝶 *Melanargia leda* Leech, 1891

Melanargia leda Leech, 1891; Entomologist 24(Suppl.): 57; Type locality: 河口, 西藏.
Arge yunnana Oberthür, 1891; Études d'Entomologie 15: 13, pl. 3, fig. 21; Type locality: 云南.

（1）查看标本：理县，2005 年 7 月 22 日，2000-3000 m，2 只，邓合黎；理县，2005 年 7 月 22 日，1500-2000 m，1 只，薛俊；理县，2005 年 7 月 22 日，2000-2500 m，1 只，李爱民；理县，2005 年 7 月 22 日，1500-2000 m，3 只，杨晓东；甘孜，2005 年 7 月 26 日，3000-3500 m，7 只，薛俊；康定，2005 年 8 月 16、21 日，2500-3000 m，2 只，邓合黎；康定，2005 年 8 月 16 日，2500-3000 m，1 只，杨晓东；九龙，2006 年 8 月 17 日，2500-3000 m，1 只，李爱民；香格里拉，2006 年 8 月 18、20-21 日，2500-4000 m，18 只，李爱民；兰坪，2006 年 9 月 2 日，2500-3000 m，11 只，李爱民；香格里拉，2006 年 8 月 17-18、20-21 日，2500-3500 m，11 只，左燕；玉龙，2006 年 8 月 31 日，3000-3500 m，2 只，左燕；维西，2006 年 8 月 31 日，2500-3000 m，1 只，左燕；兰坪，2006 年 9 月 2 日，2000-3000 m，3 只，左燕；香格里拉，2006 年 8 月 17-18、20-21 日，2500-3500 m，12 只，邓合黎；玉龙，2006 年 8 月 31 日，2500-3500 m，2 只，邓合黎；维西，2006 年 8 月 31 日，2500-3000 m，2 只，邓合黎；兰坪，2006 年 9 月 2 日，2000-3000 m，2

只，邓合黎；九龙，2006 年 8 月 17 日，2500-3000 m，4 只，杨晓东；香格里拉，2006 年 8 月 17-18、20-21 日，2500-3500 m，10 只，杨晓东；维西，2006 年 8 月 31 日，2500-3000 m，1 只，杨晓东；兰坪，2006 年 9 月 2 日，2500-3000 m，11 只，杨晓东；木里，2008 年 8 月 16 日，3500-4000 m，1 只，杨晓东；盐源，2008 年 8 月 25 日，2500-3500 m，2 只，邓合黎；稻城，2013 年 8 月 20 日，3000-3500 m，4 只，张乔勇；稻城，2013 年 8 月 20 日，3000-4000 m，16 只，李爱民；稻城，2013 年 8 月 20 日，3000-4000 m，6 只，邓合黎；稻城，2013 年 8 月 20 日，3000-4000 m，4 只，左燕；得荣，2013 年 8 月 16 日，3000-3500 m，1 只，邓合黎。

（2）分类特征：翅面黑色占不到翅 1/2，中室大部分白色；基部和中室下面黑色。前翅端区有斜带，中室中间无横线。后翅亚缘只存在倒"山"字形黑斑，眼斑模糊不清；无基横带。

（3）分布。

水平：兰坪、维西、玉龙、香格里拉、盐源、木里、得荣、稻城、九龙、康定、理县、宝兴、甘孜。

垂直：1500-4000 m。

生境：常绿阔叶林、针阔混交林、居民点树林、河谷树林灌丛、溪流灌丛、河滩灌丛、山坡灌丛、高山灌丛、山坡灌丛草地、高山灌丛草甸、高山草地、高山草甸、树林农田。

（4）出现时间（月份）：7、8、9。

（5）种群数量：优势种。

（6）标本照片：彩色图版 VII-4。

（7）注记：Nazari 等认为 *Melanargia leda yunanana* Oberthür, 1891 是指名亚种 *Melanargia l. leda* (Leech, 1891)的同物异名（*Zoological Record* 13D: Lepidoptera Vol. 146-2544）。http://ftp.funet.fi/pub/sci/bio/life/insecta/lepidoptera/网站记载分布于中国西部。

111. 甘藏白眼蝶 *Melanargia ganymedes* Rühl, 1895

Melanargia ganymedes Rühl, 1895; in Heyne, Palaearkt Grossschmett 1: 804.

（1）查看标本：马尔康，2020 年 7 月 31 日，2000-2500 m，1 只，左燕；文县，2020 年 8 月 10 日，1500-2000 m，1 只，左燕；青川，2020 年 8 月 14 日，1500-2000 m，3 只，左燕；马尔康，2020 年 7 月 31 日，2000-2500 m，1 只，杨盛语；松潘，2020 年 8 月 5 日，2000-2500 m，1 只，杨盛语；九寨沟，2020 年 8 月 8 日，2000-2500 m，1 只，杨盛语；松潘，2020 年 8 月 5 日，2000-2500 m，1 只，左瑞；马尔康，2020 年 7 月 31 日，2000-2500 m，3 只，邓合黎；茂县，2020 年 8 月 3 日，1000-1500 m，1 只，邓合黎；松潘，2020 年 8 月 5 日，2000-2500 m，2 只，杨盛语；九寨沟，2020 年 8 月 8 日，1500-2500 m，2 只，杨盛语；文县，2020 年 8 月 10 日，1500-2000 m，3 只，邓合黎。

（2）分类特征：翅的黑斑退化，黑色不占翅面 1/2，中室大部分白色；基部及中室下面非黑色，中室中间无横线，端区有斜带。后翅无基横带，亚缘各室的斑常分离而明显、不连成长带。

（3）分布。

水平：马尔康、茂县、松潘、九寨沟、青川、文县。

垂直：1000-2500 m。

生境：常绿阔叶林、灌丛、灌草丛、亚高山灌草丛。

（4）出现时间（月份）：7、8。

（5）种群数量：常见种。

（6）标本照片：彩色图版 VII-5。

（7）注记：Bozano（2002）认为 *Melanargia ganymades walleseri* Wagener, 1961 和 *Melanargia ganymades weigokli* Wagener, 1961 是指名亚种 *Melanargia g. ganymades* (Heyne, 1895) 的同物异名（*Zoological Record* 13D: Lepidoptera Vol. 140-0371）。http://ftp.funet.fi/pub/sci/bio/life/insecta/lepidoptera/网站记载分布于中国西藏。

112. 黑纱白眼蝶 *Melanargia lugens* Honrath, 1888

Melanargia helimede var. *lugens* Honrath, 1888; Entomological Nachrichten 14(11): 161; Type locality: 九江.

（1）查看标本：马尔康，2020 年 7 月 31 日，2000-2500 m，1 只，杨盛语。

（2）分类特征：翅黑色区域特别大，占翅 1/2 以上；中室一半黑色；后翅腹面中室端下方有 1 条细横线。

（3）分布。

水平：马尔康。

垂直：2000-2500 m。

生境：亚高山灌草丛。

（4）出现时间（月份）：7。

（5）种群数量：罕见种。

（6）标本照片：彩色图版 VII-6。

（7）注记：Nazari 等认为 *Melanargia lugens ahyoui* Wagener, 1961 是指名亚种 *Melanargia l. lugens* (Honrath, 1888) 的同物异名（*Zoological Record* 13D: Lepidoptera Vol. 146-2544）；*Melanargia lugens hoenei* Wagener, 1961 是 *Melanargia l. hengshanensis* Wagener, 1961 的同物异名（*Zoological Record* 13D: Lepidoptera Vol. 146-2544）。http://ftp.funet.fi/pub/sci/bio/life/insecta/lepidoptera/网站记载分布于中国中部。

113. 华北白眼蝶 *Melanargia epimede* Staudinger, 1892

Melanargia meridionalis var. *epimede* Staudinger, 1892; in Romanoff, Memoir of Lepidoptera 6: 196.
Melanargia epimede Staudinger, 1887; in Romanoff, Memoir of Lepidoptera 3: 147, pl. 16, fig. 10; Type locality: Amur.

（1）查看标本：康定，2005 年 8 月 18-20 日，1500-3000 m，9 只，邓合黎；理县，

2005 年 7 月 22 日，2500-3000 m，1 只，邓合黎；天全，2005 年 9 月 3 日，1500-2000 m，1 只，邓合黎；康定，2005 年 8 月 19、21、23 日，1500-3500 m，4 只，杨晓东；理县，2005 年 7 月 22 日，2500-3000 m，5 只，杨晓东；天全，2005 年 9 月 3 日，1000-1500 m，1 只，杨晓东；宝兴，2005 年 7 月 12 日，500-1500 m，2 只，左燕；宝兴，2005 年 7 月 12 日，1000-1500 m，3 只，李爱民；荥经，2006 年 7 月 4 日，1000-1500 m，2 只，李爱民；荥经，2006 年 7 月 4-5 日，1000-1500 m，3 只，左燕；荥经，2006 年 7 月 4 日，1000-1500 m，1 只，邓合黎；泸定，2015 年 9 月 10 日，1500-2000 m，1 只，张乔勇；金川，2017 年 5 月 29-30 日，2500-3000 m，2 只，李爱民；九寨沟，2020 年 8 月 8 日，1500-2500 m，4 只，杨盛语；青川，2020 年 8 月 14 日，1500-2000 m，2 只，杨盛语；九寨沟，2020 年 8 月 8 日，2000-2500 m，2 只，左瑞；文县，2020 年 8 月 10 日，2000-2500 m，1 只，左瑞；茂县，2020 年 8 月 3 日，2000-2500 m，1 只，左燕；文县，2020 年 8 月 10 日，2000-2500 m，2 只，左燕。

（2）分类特征：翅面黑色占不到翅 1/2，中室大部分白色；基部及中室下面非黑色；黑斑发达，中部的黑色不规则斜带中断、不通到臀角。前翅端区有斜带，中室中间无横线；前缘基半部黑色，后翅眼斑区黑斑发达，无基横带，亚缘眼斑明显，其黑斑呈长带状。

（3）分布。

水平：荥经、康定、泸定、天全、宝兴、金川、理县、茂县、九寨沟、青川、文县。

垂直：500-3500 m。

生境：常绿阔叶林、针阔混交林、灌丛、河滩灌丛、河谷灌丛、山坡灌丛、灌草丛、河滩草地、阔叶林缘农田。

（4）出现时间（月份）：5、7、8、9。

（5）种群数量：常见种。

（6）标本照片：彩色图版 VII-7。

（7）注记：周尧（1998，1999）未记载此种。Bozano（2004）认为 *Arge halimede pasiteles* Fruhstorfer, 1911、*Melanargia epimede corimede* Wagener, 1961、*Melanargia halimede koreargia* Bryk, 1946 是指名亚种 *Melanargia e. epimede* (Staudinger, 1887)的同物异名（*Zoological Record* 13D: Lepidoptera Vol. 140-0371）。http://ftp.funet.fi/pub/sci/bio/life/insecta/lepidoptera/网站记载分布于中国东北部；Mongolia，Korea。

114. 亚洲白眼蝶 *Melanargia asiatica* (Oberthür *et* Houlbert, 1922)

Halimede asiatica Oberthür *et* Houlbert, 1922; Comptes Rendus de l'Académie des Sciences de Paris 174: 192, fig. 1; Type locality: 中国.

（1）查看标本：康定，2005 年 8 月 16、19 日，1500-3000 m，3 只，邓合黎；理县，2005 年 7 月 22 日，2500-3000 m，4 只，邓合黎；宝兴，2005 年 7 月 9 日和 9 月 8 日，1500-2500 m，3 只，邓合黎；康定，2005 年 8 月 18-19 日，1500-3000 m，9 只，杨晓东；理县，2005 年 7 月 22 日，1500-3000 m，2 只，杨晓东；宝兴，2005 年 7 月 7、9、12

日，1500-2500 m，4 只，杨晓东；宝兴，2005 年 7 月 9、12 日，1000-2000 m，6 只，左燕；理县，2005 年 7 月 22 日，2500-3000 m，3 只，李爱民；宝兴，2005 年 7 月 12 日，1000-1500 m，1 只，李爱民；荥经，2006 年 7 月 4 日，1000-1500 m，1 只，左燕；荥经，2006 年 7 月 4 日，1000-1500 m，1 只，邓合黎；荥经，2006 年 7 月 4 日，1000-1500 m，1 只，李爱民；汉源，2006 年 7 月 23、26 日，500-2000 m，2 只，李爱民；木里，2008 年 8 月 22 日，3000-3500 m，1 只，邓合黎；马尔康，2020 年 7 月 31 日，2000-2500 m，1 只，左燕；马尔康，2020 年 7 月 31 日，2000-2500 m，2 只，杨盛语；茂县，2020 年 8 月 3 日，1500-2000 m，2 只，杨盛语；茂县，2020 年 8 月 3 日，1500-2000 m，1 只，左瑞；松潘，2020 年 8 月 5 日，2000-2500 m，1 只，邓合黎；松潘，2020 年 8 月 5 日，2000-2500 m，3 只，杨盛语；松潘，2020 年 8 月 5 日，2000-2500 m，1 只，左瑞；九寨沟，2020 年 8 月 7-8 日，1500-2500 m，4 只，杨盛语；九寨沟，2020 年 8 月 8 日，1500-2000 m，1 只，左燕；九寨沟，2020 年 8 月 8 日，1500-2000 m，2 只，左瑞；文县，2020 年 8 月 10 日，2000-2500 m，1 只，邓合黎；文县，2020 年 8 月 10 日，2000-2500 m，2 只，左瑞；文县，2020 年 8 月 10 日，1500-2500 m，3 只，杨盛语；青川，2020 年 8 月 14 日，1500-2000 m，1 只，杨盛语。

（2）分类特征：翅面黑色占不到翅 1/2，中室大部分白色；基部及中室下面非黑色；黑斑发达，中部的黑色不规则斜带中断、不通到臀角。前翅端区有斜带，中室中间无横线；前缘基半部白色，后翅眼斑区黑斑发达，无基横带，亚缘眼斑明显，其黑斑呈长带状。

（3）分布。

水平：木里、汉源、荥经、康定、宝兴、理县、马尔康、茂县、松潘、九寨沟、青川、文县。

垂直：1000-3500 m。

生境：常绿阔叶林、针阔混交林、树丛、河谷树林灌丛、灌丛、河滩灌丛、河谷灌丛、山坡灌丛、灌草丛、亚高山灌草丛、阔叶林缘农田。

（4）出现时间（月份）：7、8、9。

（5）种群数量：常见种。

（6）标本照片：彩色图版 VII-8。

（7）注记：Bozano（2004）认为 *Melanargia asiatica armandi* Wagener, 1961、*Melanargia asiatica wageneri* Bozano, 2004（*Zoological Record* 13D: Lepidoptera Vol. 140-0371）以及 Nazari 等认为 *Melanargia asiatica dejeani* Wagener, 1961、*Melanargia asiatica elisa* Wagener, 1961、*Melanargia asiatica sigeani* Bozano, 2004（*Zoological Record* 13D: Lepidoptera Vol. 146-2544）均是指名亚种 *Melanargia a. asiatica* Oberthür et Houlbert, 1892 的同物异名。http://ftp.funet.fi/pub/sci/bio/life/insecta/lepidoptera/网站记载分布于中国。

115. 曼丽白眼蝶 *Melanargia meridionalis* Felder, 1862

Melanargia halimede var. *meridionalis* Felder, 1862; Memoir of Lepidoptera 6(1): 29; Type locality: 宁波.

（1）查看标本：文县，2020 年 8 月 10 日，2000-2500 m，1 只，杨盛语。

（2）分类特征：翅面黑褐色前缘特别大，占到翅 1/2 以上，中室一半黑色；后翅腹面中室端下方无细横线。

（3）分布。

水平：文县。

垂直：2000-2500 m。

生境：山坡灌丛。

（4）出现时间（月份）：8。

（5）种群数量：罕见种。

（6）标本照片：彩色图版 VII-9。

（7）注记：Bozano（2004）认为 *Melanargia meridionalis maritima* Wagener, 19661、*Melanargia meridionalis tapaishanensis* Wagener, 1961、*Melanargia meridionalis tsinica* Wagener, 1961 和 *Melanargia meridionalis wenchowensis* Wagener, 1961 均是指名亚种 *Melanargia m. meridionalis* (Felder, 1862)的同物异名（*Zoological Record* 13D: Lepidoptera Vol. 140-0371）。http://ftp.funet.fi/pub/sci/bio/life/insecta/lepidoptera/网站记载分布于中国北部及西部。

116. 山地白眼蝶 *Melanargia montana* Leech, 1890

Melanargia halimede var. *montana* Leech, 1890; Entomologist 23: 26; Type locality: 扬子江.

（1）查看标本：康定，2005 年 8 月 18 日，2500-3000 m，5 只，邓合黎；康定，2005 年 8 月 18 日，2500-3000 m，19 只，杨晓东；理县，2005 年 7 月 22 日，1500-2000 m，2 只，杨晓东；天全，2007 年 8 月 5 日，2000-2500 m，2 只，杨晓东；甘孜，2020 年 7 月 27 日，3500-4000 m，1 只，左瑞；松潘，2020 年 8 月 5 日，2000-2500 m，1 只，邓合黎；九寨沟，2020 年 8 月 8 日，2000-2500 m，1 只，邓合黎；青川，2020 年 8 月 13 日，1000-1500 m，1 只，邓合黎；九寨沟，2020 年 8 月 8 日，1500-2000 m，1 只，左燕。

（2）分类特征：翅面黑色占不到翅 1/2，中室大部分白色；前翅端区无完整斜带，后翅眼斑区无黑斑。

（3）分布。

水平：康定、天全、理县、甘孜、松潘、九寨沟、青川。

垂直：1000-4000 m。

生境：灌丛、河滩灌丛、亚高山灌丛、高山灌丛、灌草丛。

（4）出现时间（月份）：7、8。

（5）种群数量：少见种。

（6）标本照片：彩色图版 VII-10。

（7）注记：Bozano（2004）认为 *Melanargia lugens clarens* Wagener, 1961 和 *Melanargia montana chloris* Wagener, 1961 均是指名亚种 *Melanargia m. montana* (Leech, 1890)的同物异名（*Zoological Record* 13D: Lepidoptera Vol. 140-0371）。http://ftp.funet.fi/pub/sci/bio/life/insecta/lepidoptera/网站记载分布于中国长江流域。

（二十八）云眼蝶属 *Hyponephele* Muschamp, 1915

Hyponephele Muschamp, 1915; Entomological Research Journal of the Variation 27(7 & 8): 156; Type species: *Papilio lycaon* Rottemburg, 1775.

　　前翅 Sc 脉基部膨大，Cu 脉基部加粗；R_2 脉从中室上脉近上端角处分出，R_3 脉、R_4 脉、R_5 脉共柄，和 M_1 脉一起，着生中室上端角；中室端脉前段凹入。后翅臀角突出，肩脉弯向翅基部。

　　注记：周尧（1998，1999）将此属置于仁眼蝶族 Hipparchiini。http://ftp.funet.fi/pub/sci/bio/life/insecta/lepidoptera/网站则将此属置于眼蝶族 Satyrini 云眼蝶亚族 Maniolina。

117. 居间云眼蝶 *Hyponephele interposita* (Erschoff, 1874)

Epinephele interposita Erschoff, 1874; in Fedschenko, Travels in Turkestan 2(5): 22, pl. 2, fig. 16; Type locality: Samarkand.

　　（1）查看标本：甘孜，2005 年 7 月 26 日，3000-3500 m，1 只，邓合黎；甘孜，2005 年 7 月 26 日，3000-3500 m，2 只，薛俊。

　　（2）分类特征：雌雄异型。后翅外缘波状，无眼斑和凹入。雄蝶背腹面均匀棕褐色，前翅顶角有 1 个黑色眼斑。雌蝶翅色浅，前翅基部橙黄色，端半部有黄斑，2 个黑色眼斑在黄斑内，外缘色深，中横线弧形、指向外缘；后翅中横线中段圆形且外突。

　　（3）分布。

　　水平：甘孜。

　　垂直：3000-3500 m。

　　生境：亚高山灌丛草甸。

　　（4）出现时间（月份）：7。

　　（5）种群数量：少见种。

　　（6）标本照片：彩色图版 VII-11。

　　（7）注记：http://ftp.funet.fi/pub/sci/bio/life/insecta/lepidoptera/网站记载分布于中国西北部；Iran，Afghanistan，Turkmenia，Kazakhstan，Pakistan，Altai。

（二十九）蛇眼蝶属 *Minois* Hübner, [1819]

Minois Hübner, [1819]; Verzeichniss Bekannter Schmettlinge (4): 57; Type species: *Papilio phaedra* Linnaeus, 1764.

　　大型种类，复眼无毛，触角细、锤部不明显，翅褐色、无完整明显的白带或斑，中室闭式、长超过前翅 1/2，前翅端脉无回脉且连在弯曲成钝角的 M_3 脉上，其上段深凹入；翅外缘圆形，波状，无突出。眼斑具蓝白色瞳，前翅顶角眼斑仅 1 个瞳点；翅腹面有波状的细纹及外线、亚缘纹。Sc 脉基部加粗膨大，R_1 脉和 R_2 脉从中室上脉近上端角处分出，R_3 脉、R_4 脉、R_5 脉共柄，与 M_1 脉一起，着生中室上端角，端脉无回脉、上段凹入；

R_4 脉终于顶角。

注记：周尧（1998，1999）将此属置于眼蝶族 Satyrini。http://ftp.funet.fi/pub/sci/bio/life/insecta/lepidoptera/网站则此属置于眼蝶族 Satyrini 眼蝶亚族 Satyrina。

118. 蛇眼蝶 *Minois dryas* (Scopoli, 1763)

Papilio dryas Scopoli, 1763; Entomological Carniolica: 153, Nr. 429.
Papilio phaedra Linnaeus, 1764; Museum s:æ r:æ m:tis Ludovicæ Ulricæ reginæ: 280.
Satyrus dryas agda Fruhstorfer, 1908; International Entomological Zs 1(47): 359; Type locality: 河口.

（1）查看标本：甘孜，2005 年 7 月 26 日，3000-3500 m，7 只，邓合黎；八宿，2005 年 8 月 5 日，3000-3500 m，4 只，邓合黎；甘孜，2005 年 7 月 26 日，3000-3500 m，3 只，杨晓东；八宿，2005 年 8 月 5 日，3000-3500 m，5 只，杨晓东；甘孜，2005 年 7 月 26 日，3000-3500 m，1 只，薛俊；甘孜，2005 年 7 月 26 日，3000-3500 m，1 只，李爱民；金川，2016 年 8 月 11 日，2500-3000 m，1 只，李爱民；甘孜，2020 年 7 月 27 日，3500-4000 m，5 只，邓合黎；九寨沟，2020 年 8 月 7 日，1500-2000 m，1 只，邓合黎；文县，2020 年 8 月 10 日，1000-1500 m，1 只，邓合黎；九寨沟，2020 年 8 月 7 日，1500-2000 m，2 只，杨盛语；马尔康，2020 年 7 月 31 日，2000-2500 m，2 只，杨盛语；甘孜，2020 年 7 月 26 日，3500-4000 m，5 只，左瑞；马尔康，2020 年 7 月 31 日，2000-2500 m，3 只，左瑞；九寨沟，2020 年 8 月 7 日，1500-2000 m，1 只，左瑞；文县，2020 年 8 月 10 日，1000-1500 m，1 只，左瑞；甘孜，2020 年 7 月 26-27 日，3500-4000 m，1 只，左燕；九寨沟，2020 年 8 月 7 日，1500-2000 m，2 只，左燕。

（2）分类特征：翅展 60-70 mm，翅和翅脉黑褐色；背面无其他斑纹，腹面基半部色彩均匀，端半部外缘有 1 条深黑褐色带，外横线波状弯曲；内侧为浅紫色翅区，眼斑在此区域内，前翅 2 个眼斑围有淡黄色环，后面眼斑大于前面；后翅腹面的臀角有 1 个小眼斑。

（3）分布。

水平：金川、八宿、甘孜、马尔康、九寨沟、文县。

垂直：1000-4000 m。

生境：灌丛、高山河谷灌丛、高山农田灌丛、高山灌丛草甸、灌草丛、亚高山灌草丛、高寒草甸。

（4）出现时间（月份）：7、8。

（5）种群数量：常见种。

（6）标本照片：彩色图版 VII-12。

（7）注记：http://ftp.funet.fi/pub/sci/bio/life/insecta/lepidoptera/网站记载分布于 Spain，C. EU，SE. EU，Asia Minor，Siberia，Korea，Japan。

119. 异点蛇眼蝶 *Minois paupera* (Alphéraky, 1888)

Satyrus dryas var. *paupera* Alphéraky, 1888; Stettin Entomology Ztg 49: 67; Type locality: 西藏.
Minois paupera connestens Sugiyama, 1999; Pallarge 7: 1-15; Type locality: 阿坝.

（1）查看标本：甘孜，2005 年 7 月 26 日，3000-4000 m，6 只，邓合黎；江达，2005年 7 月 29 日，3000-3500 m，1 只，邓合黎；八宿，2005 年 8 月 5 日，3000-3500 m，2只，邓合黎；甘孜，2005 年 7 月 26 日，3000-4000 m，9 只，薛俊；甘孜，2005 年 7 月26 日，3000-3500 m，7 只，李爱民；八宿，2005 年 8 月 4 日，3500-4000 m，1 只，李爱民；甘孜，2005 年 7 月 26 日，3000-3500 m，7 只，杨晓东；八宿，2005 年 8 月 4-5日，3500-4000 m，4 只，杨晓东；金川，2014 年 8 月 11 日，3000-3500 m，1 只，李爱民；甘孜，2020 年 7 月 27 日，3500-4000 m，2 只，邓合黎；马尔康，2020 年 7 月 31日，2000-2500 m，1 只，邓合黎；马尔康，2020 年 7 月 31 日，2000-2500 m，3 只，杨盛语；甘孜，2020 年 7 月 26-27 日，3500-4000 m，2 只，左燕；马尔康，2020 年 7 月31 日，2000-2500 m，1 只，左燕；甘孜，2020 年 7 月 27 日，3500-4000 m，2 只，左瑞。

（2）分类特征：中型种类。背面褐色、无细纹，外缘色彩较深，前翅 2 个眼斑前大后小，后翅眼斑 1 至多个。腹面黄褐色、密布细纹，眼斑同背面，3 条曲折的深色条纹从前缘至后缘。

（3）分布。

水平：八宿、江达、甘孜、金川、马尔康。

垂直：2000-4000 m。

生境：山坡林灌、高山灌丛、河滩灌丛、高山河谷灌丛、高山农田灌丛、亚高山灌草丛、高山灌丛草甸、高寒草甸。

（4）出现时间（月份）：7、8。

（5）种群数量：少见种。

（6）标本照片：彩色图版 VII-13。

（7）注记：http://ftp.funet.fi/pub/sci/bio/life/insecta/lepidoptera/网站记载分布于中国西部。

（三十）拟酒眼蝶属 *Paroeneis* Moore, 1893

Paroeneis Moore, 1893; Lepidoptera Indica 2(14): 36; Type specis: *Chionobas pumilus* Felder, [1867].

中室闭式。前翅钝三角形，顶角和臀角均不明显，有白色"Y"形外带，其间有 1个模糊眼斑，外缘有成列白斑点；Sc 脉和 Cu 脉基部略膨大；R_1 脉和 R_2 脉从中室上脉近上端角处分出，R_3 脉、R_4 脉、R_5 脉共柄，与 M_1 脉一起，着生中室上端角；中室端脉上段凹入成回脉，中室长约为翅一半。后翅阔卵形，臀角不突出；Sc + R_1 脉比中室长，肩脉弯向翅端部，Rs 脉与 M_1 脉基部接近；端脉连在弯曲成钝角的 M_3 脉上；波状外线纹腹面比背面更清晰。后翅腹面翅脉白色。

注记：周尧（1998，1999）将此属置于仁眼蝶族 Hipparchiini。http://ftp.funet.fi/pub/sci/bio/life/insecta/lepidoptera/网站则将此属置于眼蝶族 Satyrini 眼蝶亚族 Satyrina。

120. 古北拟酒眼蝶 *Paroeneis palaearctica* (Staudinger, 1889)

Oeneis palaearcticus Staudinger, 1889; Stettin Entomology Ztg 50(1-3): 20.

Paroeneis palaearcticus iole (Leech, [1892]); Butterflies from China, Japan and Corea (1): 75, pl. 11, fig. 2; Type locality: 打箭炉.

Satyrus pumilus var. *nanschanica* Grum-Grshimailo, 1902; Annual Museum Zoology Imp. Academy Sciences St. Pétersb 7: 192; Type locality: 祁连山.

Paroeneis palaearcticus buddha (Bang-Haas, 1927); Horae Macrolepidopteral Palaearct 1: 49, pl. 7, figs. 18-19; Type locality: 青海湖.

Paroeneis palaearcticus atuntsensis (Gross, 1958); Bonn Zoology Beitrag 9: 268; Type locality: 云南.

Paroeneis palaearcticus auloceroides Huang, 2001; Neue Entomologische Nachrichten 51: 97(note).

（1）查看标本：色达，2005 年 7 月 25 日，3500-4000 m，2 只，邓合黎；八宿，2005 年 8 月 1、6 日，4000-4500 m，2 只，邓合黎；色达，2005 年 7 月 25 日，3500-4000 m，2 只，杨晓东；甘孜，2005 年 7 月 26 日，3500-4000 m，1 只，杨晓东；八宿，2005 年 8 月 1 日，4000-4500 m，3 只，杨晓东；木里，2008 年 8 月 14 日，3500-4000 m，3 只，邓合黎；木里，2008 年 8 月 14 日，3500-4000 m，5 只，杨晓东；左贡，2015 年 8 月 9 日，4000-4500 m，1 只，邓合黎；芒康，2015 年 8 月 11 日，4000-4500 m，1 只，张乔勇；巴塘，2015 年 8 月 13 日，4000-4500 m，1 只，张乔勇；理塘，2015 年 8 月 27 日，4000-4500 m，1 只，张乔勇；理塘，2015 年 8 月 27 日，4000-4500 m，2 只，李爱民；甘孜，2020 年 7 月 27 日，3500-4000 m，2 只，左瑞；甘孜，2020 年 7 月 27 日，3500-4000 m，2 只，左燕。

（2）分类特征：背面黑褐色，腹面棕褐色，翅斑纹不扩散、分界明显。前翅腹面中室无横纹。

（3）分布。

水平：木里、左贡、芒康、巴塘、理塘、八宿、甘孜、色达。

垂直：3500-4500 m。

生境：高山灌丛、高山山坡灌丛、高山灌丛草甸、高山草甸、高寒草甸。

（4）出现时间（月份）：7、8。

（5）种群数量：常见种。

（6）标本照片：彩色图版 VII-14。

（7）注记：http://ftp.funet.fi/pub/sci/bio/life/insecta/lepidoptera/网站记载分布于中国甘肃、青海、四川、云南、西藏；Middle Asia。

121. 锡金拟酒眼蝶 *Paroeneis sikkimensis* (Staudinger, 1889)

Oeneis (*Satyrus*) *palaearcticus* var. *sikkimensis* Staudinger, 1889; Stettin Entomology Ztg 50(1-3): 21; Type locality: Himalayas.

Paroeneis sikkimensis Huang, 2001; Neue Entomologische Nachrichten 51: 98(note).

（1）查看标本：色达，2005 年 7 月 24 日，4000-4500 m，1 只，邓合黎；八宿，2005 年 8 月 1 日，4000-5000 m，8 只，邓合黎；芒康，2005 年 8 月 8 日，4000-4500 m，1 只，邓合黎；八宿，2005 年 8 月 1 日，4000-5000 m，17 只，杨晓东；甘孜，2005 年 7 月 25 日，3000-3500 m，2 只，李爱民；得荣，2013 年 8 月 14 日，4000-4500 m，2 只，

李爱民；得荣，2013 年 8 月 14 日，4000-4500 m，1 只，左燕；左贡，2015 年 8 月 9 日，4500-5000 m，2 只，李爱民；芒康，2015 年 8 月 11 日，4000-4500 m，1 只，李爱民；理塘，2015 年 8 月 13 日，4000-4500 m，1 只，李爱民；左贡，2015 年 8 月 9 日，4000-4500 m，2 只，邓合黎；巴塘，2015 年 8 月 12 日，4500-5000 m，1 只，张乔勇；理塘，2015 年 8 月 13 日，4000-4500 m，1 只，张乔勇。

（2）分类特征：翅斑纹不扩散、分界明显。中横带宽。前翅腹面中室有 1 条横纹。

（3）分布。

水平：得荣、左贡、芒康、巴塘、理塘、八宿、甘孜、色达。

垂直：3000-5000 m。

生境：高山灌草丛树林、山坡灌丛、高山灌丛、高山山坡灌丛、山坡溪流灌丛、河滩草灌、高山草地、高山灌丛草甸、高山河滩草甸、高寒草甸。

（4）出现时间（月份）：7、8。

（5）种群数量：常见种。

（6）标本照片：彩色图版 VII-15。

（7）注记：http://ftp.funet.fi/pub/sci/bio/life/insecta/lepidoptera/ 网站记载分布于 Himalayas。

122. 拟酒眼蝶 *Paroeneis pumilus* (Felder *et* Felder, [1867])

Chionobas pumilus Felder *et* Felder, [1867]; Reise Fregatte Novara, Bd 2(Abth. 2)(3): 490, pl. 69, figs. 6-7.
Paroeneis pumilus Huang, 2001; Neue Entomologische Nachrichten 51: 98(note).
Aulocera pumilus Korb *et* Bolshakov, 2011; Eversmannia (Suppl.) 2: 61.

（1）查看标本：色达，2005 年 7 月 24 日，4000-4500 m，7 只，邓合黎；八宿，2005 年 8 月 3 日，4000-5000 m，4 只，邓合黎；八宿，2005 年 8 月 1-3 日，4000-5000 m，14 只，杨晓东；得荣，2013 年 8 月 14 日，4000-4500 m，4 只，李爱民。

（2）分类特征：翅斑纹弥散，界限不清。

（3）分布。

水平：得荣、八宿、色达。

垂直：4000-5000 m。

生境：高山灌丛、高山河滩草甸、高山灌丛草甸、高寒草甸、高山灌丛裸岩。

（4）出现时间（月份）：7、8。

（5）种群数量：常见种。

（6）标本照片：彩色图版 VII-16。

（7）注记：http://ftp.funet.fi/pub/sci/bio/life/insecta/lepidoptera/网站记载分布于中国西藏；Himalayas-Kashmir。

（三十一）仁眼蝶属 *Hipparchia* Fabricius, 1807

Hipparchia Fabricius, 1807; Magazin für Insektenkunde 6: 281; Type species: *Papilio hermione* Linnaeus,

1764.

Eumenis Hübner, [1819]; Verzeichniss Bekannter Schmettlinge (4): 58; Type species: *Papilio autonoe* Esper, 1783.

Nytha Billberg, 1820; Enumeration of Inscriptionl Museum Billberg 77; Type species: *Papilio hermione* Linnaeus, 1764.

Melania Sodoffsky, 1837; Bulletin Society Imp. Nature Moscou 1837(6): 81; Type species: *Papilio hermione* Linnaeus, 1764.

Pseudotergumia Agenjo, 1947; Graellsia 5(3): 12(sept. secund. Fam. 1); Type species: *Papilio fidia* Linnaeus, 1767.

Neohipparchia de Lesse, 1951; Revisory france Lepidoptera 13(3/4): 40; Type species: *Papilio statilinus* Hufnagel, 1766.

中型种类。触角锤部突然膨大成卵形，中室闭式，翅黑色。前翅有白色外带和 2 个眼斑，Sc 脉和 Cu 脉基部膨大；R_1 脉和 R_2 脉从中室上脉近上端角处分出，R_3 脉、R_4 脉、R_5 脉共柄，与 M_1 脉一起，着生中室上端角；中室端脉上段不凹入成非常短的回脉。后翅臀角不突出；Sc + R_1 脉和中室一样长，肩脉弯向翅端部，Rs 脉与 M_1 脉基部接近；端脉连在弯曲成钝角的 M_3 脉上。

注记：周尧（1998，1999）将此属置于仁眼蝶族 Hipparchiini。http://ftp.funet.fi/pub/sci/bio/life/insecta/lepidoptera/网站则将此属至于眼蝶族 Satyrini 眼蝶亚族 Satyrina。

123. 仁眼蝶 *Hipparchia autonoe* (Esper, 1873)

Papilio autonoe Esper, 1783; Die Schmetterling Th. I, Bd 2(8): 167, pl. 86, figs. 1-3.
Hipparchia autonoe wutaiensis Murayama, 1983; Entomotaxonomia 5: 281-288.

（1）查看标本：甘孜，2005 年 7 月 26 日，3000-3500 m，1 只，邓合黎；甘孜，2005 年 7 月 26 日，3000-3500 m，1 只，杨晓东；甘孜，2005 年 7 月 26 日，3000-3500 m，6 只，李爱民；甘孜，2020 年 7 月 26 日，3500-4000 m，1 只，左瑞；甘孜，2020 年 7 月 26-27 日，3500-4000 m，4 只，左燕。

（2）分类特征：翅背面翅脉棕褐色，基半部棕褐色，亚外缘白色偏黄色；端半部外侧棕褐色，内侧黄褐色、有明显的 2 个大眼斑和白色外带。腹面棕色、密布波状细纹，翅脉白色；端半部内侧浅黄褐色，其内在前翅是 2 个眼斑，在后翅是 1 列小白点。

（3）分布。

水平：甘孜。

垂直：3000-4000 m。

生境：高山草甸、高寒灌丛草甸、高寒草甸。

（4）出现时间（月份）：7。

（5）种群数量：少见种。

（6）标本照片：彩色图版 VII-17。

（7）注记：http://ftp.funet.fi/pub/sci/bio/life/insecta/lepidoptera/网站记载分布于中国西北部及西藏；SE. EU，Caucasus，Siberia，Amur，Korea。

（三十二）岩眼蝶属 *Chazara* Moore, 1893

Chazara Moore, 1893; Lepidoptera Indica 2(13): 21; Type species: *Papilio briseis* Linnaeus, 1764.
Philareta Moore, 1893; Lepidoptera Indica 2(13): 23; Type species: *Satyrus hanifa* Herrich-Schäffer, [1750].

　　中型种类。前翅无白色外带，有 2 个眼斑，眼斑外是长短不一的橙斑，Sc 脉和中室下脉基部膨大，R_2 脉从中室上脉分出，R_3 脉、R_4 脉、R_5 脉共柄，和 M_1 脉一起，着生上端角；M_2 脉呈 "∟" 形，基部成为中室端脉上段。后翅外缘波状，Sc + R_1 脉比中室长，臀角不突出；肩脉从 Sc + R_1 脉分出，弯向翅前缘。
　　注记：周尧（1998，1999）将此属置于仁眼蝶族 Hipparchiini。http://ftp.funet.fi/pub/sci/bio/life/insecta/lepidoptera/网站则将此属置于眼蝶族 Satyrini 眼蝶亚族 Satyrina。

124. 八字岩眼蝶 *Chazara briseis* (Linnaeus, 1764)

Papilio briseis Linnaeus, 1764; Museum s:æ r:æ m:tis Ludovicæ Ulricæ reginæ: 276; Type locality: Germany.
Papilio pirata Esper, 1789; Die Schmetterling, Supplement Th 1(3-4): 39, pl. 100, fig. 3.
Satyrus briseis bataia Fruhstorfer, 1909; International Entomological Zeitschrift 3(23): 130; Type locality: Germany.
Satyrus briseis turatii Fruhstorfer, 1909; International Entomological Zeitschrift 3(23): 130; Type locality: Sicily.

　　（1）查看标本：甘孜，2020 年 7 月 27 日，3500-4000 m，1 只，邓合黎。
　　（2）分类特征：中型种类。触角明显膨大，翅黑褐色，翅脉黑褐色，斑纹白色、密布细微黑色小粒。前翅无白色 "Y" 形外带，有 2 个眼斑。内外横线间是宽阔白带，在前翅由 7 条纵长白斑排成长列组成，中室内具黑斑；后翅白色横带的内缘中段向基部突出。后翅前缘弧形，后缘直，外缘波状、圆形。
　　（3）分布。
　　水平：甘孜。
　　垂直：3500-4000 m。
　　生境：高寒草甸。
　　（4）出现时间（月份）：7。
　　（5）种群数量：罕见种。
　　（6）注记：http://ftp.funet.fi/pub/sci/bio/life/insecta/lepidoptera/网站记载分布于中国西北部；N. AF，S. EU，Asia Minor，Caucasus，Middle Asia，Afghanistan，Mongolia。

（三十三）林眼蝶属 *Aulocera* Butler, 1867

Aulocera Butler, 1867; The Entomologist's Monthly Magazine 4: 121; Type species: *Satyrus brahminus* Blanchard, 1853.
Aulocera (Satyrina) Korb *et* Bolshakov, 2011, Eversmannia (Suppl.) 2: 61.

复眼无毛，翅黑褐色，外缘波状，缘毛黑白相间，中室闭式、长超过前翅。前翅三角形，有明显、完整的白带，腹面有波状密纹，顶角眼斑仅 1 个瞳点。Sc 脉基部加粗，端脉上有回脉，R_1 脉和 R_2 脉从中室上脉近上端角处分出，R_3 脉、R_4 脉、R_5 脉共柄，与 M_1 脉一起，着生中室上端角，R_4 脉终于顶角；仅有 Sc 脉基部加粗。后翅肩脉粗短，似"工"字形，Sc + R_1 脉长过中室 1 倍，2A 脉与 3A 脉基部接触。

注记：周尧（1998，1999）将此属置于眼蝶族 Satyrini。http://ftp.funet.fi/pub/sci/bio/life/insecta/lepidoptera/网站则将此属置于眼蝶族 Satyrini 眼蝶亚族 Satyrina。

125. 大型林眼蝶 *Aulocera padma* (Kollar, [1884])

Satyrus padma Kollar, [1844]; in Hügel, Kaschmir und das Reich der Siek 4: 445, pl. 15, figs. 1-2.
Satyrus avatara Moore, 1857; in Horsfield & Moore, Catholic Lepidoptral Insect Museum of East India Coy 1: 229.

（1）查看标本：康定，2005 年 8 月 21 日，2500-3000 m，1 只，邓合黎；维西，2006 年 8 月 28-31 日，2500-3000 m，3 只，邓合黎；兰坪，2006 年 9 月 2 日，2500-3000 m，2 只，邓合黎；德钦，2006 年 8 月 10 日，3500-4000 m，1 只，李爱民；维西，2006 年 8 月 28 日，2500-3000 m，1 只，左燕；维西，2006 年 8 月 28-31 日，2500-3500 m，7 只，李爱民；木里，2008 年 8 月 16 日，3000-3500 m，5 只，邓合黎；木里，2008 年 8 月 16 日，3500-4000 m，2 只，杨晓东；泸定，2015 年 9 月 4 日，2000-2500 m，3 只，张乔勇；泸定，2015 年 9 月 4 日，2000-2500 m，1 只，左燕；贡山，2016 年 8 月 24 日，1 只，李爱民。

（2）分类特征：大型种类。中室无白色纵带。前翅背面眼斑内侧无白点；白色横带宽，前端呈钩状；顶角背腹面均有明显的黑色眼斑，腹面特别清楚，有白色瞳点；后翅白色横带宽且直，外侧有 1 条不规则的黑带，腹面 m_1 室有 1 个黑色圆斑，中室内布满黑白细条纹。

（3）分布。

水平：兰坪、维西、贡山、德钦、木里、泸定、康定。

垂直：2000-4000 m。

生境：常绿阔叶林、针阔混交林、河滩灌丛、山坡灌草丛、河谷山坡灌草丛、草地、山坡草地。

（4）出现时间（月份）：8、9。

（5）种群数量：常见种。

（6）标本照片：彩色图版 VII-18。

（7）注记：http://ftp.funet.fi/pub/sci/bio/life/insecta/lepidoptera/网站记载分布于中国西部；India，Burma。

126. 罗哈林眼蝶 *Aulocera loha* Doherty, 1886

Aulocera loha Doherty, 1886; Journal of Asiatic Society of Bengal 55 Pt. II (2): 118; Type locality: 西藏，云南西北部。

Aulocera loha chinensis Sakai, Aoki *et* Yamaguchi, 2001; Butterflies 30: 36-57; Type locality: 玉龙雪山.
Aulocera loha fulva Huang, 2001; Neue Entomologische Nachrichten 51: 97(note).

（1）查看标本：康定，2005 年 8 月 21 日，2500-3000 m，1 只，邓合黎；康定，2005 年 8 月 22 日，2500-3000 m，1 只，杨晓东；德钦，2006 年 8 月 14 日，3000-3500 m，1 只，杨晓东；香格里拉，2006 年 8 月 21 日，2500-3000 m，2 只，杨晓东；维西，2006 年 8 月 28、31 日，2500-3500 m，4 只，杨晓东；德钦，2006 年 8 月 14 日，3000-3500 m，1 只，左燕；维西，2006 年 8 月 28 日，2500-3500 m，7 只，左燕；玉龙，2006 年 8 月 31 日，2500-3000 m，1 只，左燕；德钦，2006 年 8 月 14 日，3000-3500 m，2 只，邓合黎；维西，2006 年 8 月 28 日，2500-3500 m，1 只，邓合黎；木里，2008 年 8 月 16 日，3000-3500 m，2 只，邓合黎；泸水，2016 年 8 月 28 日，2500-3000 m，1 只，左燕。

（2）分类特征：中室无白色纵带。前翅顶角背腹面均有明显的黑色眼斑，腹面特别清楚，有白色瞳点，背面眼斑内侧无白点；白色横带较狭窄，前端呈"Y"形；腹面中室内无白斑。后翅白色横带的斑长梯形，末端平截，其外有较粗的波纹。

（3）分布。

水平：泸水、维西、玉龙、香格里拉、德钦、木里、康定。

垂直：2500-3500 m。

生境：针阔混交林、河谷灌丛、河滩灌丛、山坡灌丛、草地、山坡草地。

（4）出现时间（月份）：8。

（5）种群数量：常见种。

（6）标本照片：彩色图版 VIII-1。

（7）注记：http://ftp.funet.fi/pub/sci/bio/life/insecta/lepidoptera/网站记载分布于中国西藏、云南。

127. 细眉林眼蝶 *Aulocera merlina* (Oberthür, 1890)

Satyrus merlina Oberthür, 1890; Études d'Entomologie 13: 40, pl. 10, fig. 105.
Aulocera merlina pulcheristriata Huang, 2001; Neue Entomologische Nachrichten 51: 97, pl. 8, fig. 62; Type locality: 贡山.

（1）查看标本：香格里拉，2006 年 8 月 15、17、22 日，2500-3500 m，4 只，左燕；香格里拉，2006 年 8 月 15、17、22 日，2500-3500 m，11 只，邓合黎；维西，2006 年 8 月 28 日，2500-3000 m，1 只，邓合黎；香格里拉，2006 年 8 月 15、17、22 日，2500-3500 m，6 只，杨晓东；维西，2006 年 8 月 22 日，2500-3000 m，1 只，杨晓东；九龙，2006 年 8 月 17 日，2500-3000 m，1 只，杨晓东；维西，2006 年 8 月 31 日，1500-3500 m，2 只，李爱民；香格里拉，2006 年 8 月 17 日，2500-3000 m，1 只，李爱民；盐源，2008 年 8 月 23 日，2500-3000 m，2 只，邓合黎；得荣，2013 年 8 月 13 日，2500-3000 m，1 只，李爱民；得荣，2013 年 8 月 13 日，3000-3500 m，1 只，邓合黎；乡城，2013 年 8 月 16 日，2500-3000 m，1 只，邓合黎。

（2）分类特征：前翅中室有细的白色纵带，腹面特别明显。后翅中室无白色纵带。

（3）分布。

水平：维西、香格里拉、盐源、九龙、得荣、乡城。

垂直：1500-3500 m。

生境：常绿阔叶林、针阔混交林、河谷灌丛、河滩灌丛、山坡灌丛、山坡草地。

（4）出现时间（月份）：8。

（5）种群数量：常见种。

（6）标本照片：彩色图版 VIII-2。

（7）注记：http://ftp.funet.fi/pub/sci/bio/life/insecta/lepidoptera/网站记载分布于中国西藏、四川、云南。

128. 四射林眼蝶 *Aulocera magica* (Oberthür, 1886)

Satyrus magica Oberthür, 1886; Études d'Entomologie 11: 24, pl. 4, fig. 21; Type locality: 中国西部.

Aulocera magica amida Gross, 1958; Bonn Zoology Beitrag 1958: 261-293; Type locality: 德钦.

（1）查看标本：康定，2005 年 8 月 27 日，1500-2000 m，1 只，邓合黎；德钦，2006 年 8 月 9 日，3000-3500 m，1 只，左燕；德钦，2006 年 8 月 9 日，3000-3500 m，3 只，邓合黎；德钦，2006 年 8 月 9 日，3000-3500 m，4 只，陈建仁；德钦，2006 年 8 月 9 日，3000-3500 m，6 只，李爱民；德钦，2006 年 8 月 9 日，3000-3500 m，2 只，杨晓东；金川，2014 年 8 月 11 日，2500-3500 m，2 只，李爱民；金川，2014 年 8 月 8 日，2000-2500 m，1 只，左燕；金川，2014 年 8 月 11 日，2000-2500 m，1 只，邓合黎；雅江，2015 年 8 月 14 日，2500-3000 m，1 只，张乔勇；雅江，2015 年 8 月 14 日，2500-3000 m，1 只，邓合黎；雅江，2015 年 8 月 15 日，2500-3000 m，1 只，左燕；金川，2016 年 8 月 11 日，2500-3000 m，1 只，李爱民。

（2）分类特征：前后翅中室均有白色纵带，腹面特别明显。

（3）分布。

水平：德钦、康定、雅江、金川。

垂直：1500-3500 m。

生境：常绿阔叶林、针阔混交林、农田树林、山坡灌丛树林、河谷林灌、山坡林灌、山脊林灌、灌丛、高山灌丛、农田灌丛。

（4）出现时间（月份）：8。

（5）种群数量：常见种。

（6）标本照片：彩色图版 VIII-3。

（7）注记：http://ftp.funet.fi/pub/sci/bio/life/insecta/lepidoptera/网站记载分布于中国西部。

129. 小型林眼蝶 *Aulocera sybillina* (Oberthür, 1890)

Satyrus sybillina Oberthür, 1890; Études d'Entomologie 13: 40, pl. 10, fig. 106; Type locality: 打箭炉.

Satyrus sybillina var. *bianor* Grum-Grshimailo, 1891; Horae Society Entomology Ross 25(3-4): 458.

Satyrus sybillina pygmaea Holik, 1949; Zeitschrift der Wiener Entomologischen Gesellschaft 34: 98; Type locality: 甘肃.

Satyrus sybillina yunnanicus (Gross, 1958); Bonn Zoology Beitrag 1958: 261-293; Type locality: 丽江.

（1）查看标本：甘孜，2005 年 7 月 26 日，3000-3500 m，2 只，邓合黎；色达，2005 年 7 月 26 日，3000-3500 m，4 只，李爱民；康定，2005 年 8 月 16 日，3000-3500 m，1 只，邓合黎；德钦，2006 年 8 月 14 日，3500-4000 m，2 只，李爱民；德钦，2006 年 8 月 14 日，3500-4000 m，4 只，左燕；香格里拉，2006 年 8 月 20 日，3000-3500 m，1 只，左燕；香格里拉，2006 年 8 月 20 日，3000-3500 m，2 只，杨晓东；得荣，2013 年 8 月 13 日，4000-4500 m，2 只，邓合黎；得荣，2013 年 8 月 13 日，4000-4500 m，1 只，左燕；得荣，2013 年 8 月 14 日，3500-4500 m，2 只，李爱民；得荣，2013 年 8 月 14 日，3500-4500 m，3 只，张乔勇；左贡，2015 年 8 月 9 日，4000-4500 m，2 只，左燕；甘孜，2020 年 7 月 26-27 日，3500-4000 m，2 只，邓合黎；甘孜，2020 年 7 月 26 日，3500-4000 m，2 只，左燕。

（2）分类特征：小型种类。中室无白色纵带。前翅顶角背腹面均有明显的黑色眼斑，腹面特别清楚，有白色瞳点，背面眼斑内侧有白点；白色横带狭窄，前端呈"Y"形，腹面中室内有白色细纹。后翅白色中横带狭窄而弧形弯曲。

（3）分布。

水平：德钦、香格里拉、得荣、康定、左贡、甘孜、色达。

垂直：3000-4500 m。

生境：针阔混交林、高山灌草丛树林、高山林下灌丛、河滩灌丛、高山灌丛、高山沼泽灌丛、高山灌丛草甸、高山草甸、高寒草甸、高山灌丛裸岩。

（4）出现时间（月份）：7、8。

（5）种群数量：常见种。

（6）标本照片：彩色图版 VIII-4。

（7）注记：http://ftp.funet.fi/pub/sci/bio/life/insecta/lepidoptera/网站记载分布于中国西部。

130. 喜马林眼蝶 *Aulocera brahminoides* (Moore, [1896])

Aulocera brahminoides Moore, [1896]; Lepidoptera Indica 2(13): 29, pl. 99, fig. 2.

（1）查看标本：德钦，2006 年 8 月 14 日，3000-3500 m，1 只，杨晓东；得荣，2013 年 8 月 14 日，4000-4500 m，3 只，左燕。

（2）分类特征：中室无白色纵带；前翅顶角背腹面均无明显的眼斑，白色横带前端"Y"形。

（3）分布。

水平：德钦、得荣。

垂直：3000-4500 m。

生境：针阔混交林、高山灌丛、高山草地。

（4）出现时间（月份）：8。

（5）种群数量：少见种。

（6）标本照片：彩色图版 VIII-5。

（7）注记：http://ftp.funet.fi/pub/sci/bio/life/insecta/lepidoptera/网站记载分布于中国西藏；Himalayas。

131. 棒纹林眼蝶 *Aulocera lativirta* Leech, 1892

Aulocera magica var. *lativita* Leech, 1892; Butterflies from China, Japan and Core (1): 73, XIII, fig. 4; Type locality: 河口。

（1）查看标本：雅江，2015 年 8 月 15 日，2500-3000 m，1 只，左燕；雅江，2015 年 8 月 14 日，2500-3000 m，1 只，张乔勇。

（2）分类特征：大型种类。形态与四射林眼蝶相近，翅前缘和后缘弧形，前翅外缘微凹入、后翅外缘波状；翅脉和背面黑褐色，腹面黑褐色、满布白色细纹。但棒纹林眼蝶背面前翅中室白斑及其他白斑更宽阔明显，后翅基半部几乎白色。

（3）分布。

水平：雅江。

垂直：2500-3000 m。

生境：山坡灌丛树林、河谷林灌。

（4）出现时间（月份）：8。

（5）种群数量：少见种。

（6）标本照片：彩色图版 VIII-6。

（7）注记：武春生和徐堉峰（2017）有记载此种。周尧（1998，1999）及 http://ftp.funet.fi/pub/sci/bio/life/insecta/lepidoptera/网站均未记载此种。

（三十四）矍眼蝶属 *Ypthima* Hübner, 1818

Ypthima Hübner, 1818; Zuträge zur Sammlung Exotischer Schmetterlinge 1: 17; Type species: *Ypthima huebneri* Kirby, 1871.

Xois Hewitson, 1865; Transactions of the Entomological Society of London (3)2(4): 282; Type species: *Xois sesara* Hewitson, 1865.

Kolasa Moore, 1893; Lepidoptera Indica 2(15): 82; Type species: *Satyrus chenui* Guérin-Méneville, 1893.

Thymipa Moore, 1893; Lepidoptera Indica 2(14): 57, 58; Type species: *Papilio baldus* Fabricius, 1775.

Nadiria Moore, 1893; Lepidoptera Indica 2(15): 85; Type species: *Ypthima bolanica* Marshall, 1882.

Pandima Moore, 1893; Lepidoptera Indica 2(15): 86; Type species: *Satyrus nareda* Kollar, [1844].

Lohana Moore, 1893; Lepidoptera Indica 2(16): 92; Type species: *Yphthima* [sic] *inica* Hewitson, 1865.

Dallacha Moore, 1893; Lepidoptera Indica 2(16): 94; Type species: *Yphthima* [sic] *hyagriva* Moore, 1857.

Shania Evans, 1912; Journal of the Bombay Natural History Society 21(2): 564; Type species: *Ypthima megalia* de Nicéville, 1897.

小型种类。复眼无毛，中室短阔、闭式。翅边缘完整、近圆形，腹面密布波状细纹，触角锤部不明显。前翅除顶角有 1 个双瞳大眼斑外，cu_1 室绝无眼斑。Sc 脉基部膨大，

R$_1$脉从中室上脉近上端角处分出，R$_2$脉、R$_3$脉、R$_4$脉、R$_5$脉共柄，柄长，着生中室上端角。后翅腹面有系列具黄环的黑色亚缘眼斑，肩脉末端分叉，Sc + R$_1$脉长，直达顶角；M$_3$脉与Cu$_1$脉基部分开，中室长过后翅一半。

注记：周尧（1998，1999）将此属置于矍眼蝶族 Ypthimini。http://ftp.funet.fi/pub/sci/bio/life/insecta/lepidoptera/网站则将此属置于眼蝶族 Satyrini 眼蝶亚族 Satyrina。

132. 矍眼蝶 *Ypthima baldus* (Fabricius, 1775)

Papilio baldus Fabricius, 1775; Systematic Entomology 829: no. 202-3; Type locality: India.

Ypthima argus Butler, 1866; Journal of the Linnean Society of Zoology, London 9(34): 56; Type locality: Japan.

Ypthima prattii Elwes et Edwards, 1893; Transactions of the Entomological Society of London 1893(1): 35, pl. 3, fig. 55; Type locality: 宜昌.

Ypthima baldus luoi Huang, 2003; Neue Entomologische Nachrichten 55: 98; Type locality: 墨脱.

（1）查看标本：宝兴，2005 年 7 月 7 日，1000-2500 m，2 只，邓合黎；康定，2005 年 8 月 19 日，2000-2500 m，1 只，邓合黎；天全，2005 年 8 月 29、31 日和 9 月 5-6 日，500-1500 m，8 只，邓合黎；宝兴，2005 年 7 月 10 日，1000-1500 m，3 只，杨晓东；理县，2005 年 7 月 22 日，1500-2000 m，1 只，杨晓东；康定，2005 年 8 月 19、26 日，1500-2000 m，3 只，杨晓东；天全，2005 年 8 月 31 日和 9 月 6-7 日，500-2000 m，11 只，杨晓东；宝兴，2005 年 7 月 10 日，1000-1500 m，7 只，李爱民；宝兴，2005 年 7 月 10 日，1000-1500 m，12 只，左燕；勐海，2006 年 3 月 14 日，1000-1500 m，1 只，邓合黎；天全，2006 年 6 月 15 日，1000-1500 m，1 只，左燕；勐腊，2006 年 3 月 17 日，500-1000 m，1 只，李爱民；景洪，2006 年 3 月 21 日，500-1000 m，1 只，李爱民；勐海，2006 年 3 月 21 日，1000-1500 m，1 只，李爱民；芒市，2006 年 3 月 27 日，1000-1500 m，1 只，李爱民；瑞丽，2006 年 3 月 30-31 日，500-1500 m，2 只，李爱民；勐腊，2006 年 3 月 18 日，500-1000 m，1 只，吴立伟；芒市，2006 年 3 月 28 日，500-1500 m，2 只，吴立伟；勐腊，2006 年 3 月 18 日，500-1000 m，1 只，杨晓东；芒市，2006 年 3 月 28 日，500-1000 m，2 只，杨晓东；芦山，2006 年 6 月 16 日，1000-1500 m，1 只，杨晓东；维西，2006 年 8 月 28 日，2000-2500 m，6 只，邓合黎；维西，2006 年 8 月 28 日，2000-3000 m，8 只，杨晓东；维西，2006 年 8 月 28 日，2000-2500 m，8 只，李爱民；维西，2006 年 8 月 28 日，2000-2500 m，10 只，左燕；兰坪，2006 年 9 月 2 日，2000-2500 m，1 只，左燕；泸定，2015 年 9 月 4 日，2000-2500 m，1 只，左燕；宝兴，2016 年 5 月 11 日，500-1000 m，1 只，张乔勇；宝兴，2016 年 5 月 12 日，1500-2000 m，1 只，李爱民；金川，2016 年 8 月 11 日，2000-2500 m，1 只，邓合黎；贡山，2016 年 8 月 24 日，3000-3500 m，1 只，邓合黎；福贡，2016 年 8 月 27 日，2000-2500 m，2 只，邓合黎；泸水，2016 年 8 月 28 日，1500-2000 m，1 只，邓合黎；腾冲，2016 年 8 月 30 日，2000-2500 m，1 只，李爱民；瑞丽，2017 年 8 月 18 日，1000-1500 m，3 只，邓合黎；宝兴，2017 年 5 月 27 日，1500-2000 m，1 只，左燕；金川，2017 年 5 月 31 日，2500-3000 m，1 只，左燕；瑞丽，2017 年 8

月 17 日，1000-1500 m，3 只，左燕；耿马，2017 年 8 月 21 日，1000-1500 m，1 只，左燕；孟连，2017 年 8 月 29 日，1500-2000 m，3 只，左燕；瑞丽，2017 年 8 月 17 日，1000-1500 m，1 只，李勇；耿马，2017 年 8 月 21-23 日，1000-2500 m，5 只，李勇；沧源，2017 年 8 月 26 日，1000-1500 m，3 只，李勇；孟连，2017 年 8 月 29 日，1000-2000 m，4 只，李勇；澜沧，2017 年 8 月 31 日，500-1000 m，1 只，李勇；宝兴，2018 年 5 月 23 日和 6 月 4 日，500-1000 m，4 只，周树军；普洱，2018 年 6 月 24 日，1000-1500 m，3 只，左瑞；宁洱，2018 年 6 月 27、29 日，500-1500 m，6 只，左瑞；江城，2018 年 6 月 23 日，500-1000 m，4 只，邓合黎；普洱，2018 年 6 月 24 日，1000-1500 m，2 只，邓合黎；宁洱，2018 年 6 月 27-29 日，1000-2000 m，3 只，邓合黎；墨江，2018 年 6 月 30 日和 7 月 1 日，1000-2000 m，3 只，邓合黎；江城，2018 年 6 月 23 日，500-1000 m，2 只，左燕；普洱，2018 年 6 月 24 日，1500-2000 m，4 只，左燕；宁洱，2018 年 6 月 27 日，1000-1500 m，3 只，左燕；墨江，2018 年 6 月 30 日和 7 月 1 日，1000-2000 m，3 只，左燕；甘孜，2020 年 7 月 27 日，3500-4000 m，1 只，左瑞；文县，2020 年 8 月 10 日，1000-1500 m，1 只，邓合黎；青川，2020 年 8 月 13、19 日，1000-1500 m，4 只，邓合黎；茂县，2020 年 8 月 4 日，1500-2000 m，1 只，左瑞；九寨沟，2020 年 8 月 8 日，2000-2500 m，1 只，左瑞；文县，2020 年 8 月 10 日，1000-1500 m，2 只，左瑞；文县，2020 年 8 月 10 日，1000-1500 m，1 只，杨盛语；茂县，2020 年 8 月 4 日，1500-2000 m，1 只，左燕；文县，2020 年 8 月 10 日，1000-1500 m，3 只，左燕。

（2）分类特征：翅展 30-35 mm。前翅除顶角有 1 个双瞳大眼斑外，cu_1 室绝无眼斑；后翅腹面有 6 个眼斑。

（3）分布。

水平：瑞丽、芒市、耿马、孟连、勐海、景洪、勐腊、墨江、江城、澜沧、沧源、宁洱、普洱、腾冲、兰坪、维西、泸水、福贡、贡山、康定、泸定、天全、芦山、宝兴、甘孜、金川、理县、茂县、青川、九寨沟、文县。

垂直：500-4000 m。

生境：常绿阔叶林、针阔混交林、农田山林、林灌、针阔混交林林灌、阔叶林缘农田竹林、河谷树林灌丛、农田林灌、灌丛、河谷灌丛、溪流山坡灌丛、溪流农田灌丛、灌草丛、草地、山坡草地、针阔混交林草地、林灌草地、河滩草地、农田灌丛草地、树林农田、林灌农田。

（4）出现时间（月份）：3、5、6、7、8、9。

（5）种群数量：优势种。

（6）标本照片：彩色图版 VIII-7。

（7）注记：http://ftp.funet.fi/pub/sci/bio/life/insecta/lepidoptera/网站认为普氏矍眼蝶 *Ypthima prattii* Elwes et Edwards, 1893 是此种的同物异名，但经标本比对，这样的处置是不妥的。对斑纹色彩观察，*Ypthima prattii* Elwes et Edwards, 1893 应该是独立的种。http://ftp.funet.fi/pub/sci/bio/life/insecta/lepidoptera/网站记载分布于中国；Himalayas，India，Burma，Thailand，Kurile，Ussuri，Korea，Japan。

133. 卓犗眼蝶 *Ypthima zodia* Butler, 1871

Ypthima zodia Butler, 1871; Transactions of the Entomological Society of London 1871(3): 402.

Ypthima albescens Poujade, 1885; Bulletin Society of Entomology France (6)5: xli.

Ypthima zodia septentrionalis Forster, [1948]; Mitteilungen der Münchner Entomologischen Gesellschaft (2): 474, pls. 30-31, fig. 4; Type locality: 岷山.

Ypthima melli Forster, [1948]; Mitteilungen der Münchner Entomologischen Gesellschaft 3(2): 475, pls. 30-31, figs. 10-11; Type locality: 丽江.

Ypthima (Thymipa) melli Shima, 1988; Special Bulletin of the Lepidopterological Society of Japan (6): 80.

（1）查看标本：宝兴，2005 年 7 月 10 日，1000-1500 m，1 只，李爱民；勐海，2006 年 3 月 14、22 日，500-1500 m，2 只，邓合黎；勐海，2006 年 3 月 14 日，1000-1500 m，6 只，吴立伟；勐海，2006 年 3 月 14、21-22 日，500-2000 m，9 只，杨晓东；勐腊，2006 年 3 月 17-18 日，500-1000 m，7 只，左燕；勐腊，2006 年 3 月 17 日，500-1000 m，3 只，李爱民；景洪，2006 年 3 月 21 日，500-1000 m，4 只，左燕；景洪，2006 年 3 月 21 日，500-1000 m，3 只，吴立伟；景洪，2006 年 3 月 21 日，500-1000 m，3 只，李爱民；景洪，2006 年 3 月 21 日，500-1000 m，5 只，杨晓东；勐海，2006 年 3 月 21-22 日，500-1500 m，4 只，左燕；勐海，2006 年 3 月 22 日，500-1000 m，2 只，李爱民；芒市，2006 年 3 月 26-28 日，1000-2000 m，4 只，邓合黎；芒市，2006 年 3 月 27-28 日，1000-1500 m，2 只，左燕；芒市，2006 年 3 月 27-28 日，1000-2000 m，5 只，吴立伟；芒市，2006 年 3 月 27-28 日和 4 月 1 日，500-2000 m，8 只，李爱民；芒市，2006 年 3 月 27-28 日，500-2000 m，5 只，杨晓东；瑞丽，2006 年 3 月 30-31 日，500-1500 m，2 只，左燕；瑞丽，2006 年 3 月 30-31 日，1000-1500 m，3 只，吴立伟；瑞丽，2006 年 3 月 30-31 日，500-1500 m，3 只，李爱民；瑞丽，2006 年 3 月 30-31 日，1000-1500 m，4 只，杨晓东；芦山，2006 年 6 月 16 日，500-1000 m，1 只，李爱民；石棉，2006 年 6 月 21 日，1000-1500 m，1 只，邓合黎；石棉，2006 年 6 月 21 日，1000-1500 m，1 只，李爱民；德钦，2006 年 8 月 11 日，2500-3000 m，1 只，李爱民；维西，2006 年 8 月 26 日，2000-2500 m，2 只，李爱民；荥经，2007 年 8 月 10 日，1000-1500 m，2 只，李爱民；宝兴，2016 年 5 月 10 日，1500-2000 m，1 只，张乔勇；贡山，2016 年 8 月 25 日，2000-2500 m，1 只，邓合黎；腾冲，2016 年 8 月 30 日，2000-2500 m，2 只，邓合黎；腾冲，2016 年 8 月 30 日，2000-2500 m，1 只，左燕；金川，2017 年 5 月 29 日，2500-3000 m，1 只，邓合黎；金川，2017 年 5 月 29 日，2500-3000 m，2 只，左燕；孟连，2017 年 8 月 29 日，1000-1500 m，1 只，邓合黎；宝兴，2018 年 6 月 4 日，1500-2000 m，1 只，左瑞；南涧，2018 年 6 月 18 日，1000-1500 m，1 只，左燕；茂县，2020 年 8 月 4 日，1500-2000 m，1 只，左燕；青川，2020 年 8 月 19 日，1000-1500 m，2 只，左瑞。

（2）分类特征：翅腹面有波状细纹和 2 条暗色带；触角锤部不明显。后翅腹面有 5 个眼斑，最后 1 个有双瞳，第 1 与 2 个眼斑多退化。

（3）分布。

水平：瑞丽、芒市、孟连、勐海、景洪、勐腊、腾冲、维西、南涧、贡山、德钦、石棉、荥经、芦山、宝兴、金川、茂县、青川。

垂直：500-3000 m。

生境：常绿阔叶林、针阔混交林、阔叶林缘农田竹林、林灌、农田树林、灌丛、山坡灌丛、溪流灌丛、河滩灌丛、灌草丛、草地、林间草地、灌丛草地、灌丛农田。

（4）出现时间（月份）：3、4、5、6、7、8。

（5）种群数量：优势种。

（6）标本照片：彩色图版 VIII-8。

（7）注记：http://ftp.funet.fi/pub/sci/bio/life/insecta/lepidoptera/网站记载分布于中国海南。

134. 幽矍眼蝶 *Ypthima conjuncta* Leech, 1891

Ypthima conjuncta Leech, 1891; Entomologist 24(Suppl.): 66; Type locality: 打箭炉，穆坪，皇木城.

Ypthima conjuncta luxurians Forster, [1948]; Mitteilungen der Münchner Entomologischen Gesellschaft 34(2): 482, pls. 32-33, figs. 1-2; Type locality: 福建.

Ypthima conjuncta monticola Uemura *et al.*, 2000; Futao 34: 2-11; Type locality: 大理.

Ypthima conjuncta monticola Huang, 2003; Neue Entomologische Nachrichten 55: 100(note).

（1）查看标本：荥经，2006 年 7 月 5 日，2000-2500 m，1 只，左燕；荥经，2006 年 7 月 2 日，500-1000 m，1 只，邓合黎；荥经，2006 年 7 月 2 日，500-1000 m，2 只，李爱民；荥经，2006 年 7 月 2 日，500-1000 m，1 只，杨晓东；维西，2006 年 8 月 29 日，2000-2500 m，1 只，李爱民；天全，2007 年 8 月 3 日，1500-2000 m，2 只，杨晓东；瑞丽，2017 年 8 月 18 日，1000-1500 m，1 只，邓合黎；孟连，2017 年 8 月 29 日，1500-2000 m，1 只，李勇；茂县，2020 年 8 月 4 日，1500-2000 m，1 只，左燕；青川，2020 年 8 月 19 日，1000-1500 m，1 只，左燕。

（2）分类特征：翅外缘平直，深褐色，背腹面均有细纹和暗色缘带；眼斑两侧均有白色雾状纹。前翅顶角眼斑大，后翅眼斑小，后翅背面可见 5 个眼斑；腹面有 5 个眼斑，最后 1 个有双瞳，第 1 与 2 个眼斑黄框邻近，两者和后面 3 个眼斑一样大。

（3）分布。

水平：瑞丽、孟连、维西、荥经、天全、茂县、青川。

垂直：500-2500 m。

生境：常绿阔叶林、针阔混交林、针叶林、灌丛、河滩灌丛、山坡灌丛、灌草丛。

（4）出现时间（月份）：7、8。

（5）种群数量：常见种。

（6）标本照片：彩色图版 VIII-9。

（7）注记：http://ftp.funet.fi/pub/sci/bio/life/insecta/lepidoptera/网站记载分布于中国中部和西部及台湾。

135. 黎桑矍眼蝶 *Ypthima lisandra* (Cramer, [1780])

Papilio lisandra Cramer, [1780]; Uitland Kapellen 4(25-26a): 11, pl. 293, figs. G, H; Type locality: 中国南部.

Ypthima [sic] *micrommatus* Holland, 1887; Transactions of the American Entomological Society 14: 115, pl. 2, fig. 3.

（1）查看标本：石棉，2006 年 6 月 21 日，500-1000 m，1 只，杨晓东；宝兴，2018 年 6 月 4 日，1500-2000 m，1 只，左瑞；青川，2020 年 8 月 19 日，1000-1500 m，1 只，杨盛语。

（2）分类特征：翅黄褐色，边缘完整，近圆形。前翅顶角有 1 个双瞳大眼斑；后翅背面可见 2 个眼斑；腹面有 5 个眼斑，最后 1 个有双瞳，第 1、2 个和后面 3 个眼斑一样大。

（3）分布。

水平：石棉、宝兴、青川。

垂直：500-2000 m。

生境：常绿阔叶林、灌丛。

（4）出现时间（月份）：6、8。

（5）种群数量：少见种。

（6）标本照片：彩色图版 VIII-10。

（7）注记：http://ftp.funet.fi/pub/sci/bio/life/insecta/lepidoptera/网站记载分布于中国南部；India，Burma，Laos，Thailand，Vietnam。

136. 不孤矍眼蝶 *Ypthima insolita* Leech, 1891

Ypthima insolita Leech, 1891; Entomologist 24(Suppl.): 66; Type locality: 瓦斯沟.

Ypthima insolita Elwes *et* Edwards, 1893; Transactions of the Entomological Society of London 1893(1): 45, pl. 205, fig. 4.

Ypthima insolita Shima, 1988; Special Bulletin of the Lepidopterological Society of Japan (6): 80.

（1）查看标本：乡城，2013 年 8 月 17 日，3000-3500 m，1 只，左燕。

（2）分类特征：除前翅亚端有大眼斑外，前后翅背腹面 cu_2 室均有 1 个小眼斑。

（3）分布。

水平：乡城。

垂直：3000-3500 m。

生境：山坡灌丛。

（4）出现时间（月份）：8。

（5）种群数量：罕见种。

（6）注记：http://ftp.funet.fi/pub/sci/bio/life/insecta/lepidoptera/网站记载分布于中国西部。

137. 魔女矍眼蝶 *Ypthima medusa* Leech, [1892]

Ypthima medusa Leech, [1892]; Butterflies from China, Japan and Corea (1): 84, pl. 10, fig. 6; Type locality: 四川.

（1）查看标本：芦山，2006 年 6 月 16 日，1000-1500 m，1 只，邓合黎；荥经，2006 年 7 月 2 日，500-1000 m，1 只，邓合黎；维西，2006 年 8 月 29 日，2000-2500 m，1 只，邓合黎；维西，2006 年 8 月 27 日，1500-2000 m，1 只，李爱民；木里，2008 年 8 月 9 日，2000-2500 m，1 只，邓合黎；贡山，2016 年 8 月 25 日，2000-2500 m，1 只，李爱民；福贡，2016 年 8 月 27 日，1000-1500 m，1 只，左燕；青川，2020 年 8 月 19 日，1000-1500 m，1 只，杨盛语。

（2）分类特征：翅紫褐色，后翅背面有 5 个眼斑。后翅腹面亚缘有淡色区域，第 1、2 个眼斑相互接触、黄框愈合，并与后面 3 个眼斑一样大。

（3）分布。

水平：福贡、贡山、维西、木里、荥经、芦山、青川。

垂直：500-2500 m。

生境：常绿阔叶林、针阔混交林、河谷林灌、灌丛、山坡灌丛、山坡树林农田。

（4）出现时间（月份）：6、7、8。

（5）种群数量：少见种。

（6）标本照片：彩色图版 VIII-11。

（7）注记：http://ftp.funet.fi/pub/sci/bio/life/insecta/lepidoptera/网站记载分布于中国四川。

138. 连斑矍眼蝶 *Ypthima sakra* Moore, 1857

Ypthima [sic] *sakra* Moore, 1857; in Horsfield & Moore, Catholic Lepidoptral Insect Museum of East India Coy 1: 236.

Thymipa austeni Moore, 1893; Lepidoptera Indica 2(15): 69, pl. 109, figs. 3, 3a; Type locality: 高黎贡山.

Ypthima sakra leechi Forster, [1948]; Mitteilungen der Münchner Entomologischen Gesellschaft 34(2): 483, pls. 30-31, fig. 16; Type locality: 四川.

（1）查看标本：天全，2005 年 8 月 31 日，1000-1500 m，1 只，杨晓东；宝兴，2005 年 9 月 8 日，1000-1500 m，1 只，李爱民；芦山，2006 年 6 月 16 日，1000-1500 m，2 只，邓合黎；汉源，2006 年 6 月 24 日，1500-2000 m，1 只，左燕；汉源，2006 年 6 月 26 日，1500-2000 m，1 只，杨晓东；汉源，2006 年 6 月 27 日，2500-3000 m，1 只，邓合黎；香格里拉，2006 年 8 月 21 日，2500-3000 m，1 只，左燕；维西，2006 年 8 月 28 日，2500-3000 m，1 只，左燕；维西，2006 年 8 月 28 日，2500-3000 m，1 只，邓合黎；维西，2006 年 8 月 28 日，2500-3000 m，1 只，李爱民；维西，2006 年 8 月 28、31 日，2500-3000 m，2 只，杨晓东；盐源，2008 年 8 月 23 日，2500-3000 m，1 只，邓合黎；贡山，2016 年 8 月 25 日，2500-3000 m，1 只，邓合黎；贡山，2016 年 8 月 25 日，2500-3000 m，1 只，左燕；泸水，2016 年 8 月 28 日，2000-2500 m，1 只，邓合黎；泸水，2016 年 8 月 30 日，2000-2500 m，1 只，左燕；孟连，2017 年 8 月 29 日，1500-2000 m，1 只，左燕；宝兴，2018 年 6 月 1 日，1000-1500 m，1 只，左燕；普洱，2018 年 6 月 24 日，1000-1500 m，1 只，左燕；青川，2020 年 8 月 19 日，1000-1500 m，1 只，杨盛语。

（2）分类特征：翅背面褐色；后翅背面可见 2 个眼斑，腹面有 5 个眼斑，第 1 与 2 个眼斑黄框相互融合、连成"8"字形，黑环不融合，两者均比后面 3 个眼斑大，3 个小斑成直线，最后 1 个有双瞳。

（3）分布。

水平：孟连、普洱、泸水、维西、香格里拉、贡山、盐源、汉源、天全、芦山、宝兴、青川。

垂直：1000-3000 m。

生境：常绿阔叶林、针阔混交林、针叶林、灌丛、溪流灌丛、山坡灌丛、草地、林灌草地、山坡灌丛草地、山坡树林农田。

（4）出现时间（月份）：6、8、9。

（5）种群数量：常见种。

（6）标本照片：彩色图版 VIII-12。

（7）注记：http://ftp.funet.fi/pub/sci/bio/life/insecta/lepidoptera/网站记载分布于中国西藏、云南；Nepal，Bhutan。

139. 融斑矍眼蝶 *Ypthima nikaea* Moore, [1875]

Ypthima [sic] *nikaea* Moore, [1875]; Proceedings of Zoological Society of London 1874(4): 567; Type locality: NW. Ximalayas.

（1）查看标本：康定，2005 年 8 月 22 日，2500-3000 m，1 只，邓合黎；天全，2005 年 9 月 6 日，500-1000 m，5 只，邓合黎；天全，2005 年 9 月 6 日，500-1000 m，3 只，杨晓东；宝兴，2005 年 9 月 8 日，1000-1500 m，3 只，李爱民；芦山，2006 年 6 月 16 日，1500-2000 m，1 只，杨晓东；宝兴，2006 年 6 月 17 日，1000-1500 m，1 只，杨晓东；宝兴，2006 年 6 月 17 日，1000-1500 m，1 只，李爱民；汉源，2006 年 6 月 24 日，1500-2000 m，1 只，杨晓东；汉源，2006 年 6 月 24 日，1500-2000 m，1 只，邓合黎；维西，2006 年 8 月 29 日，2000-2500 m，1 只，邓合黎；维西，2006 年 8 月 28 日，2000-2500 m，1 只，左燕；泸定，2015 年 9 月 4 日，2000-2500 m，1 只，左燕；泸定，2015 年 9 月 4 日，1500-2000 m，2 只，张乔勇；贡山，2016 年 8 月 24-25 日，1000-2500 m，2 只，左燕；贡山，2016 年 8 月 24-25 日，1000-2000 m，3 只，邓合黎；贡山，2016 年 8 月 24-25 日，1500-2500 m，2 只，李爱民；福贡，2016 年 8 月 27 日，1500-2000 m，1 只，李爱民；福贡，2016 年 8 月 27 日，2000-2500 m，2 只，邓合黎；福贡，2016 年 8 月 27 日，2000-2500 m，2 只，左燕；腾冲，2016 年 8 月 30 日，2000-2500 m，2 只，左燕；腾冲，2016 年 8 月 30 日，2000-2500 m，1 只，邓合黎；宝兴，2018 年 6 月 1 日，1000-1500 m，1 只，左瑞；普洱，2018 年 6 月 24 日，1000-1500 m，1 只，左燕。

（2）分类特征：翅褐色，有暗色缘带，腹面色较浅，密布较均匀细纹。后翅腹面有 5 个眼斑，最后 1 个有双瞳，第 1 与 2 个眼斑黄框相互融合，黑环也融合、连成"8"字形，两者均比后面 3 个眼斑大。

（3）分布。

水平：普洱、腾冲、福贡、维西、贡山、康定、泸定、汉源、天全、芦山、宝兴。

垂直：500-3000 m。

生境：常绿阔叶林、针阔混交林、山坡树林、农田山林、山坡农田树林、沟谷林灌、山坡灌丛、河谷灌丛、林灌草地、灌丛草地、树林农田、山坡树林农田。

（4）出现时间（月份）：6、8、9。

（5）种群数量：常见种。

（6）标本照片：彩色图版 VIII-13。

（7）注记：http://ftp.funet.fi/pub/sci/bio/life/insecta/lepidoptera/网站记载分布于 W. Himalayas，Nepal。

140. 大波矍眼蝶 *Ypthima tappana* Matsumura, 1909

Ypthima tappana Matsumura, 1909; Entomologische Zeitschrift 23(19): 92; Type locality: 台湾.
Ypthima tappana continentalis Murayama, 1981; New Entomologist 30(2): 10-13; Type locality: 青神山.
Ypthima tappana continentalis Huang, 2003; Neue Entomologische Nachrichten 55: 100(note).

（1）查看标本：芦山，2006 年 6 月 16 日，1000-1500 m，1 只，李爱民；芦山，2006 年 6 月 16 日，1000-1500 m，1 只，汪柄红；德钦，2006 年 8 月 14 日，2000-2500 m，1 只，李爱民；香格里拉，2006 年 8 月 15 日，3000-3500 m，1 只，左燕；香格里拉，2006 年 8 月 15、17 日，2000-3500 m，3 只，邓合黎；得荣，2013 年 8 月 14、16 日，2500-3500 m，2 只，左燕；得荣，2013 年 8 月 14 日，2500-3000 m，4 只，李爱民；乡城，2013 年 8 月 17 日，3000-3500 m，2 只，李爱民；孟连，2017 年 8 月 29 日，1000-1500 m，1 只，邓合黎；宝兴，2018 年 6 月 4 日，1500-2000 m，1 只，左瑞；宝兴，2018 年 6 月 4 日，1500-2000 m，1 只，左燕；江城，2018 年 6 月 23 日，1000-1500 m，1 只，左燕；甘孜，2020 年 7 月 26 日，3500-4000 m，1 只，左燕。

（2）分类特征：翅深褐色。背面前翅顶角有 1 个大眼斑，后翅有 3 个眼斑：前 2 个相连，后 1 个近臀角、很小。腹面灰白色，密布褐色细纹；可见褐色中横带从前翅前缘延伸至后翅后缘；前翅顶角眼斑黄框宽阔而醒目，后翅亚缘有大小相近的 4 个眼斑，第 1 与 2 个一样大：顶角 1 个，近臀角 3 个且最后 1 个与前 2 个稍分开。

（3）分布。

水平：孟连、江城、香格里拉、德钦、得荣、乡城、芦山、宝兴、甘孜。

垂直：1000-4000 m。

生境：常绿阔叶林、针阔混交林、山坡灌丛、林下灌丛、溪流灌丛、半干旱灌丛、高寒草甸。

（4）出现时间（月份）：6、7、8。

（5）种群数量：常见种。

（6）标本照片：彩色图版 VIII-14。

（7）注记：Uemura 和 Monastyrskii（2004）将 *Ypthima selinuntioides* Mell, 1942 降为大波矍眼蝶亚种 *Ypthima tappana selinuntioides* Mell, 1942（*Zoological Record* 13D: Lepidoptera Vol. 140-3278）。http://ftp.funet.fi/pub/sci/bio/life/insecta/lepidoptera/网站记载分布于中国四川、云南、台湾。

141. 前雾矍眼蝶 *Ypthima praenubila* Leech, 1891

Ypthima praenubila Leech, 1891; Entomologist 24(Suppl.): 66; Type locality: 打箭炉, 穆坪.

（1）查看标本：天全，2005 年 8 月 29 日，1000-1500 m，1 只，邓合黎；汉源，2006 年 6 月 26 日，1500-2000 m，1 只，李爱民；荥经，2006 年 7 月 2、5 日，500-2000 m，2 只，李爱民；德钦，2006 年 8 月 14 日，2500-3000 m，1 只，邓合黎；泸定，2015 年 9 月 8 日，1500-2000 m，1 只，李爱民；泸定，2015 年 9 月 8 日，1500-2000 m，1 只，张乔勇。

（2）分类特征：翅展 55-60 mm。前翅顶角有 1 个双瞳眼斑，后翅顶角眼斑特别大；后翅腹面有 4 个眼斑，第 1 比 2 个大，第 2、3 个分开；第 2、3、4 个排成一直线。

（3）分布。

水平：德钦、汉源、荥经、泸定、天全。

垂直：500-3000 m。

生境：常绿阔叶林、针叶林、针阔混交林、沟谷林灌、河滩林灌、灌丛、溪流灌丛。

（4）出现时间（月份）：6、7、8、9。

（5）种群数量：少见种。

（6）标本照片：彩色图版 VIII-15。

（7）注记：http://ftp.funet.fi/pub/sci/bio/life/insecta/lepidoptera/网站记载分布于中国中部和西部及台湾。

142. 鹭矍眼蝶 *Ypthima ciris* Leech, 1891

Ypthima ciris Leech, 1891; Entomologist 24(Suppl.): 4; Type locality: 嘉定府, 打箭炉, 皇木城.
Ypthima clinioides Oberthür, 1891; Études d'Entomologie 15: 16; Type locality: 云南.
Ypthima ciris clinioides Huang, 2003; Neue Entomologische Nachrichten 55: 100(note).

（1）查看标本：汉源，2006 年 6 月 23 日，500-1000 m，1 只，左燕；汉源，2006 年 6 月 23 日，500-1000 m，3 只，邓合黎；汉源，2006 年 6 月 23 日，500-1000 m，2 只，李爱民；荥经，2006 年 7 月 5 日，2000-2500 m，1 只，邓合黎；木里，2008 年 8 月 9 日，2500-3000 m，1 只，邓合黎；金川，2014 年 8 月 8、10 日，2000-3000 m，3 只，李爱民；雅江，2015 年 8 月 14-15 日，2500-3000 m，2 只，张乔勇；泸定，2015 年 9 月 3 日，2000-2500 m，2 只，张乔勇；金川，2016 年 8 月 11 日，2500-3000 m，2 只，李爱民；景东，2018 年 6 月 19 日，1000-1500 m，1 只，左瑞；马尔康，2020 年 7 月 31 日，2000-2500 m，2 只，杨盛语；马尔康，2020 年 7 月 31 日，2000-2500 m，2 只，左燕；马尔康，2020 年 7 月 31 日，2000-2500 m，2 只，左瑞；马尔康，2020 年 7 月 31 日，2000-2500 m，2 只，邓合黎；文县，2020 年 8 月 1 日，1000-1500 m，1 只，邓合黎。

（2）分类特征：翅展 45-50 mm，棕褐色，有 1 条亚缘线。背面前翅双瞳眼斑极大，后翅有 2 个大小相近的眼斑，近臀角。腹面前翅大眼斑在 1 个 "U" 形棕褐色斑纹内；

后翅有 4 个眼斑，第 1 比 2 个大，第 2、3 个相互接触，第 4 个位于端部偏内、长圆形；基半部密布棕褐色和黄色细纹。

（3）分布。

水平：景东、木里、汉源、荥经、雅江、泸定、金川、马尔康、文县。

垂直：500-3000 m。

生境：常绿阔叶林、针阔混交林、河滩林灌、灌丛、山坡灌丛、溪谷山坡灌丛、河流农田灌丛、山坡农田灌丛、灌草丛、河谷山坡灌草丛、亚高山草丛、山坡树林草地。

（4）出现时间（月份）：6、7、8、9。

（5）种群数量：常见种。

（6）标本照片：彩色图版 VIII-16。

（7）注记：http://ftp.funet.fi/pub/sci/bio/life/insecta/lepidoptera/网站记载分布于中国西部。

143. 完璧矍眼蝶 *Ypthima perfecta* Leech, [1892]

Ypthima motschulskyi var. *perfecta* Leech, [1892]; Butterflies from China, Japan and Corea (1): 88, pl. 10, fig. 7.

Ypthima perfecta Elwes *et* Edwards, 1893; Transactions of the Entomological Society of London 1893(1): 19, pl. 2, fig. 37.

Ypthima (*Ypthima*) *perfecta* Shima, 1988; Special Bulletin of the Lepidopterological Society of Japan (6): 80.

Ypthima perfecta Huang, 2001; Neue Entomologische Nachrichten 51: 91(note).

（1）查看标本：宝兴，2005 年 7 月 4-5、10 日，1000-2500 m，2 只，邓合黎；宝兴，2005 年 7 月 12 日，1000-1500 m，1 只，左燕；宝兴，2005 年 7 月 12 日，1000-1500 m，1 只，李爱民；理县，2005 年 7 月 22 日，2000-2500 m，1 只，邓合黎；天全，2005 年 8 月 29 日，1000-1500 m，1 只，杨晓东；芒市，2006 年 3 月 26 日，1500-2000 m，1 只，左燕；汉源，2006 年 6 月 25 日，1000-2000 m，2 只，左燕；汉源，2006 年 6 月 25、29 日，1500-2000 m，3 只，邓合黎；汉源，2006 年 6 月 26-27、29 日，1500-2500 m，3 只，杨晓东；荥经，2006 年 7 月 5 日，2000-2500 m，2 只，左燕；荥经，2006 年 7 月 5 日，2000-2500 m，1 只，李爱民；荥经，2006 年 7 月 1、5 日，1500-2500 m，2 只，杨晓东；天全，2007 年 8 月 6 日，1000-2500 m，2 只，杨晓东；木里，2008 年 8 月 13 日，2500-3000 m，1 只，邓合黎；稻城，2013 年 8 月 22 日，2000-2500 m，1 只，李爱民；泸定，2015 年 9 月 3-4 日，1500-2500 m，21 只，张乔勇；泸定，2015 年 9 月 3-4 日，1500-2500 m，6 只，邓合黎；泸定，2015 年 9 月 3-4 日，2000-2500 m，4 只，左燕；泸定，2015 年 9 月 4 日，2000-3000 m，6 只，李爱民；金川，2016 年 8 月 11 日，2500-3000 m，1 只，李爱民；宝兴，2017 年 7 月 9 日，1500-2000 m，2 只，邓合黎；宝兴，2017 年 7 月 9 日，1500-2000 m，1 只，左燕；马尔康，2020 年 7 月 31 日，2000-2500 m，1 只，邓合黎；松潘，2020 年 8 月 5 日，2000-2500 m，1 只，左燕；九寨沟，2020 年 8 月 7 日，1500-2000 m，1 只，杨盛语；文县，2020 年 8 月 10 日，1000-1500 m，1 只，杨盛语；文县，2020 年 8 月 10 日，1000-1500 m，2 只，左瑞。

（2）分类特征：翅背面褐色，基部黑色，顶角眼斑雄性小、雌性大。腹面前翅眼斑下有"V"形淡色区，后翅有 3 个眼斑，其黄框特别宽而显著，第 1 比 2 个明显大；从顶角至后缘在第 1 与 2 个眼斑间有 1 条宽阔明显的白色横带。

（3）分布。

水平：芒市、稻城、木里、汉源、荥经、泸定、天全、宝兴、金川、理县、马尔康、松潘、九寨沟、文县。

垂直：1000-3000 m。

生境：常绿阔叶林、针阔混交林、溪流树林、阔叶林缘农田竹林、河滩林灌、沟谷林灌、灌丛、河滩灌丛、沟谷灌丛、溪流灌丛、亚高山灌丛、灌草丛、河谷山坡灌草丛、山坡灌草丛、河滩灌草丛、灌丛草地、山坡灌丛草地、阔叶林缘农田。

（4）出现时间（月份）：3、6、7、8、9。

（5）种群数量：常见种。

（6）标本照片：彩色图版 VIII-17。

（7）注记：http://ftp.funet.fi/pub/sci/bio/life/insecta/lepidoptera/网站记载分布于中国中部和西部及台湾。

144. 东亚矍眼蝶 *Ypthima motschulskyi* (Bremer *et* Grey, 1853)

Satyrus motschulskyi Bremer *et* Grey, 1853; Schmetterling North China: 8, pl. 2, fig. 2.

Ypthima obscura Elwes *et* Edwards, 1893; Transactions of the Lepidopterological Society of Japan 48(4): 191-198.

Ypthima akragas var. *takamukuana* Matsumura, 1919; Thousand instute of Japan Addition 3: 526, pl. 37, figs. 4, 4a; Type locality: 台湾.

Ypthima elongatum Matsumura, 1929; Transactions of the Lepidopterological Society of Japan 48(4): 191-198.

Ypthima amphithea Matsumura, 1969; Transactions of the Lepidopterological Society of Japan 48(4): 191-198.

（1）查看标本：宝兴，2005 年 7 月 10 日，1000-1500 m，1 只，邓合黎；宝兴，2005 年 7 月 12 日，500-1000 m，1 只，左燕；汉源，2006 年 6 月 25 日，1500-2000 m，1 只，邓合黎；汉源，2006 年 7 月 1 日，2000-2500 m，1 只，李爱民；荥经，2006 年 7 月 5 日，1000-2500 m，2 只，邓合黎；德钦，2006 年 8 月 14 日，2500-3000 m，1 只，邓合黎；德钦，2006 年 8 月 14 日，2500-3000 m，1 只，李爱民；香格里拉，2006 年 8 月 21 日，2500-3000 m，1 只，杨晓东；维西，2006 年 8 月 28、31 日，2500-3000 m，4 只，杨晓东；天全，2007 年 8 月 3 日，1500-2000 m，1 只，杨晓东；木里，2008 年 8 月 9 日，2500-3000 m，1 只，杨晓东；乡城，2013 年 8 月 17-18 日，2500-3000 m，5 只，李爱民；金川，2014 年 8 月 8-9 日，2500-3500 m，3 只，李爱民；金川，2014 年 8 月 9 日，2500-3000 m，4 只，邓合黎；金川，2014 年 8 月 9-11 日，2000-3500 m，5 只，左燕；泸定，2015 年 9 月 3 日，2000-2500 m，1 只，左燕；泸定，2015 年 9 月 4 日，2000-2500 m，1 只，张乔勇；泸定，2015 年 9 月 12 日，2000-2500 m，1 只，李爱民；马尔康，2020 年 7 月 31 日，2000-2500 m，1 只，邓合黎；马尔康，2020 年 7 月 31 日，2000-2500 m，2 只，左瑞；文县，2020 年 8 月 10 日，1000-1500 m，1 只，邓合黎；文

县，2020 年 8 月 10 日，2000-3500 m，1 只，左燕。

（2）分类特征：翅展约 45 mm。腹面前翅波状细纹不太均匀，形成深浅不同的区域；后翅有 3 个眼斑，其黄框不太宽且不特别显著，第 1 比 2 个明显大，无明显的白色横带。背面颜色较腹面深，眼斑似腹面，但不太清晰。

（3）分布。

水平：维西、香格里拉、德钦、乡城、木里、汉源、荥经、泸定、天全、宝兴、金川、马尔康、文县。

垂直：500-3500 m。

生境：常绿阔叶林、溪谷阔叶林、针阔混交林、山坡树林、阔叶林缘农田竹林、山坡林灌、山坡灌丛、河谷灌丛、溪流灌丛、灌草丛、河谷山坡灌草丛、亚高山灌草丛、树林草地、阔叶林缘农田。

（4）出现时间（月份）：6、7、8、9。

（5）种群数量：常见种。

（6）标本照片：彩色图版 VIII-18。

（7）注记：Dubatolov 和 Lvovsky（1997）认为 *Ypthima obscura* Elwes *et* Edwards, 1893、*Ypthima elongatum* Matsumura, 1929 是指名亚种 *Ypthima m. motschulskyi* (Bremer *et* Grey, 1853) 的同物异名，并将独立种 *Ypthima amphithea* Matsumura, 1969 降为 *Ypthima motschulskyi* (Bremer *et* Grey, 1853) 一亚种（*Zoological Record* 13D: Lepidoptera Vol. 134-0730）；同时，其将亚种 *Ypthima motschulskyi multistriata* Butler, 1883 升为独立的种 *Ypthima multistriata* Butler, 1883，并认为 *Ypthima motschulskyi* (Bremer *et* Grey, 1853) 的两个亚种 *Ypthima motschulskyi niphonica* Matsumura, 1969 和 *Ypthima motschulskyi tsushimana* Matsumura, 1969 均应该是 *Ypthima multistriata* Butler, 1883 的亚种（*Zoological Record* 13D: Lepidoptera Vol. 134-0730）。http://ftp.funet.fi/pub/sci/bio/life/insecta/lepidoptera/ 网站记载分布于中国东部；Amur，Korea，Japan。

145. 中华矍眼蝶 *Ypthima chinensis* Leech, [1892]

Ypthima newara var. *chinensis* Leech, [1892]; Butterfles from China, Japan and Corea (1): 88-89, pl. 10, fig. 5.

Ypthima chinensis Forster, [1948]; Mitteilungen der Münchner Entomologischen Gesellschaft 34(2): 477, 394.

Ypthima chinensis Huang *et* Wu, 2003; Neue Entomologische Nachrichten 55: 120(note).

（1）查看标本：天全，2005 年 8 月 29、31 日，1000-2000 m，2 只，邓合黎；天全，2005 年 8 月 31 日，1500-2000 m，1 只，杨晓东；汉源，2006 年 6 月 25 日，1000-2500 m，2 只，杨晓东；荥经，2006 年 7 月 5 日，2000-2500 m，1 只，李爱民；玉龙，2006 年 8 月 23 日，1500-2500 m，2 只，邓合黎；维西，2006 年 8 月 26、29 日，2000-2500 m，3 只，李爱民；维西，2006 年 8 月 27、29 日，1500-2500 m，4 只，左燕；维西，2006 年 8 月 29、31 日，1500-3000 m，3 只，邓合黎；维西，2006 年 8 月 29 日，1000-2500 m，4 只，杨晓东；泸定，2015 年 9 月 8、15 日，2000-2500 m，2 只，张乔勇；金川，2016

年 8 月 11 日，1000-1500 m，1 只，李爱民；贡山，2016 年 8 月 24-25 日，1500-2500 m，4 只，李爱民；贡山，2016 年 8 月 24-25 日，1500-2500 m，4 只，左燕；贡山，2016 年 8 月 24-25 日，1500-3000 m，7 只，邓合黎；福贡，2016 年 8 月 27 日，1500-2000 m，1 只，邓合黎；福贡，2016 年 8 月 27 日，1000-2000 m，5 只，李爱民；腾冲，2016 年 8 月 30 日，1500-2500 m，3 只，李爱民；南涧，2018 年 6 月 17 日，1500-2000 m，1 只，邓合黎；景东，2018 年 6 月 19 日，1000-2000 m，2 只，左燕；普洱，2018 年 6 月 24 日，1500-2000 m，1 只，邓合黎；马尔康，2020 年 7 月 31 日，2000-2500 m，1 只，邓合黎；茂县，2020 年 8 月 3 日，1500-2000 m，1 只，左瑞；文县，2020 年 8 月 10、19 日，1000-1500 m，2 只，杨盛语；文县，2020 年 8 月 10 日，1000-1500 m，1 只，邓合黎；青川，2020 年 8 月 19 日，1000-1500 m，1 只，杨盛语。

（2）分类特征：腹面前翅波状细纹均匀，未形成深色区域；后翅有 3 个眼斑，其黄框宽而特别显著，第 1 比 2 个明显大，无白色横带。背面颜色较腹面深，眼斑似腹面，但不太清晰。

（3）分布。

水平：腾冲、景东、普洱、福贡、维西、玉龙、南涧、贡山、汉源、荥经、泸定、天全、金川、马尔康、茂县、青川、文县。

垂直：1000-3000 m。

生境：常绿阔叶林、针阔混交林、山坡树林、居民点树林、山坡农田树林、农田树林灌丛、河滩林灌、灌丛、溪流灌丛、山坡灌丛、河滩灌丛、灌草丛、河谷山坡灌草丛、亚高山灌草丛、林灌草地、农田灌丛草地、灌丛农田。

（4）出现时间（月份）：6、7、8、9。

（5）种群数量：常见种。

（6）标本照片：彩色图版 VIII-19。

（7）注记：http://ftp.funet.fi/pub/sci/bio/life/insecta/lepidoptera/网站记载分布于中国中部。

146. 小矍眼蝶 *Ypthima nareda* (Kollar, [1844])

Satyrus nareda Kollar, [1844]; in Hügel, Kaschmir und das Reich der Siek 4: 451.
Ypthima nareda Elwes *et* Edwards, 1893; Transactions of the Entomological Society of London 1893(1): 20, pl. 1, fig. 2.

（1）查看标本：维西，2006 年 8 月 27、29 日，1500-2500 m，4 只，邓合黎；维西，2006 年 8 月 29 日，2000-2500 m，1 只，左燕；兰坪，2006 年 9 月 3 日，1000-1500 m，1 只，左燕；兰坪，2006 年 9 月 4 日，1000-1500 m，1 只，邓合黎；乡城，2013 年 8 月 17 日，2500-3000 m，1 只，张乔勇；乡城，2013 年 8 月 18 日，2500-3000 m，1 只，邓合黎；腾冲，2016 年 8 月 30 日，2000-2500 m，1 只，邓合黎；宝兴，2018 年 6 月 4 日，1500-2000 m，1 只，左瑞；普洱，2018 年 6 月 24 日，1500-2000 m，2 只，左燕；墨江，2018 年 6 月 30 日，1500-2000 m，1 只，左燕；九寨沟，2020 年 8 月 7 日，1500-2000 m，1 只，杨盛语；文县，2020 年 8 月 10 日，2000-2500 m，1 只，杨盛语。

（2）分类特征：翅展约 35 mm。翅黄褐色，眼斑黄框不太宽且不特别显著。背面前翅顶角和后翅臀角各 1 个眼斑。后翅背面顶角眼斑似背面；腹面有 3 个眼斑：1 个在顶角，2 个在臀角，第 1 比 2、3 个明显大。

（3）分布。

水平：墨江、普洱、腾冲、兰坪、维西、乡城、宝兴、九寨沟、文县。

垂直：1000-3000 m。

生境：常绿阔叶林、针阔混交林、灌丛、山坡灌丛、溪流灌丛、河滩灌丛、山坡灌草丛、混交林草地、林灌草地、灌丛草地。

（4）出现时间（月份）：6、8、9。

（5）种群数量：常见种。

（6）标本照片：彩色图版 IX-1。

（7）注记：http://ftp.funet.fi/pub/sci/bio/life/insecta/lepidoptera/网站记载分布于 Pakistan，Nepal，Bhutan，India。

147. 拟四眼矍眼蝶 *Ypthima imitans* Elwes *et* Edwards, 1893

Ypthima imitans Elwes *et* Edwards, 1893; Transactions of the Entomological Society of London 1893(1): 17, pl. 3, fig. 53; Type locality: 海南.

Ypthima imitans Huang, 2001; Neue Entomologische Nachrichten 51: 91(note).

（1）查看标本：兰坪，2006 年 9 月 3-4 日，1000-2000 m，2 只，李爱民；金川，2017 年 5 月 29 日，2500-3000 m，1 只，左燕。

（2）分类特征：小型种类。翅深褐色，前翅顶角 1 个眼斑位于 1 个倒三角形灰白色区域内，背腹面近似。后翅背面有 2 个眼斑，白带不显；腹面第 1 和 2 个眼斑大小相近，臀角有 2 个前大后小的眼斑。

（3）分布。

水平：兰坪、金川。

垂直：1000-3000 m。

生境：林间小道、溪流灌丛。

（4）出现时间（月份）：5、9。

（5）种群数量：少见种。

（6）标本照片：彩色图版 IX-2。

（7）注记：http://ftp.funet.fi/pub/sci/bio/life/insecta/lepidoptera/网站记载分布于中国海南。

148. 虹矍眼蝶 *Ypthima iris* Leech, 1891

Ypthima iris Leech, 1891; Entomologist 24(Suppl.): 57; Type locality: 嘉定府, 打箭炉, 皇木城.

Ypthima iris microiris Uémura *et* Koiwaya, 2000; Futao 34: 2-11; Type locality: 安多地区.

Ypthima iris paradromon Uémura *et* Koiwaya, 2000; Futao 34: 2-11; Type locality: 大理.

Ypthima iris naqialoa Huang, 2003; Neue Entomologische Nachrichten 55: 53, pl. 7, fig. 4; Type locality: 贡山.

（1）查看标本：兰坪，2006 年 9 月 3 日，1500-2000 m，1 只，李爱民；金川，2017 年 5 月 29 日，2500-3000 m，1 只，李爱民；金川，2017 年 5 月 29 日，2500-3000 m，1 只，邓合黎；金川，2017 年 5 月 29 日，2500-3000 m，1 只，左燕；宾川，2018 年 6 月 16 日，2000-2500 m，4 只，左燕；宾川，2018 年 6 月 16 日，2000-2500 m，4 只，邓合黎；宾川，2018 年 6 月 16 日，2000-2500 m，5 只，左瑞；祥云，2018 年 6 月 16 日，2000-2500 m，1 只，邓合黎；祥云，2018 年 6 月 17 日，1500-2000 m，4 只，左瑞；祥云，2018 年 6 月 16-17 日，1500-2500 m，3 只，左燕；南涧，2018 年 6 月 18 日，1500-2000 m，1 只，左燕；南涧，2018 年 6 月 17-18 日，1500-2000 m，2 只，左瑞。

（2）分类特征：翅背面深褐色，前翅近顶角有 1 个双瞳眼斑，后翅臀角有 1 个眼斑。腹面有褐色密纹；前翅顶角眼斑近似背面，后翅臀角有 2 个小眼斑、2 条波状横带及亚外缘色深。

（3）分布。

水平：兰坪、南涧、祥云、宾川、金川。

垂直：1500-3000 m。

生境：常绿阔叶林、针阔混交林、河滩灌丛树林、林灌、溪流灌丛、灌草丛、林间草地。

（4）出现时间（月份）：5、6、9。

（5）种群数量：常见种。

（6）标本照片：彩色图版 IX-3。

（7）注记：http://ftp.funet.fi/pub/sci/bio/life/insecta/lepidoptera/网站记载分布于中国西藏、四川、云南。

149. 普氏矍眼蝶 *Ypthima prattii* Elwes *et* Edwards, 1893

Ypthima prattii Elwes *et* Edwards, 1893; Transactions of the Entomological Society of London 1893(1): 35, pl. 3, fig. 55; Type locality: 宜昌.

（1）查看标本：芦山，2006 年 6 月 16 日，1500-2000 m，1 只，邓合黎；芦山，2006 年 6 月 16 日，1500-2000 m，1 只，杨晓东；芦山，2006 年 6 月 16 日，1000-1500 m，1 只，汪柄红；宝兴，2018 年 6 月 4 日，1500-2000 m，1 只，左燕；青川，2020 年 8 月 13 日，1000-1500 m，1 只，左瑞。

（2）分类特征：翅深褐色，背面前翅顶角和后翅臀角各有 1 个较大眼斑，腹面后翅有 4 个眼斑，顶角和臀角各 2 个，这 2 组的 2 个眼斑均各自紧挨着。

（3）分布。

水平：芦山、宝兴、青川。

垂直：1000-2000 m。

生境：常绿阔叶林、灌丛。

（4）出现时间（月份）：6、8。

（5）种群数量：少见种。

（6）标本照片：彩色图版 IX-4。

（7）注记：周尧（1998）未记载此种。http://ftp.funet.fi/pub/sci/bio/life/insecta/lepidoptera/网站将 *Ypthima prattii* Elwes *et* Edwards, 1893 作为 *Ypthima baldus* (Fabricius, 1775)的同物异名，但是前者后翅腹面有 6 个眼斑，后者只有 4 个眼斑，而眼斑数量是 *Ypthima* 属外部形态分类的主要依据。http://ftp.funet.fi/pub/sci/bio/life/insecta/lepidoptera/网站记载分布于中国西部。

150. 密纹矍眼蝶 *Ypthima multistriata* Butler, 1883

Ypthima multistriata Butler, 1883; Annual Magazine of Natural History (5)12(67): 50; Type locality: 宜昌.

Ypthima arcuata Matsumura, 1919; Thousand Instute of Japan Addition 3: 699, pl. 53, fig. 17; Type locality: 台湾.

Ypthima multistriata ganus Fruhstorfer, 1911; in Seitz, Gross-Schmetterling Erde 9: 291; Type locality: 青岛.

Ypthima multistriata niphonica Matsumura, 1969; Transactions of the Lepidopterological Society of Japan 48(4): 191-198.

Ypthima multistriata tsushimana Matsumura, 1969; Transactions of the Lepidopterological Society of Japan 48(4): 191-198.

（1）查看标本：宝兴，2005 年 7 月 10 日，1000-1500 m，1 只，邓合黎；宝兴，2005年 7 月 12 日，500-1000 m，1 只，左燕；宝兴，2005 年 7 月 12 日，1000-1500 m，1 只，李爱民；香格里拉，2006 年 8 月 21 日，2500-3000 m，1 只，杨晓东；兰坪，2006 年 9月 3 日，1500-2000 m，1 只，杨晓东；荥经，2006 年 7 月 5 日，2000-2500 m，1 只，左燕；丹巴，2017 年 5 月 28 日，2000-2500 m，1 只，左燕；南涧，2018 年 6 月 18 日，1000-1500 m，1 只，左燕。

（2）分类特征：翅展 35-40 mm，黑褐色。后翅背面只有 1 个眼斑，有不明显的白带；翅腹面褐色，密布白色波纹，3 个眼斑位于白带内，第 1 和 2 个大小相近。

（3）分布。

水平：兰坪、南涧、香格里拉、荥经、丹巴、宝兴。

垂直：500-2500 m。

生境：常绿阔叶林、针阔混交林、阔叶林缘农田竹林、林灌、溪流灌丛、阔叶林缘农田。

（4）出现时间（月份）：5、6、7、8、9。

（5）种群数量：少见种。

（6）标本照片：彩色图版 IX-5。

（7）注记：Dubatolov 和 Lvovsky（1997）将亚种 *Ypthima motschulskyi multistriata* Butler, 1883 升为独立的种 *Ypthima multistriata* Butler, 1883，并认为 *Ypthima motschulskyi* (Bremer *et* Grey, 1853)的两个亚种 *Ypthima motschulskyi niphonica* Matsumura, 1969、*Ypthima motschulskyi tsushimana* Matsumura, 1969 均应该是 *Ypthima multistriata* Butler, 1883 亚种（*Zoological Record* 13D: Lepidoptera Vol. 134-0730）。http://ftp.funet.fi/pub/sci/bio/life/ insecta/lepidoptera/网站记载分布于中国北部和中部及台湾；Japan。

151. 重光矍眼蝶 *Ypthima dromon* Oberthür, 1891

Ypthima dromon Oberthür, 1891; Études d'Entomologie 15: 15, pl. 2, fig. 12; Type locality: 云南.
Ypthima dromon pseudoiris Uemura *et al.*, 2000; Futao 34: 2-11; Type locality: 打箭炉.

（1）查看标本：芒市，2006 年 3 月 27 日，1000-1500 m，1 只，左燕；芒市，2006 年 3 月 27 日，1000-2000 m，2 只，李爱民；芒市，2006 年 3 月 27 日，1000-2000 m，3 只，吴立伟；芒市，2006 年 4 月 1 日，1500-2000 m，1 只，杨晓东；南涧，2018 年 6 月 17 日，1500-2000 m，2 只，左燕。

（2）分类特征：翅背面褐色。前翅除顶角有 1 个双瞳眼斑（极倾斜，在其外围有 2 个圆圈，外圈褐色、内圈灰白色），cu_1 室绝无眼斑。后翅仅有 1 个极小眼斑，近臀角；从前缘至后缘的内横带略弯曲，外横带波状、中段向外突出，亚缘褐色。

（3）分布。

水平：芒市、南涧。

垂直：1000-2000 m。

生境：常绿阔叶林、河滩灌丛。

（4）出现时间（月份）：3、4、6。

（5）种群数量：少见种。

（6）标本照片：彩色图版 IX-6。

（7）注记：http://ftp.funet.fi/pub/sci/bio/life/insecta/lepidoptera/网站记载分布于中国云南。

152. 乱云矍眼蝶 *Ypthima megalomma* Butler, 1874

Ypthima megalomma Butler, 1874; Cistula Entomology 1(9): 236.
Ypthima megalomma Elwes *et* Edwards, 1893; Transactions of the Entomological Society of London 1893(1): 44.
Ypthima megalia de Nicéville, 1897; Journal of Asiatic Society of Bengal 66 Pt. II (3): 546, pl. 1, fig. 5.
Ypthima (Ypthima) megalomma Shima, 1988; Special Bulletin of the Lepidopterological Society of Japan (6): 80.

（1）查看标本：芒市，2006 年 3 月 27 日，1000-2000 m，2 只，李爱民。

（2）分类特征：翅黑褐色，前翅背腹面仅顶角有 1 个蓝色双瞳眼斑且倾斜。后翅背面仅臀角有 1 个小眼斑；腹面无眼斑，云斑不规则，从前缘至后缘的横带灰白色、略弯曲，外横带中段向外突出，亚缘褐色。

（3）分布。

水平：芒市。

垂直：1000-2000 m。

生境：常绿阔叶林、河滩灌丛。

（4）出现时间（月份）：3。

（5）种群数量：罕见种。

（6）标本照片：彩色图版 IX-7。

（7）注记：http://ftp.funet.fi/pub/sci/bio/life/insecta/lepidoptera/网站记载分布于中国山南地区。

（三十五）古眼蝶属 *Palaeonympha* Butler, 1871

Palaeonympha Butler, 1871; Transactions of the Entomological Society of London 1871(3): 401; Type species: *Palaeonympha opalina* Butler, 1871.

翅黄褐色，无红色斑纹。腹面有 2 条横线，中室闭式、短阔，复眼无毛。前翅仅顶角有 1 个双瞳眼斑，Sc 脉几乎与中室等长、基部膨大，Cu 脉基部加粗；R_1 脉从中室上脉近上端角处分出，R_2 脉、R_3 脉、R_4 脉、R_5 脉共柄，与 3 条 M 中脉彼此分离；端脉中段微凹入，上、下段直。后翅肩脉"┏"形，Sc + R_1 脉非常短，约为中室长度一半。

注记：周尧（1998，1999）将此属置于古眼蝶族 Palaeonymphini。http://ftp.funet.fi/pub/sci/bio/life/insecta/lepidoptera/ 网站则将此属置于眼蝶族 Satyrini 古眼蝶亚族 Euptychiina。

153. 古眼蝶 *Palaeonympha opalina* Butler, 1871

Palaeonympha opalina Butler, 1871; Proceedings of Royal Entomology Society London 1871: 401.
Palaeonympha opalina bailiensis Yoshino, 2001; Futao (38): 11, pl. 4, figs. 25, 27; Type locality: 梅里雪山.

（1）查看标本：天全，2006 年 4 月 15 日，1500-2000 m，1 只，杨晓东；汉源，2006 年 4 月 24 日，1500-2000 m，1 只，左燕；荥经，2006 年 7 月 4 日，1000-1500 m，1 只，邓合黎；宝兴，2018 年 6 月 4 日，1500-2000 m，1 只，周树军。

（2）分类特征：背腹面斑纹近似，翅脉色彩比翅面深。翅背面棕黄色，外缘和基半部色浓，两者间色浅，内外缘线各 1 条，亚外缘线 2 条，均波状；腹面黄赭色，2 条横带从前翅前缘延伸至后翅后缘，在后翅外横线中段向外弯曲。背腹面眼斑近似，前翅顶角有 1 个眼斑，双瞳；后翅亚缘有 6 个眼斑，顶端眼斑黑色、无瞳点，第 2、5 个大而明显，第 3、4 个显或者退化。

（3）分布。

水平：汉源、荥经、天全、宝兴。

垂直：1000-2000 m。

生境：常绿阔叶林、山坡灌丛。

（4）出现时间（月份）：4、6、7。

（5）种群数量：少见种。

（6）注记：http://ftp.funet.fi/pub/sci/bio/life/insecta/lepidoptera/网站记载分布于中国陕西、湖北、台湾、云南。

（三十六）艳眼蝶属 *Callerebia* Butler, 1867

Callerebia Butler, 1867; Annual Magazine of Natural History (3)20(117): 217; Type species: *Erebia scanda*
Kollar, [1844].

复眼无毛，中室闭式、长度超过前缘 1/2。前翅钝三角形，亚顶角区双瞳眼斑大、椭圆形、有橙框，腹面多黑褐色，顶角、臀角圆；Sc 脉基部膨大，R_1 脉和 R_2 脉从中室上脉近上端角处分出，R_3 脉、R_4 脉、R_5 脉共柄，着生上端角；R_4 脉与 R_5 脉伸达顶角；连在 M_3 脉上的端脉上段不显，中段凹入，下段直。后翅腹面密布细波纹，肩脉"т"形，$Sc + R_1$ 脉长度超过中室，为前缘一半，臀角突出。

注记：周尧（1998，1999）将此属置于古眼蝶族 Palaeonymphini。http://ftp.funet.fi/pub/sci/bio/life/insecta/lepidoptera/网站则将此属置于眼蝶族 Satyrini 眼蝶亚族 Satyrina。

154. 大艳眼蝶 *Callerebia suroia* Tytler, 1914

Callerebia suroia Tytler, 1914; Journal of the Bombay Natural History Society 23(2): 218; 23(3): pl. 1, fig. 2;
Type locality: Manipur, Assam.
Callerebia orixa atuntseana Goltz, 1939; Neue Entomologische Nachrichten 55: 57; Type locality: 德钦.
Callerebia suroia Huang, 2003; Neue Entomologische Nachrichten 55: 57, pl. 7(note), figs. 7-8, 16, 78-79.

（1）查看标本：宝兴，2005 年 7 月 12 日，1000-1500 m，5 只，左燕；宝兴，2005 年 7 月 12 日，1000-1500 m，1 只，邓合黎；宝兴，2005 年 7 月 12 日，1500-2000 m，2 只，杨晓东；汉源，2006 年 6 月 23 日，500-1000 m，1 只，杨晓东；香格里拉，2006 年 8 月 17 日，3000-3500 m，1 只，杨晓东；香格里拉，2006 年 8 月 22 日，1500-2000 m，1 只，邓合黎；玉龙，2006 年 8 月 23 日，1500-2000 m，1 只，邓合黎；玉龙，2006 年 8 月 23 日，1500-2000 m，1 只，左燕；维西，2006 年 8 月 26、29 日，2000-2500 m，3 只，左燕；维西，2006 年 8 月 29 日，2000-2500 m，2 只，邓合黎；兰坪，2006 年 9 月 3 日，1000-1500 m，1 只，左燕；木里，2008 年 8 月 9、13 日，2000-3000 m，3 只，邓合黎；雅江，2015 年 8 月 15 日，1500-2000 m，1 只，左燕；雅江，2015 年 8 月 15 日和 9 月 4 日，2000-3000 m，3 只，李爱民；泸定，2015 年 9 月 4 日，2000-2500 m，1 只，李爱民；雅江，2015 年 8 月 15 日和 9 月 4 日，2000-3000 m，1 只，张乔勇；泸定，2015 年 9 月 4 日，2000-2500 m，1 只，张乔勇；贡山，2016 年 8 月 25 日，2000-3000 m，3 只，邓合黎；泸水，2016 年 8 月 28 日，2000-2500 m，2 只，邓合黎；腾冲，2016 年 8 月 30 日，2000-2500 m，1 只，邓合黎；泸水，2016 年 8 月 28 日，2000-2500 m，1 只，左燕；腾冲，2016 年 8 月 30 日，1500-2500 m，2 只，李爱民；腾冲，2016 年 8 月 30 日，2000-2500 m，2 只，左燕；青川，2020 年 8 月 13 日，1000-1500 m，1 只，左燕。

（2）分类特征：前翅端区 1 个双瞳大眼斑椭圆形、有橙框，其下无小眼斑。后翅亚缘区淡色且狭窄，长条形。

（3）分布。

水平：腾冲、泸水、贡山、兰坪、维西、玉龙、香格里拉、木里、汉源、雅江、泸定、宝兴、青川。

垂直：500-3000 m。

生境：常绿阔叶林、针叶林、针阔混交林、山坡农田树林、河谷林灌、灌丛、河滩灌丛、山坡灌丛、山坡农田灌丛、河谷山坡灌草丛、农田灌丛草地、灌丛草地、山坡灌丛草地、阔叶林缘农田、灌丛农田。

（4）出现时间（月份）：6、7、8、9。

（5）种群数量：常见种。

（6）标本照片：彩色图版 IX-8。

（7）注记：Huang（2003）认为 *Callerebia orixa atuntseana* Goltz, 1939 是大艳眼蝶指名亚种 *Callerebia s. suroia* Tytler, 1914 的同物异名（*Zoological Record* 13D: Vol. 140-1373）。http://ftp.funet.fi/pub/sci/bio/life/insecta/lepidoptera/网站记载分布于中国云南、四川；India，Burma，Vietnam。

155. 混同艳眼蝶 *Callerebia confusa* Watkins, 1925

Callerebia confusa Watkins, 1925; Annual Magazine of Natural History (9)16: 235; Type locality: 长阳.
Callerebia annada kuatunensis Mell, 1939; Deutschla of Entomological and Zoological Iris 52: 140; Type
    locality: 垮屯, 武夷山.

（1）查看标本：宝兴，2005 年 7 月 12 日，1000-1500 m，2 只，左燕；宝兴，2005 年 7 月 12 日，1500-2000 m，1 只，杨晓东；兰坪，2006 年 9 月 3 日，1000-1500 m，1 只，左燕；泸定，2015 年 9 月 4 日，2000-2500 m，1 只，李爱民。

（2）分类特征：前翅端区 1 个双瞳大眼斑椭圆形、有橙框，其下无小眼斑。后翅亚缘区淡色且宽，不规则形。

（3）分布。

水平：兰坪、泸定、宝兴。

垂直：1000-2500 m。

生境：常绿阔叶林、阔叶林缘农田、山坡灌草丛、河谷山坡灌草丛。

（4）出现时间（月份）：7、9。

（5）种群数量：少见种。

（6）标本照片：彩色图版 IX-9。

（7）注记：周尧（1998）将此种作为一个独立的种。http://ftp.funet.fi/pub/sci/bio/life/insecta/lepidoptera/网站则将此种作为多斑艳眼蝶 *Callerebia polyphemus* (Oberthür, 1877) 的一个亚种，记载分布于中国西藏、四川、重庆、湖北、湖南、浙江、福建、贵州、广西。

156. 多斑艳眼蝶 *Callerebia polyphemus* (Oberthür, 1877)

Erebia polyphemus Oberthür, 1877; Études d'Entomologie 2: 33, pl. 2, fig. 2; Type locality: 穆坪.
Callerebia oberthueri Watkins, 1925; Annual Magazine of Natural History (9)16: 235; Type locality: 瓦山.
Callerebia confusa Watkins, 1925; Annual Magazine of Natural History (9)16: 235; Type locality: 长阳.
Callerebia confusa ricketti Watkins, 1925; Annual Magazine of Natural History (9)16: 236; Type locality: 云

岭，福建西北部.

Callerebia polyphemus f. *perocellata* Watkins, 1927; Type locality: 四川.

Callerebia polyphemus annadina Watkins, 1927; Annual Magazine of Natural History (9)20: 101; Type locality: 洛泽江，云南西北部.

Callerebia annada kuatunensis Mell, 1939; Deutschla of Entomological and Zoological Iris 52: 140; Type locality: 武夷山.

（1）查看标本：康定，2005 年 8 月 18-19、26 日，1500-3000 m，23 只，邓合黎；康定，2005 年 8 月 19、26-27 日，1500-2000 m，20 只，杨晓东；天全，2005 年 9 月 2 日，1500-2000 m，1 只，杨晓东；天全，2005 年 9 月 2 日，1500-2000 m，1 只，邓合黎；汉源，2006 年 6 月 24-27、29 日，1500-2500 m，9 只，邓合黎；汉源，2006 年 6 月 23-24、26-27 日，500-2000 m，7 只，左燕；汉源，2006 年 6 月 23-27、29 日，500-2000 m，10 只，杨晓东；汉源，2006 年 6 月 23-26、29 日，500-2000 m，10 只，李爱民；维西，2006 年 8 月 27 日，1500-2000 m，2 只，李爱民；维西，2006 年 8 月 27 日，1500-2000 m，4 只，杨晓东；维西，2006 年 8 月 27 日，1500-2000 m，1 只，邓合黎；维西，2006 年 8 月 27 日，1500-2000 m，2 只，左燕；兰坪，2006 年 9 月 2 日，2500-3000 m，1 只，杨晓东；天全，2007 年 8 月 5-6 日，1000-2500 m，7 只，杨晓东；金川，2014 年 8 月 8 日，2000-3000 m，7 只，李爱民；金川，2014 年 8 月 8、10-11 日，2000-3000 m，12 只，邓合黎；金川，2014 年 8 月 8、10-11 日，2000-3000 m，6 只，左燕；雅江，2015 年 8 月 15 日，2500-3000 m，1 只，左燕；雅江，2015 年 8 月 15 日，2500-3000 m，2 只，张乔勇；泸定，2015 年 9 月 2、4 日，1500-2500 m，6 只，邓合黎；泸定，2015 年 9 月 2、4 日，1500-2500 m，6 只，左燕；泸定，2015 年 9 月 2、4 日，1500-2500 m，16 只，张乔勇；泸定，2015 年 9 月 2、4 日，1500-2500 m，9 只，李爱民；金川，2016 年 8 月 11 日，2500-3000 m，1 只，李爱民；金川，2016 年 8 月 11 日，2000-2500 m，1 只，左燕；贡山，2016 年 8 月 24-25 日，1500-2500 m，5 只，李爱民；贡山，2016 年 8 月 25 日，2000-2500 m，2 只，左燕；贡山，2016 年 8 月 24 日，2000-2500 m，1 只，邓合黎；宾川，2018 年 6 月 16 日，2000-2500 m，1 只，邓合黎。

（2）分类特征：前翅端区 1 个双瞳大眼斑椭圆形、有橙框，其下有小眼斑。

（3）分布。

水平：兰坪、维西、贡山、宾川、汉源、雅江、康定、泸定、天全、金川。

垂直：500-3000 m。

生境：常绿阔叶林、针阔混交林、山坡树林、农田树林、沟谷林灌、河滩林灌、灌丛、山坡灌丛、河谷灌丛、溪流灌丛、河滩灌丛、农田灌丛、亚高山灌丛、河流农田灌丛、山坡农田灌丛、山坡灌草丛、河谷山坡灌草丛、树林农田、山坡树林农田、灌丛农田。

（4）出现时间（月份）：6、8、9。

（5）种群数量：优势种。

（6）标本照片：彩色图版 IX-10。

（7）注记：此种的种群间斑纹和眼斑随地域有较大变化，不同作者将此种的亚种升为独立的种。周尧（1998，1999）将 *Callerebia confusa* Watkins, 1925 作为独立的种。

Huang（2003）将 *Callerebia confusa* Watkins, 1925 降为多斑艳眼蝶的亚种 *Callerebia polyphemus confusa* Watkins, 1925，并将 *Callerebia confusa ricketti* Watkins, 1925 作为多斑艳眼蝶的亚种 *Callerebia polyphemus ricketti* Watkins, 1925（*Zoological Record* 13D: Lepidoptera Vol. 140-1373）。Bozano（1999）认为 *Callerebia kuatunensis* Mell, 1938 是 *Callerebia polyphemus ricketti* Watkins, 1925 的同物异名，并将大艳眼蝶 *Callerebia suroia* Tytler, 1914 降为多斑艳眼蝶的亚种 *Callerebia polyphemus suroia* Tytler, 1914（*Zoological Record* 13D: Lepidoptera Vol. 141-0307）。http://ftp.funet.fi/pub/sci/bio/life/insecta/lepidoptera/网站将 *Callerebia confusa* Watkins, 1925 作为多斑艳眼蝶的一个亚种，或者认作是其亚种 *Callerebia confusa ricketti*, Watkins 1925 的同物异名；记载分布于中国福建、浙江、湖南、湖北、重庆、四川、云南、西藏、贵州、广西。

（三十七）舜眼蝶属 *Loxerebia* Watkins, 1925

Loxerebia Watkins, 1925; Annual Magazine of Natural History (9)16: 237; Type species: *Callerebia pratorum* Oberthür, 1886.
Hemadara Moore, 1893; Lepidoptera Indica 2(16): 106; Type species: *Ypthima* [sic] *narasingha* Moore, 1857.

翅黑褐色，复眼无毛，中室闭式。前翅钝三角形，中室长度等于前缘 1/2，亚顶角区双瞳眼斑大、椭圆形，腹面红棕色，顶角、臀角圆；Sc 脉基部膨大，R_1 脉从中室上脉近上端角处分出，R_3 脉、R_4 脉、R_5 脉共柄，和 R_2 脉一起，着生上端角；R_4 脉与 R_5 脉伸达顶角；连在 M_3 脉上的端脉上段不显，中段和下段直。后翅卵形，腹面密布橙褐色雾状细纹，肩脉短，Sc + R_1 脉长度等于中室，不及前缘一半，后缘略凹入，致臀角突出。

注记：周尧（1998，1999）将此属置于古眼蝶族 Palaeonymphini。http://ftp.funet.fi/pub/sci/bio/life/insecta/lepidoptera/网站则将此属置于眼蝶族 Satyrini 眼蝶亚族 Satyrina。武春生和徐堉峰（2017）将舜眼蝶属 *Loxerebia* 分为舜眼蝶属 *Loxerebia* 和晴眼蝶属 *Hedamara*，其记载的晴眼蝶属 *Hemadara* 6 种中，在 http://ftp.funet.fi/pub/sci/bio/life/insecta/lepidoptera/网站有 5 种隶属于舜眼蝶属 *Loxerebia*，小晴眼蝶 *Hemadara minorata* Goltz, 1939 无记载。

157. 白瞳舜眼蝶 *Loxerebia saxicola* (Oberthür, 1876)

Erebia saxicola Oberthür, 1876; Études d'Entomologie 2: 32, pl. 4, fig. 1; Type locality: 中国北部。
Loxerebia saxicola Huang *et* Wu, 2003; Neue Entomologische Nachrichten 55: 124(note).

（1）查看标本：江达，2005 年 7 月 29 日，3000-3500 m，2 只，邓合黎；八宿，2005 年 8 月 4-5 日，3000-4000 m，3 只，邓合黎；八宿，2005 年 8 月 4 日，3500-4000 m，1 只，李爱民；康定，2005 年 8 月 22 日，2500-3000 m，1 只，邓合黎；芒康，2015 年 8 月 10 日，3000-3500 m，2 只，左燕；芒康，2015 年 8 月 10-11 日，3000-4000 m，2 只，李爱民；芒康，2005 年 8 月 11 日，3500-4000 m，2 只，张乔勇。

（2）分类特征：翅黑褐色。前翅顶角有 1 个较小的双瞳眼斑，其下无小眼斑。后翅布满雾状斑，无眼斑；腹面无淡色带。

（3）分布。

水平：芒康、八宿、江达、康定。

垂直：2500-4000 m。

生境：针阔混交林、高山灌丛、山坡灌丛、山坡溪流灌丛、河滩灌丛、高山农田灌丛、高山灌丛草地、高山灌丛草甸。

（4）出现时间（月份）：7、8。

（5）种群数量：常见种。

（6）标本照片：彩色图版 IX-11。

（7）注记：http://ftp.funet.fi/pub/sci/bio/life/insecta/lepidoptera/网站记载分布于中国内蒙古、甘肃、河北、北京；Mongolia。

158. 横波舜眼蝶 *Loxerebia delavayi* (Oberthür, 1891)

Callerebia delavayi Oberthür, 1891; Études d'Entomologie 15: 13, pl. 2, fig. 18; Type locality: 云南.

（1）查看标本：八宿，2005 年 8 月 5 日，3000-3500 m，1 只，杨晓东；康定，2005 年 8 月 23 日，3000-3500 m，1 只，杨晓东；荥经，2006 年 7 月 5 日，2000-2500 m，3 只，杨晓东；荥经，2006 年 7 月 5 日，2000-2500 m，2 只，李爱民；金川，2014 年 8 月 11 日，2500-3000 m，1 只，邓合黎；雅江，2015 年 8 月 14 日，2500-3000 m，1 只，张乔勇；泸定，2015 年 9 月 4 日，2000-2500 m，1 只，张乔勇。

（2）分类特征：翅红褐色。前翅顶角有 1 个双瞳大眼斑，其下无小眼斑。后翅有较直的淡色带，无眼斑。

（3）分布。

水平：荥经、雅江、康定、泸定、金川、八宿。

垂直：2000-3500 m。

生境：常绿阔叶林、针阔混交林、溪谷山坡灌丛、高山农田灌丛、河谷山坡灌草丛。

（4）出现时间（月份）：7、8、9。

（5）种群数量：少见种。

（6）注记：武春生和徐堉峰（2017）将此种置于晴眼蝶属 *Hemadara*。http://ftp.funet.fi/pub/sci/bio/life/insecta/lepidoptera/网站记载分布于中国云南。

159. 垂泪舜眼蝶 *Loxerebia ruricola* (Leech, 1890)

Erebia ruricola Leech, 1890; Entomologist 23: 187; Type locality: 打箭炉, 瓦山.

Loxerebia ruricola ornata (Goltz, 1939); Entomological Rundschau 56: 44; Type locality: 云南.

Loxerebia ruricola minorata (Goltz, 1939); Entomological Rundschau 56: 44; Type locality: 云南.

（1）查看标本：康定，2005 年 8 月 22 日，2500-3000 m，2 只，杨晓东；雅江，2015 年 8 月 14 日，2500-3000 m，1 只，李爱民；宝兴，2015 年 9 月 8 日，1500-2000 m，

1只，邓合黎。

（2）分类特征：前翅亚顶角背腹面均有双瞳眼斑，腹面双瞳眼斑下有2个小眼斑，其中1个连到双瞳眼斑。后翅背面无眼斑，腹面亚缘有1列与外缘平行的小白点。

（3）分布。

水平：雅江、康定、宝兴。

垂直：1500-3000 m。

生境：常绿阔叶林、山坡灌丛树林、河谷灌丛。

（4）出现时间（月份）：8、9。

（5）种群数量：少见种。

（6）标本照片：彩色图版 IX-12。

（7）注记：武春生和徐堉峰（2017）将此种置于晴眼蝶属 *Hemadara*。http://ftp.funet.fi/pub/sci/bio/life/insecta/lepidoptera/网站记载分布于中国四川、云南。

160. 草原舜眼蝶 *Loxerebia pratorum* (Oberthür, 1886)

Callerebia pratorum Oberthür, 1886; Études d'Entomologie 11: 25, pl. 4, fig. 26; Type locality: 西藏.

（1）查看标本：八宿，2005 年 8 月 5 日，3000-3500 m，2 只，邓合黎；康定，2005 年 8 月 22 日，2500-3000 m，3 只，邓合黎；汉源，2006 年 6 月 25 日，1000-1500 m，1 只，左燕；德钦，2006 年 8 月 9、14 日，2000-3000 m，2 只，左燕；德钦，2006 年 8 月 9、14 日，3000-3500 m，8 只，邓合黎；德钦，2006 年 8 月 9-10 日，3000-4000 m，8 只，李爱民；德钦，2006 年 8 月 9、14 日，2000-3500 m，8 只，杨晓东；香格里拉，2006 年 8 月 15、17、21 日，2000-3500 m，14 只，左燕；香格里拉，2006 年 8 月 15、17、21 日，1500-3500 m，18 只，邓合黎；香格里拉，2006 年 8 月 15、17、21 日，2000-3000 m，32 只，杨晓东；香格里拉，2006 年 8 月 17、21、22 日，2000-3000 m，21 只，李爱民；维西，2006 年 8 月 26、28 日，2000-3000 m，2 只，李爱民；维西，2006 年 8 月 28、31 日，2500-3000 m，8 只，杨晓东；维西，2006 年 8 月 28、31 日，2500-3000 m，2 只，邓合黎；维西，2006 年 8 月 31 日，2500-3000 m，1 只，左燕；兰坪，2006 年 9 月 2 日，2000-3000 m，3 只，左燕；兰坪，2006 年 9 月 2 日，2000-3000 m，5 只，邓合黎；兰坪，2006 年 9 月 2 日，2000-3000 m，6 只，杨晓东；兰坪，2006 年 9 月 2 日，2000-3000 m，2 只，李爱民；木里，2008 年 8 月 13、22 日，2500-3500 m，2 只，杨晓东；木里，2008 年 8 月 13、22 日，2500-3500 m，6 只，邓合黎；盐源，2008 年 8 月 23 日，2500-3000 m，1 只，邓合黎；得荣，2013 年 8 月 13 日，3500-4000 m，1 只，李爱民；得荣，2013 年 8 月 14 日，2500-3000 m，3 只，张乔勇；乡城，2013 年 8 月 18 日，2500-3000 m，2 只，李爱民；乡城，2013 年 8 月 16、18 日，2500-3000 m，2 只，张乔勇；乡城，2013 年 8 月 16、18 日，2500-3000 m，2 只，邓合黎；乡城，2013 年 8 月 18 日，2500-3000 m，1 只，左燕；稻城，2013 年 8 月 22 日，2500-3000 m，1 只，左燕；金川，2014 年 8 月 8 日，3000-3500 m，2 只，邓合黎；金川，2014 年 8 月 8 日，3000-3500 m，1 只，李爱民；芒康，2015 年 8 月 10 日，3000-3500 m，1 只，左燕；芒康，2015 年 8 月 10-11 日，

3000-4000 m，2 只，李爱民；芒康，2015 年 8 月 11 日，3500-4000 m，2 只，张乔勇；雅江，2015 年 8 月 14 日，2500-3000 m，1 只，李爱民；雅江，2015 年 8 月 15 日，2500-3000 m，1 只，张乔勇；雅江，2015 年 8 月 15 日，2500-3000 m，1 只，邓合黎；雅江，2015 年 8 月 16 日，2500-3000 m，1 只，左燕。

（2）分类特征：翅背面黑褐色，前翅顶角双瞳眼斑椭圆形、稍倾斜，周边有宽窄不等的橙黄色圈，此圈在腹面近三角形，比前翅腹面的橙黄色浅。后翅背面有 1 个小眼斑；中横带的内带直，外带弯曲近"S"形，其外侧为同样形状的浅黄白色条纹，亚缘有 1 列与外缘平行的小白点。

（3）分布。

水平：兰坪、维西、香格里拉、德钦、木里、盐源、得荣、乡城、稻城、汉源、芒康、康定、雅江、金川、八宿。

垂直：1000-4000 m。

生境：常绿阔叶林、针阔混交林、居民点树林、河谷林灌、灌丛、林下灌丛、山林灌丛、山坡灌丛、溪流灌丛、河滩灌丛、河谷灌丛、山坡溪流灌丛、半干旱灌丛、高山灌丛、高山农田灌丛、山坡灌丛草地，草地、山坡草地。

（4）出现时间（月份）：6、8、9。

（5）种群数量：优势种。

（6）标本照片：彩色图版 IX-13。

（7）注记：http://ftp.funet.fi/pub/sci/bio/life/insecta/lepidoptera/网站记载分布于中国西藏。

161. 黑舜眼蝶 *Loxerebia martyr* Watkins, 1927

Loxerebia martyr Watkins, 1927; Annual Magazine of Natural History (9)20: 101; Type locality: 四川.

（1）查看标本：八宿，2005 年 8 月 5 日，3000-3500 m，1 只，杨晓东；康定，2005 年 8 月 26 日，1 只，1500-2000 m，1 只，杨晓东；巴塘，2015 年 8 月 11 日，2500-3000 m，1 只，左燕；雅江，2015 年 8 月 14 日，2500-3000 m，2 只，李爱民。

（2）分类特征：前翅背腹面均只有 1 个双瞳眼斑；后翅背腹面均有 6 个眼斑，其中 m_1 室和 cu_1 室眼斑明显。

（3）分布。

水平：康定、雅江、八宿、巴塘。

垂直：1500-3500 m。

生境：常绿阔叶林、山坡灌丛树林、高山灌丛、河谷灌丛草地。

（4）出现时间（月份）：8。

（5）种群数量：少见种。

（6）标本照片：彩色图版 IX-14。

（7）注记：http://ftp.funet.fi/pub/sci/bio/life/insecta/lepidoptera/网站记载分布于中国四川。

162. 十目舜眼蝶 *Loxerebia carola* (Oberthür, 1893)

Callerebia carola Oberthür, 1893; Études d'Entomologie 18: 18, pl. 6, figs. 79, 79a; Type locality: 四川.

（1）查看标本：雅江 2015 年 8 月 14 日，2500-3000 m，2 只，左燕。

（2）分类特征：翅黑褐色。背面前翅端半部有 1 个大红斑，内有 3 个黑色眼斑，第 1 个大，有 2 个白瞳，其余 2 个小、单瞳；后翅近臀角有 2 个眼斑，围有红框。腹面前翅橘红色，眼斑明显；后翅灰白色，密布褐色密纹，有 1 条宽的淡色横带及 5 个小白点。

（3）分布。

水平：雅江。

垂直：2500-3000 m。

生境：河谷林灌。

（4）出现时间（月份）：8。

（5）种群数量：罕见种。

（6）标本照片：彩色图版 IX-15。

（7）注记：http://ftp.funet.fi/pub/sci/bio/life/insecta/lepidoptera/网站记载分布于中国四川。

163. 林区舜眼蝶 *Loxerebia sylvicola* (Oberthür, 1886)

Callerebia sylvicola Oberthür, 1886; Études d'Entomologie 11: 25, pl. 4, fig. 25; Type locality: 四川.

（1）查看标本：汉源，2006 年 6 月 23 日，500-1000 m，1 只，李爱民；德钦，2006 年 8 月 9、14 日，2000-2500 m，2 只，左燕；德钦，2006 年 8 月 14 日，2000-2500 m，5 只，邓合黎；德钦，2006 年 8 月 14 日，2000-2500 m，5 只，李爱民；德钦，2006 年 8 月 14 日，3000-3500 m，2 只，杨晓东；兰坪，2006 年 9 月 3 日，1500-2000 m，1 只，杨晓东；兰坪，2006 年 9 月 4 日，1000-1500 m，3 只，邓合黎；得荣，2013 年 8 月 13-14 日，2500-4500 m，4 只，左燕；得荣，2013 年 8 月 13-14 日，3000-4000 m，2 只，邓合黎；得荣，2013 年 8 月 13-14、16 日，2500-3500 m，12 只，张乔勇；得荣，2013 年 8 月 14、16、18 日，2500-3500 m，10 只，李爱民；乡城，2013 年 8 月 16-18 日，2500-4000 m，4 只，邓合黎；乡城，2013 年 8 月 17-18 日，3000-3500 m，4 只，左燕；乡城，2013 年 8 月 17 日，3000-3500 m，1 只，张乔勇；乡城，2013 年 8 月 18 日，3000-3500 m，1 只，李爱民；稻城，2013 年 8 月 21 日，2500-3000 m，1 只，李爱民；巴塘，2015 年 8 月 11 日，2500-3000 m，3 只，李爱民；雅江，2015 年 8 月 14 日，2500-3000 m，1 只，李爱民；巴塘，2015 年 8 月 11 日，2500-3000 m，1 只，张乔勇；雅江，2015 年 8 月 14 日，2500-3000 m，3 只，张乔勇；雅江，2015 年 8 月 15 日，2500-3000 m，1 只，左燕。

（2）分类特征：前翅背面只有 1 个双瞳大眼斑；后翅有 6 个眼斑，其中 m_1 室、m_2 室、m_3 室和 cu_1 室 4 个眼斑明显。

（3）分布。

水平：兰坪、德钦、得荣、乡城、稻城、汉源、巴塘、雅江。

垂直：500-4500 m。

生境：常绿阔叶林、针阔混交林、山坡灌丛树林、河谷林灌、灌丛、林下灌丛、山坡灌丛、河滩灌丛、河谷灌丛、溪流灌丛、半干旱灌丛、高山灌丛。

（4）出现时间（月份）：6、8、9。

（5）种群数量：常见种。

（6）标本照片：彩色图版 IX-16。

（7）注记：http://ftp.funet.fi/pub/sci/bio/life/insecta/lepidoptera/网站记载分布于中国四川。

164. 白点舜眼蝶 *Loxerebia albipuncta* (Leech, 1890)

Callerebia albipuncta Leech, 1890; Entomologist 23: 31; Type locality: 长阳.

Loxerebia albipuncta sato Yoshino, 1997; Neo Lepidoptera 2: 6, figs. 40-41, 63; Type locality: 周至.

（1）查看标本：松潘，2020 年 8 月 5 日，2000-2500 m，1 只，左瑞。

（2）分类特征：翅黑褐色，密布云斑状灰白色点纹。前翅顶角大眼斑橙黄色圈狭窄不显，后翅腹面亚缘有 1 列白点。

（3）分布。

水平：松潘。

垂直：2000-2500 m。

生境：灌草丛。

（4）出现时间（月份）：8。

（5）种群数量：罕见种。

（6）标本照片：彩色图版 IX-17。

（7）注记：周尧（1998，1999）未记载此种。http://ftp.funet.fi/pub/sci/bio/life/insecta/lepidoptera/网站记载分布于中国中部。

165. 巨晴舜眼蝶 *Loxerebia megalops* (Alphéraky, 1895)

Callerebia megalops Alphéraky, 1895; Deutschla of Entomological and Zoological Iris 8(1): 184; Type locality: 西藏东北部.

Loxerebia diminuta Goltz, 1938; Omnes Artes Milano 1999: 1-58.

（1）查看标本：八宿，2005 年 8 月 5 日，2000-2500 m，1 只，左燕；德钦，2006 年 8 月 14 日，2000-2500 m，1 只，左燕；巴塘，2015 年 8 月 17 日，2500-3000 m，1 只，张乔勇；巴塘，2015 年 8 月 18 日，2500-3000 m，1 只，李爱民；雅江，2015 年 8 月 18 日，2500-3000 m，1 只，张乔勇。

（2）分类特征：翅背面黑褐色，前翅顶角 1 个双瞳大眼斑斜置、椭圆形，其橙黄色外圈直达翅缘；后翅亚缘有 5 个具红圈的小眼斑，第 1 个小而不显。腹面前翅暗红色，周边后缘黑褐色，外缘外侧灰黑色、内侧黑褐色，前缘浅灰黑色，顶角眼斑与背面相似；后翅雾状斑灰白色，基半部色深，中区1条曲折灰白色条纹从前缘伸达后缘，亚外缘有5个小眼斑，第1个小而不显。

（3）分布。

水平：德钦、八宿、巴塘、雅江。

垂直：2000-3000 m。

生境：山坡灌丛树林、溪流灌丛、半干旱灌丛、高山农田灌丛。

（4）出现时间（月份）：8。

（5）种群数量：少见种。

（6）标本照片：彩色图版 IX-18。

（7）注记：Bozano（1999）认为 *Loxerebia diminuta* Goltz, 1938 是此种的同物异名（*Zoological Record* 13D: Vol. 141-0307）。周尧（1998，1999）未记载此种。http://ftp.funet.fi/pub/sci/bio/life/insecta/lepidoptera/网站未记载 *Loxerebia diminuta* Goltz, 1938 分布于中国西藏。

166. 丽舜眼蝶 *Loxerebia phyllis* (Leech, 1891)

Callerebia phyllis Leech, 1891; Entomologist 24(Suppl.): 57; Type locality: 河口.

（1）查看标本：芒康，2015年8月10日，3000-3500 m，1只，左燕；芒康，2015年8月10-11日，3000-4000 m，2只，李爱民；芒康，2015年8月11日，3500-4000 m，1只，张乔勇。

（2）分类特征：翅背面黑褐色，前翅顶角1个双瞳大眼斑斜置、椭圆形、环绕黄圈。翅背面褐色，无斑纹；腹面前翅棕褐色，基部、前缘、外缘和后缘均灰褐色；后翅雾状斑灰褐色，中区有2条近基部的波状曲折深赭色线，其外侧为宽度相近的淡色带，亚缘有1列细小白点。

（3）分布。

水平：芒康。

垂直：3000-4000 m。

生境：山坡灌丛、山坡溪流灌丛、高山灌丛草地。

（4）出现时间（月份）：8。

（5）种群数量：少见种。

（6）标本照片：彩色图版 X-1。

（7）注记：周尧（1998）未记载此种。武春生和徐堉峰（2017）将此种置于晴眼蝶属 *Hemadara*。http://ftp.funet.fi/pub/sci/bio/life/insecta/lepidoptera/网站记载分布于中国西藏。

167. 云南舜眼蝶 *Loxerebia yphthimoides* (Oberthür, 1891)

Erebia yphthimoides Oberthür, 1891; Études d'Entomologie 15: 14, pl. 2, fig. 16; Type locality: 云南南部.

（1）查看标本：八宿，2005 年 8 月 5 日，3000-3500 m，1 只，邓合黎。

（2）分类特征：背面翅黑褐色，除眼斑外无其他斑纹；前后翅亚外缘各有 6 个平行外缘的弧形排列的白瞳眼斑，前翅第 1、2、4 个明显，后翅第 3、5 个明显。腹面前翅棕色，被褐色的前缘、外缘和后缘区域围绕；顶角 1 个大的圆形眼斑双瞳，被淡黄褐色环绕；cu_2 室有 1 个单瞳小眼斑。后翅黑褐色，满布密集细小微粒；端半部比基半部色浅，两者分界线波状；眼斑 6 个，第 1、2 个是 1 个小黄色圆点，第 3、5 个是较大的单瞳眼斑，被淡黄褐色环绕，第 4、6 个是中心为一个小黑点的黄褐色斑。

（3）分布。

水平：八宿。

垂直：3000-3500 m。

生境：高山农田灌丛。

（4）出现时间（月份）：8。

（5）种群数量：罕见种。

（6）标本照片：彩色图版 X-2。

（7）注记：武春生和徐堉峰（2017）将此种置于晴眼蝶属 *Hemadara*。周尧（1998，1999）未记载此种。http://ftp.funet.fi/pub/sci/bio/life/insecta/lepidoptera/网站记载分布于中国西藏。

（三十八）眸眼蝶属 *Argestina* Riley, 1923

Argestina Riley, 1923; Transactions R. Entomological Society of London 1922(3-4): 469; Type species: *Callerebia waltoni* Elwes, 1906.

复眼无毛，中室闭式，翅背面红黑色。前翅亚顶角区双瞳眼斑小、圆形，具黄色外框，顶角、臀角圆；Sc 脉基部膨大，R_1 脉从中室上脉近上端角处分出，R_2 脉、R_3 脉、R_4 脉、R_5 脉共柄，着生上端角；R_4 脉与 R_5 脉伸达顶角；连在 M_3 脉上的端脉上段不显，中段凹入，下段直。后翅眼斑退化，后缘凹入，有雾状斑和 3 条波状线，肩脉 " ┏ " 形，$Sc + R_1$ 脉长度等于中室，超过前缘一半。

注记：周尧（1998，1999）将此属置于古眼蝶族 Palaeonymphini。http://ftp.funet.fi/pub/sci/bio/life/insecta/lepidoptera/网站则将此属置于眼蝶族 Satyrini 眼蝶亚族 Satyrina，且记载此属 7 种，其中 6 种分布于中国西藏、1 种分布于云南。

168. 明眸眼蝶 *Argestina waltoni* (Elwes, 1906)

Callerebia waltoni Elwes, 1906; Proceedings of Zoological Society of London 1906: 482, pl. 36, figs. 14-15; Type locality: 江孜.

Argestina waltoni pseudonitida Huang, 1998; Neue Entomologische Nachrichten 41: 265, pl. 1, figs. 1-2; Type locality: 措拉.

Argestina waltoni sangsangensis Huang, 1998; Neue Entomologische Nachrichten 41: 646; Type locality: 拉孜.

（1）查看标本：八宿，2005 年 8 月 4 日，3500-4000 m，1 只，邓合黎。

（2）分类特征：翅背面黑褐色，前翅顶角有 1 个黑斑，后翅无斑。腹面前翅砖红色，周边灰褐色，顶角双瞳眼斑近椭圆形，周边色彩淡，后翅雾状斑上有靠近翅基部的深色横带，亚外缘 1 列小白点与外缘平行。

（3）分布。

水平：八宿。

垂直：3500-4000 m。

生境：高山灌丛。

（4）出现时间（月份）：8。

（5）种群数量：罕见种。

（6）标本照片：彩色图版 X-3。

（7）注记：http://ftp.funet.fi/pub/sci/bio/life/insecta/lepidoptera/网站记载分布于中国西藏。

169. 红裙边明眸眼蝶 *Argestina inconstans* (South, 1913)

Callerebia inconstans South, 1913; Journal of the Bombay Natural History Society 22(2): 350; Type locality: 坡鹿，西藏.

（1）查看标本：八宿，2005 年 8 月 5 日，3000-3500 m，1 只，邓合黎；八宿，2005 年 8 月 4 日，3500-4000 m，1 只，李爱民。

（2）分类特征：翅背面黑褐色，端半部有无明显界限的红色区域；前翅顶角 1 个双瞳眼斑圆形。腹面前翅砖红色，周边灰褐色，后翅雾状斑上有位于后翅中部的深色弯曲横带，亚外缘 1 列小白点与外缘平行。

（3）分布。

水平：八宿。

垂直：3000-4000 m。

生境：高山灌丛、高山农田灌丛。

（4）出现时间（月份）：8。

（5）种群数量：罕见种。

（6）标本照片：彩色图版 X-4。

（7）注记：http://ftp.funet.fi/pub/sci/bio/life/insecta/lepidoptera/网站记载分布于中国西藏。

（三十九）珍眼蝶属 *Coenonympha* Hübner, [1819]

Coenonympha Hübner, [1819]; Verzeichniss Bekannter Schmettlinge 65; Type species: *Papilio geticus* Esper, 1794.

Chortobius Dunning *et* Pickard, 1858; Accent List of British Lepidoptera 5; Type species: *Papilio pamphilus* Linnaeus, 1758.

Chortobius Doubleday, 1859; Zoologist Synonymic List of British Butterfles and Moths (2nd ed.); Type species: *Papilio dorus* Esper, 1782.

Sicca Verity, 1953; Le Farfalle Diurnal d'Italia 5: 83; Type species: *Papilio dorus* Esper, 1782.

小型种类，复眼无毛，中室闭式。触角短，端部 1/3 略加粗。前翅 Sc 脉、Cu 脉和 2A 脉基部均膨大，R_1 脉从中室上脉近上端角处分出，R_2 脉、R_3 脉、R_4 脉、R_5 脉共柄，着生上端角，M_1 脉不和其同一处分出；中室长为前翅一半，端脉上段短、直，中段和下段向内交叉成锐角，M_2 脉从锐角尖分出，此尖还有一段短回脉。后翅无肩脉，Sc +R_1 脉比中室短，长不到后翅一半，中室略长过后翅 1/2。

注记：周尧（1998，1999）将此属置于珍眼蝶族 Coenonymphini。http://ftp.funet.fi/ pub/sci/bio/life/insecta/lepidoptera/ 网站则将此属置于眼蝶族 Satyrini 珍眼蝶亚族 Coenonymphina。

170. 牧女珍眼蝶 *Coenonympha amaryllis* (Stoll, [1782])

Papilio amaryllis Stoll, [1782]; in Cramer, Uitland Kapellen 4(32-32): 210, pl. 391, figs. A, B; Type locality: Siberia.

Coenonympha amaryllis rydeus Leech, 1892; Butterflies from China, Japan and Corea (1): 94-95.

Coenonympha amaryllis evanescns Alpheraky, 1889; in Romanoff, Omnes Artes Milano 2002: 42.

Chortobius amaryllis accrescens Korb, 2015; Eversmannia 43-44: 10.

Coenonympha xinjiangensis Chou *et* Huang, 1994; in Chou, Monographia Rhopalocerorum Sinensium I: 42, 403.

（1）查看标本：色达，2005 年 7 月 25 日，3500-4000 m，1 只，邓合黎；色达，2005 年 7 月 25 日，3500-4000 m，2 只，杨晓东；甘孜，2005 年 7 月 26 日，3000-3500 m，4 只，薛俊；甘孜，2005 年 7 月 26 日，3000-4000 m，12 只，李爱民；甘孜，2005 年 7 月 26 日，3000-4000 m，4 只，杨晓东；甘孜，2005 年 7 月 26 日，3000-4000 m，6 只，邓合黎；江达，2005 年 7 月 29 日，3000-3500 m，3 只，杨晓东；昌都，2005 年 7 月 31 日，3000-3500 m，1 只，邓合黎；康定，2005 年 8 月 18 日，2500-3000 m，1 只，邓合黎；巴塘，2015 年 8 月 12 日，3000-3500 m，1 只，李爱民；甘孜，2020 年 7 月 26-27 日，3500-4000 m，26 只，杨盛语；甘孜，2020 年 7 月 26-27 日，3500-4000 m，9 只，左燕；甘孜，2020 年 7 月 26-27 日，3500-4000 m，4 只，邓合黎；甘孜，2020 年 7 月 26-27 日，3500-4000 m，6 只，左瑞；松潘，2020 年 8 月 5 日，2000-2500 m，1 只，左瑞。

（2）分类特征：翅黄褐色，背腹面均有眼斑，腹面眼斑黑色、有白瞳。前翅腹面亚缘有橙黄色条纹，无白色横带。后翅腹面灰色，无白色星点和白色横带，6 个明显的眼斑排成圆弧形，内侧有白色条纹。

（3）分布。

水平：康定、巴塘、昌都、江达、甘孜、色达、松潘。

垂直：2500-4000 m。

生境：河谷林灌、灌丛、河滩灌丛、山坡灌丛、高山灌丛、高山河谷灌丛、灌草丛、河滩草地、高山灌丛草甸、高山草甸、高寒草甸。

（4）出现时间（月份）：7、8。

（5）种群数量：常见种。

（6）标本照片：彩色图版 X-5。

（7）注记：http://ftp.funet.fi/pub/sci/bio/life/insecta/lepidoptera/网站记载分布于中国；Ural，Altai，Siberia，Transbaikalia，Amur，Ussuri，Mongolia，Korea。

171. 新疆珍眼蝶 *Coenonympha xinjiangensis* Chou *et* Huang, 1994

Coenonympha xinjiangensis Chou et Huang, 1994; in Chou, Monographia Rhopalocerorum Sinensium I-II: 403, 759, figs. 32-33; Type locality: 箭蹚舆, 新疆.

（1）查看标本：色达，2005 年 7 月 25 日，3000-3500 m，2 只，李爱民；甘孜，2005 年 7 月 26 日，3000-4000 m，34 只，杨晓东；甘孜，2005 年 7 月 26 日，3000-3500 m，6 只，李爱民；甘孜，2005 年 7 月 26 日，3000-3500 m，6 只，邓合黎；江达，2005 年 7 月 29 日，3000-3500 m，3 只，邓合黎；江达，2005 年 7 月 29 日，3000-3500 m，9 只，杨晓东；昌都，2005 年 7 月 31 日，3000-3500 m，1 只，邓合黎；昌都，2005 年 7 月 31 日，3000-3500 m，3 只，杨晓东；八宿，2005 年 8 月 4 日，3500-4000 m，2 只，杨晓东；康定，2005 年 8 月 28 日，3000-3500 m，1 只，杨晓东；巴塘，2015 年 8 月 12 日，3000-3500 m，3 只，左燕；甘孜，2020 年 7 月 27 日，3500-4000 m，2 只，杨盛语；甘孜，2020 年 7 月 27 日，3500-4000 m，2 只，左燕；甘孜，2020 年 7 月 27 日，3500-4000 m，6 只，邓合黎；甘孜，2020 年 7 月 27 日，3500-4000 m，3 只，左瑞。

（2）分类特征：翅黄褐色，背腹面均有眼斑，腹面眼斑黑色、有白瞳。前翅腹面亚缘无橙黄色条纹和白色横带。后翅腹面黑色，无白色星点和白色横带，6 个明显的眼斑排成圆弧形，内侧有 1 个白色斑纹。

（3）分布。

水平：巴塘、康定、八宿、昌都、江达、甘孜、色达。

垂直：3000-4000 m。

生境：河谷林灌丛、河滩灌丛、高山灌丛、高山河谷灌丛、高山灌丛草甸、高山草甸、高寒草甸。

（4）出现时间（月份）：7、8。

（5）种群数量：常见种。

（6）标本照片：彩色图版 X-6。

（7）注记：http://ftp.funet.fi/pub/sci/bio/life/insecta/lepidoptera/网站记载分布于中国新疆。

172. 爱珍眼蝶 *Coenonympha oedippus* (Fabricius, 1787)

Papilio oedippus Fabricius, 1787; Mantissa Insectorum 2: 31; Type locality: Russia.

（1）查看标本：文县，2020 年 8 月 9-10 日，1000-1500 m，3 只，左燕；文县，2020

年 8 月 9 日，1000-1500 m，2 只，邓合黎；文县，2020 年 8 月 9-10 日，1000-1500 m，2 只，左瑞。

（2）分类特征：翅黄褐色。前后翅背腹面均有眼斑，腹面眼斑黑色、有白瞳。前翅腹面无白色横带。后翅腹面无白色星点和白色横带，6 个明显的眼斑中后 4 个排成直线，与前面 2 个成直角。

（3）分布。

水平：文县。

垂直：1000-1500 m。

生境：灌草丛。

（4）出现时间（月份）：8。

（5）种群数量：少见种。

（6）标本照片：彩色图版 X-7。

（7）注记：http://ftp.funet.fi/pub/sci/bio/life/insecta/lepidoptera/网站记载分布于中国；C. EU，Siberia，Korea，Japan。

173. 西门珍眼蝶 *Coenonympha semenovi* Alphéraky, 1887

Coenonympha semenovi Alphéraky, 1887; in Romanoff, Memoir of Lepidoptera 3: 405.

Coenonympha semenovi var. *obscura* Alphéraky, 1897; in Romanoff, Memoir of Lepidoptera 9: 111; Type locality: 打箭炉.

Coenonympha semenovi szechwana Bang-Haas, 1934; Entomologische Zeitschrift 48(14): 110; Type locality: 打箭炉，八字房，河口.

Coenonympha semenovi jiadengyuica Huang *et* Murayama, 1992; Tyôto Ga 43(1): 5, fig. 15; Type locality: Altai.

Coenonympha semenovi sala Kocman, 1995; Lambillionea 95: 67; Type locality: 茶卡，乌兰.

Coenonympha semenovi vera Kocman, 1996; Lambillionea 96: 41; Type locality: 祁连山东部.

Coenonympha semenovi goateri Lang, 2018; Atlanta 4(1-4): 116; Type locality: 理县

Coenonympha semenovi yufei Lang, 2018; Atlanta 4(1-4): 116; Type locality: 户县.

（1）查看标本：色达，2005 年 7 月 25 日，3500-4000 m，1 只，薛俊；理塘，2015 年 8 月 13 日，4000-4500 m，2 只，李爱民；理塘，2015 年 8 月 13 日，4000-4500 m，3 只，邓合黎。

（2）分类特征：翅脉黄褐色，无眼斑，斑纹白色，翅面黑褐色。背面前翅外缘有狭窄的黄褐色带，后翅有 2 排与外缘平行的白色小圆斑。腹面前翅近亚顶角有 1 个银白色斑，内有 1 条宽的锯齿状白色横纹；后翅腹面亚外缘有 6 个成列白斑，内侧有两大一小多角状的白斑。

（3）分布。

水平：色达、理塘。

垂直：3500-4500 m。

生境：高山灌丛、高山山坡灌丛、高寒草甸。

（4）出现时间（月份）：7、8。

（5）种群数量：少见种。

（6）标本照片：彩色图版 X-8。

（7）注记：http://ftp.funet.fi/pub/sci/bio/life/insecta/lepidoptera/网站记载分布于中国新疆、甘肃、青海、山西、西藏、四川。

（四十）阿芬眼蝶属 *Aphantopus* Wallengren, 1853

Aphantopus Wallengren, 1853; Skand. Dagfjär. 9: 30; Type species: *Papilio hyperantus* Linnaeus, 1758.
Aphantopus (*Maniolina*) Korb *et* Bolshakov, 2011; Eversmannia (Suppl.) 2: 48.

翅阔，外缘圆、微波状，顶角钝，臀角不突出；触角锤部不显，复眼无毛。前翅 Sc 脉基部和后翅中室下脉基部膨大；R_2 脉从中室上脉近上端角处分出，R_3 脉、R_4 脉、R_5 脉共柄，和 M_1 脉一起，着生上端角，前三者到达顶角。后翅无肩脉，中室和 $Sc + R_1$ 脉长度不及翅一半。

注记：周尧（1998，1999）将此属置于珍眼蝶族 Coenonymphini。http://ftp.funet.fi/pub/sci/bio/life/insecta/lepidoptera/网站则将此属置于眼蝶族 Satyrini 云眼蝶亚族 Maniolina。

174. 阿芬眼蝶 *Aphantopus hyperantus* (Linnaeus, 1758)

Papilio hyperantus Linnaeus, 1758; Systematic Nature (10th ed.) 1: 471; Type locality: Sweden.
Epinephele bieti Oberthür, 1884; Études d'Entomologie 9: 17, pl. 2, fig. 2; Type locality: 打箭炉.
Hyperantus luti Evans, 1915; Journal of the Bombay Natural History Society 23(3): 536; Type locality: 西藏.
Aphantopus hyperantus abaensis Yoshino, 2003; Futao (43): 9, figs. 20-21, 43; Type locality: 阿坝.

（1）查看标本：宝兴，2005 年 7 月 12 日，1500-2000 m，1 只，邓合黎；色达，2005 年 7 月 24-25 日，3000-4500 m，10 只，邓合黎；色达，2005 年 7 月 24-25 日，3000-4000 m，22 只，杨晓东；色达，2005 年 7 月 25 日，3000-3500 m，5 只，薛俊；色达，2005 年 7 月 25 日，3000-3500 m，2 只，李爱民；甘孜，2005 年 7 月 26 日，3000-3500 m，2 只，邓合黎；甘孜，2005 年 7 月 26 日，3500-4000 m，18 只，杨晓东；甘孜，2005 年 7 月 26 日，3500-4000 m，26 只，李爱民；甘孜，2005 年 7 月 26 日，3500-4000 m，23 只，薛俊；昌都，2005 年 7 月 31 日，3000-3500 m，2 只，邓合黎；昌都，2005 年 7 月 31 日，3000-3500 m，13 只，杨晓东；康定，2005 年 8 月 17 日，2500-3000 m，1 只，杨晓东；康定，2005 年 8 月 22 日，2500-3000 m，1 只，邓合黎；天全，2005 年 8 月 30 日，2500-3000 m，1 只，邓合黎；天全，2005 年 8 月 30 日，2500-3000 m，1 只，杨晓东；香格里拉，2006 年 8 月 20 日，3000-3500 m，2 只，左燕；香格里拉，2006 年 8 月 20 日，3000-3500 m，3 只，杨晓东；香格里拉，2006 年 8 月 20 日，3000-3500 m，4 只，李爱民；维西，2006 年 8 月 28 日，2500-3500 m，18 只，李爱民；维西，2006 年 8 月 28 日，2500-3000 m，14 只，杨晓东；维西，2006 年 8 月 28 日，2500-3000 m，6 只，邓合黎；维西，2006 年 8 月 28 日，2500-3000 m，4 只，左燕；玉龙，2006 年 8 月 31 日，2500-3500 m，8 只，左燕；玉龙，2006 年 8 月 31 日，2500-3500 m，10 只，邓

合黎；兰坪，2006 年 9 月 1-2 日，2000-3000 m，2 只，杨晓东；木里，2008 年 8 月 14 日，3500-4000 m，3 只，杨晓东；木里，2008 年 8 月 14 日，3500-4000 m，4 只，邓合黎；甘孜，2020 年 7 月 26-27 日，3500-4000 m，29 只，杨盛语；甘孜，2020 年 7 月 26-27 日，3500-4000 m，9 只，左燕；甘孜，2020 年 7 月 26-27 日，3500-4000 m，14 只，左瑞；甘孜，2020 年 7 月 26 日，3500-4000 m，2 只，邓合黎；松潘，2020 年 8 月 5 日，2000-2500 m，1 只，邓合黎；松潘，2020 年 8 月 5 日，2000-2500 m，1 只，左瑞；九寨沟，2020 年 8 月 8 日，2000-2500 m，1 只，邓合黎。

（2）分类特征：翅基半部黑褐色，端半部淡黄褐色。前翅背腹面有 2-5 个具黄色外圈的黑色白瞳小眼斑。后翅前 2 个眼斑的黄框融合，后 3 个与之错开并成 1 列。

（3）分布。

水平：兰坪、维西、玉龙、香格里拉、木里、康定、天全、宝兴、昌都、甘孜、色达、松潘、九寨沟。

垂直：1500-4500 m。

生境：阔叶林、针阔混交林、灌丛、高山灌丛、高山河谷灌丛、河谷灌丛、灌草丛、草地山坡草地、河滩草地、高山草地、高山灌丛草甸、高山草甸、山坡草甸、河滩草甸、高寒草甸。

（4）出现时间（月份）：7、8、9。

（5）种群数量：优势种。

（6）标本照片：彩色图版 X-9。

（7）注记：http://ftp.funet.fi/pub/sci/bio/life/insecta/lepidoptera/网站记载分布于中国四川、西藏、云南；N. EU，C. EU，Ural，Transbaikalia，Siberia，Amur，Ussuri，Temperate Asia。

175. 大斑阿芬眼蝶 *Aphantopus arvensis* (Oberthür, 1876)

Satyrus arvensis Oberthür, 1876; Études d'Entomologie 2: 30, pl. 4, fig. 2; Type locality: 中国西部.
Aphantopus deqenensis Li, 1995; Entomotaxonomia 17(1): 38-43; Type locality: 德钦.

（1）查看标本：宝兴，2005 年 7 月 4-5、7、9、12 日，1500-2500 m，17 只，邓合黎；宝兴，2005 年 7 月 7、9 日，1500-2500 m，13 只，左燕；宝兴，2005 年 7 月 4、7、13 日，1500-2500 m，19 只，杨晓东；理县，2005 年 7 月 22 日，2000-2500 m，1 只，邓合黎；荥经，2006 年 7 月 1、5 日，1000-2500 m，2 只，邓合黎；荥经，2006 年 7 月 5 日，2000-2500 m，1 只，左燕；天全，2007 年 8 月 4 日，1500-2000 m，1 只，杨晓东；福贡，2016 年 8 月 27 日，1500-2000 m，1 只，李爱民；金川，2017 年 5 月 29 日，2500-3000 m，1 只，李爱民；宝兴，2017 年 7 月 9 日，1500-2000 m，1 只，邓合黎；宝兴，2017 年 7 月 9 日，1500-2000 m，1 只，左燕；茂县，2020 年 8 月 3 日，1500-2000 m，1 只，邓合黎；松潘，2020 年 8 月 5 日，2000-2500 m，1 只，左燕；松潘，2020 年 8 月 5 日，2000-2500 m，2 只，杨盛语；九寨沟，2020 年 8 月 8 日，2000-2500 m，1 只，杨盛语；九寨沟，2020 年 8 月 8 日，2000-2500 m，2 只，左瑞；文县，2020 年 8 月 10 日，1500-2500 m，

6 只，杨盛语；文县，2020 年 8 月 10 日，1500-2500 m，4 只，左瑞；文县，2020 年 8 月 10 日，1500-2500 m，2 只，左燕。

（2）分类特征：近似阿芬眼蝶 *A. hyperantus*，眼斑比后者大。翅背面有 2 个具黄框的黑色白瞳眼斑。前翅腹面有 2 个眼斑，后翅有 5 个眼斑，均有白瞳和黄框，这些眼斑两侧是从前翅前缘到后翅后缘的灰白色长斑。后翅腹面前 2 个眼斑的黄框融合，后 3 个与之错开并成 1 列，其内侧为 1 条两侧波状的白色长斑。

（3）分布。

水平：福贡、荥经、天全、宝兴、金川、理县、茂县、松潘、九寨沟、文县。

垂直：1000-2500 m。

生境：常绿阔叶林、山坡农田树林、树丛、林间小道、灌丛、河滩灌丛、灌丛草地、灌草丛。

（4）出现时间（月份）：5、7、8。

（5）种群数量：常见种。

（6）标本照片：彩色图版 X-10。

（7）注记：http://ftp.funet.fi/pub/sci/bio/life/insecta/lepidoptera/网站记载分布于中国中部及西部。

（四十一）红眼蝶属 *Erebia* Dalman, 1816

Erebia Dalman, 1816; K. Vetensk Acad. Handl. 1816(1): 58; Type species: *Papilio ligea* Linnaeus, 1758.

Syngea Hübner, [1819]; Verzeichniss Bekannter Schmettlinge (4): 62; Type species: *Papilio pronoe* Esper, 1780.

Epigea Hübner, [1819]; Verzeichniss Bekannter Schmettlinge (4): 62; Type species: *Papilio ligea* Linnaeus, 1758.

Phorcis Hübner, [1819]; Verzeichniss Bekannter Schmettlinge (4): 62; Type species: *Phorcis epistygne* Hübner, [1819].

Marica Hübner, [1819]; Verzeichniss Bekannter Schmettlinge (4): 63; Type species: *Papilio stygne* Ochsenheimer, 1807.

Gorgo Hübner, [1819]; Verzeichniss Bekannter Schmettlinge (4): 64; Type species: *Papilio ceto* Hübner, [1803-1804].

Atercoloratus Bang-Haas, 1938; International Entomological Zeitschrift 52(22): 178; Type species: *Coenonympha alini* Bang-Haas, 1937.

Triariia Verity, 1953; Le Farfalle Diurnal d'Italia 5: 186; Type species: *Papilio triarius* de Prunner, 1798.

Truncaefalcia Verity, 1953; Le Farfalle Diurnal d'Italia 5: 188; Type species: *Papilio aethiops* Esper, 1777.

Medusia Verity, 1953; Le Farfalle Diurnal d'Italia 5: 179; Type species: *Papilio medusa* Denis et Schiffermüller, 1775.

Simplicia Verity, 1953; Le Farfalle Diurnal d'Italia 5: 194(preocc. *Simplicia* Guenée, 1854); Type species: *Papilio epiphron* Knoch, 1783.

Simplospinosia Verity, 1957; Entomologcal Rec. Journal Variation 69: 225(repl. *Simplicia* Verity, 1953); Type species: *Papilio epiphron* Knoch, 1783.

小型种类，复眼无毛，翅黑褐色。前后翅外缘圆，后翅外缘微波状，亚缘有红斑，红斑内有成列眼斑；顶角有 1 个双瞳眼斑。中室短阔，长度不及翅一半。前翅 Sc 脉基部稍微膨大，R_1 脉、R_2 脉从中室上脉分出，R_3 脉、R_4 脉、R_5 脉共柄，从中室上端角分出，后 2 条脉到达顶角；后翅肩脉从中室上脉的 Sc + R_1 脉着生点前分出，"「"形；腹面无云状斑。

注记：周尧（1998，1999）将此属置于红眼蝶族 Erebiini。http://ftp.funet.fi/pub/sci/bio/life/insecta/lepidoptera/网站则将此属置于眼蝶族 Satyrini 红眼蝶亚族 Erebiina。

176. 红眼蝶 *Erebia alcmena* Grum-Grshimailo, 1891

Erebia alcmena Grum-Grshimailo, 1891; Horae Society Entomology Ross 25(3-4): 457; Type locality: 中国西部.

Erebia neoridas veldmani Kotzsch, 1929; Entomologische Zeitschrift 43: 206, figs. 8-9; Type locality: 甘肃.

Erebia alcmena minschani Bang-Haas, 1933; Entomologische Zeitschrift 47(12): 97.

（1）查看标本：色达，2005 年 7 月 25 日，3500-4000 m，3 只，邓合黎；色达，2005 年 7 月 24 日，3500-4000 m，1 只，杨晓东；色达，2005 年 7 月 25 日，3500-4000 m，16 只，薛俊；甘孜，2005 年 7 月 26 日，3500-4000 m，1 只，薛俊；甘孜，2005 年 7 月 26 日，3500-4000 m，2 只，李爱民；江达，2005 年 7 月 29 日，3000-3500 m，1 只，杨晓东；江达，2005 年 7 月 29 日，3000-3500 m，1 只，邓合黎；昌都，2005 年 7 月 31 日，3000-3500 m，3 只，邓合黎；康定，2005 年 8 月 17 日，3500-4000 m，1 只，杨晓东。

（2）分类特征：翅黑褐色，翅展 45-55 mm。翅背腹面基半部和端半部外侧 1/3 黑褐色，端半部内侧 2/3 是宽窄不一的橙色区域；前后翅橙色区域内各有 4 个大小不等的眼斑；前翅第 1、2 个眼斑融合成双瞳；不同个体的眼斑有退化现象。后翅外缘不呈锯状，M_3 脉不尖出。

（3）分布。

水平：康定、甘孜、色达、江达、昌都。

垂直：3000-4000 m。

生境：高山灌丛、高山河谷灌丛、河滩灌丛、高山草甸、河滩草地、河滩草甸。

（4）出现时间（月份）：7、8。

（5）种群数量：常见种。

（6）标本照片：彩色图版 X-11。

（7）注记：http://ftp.funet.fi/pub/sci/bio/life/insecta/lepidoptera/网站记载分布于中国甘肃、西藏；Japan。

七、鳌蛱蝶亚科 Charaxinae Harvey, 1991

Charaxinae Harvey, 1991; in Nijhour, The Developmet and Evolution of Butterfly Wing Patterns 255-272.
Charaxinae de Jong *et al.*, 1996; Entomologist of Scandinavia 27: 65-102.
Charaxinae Chou, 1998; Classification and Identification of Chinese Butterflies 102-105.
Charaxinae Chou, 1999; Monographa Rhopalocerorum Sinensium II: 411-422.
Charaxinae Ackery *et al.*, 1999; Handbook of Zoology 4(35): 263-300.
Charaxinae Vane-Wright *et* de Jong, 2003; Zoologische Verhandelingen Leiden 343: 184.

体强壮，触角粗、锤部细长，腹部短。前翅 Sc 脉基部不膨大，中室特别短、闭式；R_1 脉和 R_2 脉从中室上脉近上端角处分出；R_3 脉、R_4 脉、R_5 脉共柄，其共柄的分叉点近中室上端角，远离翅顶角；R_4 脉与 R_5 脉的分叉比共柄长；端脉上段、中段短；M_3 脉从中室下端角分出。后翅肩脉长，从 Sc + R_1 脉分出；M_3 脉与 Cu_2 脉端有尾突。

注记：周尧（1998，1999）和 http://ftp.funet.fi/pub/sci/bio/life/insecta/lepidoptera/网站均将此亚科置于蛱蝶科 Nymphalidae。

（四十二）尾蛱蝶属 *Polyura* Billberg, 1820

Polyura Billberg, 1820; Enumeration of Inscriptionl Museum Billberg 79; Type species: *Papilio pyrrhus* Linnaeus, 1758.
Eulepis Scudder, 1875; Proceedings of American Academy of Arts and Sciences 10(2): 170; Type species: *Papilio athamas* Drury, [1773].
Murwareda Moore, [1896]; Lepidoptera Indica 2(24): 263; Type species: *Charaxes dolon* Westwood, 1847.
Pareriboea Roepke, 1938; Rhopalocera Javanica 3: 346; Type species: *Papilio athamas* Drury, [1773].

翅绿白色或淡黄色。活泼且飞行快速。前翅三角形，前缘弧形显著，外缘凹入，顶角尖，后缘微突；R_3 脉和 R_4 脉在 R_5 脉近基部处分出，R_4 脉与 R_5 脉的分叉比共柄长。后翅中室开式，外缘波状、在 M_3 脉与 Cu_2 脉处有发达的尖齿状尾突，肩脉末端分叉。

注记：周尧（1998，1999）和 http://ftp.funet.fi/pub/sci/bio/life/insecta/lepidoptera/网站均将此属置于鳌蛱蝶亚科 Charaxinae 鳌蛱蝶族 Charaxini，隶属于蛱蝶科 Nymphalidae。

177. 凤尾蛱蝶 *Polyura arja* (Felder *et* Felder, 1867)

Charaxes arja Felder *et* Felder, 1867; Reise Fregatte Novara, Bd 2(Abth. 2)(3): 438; Type locality: Silhet.
Charaxes arja roeberi Fruhstorfer, 1898; Entomological Nachrichten 24(4): 59; Type locality: Khasia Hills.
Eulepis arja f. *vernus* Rothschild, 1899; Noviates Zoologicae 6(2): 245; Type locality: Sikkim.

（1）查看标本：孟连，2017 年 8 月 28 日，1000-1500 m，1 只，左燕；澜沧，2017 年 8 月 30 日，500-1000 m，1 只，邓合黎；江城，2018 年 6 月 23 日，500-1000 m，3

只，左瑞；宁洱，2018 年 6 月 29 日，500-1000 m，1 只，邓合黎；景洪，2021 年 4 月 10 日、5 月 13 日、6 月 5 日和 8 月 10 日，500-1000 m，7 只，余波。

（2）分类特征：前翅外缘内凹，Cu_2 脉明显延伸突出，使该处外缘成直角；后翅外缘波状。翅背面黑褐色，自 M_3 脉到后翅臀角 2A 脉有 1 条较宽的末端尖的淡蓝绿色中横带，未到后翅后缘，两侧无蓝色；黑色顶角有一大一小 2 个淡绿色卵圆形斑点，后翅亚缘有 1 列淡绿色长条形小斑点，其外侧是 1 条黑色细线。翅腹面赭褐色带紫色，淡蓝色中横带围绕着宽的深褐色条纹；后翅端半部褐色，亚缘有 1 列淡绿色弧形小斑点，其弧内有长条形褐色条纹。

（3）分布。

水平：孟连、景洪、江城、澜沧、宁洱。

垂直：500-1500 m。

生境：常绿阔叶林、林灌、针阔混交林草地、林灌草地。

（4）出现时间（月份）：4、5、6、8。

（5）种群数量：常见种。

（6）标本照片：彩色图版 X-12。

（7）注记：http://ftp.funet.fi/pub/sci/bio/life/insecta/lepidoptera/网站记载分布于 India，Indochina。

178. 窄斑凤尾蛱蝶 *Polyura athamas* (Drury, 1773)

Papilio athamas Drury, 1773; Illustration of Nattural History of Exotisch Insects 1: index, 5, pl. 2, fig. 4; Type locality: 中国.

Charaxes hamasta Moore, 1882; Proceedings of Zoological Society of London 1882(1): 238; Type locality: Dharmsala.

Charaxes agrarius Swinhoe, 1887; Proceedings of Zoological Society of London 1886(4): 425, pl. 40, fig. 3; Type locality: Burma.

Charaxes fruhstorferi Röber, 1895; Entomological Nachrichten 21(4): 63; Type locality: Java.

Eulepis kannegieteri Lathy, 1913; Entomologist 46: 136; Type locality: Nias.

Eriboea athamas dexippus Fruhstorfer, 1914; Entomological Rundschau 31(1): 2; Type locality: Cochinchina.

（1）查看标本：勐腊，2006 年 3 月 18 日，500-1000 m，1 只，邓合黎；勐海，2006 年 3 月 22 日，500-1500 m，1 只，邓合黎；景洪，2006 年 3 月 20 日，500-1000 m，1 只，邓合黎；芒市，2006 年 4 月 1 日，1500-2000 m，1 只，邓合黎；勐腊，2006 年 3 月 17 日，500-1000 m，2 只，李爱民；勐腊，2006 年 3 月 18 日，500-1000 m，1 只，吴立伟；芒市，2006 年 3 月 31 日，1000-1500 m，1 只，吴立伟；芒市，2006 年 4 月 1 日，1000-1500 m，1 只，吴立伟；勐腊，2006 年 3 月 17-18 日，500-1000 m，3 只，杨晓东；勐腊，2006 年 3 月 18 日，500-1000 m，1 只，左燕；瑞丽，2006 年 3 月 31 日，1000-1500 m，1 只，吴立伟；景洪，2020 年 10 月 25 日，500-1000 m，6 只，余波；景洪，2021 年 4 月 10 日和 5 月 13 日，500-1000 m，4 只，余波。

（2）分类特征：前翅外缘内凹，Cu_2 脉明显延伸突出，使该处外缘成直角；后翅外缘波状。翅背面黑褐色，自 M_3 脉到后翅臀角 2A 脉有 1 条较狭窄的末端尖的淡蓝绿色中横带，未到后翅后缘，两侧无蓝色；黑色顶角有一大一小 2 个淡绿色卵圆形斑点，后翅亚缘有 1 列淡绿色长条形小斑点，其外侧是 1 条黑色细线。翅腹面赭褐色带紫色，淡蓝色中横带围绕着宽的深褐色条纹；后翅端半部褐色，亚缘有 1 列淡绿色弧形小斑点，其弧内有长条形褐色条纹。

（3）分布。

水平：瑞丽、芒市、勐海、景洪、勐腊。

垂直：500-1500 m。

生境：常绿阔叶林、林灌、溪流灌丛、草地。

（4）出现时间（月份）：3、4、5、10。

（5）种群数量：常见种。

（6）标本照片：彩色图版 X-13。

（7）注记：http://ftp.funet.fi/pub/sci/bio/life/insecta/lepidoptera/网站记载分布于中国四川、西藏、云南、台湾、香港、海南；India，Indochina，Philippines，Indonesia。

179. 黑凤尾蛱蝶 *Polyura schreiber* (Godart, [1824])

Nymphalis schreiber Godart, [1824]; Encyclopédie Méthodique 9(2): 825, no. 11-12; Type locality: Java.

（1）查看标本：景洪，2021 年 7 月 13 日和 8 月 12 日，500-1000 m，2 只，余波。

（2）分类特征：前翅外缘凹入，后缘波状，Cu_2 脉不延伸突出，使该处外缘不成角度。翅背面黑褐色，两侧末端尖的淡蓝色中横带非常狭窄并到后翅后缘，但是其内侧条纹在 Cu_2 脉向外尖状突出；后翅亚缘有 1 列平行外缘的小白点，臀角处小白点列两侧有 2 个赭黄色斑。腹面赭褐色带紫色，中横带外侧有 1 列"V"形赭色斑，中横带内侧赭色宽条纹至后缘；亚缘是 1 列与外缘平行的赭黄色横线状斑，斑两侧是深褐色细线。

（3）分布。

水平：景洪。

垂直：500-1000 m。

生境：常绿阔叶林。

（4）出现时间（月份）：7、8。

（5）种群数量：罕见种。

（6）标本照片：彩色图版 X-14。

（7）注记：http://ftp.funet.fi/pub/sci/bio/life/insecta/lepidoptera/网站记载分布于中国云南；India，Indochina，Philippines，Indonesia。

180. 二尾蛱蝶 *Polyura narcaea* (Hewitson, 1854)

Nymphalis narcaeus Hewitson, 1854; Illustrations of New Species of Exotic Butterflies 3: 85, pl. 45, figs. 1, 4; Type locality: 浙江.

Charaxes mandarinus Felder *et* Felder, 1867; Reise Fregatte Novara, Bd 2(Abth.2)(3): 437; Type locality: 上海.

Charaxes narcaeus var. *thibetanus* Oberthür, 1891; Études d'Entomologie 15: 11, pl. 2, fig. 10; Type locality: 打箭炉.

Charaxes satyrina menedemus Oberthür, 1891; Études d'Entomologie 15: 13, pl. 2, fig. 9; Type locality: 德钦.

Charaxes satyrina Oberthür, 1891; Études d'Entomologie 15: 13; Type locality: 宁波.

Eriboea narcaeus meghaduta Fruhstorfer, 1908; Entomologische Zeitschrift 22(31): 127; Type locality: 台湾.

Eriboea narcaea f. *aemiliani* Fernández, 1912; Boln R. Society of Especial History Nature 12: 304, fig. 2; Type locality: 中国.

Eriboea narcaeus richthofeni Fruhstorfer, 1915; Deutschla of Entomological and Zoological Iris 29(1): 38; Type locality: 青岛.

Eriboea narcaea acuminata Lathy, 1926; Encyclopédie Entomology (B3) 1: 96, pl. 3, fig. 1.

（1）查看标本：荥经，2006年7月2日，500-1000 m，1只，左燕；维西，2006年8月27日，1500-2000 m，1只，杨晓东；稻城，2013年8月22日，2000-2500 m，1只，邓合黎；稻城，2013年8月22日，2000-3000 m，2只，张乔勇；泸定，2015年9月4日，1500-2000 m，1只，张乔勇；宝兴，2016年5月10日，1500-2000 m，1只，左燕；澜沧，2017年8月30日，500-1000 m，1只，邓合黎；宝兴，2017年5月27日，1500-2000 m，1只，邓合黎；金川，2017年5月29日，2500-3000 m，1只，李爱民；宝兴，2018年4月22日至5月16日，1000-2000 m，24只，周树军；宝兴，2018年6月4日，1500-2000 m，3只，左燕；宝兴，2018年6月4日，1500-2000 m，2只，邓合黎；都江堰，2019年7月1日，500-1000 m，1只，左瑞。

（2）分类特征：翅绿白色或淡黄色。背面前翅前缘、顶角和外缘均黑色，亚缘区有1列淡绿色近圆形斑，腹面中室有2个大黑点；外侧带背腹面都与外缘带大致平行，背面2条黑带合并，只有1列淡色点；内横带有1个由中室端脉、下脉和M_3脉下段三脉上黑褐色纹组成的"Y"形斑，此斑延伸至后翅成为内横线且明显向内弯曲。后翅后缘不黑。

（3）分布。

水平：澜沧、维西、稻城、荥经、泸定、宝兴、都江堰、金川。

垂直：500-3000 m。

生境：常绿阔叶林、针阔混交林、天然林灌、河滩林灌、溪流灌丛、河谷灌丛、河滩灌丛、河滩草地。

（4）出现时间（月份）：4、5、6、7、8、9。

（5）种群数量：少见种。

（6）标本照片：彩色图版 X-15。

（7）注记：http://ftp.funet.fi/pub/sci/bio/life/insecta/lepidoptera/网站记载分布于中国中部和东部及西藏、四川、云南、台湾；India，Burma，Thailand，Vietnam。

181. 大二尾蛱蝶 *Polyura eudamippus* (Doubleday, 1843)

Charaxes eudamippus Doubleday, 1843; Annual Society of Entomology France (2)1(3): 218, pl. 8; Type locality: 四里河.

Charaxes ganymedes Leech, 1891; Entomologist 24(Suppl.): 30; Type locality: 峨眉山.

Charaxes rothschildi Leech, 1892; Butterflies from China, Japan and Corea (2): 128, pl. 14, fig. 3; Type locality: 峨眉山，穆坪.

Eulepis eudamippus Rothschild *et* Jordan, 1898; Noviates Zoologicae 5(4): 568, pl. 8, figs, 1-6.

Charaxes nigrobasalis Lathy, 1898; Entomologist 31: 192; Type locality: Siam.

Eulepis eudamippus formosanus Rothschild, 1899; Noviates Zoologicae 6(2): 268; Type locality: 台湾.

Eulepis eudamippus whiteheadi Crowley, 1900; Proceedings of Royal Entomology Society London 1900(3): 506, pl. 35, fig. 4; Type locality: 海南.

Eriboea eudamippus cupidinius Fruhstorfer, 1914; in Seitz, Gross-Schmetterling Erde 9: 722; Type locality: 云南.

Eriboea eudamippus lemoulti Joicey *et* Talbot, 1916; Transactions of the Entomological Society of London 1916(1): 65, pl. 5, fig. 1; Type locality: 西藏.

Eriboea eudamippus splendens Tytler, 1940; Journal of the Bombay Natural History Society 42(1): 110; Type locality: 云南.

（1）查看标本：宝兴，2005 年 7 月 7 日，2000-2500 m，1 只，邓合黎；芦山，2006 年 6 月 16 日，1000-1500 m，1 只，李爱民；石棉，2006 年 6 月 21 日，500-1000 m，1 只，李爱民；宝兴，2018 年 5 月 3-21 日，500-2000 m，40 只，周树军；宝兴，2018 年 6 月 3 日，500-1000 m，1 只，邓合黎，景洪，2021 年 4 月 10 日、6 月 5 日和 7 月 13 日，5 只，余波。

（2）分类特征：体型大，翅绿白色或淡黄色；外侧带背腹面均倾斜，后端接近臀角；前翅中室有 2 个大黑点。背面基部及前翅前缘、顶角和外缘均黑色，中室黑色，内部和端部各 1 个白斑，亚缘区有 1 列淡绿色近圆形斑，2 条黑带合并，有 2 列淡色点；腹面中室有 2 个大黑点，1 个由中室端脉、下脉和 M_3 脉下段三脉上黑褐色纹组成的 "Y" 形斑。后翅亚外缘黑褐色，内有蓝色斑列和三角形白色斑列，后缘不黑，腹面内横线黄褐色、弯曲不显、两侧有褐色条纹。

（3）分布。

水平：景洪、石棉、芦山、宝兴。

垂直：500-2500 m。

生境：常绿阔叶林、溪流农田灌丛。

（4）出现时间（月份）：4、5、6、7。

（5）种群数量：少见种。

（6）标本照片：彩色图版 X-16。

（7）注记：http://ftp.funet.fi/pub/sci/bio/life/insecta/lepidoptera/网站记载分布于中国中部和西部及台湾、广东、海南；Nepal，India，Indochina。

182. 针尾蛱蝶 *Polyura dolon* (Westwood, 1847)

Charaxes dolon Westwood, 1847; Cabinet Oriental Entomology 55: pl. 27, figs. 2-3.

Eulepis dolon grandis Rothschild, 1899; Noviates Zoologicae 6(2): 275; Type locality: 山南地区.

Eulepis dolon carolus Fruhstorfer, 1904; Insekten-Börse 21(48): 381; Type locality: 小路.

Charaxes dolon sinica Oberthür, 1912; Etudes de Lépidoptérologie Comparée 6: 315, pl. 105, fig. 970; Type locality: 中国.

Eriboea dolon carolus ab. *niger* Lathy, 1926; Encyclopédie Entomology (B3) 1: 97, pl. 3, fig. 4; Type locality: 中国.

Polyura dolon carolus Smiles, 1982; Bulletin of the British Museum (Natural History) 44(3): 211, fig. 148; Type locality: 中国.

（1）查看标本：宝兴，2017 年 5 月 27 日，1500-2000 m，1 只，李爱民；宝兴，2018 年 5 月 3、7、11-12、16 日，1000-2000 m，13 只，周树军；宝兴，2018 年 5 月 17、23 日，1000-2000 m，3 只，李爱民。

（2）分类特征：翅绿白色或淡黄色，顶角特别尖出，前翅外缘微弧形凹入，后翅外缘波状。背面前翅中室末端有"1"字形斑且其从前缘沿中室端脉至 cu$_2$ 室，后缘不黑；顶角、前缘、外缘均黑色，亚缘有 1 列淡绿色大小不等的斑点；后翅外缘黄褐色，亚缘区黑色，其中 1 列淡蓝色斑点与外缘平行。腹面前翅中室内无明显的黑点，中室外侧有 1 个小黑点，前缘基部至 2/3 处及外缘均黄褐色，此处至臀角有 1 条宽直的黄褐色纹，从而形成 1 个"▽"形斑；后翅外缘黄褐色亚缘区内背面的淡蓝色被 1 列小黑点替代，内侧为 1 列与其平行的淡蓝色"V"形斑。前翅中室端一宽直的黄褐色条纹向后延伸至后缘，再延伸至后翅，直达臀角黄褐色亚缘区。

（3）分布。

水平：宝兴。

垂直：1000-2000 m。

生境：常绿阔叶林。

（4）出现时间（月份）：5。

（5）种群数量：少见种。

（6）标本照片：彩色图版 X-17。

（7）注记：http://ftp.funet.fi/pub/sci/bio/life/insecta/lepidoptera/网站记载分布于中国山南地区、四川、西藏、云南；Nepal，India，Burma，Laos，Thailand，Vietnam。

183. 忘忧尾蛱蝶 *Polyura nepenthes* (Grose-Smith, 1883)

Charaxes nepenthes Grose-Smith, 1883; The Entomologist's Monthly Magazine 20: 58; Type locality: Siam.
Charaxes nepenthes Grose-Smith *et* Kirby, 1887; Rhopalocer Exotischer 2(1): 4, pl. 2, figs. 3-4.
Eulepis nepenthes Rothschild *et* Jordan, 1898; Noviates Zoologicae 5(4): 23, pl. 9, fig. 3.
Polyura nepenthes Smiles, 1982; Bulletin of the British Museum (Natural History) 44(3): 207.
Eriboea nepenthes kiangsiensis Rousseau-Decelle, 1938; Bulletin Society of Entomology France 43(11-12): 166, pl. 1, figs. 1-2; Type locality: 江西.

（1）查看标本：景洪，2020 年 9 月 25 日和 10 月 25 日，500-1000 m，3 只，余波；景洪，2021 年 4 月 10 日、5 月 13 日、6 月 5 日、7 月 13 日和 8 月 10 日，500-1000 m，7 只，余波。

（2）分类特征：翅背面淡黄色，中室末端的"1"字形黑斑从前缘沿中室端脉至 cu$_2$ 室，后缘不黑。背面前翅顶角、前缘、外缘均黑色，中室端也是黑色，其内有 2 个小黄点，亚缘有 2 列淡绿色大小不等的斑点，近臀角 2 列斑并在一起，最后 2 个斑呈眼斑状；后翅外缘波状、黑色，亚缘区白色，其中 2 列黑色斑点与外缘平行，内侧斑箭头状，外侧斑半圆形。腹面淡红褐色，前翅中室内有 2 个明显的黑点，中室端外有 2 个小黑点；

后翅外缘的亚缘区内斑纹似背面；臀角区橘黄色。

（3）分布。

水平：景洪。

垂直：500-1000 m。

生境：常绿阔叶林。

（4）出现时间（月份）：4、5、6、7、8、9、10。

（5）种群数量：少见种。

（6）标本照片：彩色图版 XI-1。

（7）注记：http://ftp.funet.fi/pub/sci/bio/life/insecta/lepidoptera/网站记载分布于中国江西、广西、海南；Indochina。

（四十三）鳌蛱蝶属 *Charaxes* Ochsenheimer, 1816

Charaxes Ochsenheimer, 1816; Schmetterling Europe 4: 18; Type species: *Papilio jasius* Linnaeus, 1767.

Paphia Fabricius, 1807; Magazin für Insektenkunde 6: 282; Type species: *Papilio jasius* Linnaeus, 1767.

Eriboea Hübner, [1819]; Verzeichniss Bekannter Schmettlinge (3): 46; Type species: *Papilio etheocles* Cramer, [1777].

Euxanthe Hübner, 1819; Verzeichniss Bekannter Schmettlinge (3): 46; Type species: *Papilio etheocles* Cramer, [1777].

Jasia Swainson, 1832; Zoological Illustrations (2): 19, pl. 90(suppr.); Type species: *Papilio jasius* Linnaeus, 1767.

Monura Mabille, 1877; Bulletin Society of Zooloogy France 1: 280; Type species: *Papilio zingha* Stoll, [1780].

Haridra (Nymphalinae) Moore, [1880]; Lepidopteral Ceylon 1(1): 30; Type species: *Charaxes psaphon* Westwood, 1847.

Zingha Hemming, 1939; Proceedings R. Entomology Society Lond (B) 8(3): 136; Type species: *Papilio zingha* Stoll, [1780].

翅红褐色或黑褐色，外缘波状，后缘直，中室闭式、长约为翅前缘 1/3。前翅 Sc 脉基部不膨大，R_1 脉和 R_2 脉从中室分出，分出处近中室端、远离顶角；R_3 脉、R_4 脉、R_5 脉共柄，到达顶角。后翅外缘在 M_3 脉与 Cu_2 脉处有尾突，后者短小，肩脉长、向外缘弯曲，M_3 脉和 Cu_1 脉着生中室下端角，$Sc + R_1$ 脉长、几乎与后翅前缘等长，末端达翅外缘。

注记：周尧（1998，1999）和 http://ftp.funet.fi/pub/sci/bio/life/insecta/lepidoptera/网站均将此属置于鳌蛱蝶亚科 Charaxinae 鳌蛱蝶族 Charaxini，隶属于蛱蝶科 Nymphalidae。

184. 鳌蛱蝶 *Charaxes marmax* Westwood, 1847

Charaxes marmax Westwood, 1847; Cabinet Oriental Entomology 43: pl. 21; Type locality: Sylhet.

Haridra marmax Moore, [1895]; Lepidoptera Indica 2(23): 233, pl. 170, figs. 1, 1a-c.

Charaxes marmax bowringi Joicey *et* Talbot, 1921; Bulletin of the Hill Museum 1(1): 172, pl. 22, figs. 14-15; Type locality: 海南.

（1）查看标本：景洪，2006 年 3 月 20 日，500-1000 m，1 只，杨晓东；澜沧，2017年 8 月 31 日，500-1000 m，1 只，左燕；景洪，2020 年 10 月 25 日，500-1000 m，1 只，余波；景洪，2021 年 5 月 13 日和 6 月 5 日，500-1000 m，7 只，余波。

（2）分类特征：翅棕褐色，外缘凹入，中域无白色横带；腹面色彩稍淡，亚外缘有银灰色斑列，棕色中横线波状曲折，在后翅与外横线在臀角会合，基半部有 3 条弯曲横线。前翅背面波状亚缘线全部与黑色外缘带平行；中室端有 1 个小黑点，中室与顶角间有 2 条短黑纹。前翅腹面和后翅背腹面外缘的亚缘有白色点列，背面白点被黑色围绕。

（3）分布。

水平：景洪、澜沧。

垂直：500-1000 m。

生境：常绿阔叶林、溪流灌丛。

（4）出现时间（月份）：3、5、6、8、10。

（5）种群数量：少见种。

（6）标本照片：彩色图版 XI-2。

（7）注记：http://ftp.funet.fi/pub/sci/bio/life/insecta/lepidoptera/网站记载分布于 India, Indochina。

185. 亚力蜚蛱蝶 *Charaxes aristogiton* Felder *et* Felder, 1867

Charaxes aristogiton Felder *et* Felder, 1867; Reise Novava Rhopalocerorum 2: 445.
Haridra adamsoni Moore, [1895]; Lepidoptera Indica 2(23): 236, pl. 173, figs. 2, 2a; Type locality: Upper Tenasserim.
Charaxes aristogiton peridoneus Fruhstorfer, 1914; in Seitz, Macrolepidoptera of World 9: 736; Type locality: Tonkin.
Charaxes marmax bowringi Joicey *et* Talbot, 1921; Bulletin of the Hill Museum 1(1): 172, pl. 23, fig. 17; Type locality: 海南.

（1）查看标本：景洪，2020 年 10 月 25 日，500-1000 m，1 只，余波；景洪，2021年 4 月 10 日、5 月 21 日、6 月 5 日和 8 月 10 日，500-1000 m，7 只，余波。

（2）分类特征：体型中等，翅红棕褐色，中域无白色横带，波状细线明显，中室内有黑色纹线。前翅背面波状亚缘线前端与外缘带连起，后端不明显。后翅亚缘无白色点列，M_3 脉末端突出不明显、形成的尾突短小；Cu_1 脉末端微突。

（3）分布。

水平：景洪。

垂直：500-1000 m。

生境：常绿阔叶林。

（4）出现时间（月份）：4、5、6、8、10。

（5）种群数量：少见种。

（6）标本照片：彩色图版 XI-3。

（7）注记：http://ftp.funet.fi/pub/sci/bio/life/insecta/lepidoptera/网站记载分布于 India, Indochina。

186. 白带螯蛱蝶 *Charaxes bernardus* (Fabricius, 1793)

Papilio bernardus Fabricius, 1793; Entomological Systematics 3(1): 71, no. 223; Type locality: 中国.
Papilio polyxena Cramer, 1775; Uitland Kapellen 1(1-7): 85, pl. 54, figs. A, B; Type locality: 中国.
Charaxes harpax Felder *et* Felder, 1867; Reise Fregatte Novara, Bd 2(Abth. 2)(3): 444; Type locality: NW. Hiamalayas.
Charaxes jalinder Butler, 1872; Lepidoptera Exotica (12): 98, pl. 37, fig. 4; Type locality: NW. Hiamalayas.
Charaxes khimalara Butler, 1872; *Lepidoptera* Exotica (12): 97, pl. 37, fig. 1; Type locality: Khasia Hills.
Charaxes hindia Butler, 1872; Lepidoptera Exotica (12): 99; Type locality: Darjeeling.
Charaxes bernardus hainanus Gu, 1994; in Chou, Monographia Rhopalocerorum Sinensium II: 419, 759, fig. 34; Type locality: 海南.

（1）查看标本：景洪，2020 年 10 月 25 日，500-1000 m，5 只，余波；景洪，2021 年 4 月 10 日、6 月 5 日和 8 月 10 日，500-1000 m，5 只，余波。

（2）分类特征：背面翅基部红褐色、端部黑色，中域有宽的白色中横带。腹面棕色带紫灰色，基半部有黑色细曲线，中域黑色细线呈 2-3 行波状；外缘橘红色。前翅外缘凹入；后翅 M_3 脉和 Cu_2 脉末端突出不明显，未形成明显尾突。

雌雄异型：雄蝶个体比雌蝶小；背面雄蝶前翅端半部内侧 1 列与外缘平行的淡黄色小点在雌蝶是白色，雄蝶翅基半部的赭红黑色在雌蝶是紫灰褐色，雄蝶白色中横带比雌蝶短而狭窄；腹面雄蝶前翅中横带是 2 列近似矢状的黄褐色斑列，而雌蝶是 3 列，雌蝶最外侧矢状斑列在雄蝶被 1 列近圆形的斑替代，雄蝶在后翅棕色带紫灰色区域内有雌蝶没有的 3 个黄褐色斑。

（3）分布。

水平：景洪。

垂直：500-1000 m。

生境：常绿阔叶林。

（4）出现时间（月份）：4、6、8、10。

（5）种群数量：少见种。

（6）标本照片：彩色图版 XI-4。

（7）注记：http://ftp.funet.fi/pub/sci/bio/life/insecta/lepidoptera/网站记载分布于中国；Nepal，India，Indochina，Philippines，Indonesia。

八、釉蛱蝶亚科 Heliconiinae Harvey, 1991

Heliconiinae Harvey, 1991; in Nijhour, The Development and Evolution of Butterfly Wing Patterns 255-272.
Heliconiinae de Jong *et al.*, 1996; Entomologist of Scandinavia 27: 65-102.
Heliconiinae Chou, 1998; Classification and Identification of Chinese Butterflies 105-106.
Heliconiinae Ackery *et al.*, 1999; Handbook of Zoology 4(35): 263-300.
Heliconiinae Chou, 1999; Monographa Rhopalocerorum Sinensium II: 423-425.
Heliconiinae (Nymphalidae) Vane-Wright *et* de Jong, 2003; Zoologische Verhandelingen Leiden 343: 229.

触角细长，头大，腹部细。前翅 Sc 脉基部不膨大，R_2 脉从 R_5 脉分出。

注记：周尧（1998，1999）和 http://ftp.funet.fi/pub/sci/bio/life/insecta/lepidoptera/网站均将釉蛱蝶作为一个亚科 Heliconiinae 置于蛱蝶科 Nymphalidae。

（四十四）锯蛱蝶属 *Cethosia* Fabricius, 1807

Cethosia Fabricius, 1807; Magazin für Insektenkunde 6: 280; Type species: *Papilio cydippe* Linnaeus, 1763.
Alazonia Hübner, [1819]; Verzeichniss Bekannter Schmettlinge (3): 46; Type species: *Papilio cydippe* Linnaeus, 1763.
Eugramma Billberg, 1820; Enumeration of Inscriptionl Museum Billberg 78; Type species: *Papilio cydippe* Linnaeus, 1763.
Cethosia (Nymphalinae) Moore, [1881]; *Lepidoptera*l Ceylon 1(2): 51.
Cethosia (Acraeini) Vane-Wright *et* de Jong, 2003; Zoologische Verhandelingen Leiden 343: 237.

翅橙红色，外缘锯齿状显著，有黑边和白线；短小的中室有不完全的端脉。前翅 R_1 脉从中室上脉分叉处非常接近上端角，R_2 脉、R_3 脉、R_4 脉、R_5 脉共柄，和 M_1 脉一起，着生上端角；弯曲的 M_3 脉与直的 Cu_1 脉一起从中室下端角分叉。后翅明显、直，末端钩状的肩脉着生在长的到顶角的 Sc + R_1 脉上。

注记：周尧（1998，1999）和 http://ftp.funet.fi/pub/sci/bio/life/insecta/lepidoptera/网站均将此属置于珍蝶族 Acraeini，隶属于蛱蝶科 Nymphalidae 釉蛱蝶亚科 Heliconiinae。

187. 红锯蛱蝶 *Cethosia biblis* (Drury, 1773)

Papilio biblis Drury, 1773; Illustration of Nattural History of Exotisch Insects 1: 9, pl. 4, fig. 2 (& Index); Type locality: 中国南部.
Cethosia biblina Godart, 1819; Encyclopédie Méthodique 9(1): 248.
Alazonia symbiblis Hübner, 1819; Verzeichniss Bekannter Schmettlinge (3): 46.
Cethosia thebava Grose-Smith, 1887; Annual Magazine of Natural History (5)19(112): 296; Type locality: Burma.
Cethosia biblis hainana Fruhstorfer, 1908; Entomologische Zeitschrift 22(34): 135; Type locality: 海南.
Cethosia biblis phanaroia Fruhstorfer, 1912; in Seitz, Gross-Schmetterling Erde 9: 498; Type locality: 香港.
Cethosia rubra Chou, Yuan, Yin, Zhang *et* Chen, 2002; Entomotaxonomia 24(1): 52; Type locality: 泉州.

（1）查看标本：景洪，2006 年 3 月 21 日，500-1000 m，1 只，吴立伟；勐海，2006 年 3 月 22 日，500-1000 m，1 只，杨晓东；芒市，2006 年 4 月 1 日，1500-2000 m，1 只，邓合黎；芒市，2006 年 3 月 26 日，1500-2000 m，2 只，左燕；芒市，2006 年 3 月 26-27 日，1500-2000 m，3 只，杨晓东；芒市，2006 年 3 月 26-27 日和 4 月 1 日，1500-2000 m，8 只，吴立伟；芒市，2006 年 3 月 26-27 日和 4 月 1 日，1500-2000 m，4 只，吴立伟；汉源，2006 年 6 月 1 日，1500-2000 m，1 只，邓合黎；福贡，2016 年 8 月 27 日，1000-1500 m，1 只，李爱民；瑞丽，2017 年 8 月 18 日，1000-1500 m，1 只，李勇；耿马，2017 年 8 月 22 日，1000-1500 m，2 只，李勇；沧源，2017 年 8 月 27 日，1000-1500 m，1 只，邓合黎；孟连，2017 年 8 月 29 日，1000-1500 m，1 只，邓合黎；江城，2018 年 6 月 23 日，500-1000 m，1 只，左燕；景洪，2021 年 4 月 10 日，500-1000 m，1 只，余波。

（2）分类特征：雄蝶翅橘红色；背面前翅前缘、外缘黑色，中室内有数条黑色纵纹，中室端有 2 个小白点；顶角和亚缘区有 3 列白色斑纹，均呈不同形状的横置"V"形，内侧大、中间小、外侧间于两者间；后翅外缘黑色，无白色，中域有 1 列小黑点；外缘黑色区域内有 1 列向外的"U"形黑斑。雄蝶腹面前翅斑纹似背面；后翅基半部有 5 列点状或线状黑色斑纹，端半部有 6 列黑色、橘黄色和淡黄色的点状斑、线状斑、"U"形斑，其几近平行。雌蝶斑纹与雄蝶相同，但是色彩有两个类型，一是红色型、与雄蝶相近，二是暗色型、呈暗褐色。

（3）分布。

水平：瑞丽、芒市、耿马、孟连、勐海、景洪、江城、沧源、福贡、汉源。

垂直：500-2000 m。

生境：常绿阔叶林、山坡农田树林、林灌、农田林灌、河滩灌丛、山坡灌丛、林灌草地。

（4）出现时间（月份）：3、4、6、8。

（5）种群数量：常见种。

（6）标本照片：彩色图版 XI-5。

（7）注记：http://ftp.funet.fi/pub/sci/bio/life/insecta/lepidoptera/网站记载分布于中国南部；India，Laos，Burma，Thailand，Vietnam，Philippines，Indonesia。

188. 白带锯蛱蝶 *Cethosia cyane* (Drury, 1773)

Papilio cyane Drury, 1773; Illustration of Nattural History of Exotisch Insects 1: 9, pl. 4, fig. 1; Type locality: Bengal.

Cethosia cyane euanthes Fruhstorfer, 1912; in Seitz, Gross-Schmetterling Erde 9: 503; Type locality: India.

（1）查看标本：耿马，2017 年 8 月 22 日，1000-1500 m，1 只，左燕；沧源，2017 年 8 月 26-27 日，1000-1500 m，2 只，左燕；沧源，2017 年 8 月 26 日，1000-1500 m，1 只，李勇；镇康，2017 年 8 月 20 日，1000-1500 m，4 只，李勇；宁洱，2018 年 6 月 28 日，1000-1500 m，1 只，左瑞。

（2）分类特征：斑纹似红锯蛱蝶 *C. biblis*，但亚缘端部有 1 条白色斜带。雌蝶后翅赭白色，腹面基半部有 4 列小色点，基部还散布数个小黑点，背面外侧 1 列黑点连在一起成为 1 条黑带。

（3）分布。

水平：镇康、耿马、沧源、宁洱。

垂直：1000-1500 m。

生境：常绿阔叶林、农田林灌、草地。

（4）出现时间（月份）：6、8。

（5）种群数量：少见种。

（6）标本照片：彩色图版 XI-6、7。

（7）注记：http://ftp.funet.fi/pub/sci/bio/life/insecta/lepidoptera/网站记载分布于 Nepal，India，Laos，Burma，Thailand，Vietnam。

九、闪蛱蝶亚科 Apaturinae Harvey, 1991

Apaturinae Harvey, 1991; in Nijhour, The Development and Evolution of Butterfly Wing Patterns 255-272.
Apaturinae de Jong et al., 1996; Entomologist of Scandinavia 27: 65-102.
Apaturinae Chou, 1998; Classification and Identification of Chinese Butterflies 106-117.
Apaturinae Ackery et al., 1999; Handbook of Zoology 4(35): 263-300.
Apaturinae Chou, 1999; Monographa Rhopalocerorum Sinensium II: 426-454.
Apaturinae (Nymphalidae) Vane-Wright et de Jong, 2003; Zoologische Verhandelingen Leiden 343: 204.

中、大型且强壮种类，背面色彩鲜艳。前翅三角形，顶角略突出；亚前缘 Sc 脉基部不膨大，中室上端角到翅基部的距离比下端角到基部的距离近，R_4 脉在近顶角处分出，通到外缘，Cu_1 脉从中室下端角分出。后翅略呈方形，外缘波状，肩脉从 Sc + R_1 脉分出；臀角无瓣。

注记：周尧（1998，1999）和 http://ftp.funet.fi/pub/sci/bio/life/insecta/lepidoptera/网站均将此亚科置于蛱蝶科 Nymphalidae。

（四十五）闪蛱蝶属 *Apatura* Fabricius, 1807

Apatura Fabricius, 1807; Magazin für Insektenkunde 6: 280; Type species: *Papilio iris* Linnaeus, 1758.
Potamis Hübner, [1806]; Tentamen Determinationis Digestionis 1(rejected): 12; Type species: *Papilio iris* Linnaeus, 1758.
Aeola Billberg, 1820; Enumeration of Inscriptionl Museum Billberg 78; Type species: *Papilio iris* Linnaeus, 1758.
Apaturia Sodoffsky, 1837; Bulletin Society Imp. Nature Moscou 1837(6): 81.
Mars Girard, 1866; Annual Society of Entomology France (4)6: 436; Type species: *Papilio ilia* Schiffermüller, 1775.

复眼无毛，中室开式，触角锤部发达、末端褐色。翅背面有紫色或褐色闪光，基部色浅；腹面基部色深。前翅外缘在 R_5 脉处微突出，在 m_2 室和 cu_1 室处微凹入；R_1 脉和 R_2 脉从近中室上端角分出，R_3 脉、R_4 脉、R_5 脉共柄，和 M_1 脉一起，着生上端角，M_2 脉从 M_1 脉近中室上端角处分出。后翅 Sc + R_1 脉短，仅至前缘 1/2 处；外缘截形，波状，在 M_1 与 2A 脉处微突出；臀角无瓣；Sc + R_1 脉、Rs 脉、M 脉基部共柄，与未共柄的 A 脉基部分离。

注记：周尧（1998，1999）和 http://ftp.funet.fi/pub/sci/bio/life/insecta/lepidoptera/网站均将此属置于闪蛱蝶亚科 Apaturinae，隶属于蛱蝶科 Nymphalidae。

189. 紫闪蛱蝶 *Apatura iris* (Linnaeus, 1758)

Papilio iris Linnaeus, 1758; Systematic Nature (10th ed.) 1: 476; Type locality: Germany, England.
Apatura pallas Leech, 1890; Entomologist 23: 190; Type locality: 金口河.

Apatura iris var. *bieti* Oberthür, 1885; Bulletin Society of Entomology France (6)5: cxxxvi, cclviii (index); Type locality: 四川.

Apatura iris likiangensis Mell, 1952; Entomologische Zeitschrift 62: 34; Type locality: 丽江.

Apatura iris xanthina Oberthür, 1909; Etudes de Lépidoptérologie Comparée 3: 180; Type locality: 打箭炉, 小路.

Apatura iris f. *chrysina* Oberthür, 1909; Etudes de Lépidoptérologie Comparée 3: 180; Type locality: 小路.

Apatura laverna leii Chou, 1994; in Chou, Monographia Rhopalocerorum Sinensum II: 426, 760; Type locality: 宁陕.

（1）查看标本：宝兴，2005 年 7 月 7 日，2000-2500 m，4 只，邓合黎；宝兴，2005 年 7 月 6、10-11、13 日，500-4000 m，8 只，杨晓东；宝兴，2005 年 7 月 7、12 日和 9 月 8 日，500-2500 m，4 只，李爱民；天全，2007 年 8 月 5 日，2000-2500 m，1 只，杨晓东；天全，2005 年 8 月 29 日，1000-1500 m，1 只，邓合黎；芦山，2005 年 9 月 10 日，1000-1500 m，1 只，邓合黎；宝兴，2006 年 6 月 17 日，1000-1500 m，1 只，邓合黎；汉源，2006 年 6 月 24 日，1500-2000 m，1 只，左燕；汉源，2006 年 6 月 27 日，1500-2500 m，2 只，邓合黎；汉源，2006 年 6 月 27 日，2000-2500 m，杨晓东；汉源，2006 年 7 月 1 日，2000-2500 m，李爱民；荥经，2006 年 7 月 5 日，1000-1500 m，1 只，杨晓东；荥经，2006 年 7 月 4-5 日，1000-1500 m，2 只，左燕；荥经，2006 年 7 月 5 日，1000-1500 m，2 只，邓合黎；荥经，2006 年 7 月 1、4-5 日，6 只，李爱民；德钦，2006 年 8 月 9 日，3000-3500 m，2 只，左燕；德钦，2006 年 8 月 9 日，3000-3500 m，5 只，邓合黎；德钦，2006 年 8 月 9 日，3000-3500 m，5 只，李爱民；德钦，2006 年 8 月 9、12 日，3000-3500 m，3 只，杨晓东；香格里拉，2006 年 8 月 21 日，2500-3000 m，1 只，李爱民；荥经，2007 年 8 月 9 日，1500-2000 m，1 只，杨晓东；木里，2008 年 8 月 22 日，3000-3500 m，1 只，邓合黎；巴塘，2015 年 8 月 12 日，3000-3500 m，1 只，左燕；金川，2016 年 8 月 11 日，2500-3000 m，1 只，左燕；金川，2016 年 8 月 13 日，2500-3000 m，1 只，李爱民；宝兴，2018 年 6 月 4 日，1500-2000 m，1 只，周树军；文县，2020 年 8 月 10 日，2000-2500 m，1 只，邓合黎。

（2）分类特征：翅黑褐色，外缘凹入、后缘波状。背面前翅顶角、中室外及其下方分别有 2 个、5 个和 3 个白斑；后翅白色中横带外侧有明显的刺状突出，臀角有 2 个橙红色小斑。腹面赭红色，白斑与背面相似，在亚缘区有与外缘平行的淡色线条；前翅中室内有 4 个黑点，中室周边围着浅色细带；cu_1 室有 1 个黑色蓝瞳眼斑，围着棕框；后翅 cu_1 室有 1 个与前翅一样的眼斑。雄蝶背面有紫色闪光，亚缘有 1 列与外缘平行的长条形淡黄褐色斑列，前翅中室内有 1 个 "？" 形深黑褐色斑。

（3）分布。

水平：香格里拉、德钦、木里、汉源、荥经、天全、芦山、宝兴、金川、巴塘、文县。

垂直：500-4000 m。

生境：常绿阔叶林、针阔混交林、溪流树林、树丛、阔叶林缘农田竹林、河谷林灌、河滩灌丛、溪流灌丛、山坡灌丛、灌丛草甸、树林农田。

（4）出现时间（月份）：6、7、8、9。

（5）种群数量：常见种。

（6）标本照片：彩色图版 XI-8、9。

（7）注记：http://ftp.funet.fi/pub/sci/bio/life/insecta/lepidoptera/网站记载分布中国于中部和西部；Europe，Amur，Ussuri，Korea，Temperate Asia。

190. 柳紫闪蛱蝶 *Apatura ilia* (Denis *et* Schiffermüller, 1775)

Papilio ilia Denis *et* Schiffermüller, 1775; Ankunft System Schmetterling Wienergegend 1: 172; Type locality: Austria.

Papilio clytie Schiffermüller, 1775; Ankunft System Schmetterling Wienergegend 1: 321.

Apatura ilia var. *serarum* Oberthür, 1891; Études d'Entomologie 15: 11, pl. 1, fig. 8; Type locality: 湖北, 云南.

Apatura ilia phaedra Leech, 1892; Butterflies from China, Japan and Corea (2): 163, pl. 15; Type locality: 峨眉山, 金口河.

Apatura ilia hereoides Bang-Haas, 1933; Entomologische Zeitschrift 47(12): 99; Type locality: 甘肃.

Apatura ilia serarum yunnanensis Le Moult, 1947; Miscnea Entomology 43: 66; Type locality: 云南.

Apatura ilia szechwanensis Le Moult, 1947; Miscnea Entomology 43: 66; Type locality: 四川.

Apatura ilia yunnana Mell, 1952; Entomology Zoological Society Frankfa. M. 62: 35; Type locality: 丽江和大理.

Apatura ilia huapingensis Yoshino, 1998; Neo Lepidoptera 3: 4, figs. 17-18; Type locality: 龙山.

（1）查看标本：芦山，2005 年 6 月 8 日，1000-1500 m，1 只，邓合黎；汉源，2006 年 6 月 27 日，1500-2500 m，2 只，左燕；汉源，2006 年 6 月 27 日，2000-2500 m，1 只，杨晓东；荥经，2006 年 7 月 5 日，1000-1500 m，1 只，杨晓东；金川，2014 年 8 月 8 日，2000-2500 m，1 只，左燕；泸定，2015 年 9 月 2 日，1500-2000 m，1 只，李爱民；九寨沟，2020 年 8 月 8 日，2000-2500 m，2 只，左燕。

（2）分类特征：形态、斑纹色彩与紫闪蛱蝶 *A. iris* 非常相似，但后翅白色中横带外缘平直，外侧无刺状突出。

（3）分布。

水平：汉源、荥经、泸定、芦山、金川、九寨沟。

垂直：1000-2500 m。

生境：常绿阔叶林、农田树林、灌丛、河滩灌丛。

（4）出现时间（月份）：6、7、8、9。

（5）种群数量：少见种。

（6）标本照片：彩色图版 XI-10。

（7）注记：http://ftp.funet.fi/pub/sci/bio/life/insecta/lepidoptera/网站记载分布于中国云南、广西；C. EU，S. EU，Caucasus，Transbaikalia，WS. Siberia，Amur，Ussuri，Japan，Temperate Asia。

191. 曲带闪蛱蝶 *Apatura laverna* Leech, 1893

Apatura laverna Leech, 1893; Butterflies from China, Japan and Corea (1): 164, pl. 15, fig. 6; Type locality: 瓦斯沟.

Apatura laverna leii Chou, 1994; Monographia Rhopalocerorum Sinensium II: 429, 760; Type locality: 宁陕.

Apatura laverna yunlingensis Yoshino, 1999; Neo Lepidoptera 4: 2, figs. 3, 7; Type locality: 维西.

（1）查看标本：理县，2005 年 7 月 22 日，2000-2500 m，1 只，邓合黎；汉源，2006 年 6 月 24 日，1500-2000 m，1 只，杨晓东；维西，2006 年 8 月 28 日，2000-2500 m，1 只，邓合黎；金川，2014 年 8 月 8 日，2500-3000 m，1 只，李爱民；金川，2016 年 8 月 13 日，2500-3000 m，1 只，左燕；马尔康，2020 年 7 月 31 日，2000-2500 m，1 只，邓合黎。

（2）分类特征：形态、斑纹近似紫闪蛱蝶 *A. iris*，自身的特征是翅橙黄色，有褐色闪光，宽的带纹淡黄色。后翅白色中横带无刺状突起，外缘不平直，内缘中段突出。

（3）分布。

水平：维西、汉源、理县、金川、马尔康。

垂直：1500-3000 m。

生境：溪谷阔叶树林、河谷林灌、河滩灌丛山坡灌丛、亚高山灌草丛、河滩草地。

（4）出现时间（月份）：6、7、8。

（5）种群数量：少见种。

（6）标本照片：彩色图版 XI-11。

（7）注记：http://ftp.funet.fi/pub/sci/bio/life/insecta/lepidoptera/网站记载分布于中国陕西、四川、云南。

（四十六）迷蛱蝶属 *Mimathyma* Moore, [1896]

Mimathyma Moore, [1896]; Lepidoptera Indica 3(25): 8; Type species: *Athyma chevana* Moore, [1886].

Bremeria Moore, [1896]; Lepidoptera Indica 3(25): 9(preocc. *Bremeria* Alphéraky, 1892); Type species: *Adolias schrenckii* Ménétriés, 1859.

Athymodes Moore, [1896]; Lepidoptera Indica 3(25): 10; Type species: *Atyma* [sic] *nycteis* Ménétriés, 1859.

Amuriana Korshunov *et* Dubatolov, 1984; in Insects and Helmints 17: 52; Type species: *Adolias schrenkii* Ménétriés, 1859.

触角长，锤部明显；复眼无毛。较长的中室开式；翅背面黑色，有白色横带，腹面银色，有黑色和赭色斑纹。前翅三角形，顶角非截形也不突出，外缘微凹入；R_1 脉、R_2 脉从中室上脉近上端角处分出，R_3 脉、R_4 脉、R_5 脉共柄，和 M_1 脉一起，着生上端角。后翅肩脉着生的 Sc + R_1 脉长、伸达顶角，Rs 脉和 M_1 脉、M_2 脉分出处接近；外缘弧形、波状，臀角明显；腹面有 2 条赭色横带，1 条与翅外缘平行、从顶角通到臀角，另 1 条从前缘近顶角处较直地通到近臀角的后缘。

注记：周尧（1998，1999）和 http://ftp.funet.fi/pub/sci/bio/life/insecta/lepidoptera/网站均将此属置于闪蛱蝶亚科 Apaturinae，隶属于蛱蝶科 Nymphalidae。

192. 迷蛱蝶 *Mimathyma chevana* (Moore, 1866)

Athyma chevana Moore, 1866; Proceedings of Royal Entomology Society London 1865: 763, pl. 41: 1; Type locality: Sikkim.

Athyma chevana leechii Moore, [1896]; Lepidoptera Indica 3(25): 9; Type locality: 中国中部和西部.

（1）查看标本：青川，2020 年 8 月 19 日，500-1000 m，1 只，左瑞；青川，2020 年 8 月 19 日，500-1000 m，1 只，左燕；景洪，2021 年 5 月 13 日，500-1000 m，1 只，余波。

（2）分类特征：背面翅黑色；前翅中室内有白色长箭纹；中室端外 7 个白斑从前缘至后缘排成弧形，白点组成的亚外缘带与内侧顶角的 2 个白斑组成"Y"形斑纹；后翅与外缘平行的从前缘至后缘的亚外缘带由不规则长条形白斑组成，较宽的白色中横带自 sc + r₁ 室起，到 cu₂ 室止。腹面白斑似背面，前翅上半部银白色，棕褐色的外缘带和宽斜的中横带"V"形，中室内有 2 个小黑点，中室端有 1 个黑褐色纹；下半部有三角形黑色斑纹，基部白色。

（3）分布。

水平：景洪、青川。

垂直：500-1000 m。

生境：常绿阔叶林。

（4）出现时间（月份）：5、8。

（5）种群数量：少见种。

（6）标本照片：彩色图版 XI-12。

（7）注记：http://ftp.funet.fi/pub/sci/bio/life/insecta/lepidoptera/网站记载分布于中国中部和西部；India，Burma。

193. 夜迷蛱蝶 *Mimathyma nycteis* (Ménétriés, 1859)

Atyma [sic] *nycteis* Ménétriés, 1859; Bulletin Physical-Math Academy Sciences St. Pétersb 17(12-14): 215; Type locality: Amur.

Atyma [sic] *cassiope* Ménétriés, 1859; Bulletin Physical-Math Academy Sciences St. Pétersb 17(12-14): 214.

Apatura nycteis f. *furukawai* Matsumura, 1931; Insecta Matsumurana 6(1-2): 43; Type locality: Korea.

（1）查看标本：勐腊，2006 年 3 月 18 日，500-1000 m，1 只，左燕；勐海，2006 年 3 月 23 日，1000-1500 m，1 只，邓合黎；景洪，2021 年 6 月 5 日，500-1000 m，1 只，余波。

（2）分类特征：背面翅黑色；前翅中室内有白色长箭纹；中室端外 7 个白斑从前缘至后缘排成弧形，顶角 3 个小白斑列在亚外缘区与白点组成的亚外缘带连接；后翅肩室有白斑，与外缘平行的从前缘至后缘的亚外缘带由不规则长条形白斑组成，较宽的白色中横带自 sc + r₁ 室起，到 cu₂ 室止。腹面红褐色，白斑似背面，前翅白色三角形中室内有 2 个小黑点，中室端有 2 小黑点；后翅腹面银白色，中区有 1 条白色横带；sc + r₁ 室基部有 1 个长椭圆形白斑，中横带与亚外缘带间有 4 个黄白色小点，沿外缘有 1 列长条形白斑组成的间断性斑列；臀角有 2 个小黑点。

（3）分布。

水平：勐海、景洪、勐腊。

垂直：500-1500 m。

生境：常绿阔叶林。

（4）出现时间（月份）：3、6。

（5）种群数量：少见种。

（6）标本照片：彩色图版 XII-1。

（7）注记：http://ftp.funet.fi/pub/sci/bio/life/insecta/lepidoptera/网站记载分布于中国东北地区；Amur，Korea。

194. 环带迷蛱蝶 *Mimathyma ambica* (Kollar, 1844)

Apatura ambica Kollar, 1844; in Hügel, Kaschmir und das Reich der Siek 4: 431; Type locality: Assam.

Apatura namouna Doubleday, 1845; Annual Magazine of Natural History (1)16(104): 178; Type locality: Sikkim.

Apatura zanoa Hewitson, 1869; Illustrations of New Species of Exotic Butterflies 3(4): 84, pl. 44, figs. 7-8; Type locality: Darjeeling.

Potamis ambica claribella Fruhstorfer, 1902; Deutschla of Entomological and Zoological Iris 15(1): 177; Type locality: N. Tonkin.

Potamis ambica miranda Fruhstorfer, 1902; Deutschla of Entomological and Zoological Iris 15(1): 176; Type locality: Siam.

Apatura ambica garlanda Fruhstorfer, 1913; in Seitz, Gross-Schmetterling Erde 9: 700.

（1）查看标本：景洪，2020 年 10 月 25 日，500-1000 m，8 只，余波；景洪，2021 年 4 月 10 日、5 月 13 日和 8 月 16 日，500-1000 m，5 只，余波。

（2）分类特征：后翅外缘弧形，但 Cu_2 脉突出成短的尖突。背面翅黑色；前翅中室内无白色长箭纹；中室端外 7 个白斑从前缘至后缘排成弧形，顶角有 2 个小白斑；后翅与外缘平行的从前缘至后缘的小白点亚外缘带由不规则的长条形白斑组成，较宽的白色中横带自 sc + r_1 室起，到 cu_2 室止，顶角和臀角均有橙黄色斑纹。腹面银白色，前翅橙红色中横带在 cu_1 室至 2a 室变宽，致使这 3 个室向外扩展形成 1 个弧形突起，cu_1 室和 cu_2 室内的橙红色中横带围绕 2 个大黑斑；后翅中区有 1 条白色横带，橙红色中横带外侧有许多黑色刺状纹。

（3）分布。

水平：景洪。

垂直：500-1000 m。

生境：常绿阔叶林。

（4）出现时间（月份）：4、5、8、10。

（5）种群数量：少见种。

（6）标本照片：彩色图版 XII-2。

（7）注记：http://ftp.funet.fi/pub/sci/bio/life/insecta/lepidoptera/网站记载分布于中国云南、海南；Kashmir，Pakistan，India，Laos，Burma，Thailand，Sumatra。

195. 白斑迷蛱蝶 *Mimathyma schrenckii* (Ménétriés, 1859)

Adolias schrenkii Ménétriés, 1859; Bulletin Physical-Math Academy Sciences St. Pétersb 17(12-14): 215; Type locality: Amur.

Apatura schrenckii laeta Oberthür, 1906; Etudes de Lépidoptérologie Comparée 2: 20; Type locality: 德钦.
Apatura schrenckii media Oberthür, 1912; Etudes de Lépidoptérologie Comparée 6: 314, pl. 103, fig. 965;
　　Type locality: 小路.

　　（1）查看标本：宝兴，2005 年 7 月 12 日和 9 月 8 日，1500-2000 m，2 只，杨晓东；天全，2005 年 8 月 29 日，1000-1500 m，1 只，邓合黎。

　　（2）分类特征：背面黑褐色；前翅中室无白纹，顶角有 2 个小白斑，中域有 1 条由 6 个白斑组成的外斜带，其后段在 2a 室和 cu_2 室内各有 1 个橙红色斑，后缘中段有 2 个小白斑；后翅亚外缘前端有 2 个小白斑，中域有 1 个近卵形的大白斑，其边缘有蓝色闪光。腹面前翅黑褐色、基部灰紫色，灰紫色中室内有 2 个黑斑；中室端至外缘有 6 个白斑组成的斜带；顶角银白色、倒三角形，2a 室和 cu_2 室内各有 1 个长方形斑，斑的内侧橙红色、外侧黑色；后翅银白色，中域有 1 个白色大斑。

　　（3）分布。
　　水平：天全、宝兴。
　　垂直：1000-2000 m。
　　生境：常绿阔叶林农田。
　　（4）出现时间（月份）：7、8、9。
　　（5）种群数量：少见种。
　　（6）标本照片：彩色图版 XII-3。
　　（7）注记：http://ftp.funet.fi/pub/sci/bio/life/insecta/lepidoptera/网站记载分布于中国东北地区及云南、西藏；Amur，Korea。

（四十七）铠蛱蝶属 *Chitoria* Moore, 1896

Chitoria Moore, 1896; Lepidoptera Indica 3(25): 10; Type species: *Apatura sordida* Moore, [1886].
Sincana Moore, [1896]; Lepidoptera Indica 3(25): 13; Type species: *Apatura fulva* Leech, 1891.
Dravira Moore, [1896]; Lepidoptera Indica 3(25): 14; Type species: *Potamis ulupi* Doherty, 1889.

　　触角长、锤部发达，复眼无毛、黑色；较长中室开式；翅赭黄色、有不同色彩的带。前翅三角形，顶角非截形且突出，外缘中部显著凹入，使顶角更显尖突；腹面有直的明显的白色横带从前缘走向后缘；臀角尖突。R_1 脉从中室上脉分出，R_3 脉、R_4 脉、R_5 脉共柄，与 R_2 脉一起，着生中室上端角；端脉上、中段非常短，使得 Rs 脉和 M_1 脉、M_2 脉分出处非常接近。后翅外缘平截，使翅呈梯形；着生向外弯曲肩脉的 Sc + R_1 脉长，通达顶角；Sc + R_1 脉、Rs 脉、M 脉基部共柄，与不共柄的 A 脉基部分离。

　　注记：周尧（1998，1999）和 http://ftp.funet.fi/pub/sci/bio/life/insecta/lepidoptera/网站均将此属置于闪蛱蝶亚科 Apaturinae，隶属于蛱蝶科 Nymphalidae。

196. 铂铠蛱蝶 *Chitoria pallas* (Leech, 1890)

Apatura pallas Leech, 1890; Entomologist 23: 190; Type locality: 金口河.

（1）查看标本：青川，2020 年 8 月 20 日，500-1000 m，1 只，左瑞。

（2）分类特征：背腹面斑纹相似，后翅近臀角 cu_2 室内有 1 个环绕黄褐色圈的黑色眼斑。背面翅黑褐色，斑纹黄褐色；中段弧形向外弯曲的淡色中横带从前翅 m_2 室起，延伸至后翅臀角，内侧镶褐边；前翅顶角有 2 个小白斑，中室内有 1 长方形白斑，其两侧为形态相同的黑褐色斑，中室端有 1 条由 6 个白斑组成的斜带并通向臀角；后翅亚外缘各室的黑斑外侧有新月形纹。腹面绿褐色，密布灰色鳞。

（3）分布。

水平：青川。

垂直：500-1000 m。

生境：灌草丛。

（4）出现时间（月份）：8。

（5）种群数量：罕见种。

（6）标本照片：彩色图版 XII-4。

（7）注记：周尧（1998，1999）、Lang（2012）、武春生和徐堉峰（2017）均认为此种为独立的种，并将其置于铠蛱蝶属 *Chitoria* 。http://ftp.funet.fi/pub/sci/bio/life/insecta/lepidoptera/网站记载此种（Leech, 1890; Entomologist 23: 190; Type locality: 金口河）是紫闪蛱蝶 *Apatura iris* (Linnaeus, 1758)的同物异名。

197. 那铠蛱蝶 *Chitoria naga* (Tytler, 1915)

Apatura sordida naga Tytler, 1915; Journal of the Bombay Natural History Society 23(3): 502, pl. 1, fig. 3; Type locality: Naga Hills.

Chitoria sordita [sic] *hani* Yoshino, 1999; Neo Lepidoptera 4: 2, figs. 6, 0; Type locality: 勐海.

（1）查看标本：景洪，2021 年 8 月 16 日，500-1000 m，1 只，余波。

（2）分类特征：背面翅红褐色，前翅 1 条由若干长方形白斑组成的斜带从前缘中部到臀角，带的外侧黑褐色，有 3 个呈三角形分布的小白点：外侧 2 个、内侧 1 个；后翅外缘和后缘色浅，亚外缘有 1 条黑褐色线斑。腹面浅橄榄绿色，褐色外缘线斑和亚外缘线斑完整；前翅白色斜带的 cu_1 室白斑内侧有 1 个环绕橙圈的黑色眼斑，后翅 cu_1 室也有 1 个同样的眼斑，臀角有 1 个小黑点，这 2 个眼斑和黑点在背面也可见，但不如腹面明显；前翅 cu_2 室白斑内侧大部分黑褐色，后翅从前缘中部经眼斑至臀角有 2 条断续、弯曲的白色线纹。

（3）分布。

水平：景洪。

垂直：500-1000 m。

生境：常绿阔叶林。

（4）出现时间（月份）：8。

（5）种群数量：罕见种。

（6）标本照片：彩色图版 XII-5。

（7）注记：http://ftp.funet.fi/pub/sci/bio/life/insecta/lepidoptera/网站记载分布于中国云

南；Naga Hills。

（四十八）罗蛱蝶属 *Rohana* Moore, [1880]

Rohana Moore, [1880]; Lepidopteral Ceylon 1(1): 27; Type species: *Apatura parisatis* Westwood, 1850.
Narsenga Moore, [1896]; Lepidoptera Indica 3(25): 15; Type species: *Apatura parvata* Moore, 1857.

　　复眼无毛，翅较短。前翅略呈三角形，顶角截形、不太突出，使 M_1 脉外缘突出；开式的中室短，其前缘长度约相当于 Cu 脉从基部到 Cu_2 脉分叉处；R_2 脉从中室上脉近上端角分出，与 R_5 脉不共柄；R_3 脉、R_4 脉、R_5 脉共柄，与 M_1 脉一起，着生中室上端角。后翅略呈扇形，着生"ꔫ"形肩脉的 Sc + R_1 脉长，伸达顶角；Rs 脉、M_1 脉与 M_2 脉的分叉点接近；外缘波状，在后缘臀角处凹入；Sc + R_1 脉、Rs 脉、M 脉基部共柄，与不共柄的 A 脉基部相邻。

　　注记：周尧（1998，1999）和 http://ftp.funet.fi/pub/sci/bio/life/insecta/lepidoptera/网站均将此属置于闪蛱蝶亚科 Apaturinae，隶属于蛱蝶科 Nymphalidae。

198. 罗蛱蝶 *Rohana parisatis* (Westwood, 1850)

Apatura parisatis Westwood, 1850; General Diurnal Lepioptera (2): 305; Type locality: Assam.
Rohana parisatis staurakius (Fruhstorfer, 1913); in Seitz, Gross-Schmetterling Erde 9: 698; Type locality: 香港, 云南南部.

　　（1）查看标本：勐腊，2006 年 3 月 17 日，500-1000 m，1 只，左燕；勐腊，2006 年 3 月 17-18 日，500-1000 m，3 只，邓合黎；勐腊，2006 年 3 月 18 日，500-1000 m，2 只，杨晓东；勐腊，2006 年 3 月 18 日，500-1000 m，2 只，李爱民；镇康，2017 年 8 月 20 日，1000-1500 m，2 只，李勇；沧源，2017 年 8 月 27 日，1000-1500 m，2 只，左燕。

　　（2）分类特征：前翅中室上脉约与 Cu_2 脉着生点对应，上端角到翅基部的距离比下端角到翅基部的距离近，R_3 脉分出处接近中室上端角、远离翅顶角，终于翅外缘，R_4 脉在近顶角处分出并通至外缘。雌蝶翅红棕色，背腹面斑纹相似，基部色暗，顶角有 4 个小白点；前后翅中室内有 4 个黑斑，外侧 2 个大；外缘有暗色宽带，亚缘有 2 列暗色斑，中域有不规则的淡色带且两侧色深；腹面亚缘外侧斑列环绕淡色，中域淡色带外侧是 1 条黑褐色带，两者间有不规则的白色斑列。雄蝶翅深黑褐色，背面几无斑纹；腹面斑纹隐约可见，与雌蝶相似。

　　（3）分布。
　　水平：镇康、勐腊、沧源。
　　垂直：500-1500 m。
　　生境：常绿阔叶林。
　　（4）出现时间（月份）：3、8。
　　（5）种群数量：少见种。

（6）标本照片：彩色图版 XII-6。

（7）注记：http://ftp.funet.fi/pub/sci/bio/life/insecta/lepidoptera/网站记载分布于中国云南、香港、海南；India，Ceylon，Burma，Palawan，Sumatra，Borneo，Java。

（四十九）累积蛱蝶属 *Lelecella* Hemming, 1939

Lelecella Hemming, 1939; Proceedings of Royal Entomology Society London (B) 8(3): 39(repl. *Lelex* de Nicéville, 1900); Type species: *Vanessa limenitoides* Oberthür, 1890.

Lelex de Nicéville, 1900; Journal of Asiatic Society of Bengal (3): 234(preocc. *Lelex* Rafinesque, 1815); Type species: *Vanessa limenitoides* Oberthür, 1890.

触角长、锤部明显、中室闭式、长度短于外缘 1/2，有白斑组成的亚缘带和中横带。前翅三角形，顶角无透明斑、斜截形，外缘在 M_1 脉处突出、随后凹入；R_1 脉从中室上脉近上端角处分出，R_2 脉、R_3 脉、R_4 脉、R_5 脉共柄；端脉上段不显，中段短，下段连在 M_2 脉向下弯曲处与 M_3 脉、Cu_1 脉分叉处之间。后翅 $Sc + R_1$ 脉长，到达翅外缘，肩脉长、近"工"字形；前缘直，外缘波状，后缘直、近臀角处凹入；$Sc + R_1$ 脉、Rs 脉、M 脉基部共柄，与不共柄的 A 脉基部分离。

注记：周尧（1998，1999）和 http://ftp.funet.fi/pub/sci/bio/life/insecta/lepidoptera/网站均将此属置于闪蛱蝶亚科 Apaturinae，隶属于蛱蝶科 Nymphalidae。

199. 累积蛱蝶 *Lelecella limenitoides* (Oberthür, 1890)

Vanessa limenitoides Oberthür, 1890; Études d'Entomologie 13: 39, pl. 9, fig. 96; Type locality: 四川.

Vanessa limenitoides limenitoides Bang-Haas, 1934; Entomologische Zeitschrift 48(2): 16; Type locality: 甘肃.

Lelecella limenitoides wangi Chou, 1994; Monographia. Rhopalocerorum Sinensium II: 439, 761, fig. 38; Type locality: 陕西.

Lelecela limenitoides jinlinus Yoshino, 1997; Neo Lepidoptera 2: 4, figs. 28-29; Type locality: 周至.

（1）查看标本：宝兴，2016 年 5 月 11 日，1500-2000 m，1 只，李爱民；宝兴，2018 年 5 月 12 日，1000-1500 m，1 只，周树军。

（2）分类特征：背面翅黑色，前翅顶角截形、突出；白斑中室端 1 个，中室下脉 2 个；亚外缘 6 个白斑组成斑列，与中室端外的 3 个白斑构成 1 个"Y"形；后翅自前缘中央到臀角有 1 条白色宽带，近前缘有淡蓝色细线纹。腹面深褐色，前翅中室基部有 1 个白斑，其余白色斑纹似背面；后翅白色宽横带内侧有 1 条深褐色斜带，其两侧有白带，近外缘有小型眼状纹。

（3）分布。

水平：宝兴。

垂直：1000-2000 m。

生境分布：常绿阔叶林。

（4）出现时间（月份）：5。

（5）种群数量：罕见种。

（6）标本照片：彩色图版 XII-7。

（7）注记：http://ftp.funet.fi/pub/sci/bio/life/insecta/lepidoptera/网站记载分布于中国甘肃、山西、陕西、河南、四川。

（五十）帅蛱蝶属 *Sephisa* Moore, 1882

Sephisa Moore, 1882; Proceedings of Zoological Society of London 1882(1): 240; Type species: *Limenitis dichroa* Kollar, [1844].

Castalia Westwood, [1850]; General Diurnal Lepioptera (2): 303; Type species: *Limenitis dichroa* Kollar, [1844].

Castalia Moore, 1857; in Horsfield & Moore, Catholic Lepidoptral Insect Museum of East India Coy 1: 199; Type species: *Limenitis dichroa* Kollar, [1844].

　　触角棒部长并逐渐加粗、末端钝，中室开式，胸部粗壮，腹部细，翅有橙斑。前翅三角形，外缘在 M_2 脉与 Cu_2 脉间凹入；R_2 脉、R_3 脉、R_4 脉、R_5 脉、M_1 脉共柄，与 R_1 脉、M_2 脉一起，着生中室上端角。后翅外缘完整、非波状，臀角明显突出；$Sc + R_1$ 脉、Rs 脉、M 脉基部共柄，与不共柄的 A 脉基部分离。

　　注记：周尧（1998，1999）和 http://ftp.funet.fi/pub/sci/bio/life/insecta/lepidoptera/网站均将此属置于闪蛱蝶亚科 Apaturinae，隶属于蛱蝶科 Nymphalidae。

200. 帅蛱蝶 *Sephisa chandra* (Moore, [1858])

Castalia chandra Moore, [1858]; in Horsfield & Moore, Catholic Lepidoptral Insect Museum of East India Coy 1: 200, pl. 6a, fig. 4.

Sephisa chandra ♀ f. *albina* Evans, 1912; Journal of the Bombay Natural History Society 21(2): 558, 574.

Sephisa chandra ♀ *djalia chandrana* Evans, 1912; Journal of the Bombay Natural History Society 21(2): 558, 574.

Sephisa chandra f. *atiya* Fruhstorfer, 1913; in Seitz, Gross-Schmetterling Erde 9: 701.

Sephisa chandra f. *djalia* Fruhstorfer, 1913; in Seitz, Gross-Schmetterling Erde 9: 701.

Sephisa chandra f. *veria* Fruhstorfer, 1913; in Seitz, Gross-Schmetterling Erde 9: 701.

Sephisa chandra androdamas ab. *albifasciata* Sonan, 1926; Transactions of the Natural History Society of Formosa 16: 235.

Sephisa chandra zhejiangana Tong, 1994; in Chou, Monographia Rhopalocerum Sinensium II: 441, 761, fig. 39; Type locality: 泰顺。

　　（1）查看标本：景洪，2021 年 5 月 13、21 日，500-1000 m，2 只，余波。

　　（2）分类特征：前后翅背腹面中室端均有 2 个错开又紧贴的长方形橙黄色斑；翅亚外缘区内有 1 条与外缘平行的黑褐色线条，此线条与外缘间夹有浅色条纹斑列。前翅三角形，顶角截形、突出，外缘凹入；后翅略呈方形，外缘锯齿状，后缘臀角凹入。前翅中室短，不到翅长一半，端部倾斜，开式；上角端到翅基部的距离比下端角到翅基部的距离近。

　　雌雄异型：雄蝶背面黑色，前翅外缘凹入，中域 5 个白斑组成斜带，其上方有 2 个白点，亚中域 4 个橙斑构成弧形带，亚外缘有 1 列隐约可见的灰白色斑；后翅中域至基部有宽阔的由深色翅脉隔开的橙色长条纹，橙黄色中室内有 2 个黑点，亚外缘有 1 列黄斑。腹面前翅中室基部有 1 个蓝白色斑，后翅中域橙黄色内侧有几个蓝斑，其余斑纹似背面。雌蝶背面黑褐色并具蓝色光泽，前翅除中室橙黄色斑明显外，其余斑列模糊；后翅端半部有 3 列淡黄色斑。腹面前后翅中室均有 1 个橙黄色斑；前翅亚外缘 2 列斑列明显，其余不明显；后翅端半部斑列明显，排列整齐。

（3）分布。

水平：景洪。

垂直：500-1000 m。

生境：常绿阔叶林。

（4）出现时间（月份）：5。

（5）种群数量：罕见种。

（6）标本照片：彩色图版 XII-8。

（7）注记：http://ftp.funet.fi/pub/sci/bio/life/insecta/lepidoptera/网站记载分布于中国西部及台湾、浙江；Nepal，Bhutan，India，Indochina。

201. 黄帅蛱蝶 *Sephisa princeps* (Fixsen, 1887)

Apatura princeps Fixsen, 1887; in Romanoff, Memoir of Lepidoptera 3: 289, pl. 13, figs. 7a, b; Type locality: Korea.

Apatura cauta Leech, 1887; Proceedings of Zoological Society of London 1887: 417, pl. 35, fig. 2; Type locality: 昌都。

Sephisa princeps chinensis Nguyen, 1984; Note lepidoptera 7(4): 341; Type locality: 长阳。

Sephisa princeps minensis Sugiyama, 1997; Pallarge 6: 1-8; Type locality: 阿坝。

Sephisa princeps tamla Huang, 2003; Nouveau Revisory Entomology 55: 90(note).

（1）查看标本：宝兴，2005 年 7 月 11-12 日，500-1000 m，3 只，邓合黎；宝兴，2005 年 7 月 11-12 日，500-1000 m，2 只，杨晓东；宝兴，2005 年 7 月 12 日，500-1000 m，1 只，李爱民；石棉，2005 年 6 月 21 日，500-1000 m，1 只，李爱民；石棉，2005 年 6 月 21 日，500-1000 m，1 只，杨晓东；荥经，2006 年 7 月 4-5 日，500-2500 m，6 只，李爱民；荥经，2006 年 7 月 4-5 日，500-2500 m，7 只，杨晓东；荥经，2006 年 7 月 4-5 日，500-2500 m，3 只，左燕；荥经，2006 年 7 月 2、5 日，500-2500 m，3 只，邓合黎；雅江，2015 年 8 月 14 日，2500-3000 m，1 只，李爱民；贡山，2016 年 7 月 24 日，2000-2500 m，1 只，左燕；雅江，2015 年 8 月 15 日，2500-3000 m，1 只，邓合黎；景洪，2020 年 10 月 25 日，500-1000 m，1 只，余波。

（2）分类特征：雌雄异型，雄蝶前翅无白带，雌蝶后翅中室无黄斑。斑纹色彩与帅蛱蝶 *S. chandra* 近似，但是雄蝶所有条斑均为橙黄色，无白色条斑；雌蝶条斑同雄蝶，但是除中室外，所有条斑均为白色。

（3）分布。

水平：景洪、贡山、雅江、石棉、荥经、天全、宝兴。

垂直：500-3000 m。

生境：常绿阔叶林、河谷林灌、山坡灌丛树林、农田树林、河滩灌丛。

（4）出现时间（月份）：6、7、8、10。

（5）种群数量：常见种。

（6）标本照片：彩色图版 XII-9。

（7）注记：http://ftp.funet.fi/pub/sci/bio/life/insecta/lepidoptera/网站记载分布于中国东北地区；Amur，Korea。

（五十一）爻蛱蝶属 *Herona* Doubleday, [1848]

Herona Doubleday, [1848]; General Diurnal Lepioptera (1): 15-23, pl. 41, fig. 3; Type species: *Herona marathus* Doubleday, [1848].

复眼无毛，翅橙色和淡褐色，斜的黑纹排成简单的爻形图案；中室开式；触角细长，锤部不膨大。前翅与 R_2 脉平行的 R_1 脉从中室上脉端生出，R_3 脉、R_4 脉、R_5 脉共柄，和 R_2 脉一起，从中室上端角分出；R_3 脉分出处与 Sc 脉终点相对应。后翅外缘波状、肩脉钩状、弯向外缘，Sc + R_1 脉长、通达顶角，Rs 脉、M 脉、Cu 脉共柄，其共柄的基部与 2A 脉共生，3A 脉基部紧贴 2A 脉基部；臀角较明显。

注记：周尧（1998，1999）和 http://ftp.funet.fi/pub/sci/bio/life/insecta/lepidoptera/网站均将此属置于闪蛱蝶亚科 Apaturinae，隶属于蛱蝶科 Nymphalidae。

202. 爻蛱蝶 *Herona marathus* Doubleday, 1848

Herona marathus Doubleday, 1848; General Diurnal Lepioptera 2: 305, pl. 41: 3; Type locality: India.

（1）查看标本：景洪，2021 年 8 月 10 日，500-1000 m，1 只，余波。

（2）分类特征：翅黑色。背面斑纹橙红色；前翅三角形，顶角钩状突出，内侧有 1 条橙红色斑纹且其内有 2 个白点；中室内 1 个和中室下方 2 个长方形橙红色斑在基半部形成 1 个三角形斑列；端半部 1 个"L"形斑列从前缘近 1/2 处延伸至外缘中间，再沿臀角折向后缘距翅基部 2/3 处；后翅 1 个"U"形橙红色斑列从外缘延伸至 3A 脉，整个 3a 室橙黄色。腹面斑纹形态似背面，但为淡黄白色带紫灰色；后翅基部和 2a 室各有 1 个小黑点。

（3）分布。

水平：景洪。

垂直：500-1000 m。

生境：常绿阔叶林。

（4）出现时间（月份）：8。

（5）种群数量：罕见种。

（6）标本照片：彩色图版 XII-10。

（7）注记：http://ftp.funet.fi/pub/sci/bio/life/insecta/lepidoptera/网站记载分布于中国山南地区；India，Andaman Is.，Indochina。

（五十二）芒蛱蝶属 *Euripus* Doubleday,1848

Euripus Doubleday, 1848; General Diurnal Lepioptera (1): 15-23, pl. 41, fig. 2; Type species: *Euripus halitherses* Doubleday, [1848].

Idrusia Corbet, 1943; Entomologist 76(10): 206(repl. *Euripus* Doubleday, [1848]).

　　触角粗长，复眼光滑，中室开式。前后翅外缘呈不整齐的锯状，后翅特别明显；M_2脉与Cu_2脉端突出，Cu_1脉凹入；雄蝶前翅三角形，前缘弧形，顶角明显，外缘前段突出、后端凹入；R_2脉、R_3脉、R_4脉、R_5脉共柄，R_5脉分出处相当于R_1脉终点；端脉上段非常短，中段也短。后翅略呈方形，外缘截形、稍凹凸，Rs脉、M_1脉与M_2脉分出处接近。雌蝶多型，紫色或蓝黑色；前翅外缘平滑。

　　注记：周尧（1998，1999）和 http://ftp.funet.fi/pub/sci/bio/life/insecta/lepidoptera/网站均将此属置于闪蛱蝶亚科 Apaturinae，隶属于蛱蝶科 Nymphalidae。

203. 芒蛱蝶 *Euripus nyctelius* (Doubleday, 1845)

Diadema nyctelius Doubleday, 1845; Annual Magazine of Natural History 16: 182; Type locality: Sylhet.

Euripus halitherses Doubleday, 1845; in Doubleday, Westwood & Hewitson, General Diurnal Lepioptera 2: 708, pl. 41; Type locality: India.

Hestina isa Moore, 1857; in Horsfield & Moore, A Catalogue of the Lepidopterous Insects in the Museum of the East-India Company 1: 161; Type locality: Darjeeling.

Euripus euploeoides C. *et* R. Felder, [1867]; Reise Fregatte Novara, Bd 2 (Abth. 2) (3): 415.

　　（1）查看标本：景洪，2021 年 5 月 13、21 日、7 月 12 日和 8 月 25 日，500-1000 m，7 只，余波。

　　（2）分类特征：雌雄异型。雄蝶背面黑色，条斑乳白色，翅外缘 1 列小白点组成斑列；前翅中域有由各翅室 1 个长白斑构成的 2 条斑列，外侧 1 条自上而下变小且各白斑向外缘突出成齿状，内侧 1 条较小且 cu_2 室的白斑最大并向内位移；靠近中室端、中室上脉和下脉各有 1 个白斑，cu_2 室有 1 条源自基部的白纹；后翅基半部和中域各翅室内有起点前后不一、以基部为原点的放射状白色条纹，在 sc + r_1 室、rs 室、m_1 室和 m_2 室有黑纹将白色条纹隔成 2 段。腹面赭黄色，斑纹色彩似背面。雌蝶多型，背腹面斑纹色彩多变化，一般呈褐色并具紫蓝色光泽，有白斑。

　　（3）分布。

　　水平：景洪。

　　垂直：500-1000 m。

　　生境：常绿阔叶林。

　　（4）出现时间（月份）：5、7、8。

　　（5）种群数量：少见种。

　　（6）标本照片：彩色图版 XII-11、12。

　　（7）注记：http://ftp.funet.fi/pub/sci/bio/life/insecta/lepidoptera/网站记载分布于中国云南南部；India，Indochina，Philippines，Indonesia。

（五十三）脉蛱蝶属 *Hestina* Westwood, 1850

Hestina Westwood, 1850; General Diurnal Lepioptera (2): 281; Type species: *Papilio assimilis* Linnaeus, 1758.

Diagora Snellen, 1894; Tijdschrift voor Entomologie 37: 67; Type species: *Apatura japonica* Felder *et* Felder, 1862.

Parhestina Moore, [1896]; Lepidoptera Indica 3(26): 34; Type species: *Diadema persimilis* Westwood, [1850].

　　雌雄相似，但是雌蝶个体较大。触角全黑，复眼光滑；翅白色，脉纹和斑纹黑色；Cu_1 脉基部向内生出短回脉；中室开式。前翅顶角与臀角圆；外缘平直，R_5 脉与 R_2 脉共柄而不与 M_1 脉共柄。后翅肩脉柱状，外缘平滑，无凹凸，无明显臀角；$Sc + R_1$ 脉、Rs 脉、M 脉、Cu 脉共柄，其柄基部与 A 脉基部紧贴在一起。

　　注记：周尧（1998，1999）和 http://ftp.funet.fi/pub/sci/bio/life/insecta/lepidoptera/网站均将此属置于闪蛱蝶亚科 Apaturinae，隶属于蛱蝶科 Nymphalidae。

204. 黑脉蛱蝶 *Hestina assimilis* (Linnaeus, 1758)

Papilio assimilis Linnaeus, 1758; Systematic Nature (10th ed.) 1: 479; Type locality: Asia.

Hestina nigrivena Leech, 1890; Entomologist 23: 31; Type locality: 长阳.

Hestina assimilis hirayamai Matsumura, 1936; Insecta Matsumurana 10(4): 127; Type locality: 台湾.

　　（1）查看标本：理县，2005 年 7 月 22 日，2000-2500 m，1 只，邓合黎；芦山，2005 年 6 月 8 日，1000-1500 m，1 只，邓合黎；天全，2005 年 9 月 7 日，500-1000 m，1 只，邓合黎；雅江，2015 年 8 月 15 日，2500-3000 m，1 只，李爱民；青川，2020 年 8 月 13 日，1000-1500 m，1 只，左燕。

　　（2）分类特征：翅绿灰色，翅脉和斑纹黑色；雌雄背腹面斑纹色彩相同。后翅略呈卵圆形，外缘波状；亚外缘有 4-5 个红斑。淡色型无黑色斑纹。

　　（3）分布。

　　水平：雅江、天全、芦山、理县、青川。

　　垂直：500-3000 m。

　　生境：常绿阔叶林、山坡林灌、河滩灌丛、树林农田。

　　（4）出现时间（月份）：6、7、8、9。

　　（5）种群数量：少见种。

　　（6）标本照片：彩色图版 XII-13、14。

　　（7）注记：http://ftp.funet.fi/pub/sci/bio/life/insecta/lepidoptera/网站记载分布于中国；Korea，Japan。

205. 拟斑脉蛱蝶 *Hestina persimilis* (Westwood, 1850)

Diadema persimilis Westwood, 1850; General Diurnal Lepioptera (2): 281; Type locality: India.

Euripus japonicus var. *chinensis* Leech, 1890; Entomologist 23: 32; Type locality: 宜昌.

Hestina subviridis Leech, 1891; Entomologist 24(Suppl.): 27; Type locality: 瓦斯沟.

Parhestina persimilis Moore, [1896]; Lepidoptera Indica 3(26): 34, pl. 201, figs. 1, 1a-b.

（1）查看标本：芦山，2005 年 6 月 8 日，1000-1500 m，2 只，邓合黎；天全，2005 年 9 月 7 日，500-1000 m，1 只，邓合黎；芒市，2006 年 3 月 17 日，1000-1500 m，1 只，李爱民；芒市，2006 年 3 月 27 日和 4 月 1 日，1000-1500 m，2 只，左燕；宝兴，2018 年 5 月 17、20 日，1000-2000 m，2 只，周树军；景洪，2021 年 4 月 10 日和 5 月 13 日，500-1000 m，2 只，余波。

（2）分类特征：与黑脉蛱蝶 *H. assimilis* 相似，但是后翅亚外缘无红斑。翅淡绿白色，翅脉黑色。前翅几条横带上有淡绿色斑纹。前缘端部斑点圆形，中室斑中断。

（3）分布。

水平：芒市、景洪、天全、芦山、宝兴。

垂直：500-2000 m。

生境：常绿阔叶林、河滩灌丛、树林农田。

（4）出现时间（月份）：3、4、5、6、9。

（5）种群数量：少见种。

（6）标本照片：彩色图版 XII-15。

（7）注记：http://ftp.funet.fi/pub/sci/bio/life/insecta/lepidoptera/网站记载分布于中国西部；Kashmir，Nepal，Bhutan，India。

206. 蒎藜纹脉蛱蝶 *Hestina nama* (Doubleday, 1844)

Diadema nama Doubleday, 1844; List Lepidoptera of British Muaeum 1: 97; Type locality: Sylhet.

Hestina nama melanoides Joicey *et* Talbot, 1921; Bulletin of the Hill Museum 1(1): 171; Type locality: 海南.

Hestinalis nama nama Huang *et* Xue, 2004; Neue Entomologische Nachrichten 57: 140(note).

（1）查看标本：芒市，2006 年 3 月 27 日，1000-1500 m，1 只，左燕；芒市，2006 年 3 月 26 日，1500-2000 m，1 只，邓合黎；芒市，2006 年 3 月 28 日，500-1000 m，1 只，李爱民；福贡，2016 年 8 月 27 日，1000-2000 m，4 只，邓合黎；福贡，2016 年 8 月 27 日，1500-2000 m，3 只，左燕；福贡，2016 年 8 月 27 日，1000-2000 m，6 只，李爱民；澜沧，2017 年 8 月 30 日，500-1000 m，1 只，李勇；沧源，2017 年 8 月 26 日，1000-1500 m，1 只，左燕；孟连，2017 年 8 月 28 日，1000-1500 m，1 只，左燕；景洪，2020 年 10 月 25 日，500-1000 m，6 只，余波；景洪，2021 年 5 月 13 日和 6 月 5 日，500-1000 m，3 只，余波。

（2）分类特征：翅黑色带赭色，有许多不规则的尖形白斑；前翅中室内白斑被隔离为形状不同的小块，有 2 中横带、1 亚端列、1 亚缘列白斑，外缘端部有 3 列 "<" 形斑；后翅亚外缘无红斑，基半部脉间白色，端半部有白色亚缘斑列和 "<" 形缘斑列。腹面斑纹近似背面，但是均呈深棕褐色。

（3）分布。

水平：芒市、孟连、景洪、沧源、澜沧、福贡。

垂直：500-2000 m。

生境：常绿阔叶林、林灌草地、灌丛草地。

（4）出现时间（月份）：3、5、6、8、10。

（5）种群数量：少见种。

（6）标本照片：彩色图版 XIII-1。

（7）注记：周尧（1998，1999）、武春生和徐堉峰（2017）均将此种归于脉蛱蝶属 *Hestina*。http://ftp.funet.fi/pub/sci/bio/life/insecta/lepidoptera/网站则将此属置于 *Hestinalis* 属，并记载该种分布于中国云南、海南；Bhutan，India，Indochina。

（五十四）紫蛱蝶属 *Sasakia* Moore, [1896]

Sasakia Moore, [1896]; Lepidoptera Indica 3(26): 39; Type species: *Diadema charonda* Hewitson, 1863.

大型种类，体粗壮，触角粗；中室开式，翅宽阔。前翅三角形，前缘弧形，外缘凹入，后缘直，Cu_2 脉着生点接近翅基部，R_2 脉从中室上脉分出；R_4 脉与 R_5 脉分叉点接近翅外缘。后翅半圆形，前缘平直，外缘圆弧形、波状，后缘臀角凹入，顶角圆；$Sc + R_1$ 脉长，通达顶角，无明显臀角；$Sc + R_1$ 脉、Rs 脉、M_1 脉、M_2 脉共柄，M_3 脉和 Cu 脉共柄，两者基部接触，并与 2 条 A 脉基部隔离。

注记：周尧（1998，1999）和 http://ftp.funet.fi/pub/sci/bio/life/insecta/lepidoptera/网站均将此属置于闪蛱蝶亚科 Apaturinae，隶属于蛱蝶科 Nymphalidae。

207. 大紫蛱蝶 *Sasakia charonda* (Hewitson, 1863)

Diadema charonda Hewitson, 1863; Illustrations of New Species of Exotic Butterflies 3: 20, pl. 10, figs. 2-3; Type locality: Japan.

Euripus coreanus Leech, 1887; Proceedings of Zoological Society of London 1887: 418, pl. 36, figs. 1, 1a; Type locality: Korea.

Sasakia charonda yunnanensis Fruhstorfer, 1913; in Seitz, Gross-Schmetterling Erde 9: 702; Type locality: 德钦.

Sasakia charonda formosana Shirôzu, 1963; Kontyû 31(1): 74, figs. 1-2; Type locality: 台湾.

（1）查看标本：宝兴，2006 年 6 月 17 日，1000-1500 m，1 只，李爱民；青川，2020 年 8 月 20 日，500-1000 m，1 只，杨盛语；青川，2020 年 8 月 13 日，1000-1500 m，1 只，左瑞。

（2）分类特征：雄蝶：翅背面基半部翅脉黑褐色并具蓝色闪光，端半部黑褐色，腹面前翅顶角和后翅黄褐色、基半部黑褐色。前翅背面中室端 1 个哑铃状白斑与中室下方 3 个白色圆斑组成弧形斑列，2a 室有 1 条细的纵白纹，亚外缘有 1 列淡黄色斑，顶角有 2 个白斑，中域有 5 个斜列的淡黄色斑。背面后翅中室端有长条形白斑，亚外缘有 1 列黄斑，$sc + r_1$ 室、rs 室和中域有大小不等的白斑，臀角有 2 个半月形相连的红斑。腹面斑纹色彩同背面，但无蓝色闪光。雌蝶：翅背面基半部翅脉浅黑褐色但无蓝色闪光，端半部黄褐色；腹面前翅顶角和后翅黄褐色、基半部浅黑褐色。背腹面斑纹与雄蝶斑纹相似。

（3）分布。

水平：宝兴、青川。

垂直：500-1500 m。

生境：常绿阔叶林、灌丛、灌草丛。

（4）出现时间（月份）：6、8。

（5）种群数量：少见种。

（6）标本照片：彩色图版 XIII-2。

（7）注记：http://ftp.funet.fi/pub/sci/bio/life/insecta/lepidoptera/网站记载分布于中国东北地区、中部和西部及台湾；Korea，Japan。

十、秀蛱蝶亚科 Pseudergolinae C. *et* R. Felder, [1867]

Pseudergolinae C. *et* R. Felder, [1867]; Reise Fregatte Novara, Bd 2(Abth. 2)(3): 404; Type genus: *Pseudergolis* C. *et* R. Felder, [1867].
Pseudergolinae Chou, 1998; Classification and Identification of Chinese Butterflies 118-119.
Pseudergolinae Chou, 1999; Monographa Rhopalocerorum Sinensium II: 455-457.
Cyrestinae Vane-Wright *et* de Jong, 2003; Zoologische Verhandelingen Leiden 343: 192.

　　中室闭式。前翅亚前缘 Sc 脉基部不膨大，R_1 脉和 R_2 脉从中室上脉近上端角处分出；R_3 脉、R_4 脉、R_5 脉共柄，R_3 脉与共柄的分叉点远离中室上端角而接近翅顶角；R_3 脉终于翅外缘，Cu_1 脉从中室下端角分出。后翅肩脉从 Sc + R_1 脉分出，臀角尖。
　　注记：周尧（1998，1999）仍维持此亚科级位。http://ftp.funet.fi/pub/sci/bio/life/insecta/lepidoptera/网站则将此亚科降为秀蛱蝶族 Pseudergolini，隶属于蛱蝶科 Nymphalidae 丝蛱蝶亚科 Cyrestinae。

（五十五）秀蛱蝶属 *Pseudergolis* C. *et* R. Felder, [1867]

Pseudergolis C. *et* R. Felder, [1867]; Reise Fregatte Novara, Bd 2(Abth. 2)(3): 404; Type species: *Pseudergolis avesta* C. *et* R. Felder, 1848.

　　翅有几条平行的黑色波状横线。前翅外缘在 M_1 脉与 M_2 脉处突出成角度。
　　注记：周尧（1998，1999）将此属置于秀蛱蝶亚科 Pseudergolinae，隶属于蛱蝶科 Nymphalidae。http://ftp.funet.fi/pub/sci/bio/life/insecta/lepidoptera/网站则将此属置于秀蛱蝶族 Pseudergolini，隶属于蛱蝶科 Nymphalidae 丝蛱蝶亚科 Cyrestinae。

208. 秀蛱蝶 *Pseudergolis wedah* (Kollar, 1848)

Ariadne wedah Kollar, 1848; in Hügel, Kaschmir und das Reich der Siek 4: 437; Type locality: India.
Precis hara Moore, 1857; in Horsfield & Moore, A Catalogue of the Lepidopterous Insects in the Museum of the East-India Company 1: 143, pl. 3a: 1; Type locality: Silhet, India.

　　（1）查看标本：宝兴，2005 年 7 月 10-11 日，500-1500 m，2 只，邓合黎；康定，2005 年 8 月 19、26 日，1500-2000 m，4 只，邓合黎；天全，2005 年 8 月 29、31 日和 9 月 2-3 日，500-2000 m，6 只，邓合黎；宝兴，2005 年 7 月 10-12 日，500-1500 m，4 只，左燕；宝兴，2005 年 9 月 8 日，1000-2000 m，8 只，李爱民；天全，2005 年 9 月 3 日，1500-2000 m，2 只，李爱民；康定，2005 年 8 月 21、26 日，1500-3000 m，8 只，

杨晓东；天全，2005 年 8 月 31 日和 9 月 2、7-8 日，500-2000 m，8 只，杨晓东；宝兴，2005 年 7 月 10、12 日和 9 月 8 日，1000-2000 m，3 只，杨晓东；瑞丽，2006 年 3 月 30 日，1000-1500 m，1 只，左燕；汉源，2006 年 4 月 25-29 日，1000-2500 m，4 只，左燕；荥经，2006 年 7 月 5 日，1000-1500 m，1 只，左燕；维西，2006 年 8 月 27 日，1500-1200 m，1 只，左燕；勐腊，2006 年 3 月 17 日，500-1000 m，1 只，邓合黎；勐海，2006 年 3 月 21 日，500-1000 m，1 只，邓合黎；宝兴，2006 年 6 月 17 日，1000-1500 m，1 只，邓合黎；兰坪，2006 年 9 月 1 日，2000-2500 m，1 只，邓合黎；芒市，2006 年 3 月 27 日，1500-2000 m，1 只，李爱民；天全，2006 年 6 月 15 日，1500-2000 m，1 只，李爱民；宝兴，2006 年 6 月 17 日，1000-1500 m，2 只，李爱民；维西，2006 年 8 月 27 日，1500-2000 m，1 只，李爱民；勐海，2006 年 3 月 14 日，1000-1500 m，1 只，吴立伟；宝兴，2006 年 6 月 17 日，1000-1500 m，2 只，汪柄红；勐腊，2006 年 3 月 17 日，500-1000 m，1 只，杨晓东；天全，2006 年 6 月 12 日，1000-1500 m，1 只，杨晓东；宝兴，2006 年 6 月 17 日，1000-1500 m，1 只，杨晓东；香格里拉，2006 年 8 月 17 日，2000-2500 m，1 只，杨晓东；天全，2007 年 8 月 3-6 日，500-2000 m，7 只，杨晓东；木里，2008 年 8 月 2 日，1 只，杨晓东；泸定，2015 年 9 月 4 日，1500-2000 m，3 只，张乔勇；泸定，2015 年 9 月 4 日，1500-2000 m，2 只，左燕；泸定，2015 年 9 月 4 日，1500-2000 m，1 只，邓合黎；泸定，2015 年 9 月 2、4 日，1500-2000 m，4 只，李爱民；贡山，2016 年 8 月 24-25 日，1500-2000 m，2 只，左燕；福贡，2016 年 8 月 27 日，1500-2000 m，1 只，左燕；腾冲，2016 年 8 月 30 日，2000-2500 m，1 只，左燕；宝兴，2016 年 5 月 10 日，1500-2000 m，1 只，邓合黎；贡山，2016 年 8 月 24 日，1100-2000 m，2 只，邓合黎；福贡，2016 年 8 月 27 日，2000-2500 m，1 只，邓合黎；泸水，2016 年 8 月 28 日，2000-2500 m，1 只，邓合黎；宝兴，2016 年 5 月 10-11 日，1500-2000 m，4 只，李爱民；贡山，2016 年 8 月 24 日，1100-2000 m，2 只，李爱民；福贡，2016 年 8 月 27 日，500-2000 m，4 只，李爱民；腾冲，2016 年 8 月 28 日，2000-2500 m，1 只，李爱民；宝兴，2017 年 9 月 28 日，1000-1500 m，4 只，周树军；瑞丽，2017 年 8 月 18 日，1000-1500 m，2 只，李勇；镇康，2017 年 8 月 20 日，1000-1500 m，1 只，李勇；瑞丽，2017 年 8 月 18 日，1000-1500 m，1 只，左燕；沧源，2017 年 8 月 26 日，1000-1500 m，1 只，左燕；孟连，2017 年 8 月 28 日，1000-1500 m，3 只，左燕；瑞丽，2017 年 8 月 18 日，1000-1500 m，1 只，邓合黎；宝兴，2018 年 5 月 10-28 日和 6 月 4 日，1000-2000 m，5 只，周树军；青川，2020 年 8 月 13、20 日，500-1500 m，2 只，邓合黎；青川，2020 年 8 月 20 日，500-1000 m，1 只，左瑞；青川，2020 年 8 月 20 日，500-1000 m，2 只，左燕；景洪，2021 年 3 月 7 日和 7 月 13 日，500-1000 m，2 只，余波。

（2）分类特征：翅面 3 条深褐色的几相互平行的纹从前翅前缘波状延伸至后翅后缘，背面比腹面清晰。背面翅红褐色，中室内有 4 条深褐色条纹。腹面翅褐色，斑纹色彩同背面。前翅前缘弧形，顶角截形、中部凹入，后缘直；后翅前缘弧形，外缘波状、近圆形，后缘微弧形，臀角尖。

（3）分布。

水平：瑞丽、芒市、镇康、孟连、勐海、景洪、勐腊、沧源、腾冲、泸水、福贡、兰坪、维西、贡山、香格里拉、木里、汉源、荥经、泸定、康定、天全、宝兴、青川。

垂直：500-3000 m。

生境：常绿阔叶林、针阔混交林、山坡树林、山坡农田树林、农田山林、阔叶林缘农田竹林、河滩林灌、沟谷林灌、溪流灌丛、河滩灌丛、河谷灌丛、山坡灌丛、溪流山坡灌丛、林灌草地、灌草丛、山坡灌草丛、河谷灌丛草地、农田灌丛草地、河滩草地、阔叶林缘农田、树林农田。

（4）出现时间（月份）：3、4、5、6、7、8、9。

（5）种群数量：优势种。

（6）标本照片：彩色图版 XIII-3。

（7）注记：http://ftp.funet.fi/pub/sci/bio/life/insecta/lepidoptera/网站记载分布于中国；India，Indochina。

（五十六）饰蛱蝶属 *Stibochiona* Butler, [1869]

Stibochiona Butler, [1869]; Proceedings of Zoological Society of London 1868(3): 614; Type species: *Hypolimnas coresia* Hübner, [1826].

复眼有毛，与本亚科中秀蛱蝶属 *Pseudergolis* 相比，翅面无相互平行的黑色波状横线；与电蛱蝶属 *Dichorragia* 相比，亚缘无电光状纹而有 1 列围着白圈的小黑点。前翅中室开式，外缘无突出也无凹入；R_2 脉、R_5 脉与 M_1 脉均从中室上端角分出。后翅中室闭式。

注记：周尧（1998，1999）将此属置于秀蛱蝶亚科 Pseudergolinae，隶属于蛱蝶科 Nymphalidae。http://ftp.funet.fi/pub/sci/bio/life/insecta/lepidoptera/网站则将此属置于秀蛱蝶族 Pseudergolini，隶属于蛱蝶科 Nymphalidae 丝蛱蝶亚科 Cyrestinae。

209. 素饰蛱蝶 *Stibochiona nicea* (Gray, 1846)

Adolias nicea Gray, 1846; Describe Lepidopteral Institute of Nepal 13: pl. 12, fig. 1; Type locality: Nepal.
Adolias nicea Felder *et* Felder, 1859; Wien Entomology Monatschrs 3: 184; Type locality: Silhet.
Stibochiona nicea subucula Fruhstorfer, 1898; Berlin Entomology Zoology 42(3/4): 329; Type locality: Malaya.

（1）查看标本：宝兴，2005 年 7 月 11 日，500-1000 m，2 只，邓合黎；天全，2005 年 8 月 29 日和 9 月 6-7 日，500-1500 m，5 只，邓合黎；宝兴，2005 年 7 月 11 日，500-1000 m，1 只，左燕；宝兴，2005 年 7 月 11 日，500-1000 m，1 只，杨晓东；天全，2005 年 8 月 29 日和 9 月 6-7 日，500-1500 m，5 只，杨晓东；勐海，2006 年 3 月 14、22 日，500-2000 m，2 只，邓合黎；勐海，2006 年 3 月 22 日，500-1000 m，1 只，左燕；勐腊，2006 年 3 月 17 日，500-1000 m，3 只，李爱民；荥经，2006 年 7 月 2 日，500-1000 m，1 只，杨晓东；天全，2007 年 8 月 3-4 日，500-1500 m，7 只，杨晓东；贡山，2016 年 8 月 29 日，1000-1500 m，7 只，李爱民；福贡，2016 年 8 月 27 日，1000-1500 m，2 只，李爱民；贡山，2016 年 8 月 24-25 日，1000-2000 m，2 只，邓合黎；福贡，2016 年 8 月 27

日，1500-2000 m，1 只，邓合黎；贡山，2016 年 8 月 24-25 日，1000-2000 m，8 只，左燕；福贡，2016 年 8 月 27 日，1500-2000 m，1 只，左燕；镇康，2017 年 8 月 20 日，1000-1500 m，1 只，李勇；镇康，2017 年 8 月 20 日，1000-1500 m，1 只，邓合黎；镇康，2017 年 8 月 20 日，1000-1500 m，1 只，左燕；宝兴，2018 年 4 月 30 日和 5 月 16 日，500-1500 m，2 只，周树军；景洪，2019 年 5 月 8 日，500-1000 m，4 只，余波；青川，2020 年 8 月 20 日，500-1000 m，2 只，左燕。

（2）分类特征：翅背面黑色，前翅外缘有 1 列整齐的小白点斑列，其中 2a 室有 2 个白点，亚外缘 1 列更小白点到 cu_1 室止；中室内有 2 条蓝白色短线纹，中室外侧有数个小白点；后翅外缘各翅室内有 1 个近圆形白斑并组成沿外缘的斑列。腹面棕褐色，斑纹似背面；后翅外缘白色斑列内侧有 1 条与之平行浅黄色线纹；臀角尖。

（3）分布。

水平：镇康、勐海、景洪、勐腊、福贡、贡山、荥经、天全、宝兴、青川。

垂直：500-2000 m。

生境：常绿阔叶林、针叶林、河谷树林、山坡树林、农田树林、山坡农田树林、阔叶林缘农田竹林、河滩灌丛、溪流农田灌丛、灌草丛、灌丛草地、树林农田。

（4）出现时间（月份）：3、4、5、7、8、9。

（5）种群数量：常见种。

（6）标本照片：彩色图版 XIII-4。

（7）注记：http://ftp.funet.fi/pub/sci/bio/life/insecta/lepidoptera/网站记载分布于中国西部；India，Indochina。

（五十七）电蛱蝶属 *Dichorragia* Butler, [1869]

Dichorragia Butler, [1869]; Proceedings of Zoological Society of London 1868(3): 614; Type species:
 Adolias nesimachus Boisduval, [1840].
Dichorragia Scudder, 1882; Bulletin U. S. Nature Museum 19(2): 97.
Dichorragia (Pseudergolini) Vane-Wright *et* de Jong, 2003; Zoologische Verhandelingen Leiden 343: 192.

复眼有毛，翅面无平行的黑色波状横线，亚缘有箭状纹和电光状纹，中室闭式。前翅外缘无突出，在 M_2 脉与 Cu_1 脉间微凹入。后翅臀角略瓣状突出。

注记：周尧（1998，1999）将此属置于秀蛱蝶亚科 Pseudergolinae，隶属于蛱蝶科 Nymphalidae。http://ftp.funet.fi/pub/sci/bio/life/insecta/lepidoptera/网站则将此属置于秀蛱蝶族 Pseudergolini，隶属于蛱蝶科 Nymphalidae 丝蛱蝶亚科 Cyrestinae。

210. 电蛱蝶 *Dichorragia nesimachus* (Boisduval, 1840)

Adolias nesimachus Boisduval, 1840; in Cuvier, Le Règne Animal Ditribué Atlas Insecta 2: 101, pl. 139, fig.1;
 Type locality: Himalayas.
Dichorragia nesseus Grose-Smith, 1893; Annual Magazine of Natural History (6)11(63): 217; Type locality:
 峨眉山。

Dichorragia nesimachus formosanus Fruhstorfer, 1909; Entomologische Zeitschrift 22(41): 167; Type locality: 台湾.

Dichorragia nesimachus chinensis Tsukada, 1991; Butterflies SE Asian Insecta 5: 441; Type locality: 海南.

（1）查看标本：天全，2005 年 9 月 7 日，500-1000 m，1 只，邓合黎；天全，2005 年 9 月 3 日，500-1000 m，1 只，李爱民；天全，2005 年 9 月 6 日，500-1000 m，1 只，杨晓东；芦山，2005 年 9 月 10 日，1000-1500 m，1 只，邓合黎；荥经，2006 年 7 月 5 日，1500-2500 m，2 只，杨晓东；宝兴，2006 年 6 月 17 日，1000-1500 m，1 只，李爱民；宝兴，2016 年 6 月 16 日，1000-1500 m，2 只，左燕；景洪，2021 年 8 月 9 日，500-1000 m，1 只，余波。

（2）分类特征：翅黑蓝色，雄蝶有闪光。背面前翅亚缘各室有白色电光状纹，中室内有 2 个白紫色斑，中域各翅室有白色斑点；后翅亚缘有 5 个黑色圆斑，其外侧电光状纹短小。

（3）分布。

水平：景洪、荥经、天全、芦山、宝兴。

垂直：500-2500 m。

生境：常绿阔叶林、阔叶林缘竹林、树林农田。

（4）出现时间（月份）：6、7、8、9。

（5）种群数量：少见种。

（6）标本照片：彩色图版 XIII-5。

（7）注记：http://ftp.funet.fi/pub/sci/bio/life/insecta/lepidoptera/网站记载分布于中国西部及台湾；India，Indochina，Indonesia，Philippines，Japan。

十一、豹蛱蝶亚科 Argynninae Chou, 1998

Argynninae Chou, 1998; Classification and Identification of Chinese Butterflies 119-134.
Heliconiinae Harvey, 1991; in Nijhour, The Development and Evolution of Butterfly Wing Patterns 255-272.
Heliconiinae de Jong et al., 1996; Entomologist of Scandinavia 27: 65-102.
Argynninae Chou, 1999; Monographa Rhopalocerorum Sinensium II: 458-479.
Heliconiinae (Nymphalidae) Vane-Wright et de Jong, 2003; Zoologische Verhandelingen Leiden 343: 229.

翅有黑色圆点和条纹组成的斑点豹纹。前翅亚前缘 Sc 脉基部不膨大，R_1 脉和 R_2 脉从中室上脉近上端角处分出；R_3 脉、R_4 脉、R_5 脉共柄，R_3 脉与共柄的分叉点远离中室上端角而接近翅顶角；R_3 脉终于翅外缘，Cu_1 脉从中室下脉分出，距下端角有一段距离。后翅肩脉从 $Sc + R_1$ 脉分出。

注记：周尧（1998，1999）仍维持此亚科级位，隶属于蛱蝶科 Nymphalidae。http://ftp.funet.fi/pub/sci/bio/life/insecta/lepidoptera/网站则将此亚科降为豹蛱蝶族 Argynnini，隶属于蛱蝶科 Nymphalidae 釉蛱蝶亚科 Heliconiinae。

（五十八）文蛱蝶属 *Vindula* Hemming, 1934

Vindula Hemming, 1934; Entomologist 67(4): 77; Type species: *Papilio arsinoe* Cramer, [1777].

雌雄异型。复眼无毛；前翅中室闭式，R_1 脉与 R_2 脉紧贴在一起并从距离中室上端角非常近的地方分叉，R_3 脉、R_4 脉、R_5 脉共柄，与 M_1 脉一起，着生中室上端角，并到达顶角。后翅中室开式，偶尔被 1 条来自前缘的褶缝遮盖，M_3 脉突出成短尾突；除紧贴基部的 A 脉外，后翅其他翅脉共柄；着生钩状肩脉的 $Sc + R_1$ 脉长，几抵顶角。

注记：周尧（1998，1999）将此属置于豹蛱蝶亚科 Argynninae，隶属于蛱蝶科 Nymphalidae。http://ftp.funet.fi/pub/sci/bio/life/insecta/lepidoptera/网站则将此属置于彩蛱蝶族 Vagrantini，隶属于蛱蝶科 Nymphalidae 釉蛱蝶亚科 Heliconiinae。

211. 文蛱蝶 *Vindula erota* (Fabricius, 1793)

Papilio erota Fabricius, 1793; Entomological Systematics 3(1): 76, no. 237; Type locality: Thailand.
Cynthia asela Moore, 1872; Proceedings of Zoological Society of London 1872(2): 558; Type locality: Ceylon.
Cynthia circe Fawcett, 1897; Annual Magazine of Natural History (6)20: 111; Type locality: Burma.
Cynthia erota orahilia ♀ f. *ochracea* Talbot, 1932; Bulletin of the Hill Museum 4(3): 159; Type locality: Nias.

（1）查看标本：勐腊，2006 年 3 月 17-18 日，500-1000 m，2 只，左燕；勐海，2006

年 3 月 14 日，1000-1500 m，1 只，邓合黎；耿马，2017 年 8 月 22 日，1000-1500 m，1 只，左燕；景洪，2020 年 10 月 25 日，500-1000 m，2 只，余波；景洪，2021 年 5 月 13 日、6 月 5 日、7 月 13 日和 8 月 10 日，500-1000 m，9 只，余波。

（2）分类特征：前缘弧形，外缘凹入，有 1 个小白点的顶角突出但不呈截形，后缘较直。背、腹面深褐色翅脉和黑褐色斑纹一样：从前翅顶角延伸至后翅臀角的深黑褐色中横带外线和从前翅前缘约 1/3 处延伸至后翅臀角的同色中横带内线构成一个 "V" 形中横带；中横带将前后翅分割为 3 块，即色浅的中横带、色深的基部和端部；端部与外缘平行的黑褐色波状线在前翅是 1 条，在后翅是 2 条；中横带内黑褐色波状线在前翅是 2 条，在后翅是 1 条；前翅基部中室内黑褐色短线 4 条，后翅 1 条；后翅中横带外侧在 m_1 室和 cu_1 室各有 1 个眼斑。

雌雄异型：雄蝶个体小，背腹面红棕色，中横带与两侧颜色相同；雌蝶背面黑褐色、腹面黄褐色，个体大，中横带白色。

（3）分布。

水平：耿马、勐海、景洪、勐腊。

垂直：500-1500 m。

生境：常绿阔叶林、农田林灌。

（4）出现时间（月份）：3、5、6、7、8、10。

（5）种群数量：少见种。

（6）标本照片：彩色图版 XIII-6。

（7）注记：http://ftp.funet.fi/pub/sci/bio/life/insecta/lepidoptera/网站记载分布于中国云南、海南；Ceylon，India，Indochina，Philippines，Australia。

（五十九）彩蛱蝶属 *Vagrans* Hemming, 1934

Vagrans Hemming, 1934; Entomologist 6(4): 77; Type species: *Papilio egista* Cramer, [1780].
Vagrans Vane-Wright *et* de Jong, 2003; Zoologische Verhandelingen Leiden 343: 234.

复眼无毛。前翅斜三角形，顶角钝尖、不呈截形，外缘微弧形，中室短、为前翅长度 1/3，R_2 脉从 R_5 脉分出，R_2 脉与 R_5 脉有短共柄，后者止于翅外缘。后翅中室闭式而狭窄，M_3 脉突出成尾突，肩脉着生 Sc + R_1 脉。蛹褐色。

注记：周尧（1998，1999）将此属置于豹蛱蝶亚科 Argynninae，隶属于蛱蝶科 Nymphalidae。http://ftp.funet.fi/pub/sci/bio/life/insecta/lepidoptera/网站则将此属置于彩蛱蝶族 Vagrantini，隶属于蛱蝶科 Nymphalidae 釉蛱蝶亚科 Heliconiinae。

212. 彩蛱蝶 *Vagrans egista* (Cramer, [1780])

Papilio egista Cramer, [1780]; Uitland Kapellen 3(23-24): 158, pl. 281, figs. C, D; Type locality: Amboina.
Issoria sinha Kollar, 1844; Reise Kaschmir 4: 438; Type locality: India.

（1）查看标本：勐腊，2006 年 3 月 17 日，500-1000 m，1 只，左燕；勐腊，2006 年 4 月 18 日，500-1000 m，1 只，邓合黎；孟连，2017 年 8 月 29 日，1000-1500 m，1 只，李勇；宁洱，2018 年 6 月 28 日，1000-1500 m，1 只，左燕；景洪，2020 年 10 月 25 日，500-1000 m，1 只，余波；景洪，2021 年 8 月 10 日，500-1000 m，3 只，余波。

（2）分类特征：背面：前翅红褐色，翅脉黑褐色，前缘、顶角和外缘有非常宽阔的黑色区域，此区域内在中室有数个不规则的红褐色斑，中室端有 3 个长条形斑，顶角有 3 个倒"品"字形红褐色斑；中域有 4 个长条形红褐色斑；后翅基部和端半部黑褐色，中域红褐色。腹面：前翅上半部黑褐色，下半部浅黄褐色；后翅前缘区和臀角浅黄褐色，两者间浅黑褐色，这些区域散布若干杂乱的条形或弧形灰白色带紫色的斑纹。

（3）分布。

水平：孟连、景洪、勐腊、宁洱。

垂直：500-1500 m。

生境：常绿阔叶林、草地、林灌草地。

（4）出现时间（月份）：3、4、6、8、10。

（5）种群数量：少见种。

（6）标本照片：彩色图版 XIII-7。

（7）注记：Parsons（1999）认为 *Vagrans egista offaka* (Fruhstorfer, 1904)是 *Vagrans egista propinquq* (Mishin, 1884)的同物异名（*Zoological Record* 13D: Lepidoptera Vol. 135-2586）。http://ftp.funet.fi/pub/sci/bio/life/insecta/lepidoptera/网站记载分布于中国南部；India，Indochina，Malaysia，Philippines，Indonesia，Australia。

（六十）襟蛱蝶属 *Cupha* Billberg, 1820

Cupha Billberg, 1820; Enumeration of Inscriptionl Museum Billberg 79; Type species: *Papilio erymanthis* Drury, [1773].

Messaras Doubleday, [1848]; General Diurnal Lepioptera (1): 163; Type species: *Papilio erymanthis* Drury, [1773].

Cupha (Heliconiinae) Vane-Wright *et* de Jong, 2003; Zoologische Verhandelingen Leiden 343: 232.

触角末端不扁平，翅外缘波状。前翅中室短阔、闭式，端脉上段非常短、中段和下段凹入；R_1 脉、R_2 脉、R_3 脉、R_4 脉、R_5 脉共柄，与 R_1 脉和 M_1 脉一起，着生上端角；R_1 脉、R_2 脉、R_3 脉、R_4 脉止于翅前缘，R_5 脉止于顶角外缘；顶角与外缘有黑色区域。后翅着生钩状肩脉的 $Sc + R_1$ 脉长，中室狭、开式，无尾突，M_3 脉稍突出。

注记：周尧（1998，1999）将此属置于豹蛱蝶亚科 Argynninae，隶属于蛱蝶科 Nymphalidae。http://ftp.funet.fi/pub/sci/bio/life/insecta/lepidoptera/网站将此属置于彩蛱蝶族 Vagrantini，隶属于蛱蝶科 Nymphalidae 釉蛱蝶亚科 Heliconiinae。

213. 黄襟蛱蝶 *Cupha erymanthis* (Drury, 1773)

Papilio erymanthis Drury, 1773; Illustration of Nattural History of Exotisch Insects 1: index, 29, pl. 15, figs. 3-4; Type locality: 中国.

Papilio lotis Sulzer, 1776; Gesch Insectology nach Linnean Systematic (1): 144, pl. 16, fig. 6.

Messaras erymanthis Moore, 1878; Proceedings of Zoological Society of London 1878(4): 827.

Messaras disjuncta Weymer, 1885; Stettin Entomology Ztg 46(4-6): 263; Type locality: Nias.

Cupha erymanthis ab. *decolorata* Sonan, 1926; Transactions of the Natural History Society of Formosa 16: 181; Type locality: 台湾.

（1）查看标本：勐海，2006年3月21日，500-1000 m，2只，邓合黎；维西，2006年8月28日，2000-2500 m，1只，邓合黎；景洪，2006年3月21日，500-1000 m，1只，杨晓东；孟连，2017年8月28-29日，500-1500 m，2只，李勇；澜沧，2017年8月30日，500-1000 m，1只，李勇；景洪，2020年10月25日，500-1000 m，1只，余波；景洪，2021年3月7日和7月13、23日，500-1000 m，4只，余波。

（2）分类特征：翅斑纹黑褐色。背面红褐色，基部深红褐色，有少量不规则的波状纹；前翅端半部黑色，顶角黑色区域内有2个小黄点；中域有1条由7个长短不一的长方形斑组成的金黄色中横带，带内 m_3 室和 cu_1 室各有1个黑色小圆点、cu_1 室和 cu_2 室各有1个黑斑，带内侧是1条从前缘通达后缘的曲折黑纹；后翅中横带红褐色，带内各翅室内有1个小黑点，$sc+r_1$ 室2个、rs 室1个黄白色小点组成1个倒"品"字形；外缘黑色，亚缘新月形纹组成2条褐色线纹。腹面黄褐色，基部浅黄褐色，有不规则的波状纹；中横带金黄色，带内 m_3 室和 cu_1 室各有1个黄褐色眼斑、cu_2 室有1个黑斑，带内侧是1条从前缘通达后缘的曲折浅褐色纹；后翅中横带黄褐色，带内各翅室内有1个小黑点，$sc+r_1$ 室2个、rs 室1个黄白色小点组成1个倒"品"字形；外缘黄褐色，亚缘三角形纹组成1条淡黄色纹。

（3）分布。

水平：孟连、勐海、景洪、澜沧、维西。

垂直：500-2500 m。

生境：常绿阔叶林、林灌、农田林灌、溪流灌丛、河滩草地。

（4）出现时间（月份）：3、7、8、10。

（5）种群数量：常见种。

（6）标本照片：彩色图版 XIII-8。

（7）注记：http://ftp.funet.fi/pub/sci/bio/life/insecta/lepidoptera/网站记载分布于中国南部；India，Ceylon，Indochina。

（六十一）珐蛱蝶属 *Phalanta* Horsfield, 1829

Phalanta Horsfield, 1829; Description of Catholic Lepidoptral Insect Museum of East India Coy (2): 13, pl. 7; Type species: *Papilio phalantha* Drury, [1773].

Atella Doubleday, [1847]; General Diurnal Lepioptera (1): 45, pl. 22, fig. 3; Type species: *Atella eurytis* Doubleday, [1847].

Albericia Dufrane, 1945; Bulletin of the Annual Society of Entomology Belgium 81: 98; Type species: *Albericia gomensis* Dufrane, 1945.

触角末端不扁平，翅外缘波状，中室闭式。前翅中室短阔，端脉中段和下段凹入；R_1脉、R_2脉、R_3脉、R_4脉、R_5脉共柄，与R_1脉一起，着生上端角，R_4脉止于顶角前缘；顶角与外缘无黑色区域。后翅着生钩状肩脉的$Sc + R_1$脉长，中室狭，M_3脉微突出。

注记：周尧（1998，1999）将此属置于豹蛱蝶亚科 Argynninae，隶属于蛱蝶科 Nymphalidae。http://ftp.funet.fi/pub/sci/bio/life/insecta/lepidoptera/网站则将此属置于彩蛱蝶族 Vagrantini，隶属于蛱蝶科 Nymphalidae 釉蛱蝶亚科 Heliconiinae。

214. 珐蛱蝶 *Phalanta phalantha* (Drury, 1773)

Papilio phalantha Drury, 1773; Illustration of Nattural History of Exotisch Insects 1: index, 41, pl. 21, figs. 1-2; Type locality: India.

Papilio columbina Cramer, [1779]; Uitland Kapellen 3(17-21): 76, pl. 238, figs. A, B; Type locality: 中国南部。

（1）查看标本：勐海，2006年3月21日，1000-1500 m，1只，左燕；芒市，2006年4月1日，500-1000 m，1只，左燕；维西，2006年8月28日，2000-2500 m，1只，邓合黎；芒市，2006年6月1日，1000-1500 m，1只，李爱民；景洪，2006年3月20日，500-1000 m，吴立伟；维西，2006年8月23日，1500-2000 m，1只，杨晓东；宁洱，2018年6月28日，1000-1500 m，1只，左燕；宁洱，2018年6月28日，1000-1500 m，2只，左瑞。

（2）分类特征：翅斑纹黑褐色。背面橘红色，翅色均匀，基部有少量不规则的波状纹和斑纹；中域有1条由14个长短不一的长方形斑组成的橘红色中横带，其从前翅前缘通达后翅后缘，带内各室均有1个黑色小圆点，带两侧各有1条从前缘通达后缘的曲折黑纹；后翅有$sc + r_1$室2个、rs室1个黄白色小点组成的1个倒"品"字形；亚缘新月形纹组成2条黑色线纹。腹面橘黄色；雄蝶除橘黄色中横带内侧有1列浅黄色点斑外，其他斑纹似背面；雌蝶斑纹色彩似雄蝶，但有更多橘黄色斑由白斑替代，特别是翅的端半部和前翅中室。

（3）分布。

水平分布：芒市、勐海、景洪、宁洱、维西。

垂直：500-2500 m。

生境：常绿阔叶林、山坡灌丛、溪流灌丛、草地、河滩草地。

（4）出现时间（月份）：3、4、6、8。

（5）种群数量：少见种。

（6）标本照片：彩色图版 XIII-9。

（7）注记：http://ftp.funet.fi/pub/sci/bio/life/insecta/lepidoptera/网站记载分布于中国南部；Tropical Africa，Madagascar，India，Ceylon，Burma，Malaya，Philippines，Japan，Australia。

（六十二）辘蛱蝶属 *Cirrochroa* Doubleday, [1847]

Cirrochroa Doubleday, [1847]; General Diurnal Lepioptera (1): 3, pl. 21, fig. 2; Type species: *Cirrochroa aoris* Doubleday, [1847].

触角很细，末端不扁平且稍微加粗；翅外缘波状。前翅 R_1 脉从闭式中室上脉接近上端角处分出，R_2 脉、R_3 脉、R_4 脉、R_5 脉共一短柄，与 M_1 脉一起，着生中室上端角；R_3 脉在顶角与中室上端角之间分出并到达顶角，R_4 脉在 R_2 脉止点前分出。后翅着生钩状肩脉的 $Sc + R_1$ 脉长、到达顶角，中室开式，无尾突，臀角瓣状。

注记：周尧（1998，1999）将此属置于豹蛱蝶亚科 Argynninae，隶属于蛱蝶科 Nymphalidae。http://ftp.funet.fi/pub/sci/bio/life/insecta/lepidoptera/网站则将此属置于彩蛱蝶族 Vagrantini，隶属于蛱蝶科 Nymphalidae 釉蛱蝶亚科 Heliconiinae。

215. 幸运辘蛱蝶 *Cirrochroa tyche* Felder *et* Felder, 1861

Cirrochroa tyche Felder et Felder, 1861; Wien Entomology Monatschrs 5: 301; Type locality: Philippines.

Cirrochroa mithila Moore, 1872; Proceedings of Zoological Society of London 1872: 558; Type locality: Bengal.

Cirrochroa tyche lesseta Fruhstorfer, 1912; in Seitz, Macrolepidoptera World 9: 487; Type locality: 中国南部.

（1）查看标本：景洪，2021 年 4 月 5 日，500-1000 m，1 只，余波。

（2）分类特征：前翅三角形，前缘和后缘具黑边；后翅宽阔。翅背面橙红色，基半部色浓，各室具有 1 个黑点的中横带，平行外缘的 1 条和平行亚外缘的 2 条波状黑色曲线均明显。腹面雄蝶橙黄色、雌蝶淡褐色，中横带被 1 条从前翅前缘到后翅后缘的黑线一分为二，内侧黄白色，外缘、亚外缘 3 条橘黄色波状纹夹 2 条白纹。

（3）分布。

水平：景洪。

垂直：500-1000 m。

生境：常绿阔叶林。

（4）出现时间（月份）：4。

（5）种群数量：罕见种。

（6）标本照片：彩色图版 XIII-10。

（7）注记：http://ftp.funet.fi/pub/sci/bio/life/insecta/lepidoptera/网站记载分布于中国云南；Bhutan，India，Indochina，Philippines。

（六十三）豹蛱蝶属 *Argynnis* Fabricius, 1807

Argynnis Fabricius, 1807; Magazin für Insektenkunde 6: 283; Type species: *Papilio paphia* Linnaeus, 1758.

Childrena Hemming, 1943; Proceedings of Royal Entomology Society London (B) 12(2): 30; Type species: *Argynnis childreni* Gray, 1831.

Argyronome Hübner, [1819]; Verzeichniss Bekannter Schmettlinge (2): 32; Type species: *Papilio laodice* Pallas, 1771.

Pandoriana Warren, 1942; Entomologist 75: 245-246; Type species: *Papilio maja* Cramer, [1775].

Nephargynnis Shirôzu *et* Saigusa, 1973; Sieboldia 4(3): 111; Type species: *Argynnis anadyomene* C. *et* R. Felder, 1862

　　翅背腹面均有黑色圆点和条纹形成的豹纹，外缘波状，触角末端不扁平，无尾突。前翅三角形，外缘平直；R_2 脉从中室上脉分出，R_3 脉、R_4 脉、R_5 脉共柄，与 M_1 脉一起，着生中室上端角。后翅中室闭式，内无纹线；腹面绿色并具金属光泽，基半部淡、端半部浓，具不同长短的银色条纹，3 条从宽变窄的白色斜带从前缘指向臀角并逐渐会合在一起。雄蝶前翅背面 M_3 脉、Cu_1 脉、Cu_2 脉和 2A 脉各有 1 条性标。

　　注记：周尧（1998，1999）将此属置于豹蛱蝶亚科 Argynninae，隶属于蛱蝶科 Nymphalidae。http://ftp.funet.fi/pub/sci/bio/life/insecta/lepidoptera/网站则将此属置于豹蛱蝶族 Argynnini，隶属于蛱蝶科 Nymphalidae 釉蛱蝶亚科 Heliconiinae。

216. 绿豹蛱蝶 *Argynnis paphia* (Linnaeus, 1758)

Papilio paphia Linnaeus, 1758; Systematic Nature (10th ed.) 1: 481; Type locality: Sweden.
Papilio valesina Esper, 1798; Die Schmetterling, Supplement Th 1(7): 73, pl. 107, figs. 1-2.
Argynnis rosea Cosmovici, 1892; Le Naturaliste (2)6(136): 256; Type locality: Romania.
Argynnis paphia megalegoria Fruhstorfer, 1907; Social Entomology 22(9): 68; Type locality: 四川.
Argynnis paphia formosicola Matsumura, 1927; Insecta Matsumurana 2(2): 116; Type locality: 台湾.

　　（1）查看标本：理县，2005 年 7 月 22 日，1500-2500 m，5 只，邓合黎；康定，2005 年 8 月 19、21-23、26 日，1500-3500 m，6 只，邓合黎；天全，2005 年 8 月 29-31 日和 9 月 6 日，500-2500 m，8 只，邓合黎；理县，2005 年 7 月 22 日，1500-3000 m，6 只，杨晓东；康定，8 月 18-19、21-23、26-27 日，1000-3500 m，28 只，杨晓东；天全，2005 年 8 月 29-31 日和 9 月 3、6 日，500-2000 m，50 只，杨晓东；理县，2005 年 7 月 22 日，1500-2000 m，2 只，薛俊；理县，2005 年 7 月 22 日，1500-3000 m，4 只，李爱民；天全，2005 年 9 月 3 日，1000-1500 m，29 只，李爱民；宝兴，2005 年 9 月 8 日，1000-2000 m，8 只，李爱民；汉源，2006 年 6 月 24 日，1500-2000 m，1 只，左燕；荥经，2006 年 7 月 2、5 日，1500-2500 m，3 只，左燕；香格里拉，2006 年 8 月 15、17 日，2000-3500 m，3 只，左燕；兰坪，2006 年 9 月 1 日，2000-2500 m，1 只，左燕；天全，2006 年 6 月 15 日，1000-1500 m，1 只，邓合黎；荥经，2006 年 7 月 4 日，1000-1500 m，1 只，邓合黎；德钦，2006 年 8 月 14 日，2500-3000 m，2 只，邓合黎；香格里拉，2006 年 8 月 15 日，1 只，邓合黎；天全，2006 年 6 月 15 日，1000-1500 m，3 只，李爱民；芦山，2006 年 6 月 15 日，1500-2000 m，1 只，李爱民；汉源，2006 年 6 月 24 日，1000-1500 m，1 只，李爱民；荥经，2006 年 7 月 4-5 日，1000-2500 m，4 只，李爱民；香格里拉，2006 年 8 月 17 日，2000-2500 m，1 只，李爱民；维西，2006 年 8 月 28 日，2000-2500 m，1

只，李爱民；天全，2006 年 6 月 15 日，1000-1500 m，3 只，杨晓东；芦山，2006 年 6 月 16 日，1500-2000 m，3 只，杨晓东；宝兴，2006 年 6 月 17 日，1000-1500 m，2 只，杨晓东；石棉，2006 年 6 月 21 日，1500-2000 m，1 只，杨晓东；荥经，2006 年 7 月 4 日，1000-2500 m，2 只，杨晓东；香格里拉，2006 年 8 月 21 日，2500-3000 m，2 只，杨晓东；木里，2008 年 8 月 9 日，2500-3000 m，1 只，邓合黎；木里，2008 年 8 月 8-9 日，2500-3000 m，5 只，杨晓东；乡城，2013 年 8 月 16 日，2500-3000 m，1 只，邓合黎；得荣，2013 年 8 月 13、16 日，3000-3500 m，2 只，张乔勇；金川，2014 年 8 月 8、11 日，2000-3500 m，6 只，左燕；金川，2014 年 8 月 8、11 日，2500-3500 m，4 只，邓合黎；金川，2014 年 8、11 日，2500-3000 m，7 只，李爱民；泸定，2015 年 9 月 2 日，1500-2000 m，1 只，李爱民；泸定，2015 年 9 月 2 日，1500-3000 m，2 只，张乔勇；泸定，2015 年 9 月 2、4 日，1500-2500 m，2 只，邓合黎；宝兴，2015 年 6 月 8 日，1500-2000 m，3 只，李爱民；金川，2016 年 8 月 11 日，2500-3000 m，1 只，李爱民；金川，2016 年 8 月 11 日，2000-3000 m，2 只，左燕；宝兴，2017 年 7 月 9、13 日，500-2000 m，5 只，左燕；宝兴，2018 年 6 月 14 日，1500-2000 m，1 只，周树军；宝兴，2018 年 6 月 1 日，1000-1500 m，1 只，左燕；宝兴，2018 年 6 月 1 日，1000-1500 m，1 只，邓合黎；宝兴，2018 年 6 月 1 日，1000-1500 m，2 只，左瑞；马尔康，2020 年 7 月 31 日，2000-2500 m，4 只，杨盛语；九寨沟，2020 年 8 月 7-8 日，1500-2500 m，8 只，杨盛语；青川，2020 年 8 月 13-14、19-20 日，500-2000 m，17 只，杨盛语；马尔康，2020 年 7 月 31 日，2000-2500 m，3 只，左燕；茂县，2020 年 8 月 3 日，1500-2000 m，1 只，左燕；九寨沟，2020 年 8 月 7-8 日，1500-2500 m，6 只，左燕；青川，2020 年 8 月 13 日，1000-1500 m，2 只，左燕；马尔康，2020 年 7 月 31 日，2000-2500 m，1 只，左瑞；茂县，2020 年 8 月 4 日，1500-2000 m，1 只，左瑞；九寨沟，2020 年 8 月 7-8 日，1000-2000 m，2 只，左瑞；青川，2020 年 8 月 13-14 日，1000-2000 m，4 只，左瑞；马尔康，2020 年 7 月 31 日，2000-2500 m，1 只，邓合黎；九寨沟，2020 年 8 月 7-8 日，2000-2500 m，3 只，邓合黎；青川，2020 年 8 月 13-14 日，1000-2000 m，2 只，邓合黎。

（2）分类特征：雌雄异型。雄蝶背腹面均橙红色，斑纹黑褐色但腹面较浅；背面前翅中室有 4 条不规则的短纹，端部 3 列黑斑外侧三角形、内侧圆形，中室下有 4 条与后缘平行的黑色性标；后翅基部灰色，有 1 条不规则的波状中横带和 2 列圆斑；腹面前翅顶角灰绿色，斑纹似背面但黑斑比背面大，后翅灰绿色并具金属光泽、无黑斑，亚缘有白线和眼状纹。雌蝶暗灰褐色或灰橙色，腹面灰绿色并有白线和眼斑，黑斑较雄蝶发达。

（3）分布。

水平：维西、兰坪、香格里拉、德钦、得荣、乡城、木里、石棉、汉源、荥经、雅江、康定、泸定、天全、芦山、宝兴、金川、理县、马尔康、茂县、九寨沟、青川。

垂直：500-3500 m。

生境：常绿阔叶林、针阔混交林、溪流树林、山坡树林、河滩林灌、河谷林灌、灌丛、河滩灌丛、溪流灌丛、农田灌丛、河谷灌丛、山坡灌丛、山坡农田灌丛、灌草丛、山坡灌草丛、亚高山灌草丛、树林农田。

（4）出现时间（月份）：6、7、8、9。

（5）种群数量：优势种。

（6）标本照片：彩色图版 XIII-11、12。

（7）注记：http://ftp.funet.fi/pub/sci/bio/life/insecta/lepidoptera/网站记载分布于中国西南部；Algeria，EU，Temperate Asia，Türkiye，Iran，Kyrgyzstan，Ussuri，Japan。

（六十四）斐豹蛱蝶属 *Argyreus* Scopoli, 1777

Argyreus Scopoli, 1777; Introduction of History Nature 431; Type species: *Papilio niphe* Linnaeus, 1767.

Acidalia Hübner, [1819]; Verzeichniss Bekannter Schmettlinge (2): 31; Type species: *Papilio niphe* Linnaeus, 1767.

Argyrea Billberg, 1820; Enumeration of Inscriptionl Museum Billberg 77; Type species: *Papilio niphe* Linnaeus, 1767.

Argyreus Vane-Wright *et* de Jong, 2003; Zoologische Verhandelingen Leiden 343: 235.

　　触角末端不扁平，前翅外缘在 M_2 脉与 Cu_2 脉间凹入，R_3 脉、R_4 脉、R_5 脉共柄，与 M_1 脉一起，着生中室上端角。后翅中室闭式，外缘波状，无尾突。雄蝶在 Cu_1 脉、Cu_2 脉无性标。

　　注记：周尧（1998，1999）将此属置于豹蛱蝶亚科 Argynninae，隶属于蛱蝶科 Nymphalidae。http://ftp.funet.fi/pub/sci/bio/life/insecta/lepidoptera/网站则将此属作为 *Argynnis* Fabricius, 1807 的同物异名，置于豹蛱蝶族 Argynnini，隶属于蛱蝶科 Nymphalidae 釉蛱蝶亚科 Heliconiinae。

217. 斐豹蛱蝶 *Argyreus hyperbius* (Linnaeus, 1763)

Papilio hyperbius Linnaeus, 1763; Amoenitates Academy 6: 408; Type locality: 中国.

Papilio niphe Linnaeus, 1767; Systematic Nature (12th ed.) 1(2): 785; Type locality: 中国.

Papilio (*Nymphalis*) *argyrius* Linnaeus, 1768; Amoenitates Academy 7: 502.

Papilio argynnis Drury, 1773; Illustration of Nattural History of Exotisch Insects 1: 3, pl. 6, fig. 2; Type locality: 中国.

Papilio tigris Jung, 1792; Alphabetic 2: 239.

Argynnis aruna Moore, 1858; Catholic Lepidoptral Insect Museum of East India Coy 1: 156, pl. 3, fig. 4; Type locality: India.

　　（1）查看标本：宝兴，2005 年 7 月 12 日，500-1000 m，1 只，左燕；宝兴，2005 年 7 月 4、11 日，500-2000 m，2 只，邓合黎；宝兴，2005 年 7 月 11-12 日，500-1000 m，3 只，杨晓东；宝兴，2005 年 7 月 12 日和 9 月 6 日，500-1500 m，2 只，李爱民；江达，2005 年 7 月 29 日，3000-3500 m，1 只，邓合黎；康定，2005 年 8 月 27 日，1500-2000 m，1 只，邓合黎；康定，2005 年 8 月 27 日，1500-2000 m，1 只，杨晓东；天全，2005 年 8 月 31 日，1500-2000 m，1 只，邓合黎；天全，2005 年 9 月 3 日，1500-2000 m，1 只，杨晓东；勐海，2006 年 3 月 22-23 日，500-1500 m，2 只，左燕；芒市，2006 年 4 月 1 日，1500-2000 m，1 只，左燕；荥经，2006 年 7 月 2、4 日，500-1500 m，2 只，左燕；兰坪，2006 年 4 月 3 日，1000-1500 m，1 只，左燕；勐海，2006 年 3 月 22 日，500-1000 m，

2 只，邓合黎；芒市，2006 年 3 月 26-27 日，1000-2000 m，2 只，邓合黎；荥经，2006 年 7 月 4 日，1000-1500 m，2 只，邓合黎；兰坪，2006 年 9 月 3 日，1000-1500 m，1 只，邓合黎；勐海，2006 年 3 月 22 日，500-1000 m，2 只，吴立伟；芒市，2006 年 3 月 27 日，1500-2000 m，1 只，吴立伟；景洪，2006 年 3 月 20 日，500-1000 m，1 只，杨晓东；芒市，2006 年 3 月 26 日，1500-2000 m，1 只，杨晓东；芦山，2006 年 6 月 16 日，1500-2000 m，2 只，杨晓东；天全，2006 年 3 月 3 日，1000-1500 m，1 只，杨晓东；荥经，2006 年 7 月 2、4 日，500-1500 m，3 只，杨晓东；荥经，2007 年 8 月 10 日，1000-1500 m，2 只，杨晓东；泸定，2015 年 9 月 2-3 日，1500-2000 m，2 只，李爱民；泸定，2015 年 9 月 2 日，1500-2000 m，1 只，张乔勇；泸定，2015 年 9 月 4 日，1500-2000 m，2 只，左燕；泸定，2015 年 9 月 2 日，1500-2000 m，1 只，邓合黎；宝兴，2016 年 6 月 15 日，1500-2000 m，2 只，李爱民；贡山，2016 年 8 月 25 日，2500-3000 m，1 只，邓合黎。

（2）分类特征：雌雄异型。雄蝶背面橙黄色，基部色浓；前翅亚顶角缺失白色斜带，基部有 2 个小黑点，中室及前缘区有 1 列 6 个不同形状的黑褐色斑，中域 2 列黑色圆斑内 4 个、外 6 个；外缘区有 2 列平行外缘的黑斑；后翅基部有数个小黑点，中域有 2 列弯曲排列的黑点，外缘区有 3 条平行黑纹：内侧 1 条近三角形、外侧 2 条为褐色细线。腹面前翅斑纹似背面，顶角有 2 个褐绿色眼点；后翅斑纹褐绿色，翅脉淡黄色；基部有几个不规则的褐斑，中域内侧 1 列黄褐色长方形斑组成斑列，外侧有 5 个银白色圆斑，其周围有褐绿色环状纹；外缘斑似背面。雌蝶前翅顶角黑褐色带绿色，1 条白色宽的斜带横在顶角内侧，其余斑纹色彩似雄蝶。

（3）分布。

水平：芒市、勐海、景洪、兰坪、贡山、荥经、康定、泸定、天全、芦山、宝兴、江达。

垂直：500-3500 m。

生境：常绿阔叶林、针叶林、农田树林、河滩林灌、河滩灌丛、溪流灌丛、河谷灌丛、山坡灌草丛、阔叶林缘农田、灌丛草地、树林农田。

（4）出现时间（月份）：3、4、6、7、8、9。

（5）种群数量：常见种。

（6）标本照片：彩色图版 XIII-13。

（7）注记：http://ftp.funet.fi/pub/sci/bio/life/insecta/lepidoptera/网站记载分布于中国；Ethiopia，Egypt，Japan，Pakistan，India，Ceylon，Thailand，Malaya，Philippines，Papua New Guinea，Australia。

（六十五）老豹蛱蝶属 *Argyronome* Hübner, [1819]

Argyronome Hübner, [1819]; Verzeichniss Bekannter Schmettlinge (2): 32; Type species: *Papilio laodice* Pallas, 1771.

雌雄同型。中室闭式、内有纹线，前缘弧形，外缘波状，腹面触角末端不扁平。前翅三角形，多近圆形黑斑，有横线，R_1 脉、R_2 脉从中室上脉近上端角处分出，R_3 脉、R_4 脉、R_5 脉共柄，与 M_1 脉一起，着生中室上端角；R_3 脉在顶角与中室上端角间分叉，止于翅外缘；Cu 脉基部向外分出一短刺。后翅腹面无银斑。雄蝶前翅背面 Cu_2 脉及 A 脉有性标，无尾突。

注记：周尧（1998，1999）将此属置于豹蛱蝶亚科 Argynninae，隶属于蛱蝶科 Nymphalidae。http://ftp.funet.fi/pub/sci/bio/life/insecta/lepidoptera/网站则将此属作为 *Argynnis* Fabricius, 1807 的同物异名，置于豹蛱蝶族 Argynnini，隶属于蛱蝶科 Nymphalidae 釉蛱蝶亚科 Heliconiinae。

218. 老豹蛱蝶 *Argyronome laodice* (Pallas, 1771)

Papilio laodice Pallas, 1771; Reise Russian and Reich 1: 470; Type locality: Russia.
Papilio cethosia Fabricius, 1793; Entomological Systematics 3(1): 143, no. 440.
Argynnis rudra Moore, [1858]; in Horsfield & Moore, Catholic Lepidoptral Insect Museum of East India Coy 1: 157, no. 325; Type locality: India.
Argynnis laodice samana Fruhstorfer, 1907; Entomologische Zeitschrift 21(27): 163; Type locality: 天祝.
Argynnis laodice indroides Tytler, 1940; Journal of the Bombay Natural History Society 42(1): 120; Type locality: Burma.
Argyronome laodice huochengice Huang et Murayama, 1992; Tyô to Ga 43(1): 7, fig. 18; Type locality: 霍城.
Argynnis kuniga Chou et Tong, 1994; Monographia Rhopalocerorum Sinensium II: 466, 762; Type locality: 临安.

（1）查看标本：宝兴，2005 年 7 月 12 日，1000-1500 m，4 只，左燕；宝兴，2005 年 7 月 7、12 日和 9 月 8 日，1000-2500 m，8 只，邓合黎；色达，2005 年 7 月 24 日，3500-4000 m，1 只，杨晓东；康定，2005 年 8 月 16、18-19、21-22、27 日，1500-3000 m，15 只，邓合黎；理县，2005 年 7 月 22 日，1500-2000 m，1 只，邓合黎；康定，2005 年 7 月 8-9、12 日和 8 月 16、18-19、21-23、27 日，1500-3000 m，74 只，杨晓东；天全，2005 年 8 月 31 日和 9 月 2-3 日，1000-2000 m，4 只，杨晓东；天全，2005 年 9 月 3 日，1000-1500 m，2 只，李爱民；理县，2005 年 7 月 22 日，2500-4000 m，7 只，杨晓东；理县，2005 年 7 月 22 日，2000-2500 m，4 只，李爱民；宝兴，2005 年 7 月 12 日和 9 月 8 日，1500-2000 m，17 只，李爱民；宝兴，2005 年 9 月 8 日，1000-1500 m，3 只，邓合黎；宝兴，2005 年 7 月 12 日和 9 月 8 日，1000-1500 m，11 只，杨晓东；宝兴，2006 年 6 月 17 日，1000-1500 m，4 只，杨晓东；芦山，2006 年 6 月 16 日，1500-2000 m，1 只，汪柄红；汉源，2006 年 6 月 25、27、29 日，1000-2000 m，12 只，杨晓东；德钦，2006 年 8 月 14 日，2500-3000 m，2 只，杨晓东；香格里拉，2006 年 8 月 17、21 日，1500-2500 m，4 只，杨晓东；维西，2006 年 8 月 23、26-29、31 日，1500-3000 m，12 只，杨晓东；宝兴，2006 年 6 月 17 日，1000-1500 m，1 只，邓合黎；汉源，2006 年 6 月 25、27、29 日，1000-2000 m，5 只，邓合黎；荥经，2006 年 7 月 2、4 日，1000-1500 m，2 只，邓合黎；香格里拉，2006 年 8 月 17、21 日，1500-3000 m，4 只，邓合黎；维西，

2006 年 8 月 23、26-29、31 日，1500-2500 m，3 只，邓合黎；兰坪，2006 年 9 月 1-2 日，2000-2500 m，4 只，邓合黎；宝兴，2006 年 6 月 17 日，1000-1500 m，4 只，李爱民；汉源，2006 年 6 月 25、29 日，1000-2000 m，5 只，李爱民；荥经，2006 年 7 月 5 日，2000-2500 m，1 只，李爱民；德钦，2006 年 8 月 14 日，2000-2500 m，1 只，李爱民；香格里拉，2006 年 8 月 21 日，1500-3000 m，5 只，李爱民；维西，2006 年 8 月 23、26、28、31 日，1500-3000 m，17 只，李爱民；兰坪，2006 年 9 月 1-2 日，2500-3000 m，1 只，李爱民；石棉，2006 年 6 月 21 日，1000-1500 m，12 只，左燕；汉源，2006 年 6 月 27 日，1500-2500 m，4 只，左燕；荥经，2006 年 7 月 5 日，1000-1500 m，5 只，左燕；德钦，2006 年 8 月 9、11 日，2500-3500 m，2 只，左燕；香格里拉，2006 年 8 月 17、21 日，2000-3000 m，3 只，左燕；维西，2006 年 8 月 26、31 日，2000-3000 m，5 只，左燕；兰坪，2006 年 9 月 1 日，2500-3000 m，1 只，左燕；天全，2007 年 8 月 5 日，2000-2500 m，4 只，杨晓东；木里，2008 年 8 月 9 日，2500-3000 m，1 只，杨晓东；木里，2008 年 8 月 8 日，2000-3000 m，3 只，邓合黎；稻城，2013 年 8 月 22 日，2500-3000 m，1 只，左燕；金川，2014 年 8 月 8-11 日，2000-3000 m，8 只，左燕；金川，2014 年 8 月 8-10 日，2000-3500 m，6 只，李爱民；雅江，2015 年 8 月 14-15 日，2500-3000 m，14 只，李爱民；泸定，2015 年 9 月 2、4 日，1500-2500 m，5 只，李爱民；雅江，2015 年 8 月 14-15 日，2500-3000 m，14 只，李爱民；泸定，2015 年 9 月 2、4 日，1500-2500 m，5 只，李爱民；雅江，2015 年 8 月 15 日，2500-3000 m，5 只，左燕；泸定，2015 年 9 月 2、4 日，1500-2500 m，3 只，左燕；雅江，2015 年 8 月 15 日，2500-3000 m，1 只，邓合黎；泸定，2015 年 9 月 4 日，2000-2500 m，2 只，邓合黎；金川，2016 年 8 月 11-13 日，3000-3500 m，9 只，李爱民；贡山，2016 年 8 月 25 日，2000-2500 m，1 只，李爱民；腾冲，2016 年 8 月 30 日，2000-2500 m，1 只，李爱民；金川，2016 年 8 月 11、13 日，2000-2500 m，3 只，左燕；贡山，2016 年 8 月 25 日，2000-2500 m，1 只，左燕；腾冲，2016 年 8 月 30 日，2000-2500 m，1 只，左燕；金川，2016 年 8 月 11 日，2500-3000 m，1 只，邓合黎；宝兴，2017 年 7 月 9、13 日，500-2000 m，4 只，左燕；宝兴，2017 年 9 月 28 日，1000-1500 m，1 只，周树军；宝兴，2018 年 6 月 1 日，1000-1500 m，2 只，左瑞；马尔康，2020 年 7 月 31 日，2000-2500 m，5 只，杨盛语；茂县，2020 年 8 月 4 日，1500-2000 m，1 只，杨盛语；松潘，2020 年 8 月 5 日，2000-2500 m，4 只，杨盛语；九寨沟，2020 年 8 月 7-8 日，1500-2500 m，14 只，杨盛语；文县，2020 年 8 月 10 日，1500-2000 m，1 只，杨盛语；青川，2020 年 8 月 13、20 日，1000-2000 m，7 只，杨盛语；松潘，2020 年 8 月 5 日，2000-2500 m，6 只，左燕；九寨沟，2020 年 8 月 7-8 日，2000-2500 m，3 只，左燕；文县，2020 年 8 月 10 日，1000-2000 m，3 只，左燕；青川，2020 年 8 月 10 日，1500-2000 m，3 只，左燕；茂县，2020 年 8 月 4 日，1500-2000 m，1 只，邓合黎；松潘，2020 年 8 月 5 日，2000-2500 m，2 只，邓合黎；九寨沟，2020 年 8 月 7-8 日，1500-2500 m，5 只，邓合黎；文县，2020 年 8 月 10 日，1000-2000 m，2 只，邓合黎；青川，2020 年 8 月 13、20 日，1500-2000 m，7 只，邓合黎；马尔康，2020 年 7 月 31 日，2000-2500 m，3 只，左瑞；茂县，2020 年 8 月 3 日，1500-2000 m，1 只，左瑞；松潘，2020 年 8 月 5 日，2000-2500 m，5 只，左

瑞；九寨沟，2020 年 8 月 7-8 日，1500-2500 m，2 只，左瑞；文县，2020 年 8 月 10 日，1500-2000 m，3 只，左瑞；青川，2020 年 8 月 4 日，1500-2000 m，2 只，左瑞。

（2）分类特征：翅背面橘红色，基半部色淡、端半部色浓；前翅基半部有 2 列斑，外侧有短线纹，内侧有 3 个黑点；端半部有 3 列黑斑：内侧 2 列为圆斑，外侧 1 列为三角形斑；后翅基半部外侧有 1 列曲折不规则的黑色斑列，端半部似前翅。腹面前翅淡赭色，黑色斑纹似背面，只是在端半部内侧多 1 列白色圆点；后翅底色基半部为浅赭色，中域有 2 条基本平行的曲折褐色细线，外侧细线旁有几个形状各异的白斑；端半部暗紫红色，内侧有 1 列模糊的褐色眼点，外侧斑纹模糊不清。

（3）分布。

水平：腾冲、兰坪、维西、贡山、香格里拉、德钦、稻城、木里、石棉、汉源、荥经、雅江、康定、泸定、天全、芦山、宝兴、金川、理县、色达、马尔康、茂县、松潘、九寨沟、青川、文县。

垂直：500-4000 m。

生境：常绿阔叶林、针阔混交林、溪流树林、山坡树林、居民点树林、阔叶林缘竹林、农田树林、河滩林灌、河谷林灌、山坡林灌、山坡农田林灌、灌丛、溪谷山坡灌丛、河滩灌丛、溪流灌丛、河谷灌丛、山坡灌丛、亚高山灌丛、山坡农田灌丛、农田灌丛、河流农田灌丛、灌草丛、山坡灌草丛、河谷山坡灌草丛、亚高山灌草丛、草地、树林草地、河滩草地、灌丛草地、山坡草地、农田灌丛草地、树林农田、阔叶林缘农田、山坡树林农田、灌丛农田。

（4）出现时间（月份）：6、7、8、9。

（5）种群数量：优势种。

（6）标本照片：彩色图版 XIII-14。

（7）注记：http://ftp.funet.fi/pub/sci/bio/life/insecta/lepidoptera/网站记载分布于中国西部；C. EU，S. EU，Caucasus，Amur，Ussuri，Japan，India，Burma。

（六十六）青豹蛱蝶属 *Damora* Nordmann, 1851

Damora Nordmann, 1851; Bulletin Society Imp. Nature Moscou 24: 439; Type species: *Damora paulina* Nordmann, 1851.

雌雄异型。触角末端不扁平，中室短小、闭式。前翅前缘弧形，外缘凹入；R_2 脉紧贴中室上端角处分出，R_3 脉、R_4 脉、R_5 脉有长共柄并到顶角，与 M_1 脉一起，着生中室上端角。后翅外缘波状，钩状肩脉从 Sc + R_1 脉分出，后者伸到顶角，臀角凹入；A 脉基部距 Cu 脉基部远。雄蝶前翅背面 M_3 脉、Cu_1 脉、Cu_2 脉和 A 脉各有 1 条性标。

注记：周尧（1998，1999）将此属置于豹蛱蝶亚科 Argynninae，隶属于蛱蝶科 Nymphalidae。http://ftp.funet.fi/pub/sci/bio/life/insecta/lepidoptera/网站则将此属作为 *Argynnis* Fabricius, 1807 的同物异名，置于豹蛱蝶族 Argynnini，隶属于蛱蝶科 Nymphalidae 釉蛱蝶亚科 Heliconiinae。

219. 青豹蛱蝶 *Damora sagana* (Doubleday, 1847)

Argynnis sagana Doubleday, 1847; General Diurnal Lepioptera (1): 4, pl. 21, fig. 1; Type locality: 中国北部.
Damora sagana Korb *et* Bolshakov, 2011; Eversmannia (Suppl.) 2: 29.

（1）查看标本：理县，2005 年 7 月 22 日，1500-2000 m，1 只，邓合黎；康定，2005 年 8 月 19、26-27 日，1500-2000 m，13 只，邓合黎；理县，2005 年 7 月 22 日，1500-3000 m，4 只，杨晓东；康定，2005 年 8 月 19、26-27 日，1500-2000 m，19 只，杨晓东；理县，2005 年 7 月 22 日，2000-2500 m，2 只，李爱民；天全，2005 年 9 月 3 日，1000-1500 m，1 只，杨晓东；芦山，2006 年 6 月 16 日，1500-2000 m，1 只，杨晓东；宝兴，2005 年 6 月 17 日，1000-1500 m，1 只，杨晓东；石棉，2006 年 6 月 21 日，500-1000 m，1 只，杨晓东；维西，2006 年 8 月 31 日，2500-3000 m，1 只，杨晓东；维西，2006 年 8 月 31 日，2000-2500 m，2 只，邓合黎；兰坪，2006 年 9 月 1 日，2000-2500 m，1 只，邓合黎；汉源，2006 年 6 月 24 日，1500-2000 m，1 只，左燕；维西，2006 年 8 月 28 日，2000-2500 m，1 只，左燕；天全，2007 年 8 月 3 日，1000-1500 m，1 只，杨晓东；泸定，2015 年 9 月 2、4 日，1500-2000 m，3 只，李爱民；泸定，2015 年 9 月 2、4 日，1500-2000 m，2 只，左燕；金川，2016 年 8 月 11 日，2000-2500 m，1 只，左燕；马尔康，2020 年 7 月 31 日，2000-2500 m，2 只，邓合黎；马尔康，2020 年 7 月 31 日，2000-2500 m，1 只，左燕。

（2）分类特征：雄蝶翅背面橙黄色，翅脉深褐色，端半部 3 列平行外缘的黑斑内侧圆形、中间半圆形、外侧菱形；前翅中室外有 1 个近三角形的橙色无斑区；中室、中室端及其下方分别有 2 个、3 个及 2 个不规则的黑斑。腹面前翅淡黄色，斑纹同背面；后翅端半部斑纹同背面，中域 2 条褐色细线在趋向后缘过程中逐渐趋于接近且在 cu_2 室合并，在此线外侧 1 条白带从前缘通到后缘。雌蝶背面青黑色，前翅中室内外各有 1 个长方形大白斑，8 个长方形白斑组成 1 条从外缘中间延伸至外缘再折向臀角的白色宽带，平行外缘的 4 个白斑内各有 1 个青黑色圆点；后翅外缘有 1 个三角形白斑，中域有白色宽带；腹面褐色，基部淡蓝灰色；前翅斑纹似背面，后翅亚外缘有 1 列三角形白斑，内侧有 5 个小白点且围绕暗褐色环，中域有 1 条在中段后内弯的白色宽横带，内侧 1 条白色细线下端在中室下脉处与宽带相连，以致形成 1 个从前缘至后缘的 "Y" 形白斑。

（3）分布。

水平：兰坪、维西、石棉、汉源、康定、泸定、天全、芦山、宝兴、金川、理县、马尔康。

垂直：1000-3000 m。

生境：常绿阔叶林、针阔混交林、河滩林灌、河谷树林灌丛、河滩灌丛、河谷灌丛、山坡灌丛、河滩草地、亚高山灌草丛。

（4）出现时间（月份）：6、7、8、9。

（5）种群数量：常见种。

（6）标本照片：彩色图版 XIV-1、2。

（7）注记：http://ftp.funet.fi/pub/sci/bio/life/insecta/lepidoptera/网站记载分布于中国；Mongolia，SE. Siberia，Japan。

（六十七）银豹蛱蝶属 *Childrena* Hemming, 1943

Childrena Hemming, 1943; Proceedings of Royal Entomology Society London (B) 12(2): 30(repl. *Eudryas* Reuss, 1926); Type species: *Argynnis childreni* Gray, 1831.

　　大型种类。翅背腹面均有黑色圆点和条纹形成的豹纹，触角末端不扁平，中室闭式，无尾突。前翅三角形，外缘平直；R_3 脉、R_4 脉、R_5 脉有长共柄，与 R_2 脉、M_1 脉一起，着生中室上端角，R_4 脉、R_5 脉到达外缘。后翅中室内无纹线；外缘齿状，肩脉钩状，腹面绿色并具金属光泽，具长短不同的金色条纹，4 条白色斜带从前缘指向臀角。雌雄异型：雄蝶背腹面均橙黄色但腹面较浅，前翅背面 Cu_1 脉、Cu_2 脉和 2A 脉有 3 条性标；雌蝶暗灰色或灰橙色，腹面灰绿色且有白线和眼斑。

　　注记：周尧（1998，1999）将此属置于豹蛱蝶亚科 Argynninae，隶属于蛱蝶科 Nymphalidae。http://ftp.funet.fi/pub/sci/bio/life/insecta/lepidoptera/网站则将此属作为 *Argynnis* Fabricius, 1807 的同物异名，置于豹蛱蝶族 Argynnini，隶属于蛱蝶科 Nymphalidae 釉蛱蝶亚科 Heliconiinae。

220. 银豹蛱蝶 *Childrena childreni* (Gray, 1831)

Argynnis childreni Gray, 1831; Zoological Miscellanea (1): 33; Type locality: Nepal.
Argynnis sakontala Kollar, 1848; in Hügel, Kaschmir und das Reich der Siek 4: 439, pl. 12; Type locality: Himalayas.
Argynnis childreni binghami Oberthür, 1912; in Seitz, Gross-Schmetterling Erde 6: 314, pl. 103, fig. 966; Type locality: 天全.
Argynnis childreni caesarea Fruhstorfer, 1912; in Seitz, Gross-Schmetterling Erde 9: 516; Type locality: 宁波.

　　（1）查看标本：天全，2005 年 8 月 30 日和 9 月 3 日，1500-2500 m，3 只，邓合黎；天全，2005 年 8 月 29-31 日和 9 月 3、6 日，1000-2500 m，21 只，杨晓东；天全，2005 年 9 月 3 日，1000-1500 m，5 只，李爱民；荥经，2006 年 7 月 1 日，1500-2000 m，1 只，李爱民；荥经，2006 年 7 月 5 日，2000-2500 m，1 只，左燕；荥经，2007 年 8 月 9 日，2000-2500 m，1 只，杨晓东；泸定，2015 年 9 月 2、4 日，2000-2500 m，2 只，李爱民；泸定，2015 年 9 月 4 日，1500-2500 m，2 只，邓合黎；泸定，2015 年 9 月 4 日，2000-2500 m，1 只，左燕。

　　（2）分类特征：雌雄异型。雄蝶背面橙黄色；前翅端半部有 4 列黑纹，内侧有 2 列圆斑，外侧有 2 条黑线纹，基半部有 2 列黑斑，内侧 1 列包括中室内 5 个、端部 3 个不同形状大小的黑斑，外侧 4 个圆斑成列；后翅外缘和后缘中、下部青蓝色，基部无斑纹。腹面翅红褐色，前翅斑纹同背面，但是顶角斑纹绿褐色、亚顶角白色；后翅除有 4 条白色斜带从前缘指向臀角外，亚外缘还有 3 条与外缘平行的波状白线从顶角通向臀角，这些白带和线将不同长短的金色条带割裂为小段。雌蝶背面橙红色，斑纹似雄蝶，但前翅基部和顶角色深，无性标；后翅的青蓝色区域为浅褐色；腹面金色区域带棕褐色。

（3）分布。

水平：荥经、泸定、天全。

垂直：1000-2500 m。

生境：常绿阔叶林、针阔混交林、河谷灌丛、山坡灌草丛、河谷山坡灌草丛。

（4）出现时间（月份）：7、8、9。

（5）种群数量：少见种。

（6）标本照片：彩色图版 XIV-3。

（7）注记：http://ftp.funet.fi/pub/sci/bio/life/insecta/lepidoptera/网站记载分布于中国中部和西部及香港；Himalayas，Nepal，India，Burma。

221. 曲纹银豹蛱蝶 *Childrena zenobia* (Leech, 1890)

Argynnis zenobia Leech, 1890; Entomologist 23: 188; Type locality: 打箭炉.
Childrena zenobia penelope Korb et Bolshakov, 2011; Eversmannia (Suppl.) 2: 30; Type locality: Amur.

（1）查看标本：理县，2005 年 7 月 22 日，1500-2500 m，3 只，邓合黎；康定，2005 年 8 月 27 日，1500-2000 m，2 只；理县，2005 年 7 月 22 日，1500-2000 m，4 只，杨晓东；理县，2005 年 7 月 22 日，1500-2000 m，2 只，薛俊；理县，2005 年 7 月 22 日，1500-2500 m，3 只，李爱民；康定，2005 年 8 月 27 日，1500-2000 m，1 只，杨晓东；金川，2016 年 8 月 12 日，3000-3500 m，1 只，李爱民；九寨沟，2020 年 8 月 7 日，1500-2000 m，1 只，左瑞。

（2）分类特征：与银豹蛱蝶 *C. childreni* 的斑纹色彩非常相似，个体较小，后翅背面外缘中、下部无青蓝色，腹面亚外缘内侧白带明显弯曲，此带外侧有 1 列带小白点的圆斑。

（3）分布。

水平：康定、金川、理县、九寨沟。

垂直：1500-3500 m。

生境：溪流树林、灌丛、河滩灌丛。

（4）出现时间（月份）：7、8。

（5）种群数量：少见种。

（6）标本照片：彩色图版 XIV-4。

（7）注记：http://ftp.funet.fi/pub/sci/bio/life/insecta/lepidoptera/网站记载分布于中国西藏。

（六十八）斑豹蛱蝶属 *Speyeria* Scudder, 1872

Speyeria Scudder, 1872; 4th Annual Republish Peabody Academic Sciences (1871): 44; Type species: *Papilio idalia* Drury, [1773].

Semnopsyche Scudder, 1875; Bulletin of the Buffalo Society of Natural Sciences 2: 238, 258; Type species: *Papilio diana* Cramer, [1777].

Mesoacidalia (*Acidalia*) Reuss, 1926; Deutsche Entomologische Zeitscrift 1926(1): 69; Type species: *Papilio aglaja* Linnaeus, 1758.

　　触角末端不扁平,翅背面黄褐色,外缘波状且有 1 条黑色宽带,腹面有白瞳形状的银斑,中室闭式。R_2 脉、R_3 脉、R_4 脉、R_5 脉共柄,与 M_1 脉一起,着生中室上端角;R_3 脉止于翅前缘,R_4 脉、R_5 脉止于翅外缘。后翅中室闭式,无尾突;腹面有圆形或者方形银斑。蛹褐色。雄蝶前翅背面无黑色性标。

　　注记:周尧(1998,1999)将此属置于豹蛱蝶亚科 Argynninae,隶属于蛱蝶科 Nymphalidae。http://ftp.funet.fi/pub/sci/bio/life/insecta/lepidoptera/网站则将此属置于豹蛱蝶族 Argynnini,隶属于蛱蝶科 Nymphalidae 釉蛱蝶亚科 Heliconiinae。

222. 银斑豹蛱蝶 *Speyeria aglaja* (Linnaeus, 1758)

Papilio aglaja Linnaeus, 1758; Systematic Nature (10th ed.) 1: 481; Type locality: Sweden.
Argynnis aglaja plutus Leech, 1893; Etudes de Lépidoptérologie Comparée 3: 209; Type locality: 瓦斯沟.
Argynnis aglaja bessa Fruhstorfer, 1907; International Entomological Zs 1: 257; Type locality: 中国西部.
Argynnis aglaja taldena Fruhstorfer, 1912; in Seitz, Macrolepidopteral of the World 9: 516; Type locality: 四川.
Argynnis aglaja kansuensis Eisner, 1942; Zoologische Mededelingen Leiden 24(4): 123; Type locality: 西宁.

　　(1)查看标本:理县,2005 年 7 月 22 日,2000-2500 m,1 只,李爱民;甘孜,2005 年 7 月 26 日,3500-4000 m,3 只,邓合黎;康定,2005 年 8 月 23、27 日,1500-2500 m,3 只,邓合黎;甘孜,2005 年 7 月 26 日,3500-4000 m,1 只,李爱民;甘孜,2005 年 7 月 26 日,3000-3500 m,1 只,薛俊;甘孜,2005 年 7 月 26 日,3500-4000 m,3 只,杨晓东;江达,2005 年 7 月 29 日,3000-3500 m,1 只,杨晓东;康定,2005 年 8 月 23、27 日,2500-4500 m,6 只,杨晓东;香格里拉,2006 年 8 月 18、20 日,3000-3500 m,2 只,邓合黎;香格里拉,2006 年 8 月 21 日,3000-3500 m,1 只,左燕;乡城,2013 年 8 月 17 日,3500-4000 m,1 只,张乔勇;金川,2014 年 8 月 8、11 日,2500-3500 m,2 只,左燕;金川,2014 年 8 月 11 日,2500-3000 m,1 只,邓合黎;芒康,2015 年 8 月 11 日,3500-4000 m,1 只,张乔勇;巴塘,2015 年 8 月 13 日,4500-5000 m,1 只,张乔勇;理塘,2015 年 8 月 13 日,4000-4500 m,1 只,李爱民;金川,2016 年 8 月 11 日,3000-3500 m,2 只,左燕;九寨沟,2020 年 8 月 7 日,1500-2000 m,1 只,杨盛语;甘孜,2020 年 8 月 26-27 日,3500-4000 m,5 只,杨盛语;甘孜,2020 年 8 月 26-27 日,3500-4000 m,6 只,邓合黎;甘孜,2020 年 8 月 26-27 日,3500-4000 m,9 只,左瑞;甘孜,2020 年 8 月 26-27 日,3500-4000 m,7 只,左燕。

　　(2)分类特征:翅橘红色,基部暗褐色,腹面色稍浅或橘黄色;顶角和中室下方各有 2 个黑色小圆斑,前缘区有 7 条不规则的黑纹,其中 6 条在中室内;中域前翅有 6 个、后翅有 7 个黑色小圆斑,后者在腹面银色;外缘细线 2 条,内侧有 1 列齿状斑列,后翅此斑列银色。腹面前翅外缘顶角有三角形银斑，后翅基部银色斑纹从内至外的样式为2+1+3。

（3）分布。

水平：香格里拉、乡城、康定、金川、理县、江达、甘孜、芒康、巴塘、理塘、九寨沟。

垂直：1500-5000 m。

生境：常绿阔叶林、针阔混交林、灌丛、林下灌丛、河滩灌丛、山坡溪流灌丛、高山灌丛、高山河谷灌丛、高山山坡灌丛、农田灌丛、高山草地、高寒草甸。

（4）出现时间（月份）：7、8。

（5）种群数量：常见种。

（6）标本照片：彩色图版 XIV-5。

（7）注记：http://ftp.funet.fi/pub/sci/bio/life/insecta/lepidoptera/网站记载分布于中国；EU，Morocco，Iran，Siberia，Pamirs，Altai，Ussuri，Amur，Korea，Japan。

223. 高山银斑豹蛱蝶 *Speyeria clara* (Blanchard, 1844)

Argynnis clara Blanchard, 1844; in Jacquemont, Voyage Index 4(Zool.): 20, pl. 2, figs. 2-3; Type locality: Kashmir.

Mesoacidalia clara neoclara Chou, Yuan, Yin, Zhang *et* Chen, 2002; Entomotaxonomia 24(1): 52-68; Type locality: 甘肃.

Mesoacidalia clara menba Lang, 2009; Atalanta 40(3/4): 494; Type locality: 西藏.

Mesocacidalia clara tongtianensis Lang, 2009; Atalanta 40(3/4): 495; Type locality: 曲麻莱.

Mesoacidalia clara kanga Lang *et* Wan, 2010; Atalanta 40(1/2): 221, pls. 6: 1, 2; Type locality: 木格措，康定.

（1）查看标本：八宿，2005 年 8 月 1 日，4500-5000 m，2 只，邓合黎；八宿，2005 年 8 月 1、3、6 日，4000-5000 m，6 只，杨晓东；康定，2005 年 8 月 17、23 日，3000-4500 m，3 只，杨晓东；理塘，2015 年 8 月 13 日，4000-4500 m，2 只，李爱民；巴塘，2015 年 8 月 13 日，4000-5000 m，5 只，张乔勇；巴塘，2015 年 8 月 13 日，4500-5000 m，3 只，邓合黎；理塘，2015 年 8 月 13 日，4000-4500 m，4 只，左燕；巴塘，8 月 13 日，4500-5000 m，6 只，左燕。

（2）分类特征：近似银斑豹蛱蝶 *S. aglaja*，个体较小，翅更圆滑，色更深，翅背面黄褐色，外缘微波状，后翅腹面黄绿色、散布不规则的银色条纹。

（3）分布。

水平：康定、巴塘、理塘、八宿。

垂直：3000-5000 m。

生境：高山山坡灌丛、高山草甸灌丛、高山河滩草甸、高山灌丛草甸、高寒草甸。

（4）出现时间（月份）：8。

（5）种群数量：常见种。

（6）标本照片：彩色图版 XIV-6。

（7）注记：周尧（1998，1999）未记载此种。http://ftp.funet.fi/pub/sci/bio/life/insecta/

lepidoptera/网站将此种归于 *Speyeria* 属，*Mesoacidalia* 是 *Speyeria* 的同物异名：*Mesoacidalia* (*Acidalia*) Reuss, 1926; Deutschla of Entomological and Zoological Iris 1926(1): 69; Type species: *Papilio aglaja* (Linnaeus, 1758)。http://ftp.funet.fi/pub/sci/bio/life/insecta/lepidoptera/网站记载分布于中国青海、甘肃、西藏、四川；Kashmir，India。

（六十九）福蛱蝶属 *Fabriciana* Reuss, 1920

Fabriciana Reuss, 1920; Entomologische Mitteilungen 9: 192; Type species: *Papilio niobe* Linnaeus, 1758.
Fabriciana Reuss, 1922; Archive Naturgesch 87A(11): 197; Type species: *Papilio niobe* Linnaeus, 1758.
Protodryas Reuss, 1928; International Entomological Zeitschrift 22: 146; Type species: *Argynnis kamala* Moore, 1857.

翅背面橙黄色，斑点和条纹黑色，并组成豹纹。触角末端不扁平，翅外缘波状，中室闭式。R_2 脉从中室近上端角处分出，R_3 脉、R_4 脉、R_5 脉共柄，与 M_1 脉一起，着生中室上端角，R_3 脉在上端角与顶角中间分叉并止于翅前缘。后翅无尾突；腹面绿色，有银斑。蛹褐色。雄蝶前翅背面 Cu_1 脉、Cu_2 脉有黑色性标。

注记：周尧（1998，1999）将此属置于豹蛱蝶亚科 Argynninae，隶属于蛱蝶科 Nymphalidae。http://ftp.funet.fi/pub/sci/bio/life/insecta/lepidoptera/网站则将此属置于豹蛱蝶族 Argynnini，隶属于蛱蝶科 Nymphalidae 釉蛱蝶亚科 Heliconiinae。

224. 福蛱蝶 *Fabriciana niobe* (Linnaeus, 1758)

Papilio niobe Linnaeus, 1758; Systematic Nature (10th ed.) 1: 481.
Fabriciana niobe kunlunensis Lang, 2010; Atalanta 41: 222; Type locality: 新疆.

（1）查看标本：甘孜，2005 年 7 月 26 日，3000-3500 m，2 只，薛俊；康定，2005 年 8 月 27 日，3000-3500 m，1 只，杨晓东；得荣，2013 年 8 月 16 日，3000-3500 m，2 只，李爱民；得荣，2013 年 8 月 16 日，3000-3500 m，1 只，张乔勇；九寨沟，2020 年 8 月 8 日，2000-2500 m，1 只，左燕。

（2）分类特征：翅橙黄色，基部色暗，展翅 40 mm 左右，外缘有 2 条黑线纹，亚外缘有 1 列新月形黑斑，内侧有 1 列黑色圆斑列。前翅中室外有 2 个黑色横斑，中室内有 4 个波浪形黑斑，中室下方有 4 个黑斑，2a 室基部灰褐色；腹面同背面，但顶角和外缘褐黄色。后翅基部及后缘灰褐色，中域有波状黑色线纹，后缘黄褐色；腹面外缘斑黄褐色，亚外缘为银白色半圆斑列，其外侧新月形斑棕褐色，二者共同组成 1 列带棕褐色环的银白色小斑。后翅基部有 3 个+3 个银白色斑。

（3）分布。

水平：得荣、康定、甘孜、九寨沟。

垂直：2000-3500 m。

生境：山坡灌丛、河谷灌丛、高山灌丛草甸。

（4）出现时间（月份）：7、8。

（5）种群数量：少见种。

（6）标本照片：彩色图版 XIV-7。

（7）注记：http://ftp.funet.fi/pub/sci/bio/life/insecta/lepidoptera/网站记载分布于中国北京、西藏；C. EU，S. EU，Iran，Caucasus，Afghanistan，Siberia，Pamirs，Pakistan，Korea。

225. 蟾福蛱蝶 *Fabriciana nerippe* (Felder *et* Felder, 1862)

Argynnis nerippe Felder *et* Felder, 1862; Entomologische Mitteilungen 6(1): 24; Type locality: Japan.
Argynnis nerippe chlorotis Fruhstorfer, 1907; Social Entomology 22(9): 68; Type locality: Nagasaki.
Argynnis nerippe megalothymus Fruhstorfer, 1907; Social Entomology 22(9): 68; Type locality: Japan.
Argynnis nerippe nerippina Fruhstorfer, 1907; Social Entomology 22(9): 68; Type locality: 四川.

（1）查看标本：理县，2005 年 7 月 22 日，2500-3000 m，1 只，邓合黎；甘孜，2005 年 7 月 26 日，3500-4000 m，1 只，杨晓东；汉源，2006 年 6 月 24 日，1500-2000 m，1 只，邓合黎；香格里拉，2006 年 8 月 21 日，2500-3000 m，1 只，杨晓东；维西，2006 年 8 月 28 日，2000-2500 m，1 只，杨晓东；香格里拉，2006 年 8 月 21 日，2500-3000 m，1 只，李爱民；九寨沟，2020 年 8 月 8 日，2000-2500 m，2 只，杨盛语；甘孜，2020 年 7 月 26 日，3500-4000 m，1 只，左燕；松潘，2020 年 8 月 5 日，2000-2500 m，1 只，左燕；九寨沟，2020 年 8 月 8 日，2000-2500 m，2 只，左燕；甘孜，2020 年 7 月 27 日，3500-4000 m，1 只，左瑞；九寨沟，2020 年 8 月 8 日，2000-2500 m，3 只，左瑞。

（2）分类特征：斑纹色彩似福蛱蝶 *F. niobe*，翅展 60-70 mm，雄蝶仅 Cu_2 脉有性标，后翅 m_2 室内无黑色圆点且腹面基部银色斑纹样式为 3+0+3。

（3）分布。

水平：维西、香格里拉、汉源、甘孜、理县、松潘、九寨沟。

垂直：1500-4000 m。

生境：针阔混交林、灌丛、山坡灌丛、高山灌丛、灌草丛、河滩草甸、高寒草甸。

（4）出现时间（月份）：6、7、8。

（5）种群数量：常见种。

（6）标本照片：彩色图版 XIV-8。

（7）注记：http://ftp.funet.fi/pub/sci/bio/life/insecta/lepidoptera/网站记载分布于中国；Japan，Korea，Amur，Usuuri。

226. 灿福蛱蝶 *Fabriciana adippe* (Denis *et* Schiffermüller, 1775)

Papilio adippe Schiffermüller, 1775; Ankunft System Schmetterling Wienergegend 177; Type locality: Vietnam.
Papilio cydippe Linnaeus, 1761; Fauna Suecica (2nd ed.): 281.
Argynnis ornatissima Leech, 1892; Butterflies from China, Japan and Corea (2): 234, pl. 22, figs. 1-2; Type locality: 打箭炉.

Fabriciana cydippe f. *taliana* Reuss, 1922; Deutschla of Entomological and Zoological Iris 1922(2): 196; Type locality: 大理.

Fabriciana adippe stoetzneri Reuss, 1922; International Entomological Zs 16: 110; Type locality: 瓦斯沟.

Fabriciana adippe leechi Watkins, 1924; Annual Magazine of Natural History 13(9): 454; Type locality: 打箭炉.

Fabriciana niobe chinensis Belter, 1931; Entomologische Zeitschrift 45: 62; Type locality: 四川.

Fabriciana adippe chayuensis Huang, 2001; Neue Entomologische Nachrichten 51: 89, pl. 6, figs. 43, 47; Type locality: 察隅.

Fabriciana adippe milina Lang, 2009; Atalanta 40(3/4): 493; Type locality: 西藏.

（1）查看标本：九龙，2005 年 6 月 8 日，1000-1500 m，1 只，邓合黎；汉源，2006 年 6 月 24 日，1500-2000 m，1 只，左燕；香格里拉，2006 年 8 月 21 日，2500-3000 m，1 只，左燕；维西，2006 年 8 月 28 日，2000-3000 m，2 只，左燕；香格里拉，2006 年 8 月 21 日，2500-3000 m，10 只，李爱民；维西，2006 年 8 月 28 日，2500-3000 m，1 只，李爱民；维西，2006 年 8 月 28 日，2000-2500 m，5 只，邓合黎；香格里拉，2006 年 8 月 21 日，2500-3000 m，11 只，杨晓东；维西，2006 年 8 月 31 日，2500-3000 m，1 只，杨晓东；金川，2016 年 8 月 12 日，3000-3500 m，2 只，李爱民；宝兴，2018 年 6 月 3 日，1000-1500 m，1 只，左瑞；甘孜，2020 年 7 月 27 日，3500-4000 m，1 只，杨盛语；马尔康，2020 年 7 月 31 日，2000-2500 m，1 只，杨盛语；九寨沟，2020 年 8 月 7-8 日，1500-2000 m，2 只，杨盛语；甘孜，2020 年 7 月 27 日，3500-4000 m，1 只，邓合黎；九寨沟，2020 年 8 月 8 日，2000-2500 m，1 只，邓合黎；松潘，2020 年 8 月 5 日，2000-2500 m，1 只，左燕；九寨沟，2020 年 8 月 8 日，2000-2500 m，2 只，左燕；九寨沟，2020 年 8 月 8 日，2000-2500 m，1 只，左瑞。

（2）分类特征：斑纹色彩似福蛱蝶 *F. niobe*，翅展 60-70 mm，但雄蝶 Cu_1 脉和 Cu_2 脉有性标，前翅背面顶角有 3 个方形绿斑，中间 1 个两侧为黄白色斑，下面 1 个外侧是黄白色斑纹，后翅 m_2 室内有黑色圆点；后翅腹面基部银色斑纹样式为 3+1+3。

（3）分布。

水平：维西、香格里拉、九龙、宝兴、汉源、金川、甘孜、马尔康、松潘、九寨沟。

垂直：1000-4000 m。

生境：常绿阔叶林、针阔混交林、溪流树林、灌丛、山坡灌丛、草地、河滩草地、亚高山灌草丛、高寒草甸。

（4）出现时间（月份）：6、7、8。

（5）种群数量：常见种。

（6）标本照片：彩色图版 XIV-9、10。

（7）注记：http://ftp.funet.fi/pub/sci/bio/life/insecta/lepidoptera/网站记载分布于中国西藏、四川、云南；EU，Pamirs，Temperate Asia，Siberia，Japan。

227. 东亚福蛱蝶 *Fabriciana xipe* Grum-Grshimailo, 1891

Fabriciana adippe var. *xipe* Grum-Grishimailo, 1891; Horae Society Entomology Ross 25: 457; Type locality: 西藏.

Argynnis niraea Oberthür, 1913; Etudes de Lépidoptérologie Comparée 7: 669, pl. 186, figs. 1818-1819; Type locality: 打箭炉.

Argynnis niraea chinensis Butler, 1931; Entomology Zoological Society Frankfa. M. 45: 62; Type locality: 四川.

（1）查看标本：甘孜，2020 年 7 月 27 日，3500-4000 m，1 只，邓合黎；甘孜，2020 年 7 月 27 日，3500-4000 m，1 只，杨盛语。

（2）分类特征：斑纹色彩似福蛱蝶 *F. niobe*，区别在于此种后翅腹面基部银色白斑排成放射状，中区银色斑列弯曲；而福蛱蝶后翅腹面基部银色白斑排成一直线，中区银色斑近似直线排列。

（3）分布。

水平：甘孜。

垂直：3500-4000 m。

生境：高山灌丛、高寒草甸。

（4）出现时间（月份）：7。

（5）种群数量：罕见种。

（6）标本照片：彩色图版 XIV-11。

（7）注记：周尧（1998，1999）未记载此种。http://ftp.funet.fi/pub/sci/bio/life/insecta/lepidoptera/网站将此种归于 *Fabriciana* 属，并记载分布于中国；Altai-Ussuri，Mongolia，Korea。

（七十）珍蛱蝶属 *Clossiana* Reuss, 1920

Clossiana Reuss, 1920; Entomologische Mitteilungen 9: 192; Type species: *Papilio selene* Denis et Schiffermüller, 1775.

Subgenus *Clossiana* (*Boloria*) Pelham, 2008; Journal Research Lepidoptera 40: 298.

小型种类，翅展不大于 50 mm。触角末端显著大而扁平，翅黄褐色、圆形，外缘弧形、不呈波状，背面有黑褐色豹纹，中室闭式。前翅 R_1 脉从中室上脉近上端角处分出，R_2 脉、R_3 脉、R_4 脉、R_5 脉共柄，与 M_1 脉一起，着生中室上端角。后翅无尾突。蛹褐色。

注记：周尧（1998，1999）将此属置于豹蛱蝶亚科 Argynninae，隶属于蛱蝶科 Nymphalidae。http://ftp.funet.fi/pub/sci/bio/life/insecta/lepidoptera/网站则将此属降为珍蛱蝶亚属 *Clossiana*，隶属于蛱蝶科 Nymphalidae 釉蛱蝶亚科 Heliconiinae 豹蛱蝶族 Argynnini 宝蛱蝶属 *Boloria*。

228. 珍蛱蝶 *Clossiana gong* (Oberthür, 1914)

Argynnis gong Oberthür, 1884; Études d'Entomologie 9: 15, pl. 2, fig. 9; Type locality: 打箭炉.

Argynnis charis Oberthür, 1891; Études d'Entomologie 15: 8, pl. 1, fig. 4; Type locality: 云南.

Argynnis gong pernimia Fruhstorfer, 1917; Archive Naturgesch 82A(2): 17; Type locality: 甘肃.
Argynnis gong f. *pallida* Eisner, 1942; Zoologische Mededelingen Leiden 24(4): 122; Type locality: 松潘.
Clossiana gong xizangensis Huang, 2000; Nota Lepidoptera 1(2): 239; Type locality: 西藏东南部.
Clossiana gong charis Coene *et* Vis, 2008; Nota Lepidoptera 1(2): 239; Type locality: 西藏东南部.

(1) 查看标本：九龙，2005 年 6 月 8 日，3000-3500 m，1 只，李爱民；甘孜，2005 年 7 月 26 日，3500-4000 m，2 只，邓合黎；江达，2005 年 7 月 26 日，3000-3500 m，1 只，邓合黎；芒康，2005 年 8 月 8 日，4500-5000 m，1 只，邓合黎；色达，2005 年 7 月 25 日，3000-4000 m，5 只，杨晓东；色达，2005 年 7 月 25 日，3500-4000 m，1 只，薛俊；色达，2005 年 7 月 25 日，3000-3500 m，2 只，李爱民；江达，2005 年 7 月 26 日，3000-3500 m，1 只，杨晓东；甘孜，2005 年 7 月 26 日，3500-4000 m，2 只，杨晓东；甘孜，2005 年 7 月 26 日，3500-4000 m，4 只，薛俊；甘孜，2005 年 7 月 26 日，3500-4000 m，4 只，李爱民；八宿，2005 年 8 月 3 日，3500-4000 m，1 只，杨晓东；芒康，2005 年 8 月 8 日，4000-4500 m，2 只，杨晓东；康定，2005 年 8 月 16-17 日，3500-4500 m，3 只，邓合黎；德钦，2006 年 8 月 11 日，2500-3000 m，1 只，左燕；维西，2006 年 8 月 28、31 日，2500-3500 m，10 只，左燕；兰坪，2006 年 9 月 1 日，2000-2500 m，6 只，左燕；德钦，2006 年 8 月 12 日，3000-3500 m，1 只，邓合黎；香格里拉，2006 年 8 月 21 日，2500-3000 m，1 只，邓合黎；维西，2006 年 8 月 28、31 日，2000-3000 m，8 只，邓合黎；玉龙，2006 年 8 月 31 日，3000-3500 m，3 只，邓合黎；维西，2006 年 8 月 28、31 日，2000-3500 m，6 只，李爱民；兰坪，2006 年 9 月 2 日，2500-3000 m，7 只，李爱民；香格里拉，2006 年 8 月 21 日，2500-3000 m，1 只，杨晓东；维西，2006 年 8 月 28、31 日，2000-3500 m，12 只，杨晓东；兰坪，2006 年 9 月 1 日，2500-3000 m，10 只，杨晓东；木里，2008 年 8 月 2 日，2500-3000 m，1 只；盐源，2008 年 8 月 23 日，3000-3500 m，1 只，杨晓东；得荣，2013 年 8 月 13 日，3000-3500 m，2 只，张乔勇；得荣，2013 年 8 月 13 日，3500-4000 m，1 只，李爱民；乡城，2013 年 8 月 18 日，4500-5000 m，1 只，李爱民；得荣，2013 年 8 月 13 日，3500-4000 m，2 只，左燕；乡城，2013 年 8 月 17 日，2500-3000 m，1 只，左燕；芒康，2015 年 8 月 11 日，3500-4000 m，1 只，李爱民；巴塘，2015 年 8 月 12 日，3500-4000 m，5 只，李爱民；理塘，2015 年 8 月 13 日，4000-4500 m，1 只，李爱民；巴塘，2015 年 8 月 12 日，3500-4000 m，1 只，张乔勇；雅江，2015 年 8 月 15 日，2500-3000 m，1 只，张乔勇；芒康，2015 年 8 月 10-11 日，3000-4000 m，3 只，左燕；巴塘，2015 年 8 月 12 日，3500-4000 m，5 只，左燕；巴塘，2015 年 8 月 12 日，3500-4000 m，3 只，邓合黎；金川，2016 年 8 月 11 日，3000-3500 m，1 只，李爱民；甘孜，2020 年 7 月 27 日，3500-4000 m，3 只，杨盛语；文县，2020 年 8 月 10 日，1500-2500 m，2 只，杨盛语；甘孜，2020 年 7 月 27 日，3500-4000 m，1 只，邓合黎；甘孜，2020 年 7 月 27 日，3500-4000 m，1 只，左瑞。

(2) 分类特征：背面橘红色，基部暗褐色，端半部有平行外缘的近圆形黑斑 3 列；前翅中室有 5 个大小不等的黑斑，中室下方 4 个黑斑成列；后翅基半部有 2 列错落的黑斑。腹面橘黄色，斑纹似背面，但端半部外侧 2 列黑斑被 1 列狭长的三角形珠白色斑替代；后翅中室及周边有大致呈放射状的错落的珠白色斑。

（3）分布。

水平：兰坪、维西、玉龙、香格里拉、德钦、乡城、芒康、巴塘、理塘、雅江、康定、得荣、盐源、木里、九龙、八宿、江达、甘孜、色达、金川、文县。

垂直：1500-5000 m。

生境：常绿阔叶林、针阔混交林、高山针叶林、居民点树林、树丛、河谷林灌丛、灌丛、河滩灌丛、河谷灌丛、山坡灌丛、山坡溪流灌丛、高山灌丛、高山河滩灌丛、高山河谷灌丛、高山草甸灌丛、山坡农田灌丛、草地、河滩草地、山坡草地、河谷灌丛草地、高山草甸、高山灌丛草甸、高寒草甸。

（4）出现时间（月份）：6、7、8、9。

（5）种群数量：优势种。

（6）标本照片：彩色图版 XIV-12。

（7）注记：http://ftp.funet.fi/pub/sci/bio/life/insecta/lepidoptera/网站记载分布于中国北部和西部。

（七十一）宝蛱蝶属 *Boloria* Moore, 1900

Boloria Moore, 1900; Lepidoptera Indica 4: 243; Type species: *Papilio pales* Denis *et* Schiffermüller, 1775.

Smoljana (*Boloria*) Slivov, 1995; Acta Zoology Bulgaria 48: 62; Type species: *Boloria* (*Smoljana*) *rhodopensis* Slivov, 1995.

Boloria (*Boloria*) Pelham, 2008; Journal Research Lepidoptera 40: 296.

触角末端显著大而扁平，翅外缘不呈波状、背面具豹纹，中室闭式。前翅较狭窄；R_1 脉从中室上脉近上端角处分出，R_2 脉、R_3 脉、R_4 脉、R_5 脉共柄，与 M_1 脉一起，着生上端角。后翅在 $Sc + R_1$ 脉处成角度，腹面有排列不规则的小银白色斑，无尾突。

注记：周尧（1998，1999）将此属置于豹蛱蝶亚科 Argynninae，隶属于蛱蝶科 Nymphalidae。http://ftp.funet.fi/pub/sci/bio/life/insecta/lepidoptera/网站则将此属置于蛱蝶科 Nymphalidae 釉蛱蝶亚科 Heliconiinae 豹蛱蝶族 Argynnini。

229. 洛神宝蛱蝶 *Boloria napaea* (Hoffmannsegg, 1804)

Papilio napaea Hoffmannsegg, 1804; Magazin für Insektenkunde 3: 196.

Argynnis pales var. *altaica* Grum-Grshimailo, 1893; Horae Society of Entomology Ross 27(1-2): 128; Type locality: Altai.

Boloria altaica pustagi Korshunov *et* Ivonin, 1995; Eversmannia (Suppl.) 2: 34; Type locality: Altai.

（1）查看标本：八宿，2005 年 8 月 1 日，4500-5000 m，1 只，邓合黎；乡城，2013 年 8 月 18 日，4500-5000 m，2 只，邓合黎；金川，2014 年 8 月 7 日，4500-5000 m，1 只，李爱民。

（2）分类特征：翅背面黄褐色，基部黑褐色，外缘区有 3 列平行外缘的黑点。腹面前翅外缘脉间有银色纵纹；后翅外缘有 1 列银色椭圆形斑，臀室端银白色，亚外缘橙黄色圆斑列不明显，其内侧上段有银白色斑，中横带上 4 个斑大，其内侧有斜长白斑，中室有 1 个白点。

（3）分布。

水平：乡城、八宿、金川。

垂直：4500-5000 m。

生境：高山灌丛、高山灌丛草甸。

（4）出现时间（月份）：8。

（5）种群数量：少见种。

（6）标本照片：彩色图版 XIV-13。

（7）注记：武春生和徐堵峰（2017）未记载此种。http://ftp.funet.fi/pub/sci/bio/life/insecta/lepidoptera/网站记载分布于 Pyrenees，Alps，Ural，Altai，Transbaikalia，Mongolia。

230. 龙女宝蛱蝶 *Boloria pales* (Denis *et* Schiffermüller, 1775)

Papilio pales Denis et Schiffermüller, 1775; Ankunft System Schmetterling Wienergegend 177.

Argynnis pales var. *sifanica* Grum-Grshimailo, 1891; Horae Society Entomology Ross 25(3-4): 456; Type locality: 甘肃，青海.

Argynnis pales eupales Fruhstorfer, 1903; Social Entomology 18(16): 124; Type locality: 西藏.

Argynnis pales palina Fruhstorfer, 1904; Deutschla of Entomological and Zoological Iris 16(2): 306; Type locality: 打箭炉，小路.

Argynnis pales eupales Fruhstorfer, 1904; Deutschla of Entomological and Zoological Iris 16(2): 307; Type locality: 西藏.

Argynnis pales palina f. *conjuncta* Eisner, 1942; Zoologische Verhandelingen Leiden 24(4): 124; Type locality: 四川.

Argynnis pales palina f. *deficiens* Eisner, 1942; Zoologische Verhandelingen Leiden 24(4): 124; Type locality: 四川.

Boloria pales yangi Hsu et Yen, 1997; Journal Research Lepidoptera 34: 143; Type locality: 台湾.

（1）查看标本：理县，2005 年 7 月 22 日，1500-2000 m，1 只，薛俊；理县，2005 年 7 月 22 日，2500-3000 m，2 只，杨晓东；理县，2005 年 7 月 22 日，1500-2000 m，1 只，李爱民；色达，2005 年 7 月 24 日，3500-4000 m，10 只，杨晓东；色达，2005 年 7 月 25 日，3000-3500 m，6 只，薛俊；甘孜，2005 年 7 月 22 日，3500-4000 m，2 只，李爱民；甘孜，2005 年 7 月 26 日，3500-4000 m，1 只，邓合黎；八宿，2005 年 8 月 1、6 日，4500-5000 m，5 只，邓合黎；康定，2005 年 8 月 17 日，4000-4500 m，1 只，杨晓东；乡城，2013 年 8 月 18 日，4500-5000 m，2 只，邓合黎；金川，2014 年 8 月 7 日，4500-5000 m，1 只，李爱民；左贡，2015 年 8 月 9 日，4000-4500 m，1 只，张乔勇；左贡，2015 年 8 月 9 日，4000-4500 m，1 只，邓合黎；巴塘，2015 年 8 月 13 日，4500-5000 m，1 只，左燕；甘孜，2020 年 7 月 27 日，3500-4000 m，4 只，左燕；甘孜，2020 年 8 月 26-27 日，3500-4000 m，4 只，左瑞。

（2）分类特征：顶角明显，前缘、外缘弧形，后缘平直，无突出，臀区凹入。背面翅橘黄色，基部黑褐色；前翅端半部有不规则的 3 列黑点且相互不平行，内侧第 2、3 列不整齐。背面前翅中室有 3 组黑斑，端部有 1 个黑色横斑；后翅基半部有 2 条细纹，中域有 1 条黑褐色波状细纹，端半部有弧形排列且平行外缘的 3 列黑斑。腹面前翅橘黄色，黑色斑纹杂乱分布，顶角和外缘乳黄色，沿外缘分布 1 列三角形横纹；后翅有排列不规则的杂乱的淡黄色和橘黄色斑纹，m_3 室和 cu_1 室淡黄色斑呈长条形。

（3）分布。

水平：乡城、左贡、巴塘、康定、八宿、甘孜、色达、金川、理县。

垂直：1500-5000 m。

生境：高山灌草丛树林、河谷林灌丛、河滩灌丛、高山河谷灌丛、高山灌丛、河滩草灌、山坡灌丛草甸、河滩草地、河滩草甸、山坡草甸、高寒草甸。

（4）出现时间（月份）：7、8。

（5）种群数量：常见种。

（6）标本照片：彩色图版 XIV-14。

（7）注记：Lang（2012）、武春生和徐堉峰（2017）将中国四川西部、甘肃、青海、西藏分布的 *Boloria pales palina* (Fruhstorfer, 1904)独立为种 *Boloria palina* Fruhstorfer, (1904)。http://ftp.funet.fi/pub/sci/bio/life/insecta/lepidoptera/网站记载分布于中国青海、甘肃、西藏、四川、台湾；Pyrenees，France，Alps，Austria，Carpathians，Caucasus，Asia。

（七十二）珠蛱蝶属 *Issoria* Hübner, 1819

Issoria Hübner, [1819]; Verzeichniss Bekannter Schmettlinge (2): 31; Type species: *Papilio lathonia* Linnaeus, 1758.
Rathora Moore, 1900; Lepidoptera Indica 4: 241; Type species: *Papilio lathonia* Linnaeus, 1758.
Kükenthaliella Reuss, 1926; Deutschla of Entomology Zeitschrift 1926(1): 65; Type species: *Argynnis gemmata* Butler, 1881.
Pseudorathora Reuss, 1926; Deutschla of Entomology Zeitschrift 1926(1): 68; Type species: *Rathora saeae* [sic] f. *geogr isaeoides* Reuss, 1925.
Prokükenthaliella Reuss, 1926; Deutschla of Entomology Zeitschrift 1926(5): 435; Type species: *Argynnis excelsior* Butler, [1896].

触角末端显著大而扁平，翅外缘平直、不呈波状，背面有豹纹，中室闭式。R 脉 4 条，R_1 脉从中室上脉分出，R_{2+3} 脉、R_4 脉、R_5 脉共柄，与 M_1 脉一起，着生上端角，R_{2+3} 脉止于前缘。后翅在 Sc + R_1 脉和 2A 脉处成角度，无尾突，臀角圆。

注记：周尧（1998，1999）将此属置于豹蛱蝶亚科 Argynninae，隶属于蛱蝶科 Nymphalidae。http://ftp.funet.fi/pub/sci/bio/life/insecta/lepidoptera/网站将此属置于蛱蝶科 Nymphalidae 釉蛱蝶亚科 Heliconiinae 豹蛱蝶族 Argynnini。

231. 曲斑珠蛱蝶 *Issoria eugenia* (Eversmann, 1847)

Argynnis eugenia Eversmann, 1847; Bulletin Society Imp. Nature Moscou 20(3): 68; Type locality: Irkutsk.
Argynnis eugenia var. *rhea* Grum-Grshimailo, 1891; Horae Society Entomology Ross 25(3-4): 456; Type locality: 青海.

Argynnis eugenia genia Fruhstorfer, 1904; Deutschla of Entomological and Zoological Iris 16(2): 308; Type locality: 打箭炉.

Argynnis eugenia anargyron Oberthür, 1914; Etudes de Lépidoptérologie Comparée 9(2): 46, pl. 253, fig. 2137; Type locality: 打箭炉.

Issoria eugenia ulgens (Bang-Haas, 1927); Horae Macrolepidopteral Palaearctic 1: 52; Type locality: 甘肃.

Kuekenthaliella eugenia rheaoides Reuss, 1925; Deutschla of Entomological and Zoological Iris 39: 218; Type locality: 打箭炉.

Kuekenthaliella eugenia rhea Huang, 1998; Neue Entomologische Nachrichten 41: 234(note).

Kuekenthaliella eugenia pulchella Huang, 2001; Neue Entomologische Nachrichten 51: 90, pl. 6, figs. 44, 48; Type locality: 察隅.

（1）查看标本：八宿，2005 年 8 月 1-3、6 日，3500-5000 m，29 只，邓合黎；芒康，2005 年 8 月 8 日，4500-5000 m，1 只，邓合黎；康定，2005 年 8 月 16-17 日，3500-4500 m，14 只，邓合黎；八宿，2005 年 8 月 1-3、6 日，3500-5000 m，39 只，杨晓东；芒康，2005 年 8 月 8 日，4500-5000 m，2 只，杨晓东；康定，2005 年 8 月 16-17 日，3500-4500 m，7 只，杨晓东；德钦，2006 年 8 月 9 日，3000-3500 m，1 只，左燕；德钦，2005 年 8 月 10、12、14 日，3500-4500 m，5 只，邓合黎；维西，2006 年 8 月 28 日，2500-3000 m，1 只，邓合黎；德钦，2006 年 8 月 10、12 日，3500-5000 m，8 只，杨晓东；木里，2008 年 8 月 9 日，2500-3000 m，1 只，杨晓东；木里，2008 年 8 月 2 日，2500-3000 m，1 只，邓合黎；得荣，2013 年 8 月 13-14 日，3000-5000 m，6 只，张乔勇；乡城，2013 年 8 月 18 日，4000-5000 m，3 只，张乔勇；得荣，2013 年 8 月 13-14 日，3500-4500 m，12 只，左燕；乡城，2013 年 8 月 18 日，4000-5000 m，8 只，左燕；得荣，2013 年 8 月 13-14 日，2500-4500 m，6 只，邓合黎；乡城，2013 年 8 月 18 日，4000-5000 m，10 只，邓合黎；得荣，2013 年 8 月 14 日，4000-4500 m，6 只，李爱民；乡城，2013 年 8 月 18-19 日，3500-5000 m，8 只，李爱民；左贡，2015 年 8 月 9 日，4500-5000 m，5 只，李爱民；芒康，2015 年 8 月 10 日，4000-4500 m，1 只，李爱民；巴塘，2015 年 8 月 13 日，4500-5000 m，4 只，李爱民；理塘，2015 年 8 月 13 日，4000-4500 m，3 只，李爱民；左贡，2015 年 8 月 9 日，4000-5000 m，8 只，张乔勇；芒康，2015 年 8 月 10-11 日，3500-4500 m，2 只，张乔勇；巴塘，2015 年 8 月 13 日，4500-5000 m，7 只，张乔勇；理塘，2015 年 8 月 13 日，4000-4500 m，5 只，张乔勇；左贡，2015 年 8 月 9 日，4000-5000 m，2 只，邓合黎；巴塘，2015 年 8 月 13 日，4500-5000 m，6 只，邓合黎；左贡，2015 年 8 月 9 日，4000-5000 m，1 只，左燕；巴塘，2015 年 8 月 13 日，4500-5000 m，6 只，左燕；理塘，2015 年 8 月 13 日，4000-4500 m，4 只，左燕。

（2）分类特征：翅展 40 mm 左右。前翅三角形，后翅圆形，臀角不突出。翅背面橘黄色，前翅基部和后翅基半部黑色，端半部有 3 列大小不等的不规则黑色斑纹，其中外侧 1 列圆圈状。腹面橙黄色，外缘斑列被椭圆形的珠白色斑替代；后翅基半部不规则珠的白色斑与棕褐色斑交错，m_3 室珠白色斑呈扭曲三角形。

（3）分布。

水平：维西、德钦、得荣、乡城、木里、左贡、芒康、巴塘、理塘、康定、八宿。

垂直：2500-5000 m。

生境：阔叶林、针阔混交林、山坡树林、高山灌草丛树林、溪谷林灌、高山草甸林灌、高山林下灌丛、山坡灌丛、高山灌丛、高山山坡灌丛、高山草甸灌丛、河滩草灌、高山灌丛草地、高山灌丛草甸、高山草地、高山草甸、高山河滩草甸、高山灌丛裸岩。

（4）出现时间（月份）：8。

（5）种群数量：优势种。

（6）标本照片：彩色图版 XIV-15。

（7）注记：http://ftp.funet.fi/pub/sci/bio/life/insecta/lepidoptera/网站记载分布于中国新疆、甘肃、青海、陕西、西藏、四川；Mongolia，Siberia。

232. 珠蛱蝶 *Issoria lathonia* (Linnaeus, 1758)

Papilio lathonia Linnaeus, 1758; Systematic Nature (10th ed.) 1: 481; Type locality: Sweden.

Papilio valdensis Esper, [1804]; Die Schmetterling Supplement Th 1(10): 112, pl. 115, fig. 4; Type locality: Italy.

Argynnis isaeea Gray, 1846; Describe Lepidopteral Institute of Nepal 11; Type locality: 云南.

Argynnis lathonia var. *saturata* Rober, 1896; Entomological Nachrichten 22(6): 81.

Argynnis lathonia messoa Fruhstorfer, 1912; in Seitz, Gross-Schmetterling Erde 9: 514; Type locality: 打箭炉.

Argynnis lathonia florens Verity, 1916; Entomological Recount Journal of Varna 28(6): 130.

Rathora isaeae f. *isaeoides* Reuss, 1925; Iris 39(4): 218; Type locality: 四川.

Issoria lathonia issaea Huang, 2003; Neue Entomologische Nachrichten 55: 80(note).

（1）查看标本：德钦，2006 年 8 月 10 日，4000-4500 m，4 只，左燕；德钦，2006 年 8 月 10 日，4000-4500 m，1 只，邓合黎；维西，2006 年 8 月 29 日，2000-2500 m，1 只，左燕；汉源，2006 年 6 月 29 日，1000-1500 m，1 只，杨晓东；泸定，2015 年 9 月 4 日，2000-2500 m，1 只，张乔勇。

（2）分类特征：翅展 50 mm 左右。背面橘红色，基部黑褐色；端半部有 4 列平行外缘的黑色斑列，其中内侧 2 条近圆形，外侧 2 条细线状；前翅基半部有 2 列斑列，其中外侧长方形，内侧近圆形；后翅基半部有 2 列黑色斑列，其中内侧 1 列为 3 个小斑，外侧为 1 列为平行外缘的圆斑。腹面淡橘红色；前翅顶角突出，使得外缘中段凹入；后翅呈不等四边形，M$_3$ 脉突出，使得后翅外缘在此处成角度，臀角突出；后翅有布满翅面的大块珠白色区域，基半部珠白色斑 2 列，端半部 2 列珠白色斑之间是 1 列白棕褐色围绕的淡黄色圆斑；m$_3$ 室珠白色斑呈瓜子形、不扭曲。

（3）分布。

水平：维西、德钦、汉源、泸定。

垂直：1000-4500 m。

生境：灌丛、高山灌丛、山坡灌丛、河谷山坡灌草丛。

（4）出现时间（月份）：6、8、9。

（5）种群数量：少见种。

（6）标本照片：彩色图版 XIV-16。

（7）注记：http://ftp.funet.fi/pub/sci/bio/life/insecta/lepidoptera/网站记载分布于中国四川、云南；EU，N. Africa，Canary Is.，Middle Asia，India，Pakistan。

十二、线蛱蝶亚科 Limenitinae Harvey, 1991

Limenitinae Harvey, 1991; in Nijhour, The Development and Evolution of Butterfly Wing Patterns 255-272.
Limenitinae de Jong et al., 1996; Entomologist of Scandinavia 27: 65-102.
Limenitinae Chou, 1998; Classification and Identification of Chinese Butterflies 134-155.
Limenitinae Chou, 1999; Monographa Rhopalocerorum Sinensium II: 380-556.
Limenitinae Ackery et al., 1999; Handbook of Zoology 4(35): 263-300.
Biblidinae Vane-Wright et de Jong, 2003; Zoologische Verhandelingen Leiden 343: 193.

前翅亚前缘 Sc 脉基部不膨大，R_1 脉和 R_2 脉从中室上脉近上端角处分出；R_3 脉、R_4 脉、R_5 脉共柄，R_3 脉与共柄的分叉点远离中室上端角而接近翅顶角，R_4 脉从 R_5 脉近顶角处分叉并到达外缘；无镰刀状突出。后翅肩脉与 Sc + R_1 脉共柄，从中室上脉近基部分出；无尾突和齿突。

注记：周尧（1998，1999）和 http://ftp.funet.fi/pub/sci/bio/life/insecta/lepidoptera/网站均将此亚科置于蛱蝶科 Nymphalidae。

（七十三）玳蛱蝶属 *Tanaecia* Butler, [1869]

Tanaecia Butler, [1869]; Proceedings of Zoological Society of London 1868(3): 610; Type species: Adolias pulasara Moore, [1858].
Bucasia Moore, [1897]; Lepidoptera Indica 3(28): 86; Type species: Adolias calliphorus C. et R. Felder, [1858].
Haramba Moore, [1897]; Lepidoptera Indica 3(28): 86; Type species: Adolias appiades Ménétriés, 1857.
Passirona Moore, [1897]; Lepidoptera Indica 3(28): 84; Type species: Tanaecia amisa Grose-Smith, 1889.
Saparona Moore, [1897]; Lepidoptera Indica 3(28): 85; Type species: Adolias cibaritis Hewitson, 1874.
Felderia Semper, 1888; Reisen Philippines (3): 88(preocc. Felderia Walsingham, 1887); Type species: Felderia phlegethon Semper, 1888.
Cynitia Snellen, 1895; Tijdschrift voor Entomologie 38: 20(repl. Felderia Semper, 1888); Type species: Felderia phlegethon Semper, 1888.

翅宽阔，中室开式。前翅 Sc 脉与 R_1 脉交叉，R_1 脉又与从中室上脉分出的 R_2 脉接触；R_2 脉与从中室上端角处分出的 R_3 脉接触，R_3 脉、R_4 脉、R_5 脉共柄，R_4 脉从 R_5 脉近顶角处分出，R_3 脉、R_4 脉均到达外缘；端脉上段非常短，中段凹入。后翅肩脉分叉，腹面有 2 列齿状纹且雄性特别明显，无尾突。

注记：周尧（1998，1999）将此属置于线蛱蝶亚科 Limenitinae 翠蛱蝶族 Euthaliini，隶属于蛱蝶科 Nymphalidae。http://ftp.funet.fi/pub/sci/bio/life/insecta/lepidoptera/网站则将此属置于蛱蝶科 Nymphalidae 线蛱蝶亚科 Limenitinae 的 Adoliadini 族。

233. 白裙玳蛱蝶 *Tanaecia lepidea* (Butler, 1868)

Adolias lepidea Butler, 1868; Annual Magazine of Natural History (4)1: 71; Type locality: Assam.
Cynitia cognate Moore, 1897; Lepidoptera Indica 3: 98, pl. 226, figs. 1, 1a; Type locality: 云南南部.

（1）查看标本：芒市，2006 年 4 月 1 日，1000-1500 m，1 只，吴立伟；孟连，2017 年 8 月 28 日，1000-1500 m，1 只，左燕；景洪，2021 年 4 月 10 日，500-1000 m，2 只，余波。

（2）分类特征：前翅顶角突出成钩状。雄蝶翅背面浓黑色，前翅外缘有 1 条窄的灰粉色带并凹入；后翅外缘圆整，有宽阔灰白色带。腹面粉赭红色，斑纹浅褐色；端半部基部 3 列不甚清晰的点状纹从前翅前缘延伸至后翅后缘；外缘区色浅；前翅中室有 4 条、中室外有 1 条短横线纹，中室下方有 1 个浅色三角形无斑区，后翅基半部有不规则的黑色线纹。雌蝶背面似雄蝶，腹面外缘灰色区域比雄蝶宽且带紫光。

（3）分布。

水平：芒市、孟连、景洪。

垂直：500-1500 m。

生境：常绿阔叶林、林灌草地。

（4）出现时间（月份）：4、8。

（5）种群数量：少见种。

（6）标本照片：彩色图版 XIV-17。

（7）注记：http://ftp.funet.fi/pub/sci/bio/life/insecta/lepidoptera/网站记载分布于中国云南南部；Nepal，India，Indochina。

234. 黄裙玳蛱蝶 *Tanaecia cocytus* (Fabricius, 1787)

Papilio cocytus Fabricius, 1787; Mantissa Insectorum 2: 29, no. 316.
Adolias satropaces Hewitson, 1876; The Entomologist's Monthly Magazine 13(7): 150; Type locality: Moulmein.
Euthalia cocytus ambrysus Fruhstorfer, 1913; in Seitz, Gross-Schmetterling Erde 9: 658; Type locality: 云南南部.

（1）查看标本：勐腊，2006 年 3 月 17 日，500-1000 m，1 只，杨晓东；勐腊，2006 年 3 月 18 日，500-1000 m，1 只，李爱民；景洪，2021 年 5 月 13 日，500-1000 m，1 只，余波。

（2）分类特征：前翅顶角突出成隼喙状，外缘比后缘短；后翅顶角和臀角突出成角度，外缘在 rs 室至 m_2 室间是直线，在 m_3 室至 cu_2 室间 c 弧形，使得后翅形状似多边形；前翅背腹面中室均有 4 条黑褐色横纹，背面 1 条黑褐色带从顶角外缘斜伸至后缘臀角内侧，后翅此带成为中横带的内带。

雌雄异型：雄蝶背面黑褐色，前翅外缘中下段、后翅端半部淡黄褐色，翅脉浅褐色；腹面浅褐色，前翅顶角黑色，后翅基部斑色浅。雌蝶个体较大，背面红褐色，外缘区褐色，端半部近顶角 6 个白斑组成 "Y" 形，腹面同背面。

（3）分布。

水平：景洪、勐腊。

垂直：500-1000 m。

生境：常绿阔叶林。

（4）出现时间（月份）：3、5。

（5）种群数量：少见种。

（6）标本照片：彩色图版 XV-1、2。

（7）注记：http://ftp.funet.fi/pub/sci/bio/life/insecta/lepidoptera/网站记载分布于中国云南南部；India，Indochina，Philippines。

（七十四）翠蛱蝶属 *Euthalia* Hübner, [1819]

Euthalia Hübner, [1819]; Verzeichniss Bekannter Schmettlinge (3): 41; Type species: *Papilio lubentina* Cramer, [1777].

Symphaedra Hübner, 1818; Zuträge zur Sammlung Exotischer Schmetterlinge 1: 7; Type species: *Symphaedra alcandra* Hübner, 1818.

Aconthea Horsfield, [1829]; Describe Catholic Lepidopteral Institute of Museum East India Coy (2): (expl.)1-2, pls. 5-8; Type species: *Aconthea primaria* Horsfield, [1829].

Adolias Boisduval, 1836; Histoire Naturelle des Insectes; Spécies Général des Lépidoptères 1: pls. 3, 8, figs. 2, 11; Type species: *Papilio aconthea* Cramer, [1777].

Itanus Doubleday, [1848]; General Diurnal Lepioptera (1): pl. 2, fig. 4; Type species: *Itanus phemius* Doubleday, [1848].

Itanus Felder, 1861; Novelty Actinic Leopard of Carolina 28(3): 34; Type species: *Adolias anosia* Moore, [1858].

Nora (*Euthalia*) de Nicéville, 1893; Journal of the Bombay Natural History Society 8(1): 44; Type species: *Adolias kesava* Moore, 1859.

Kirontisa Moore, [1897]; Lepidoptera Indica 3(29): 100; Type species: *Adolias telchinia* Ménétriés, 1857.

Chucapa Moore, [1897]; Lepidoptera Indica 3(31): 137; Type species: *Adolias franciae* Gray, 1846.

Limbusa Moore, [1897]; Lepidoptera Indica 3(31): 130; Type species: *Adolias nara* Moore, 1859.

Mahaldia Moore, [1897]; Lepidoptera Indica 3(31): 132; Type species: *Adolias sahadeva* Moore, 1859.

Tasinga Moore, [1897]; Lepidoptera Indica 3(29): 101; Type species: *Adolias anosia* Moore, [1858].

Sonepisa Moore, [1897]; Lepidoptera Indica 3(29): 110; Type species: *Adolias kanda* Moore, 1859.

Zalapia Moore, [1897]; Lepidoptera Indica 3(31): 135; Type species: *Adolias patala* Kollar, [1844].

体强壮，翅宽阔，中室闭式或开式，其内及附近布有 3-5 个黑褐色环状纹。前翅外缘比后缘短，顶角如突出也不呈镰刀状。后翅圆或微波状，肩脉从 Sc + R₁ 脉分出，后者到达外缘，中室短，无尾突和齿突。多数种类翠绿色，具白色斜带。雌雄异型或多型，雄蝶多数深褐色，后翅有宽的淡色边；雌蝶淡褐色，有阔的淡色外线和白斑。

注记：周尧（1998，1999）将此属置于线蛱蝶亚科 Limenitinae 翠蛱蝶族 Euthaliini，隶属于蛱蝶科 Nymphalidae。http://ftp.funet.fi/pub/sci/bio/life/insecta/lepidoptera/网站则将此属置于蛱蝶科 Nymphalidae 线蛱蝶亚科 Limenitinae 的 Adoliadini 族。

235. 红斑翠蛱蝶 *Euthalia lubentina* (Cramer, 1777)

Papilio lubentina Cramer, 1777; Uitland Kapellen 2(9-16): 92, pl. 155, figs. C, D; Type locality: 中国南部.
Euthalia lubentina Moore, [1880]; Lepidopteral Ceylon 1(1): 31, pl. 16, figs. 1a-b; Type locality: 中国南部.

　　（1）查看标本：勐海，2006 年 3 月 21 日，500-1000 m，1 只，邓合黎；芒市，2006 年 4 月 1 日，1000-1500 m，1 只，李爱民。

　　（2）分类特征：翅背面黑色。前翅基部无红斑；背面中室基部有 1 个黑点、2 个长方形红斑及其中间夹 1 个白斑，中室端外 3 个白斑与 7-8 个亚缘白斑构成 "Y" 形；蓝灰色外缘凹入，顶角不钩状突出；腹面斑纹色彩同背面，但蓝灰色臀角变为浅黄色。后翅背面基半部无红斑，端半部 2 列红斑在 m_2 室后成为黑斑，臀角有 1 个红斑；腹面基半部分布 7 个不规则的红斑；臀角蓝灰色。

　　雌雄异型：雌蝶比雄蝶大，斑纹大而显著；前翅 m_3 与 cu_1 室的两个斑特别大，前翅条纹雌蝶浅黄色而不是雄蝶的蓝灰色，后翅臀角尖出。

　　（3）分布。

　　水平：芒市、勐海。

　　垂直：500-1500 m。

　　生境：常绿阔叶林、溪流灌丛。

　　（4）出现时间（月份）：3、4。

　　（5）种群数量：罕见种。

　　（6）注记：http://ftp.funet.fi/pub/sci/bio/life/insecta/lepidoptera/网站记载分布于中国南部；Nepal，India，Bengal，Ceylon，Indpochina，Philippines。

236. 暗斑翠蛱蝶 *Euthalia monina* (Fabricius, 1787)

Papilio monina Fabricius, 1787; Mantissa Insectorum 2: 51, no. 502; Type locality: Malaysia.
Adolias ramada Moore, 1859; Transactions of the Entomological Society of London 5(2): 69, pl. 4, fig. 5; Type locality: Malacca.
Adolias salia Moore, 1857; in Horsfield & Moore, Catholic Lepidoptral Insect Museum of East India Coy 1: 189; Type locality: Java.
Adolias decoratus Butler, [1869]; Proceedings of Zoological Society of London 1868(3): 605, pl. 45, figs. 2, 9; Type locality: Singapore.
Nora bipunctata gardineri Fruhstorfer, 1906; Social Entomology 20(19): 148; Type locality: Malacca.
Euthalia rangoonensis Swinhoe, 1890; Annual Magazine of Natural History 5(29): 354; Type locality: Rangoon.
Euthalia monina jiwabaruana Eliot, 1980; Tyô to Ga 31(1-2): 54; Type locality: Mentawai Is.
Euthalia kesava kis Joicey *et* Talbot, 1921; Bulletin of the Hill Museum 1(1): 170; Type locality: 海南.

　　（1）查看标本：天全，2007 年 8 月 3 日，1500-2000 m，1 只，杨晓东；澜沧，2017 年 8 月 31 日，1000-1500 m，1 只，左燕。

　　（2）分类特征：雌蝶背面翅黑色，基半部色深，外侧的中室端外有 2 个白点和中室下端角有 1 个白点；端半部色浅，外侧色深，中间 1 条波状线从前翅前缘伸至后翅后缘。

腹面红褐色，翅脉两侧色深，基部有若干并列横线，中域 2 条波状黑线从前翅前缘通达后翅后缘，内横线在近前翅前缘有 4 个小白点。雄蝶个体较雌蝶小，背面端半部蓝绿色，外缘黑褐色，其余斑纹色彩似雌蝶。

（3）分布。

水平：澜沧、天全。

垂直：1000-2000 m。

生境：常绿阔叶林、林灌。

（4）出现时间（月份）：8。

（5）种群数量：罕见种。

（6）标本照片：彩色图版 XV-3。

（7）注记：http://ftp.funet.fi/pub/sci/bio/life/insecta/lepidoptera/网站记载分布于中国云南南部；India，Indochina。

237. 鹰翠蛱蝶 *Euthalia anosia* (Moore, [1858])

Adolias anosia Moore, [1858]; Transactions of the Entomological Society of London 5(2): 65, pl. 5, fig. 1; Type locality: India.

Euthalia anosia saitaphernes Fruhstorfer, 1913; in Seitz, Gross-Schmetterling Erde 9: 674; Type locality: Sikkim.

Euthalia anosia yao Yoshino, 1997; in Seitz, Gross-Schmetterling Erde 9: 674; Type locality: 云南.

（1）查看标本：景洪，2020 年 10 月 25 日，500-1000 m，1 只，余波；景洪，2021年 6 月 10 日和 7 月 13 日，500-1000 m，2 只，余波。

（2）分类特征：雌雄基本同型。翅外缘无淡色带，臀角尖。前翅有白纹的顶角突出似鹰嘴状；外缘比后缘短。背面黑棕色，斑纹模糊，有不显的灰色中横带；腹面浅红棕色，斑纹褐色，中室有 3 个横斑，中横带两侧有不清晰的褐色圈状斑。雌蝶比雄蝶大，前翅黑褐色斑纹、后翅褐色斑纹比雄蝶清晰，前翅中部有从前缘到 cu_1 室的白斑并弯曲排列。

（3）分布。

水平：景洪。

垂直：500-1000 m。

生境：常绿阔叶林。

（4）出现时间（月份）：6、7、10。

（5）种群数量：少见种。

（6）标本照片：彩色图版 XV-4。

（7）注记：http://ftp.funet.fi/pub/sci/bio/life/insecta/lepidoptera/网站记载记载分布于中国云南；India，Mongolia，Burma，Thailand，Malaya，Indonesia，Philippines。

238. 尖翅翠蛱蝶 *Euthalia phemius* (Doubleday, 1848)

Itanus phemius Doubleday, [1848]; General Diurnal Lepioptera (1): pl. 41, fig. 4; Type locality: Sylhet.

Adolias sancara Moore, [1858]; in Horsfield & Moore, Catholic Lepidoptral Insect Museum of East India
    Coy 1: 195; Type locality: Darjeeling.

Euthalia phemius seitzi Fruhstorfer, 1913; in Seitz, Gross-Schmetterling Erde 9: 675; Type locality: 香港.

Euthalia phemius phemius Huang *et* Xue, 2004; Neue Entomologische Nachrichten 57: 139; Type locality:
    云南.

（1）查看标本：勐腊，2006 年 3 月 18 日，500-1000 m，1 只，左燕。

（2）分类特征：翅黑褐色，基部和中室有不规则的黑纹。前缘、后缘弧形，外缘波
状；前翅顶角尖锐，外缘凹入。雄蝶前翅中部有白色的"丫"形斑纹；后翅臀角尖、背
面有浅蓝色的三角形斑，腹面外缘色浅；雌蝶前翅中室有 1 斜列明显的白斑并斜向臀角，
带末端尖锐；后翅无蓝色宽带，臀角凹入。

（3）分布。

水平：勐腊。

垂直：500-1000 m。

生境：常绿阔叶林。

（4）出现时间（月份）：3。

（5）种群数量：罕见种。

（6）注记：http://ftp.funet.fi/pub/sci/bio/life/insecta/lepidoptera/网站记载分布于 India,
Indochina。

239. 珠翠蛱蝶 *Euthalia perlella* Chou *et* Wang, 1994

Euthalia perlella Chou *et* Wang, 1994; in Chou, Monographia Rhopalocerorum Sinensium II: 492, 763; Type
    locality: 宝兴.

（1）查看标本：芦山，2005 年 9 月 10 日，1000-1500 m，1 只，邓合黎。

（2）分类特征：雌雄同型。翅前缘弧形，后缘直，前翅外缘凹入，后翅外缘由于顶
角钝圆、Cu_1 脉稍突出而成钝角。翅白色斑纹细小，黑褐色斑纹成片、模糊；背面古铜
色、基半部色深，腹面浅墨绿色、基半部色浅。前翅顶角钝圆，不完全的白色斜带从前
缘中部指向臀角并到达 cu_1 室；cu_1 室斑小、外移或消失，与前面斜带不在一条直线上；
后翅中横带白色、狭窄，只分布在 3-5 个翅室内。

（3）分布。

水平：芦山。

垂直：1000-1500 m。

生境：常绿阔叶林竹林。

（4）出现时间（月份）：9。

（5）种群数量：罕见种。

（6）注记：http://ftp.funet.fi/pub/sci/bio/life/insecta/lepidoptera/网站认为此种是 *Euthalia
k. khama* Alphéraky, 1895 的同物异名。

240. 黄铜翠蛱蝶 *Euthalia nara* (Moore, 1859)

Adolias nara Moore, 1859; Transactions of the Entomological Society of London 5(2): 78, pl. 8, fig. 1; Type locality: India.

Adolias anyte Hewitso, 1862; Illustrations of New Species of Exotic Butterflies 3(Adolias II): 65, pl. 35, fig. 5; Type locality: India.

Euthalia nara kalawrica Tytler, 1940; Journal of the Bombay Natural History Society 42(1): 114; Type locality: 山南地区.

Euthalia nara chayuana Huang, 2001; Neue Entomologische Nachrichten 51: 88, pl. 5, fig. 40; Type locality: 察隅.

（1）查看标本：荥经，2006 年 7 月 4 日，1000-1500 m，1 只，杨晓东；维西，2006 年 8 月 23 日，1500-2000 m，1 只，杨晓东；康定，2016 年 7 月 10 日，1500-2000 m，2 只，左燕。

（2）分类特征：背面暗绿褐色，背腹面斑纹近似，腹面中室具环状纹，凹入的外缘比波状后缘短，顶角尖锐。

雌雄异型：雄蝶臀角尖，无白纹；背面前翅基部、外缘区黑褐色，后翅前半部古铜色、后半部黑褐色；腹面中横带在前后翅均为黑褐色，后翅外带也是黑褐色，内带仅在下半段显 2 条黄褐色线纹。雌蝶翅暗绿褐色，腹面色浅，仅后翅呈土黄色，顶角有 2 个小白斑；背面前翅从前缘中部到 cu_1 室的各室均有 1 个白斑并组成斜带，后翅 rs 室有 1 个不规则的白斑；腹面斑纹似背面，但是从 $sc+r_1$ 室起，到 m_3 室止，后翅中区外侧有 1 列与外缘基本平行的白带；臀角钝圆。

（3）分布。

水平：维西、荥经、康定。

垂直：1000-2000 m。

生境：常绿阔叶林、山坡灌丛。

（4）出现时间（月份）：7、8。

（5）种群数量：少见种。

（6）标本照片：彩色图版 XV-5。

（7）注记：http://ftp.funet.fi/pub/sci/bio/life/insecta/lepidoptera/网站记载分布于中国山南地区、云南、海南；Nepal，India，Burma，Thailand。

241. V 纹翠蛱蝶 *Euthalia alpheda* (Godart, 1824)

Nymphalis alpheda Godart, 1824; Encyclopédie Méthodique 9: 384; Type locality: Java.

Adolias jama C. et R. Felder, [1867]; Reise Fregatte Novara, Bd 2(Abth. 2)(3): 431; Type locality: Sikkim.

（1）查看标本：景洪，2021 年 6 月 5 日，500-1000 m，1 只，余波。

（2）分类特征：雌雄基本同型。背面红褐色，前翅顶角钝圆、不钩状突出，凹入的外缘比后缘短，有黑色模糊的外侧带斑列，前缘中室端外 r_3 室、r_5 室、m_1 室、m_2 室各有 1 条 "V" 形纹线和紫白色斑，这些斑纹再整个构成 1 个 "V" 形斑，中室内有 5 条线纹；后翅 3a 室粉白色带紫色，中横带由 2 条褐纹组成。腹面淡灰褐色，前翅顶角下方有银灰色斑，基部有 1 个黑点；后翅基部有环状纹，模糊点状中横带的内侧带终于 m_3 室，平行外缘的外侧带从前缘至后缘。

（3）分布。

水平：景洪。

垂直：500-1000 m。

生境：常绿阔叶林。

（4）出现时间（月份）：6。

（5）种群数量：罕见种。

（6）标本照片：彩色图版 XV-6。

（7）注记：http://ftp.funet.fi/pub/sci/bio/life/insecta/lepidoptera/网站记载分布于尼泊尔，India，Burma，Thailand，Malaysia，Indonesia，Philippines。

242. 散斑翠蛱蝶 *Euthalia khama* Alphéraky, 1895

Euthalia khama Alphéraky, 1895; Deutschla of Entomological and Zoological Iris 8(1): 181; Type locality: 四川.

Limbusa sinica Moore, 1898; Lepidoptera Indica 3(31): 131; Type locality: 踏通口.

Euthalia khama var. *dubernardi* Oberthür, 1907; Bulletin Society of Entomology France 1907: 259; Type locality: 德钦.

Euthalia perlella Chou *et* Wang, 1994; in Chou, Monographia Rhopalocerum Sinensium II: 492, 763; Type locality: 宝兴.

（1）查看标本：天全，1996 年 7 月 19 日，2500-3000 m，1 只，邓合黎；宝兴，2005 年 7 月 11 日，500-1000 m，1 只，李爱民；宝兴，2005 年 7 月 11-12 日，1500-2000 m，2 只，杨晓东；木里，2008 年 8 月 15 日，2500-3000 m，1 只，杨晓东；宝兴，2016 年 5 月 6 日，1500-2000 m，3 只，李爱民。

（2）分类特征：与链斑翠蛱蝶 *E. sahadeva*、嘉翠蛱蝶 *E. kardama*、珐琅翠蛱蝶 *E. franciae* 近似。雌雄基本同型，前翅顶角钝圆，亚顶角有前小后大 2 个小白斑，背面有不完全的斜带从前缘中部指向臀角并到达 cu_1 室，该斑小。

本种特征：翅背面墨绿褐色，两侧为黑色带纹的中域橘黄色，淡黄色中横带在此区域内；中室 3 个黑斑夹 2 个橘红色斑。腹面红棕色，前翅斜带与中横带淡黄色且较狭窄；前翅亚缘 1 条黑褐色线纹从前翅前缘弯曲至臀角，后翅此纹平行外缘。

（3）分布。

水平：木里、荥经、天全、宝兴。

垂直：500-3000 m。

生境：常绿阔叶林、阔叶林竹林、河滩灌丛。

（4）出现时间（月份）：5、7、8。

（5）种群数量：少见种。

（6）标本照片：彩色图版 XV-7。

（7）注记：http://ftp.funet.fi/pub/sci/bio/life/insecta/lepidoptera/网站记载分布于中国甘肃、四川、湖南、云南；India，Burma。

243. 珀翠蛱蝶 *Euthalia pratti* Leech, 1891

Euthalia pratti Leech, 1891; Entomologist 24(Suppl.): 4; Type locality: 金口河, 宜昌, 长阳.
Euthalia pratti occidentalis Hall, 1930; Entomologist 63: 159; Type locality: 打箭炉, 小路, 穆坪.

（1）查看标本：芦山，2005 年 9 月 10 日，1000-1500 m，1 只，邓合黎；荥经，2006年 7 月 4 日，1000-1500 m，1 只，杨晓东。

（2）分类特征：大型种类，雌雄同型。前翅顶角钝圆，斜带完整、从前翅中部指向臀角并到达 cu_1 室，白斑大而较稀疏，cu_1 室斑显著；m_3 室白斑小而移位，和前面 3 个斑不成一直带，2a 室无白斑。

（3）分布。

水平：荥经、芦山。

垂直：1000-1500 m。

生境：常绿阔叶林，阔叶林竹林。

（4）出现时间（月份）：7、9。

（5）种群数量：罕见种。

（6）注记：http://ftp.funet.fi/pub/sci/bio/life/insecta/lepidoptera/网站记载分布于中国西藏、四川。

244. 嘉翠蛱蝶 *Euthalia kardama* (Moore, 1859)

Adolias kardama Moore, 1859; Transactions of the Entomological Society of London 5(2): 80, pl. 9, fig. 3; Type locality: 中国.
Adolias armandiana Poujade, 1885; Bulletin Society of Entomology France (6)5: ccxvi; Type locality: 穆坪.
Euthalia (Limbusa) kardama miao Sugiyama, 1996; Pallarge 5: 4, figs. 5, 6; Type locality: 广西.

（1）查看标本：宝兴，2005 年 7 月 12 日，500-1000 m，1 只，左燕；宝兴，2005年 7 月 10 日，1000-1500 m，3 只，李爱民；宝兴，2005 年 7 月 10 日，1000-1500 m，2只，杨晓东；天全，2005 年 9 月 3 日，500-2000 m，3 只，邓合黎；天全，2005 年 9 月2-3、6 日，500-2000 m，4 只，杨晓东；荥经，2006 年 7 月 2 日，500-1000 m，1 只，李爱民；荥经，2007 年 8 月 10 日，1000-1500 m，1 只，李爱民；泸定，2015 年 9 月 2日，1500-2000 m，1 只，左燕；泸定，2015 年 9 月 2 日，1500-2000 m，1 只，张乔勇；泸定，2015 年 9 月 2、4 日，1500-2000 m，3 只，李爱民；青川，2020 年 8 月 20 日，500-1000 m，4 只，杨盛语；茂县，2020 年 8 月 4 日，1500-2000 m，1 只，左燕；青川，2020 年 8 月 19-20 日，500-1000 m，7 只，左燕；青川，2020 年 8 月 20 日，500-1000 m，1 只，邓合黎；青川，2020 年 8 月 19-20 日，500-1500 m，7 只，左瑞；景洪，2020 年6 月 5 日，500-1000 m，1 只，余波。

（2）分类特征：与散斑翠蛱蝶 *E. khama*、链斑翠蛱蝶 *E. sahadeva*、珐琅翠蛱蝶 *E. franciae* 近似。雌雄基本同型，前翅顶角钝圆，亚顶角有 2 个等大的小白斑，背面斜带从前缘中部指向臀角并到达 cu_1 室成为斜带，从 cu_2 室折向后缘成为中横带。

本种特征：斜带和中横带的白斑小，以三角形斑为主；前翅 cu_2 室以后白斑内移，中横带 cu_1 室内白斑最大，后翅中横带止于 cu_1 室，rs 室斑最大；翅背面墨绿褐色，中横带所在的宽阔中域灰蓝色，腹面浅紫赭色，黑色亚外缘带在前翅为带斑，cu_2 室斑最大，在后翅为点状斑。后翅 m_3 室外缘突出近似尾突。

（3）分布。

水平：景洪、荥经、泸定、天全、宝兴、茂县、青川。

垂直：500-2000 m。

生境：常绿阔叶林、针叶林、针阔混交林、阔叶林缘农田竹林、河滩林灌、灌丛、灌草丛、树林农田。

（4）出现时间（月份）：6、7、8、9。

（5）种群数量：常见种。

（6）标本照片：彩色图版 XV-8。

（7）注记：http://ftp.funet.fi/pub/sci/bio/life/insecta/lepidoptera/网站记载分布于中国中部和西部。

245. 珐琅翠蛱蝶 *Euthalia franciae* Gray, 1846

Euthalia franciae Gray, 1846; Describe Lepidopteral Institute of Nepal 12: pl. 14; Type locality: Nepal.

Adolias raja C. et R. Felder, 1859; Wien Entomology Monatschrs 3(12): 397, pl. 9, fig. 2; Type locality: Assam.

Euthalia franciae attenuata Tytler, 1911; Journal of the Bombay Natural History Society 21(1): 9; Type locality: Naga Hills.

（1）查看标本：瑞丽，2017 年 8 月 18 日，1000-1500 m，1 只，左燕。

（2）分类特征：雌雄基本同型。背面墨绿色到黑褐色，前翅斑纹仅有黄白色的狭窄中横带和黄白色的点状亚缘斑列，中室有 3 个两侧有褐线的横斑，中横带与外缘间 1 个"Y"形粉白色偏红色的斑从前缘到臀角；后翅近成直线排列的黄白色中横带从前缘至后缘逐渐变窄且止于 cu_2 室，外缘区黄白色斑点弧形排列。腹面紫赭色，斑纹粉白色；前翅斑纹似背面；后翅中室内有 2 个横斑，上方有 2 个不规则的斑纹；中横带斑纹色彩似背面，在亚缘区有 2 列粉白色偏红色的斑列，内侧 1 条直线并从前缘至臀角，外侧 1 条弧形并与外缘平行。

（3）分布。

水平：瑞丽。

垂直：1000-1500 m。

生境：常绿阔叶林。

（4）出现时间（月份）：8。

（5）种群数量：罕见种。

（6）标本照片：彩色图版 XV-9。

（7）注记：http://ftp.funet.fi/pub/sci/bio/life/insecta/lepidoptera/网站记载分布于中国云南；Nepal，India，Bhutan，Burma。

246. 孔子翠蛱蝶 *Euthalia confucius* Westwood, 1850

Euthalia confucius Westwood, 1850; Rhopaloceral Exotischer (2)1: 7, pl. 3, figs. 1-2.
Adolias confucius Westwood, 1850; General Diurnal Lepioptera (2): 291.
Euthalia confucius sadona Tytler, 1940; Journal of the Bombay Natural History Society 42(1): 116; Type locality: Burma.

（1）查看标本：天全，2005 年 8 月 29 日，1000-1500 m，1 只，邓合黎。

（2）分类特征：雌雄同型。翅浅褐色，顶角钝圆，斑纹白色或黑褐色，外缘区色浅。前翅斜带状斑纹从前缘至 cu_1 室特别宽，从 cu_2 室折向后缘，该室 2 个斑小；亚顶角有 3 个白斑，中间 1 个大；后翅带状斑纹前端很宽，后端狭窄、钩状，Cu_2 脉末端微突，使此处外缘成角度。

（3）分布。

水平：天全。

垂直：1000-1500 m。

生境：常绿阔叶林。

（4）出现时间（月份）：8。

（5）种群数量：罕见种。

（6）注记：http://ftp.funet.fi/pub/sci/bio/life/insecta/lepidoptera/网站记载分布于中国西藏、四川、云南；Burma。

247. 渡带翠蛱蝶 *Euthalia duda* Staudinger, 1886

Euthalia duda Staudinger, 1886; in Staudinger & Schatz, Exotisch Schmetterling 1(13): 152, pl. 53; Type locality: Darjeeling.
Euthalia duda sakota Fruhstorfer, 1913; in Seitz, Gross-Schmetterling Erde 9: 684; Type locality: 云南.
Euthalia (Bassarona, Limbusa) tsangpoi Huang, 1999; Lambillionea 99(4): 643; Type locality: 墨脱.

（1）查看标本：石棉，2006 年 6 月 21 日，1000-1500 m，2 只，左燕；荥经，2006 年 7 月 1 日，1000-1500 m，1 只，左燕；石棉，2006 年 6 月 21 日，500-1000 m，1 只，杨晓东；荥经，2006 年 7 月 1 日，1500-2000 m，1 只，李爱民；宝兴，2016 年 6 月，1500-2000 m，1 只，李爱民。

（2）分类特征：与西藏翠蛱蝶 *E. thibetana*、锯带翠蛱蝶 *E. alpherakyi*、波纹翠蛱蝶 *E. undosa* 近似。前翅亚顶角 2 个白斑未组成"V"形斑，无亚缘横带，带纹从 m_3 室起折向后缘 cu_2 室成为中横带。

本种特征：雌雄基本同型。翅边缘波状，背面墨绿色或绿褐色，腹面绿褐色或较浅，斑纹白色。前翅顶角钝圆、不钩状突出，亚顶角 2 个白色斑纹不组成"V"形纹，无亚缘横带；带纹从 m₃ 室起折向后缘 cu₂ 室成为中横带。后翅中横带比前翅宽，白色中横带排列整齐，两侧较平直，带前端很宽、后端狭窄。背面黑褐色，前翅中室有 1 个淡黄色斑，中横带外侧过渡带区蓝色，后翅后缘后半段和臀角浅棕色；腹面浅绿褐色，基部和外缘黄褐色，中横带外侧过渡带区浅墨绿色。

（3）分布。

水平：石棉、荥经、宝兴。

垂直：500-2000 m。

生境：常绿阔叶林、农田树林、溪流灌丛。

（4）出现时间（月份）：6、7。

（5）种群数量：少见种。

（6）标本照片：彩色图版 XV-10。

（7）注记：http://ftp.funet.fi/pub/sci/bio/life/insecta/lepidoptera/网站记载分布于中国西藏、云南；India，Burma，Laos，Vietnam。

248. 西藏翠蛱蝶 *Euthalia thibetana* (Poujade, 1885)

Adolias thibetana Poujade, 1885; Annual Society of Entomology France (6): 5, ccxv; Type locality: 穆坪.

Euthalia undosa Fruhstorfer, 1906; Insektenb Örse 23: 60; Type locality: 穆坪.

Euthalia thenistoles Oberthür, 1907; Bulletin Society of Entomology France 1907: 261; Type locality: 小路.

Euthalia undosa meridionalis Mell, 1935; Deutschla of Entomology Zeitschrift 1934: 247(preocc. *Euthalia garuda meridionalis* Fruhstorfer, 1906); Type locality: 广东.

Euthalia thibetana uraiana Murayama *et* Shimonoya, 1963; Tyô to Ga 13(4): 89, figs. 9-10; Type locality: 台湾.

（1）查看标本：宝兴，2005 年 7 月 7 日，2000-2500 m，1 只，左燕；宝兴，2005 年 7 月 7、12 日，1500-2500 m，2 只，杨晓东；理县，2005 年 7 月 22 日，1500-2000 m，1 只，邓合黎；天全，2005 年 8 月 29 日和 9 月 3 日，1000-2000 m，6 只，邓合黎；天全，2005 年 8 月 29 日，1000-1500 m，1 只，杨晓东；德钦，2006 年 8 月 9 日，2000-2500 m，2 只，陈建仁；石棉，2006 年 6 月 21 日，1000-1500 m，2 只，邓合黎；荥经，2006 年 7 月 1、5 日，1000-2000 m，2 只，邓合黎；香格里拉，2006 年 8 月 15 日，3000-3500 m，1 只，邓合黎；荥经，2006 年 7 月 1、5 日，1500-2500 m，5 只，李爱民；德钦，2006 年 8 月 9 日，3000-3500 m，1 只，李爱民；石棉，2006 年 6 月 21 日，1000-1500 m，1 只，杨晓东；荥经，2006 年 8 月 1、5 日，1000-2000 m，3 只，杨晓东；维西，2006 年 8 月 28 日，2000-2500 m，2 只，杨晓东；荥经，2006 年 7 月 4 日，2000-2500 m，1 只，左燕；香格里拉，2006 年 8 月 17 日，2000-2500 m，1 只，左燕；木里，2008 年 8 月 13 日，2500-3000 m，1 只，杨晓东；乡城，2013 年 8 月 16 日，2500-3000 m，1 只，李爱民；雅江，2015 年 8 月 14 日，2500-3000 m，2 只，李爱民；宝兴，2016 年 6 月，1500-2000 m，1 只，李爱民；青川，2020 年 8 月 14 日，1500-2000 m，1 只，左燕；景洪，2021 年 6 月 5 日，500-1000 m，2 只，余波。

（2）分类特征：与锯带翠蛱蝶 *E. alpherakyi*、渡带翠蛱蝶 *E. duda*、波纹翠蛱蝶 *E.*

undosa 近似。前翅亚顶角 2 个白斑未组成 "V" 形斑，无亚缘横带，带纹从 m_3 室起折向后缘 cu_2 室成为中横带。

本种特征：雌雄基本同型。翅边缘波状，背面墨绿色或绿褐色，腹面绿褐色或较浅，斑纹白色。前翅顶角钝圆、不钩状突出，亚顶角 2 个白色斑纹不组成 "V" 形纹，无亚缘横带；带纹从 m_3 室起折向后缘 cu_2 室成为中横带，其后段排列不整齐，cu_1 室斑向外移位；外缘比后缘短。后翅白色中横带直，其外缘无绿色带，带前端宽、后端窄，各斑外缘凹入不明显。

（3）分布。

水平：景洪、维西、香格里拉、德钦、乡城、雅江、木里、石棉、荥经、天全、宝兴、理县、青川。

垂直：500-3500 m。

生境：常绿阔叶林、针阔混交林、农田树林、山坡灌丛树林、河谷树林灌丛、河滩灌丛、河谷灌丛。

（4）出现时间（月份）：6、7、8、9。

（5）种群数量：常见种。

（6）标本照片：彩色图版 XV-11。

（7）注记：http://ftp.funet.fi/pub/sci/bio/life/insecta/lepidoptera/网站记载分布于中国西藏、广东、广西。

249. 锯带翠蛱蝶 *Euthalia alpherakyi* Oberthür, 1907

Euthalia alpherakyi Oberthür, 1907; Bulletin Society of Entomology France 1907: 260; Type locality: 天全.

Euthalia alpherakyi monbeigi Oberthür, 1907; Bulletin Society of Entomology France 1907: 261; Type locality: 德钦.

Euthalia thibetana insulae Hall, 1930; Entomologist 63: 159; Type locality: 台湾.

Euthalia insulae continentalis Koiwaya, 1996; Type locality: 武夷山.

Euthalia insulae yunnanica Koiwaya, 1996; Type locality: 中甸.

Euthalia alpherakyi chayuensis Huang, 2001; Neue Entomologische Nachrichten 51: 87, pl. 5, figs. 38, 75; Type locality: 察隅.

（1）查看标本：宝兴，2005 年 7 月 12 日和 9 月 8 日，500-1500 m，2 只，李爱民；宝兴，2005 年 7 月 12 日和 9 月 8 日，1500-2500 m，2 只，杨晓东；理县，2005 年 7 月 22 日，1500-2000 m，1 只，邓合黎；天全，2005 年 9 月 3 日，1000-1500 m，1 只，邓合黎；天全，2005 年 9 月 3 日，1000-1500 m，1 只，杨晓东；荥经，2006 年 7 月 4-5 日，1000-2500 m，2 只，杨晓东；荥经，2006 年 7 月 4 日，1000-1500 m，1 只，左燕；德钦，2006 年 8 月 9 日，3000-3500 m，1 只，左燕；宝兴，2016 年 6 月 15 日，1500-2000 m，1 只，李爱民；金川，2016 年 8 月 11 日，500-1000 m，1 只，李爱民。

（2）分类特征：与渡带翠蛱蝶 *E. duda*、波纹翠蛱蝶 *E. undosa*、西藏翠蛱蝶 *E. thibetana* 近似。前翅亚顶角 2 个白斑未组成 "V" 形斑，无亚缘横带，带纹从 m_3 室起折向后缘 cu_2 室成为中横带。

本种特征：比较狭窄的中横带几乎成一直线，但前翅各室白斑相互错开、排列不整齐，cu_1 斑向外移位；后翅各室白斑内侧深度波状而外侧凹入，使得中横带呈锯状，同时后半段外侧突然弯曲狭窄，外侧无绿带。翅背面棕褐色，除中横带白斑外，其余斑纹翅脉均黑褐色；翅外缘、前翅后缘、后翅 2a 室黑褐色；在白色中横带与外缘黑褐色之间有 1 条非常宽阔的黑褐色带纹，并从前翅近顶角延伸至后翅臀角；腹面黄褐色，白色中横带与外缘黑褐色之间的黑褐色带除在前翅 cu_1 室和 cu_2 室形成 2 个大黑斑外，其余部位勉强可见，腹面翅基部粉白色。

（3）分布。

水平：德钦、荥经、天全、宝兴、理县、金川。

垂直：500-3500 m。

生境：常绿阔叶林、灌丛、河谷树林灌丛、河滩灌丛、河谷灌丛、树林农田、阔叶林缘农田。

（4）出现时间（月份）：6、7、8、9。

（5）种群数量：常见种。

（6）标本照片：彩色图版 XV-12。

（7）注记：http://ftp.funet.fi/pub/sci/bio/life/insecta/lepidoptera/网站记载分布于中国西藏、四川、云南、广西、台湾。

250. 链斑翠蛱蝶 *Euthalia sahadeva* (Moore, 1859)

Adolias sahadeva Moore, 1859; Transactions of the Entomological Society of London 5(2): 80, pl. 8, fig. 3; Type locality: India.

Euthalia sahadeva thawgawa Tytler, 1940; Journal of the Bombay Natural History Society 42(1): 115; Type locality: NE. Burma.

Euthalia sahadeva yanagisawai Sugiyama, 1996; Palllarge 1996; Type locality: 昆明，攀枝花.

（1）查看标本：荥经，2006 年 7 月 2 日，1000-1500 m，1 只，李爱民。

（2）分类特征：与嘉翠蛱蝶 *E. kardama*、散斑翠蛱蝶 *E. khama*、珐琅翠蛱蝶 *E. franciae* 近似。雌雄基本同型，前翅顶角钝圆，有黄白色斑和斜带，cu_1 室斑发达。

本种特征：雄蝶前翅斜带的黄白色斑小，前翅斜带与中横带黄白色；斜带完全，从前缘中部指向臀角，到达 cu_1 室，cu_2 室无斑；雌蝶斜带上的黄白色斑比雄蝶大而密；外缘比后缘短；雄蝶背面黄绿褐色，斜带狭窄，后翅白斑小，后段几个特别小且断开如链状；雌蝶翠绿色，只有 2 个象牙白色斑纹，翅缘波状纹明显，cu_1 室斑肾形。

（3）分布。

水平：荥经。

垂直：1000-1500 m。

生境：针叶林。

（4）出现时间（月份）：7。

（5）种群数量：罕见种。

（6）注记：http://ftp.funet.fi/pub/sci/bio/life/insecta/lepidoptera/网站记载分布于中国四

川、云南；Bhutan，India，Burma。

251. 波纹翠蛱蝶 *Euthalia undosa* Fruhstorfer, 1906

Euthalia (Dophla) undosa Fruhstorfer, 1906; Insekten-Börse 23(15): 60; Type locality: 穆坪.

（1）查看标本：宝兴，2005 年 7 月 12 日，1500-2000 m，1 只，邓合黎；荥经，2006 年 7 月 5 日，1000-1500 m，1 只，杨晓东。

（2）分类特征：与渡带翠蛱蝶 *E. duda*、锯带翠蛱蝶 *E. alpherakyi*、西藏翠蛱蝶 *E. thibetana* 近似。前翅 3 个小白斑组成倾斜纹带并从 m_3 室起折向后缘成为中横带；顶角有白斑，无亚缘带，亚顶角斑不呈"V"形。

本种特征：雌雄基本同型。顶角钝圆、有 2 个上小下大的白斑；背面翅灰绿褐色，清晰的斑纹黄白色；腹面中横带内侧的黑线明显，外侧隐约可见；前翅中横带前段有 3 个小白斑，中间 1 个最大；前翅中横带前段内侧、后翅中横带内侧整齐，外侧波状、无绿带。顶角钝圆、有 2 个上小下大的白斑，前翅 cu_1 室的白斑到后翅 m_1 室的白斑宽度相等，内侧平直而几乎成直线，外侧波状，亚缘黄色阴影明显。雌蝶斜带上的黄白色斑比雄蝶大而密，外缘比后缘短。

（3）分布。

水平：荥经、宝兴。

垂直：1000-2000 m。

生境：常绿阔叶林。

（4）出现时间（月份）：7。

（5）种群数量：罕见种。

（6）标本照片：彩色图版 XV-13。

（7）注记：http://ftp.funet.fi/pub/sci/bio/life/insecta/lepidoptera/网站记载分布于中国西部。

252. 陕西翠蛱蝶 *Euthalia kameii* Koiwaya, 1996

Euthalia kameii Koiwaya, 1996; Studies of Chinese Butterflies 3: 237-280, pls. 168-202; Type locality: 周至.
Euthalia kameii Huang, 2001; Neue Entomologische Nachrichten 51: 85.

（1）查看标本：荥经，2006 年 7 月 1 日，1500-2000 m，1 只，李爱民；金川，2016 年 8 月 11-12 日，2500-3500 m，2 只，邓合黎；金川，2016 年 8 月 12 日，2500-3000 m，2 只，左燕。

（2）分类特征：翅前缘和后缘弧形，外缘波状；前翅外缘凹入，后缘臀区平切，顶角钝圆，臀角成角度。翅斑纹白色或黑褐色，翅背面棕褐色、腹面青绿色。白色斑纹细小且在前翅排列杂乱，后翅内侧波状、外侧齿状。

（3）分布。

水平：荥经、金川。

垂直：1500-3500 m。

生境：常绿阔叶林、溪流树林、灌丛、溪流灌丛。

（4）出现时间（月份）：7、8。

（5）种群数量：少见种。

（6）标本照片：彩色图版 XVI-1。

（7）注记：周尧（1998，1999）未记载此种。http://ftp.funet.fi/pub/sci/bio/life/insecta/lepidoptera/网站记载分布于中国陕西。

253. 新颖翠蛱蝶 *Euthalia staudingeri* Leech, 1891

Euthalia staudingeri Leech, 1891; Entomologist 24(Suppl.): 4; Type locality: 金口河，瓦山，皇木城，长阳。

Euthalia thibetana yunnana Oberthür, 1907; Bulletin Society of Entomology France 1907: 260; Type locality: 德钦。

Euthalia alpherakyi nujiangensis Huang, 2001; Neue Entomologische Nachrichten 51: 87, pl. 5, fig. 39; Type locality: 葛弄，怒江河谷，西藏东南部。

（1）查看标本：瑞丽，2017 年 8 月 18 日，1000-1500 m，1 只，李勇。

（2）分类特征：与锯带翠蛱蝶 *E. alpherakyi* 非常相似，只是白色斑纹小，后翅横带下段内收。

（3）分布。

水平：瑞丽。

垂直：1000-1500 m。

生境：常绿阔叶林。

（4）出现时间（月份）：8。

（5）种群数量：罕见种。

（6）标本照片：彩色图版 XVI-2。

（7）注记：周尧（1998，1999）未记载此种。http://ftp.funet.fi/pub/sci/bio/life/insecta/lepidoptera/网站记载分布于中国西藏、四川、云南。

（七十五）点蛱蝶属 *Neurosigma* Butler, [1869]

Neurosigma Butler, [1869]; Proceedings of Zoological Society of London 1868(3): 615; Type species: *Adolias siva* Westwood, [1850].

Acontia Westwood, 1848; Cabinet Oriental Entomology 76(preocc. *Acontia* Ochsenheimer, 1816); Type species: *Acontia doubledayii* Westwood, 1848.

中型偏热带种类。触角长；翅较圆润，背面布满白色斑点。

注记：周尧（1998，1999）未记载此属。http://ftp.funet.fi/pub/sci/bio/life/insecta/lepidoptera/网站将此属置于 Adoliadini 族，隶属于蛱蝶科 Nymphalidae 线蛱蝶亚科 Limenitinae。

254. 点蛱蝶 *Neurosigma siva* (Westwood, [1850])

Adolias siva Westwood, [1850]; General Diurnal Lepioptera (2): 291; Type locality: Sylhet.
Acontia doubledayii Westwood, 1848; Cabinet Oriental Entomology 76: pl. 37, fig. 4.
Neurosigma fraterna Moore, [1897]; Lepidoptera Indica 3(28): 80, pl. 218, figs. 2, 2a; Type locality: 巴塘.

（1）查看标本：瑞丽，2017 年 8 月 18 日，1000-1500 m，1 只，李勇。

（2）分类特征：大型种类，背腹面斑纹色彩近似。翅白色，各翅室均分布黑色线斑和圆斑；前缘弧形，外缘和后缘平直；顶角和臀角钝圆。前翅基半部除中室内侧一半为土黄色，其余为白色，后翅前缘也呈土黄色。前翅端半部有 3 条斑纹，外缘黑斑呈带状，亚外缘及其内侧黑色斑列呈锯齿状，其中外侧 1 列齿尖锐、内侧 1 列齿钝圆，这 3 条斑纹在后翅基本是完全相连的由黑斑组成的带状。前翅基半部充满圆斑：中室内 5 个，其中基部 1 个、中部 2 个、端部 2 个，两个者连在一起，中室端外侧 2 个不相连；后翅基半部是几条黑色曲纹，cu_2 室、2a 室、3a 室三个翅室内各有 1 条白色纵条纹。

（3）分布。

水平：瑞丽。

垂直：1000-1500 m。

生境：常绿阔叶林。

（4）出现时间（月份）：8。

（5）种群数量：罕见种。

（6）标本照片：彩色图版 XVI-3。

（7）注记：http://ftp.funet.fi/pub/sci/bio/life/insecta/lepidoptera/网站记载分布于 Bhutan，India，Burma，Thailand，Vietnam。

（七十六）律蛱蝶属 *Lexias* Boisduval, 1832

Lexias Boisduval, 1832; in d'Urville, Voyage Astrolabe (Faune ent. Pacif.) 1: 125; Type species: *Papilio aeropa* Linnaeus, 1758.
Marthisa Moore, [1897]; Lepidoptera Indica 3(28): 73; Type species: *Symphaedra canescens* Butler, 1869.
Senadipa Moore, [1897]; Lepidoptera Indica 3(28): 74; Type species: *Lexias satrapes* C. et R. Felder, 1861.
Camaraga Moore, [1897]; Lepidoptera Indica 3(28): 74; Type species: *Cynthia damalis* Erichson, 1834.

雌雄异型。触角长、超过前翅 1/2，腹面无箭状纹，前翅短阔、三角形，顶角尖，臀角钝；外缘比后缘短，R_1 脉从中室上脉中部分出、端部与 Sc 脉交叉，R_2 脉从中室上脉 3/4 处分出，R_3 脉从接近中室上端角的 R_5 脉分出而远离翅顶角；R_4 脉从近顶角处的 R_5 脉分出并到达外缘；中室闭式，下脉近基部向下分叉成一短刺。后翅近方形，外缘波状弧形，肩脉从 Sc + R_1 脉基部分出，Rs 脉与 Sc + R_1 脉、M_1 脉等距，中室开式。雄蝶后翅亚缘有蓝带。

注记：周尧（1998，1999）将此属置于线蛱蝶亚科 Limenitinae 翠蛱蝶族 Euthaliini，隶属于蛱蝶科 Nymphalidae。http://ftp.funet.fi/pub/sci/bio/life/insecta/lepidoptera/网站则将

此属置于蛱蝶科 Nymphalidae 线蛱蝶亚科 Limenitinae 的 Adoliadini 族。

255. 蓝豹律蛱蝶 *Lexias cyanipardus* Butler, 1868

Lexias cyanipardus Butler, 1868; Proceedings of Royal Entomology Society London 1868: 613; Type locality: Sylhet.

Lexias cyanipardusgrandis Yokochi, 1991; Futao 16: 16; Type locality: Thailand.

（1）查看标本：景洪，2021 年 3 月 8 日、5 月 10 日，500-1000 m，6 只，余波。

（2）分类特征：雄蝶前翅背面黑色，外缘蓝褐色带不完全且前窄后宽；后翅背面蓝黑色，亚缘是很宽的蓝带，带内外侧各室 1 个水滴状黑斑成列并与外缘平行；腹面前翅橄榄绿色，中室有 3 组白斑，顶角有 1 个白斑，中室与外缘间 3 个白斑成 1 列，有 3 列，共 9 个；后翅黄绿色，中室有 1 个白斑，除中室外其余翅室各有 1 个白斑并排成圆弧形。雌蝶个体较大，翅黑褐色，有众多星点，在前翅为 4 列。

（3）分布。

水平：景洪。

垂直：500-1000 m。

生境：常绿阔叶林。

（4）出现时间（月份）：3、5。

（5）种群数量：少见种。

（6）标本照片：彩色图版 XVI-4。

（7）注记：http://ftp.funet.fi/pub/sci/bio/life/insecta/lepidoptera/网站记载分布于中国云南；India，Thailand。

256. 小豹律蛱蝶 *Lexias pardalis* (Moore, 1878)

Symphaedra pardalis Moore, 1878; Proceedings of Zoological Society of London 1878: 699; Type locality: 海南.

Euthalia dirtea eleanor Fruhstorfer, 1898; Deutschla of Entomological and Zoological Iris 11: 687; Type locality: Tonkin.

Lexias pardalis macer Tsukada, Nishiyama *et* Okano, 1980; Nachricchten des Entomologischen Vereins Apollo Supplementum 7: 2-35.

Lexias pardalis visayana Schroger *et* Treadaway, 1987; Nachricchten des Entomologischen Vereins Apollo Supplementum 14: 7-118.

（1）查看标本：澜沧，2017 年 8 月 31 日，1000-1500 m，1 只，李勇；景洪，2021 年 4 月 10 日、5 月 13 日、6 月 23 日和 7 月 10 日，500-1000 m，5 只，余波。

（2）分类特征：雌雄异型，触角黄褐色，翅脉淡黄白色，背面后缘浅棕色。雄蝶背面前翅黑色，除亚外缘有 1 列小白点和外缘有完全、前窄后宽的蓝带外，其他区域无斑；后翅蓝黑色，亚缘是很宽的蓝带，带内外侧各室 1 个近方形的黑斑成列，其他区域无斑；腹面橄榄棕褐色，前翅中室有 3 组白斑，顶角有 1 个白斑，中室与外缘间有 3 列白斑，按 2 个、4 个、2 个排列，共 10 个；后翅黄绿色，中室有 1 个白斑，除中室外其余各翅室中、内外 2 个白斑排成 2 列圆弧形斑列。雌蝶个体较大,翅背面黑褐色,不规则的斑纹黄白色,前翅前缘 2 列,端半部 2 列,基本排成直线,中室下方有 1 个小眉状纹;后翅 3 组基本与外缘平行的黄白色斑由每翅室 1 个斑组成,其中内侧 2 列斑形状各异;亚缘有 1 列椭圆形斑,斑内为 1 个大的圆形黑斑。腹面斑纹似背面,但翅上半部橄榄黄色、下半部淡蓝白色。

(3)分布。

水平:景洪、澜沧。

垂直:500-1500 m。

生境:常绿阔叶林、阔叶林缘灌丛。

(4)出现时间(月份):4、5、6、7、8。

(5)种群数量:少见种。

(6)标本照片:彩色图版 XVI-5、6。

(7)注记:http://ftp.funet.fi/pub/sci/bio/life/insecta/lepidoptera/网站记载分布于中国云南、海南;India,Thailand,Malaya,Singapore,Philippines。

257. 黑角律蛱蝶 *Lexias dirtea* (Fabricius, 1793)

Papilio dirtea Fabricius, 1793; Entomological Systematics 3(1): 59, no. 184; Type locality: Naga Hills.

Adolias boisduvalii Botsduval, 1836; Special General Lepidoptera Explication des Planches 3: pl. 8: 2; Type locality: Java.

Euthalia khasiana Swinhoe, 1890; Annual Magazine of Natural History 5(29): 354; Type locality: Khasia Hills.

Euthalia bontouxi Vitalis de Salvaza, 1924; in Dubois & Vitalis de Salvaza, Faune Entomology Indochine 8: 44; Type locality: Laos.

Lexias acutipenna Chou *et* Li, 1994; in Chou, Monographia Rhopalocerum Sinensium II: 505, 763; Type locality: 陇圹.

Lexias bandita Chou, Yuan, Yin, Zhang *et* Chen, 2002; Entomotaxonomia 24(1): 54; Type locality: 泉州.

(1)查看标本:澜沧,2017 年 8 月 31 日,1000-1500 m,1 只,左燕;景洪,2021 年 8 月 10 日,500-1000 m,2 只,余波。

(2)分类特征:雌雄异型,触角黑色,前翅顶角不尖。雄蝶背面前翅黑色,除外缘有前窄后宽的蓝黑色带外,其他区域无斑;后翅背面蓝黑色,除亚缘是很宽的蓝带且带内各室有 1 个黑色近圆形斑外,其他区域无斑。腹面橄榄褐色,前翅顶角和臀角各有 1 个蓝白色圆斑,中室有 3 组白斑,端半部有 2 列模糊的蓝白色斑;后翅基半部散布不规则的赭色小点斑。雌蝶翅有众多星点,前翅为 4 列。雌蝶斑纹色彩非常近似小豹律蛱蝶 *L. pardalis*,只是本种更偏褐色,后翅下半部蓝紫色,前翅基部蓝白色。

(3)分布。

水平:景洪、澜沧。

垂直:500-1500 m。

生境:常绿阔叶林。

(4)出现时间(月份):8。

（5）种群数量：少见种。

（6）标本照片：彩色图版 XVI-7。

（7）注记：Lang（2012）认为尖翅律蛱蝶 *Lexias acutipenna* Chou et Li, 1994 是此种的同物异名。http://ftp.funet.fi/pub/sci/bio/life/insecta/lepidoptera/网站记载分布于中国云南、山南地区；India，Burma，Laos，Thailand，Vietnam，Indonesia，Philippines。

258. 尖翅律蛱蝶 *Lexias acutipenna* Chou *et* Li, 1994

Lexias acutipenna Chou et Li, 1994; in Chou, Monographia Rhopalocerum Sinensium II: 505, 763, figs. 45-46; Type locality: 陇圹.

（1）查看标本：景洪，2021 年 8 月 10 日，500-1000 m，2 只，余波。

（2）分类特征：与律蛱蝶属 *Lexias* 其他种非常相似，只是本种触角黑色，翅顶角和臀角均成角度，雄蝶臀角黄白色。

（3）分布。

水平：景洪。

垂直：500-1000 m。

生境：常绿阔叶林。

（4）出现时间（月份）：8。

（5）种群数量：罕见种。

（6）标本照片：彩色图版 XVI-8。

（7）注记：Lang（2012）认为此种是黑角律蛱蝶 *Lexias dirtea* (Fabricius, 1793)的同物异名。http://ftp.funet.fi/pub/sci/bio/life/insecta/lepidoptera/网站仍维持此种为独立的种，并记载分布于中国广西。

（七十七）线蛱蝶属 *Limenitis* Fabricius, 1807

Limenitis Fabricius, 1807; Magazin für Insektenkunde 6: 281; Type species: *Papilio populi* Linnaeus, 1758.

Najas Hübner, [1806]; Tentamen Determinationis Digestionis Alque Denominationis Singlarum Stripium Lepidopterorum 1(invalid, rejected); Type species: *Papilio populi* Linnaeus, 1758.

Callianira Hübner, [1819]; Verzeichniss Bekannter Schmettlinge (3): 38; Type species: *Callianira ephestiaena* Hübner, [1819].

Nymphalus Boitard, 1828; Entomology 2: 300; Type species: *Papilio populi* Linnaeus, 1758.

Nymphalis Felder, 1861; Novelty Actinic Leopard of Carolina 28(3): 41(preocc. *Nymphalis* Kluk, 1802); Type species: *Papilio astyanax* Fabricius, 1775.

Basilarchia Scudder, 1872; 4th Annual Republish Peabody Academic Sciences (1871): 29; Type species: *Papilio astyanax* Fabricius, 1775.

Chalinga Moore, [1898]; Lepidoptera Indica 3(33): 172; Type species: *Limenitis elwesi* Oberthür, 1884.

Sinimia Moore, [1898]; Lepidoptera Indica 3(33): 172; Type species: *Limenitis ciocolatina* Poujade, 1885.

Ladoga Moore, [1898]; Lepidoptera Indica 3(33): 174; Type species: *Papilio camilla* Linnaeus, 1764.

Nympha Krause, [1939]; in Thon, Fauna Thüringen 4(Schmett.)(4/5): 86; Type species: *Papilio populi* Linnaeus, 1758.

Azuritis Boudinot, 1986; Nouveau Revisory Entomology 2(4): 405; Type species: *Limenitis camilla* var. *reducta* Staudinger, 1901.

翅褐色或黑褐色，有淡色中横带。前翅三角形，顶角尖，外缘略凹入；中室闭式，长度短于翅一半，内有 1 条白色纵纹，端脉连到 M_3 脉上；R_1 脉从中室上脉近上端角处分出，R_2 脉、R_3 脉、R_4 脉、R_5 脉共柄，与 M_1 脉一起，着生上端角，R_3 脉在接近中室上端角处分出而远离翅顶角。后翅梨形，外缘波状，无尾突或突出，背面有红线或蓝线；肩脉从 $Sc + R_1$ 脉着生点略前一点分出，后者伸至外缘；Rs 脉近 M_1 脉而远 $Sc + R_1$ 脉；腹面基部有 1 组黑色小点或几条红色短线，无白带；中室开式。

注记：周尧（1998，1999）将此属置于线蛱蝶亚科 Limenitinae 线蛱蝶族 Limenitini，隶属于蛱蝶科 Nymphalidae。http://ftp.funet.fi/pub/sci/bio/life/insecta/lepidoptera/ 网站则将此属置于蛱蝶科 Nymphalidae 线蛱蝶亚科 Limenitinae 的 Limenitidini 族，并认为线蛱蝶族 Limenitini 是 Limenitidini 族的同物异名。

259. 红线蛱蝶 *Limenitis populi* (Linnaeus, 1758)

Papilio populi Linnaeus, 1758; Systematic Nature (10th ed.) 1: 476; Type locality: Sweden.

Limenitis populi goliath Fruhstorfe, 1908; International Entomological Zs 2(8): 50; Type locality: Atkarsk, Saratov.

Limenitis populi eumenius Fruhstorfer, 1908; International Entomological Zs 2(8): 50; Type locality: Kentei-Gebirge.

Limenitis populi szechwanica Murayama, 1981; Neue Entomologische Nachrichten 51: 88, pl. 6, fig. 42; Type locality: 四川.

Limenitis populi halasiensis Huang *et* Murayama, 1992; Tyô to Ga 43(1): 9, figs. 21-22; Type locality: Altai.

Limenitis populi batangensis Huang, 2001; Neue Entomologische Nachrichten 51: 88, pl. 6, fig. 42-left; Type locality: 巴塘.

（1）查看标本：九龙，2005 年 6 月 8 日，1000-1500 m，1 只，邓合黎；汉源，2006 年 6 月 24 日，1000-1500 m，1 只，杨晓东；汉源，2006 年 6 月 27 日，1500-2000 m，1 只，左燕。

（2）分类特征：翅背面黑褐色，外缘区有 3 条波状线：内侧 1 条红色、外侧 2 条蓝色。前翅中室有 1 个白斑，其下方有 1 个白斑，顶角有 3 个白斑，中横带斑列错落呈弧形；后翅中横带由长方形白斑组成，前宽后狭并止于 cu_2 室。腹面赭黄色，基半部有多个不规则的白斑，两侧有褐色细线，其余斑纹似背面。

（3）分布。

水平：九龙、汉源。

垂直：1000-2000 m。

生境：常绿阔叶林、河滩灌丛、灌草丛。

（4）出现时间（月份）：6。

（5）种群数量：少见种。

（6）标本照片：彩色图版 XVI-9。

(7) 注记：http://ftp.funet.fi/pub/sci/bio/life/insecta/lepidoptera/网站记载分布于中国东北地区及新疆、陕西、河南、四川；EU，Russia，Middle Asia，Japan。

260. 巧克力线蛱蝶 *Limenitis ciocolatina* Poujade, 1885

Limenitis ciocolatina Poujade, 1885; Bulletin Society of Entomology France (6)5: ccvii; Type locality: 穆坪.
Limenitis livida Leech, 1891; Entomologist 24(Suppl.): 27; Type locality: 峨眉山.

（1）查看标本：宝兴，2005 年 7 月 7 日，2000-2500 m，1 只，邓合黎；木里，2008 年 8 月 1 日，2500-3000 m，1 只，邓合黎；金川，2016 年 8 月 11 日，2500-3000 m，1 只，邓合黎；金川，2016 年 8 月 11 日，2500-3000 m，1 只，左燕；马尔康，2020 年 7 月 31 日，2000-2500 m，1 只，杨盛语；青川，2020 年 8 月 19 日，500-1500 m，1 只，杨盛语；九寨沟，2020 年 8 月 7 日，1500-2000 m，1 只，左燕；茂县，2020 年 8 月 3 日，1500-2000 m，1 只，邓合黎；九寨沟，2020 年 8 月 8 日，1500-2000 m，4 只，左瑞。

（2）分类特征：背面黑巧克力色，赭红色臀角区内有 2 个小黑点。雄蝶背面黑巧克力色，中横带消失，除前翅顶角有 2 个小白斑外，无其他斑纹；后翅外缘和亚外缘线均为紫白色且平行外缘。雌蝶背面黑褐色，狭窄的白色中横带明显，在前翅弧形，在后翅直并止于 cu$_2$ 室；外缘和亚外缘线均蓝色且平行外缘；前翅中室末端有 1 个短的白色横斑。翅无红色斑纹和线条，有若干白带和线；后翅外缘线和亚外缘线均为蓝色。雄蝶腹面棕褐色，斑纹均似雌蝶背面，但腹面斑纹模糊。

（3）分布。
水平：木里、宝兴、金川、马尔康、茂县、九寨沟、青川。
垂直：500-3000 m。
生境：常绿阔叶林、灌丛、河滩灌丛、灌草丛、河谷灌丛草地、亚高山灌草丛。
（4）出现时间（月份）：7、8。
（5）种群数量：常见种。
（6）标本照片：彩色图版 XVI-10。
（7）注记：http://ftp.funet.fi/pub/sci/bio/life/insecta/lepidoptera/网站记载分布于中国西部；Türkiye。

261. 折线蛱蝶 *Limenitis sydyi* Lederer, 1853

Limenitis sydyi Lederer, 1853; Verhandlungen der Zoologisch-Botanischen Gesellschaft in Wien 3: 357; Type locality: Amur.
Limenitis bergmani Bryk, 1946; Arkansas Zoology 38A(3): 36; Type locality: Korea.

（1）查看标本：理县，2005 年 7 月 22 日，1500-2000 m，2 只，薛俊；石棉，2006 年 6 月 21 日，1500-2000 m，1 只，李爱民；汉源，2006 年 6 月 23 日，500-1000 m，1 只，杨晓东；汉源，2006 年 6 月 24 日，1000-1500 m，1 只，邓合黎；汉源，2006 年 6 月 27、29 日，1500-2500 m，2 只，左燕。

（2）分类特征：翅无红色斑纹和线条。背面前翅中室末端有 1 个短的白色横斑，基部有 1 条白色细纹，顶角有 3 个白斑，外缘有 2 列白色狭窄条斑；由大白斑组成的中横带指向臀角，但 cu_2 室和 2a 室白斑内移；后翅黑褐色，中横带前端弯曲，cu_2 室白斑刺状突向外缘，2a 室和 3a 室灰褐色；端半部有与外缘平行的 2 列紫白色线纹，其中间为 1 列白色斑列。腹面前后翅红棕色，前翅前缘有黑点和线，从 M_3 脉开始至整个 2a 室黑褐色，外缘区白色斑列夹 1 条黑线，基部有若干小黑点；后翅前缘基半段白色与中横带构成横的"U"形，2 条白带间有 2 列小黑点。

（3）分布。

水平：石棉、汉源、理县。

垂直：500-2000 m。

生境：常绿阔叶林、河滩灌丛、山坡灌丛、山坡灌草丛。

（4）出现时间（月份）：6、7。

（5）种群数量：少见种。

（6）标本照片：彩色图版 XVI-11。

（7）注记：http://ftp.funet.fi/pub/sci/bio/life/insecta/lepidoptera/网站记载分布于中国东北地区和中部；Altai，Usuuri，Korea。

262. 重眉线蛱蝶 *Limenitis amphyssa* Ménétriés, 1859

Limenitis amphyssa Ménétriés, 1859; Bulletin Physical-Math Academy Sciences St. Pétersb 17(12-14): 215,
   pl. 3, fig. 1.
Limenitis amphyssa chinensis Hall, 1930; Entomologist 63: 157; Type locality: 中国.
Limenitis amphissa [sic] *amphyssa* Korb *et* Bolshakov, 2011; Eversmannia (Suppl.) 2: 29.

（1）查看标本：宝兴，2005 年 7 月 12 日，500-1000 m，1 只，李爱民。

（2）分类特征：前翅中室有 1 个白色端斑，近基部有 1 个白斑，顶角有 3 个小白斑，狭窄的白色中横带指向臀角，但是 cu_1 室和 2a 室白斑明显内移；后翅中横带中 sc + r_1 室白斑长且内移，导致中横带前端弯曲，亚缘区有 1 列隐约内向的淡黄色弧形斑列。腹面前后翅外缘均有 2 条白线纹，内侧隐约有 1 列小黑点斑列，a 室灰蓝色。

（3）分布。

水平：宝兴。

垂直：500-1000 m。

生境：常绿阔叶林。

（4）出现时间（月份）：7。

（5）种群数量：少见种。

（6）注记：http://ftp.funet.fi/pub/sci/bio/life/insecta/lepidoptera/网站记载分布于中国；Siberia，Korea。

263. 细线蛱蝶 *Limenitis cleophas* Oberthür, 1893

Limenitis cleophas Oberthür, 1893; Études d'Entomologie 18: 16, pl. 6, fig. 83; Type locality: 四川西部.

（1）查看标本：宝兴，2017 年 7 月 9 日，1000-1500 m，1 只，邓合黎。

（2）分类特征：顶角有 2 个小白点，白色中横带非常狭窄，前翅 m_2 室和 cu_1 室白斑外移，与前后白斑远离。背面黑褐色，前翅中室仅有 1 个白色横斑；后翅中横带由于 rs 室白斑未外移而不弯曲，亚缘有 1 条与外缘平行的白色细条纹。腹面棕褐色，翅基部有环绕黑线的灰白色不规则斑纹，前翅外缘区有 2 条淡赭色线纹，a 室灰白色；后翅 a 室灰白色带紫色，端半部有由每室 1 个圆锥状斑组成的较浅色区域，外侧 2 列平行外缘的紫白色斑列穿过此区。

（3）分布。

水平：宝兴。

垂直：1000-1500 m。

生境：溪流林灌。

（4）出现时间（月份）：7。

（5）种群数量：罕见种。

（6）标本照片：彩色图版 XVI-12。

（7）注记：http://ftp.funet.fi/pub/sci/bio/life/insecta/lepidoptera/网站记载分布于中国西部。

264. 扬眉线蛱蝶 *Limenitis helmanni* Lederer, 1853

Limenitis helmanni Lederer, 1853; Verhandlungen der Zoologisch-Botanischen Gesellschaft in Wien 3: 356, pl. 1, fig. 4; Type locality: Altai.

Limenitis helmanni sichuanensis Sugiyama, 1994; Pallarge 3: 1-12 ; Type locality: 四姑娘山.

Limenitis misuji Sugiyama, 1994; Pallarge 3: (1-12) ; Type locality: 都江堰.

Limenitis misuji wenpingae Huang, 2003; Neue Entomologische Nachrichten 55: 46, pl. 5, figs. 1-2, 62; Type locality: 坭搭担.

Limenitis helmanni meicunensis Yoshin, 2016; Butterflies (73): 9; Type locality: 武夷山.

（1）查看标本：宝兴，2005 年 7 月 7、12 日和 9 月 8 日，1000-2500 m，6 只，邓合黎；宝兴，2005 年 7 月 7、12 日和 9 月 8 日，1500-2500 m，8 只，杨晓东；宝兴，2005 年 7 月 12 日，1000-1500 m，2 只，李爱民；宝兴，2005 年 7 月 12 日，1000-1500 m，1 只，左燕；理县，2005 年 7 月 22 日，2000-2500 m，1 只，邓合黎；理县，2005 年 7 月 22 日，1500-2000 m，1 只，薛俊；八宿，2005 年 8 月 4 日，3500-4000 m，1 只，杨晓东；康定，2005 年 8 月 19、26-27 日，4 只，杨晓东；天全，2006 年 6 月 15 日，1500-2000 m，1 只，杨晓东；汉源，2006 年 6 月 25、27 日，1500-2500 m，2 只，杨晓东；维西，2006 年 8 月 29 日，2000-2500 m，1 只，杨晓东；香格里拉，2006 年 8 月 17 日，2000-2500 m，1 只，李爱民；维西，2006 年 8 月 28-29 日，2000-2500 m，4 只，李爱民；天全，2006 年 6 月 15 日，1500-2000 m，1 只，邓合黎；宝兴，2006 年 6 月 17 日，1000-1500 m，1 只，邓合黎；兰坪，2006 年 9 月 1 日，2000-2500 m，2 只，邓合黎；汉源，2006 年 6 月 29 日，2000-2500 m，1 只，左燕；维西，2006 年 8 月 29 日，2000-2500 m，1 只，左燕；稻城，2013 年 8 月 22 日，2500-3000 m，2 只，邓合黎；稻城，2013 年 8 月 22

日，2500-3000 m，3 只，张乔勇；稻城，2013 年 8 月 22 日，2000-2500 m，1 只，李爱民；巴塘，2015 年 8 月 12 日，3000-3500 m，2 只，李爱民；金川，2016 年 8 月 12 日，3000-3500 m，1 只，李爱民；贡山，2016 年 8 月 25 日，1000-1500 m，邓合黎；马尔康，2020 年 7 月 31 日，2000-2500 m，1 只，杨盛语；茂县，2020 年 8 月 3-4 日，1500-2000 m，4 只，杨盛语；九寨沟，2020 年 8 月 7 日，1500-2000 m，3 只，杨盛语；青川，2020 年 8 月 20 日，500-1000 m，1 只，杨盛语；马尔康，2020 年 7 月 31 日，2000-2500 m，7 只，左燕；茂县，2020 年 8 月 3 日，1500-2000 m，1 只，左燕；九寨沟，2020 年 8 月 7-8 日，1500-2500 m，4 只，左燕；青川，2020 年 8 月 13 日，1000-1500 m，1 只，左燕；马尔康，2020 年 7 月 31 日，2000-2500 m，2 只，邓合黎；茂县，2020 年 8 月 3 日，1500-2000 m，2 只，邓合黎；九寨沟，2020 年 8 月 7 日，1500-2000 m，2 只，邓合黎；青川，2020 年 8 月 19-20 日，500-1000 m，2 只，邓合黎；马尔康，2020 年 7 月 31 日，2000-2500 m，3 只，左瑞；九寨沟，2020 年 8 月 7-8 日，1500-2000 m，3 只，左瑞；青川，2020 年 8 月 19 日，500-1500 m，1 只，左瑞。

（2）分类特征：翅无红色斑纹和线条。前翅中室内有 1 条白色的长眉状纵斑且中断；中横带的 cu 室和 a 室斑内移，m_3 室斑变小但不明显。腹面赭褐色，前翅白色缘带和亚缘带与外缘平行；后翅基部黑点区和 a 室区灰蓝色，中横带斑特别大且最前面 3 个斑特别宽阔并明显向两侧突出，外缘弯曲成弧形并伸至后缘近臀角处，白色外缘带和亚外缘带与外缘平行，内侧有 1 列圆形的内有黑点的紫褐色斑列。

（3）分布。

水平：维西、兰坪、香格里拉、贡山、稻城、汉源、康定、天全、宝兴、金川、理县、巴塘、八宿、马尔康、茂县、九寨沟、青川。

垂直：500-4000 m。

生境：常绿阔叶林、针阔混交林、灌丛、河滩灌丛、河谷灌丛、山坡灌丛、高山灌丛、灌草丛、亚高山灌草丛、阔叶林缘农田、树林农田。

（4）出现时间（月份）：6、7、8、9。

（5）种群数量：常见种。

（6）标本照片：彩色图版 XVI-13。

（7）注记：http://ftp.funet.fi/pub/sci/bio/life/insecta/lepidoptera/网站此种分布于中国陕西、四川、江西、福建、广东、广西；Altai，Amur，Usuuri，Korea。

265. 戟眉线蛱蝶 *Limenitis homeyeri* Tancré, 1881

Limenitis homeyeri Tancré, 1881; Entomological Nachrichten 7(8): 120; Type locality: Blagoveshchensk & Radde.

Limenitis homeyeri var. *venata* Leech, [1892]; Butturflies of China, Japan and Corea (2): 182-184, pl. 17, fig. 6; Type locality: 瓦山，打箭炉.

Limenitis homeyeri venata ab. *nigerrima* Oberthür, 1914; Etudes de Lépidoptérologie Comparée 9(2): 46, pl. 253, fig. 2138; Type locality: 打箭炉.

Limenitis homeyeri meridionalis Hall, 1930; Entomologist 63: 157; Type locality: 云南西北部.

Limenitis homeyeri sugiyamai Yoshino, 1997; Neo Lepidoptera 2-2: 4, figs. 25-26, 57, 60, 72; Type locality: 四姑娘山.

Limenitis homeyeri venata Huang, 2003; Nouveau Revisory Entomology 55: 84(note).

（1）查看标本：宝兴，2005 年 7 月 7、12-13 日和 9 月 8 日，1000-2500 m，9 只，邓合黎；理县，2005 年 7 月 22 日，2000-2500 m，2 只，邓合黎；天全，2005 年 9 月 2 日，1500-2000 m，1 只，邓合黎；康定，2005 年 8 月 19、25-26 日，1500-2500 m，15 只，邓合黎；宝兴，2005 年 7 月 7、12-13 日和 9 月 8 日，1000-2500 m，16 只，杨晓东；理县，2005 年 7 月 22 日，1500-3000 m，2 只，杨晓东；色达，2005 年 7 月 24 日，3500-4000 m，1 只，杨晓东；康定，2005 年 8 月 19、25-26 日，1500-2500 m，12 只，杨晓东；宝兴，2005 年 7 月 7、12 日和 9 月 8 日，1000-2500 m，12 只，李爱民；宝兴，2005 年 7 月 7、10、12 日和 9 月 8 日，1000-2500 m，3 只，左燕；天全，2006 年 6 月 15 日，1500-2000 m，3 只，李爱民；宝兴，2006 年 6 月 17 日，1000-1500 m，1 只，李爱民；汉源，2006 年 6 月 24 日，1500-2000 m，1 只，李爱民；荥经，2006 年 7 月 4 日，1000-1500 m，1 只，李爱民；维西，2006 年 8 月 26、28-29 日，2000-2500 m，8 只，李爱民；宝兴，2006 年 6 月 17 日，1000-1500 m，2 只，杨晓东；汉源，2006 年 6 月 24-25、27、29 日，1000-2500 m，15 只，杨晓东；维西，2006 年 8 月 26、28 日，2000-2500 m，3 只，李爱民；汉源，2006 年 6 月 29 日，1500-2000 m，3 只，邓合黎；德钦，2006 年 8 月 11 日，2500-3000 m，1 只，邓合黎；维西，2006 年 8 月 26-29 日，1500-2500 m，8 只，邓合黎；兰坪，2006 年 9 月 1 日，2000-2500 m，1 只，邓合黎；汉源，2006 年 6 月 29 日，1500-2000 m，1 只，左燕；德钦，2006 年 8 月 11 日，3000-3500 m，1 只，左燕；香格里拉，2006 年 8 月 17 日，2000-2500 m，1 只，左燕；维西，2006 年 8 月 23、27、29 日，1500-2500 m，5 只，左燕；天全，2007 年 8 月 5 日，2000-2500 m，1 只，杨晓东；木里，2008 年 8 月 9 日，2500-3000 m，1 只，杨晓东；木里，2008 年 8 月 2、9 日，2000-3000 m，2 只，邓合黎；金川，2014 年 8 月 11 日，2000-2500 m，1 只，左燕；金川，2014 年 8 月 8、10 日，2000-3000 m，8 只，李爱民；泸定，2015 年 9 月 2 日，1500-2000 m，3 只，李爱民；巴塘，2015 年 8 月 12 日，3000-3500 m，3 只，张乔勇；泸定，2015 年 9 月 4 日，1500-2000 m，2 只，张乔勇；泸定，2015 年 9 月 2、4 日，1500-2000 m，2 只，邓合黎；泸定，2015 年 9 月 4 日，1500-2000 m，1 只，左燕；金川，2016 年 8 月 11、13 日，2000-3000 m，3 只，左燕；金川，2016 年 8 月 11 日，2500-3000 m，1 只，邓合黎；贡山，2016 年 8 月 24 日，1500-2500 m，2 只，邓合黎；宝兴，2017 年 7 月 9 日，1000-2000 m，3 只，邓合黎；宝兴，2017 年 7 月 9 日，1500-2000 m，1 只，左燕；宝兴，2018 年 6 月 4 日，1500-2000 m，1 只，周树军；茂县，2020 年 8 月 3-4 日，1500-2000 m，2 只，杨盛语；九寨沟，2020 年 8 月 8 日，6 只，杨盛语；马尔康，2020 年 7 月 31 日，2000-2500 m，2 只，左燕；九寨沟，2020 年 8 月 7-8 日，1500-2500 m，6 只，左燕；青川，2020 年 8 月 13、20 日，500-1500 m，2 只，左燕；马尔康，2020 年 7 月 31 日，2000-2500 m，3 只，邓合黎；九寨沟，2020 年 8 月 7-8 日，1500-2500 m，6 只，邓合黎；青川，2020 年 8 月 13、20 日，500-1000 m，1 只，邓合黎；马尔康，2020 年 7 月 31 日，2000-2500 m，2 只，左瑞；九寨沟，2020 年 8 月 8 日，1500-2500 m，5 只，左瑞；青川，2020 年 8 月 19-20 日，500-1000 m，2 只，左瑞。

（2）分类特征：翅无红斑与线。背面黑褐色，前翅中室眉状白斑中断，弧形中横带的 m$_3$ 室斑特别小，有 1 条线状外缘带；后翅中横带内外缘平直并到达 cu$_2$ 室，半圆形白斑组成亚外缘并从顶角到臀角。腹面棕褐色，斑纹基本同背面，但前翅外缘带由 2 条白线组成，基部黑点和线分布在白色区域上，圆锥状亚缘带和外缘带与外缘平行，亚缘带内有 1 列小黑点。

（3）分布。

水平：兰坪、维西、贡山、香格里拉、德钦、木里、巴塘、汉源、荥经、康定、泸定、天全、宝兴、色达、金川、理县、马尔康、茂县、九寨沟、青川。

垂直：1500-4000 m。

生境：常绿阔叶林、针阔混交林、溪流树林、山坡树林、居民点树林、阔叶林缘农田竹林、河滩林灌、灌丛、河滩灌丛、河谷灌丛、山坡灌丛、河流山坡灌丛、河流农田灌丛、农田灌丛、亚高山灌丛、灌草丛、亚高山灌草丛、山坡灌草丛、山坡树林草地、河滩草丛、河滩草甸、山坡草地、灌丛草地、阔叶林缘农田、树林农田。

（4）出现时间（月份）：6、7、8、9。

（5）种群数量：优势种。

（6）标本照片：彩色图版 XVI-14。

（7）注记：http://ftp.funet.fi/pub/sci/bio/life/insecta/lepidoptera/网站此种分布于中国陕西、四川、湖北、云南；Amur。

266. 断眉线蛱蝶 *Limenitis doerriesi* Staudinger, 1892

Limenitis doerriesi Staudinger, 1892; in Romanoff, Memoir of Lepidoptera 6: 173, pl. 14, figs. 1a, b; Type locality: Ussuri.

Limenitis doerriesi tongi Yoshino, 1997; Neo Lepidoptera 2-2: 4, figs. 31-32, 58, 62, 73; Type locality: 龙山.

Limenitis doerriesi shennonjiaensis Yoshino, 2001; Futao (38): 11, pl. 3, figs. 13-14, 17-18; Type locality: 神农架.

（1）查看标本：宝兴，2005 年 7 月 13 日，2000-2500 m，2 只，邓合黎；康定，2005 年 8 月 23 日，3000-3500 m，1 只，邓合黎；宝兴，2005 年 7 月 12 日，500-1000 m，2 只，左燕；宝兴，2005 年 7 月 12 日，1500-2000 m，2 只，杨晓东；宝兴，2005 年 7 月 12 日，500-1000 m，2 只，李爱民；康定，2005 年 8 月 19 日，1500-2000 m，1 只，杨晓东；天全，2005 年 8 月 29 日，1000-1500 m，1 只，杨晓东；天全，2006 年 6 月 15 日，1000-1500 m，3 只，李爱民；宝兴，2006 年 6 月 17 日，1000-1500 m，2 只，李爱民；汉源，2006 年 6 月 24 日，1000-2000 m，2 只，李爱民；天全，2006 年 6 月 15 日，1000-1500 m，4 只，杨晓东；宝兴，2006 年 6 月 17 日，1000-1500 m，2 只，杨晓东；宝兴，2006 年 6 月 17 日，1000-1500 m，3 只，汪柄红；汉源，2006 年 6 月 24-25、27 日，1000-2500 m，3 只，杨晓东；荥经，2006 年 7 月 4 日，1000-1500 m，1 只，杨晓东；荥经，2006 年 7 月 4 日，1000-1500 m，2 只，左燕；泸定，2015 年 9 月 4 日，1500-2000 m，1 只，张乔勇；茂县，2020 年 8 月 3 日，1500-2000 m，2 只，杨盛语；九寨沟，2020 年 8 月 7 日，1500-2000 m，1 只，杨盛语；九寨沟，2020 年 8 月 7 日，1500-2000 m，2 只，左瑞。

（2）分类特征：前翅顶角有 4 个小斑点，中室眉状纹中断，后翅中横带后半段向内弯曲，使得中横带整个呈"S"形。背面黑褐色外缘线纹平行外缘，前翅中横带的 m_3 室斑特别小，横带在此折向后缘而成角度。腹面棕赭色，翅基部色浅，前翅 m_3 室的亚外缘斑特别大，亚外缘和外缘线斑小；后翅中横带因第 1 个斑向内稍微突出而变宽，2 条外缘线斑内侧有 1 列黑色点斑。

（3）分布。

水平：汉源、荥经、康定、泸定、天全、宝兴、茂县、九寨沟。

垂直：500-3500 m。

生境：常绿阔叶林、针阔混交林、灌丛、河滩灌丛、河谷灌丛、溪流灌丛、山坡灌丛、灌草丛、树林农田、阔叶林缘农田。

（4）出现时间（月份）：6、7、8、9。

（5）种群数量：常见种。

（6）标本照片：彩色图版 XVII-1。

（7）注记：http://ftp.funet.fi/pub/sci/bio/life/insecta/lepidoptera/网站此种分布于中国东北地区、中部和东部；Ussuri，Korea。

267. 残锷线蛱蝶 *Limenitis sulpitia* (Cramer, [1779])

Papilio sulpitia Cramer, [1779]; Uitland Kapellen 3(17-21): 30, pl. 214, figs. E, F; Type locality: 中国.

Nymphalis strophia Godart, 1824; Encyclopédie Méthodique 9: 431; Type locality: 中国.

Athyma sulpitia var. *ningpoana* Felder *et* Felder, 1862; Wien Entomology Monatschrs 6: 26; Type locality: 宁波.

Pantoporia sulpitia sulpitia Fruhstorfer, 1906; Verhandlungen der Zoologisch-Botanischen Gesellschaft in Wien 56(6/7): 432; Type locality: 香港.

Limenitis supitia [sic] *tricula* Fruhstorfer, 1908; Entomologcal Wochenbl 25(10): 41; Type locality: 台湾.

（1）查看标本：芦山，2005 年 6 月 8 日和 9 月 10 日，1000-1500 m，2 只，邓合黎；宝兴，2005 年 7 月 10、12 日，1000-2000 m，2 只，邓合黎；理县，2005 年 7 月 22 日，2000-2500 m，1 只，邓合黎；天全，2005 年 9 月 2 日，1500-2000 m，1 只，邓合黎；宝兴，2005 年 7 月 7、12 日，1500-2500 m，2 只，杨晓东；色达，2005 年 7 月 24 日，3500-4000 m，1 只，杨晓东；天全，2005 年 9 月 2 日，1000-1500 m，1 只，杨晓东；宝兴，2005 年 7 月 12 日和 9 月 8 日，500-1500 m，3 只，李爱民；宝兴，2006 年 6 月 17 日，1000-1500 m，1 只，李爱民；石棉，2006 年 6 月 21 日，1500-2000 m，1 只，李爱民；汉源，2006 年 6 月 24、29 日，1000-2000 m，8 只，李爱民；荥经，2006 年 7 月 4 日，1000-1500 m，3 只，李爱民；天全，2006 年 6 月 15 日，1500-2000 m，1 只，杨晓东；石棉，2006 年 6 月 21 日，500-1000 m，1 只，杨晓东；汉源，2006 年 6 月 24-25、27、29 日，1000-2500 m，7 只，杨晓东；荥经，2006 年 7 月 4 日，1000-1500 m，1 只，杨晓东；天全，2007 年 8 月 3、6 日，1000-2000 m，2 只，杨晓东；泸定，2015 年 9 月 4 日，1500-2000 m，1 只，左燕；泸定，2015 年 9 月 4 日，1500-2000 m，3 只，邓合黎；宝兴，2017 年 7 月 9 日，1000-1500 m，1 只，左燕；澜沧，2017 年 8 月 31 日，500-1000 m，

1 只，左燕；宝兴，2018 年 6 月 1 日，1000-1500 m，1 只，邓合黎；宝兴，2018 年 6 月 4 日，1500-2000 m，1 只，左燕；墨江，2018 年 7 月 1 日，1000-1500 m，1 只，左燕。

（2）分类特征：中横带和后翅亚外缘带白斑宽阔。背面棕褐色，前翅中室内有 1 条白色的长眉状纵斑，此斑残缺但不中断，中横带斑列弧形，后半段 4 个亚外缘线斑三角形；后翅中横带倾斜向翅基部延伸至后缘 1/3 处，亚缘带略与中横带平行，但不与外缘平行。腹面黄褐色，斑纹似背面，前翅中横带 cu 室和 a 室斑两侧是黑褐色长条形斑，后翅基部白色，中横带与亚外缘带间有 2 列黑斑：内侧 1 列近方形、外侧 1 列点状。

（3）分布。

水平：墨江、澜沧、石棉、汉源、荥经、泸定、天全、芦山、宝兴、理县、色达。

垂直：500-4000 m。

生境：常绿阔叶林、林灌农田、阔叶林缘农田竹林、溪流林灌、河滩林灌、灌丛、河滩灌丛、溪流灌丛、山坡灌丛、河滩草甸、树林农田、阔叶林缘农田。

（4）出现时间（月份）：6、7、8、9。

（5）种群数量：常见种。

（6）标本照片：彩色图版 XVII-2。

（7）注记：周尧（1998，1999）将此种置于线蛱蝶属 *Limenitis*。http://ftp.funet.fi/pub/sci/bio/life/insecta/lepidoptera/ 网站则将此种置于带蛱蝶属 *Athyma*，并记载分布于中国南部；India，Burma，Vietnam。

268. 愁眉线蛱蝶 *Limenitis disjuncta* (Leech, 1890)

Athyma disjuncta Leech, 1890; Entomologist 23: 33; Type locality: 长阳.

（1）查看标本：芦山，2005 年 6 月 8 日，1000-1500 m，1 只，邓合黎；宝兴，2005 年 7 月 12 日，1000-1500 m，1 只，左燕；宝兴，2005 年 7 月 13 日，2000-2500 m，1 只，杨晓东；理县，2005 年 7 月 22 日，2000-2500 m，1 只，邓合黎；色达，2005 年 7 月 24 日，3500-4000 m，1 只，杨晓东；汉源，2006 年 6 月 24、29 日，1500-2000 m，5 只，李爱民；荥经，2005 年 7 月 5 日，1000-1500 m，1 只，李爱民；汉源，2006 年 6 月 24、27、29 日，1500-2500 m，10 只，杨晓东；汉源，2006 年 6 月 24、27、29 日，1000-2500 m，10 只，邓合黎；汉源，2006 年 6 月 27、29 日，2000-2500 m，10 只，左燕。

（2）分类特征：背腹面斑纹色彩相似，翅黑色，斑纹白色的中横带和亚外缘带非常狭窄。前翅中室内的白色眉状斑中断，基部一段弯曲、蝌蚪状，中横带在 m_3 室折向后缘而成角度。后翅腹面肩区有 1 条弧形白斑，短小的中横带非常靠近基部而远离端半部。

（3）分布。

水平：汉源、荥经、芦山、宝兴、理县、色达。

垂直：1000-4000 m。

生境：常绿阔叶林、灌丛、河滩灌丛、山坡灌丛、河滩草甸、山坡灌草丛、阔叶林缘农田。

（4）出现时间（月份）：6、7。

（5）种群数量：常见种。

（6）标本照片：彩色图版 XVII-3。

（7）注记：周尧（1998，1999）将此种置于线蛱蝶属 *Limenitis*。http://ftp.funet.fi/pub/sci/bio/life/insecta/lepidoptera/网站则将此种置于带蛱蝶属 *Athyma*，并记载分布于中国西部和中部。

（七十八）带蛱蝶属 *Athyma* Westwood, [1850]

Athyma Westwood, [1850]; General Diurnal Lepioptera (2): 272; Type species: *Papilio leucothoe* Linnaeus, 1758.

Parathyma Moore, [1898]; Lepidoptera Indica 3(32): 146; Type species: *Papilio sulpitia* Cramer, [1779].

Tatisia Moore, [1898]; Lepidoptera Indica 3(32): 146; Type species: *Athyma kanwa* Moore, 1858.

Kironga Moore, [1898]; Lepidoptera Indica 3(34): 209; Type species: *Athyma ranga* Moore, [1858].

Zabana Moore, [1898]; Lepidoptera Indica 3(32): 146; Type species: *Athyma urvasi* C. et R. Felder, 1860.

Condochates Moore, [1898]; Lepidoptera Indica 3(32): 146; Type species: *Limenitis opalina* Kollar, [1844].

Sabania Moore, [1898]; Lepidoptera Indica 3(32): 146; Type species: *Athyma speciosa* Staudinger, 1889.

Balanga Moore, [1898]; Lepidoptera Indica 3(32): 146; Type species: *Athyma kasa* Moore, 1858.

Zamboanga Moore, [1898]; Lepidoptera Indica 3(32): 146; Type species: *Athyma gutama* Moore, 1858.

Chendrana Moore, [1898]; Lepidoptera Indica 3(33): 182; Type species: *Athyma pravara* Moore, [1858].

Tacola Moore, [1898]; Lepidoptera Indica 3(33): 192; Type species: *Limenitis larymna* Doubleday, [1848].

Tacoraea Moore, [1898]; Lepidoptera Indica 3(33): 176; Type species: *Athyma asura* Moore, [1858].

Tharasia Moore, [1898]; Lepidoptera Indica 3(33): 180; Type species: *Athyma jina* Moore, [1858].

Pseudohypolimnas Moore, [1898]; Lepidoptera Indica 3(34): 208; Type species: *Athyma punctata* Leech, 1890.

Athyma (Limenitidina)Vane-Wright *et* de Jong, 2003; Zoologische Verhandelingen Leiden 343: 195.

Tacola (Limenitidina) Vane-Wright *et* de Jong, 2003; Zoologische Verhandelingen Leiden 343: 196.

翅黑色或褐色，斑纹白色和黄色居多；前翅三角形，中室闭式，有白色纵纹，端脉下段凹入并连在 M_3 脉与 Cu_2 脉的交叉点上；Sc 脉基部不膨大，R_1 脉从中室上脉近上端角处分出，R_2 脉、R_3 脉、R_4 脉、R_5 脉有长共柄，与 M_1 脉一起，从上端角分出。后翅腹面基部无小黑点，肩区有 1 条白带，肩脉与 Sc + R_1 脉基部同处分出，中室开式。

注记：周尧（1998，1999）将此属置于线蛱蝶亚科 Limenitinae 线蛱蝶族 Limenitini，隶属于蛱蝶科 Nymphalidae。http://ftp.funet.fi/pub/sci/bio/life/insecta/lepidoptera/网站则将此属置于蛱蝶科 Nymphalidae 线蛱蝶亚科 Limenitinae 的 Limenitidini 族，并认为线蛱蝶族 Limenitini 是 Limenitidini 族的同物异名。

269. 珠履带蛱蝶 *Athyma asura* Moore, [1858]

Athyma asura Moore, [1858]; in Horsfield & Moore, Catholic Lepidoptral Insect Museum of East India Coy 1: 171, pl. 5a, fig. 1; Type locality: India.

Athyma asura var. *elwesi* Leech, 1893; Butterflies of China, Japan and Korea (1): 170, pl. 17: 7; Type locality: 穆坪.

Pantoporia asura baelia Fruhstorfer, 1908; Entomologische Zeitschrift 22(32): 132; Type locality: 台湾.

Pantoporia asura baelia ab. *horishana* Ikeda, 1937; Zephyrus 7: 41; Type locality: 台湾.

（1）查看标本：芦山，2005年6月8日，1000-1500 m，1只，邓合黎；荥经，2006年7月4日，1000-1500 m，1只，左燕；勐腊，2006年3月18日，500-1000 m，1只，吴立伟；景洪，2021年5月21日和7月13日，500-1000 m，6只，余波。

（2）分类特征：背腹面外侧带各斑内有1个小黑点；前翅中室白色条纹细，不是钩形眉斑，其末端断开，中横带从前缘至后缘呈"V"形且"V"形顶端斑在 m_3 室特别小；后翅中横带靠近基部。翅背面黑褐色，每个翅室细的新月形斑构成亚外缘斑列。腹面赭红色，斑纹似背面，但外缘有弧形小白斑组成的斑列，前翅中室内有不规则的黑褐色条纹，肩室色彩由前黄褐色、后白色组成。

（3）分布。

水平：景洪、勐腊、荥经、芦山。

垂直：500-1500 m。

生境：常绿阔叶林。

（4）出现时间（月份）：3、5、6、7。

（5）种群数量：少见种。

（6）标本照片：彩色图版 XVII-4。

（7）注记：http://ftp.funet.fi/pub/sci/bio/life/insecta/lepidoptera/网站记载分布于中国中部和西部及台湾；Nepal，India，Burma，Singapore，Indonesia。

270. 虬眉带蛱蝶 *Athyma opalina* (Kollar, [1844])

Limenitis opalina Kollar, [1844]; in Hügel, Kaschmir und das Reich der Siek 4: 427; Type locality: India.

Athyma orientalis Elwes, 1888; Transactions of the Entomological Society of London 1888: 354, pl. 9: 4; Type locality: Sikkim.

Athyma orientalis var. *constricta* Alphéraky, 1889; in Romanoff, Memoir of Lepidoptera 5: 110, pl. 5, figs. 5a-b; Type locality: 中国中部和西部.

Pantoporia hirayamai Matsumura, 1935; Insecta Matsumurana 10(1-2): 42; Type locality: 台湾.

Pantoporia opalina shan Tytler, 1940; Journal of the Bombay Natural History Society 42(1): 117; Type locality: Maymyo.

Athyma hirayamai sichuanensis Murayama, 1982; New Entomologist 31(4): 73; Type locality: 峨眉山.

（1）查看标本：宝兴，2005年7月12日和9月8日，1000-2000 m，10只，邓合黎；宝兴，2005年9月8日，1000-1500 m，1只，李爱民；宝兴，2005年7月12日，1000-2000 m，5只，杨晓东；芦山，2005年8月1日，1000-1500 m，1只，邓合黎；天全，2005年8月31日，1000-1500 m，1只，邓合黎；勐海，2006年3月21、26日，500-2000 m，2只，左燕；瑞丽，2006年8月31日，500-1000 m，1只，左燕；芒市，2006年3月26日和4月1日，1000-1500 m，2只，左燕；汉源，2006年6月25日，1000-1500 m，1只，左燕；维西，2006年8月28日，2000-2500 m，1只，左燕；勐海，2006年3月21日，500-1000 m，2只，邓合黎；瑞丽，2006年3月31日，500-1000 m，1只，邓合黎；汉源，2006年6月29日，1500-2000 m，1只，邓合黎；香格里拉，2006年8月17日，2000-2500 m，1只，邓合黎；维西，2006年8月28日，2000-2500 m，1只，邓合黎；天全，2007年8月3日，1000-1500 m，1只，杨晓东；腾冲，2016年8

月 30 日，2000-2500 m，1 只，邓合黎；腾冲，2016 年 8 月 30 日，2000-2500 m，1 只，左燕；孟连，2017 年 8 月 28-29 日，1000-1500 m，3 只，李勇；澜沧，2017 年 8 月 31 日，500-1000 m，1 只，李勇；青川，2020 年 8 月 19 日，500-1000 m，1 只，邓合黎；茂县，2020 年 8 月 4 日，1500-2000 m，1 只，左燕；青川，2020 年 8 月 20 日，1000-1500 m，1 只，左燕。

（2）分类特征：雌雄同型。翅基部和外侧带内无小黑点，前翅中横带以 m_3 室小白斑为拐点成直角并从指向外缘改为指向后缘，后翅臀角略突。背面黑褐色，斑纹白色，前翅中室白色较粗的眉状条纹断为 4 段，只在顶角和臀角有亚缘斑，后翅中横带短、靠近基部、前宽后窄，外侧带显著。腹面红褐色，斑纹似背面，但前翅外缘 m_2 室、m_3 室空白，外侧带内侧无小黑点；后翅肩区比背面多条白纹，臀角有橘黄色斑。

（3）分布。

水平：瑞丽、芒市、孟连、勐海、澜沧、腾冲、维西、香格里拉、汉源、天全、芦山、宝兴、茂县、青川。

垂直：500-2500 m。

生境：常绿阔叶林、针阔混交林、河滩灌丛、溪流灌丛、灌丛草地、山坡灌草丛、草地、河滩草地、阔叶林缘农田、树林农田。

（4）出现时间（月份）：3、4、6、7、8、9。

（5）种群数量：常见种。

（6）标本照片：彩色图版 XVII-5。

（7）注记：http://ftp.funet.fi/pub/sci/bio/life/insecta/lepidoptera/网站记载分布于中国中部、西部和南部及台湾、海南；Kashmir，Nepal，India，Indochina。

271. 东方带蛱蝶 *Athyma orientalis* Elwes, 1888

Athyma orientalis Elwes, 1888; Transactions of the Entomological Society of London 1888: 354, pl. 9, fig. 4; Type locality: Sikkim.

Athyma orientalis Huang, 1998; Nouveau Revisory Entomology 41: 239(note).

（1）查看标本：康定，2005 年 8 月 27 日，1500-2000 m，1 只，邓合黎；宝兴，2005 年 9 月 8 日，1000-1500 m，1 只，邓合黎。

（2）分类特征：雌雄同型。背腹面外侧带各斑和内侧均无小黑点。前翅非钩形的白色眉纹断为 4 段。

（3）分布。

水平：康定、宝兴。

垂直：1000-2000 m。

生境：常绿阔叶林、河谷灌丛。

（4）出现时间（月份）：8、9。

（5）种群数量：罕见种。

（6）标本照片：彩色图版 XVII-6。

（7）注记：Lang（2012）将此种作为虬眉带蛱蝶 *A. opalina* 的同物异名。周尧（1998，

1999）有记载此种。http://ftp.funet.fi/pub/sci/bio/life/insecta/lepidoptera/网站记载分布于中国西藏。

272. 玄珠带蛱蝶 *Athyma perius* (Linnaeus, 1758)

Papilio perius Linnaeus, 1758; Systematic Nature (10th ed.) 1: 471; Type locality: 广州.
Papilio leucothoe Linnaeus, 1758; Systematic Nature (10th ed.) 1: 478; Type locality: Asia.
Papilio erosine Cramer, 1779; Uitland Kapellen 3(17-21): 30, pl. 203: e, figs. E, F; Type locality: 中国.
Papilio polyxena Donovan, 1798; Insect of China Place 37: 4; Type locality: 中国.
Pantoporia perius f. *hoso* Matsumura, 1939; Insecta Matsumurana 13(4): 111; Type locality: 台湾.
Tacoraea perius ab. *atramenta* Murayama *et* Shimonoya, 1963; Tyô to Ga 13(3): 55, figs. 5, 8; Type locality: 台湾.
Tacoraea perius ab. *insolitus* Murayama *et* Shimonoya, 1966; Tyô to Ga 15(3/4): 60, fig. 35; Type locality: 台湾.

（1）查看标本：勐海，2006 年 3 月 23 日，500-1000 m，1 只，左燕；勐海，2006 年 3 月 23 日，1000-1500 m，3 只，邓合黎；勐海，2006 年 3 月 22 日，500-1000 m，1 只，吴立伟；芒市，2006 年 3 月 28 日，500-1000 m，1 只，李爱民；勐海，2006 年 3 月 21-22 日，500-1000 m，5 只，杨晓东；瑞丽，2006 年 3 月 30-31 日，1000-1500 m，3 只，杨晓东；宁洱，2018 年 6 月 29 日，1000-1500 m，1 只，邓合黎；墨江，2018 年 7 月 1 日，1000-1500 m，1 只，邓合黎；墨江，2018 年 7 月 1 日，1000-1500 m，1 只，左燕；景洪，2021 年 7 月 13 日，500-1000 m，1 只，余波。

（2）分类特征：前后翅背腹面外侧带各斑内侧均有 1 个小黑点，基部无小黑点；白色宽阔的中横带和外侧带及波状亚缘线均完整；前翅中室白色的粗条纹断为 4 段。背面棕褐色，基部无斑纹；腹面斑纹似背面，但前翅 cu 室和 a 室有黑斑；后翅肩区有 1 条白带，其内侧有 1 条细黑纹，中横带各白斑两侧均有小黑点，波状白色亚缘线外侧有同样形态的白色波状缘线。

（3）分布。
水平：瑞丽、芒市、孟连、勐海、景洪、墨江、宁洱。
垂直：500-1500 m。
生境：常绿阔叶林、针阔混交林、针阔混交林林灌、草地、林灌农田。
（4）出现时间（月份）：3、6、7。
（5）种群数量：常见种。
（6）标本照片：彩色图版 XVII-7。
（7）注记：http://ftp.funet.fi/pub/sci/bio/life/insecta/lepidoptera/网站记载分布于中国云南；India，Burma，Malaya，Indonesia。

273. 新月带蛱蝶 *Athyma selenophora* (Kollar, [1844])

Limenitis selenophora Kollar, [1844]; in Hügel, Kaschmir und das Reich der Siek 4: 426, pl. 7, figs.1-2; Type locality: India.
Pantoporia selenophora batilda Fruhstorfer, 1908; Entomologcal Wochenbl 25(10): 41; Type locality: Tonkin.

Pantoporia selenophora leucophryne Fruhstorfer, 1912; in Seitz, Gross-Schmetterling Erde 9: 631; Type locality: 海南.

Pantoporia selenophora latifascia Talbot, 1936; Entomologist 69: 57; Type locality: Thailand.

Taceraea selenophora laela ♂ ab. *melas* Murayama, 1959; Tyô to Ga 10(4): 67, figs. 10-11; Type locality: 台湾.

Tacoraea selenophora laela ab. *enormis* Murayama *et* Shimonoya, 1966; Tyô to Ga 15(3/4): 60, fig. 37; Type locality: 台湾.

Athyma selenophora yui Huang, 1998; Neue Entomologische Nachrichten 41: 233, pl. 7, figs. 3a-b, 4a-b; Type locality: 墨脱.

（1）查看标本：芦山，2005 年 6 月 8 日，1000-1500 m，1 只，邓合黎；康定，2005 年 8 月 27 日，1500-2000 m，1 只，邓合黎；勐海，2006 年 3 月 21 日，500-1000 m，1 只，邓合黎；维西，2006 年 3 月 26 日，2000-2500 m，1 只，邓合黎；勐海，2006 年 3 月 21-22 日，500-1000 m，3 只，吴立伟；瑞丽，2006 年 3 月 30 日，1000-1500 m，1 只，李爱民；维西，2006 年 8 月 29 日，2000-2500 m，1 只，李爱民；荥经，2007 年 8 月 9 日，1500-2000 m，1 只，杨晓东；泸定，2015 年 9 月 4 日，1500-2000 m，1 只，邓合黎；瑞丽，2017 年 8 月 16 日，1000-1500 m，1 只，左燕；孟连，2017 年 8 月 28、31 日，1000-1500 m，2 只，左燕；澜沧，2017 年 8 月 31 日，1000-1500 m，1 只，左燕；耿马，2017 年 8 月 22 日，1000-1500 m，1 只，李勇；孟连，2017 年 8 月 28 日，1000-1500 m，1 只，李勇；澜沧，2017 年 8 月 30-31 日，500-1000 m，2 只，李勇；景东，2018 年 6 月 19 日，1500-2000 m，1 只，左燕；墨江，2018 年 7 月 1 日，1000-1500 m，1 只，左瑞；景洪，2020 年 10 月 25 日，500-1000 m，2 只，余波；景洪，2021 年 5 月 13 日和 8 月 16 日，500-1000 m，3 只，余波。

（2）分类特征：雌雄异型，后翅腹面外横线内各斑及其内侧均无小黑点。雄蝶翅无赭黄色顶角斑。翅背面黑色，白色斑纹是中横带，而且前翅中横带后半段与后翅中横带相连形成细响尾蛇状纹，前翅亚顶角有 2 个白色的新月形小斑，中室无眉斑；腹面赭褐色，中横带斑纹似背面，但前后翅基部有黑色条纹，肩室有白色眉纹，亚外缘区有 2 条模糊的白纹，中横带外侧有 1 列黑褐色斑纹，前翅中室的线纹断成 4 段。雌蝶背面棕褐色，腹面赭褐色；白色斑纹似虬眉带蛱蝶 *A. opalina*，中横带多呈新月形，中室箭状眉斑断为 4 段。

（3）分布。

水平：瑞丽、耿马、孟连、勐海、景洪、墨江、景东、澜沧、维西、荥经、康定、泸定、芦山。

垂直：500-2500 m。

生境：常绿阔叶林、针阔混交林、农田林灌、溪流灌丛、河谷灌丛、林灌草地。

（4）出现时间（月份）：3、5、6、7、8、9、10。

（5）种群数量：常见种。

（6）标本照片：彩色图版 XVII-8。

（7）注记：http://ftp.funet.fi/pub/sci/bio/life/insecta/lepidoptera/网站记载分布于中国西藏、云南、台湾、香港、海南；Bhutan，India，Indochina，Indonesia。

274. 双色带蛱蝶 *Athyma cama* Moore, 1858

Athyma cama Moore, 1858; in Horsfield & Moore, Catholic Lepidoptral Insect Museum of East India Coy 1: 174, pl. 5a, fig. 5; Type locality: Darjeeling.

Athyma zoroastres Butler, 1877; Proceedings of Royal Entomology Society London 1877: 811; Type locality: 台湾.

Pantoporia cama camasa Fruhstorfer, 1906; Verhandlungen der Zoologisch-Botanischen Gesellschaft in Wien 56(6/7): 419; Type locality: Tonkin.

Tacoraea cama zoroastres ab. *pseudomelas* Murayama *et* Shimonoya, 1963; Tyô to Ga 13(4): 89, figs. 3-4; Type locality: 台湾.

Tacoraea tayalica Murayama *et* Shimonoya, 1966; Tyô to Ga 15(3/4): 60, figs. 25, 28; Type locality: 台湾.

（1）查看标本：勐海，2006 年 3 月 23 日，1000-1500 m，1 只，邓合黎；芒市，2006 年 4 月 1 日，1000-1500 m，1 只，左燕；澜沧，2017 年 8 月 31 日，500-1000 m，1 只，李勇；宁洱，2018 年 6 月 29 日，500-1000 m，1 只，左瑞。

（2）分类特征：雌雄异型，雌雄蝶均似新月带蛱蝶 *A. selenophora*。雄蝶背面黑褐色，腹面棕褐色，前翅顶角有 1 个赭黄色斑，中室眉纹和前后翅亚缘为隐约的赭色细线；中横带白色，前翅中横带后半段与后翅中横带相连形成响尾蛇状纹。雌蝶赭褐色，斑纹淡赭黄色，中室眉斑箭状、未断开。

（3）分布。

水平：芒市、勐海、澜沧、宁洱。

垂直：500-1500 m。

生境：常绿阔叶林、阔叶林林灌、针阔混交林草地。

（4）出现时间（月份）：3、4、6、8。

（5）种群数量：少见种。

（6）标本照片：彩色图版 XVII-9。

（7）注记：http://ftp.funet.fi/pub/sci/bio/life/insecta/lepidoptera/网站记载分布于中国西南部及台湾；India，Indochina，Indonesia。

275. 孤斑带蛱蝶 *Athyma zeroca* Moore, 1872

Athyma zeroca Moore, 1872; Proceedings of Royal Entomology Society London 1872: 564; Type locality: Khasia Hills.

Athyma zoroastres Butler, 1877; Proceedings of Zoological Society of London 1877: 811; Type locality: 台湾.

Pantoporia zeroca galaesus Fruhstorfer, 1912; in Seitz, Macrolepidoptera of the World 9: 632, pl. 123: e; Type locality: Thailand.

Athyma zeroca hishikawai Yoshino, 2001; Futao (38): 9, pl. 4, figs. 21-24; Type locality: 龙山.

（1）查看标本：景洪，2021 年 8 月 10 日，500-1000 m，1 只，余波。

（2）分类特征：雌雄异型，后翅腹面外横线内各斑及其内侧均无小黑点。雄蝶背面黑褐色，细的顶角斑、中室眉纹、外侧带均模糊且呈赭黄色；背腹面有白色大斑组成的中横带，前翅中横带后半段与后翅中横带相连形成粗响尾蛇状纹；腹面赭褐色，除白色的粗响尾蛇状纹外，前翅亚顶角斑、中室眉纹和前后翅亚外缘、外缘线均模糊且呈赭白色。雌蝶背面黑褐色，斑纹赭黄色，前翅中室眉斑在 2/3 处断开，中横带与亚外缘带组成一个 "X" 形斑纹；后翅几乎平行的中横带和外侧带宽窄相近；腹面棕褐色，斑纹形状似背面。

（3）分布。

水平：景洪。

垂直：500-1000 m。

生境：常绿阔叶林。

（4）出现时间（月份）：8。

（5）种群数量：罕见种。

（6）标本照片：彩色图版 XVII-10。

（7）注记：http://ftp.funet.fi/pub/sci/bio/life/insecta/lepidoptera/网站记载分布于中国云南、贵州、广西；Nepal，India，Indochina。

276. 六点带蛱蝶 *Athyma punctata* Leech, 1890

Athyma punctata Leech, 1890; Entomologist 23: 33; Type locality: 长阳.

Athyma yoshikoe Murayama, 1984; New Science 19(12): 12, figs. 19, 20; Type locality: 长阳.

Athyma punctata zhejiangensis Tong, 1994; in Chou, Monographia Rhopalocerum Sinensium II: 516-517, 764, fig. 47; Type locality: 乌岩岭, 浙江.

（1）查看标本：宝兴，2005 年 7 月 4-5、12 日，1500-2500 m，4 只，邓合黎；宝兴，2005 年 7 月 4、12 日，1500-2000 m，5 只，杨晓东；芦山，2005 年 7 月 24 日，1000-1500 m，1 只，邓合黎；荥经，2006 年 7 月 4-5 日，1000-1500 m，2 只，左燕；荥经，2006 年 7 月 4 日，1000-1500 m，3 只，邓合黎；荥经，2006 年 7 月 4 日，1000-1500 m，6 只，杨晓东；荥经，2006 年 6 月 17 日，1000-1500 m，1 只，汪柄红；荥经，2006 年 7 月 4-5 日，1000-2500 m，5 只，李爱民；荥经，2007 年 8 月 9 日，1500-2000 m，1 只，杨晓东；宝兴，2016 年 6 月 16 日，1500-2000 m，2 只，李爱民；宝兴，2017 年 7 月 9 日，1500-2000 m，2 只，邓合黎；宝兴，2017 年 7 月 9 日，1500-2000 m，2 只，左燕；青川，2020 年 8 月 19 日，500-1000 m，1 只，邓合黎。

（2）分类特征：雌雄异型，后翅腹面外横线内各斑及其内侧均无小黑点。雄蝶背面黑褐色，前翅有 1 个大的近四方形、1 个小的近椭圆形的 2 个白斑，中室无眉斑，后翅有 1 个大的近长方形白斑；腹面赭褐色，斑纹似背面，但前翅中室有多断为 2 段的白色眉纹，基部和外缘浅褐色；后翅肩室多白色眉纹，中横带粗 "S" 形外缘和基部色浅，外缘区有多条线纹。雌蝶背面黑褐色，斑纹红褐色；前翅中室非锯状眉斑箭状、断开，中横带无 m_3 室斑，cu_1 室斑特别大；后翅中横带短，止于 cu_2 室；外侧带平行外缘；腹面红棕色，与背面形态相同的斑纹白色，外缘有多条模糊的线纹，白色线纹最清晰。

（3）分布。

水平：荥经、芦山、宝兴、青川。

垂直：1000-2500 m。

生境：常绿阔叶林、阔叶林缘、河滩灌丛。

（4）出现时间（月份）：6、7、8。

（5）种群数量：少见种。

（6）标本照片：彩色图版 XVII-11。

（7）注记：http://ftp.funet.fi/pub/sci/bio/life/insecta/lepidoptera/网站记载分布于中国西部及浙江。

277. 离斑带蛱蝶 *Athyma ranga* Moore, 1858

Athyma ranga Moore, 1858; in Horsfield & Moore, Catholic Lepidoptral Insect Museum of East India Coy 1: 175, pl. 5a, fig. 6; Type locality: Sikkim.

Athyma mahesa Moore, 1858; in Horsfield & Moore, Catholic Lepidoptral Insect Museum of East India Coy 1: 176, pl. 5a, fig. 7; Type locality: Darjeeling.

Athyma mahesa var. *serica* Leech, 1892; Butterflies from China, Japan and Corea (2): 168-169; Type locality: 峨眉山.

（1）查看标本：天全，2005 年 9 月 7 日，500-1000 m，1 只，邓合黎；景洪，2020 年 10 月 25 日，500-1000 m，2 只，余波。

（2）分类特征：雌雄同型。腹面黑棕色，中室、中横带、亚外缘区和基部各翅室的所有白色斑纹均相互分离；背面黑褐色，白色斑纹中只有中横带和外侧带清晰，其他斑纹仅隐约勉强可见。

（3）分布。

水平：景洪、天全。

垂直：500-1000 m。

生境：常绿阔叶林、树林农田。

（4）出现时间（月份）：9、10。

（5）种群数量：少见种。

（6）标本照片：彩色图版 XVII-12。

（7）注记：http://ftp.funet.fi/pub/sci/bio/life/insecta/lepidoptera/网站记载分布于中国云南；Nepal，Bhutan，India，Indochina。

278. 倒钩带蛱蝶 *Athyma recurva* Leech, 1893

Athyma recurva Leech, 1893; Butterflies from China, Japan and Corea (2): 176, pl. 17, fig. 9; Type locality: 瓦山.

Pantoporia recurva Fruhstorfer, 1906; Verhandlungen der Zoologisch-Botanischen Gesellschaft in Wien 56(6/7): 433; Type locality: 中国西部.

（1）查看标本：宝兴，2005 年 7 月 11 日，500-1000 m，1 只，左燕；宝兴，2005 年 7 月 11 日，500-1000 m，2 只，邓合黎；宝兴，2005 年 7 月 11 日，500-1000 m，1 只，李爱民；宝兴，2005 年 7 月 11-12 日，500-2000 m，4 只，杨晓东；芦山，2006 年 6 月 16 日，1500-2000 m，1 只，杨晓东；石棉，2006 年 6 月 21 日，500-1000 m，1 只，

杨晓东；石棉，2006 年 6 月 21 日，500-1000 m，1 只，李爱民；荥经，2006 年 7 月 4-5 日，1000-2000 m，13 只，杨晓东；荥经，2006 年 7 月 4-5 日，1000-2000 m，9 只，李爱民；荥经，2006 年 7 月 4-5 日，1000-1500 m，8 只，邓合黎；石棉，2006 年 6 月 21 日，500-1000 m，1 只，左燕；荥经，2006 年 7 月 4-5 日，1000-2000 m，5 只，左燕；荥经，2007 年 8 月 9 日，1000-1500 m，1 只，杨晓东；宝兴，2016 年 6 月 15 日，1500-2000 m，1 只，李爱民；宝兴，2017 年 7 月 13 日，500-1000 m，1 只，左燕；景洪，2020 年 10 月 25 日，500-1000 m，1 只，余波。

（2）分类特征：前翅中室有呈倒钩状的白色眉纹，其末端的钩大且尖并指向上后方。后翅腹面肩区白斑在翅前缘与中横带相连。

（3）分布。

水平：景洪、石棉、荥经、芦山、宝兴。

垂直：500-2000 m。

生境：常绿阔叶林、农田树林、河滩灌丛。

（4）出现时间（月份）：6、7、8、10。

（5）种群数量：少见种。

（6）标本照片：彩色图版 XVII-13。

（7）注记：http://ftp.funet.fi/pub/sci/bio/life/insecta/lepidoptera/网站记载仅分布于中国西藏、四川。

279. 玉杵带蛱蝶 *Athyma jina* Moore, 1858

Athyma jina Moore, 1858; in Horsfield & Moore, Catholic Lepidoptral Insect Museum of East India Coy 1: 172, pl. 5, fig. 3; Type locality: Darjeeling.

Tharasia jinoides Moore, 1898; Lepidoptera Indica 3(33): 181; Type locality: 中国中部和西部.

Pantoporia jina sauteri Fruhstorfer, 1913; in Seitz, Gross-Schmetterling Erde 9: 626; Type locality: 台湾.

Tacoraea jina sauteri ab. *fortuitus* Murayama *et* Shimonoya, 1966; Tyô to Ga 15(3/4): 60, figs. 30-31, 33-34; Type locality: 台湾.

Athyma jina huochengica Huang *et* Murayama, 1992; Tyô to Ga 43(1): 9, figs. 23-24; Type locality: 霍城.

（1）查看标本：芦山，2005 年 6 月 8 日，1000-1500 m，1 只，邓合黎；天全，2005 年 8 月 29、31 日和 9 月 2-3、9 日，1000-1500 m，7 只，邓合黎；天全，2005 年 8 月 29 日和 9 月 3 日，1000-1200 m，3 只，杨晓东；天全，2005 年 9 月 3 日，1000-1500 m，1 只，李爱民；芒市，2006 年 3 月 27 日，1500-2000 m，2 只，李爱民；宝兴，2006 年 6 月 17 日，1500-2000 m，1 只，李爱民；石棉，2006 年 6 月 21 日，500-1000 m，1 只，杨晓东；石棉，2006 年 6 月 21 日，1000-1500 m，1 只，邓合黎；荥经，2007 年 8 月 10 日，1000-1500 m，1 只，李爱民；泸定，2015 年 8 月 4 日，1500-2000 m，1 只，张乔勇；泸定，2015 年 9 月 4 日，1500-2000 m，1 只，左燕；宝兴，2016 年 5 月 28 日，1500-2000 m，1 只，李爱民；宝兴，2017 年 7 月 19 日，1000-1500 m，1 只，邓合黎；宝兴，2017 年 7 月 19 日，1000-1500 m，1 只，左燕；宝兴，2018 年 5 月 13、21 日，1000-2000 m，3 只，周树军；茂县，2020 年 8 月 3 日，1500-2000 m，1 只，邓合黎；

青川, 2020 年 8 月 19 日, 500-1000 m, 1 只, 杨盛语; 青川, 2020 年 8 月 19 日, 500-1000 m, 3 只, 邓合黎。

（2）分类特征：前翅中室内有 1 个基部细、端部圆的白色玉杵状纹；顶角有 3 个小白斑，中横带 m_2 室斑小而外移，有小的 m_3 室斑。后翅腹面基部无小黑点；肩区白色眉斑在 $Sc + R_1$ 脉上方，宽阔的中横带与外侧带不接触。

（3）分布。

水平：芒市、石棉、荥经、泸定、天全、芦山、宝兴、茂县、青川。

垂直：500-2000 m。

生境：常绿阔叶林、针阔混交林、农田树林、溪流林灌、河滩林灌、河谷灌丛、灌草丛、树林农田。

（4）出现时间（月份）：3、5、6、7、8、9。

（5）种群数量：常见种。

（6）标本照片：彩色图版 XVII-14。

（7）注记：http://ftp.funet.fi/pub/sci/bio/life/insecta/lepidoptera/网站记载分布于中国中部和西部及台湾；Nepal，Bhutan，India，Burma。

280. 幸福带蛱蝶 *Athyma fortuna* Leech, 1889

Athyma fortuna Leech, 1889; Transactions R. Entomological Society of London 1889(1): 107, pl. 8, figs. 1, 1a; Type locality: 九江.

Athyma fortuna guangxiensis Wang, 1994; in Chou, Monographia Rhopalocerum Sinensium II: 519-520, 764, fig. 48; Type locality: 龙山.

（1）查看标本：宝兴，2017 年 7 月 9 日，1500-2000 m，2 只，左燕；宝兴，2017 年 7 月 9 日，1500-2000 m，1 只，邓合黎。

（2）分类特征：与玉杵带蛱蝶 *A. jina* 非常相似，但前翅中室白色玉杵状纹较细，顶角只有 2 个小白斑；后翅腹面肩区白斑在 $Sc + R_1$ 脉下方，中横带与外侧带在前缘相连。

（3）分布。

水平：宝兴。

垂直：1500-2000 m。

生境：常绿阔叶林、溪流林灌。

（4）出现时间（月份）：7。

（5）种群数量：少见种。

（6）标本照片：彩色图版 XVII-15。

（7）注记：http://ftp.funet.fi/pub/sci/bio/life/insecta/lepidoptera/网站记载仅分布于中国江西、广西。

281. 畸带蛱蝶 *Athyma pravara* Moore, 1858

Athyma pravara Moore, 1858; in Horsfield & Moore, Catholic Lepidoptral Insect Museum of East India Coy 1: 173, pl. 5a, fig. 4; Type locality: Borneo.

Athyma pravara indosinica Fruhstorfer, 1906; Verhandlungen der Zoologisch-Botanischen Gesellschaft in Wien 56(6/7): 402; Type locality: 云南.

（1）查看标本：勐腊，2006 年 3 月 18 日，500-1000 m，1 只，李爱民；勐腊，2006 年 3 月 18 日，500-1000 m，1 只，杨晓东；景洪，2020 年 10 月 25 日，500-1000 m，1 只，余波；景洪，2021 年 5 月 21 日和 8 月 16 日，500-1000 m，2 只，余波。

（2）分类特征：与幸福带蛱蝶 *A. fortuna* 相似的小型种类，前翅中横带 m_2 室斑小而外移至外侧带，无 m_3 室斑，cu_1 室斑大而圆。

（3）分布。

水平：景洪、勐腊。

垂直：500-1000 m。

生境：常绿阔叶林。

（4）出现时间（月份）：3、5、8、10。

（5）种群数量：少见种。

（6）标本照片：彩色图版 XVII-16。

（7）注记：http://ftp.funet.fi/pub/sci/bio/life/insecta/lepidoptera/网站记载分布于中国西南部；India，Indochina，Indonesia，Philippines。

282. 相思带蛱蝶 *Athyma nefte* (Cramer, 1780)

Papilio nefte Cramer, 1780; Uitland Kapellen 3(22): 111, pl. 256, figs. E, F; Type locality: Java.
Athyma asita Moore, 1858; Proceedings of Zoological Society of London 1858(347/348): 13.
Pantoporia nefte seitzi Fruhstorfer, 1906; Verhandlungen der Zoologisch-Botanischen Gesellschaft in Wien 56(6/7): 414; Type locality: 香港.

（1）查看标本：芒市，2006 年 4 月 1 日，1000-1500 m，1 只，左燕；景洪，2020 年 10 月 25 日，500-1000 m，3 只，余波；景洪，2021 年 4 月 10 日、5 月 13 日、7 月 13 日和 8 月 16 日，500-1000 m，8 只，余波。

（2）分类特征：雌雄异型，背腹面外侧带各斑及其内侧均无小黑点。雄蝶前翅中室白色眉纹断成 4 段，顶角斑和亚缘斑赭黄色；雌蝶斑纹阔，全是赭黄色，中室眉纹锯状。

（3）分布。

水平：芒市、景洪。

垂直：500-1500 m。

生境：常绿阔叶林。

（4）出现时间（月份）：4、5、7、8、10。

（5）种群数量：少见种。

（6）标本照片：彩色图版 XVII-17。

（7）注记：http://ftp.funet.fi/pub/sci/bio/life/insecta/lepidoptera/网站记载分布于中国云南；India，Indochina，Indonesia，Philippines。

（七十九）缕蛱蝶属 *Litinga* Moore, [1898]

Litinga Moore, [1898]; Lepidoptera Indica 3(33): 173; Type species: *Limenitis cottini* Oberthür, 1884.

雌雄同型，有白色缘点及亚缘点列。前翅中室端脉连至 M_3 脉与 Cu_1 脉的分叉点，中室闭式，外缘比后缘短；顶角、前缘、外缘黑色。后翅基部无白带，M_1 脉与 M_2 脉分叉点接近，中室开式。

注记：周尧（1998，1999）将此属置于线蛱蝶亚科 Limenitinae 线蛱蝶族 Limenitini，隶属于蛱蝶科 Nymphalidae。http://ftp.funet.fi/pub/sci/bio/life/insecta/lepidoptera/网站则将此属置于蛱蝶科 Nymphalidae 线蛱蝶亚科 Limenitinae 的 Limenitidini 族，并认为线蛱蝶族 Limenitini 是 Limenitidini 族的同物异名。

283. 拟缕蛱蝶 *Litinga mimica* (Poujade, 1885)

Limenitis mimica Poujade, 1885; Bulletin Society of Entomology France (6)5: cc; Type locality: 穆坪.
Hestina oberthuri Leech, 1890; Entomologist 23: 32; Type locality: 长阳.
Limenitis mimica gaolingonensis Yoshino, 1995; Neo Lepidoptera 1: 2, figs. 13-14; Type locality: 高黎贡山.
Limenitis mimica meilius Yoshino, 1997; Neo Lepidoptera 2: 2, figs. 8-9; Type locality: 梅里雪山.
Limenitis mimica pe Yoshino, 1997; Neo Lepidoptera 2: 2, figs. 10-11; Type locality: 中甸, 大理.

（1）查看标本：芦山，2005 年 6 月 8 日，1000-1500 m，2 只，邓合黎；宝兴，2005 年 7 月 7、12 日，1500-2500 m，3 只，邓合黎；宝兴，2005 年 7 月 7 日，2000-2500 m，2 只，左燕；宝兴，2005 年 7 月 12 日，1500-2000 m，1 只，杨晓东；甘孜，2005 年 7 月 26 日，3500-4000 m，1 只，邓合黎；康定，2005 年 8 月 21 日，2500-3000 m，1 只，邓合黎；宝兴，2006 年 6 月 17 日，1000-1500 m，1 只，李爱民；汉源，2006 年 6 月 24 日，1500-2000 m，2 只，李爱民；宝兴，2006 年 6 月 17 日，1000-1500 m，1 只，汪柄红；天全，2006 年 6 月 15 日，1500-2000 m，1 只，杨晓东；荥经，2006 年 7 月 5 日，1000-1500 m，1 只，李爱民；汉源，2006 年 6 月 27 日，1500-2000 m，1 只，左燕；汉源，2006 年 6 月 27、29 日，1000-2000 m，3 只，杨晓东；荥经，2006 年 7 月 5 日，2000-2500 m，1 只，杨晓东；德钦，2006 年 8 月 10 日，3500-4000 m，1 只，李爱民；天全，2007 年 8 月 3 日，1000-1500 m，1 只，杨晓东；巴塘，2015 年 8 月 12 日，3000-3500 m，1 只，邓合黎。

（2）分类特征：翅背面黑褐色带棕色，外缘有 2 列点状斑，中室和各翅室白斑以基部为原点呈放射状排列。前翅无黑色斜纹从近基部的前缘通过中室到后缘中部，后缘黑色；后翅基部无黑纹通过中室端，后缘白色；背面基部黑色，腹面基本散布白斑。

（3）分布。

水平：德钦、汉源、荥经、康定、天全、芦山、巴塘、宝兴、甘孜。

垂直：1000-4000 m。

生境：常绿阔叶林、针阔混交林、河滩灌丛、山坡灌丛、高山河谷灌丛。

（4）出现时间（月份）：6、7、8。

（5）种群数量：常见种。

（6）标本照片：彩色图版 XVII-18。

（7）注记：http://ftp.funet.fi/pub/sci/bio/life/insecta/lepidoptera/网站记载仅分布于中国北部和中部及四川、云南。

284. 缕蛱蝶 *Litinga cottini* (Oberthür, 1884)

Limenitis cottini Oberthür, 1884; Études d'Entomologie 9: 17, pl. 2, fig. 5; Type locality: 打箭炉.

Limenitis cottini f. *albata* Watkins, 1927; Annual Magazine of Natural History (9)19: 320; Type locality: 德钦.

Limenitis cattini [sic] *berchmansi* Kotzsch, 1929; Entomologische Zeitschrift 43: 205; Type locality: 甘肃.

Limenitis cottini sinensis Bang-Haas, 1937; International Entomological Zs 50: 450; Type locality: 甘肃.

Limenitis cottini zhon Yoshino, 1998; Neo Lepidoptera 3: 3, figs. 11-12; Type locality: 波密.

Limenitis cottini arayai Yoshino, 2003; Futao (43): 8, figs. 17-18, 42; Type locality: 九寨沟.

Limenitis cottini cottini Yoshino, 2003; Futao (43): 9(note).

（1）查看标本：江达，2005 年 7 月 29 日，3000-3500 m，1 只，杨晓东；德钦，2006 年 8 月 9 日，3000-3500 m，2 只，陈建仁；德钦，2006 年 8 月 9 日，3000-3500 m，1 只，杨晓东；德钦，2006 年 8 月 9、10、14 日，3000-4000 m，3 只，李爱民；德钦，2006 年 8 月 9 日，3000-3500 m，3 只，左燕；德钦，2006 年 8 月 9、12 日，3000-3500 m，3 只，邓合黎；得荣，2013 年 8 月 13 日，3500-4000 m，1 只，李爱民；金川，2014 年 8 月 8-9 日，2500-3500 m，2 只，李爱民；金川，2014 年 8 月 9 日，3000-4000 m，2 只，邓合黎；金川，2014 年 8 月 9 日，2500-3000 m，1 只，左燕；芒康，2015 年 8 月 11 日，3500-4000 m，2 只，李爱民；芒康，2015 年 8 月 11 日，3500-4000 m，1 只，张乔勇；巴塘，2015 年 8 月 12 日，3000-3500 m，1 只，邓合黎；沧源，2017 年 8 月 26 日，1000-1500 m，1 只，邓合黎；沧源，2017 年 8 月 26 日，1000-1500 m，1 只，左燕；甘孜，2020 年 7 月 27 日，3500-4000 m，2 只，杨盛语；九寨沟，2020 年 8 月 8 日，1500-2000 m，1 只，杨盛语；甘孜，2020 年 7 月 26 日，3500-4000 m，5 只，左燕；甘孜，2020 年 7 月 26 日，3500-4000 m，1 只，邓合黎；甘孜，2020 年 7 月 27 日，3500-4000 m，2 只，左瑞；九寨沟，2020 年 8 月 8 日，2000-2500 m，1 只，左瑞。

（2）分类特征：翅背面黑褐色，腹面棕褐色；外缘有 2 列点状斑，中室和各翅室白斑以基部为原点呈放射状排列。前翅有黑色斜纹从近基部的前缘通过中室到后缘中部，后缘黑色；后翅基部黑纹通过中室端，后缘白色。

（3）分布。

水平：沧源、德钦、得荣、金川、芒康、巴塘、江达、甘孜、九寨沟。

垂直：1000-4000 m。

生境：常绿阔叶林、针阔混交林、河谷林灌、山坡林灌、灌丛、河滩灌丛、山坡灌丛、山坡溪流灌丛、高山灌丛、灌草丛、树林草地、高寒草甸。

（4）出现时间（月份）：7、8。

（5）种群数量：常见种。

（6）标本照片：彩色图版 XVIII-1。

（7）注记：http://ftp.funet.fi/pub/sci/bio/life/insecta/lepidoptera/网站记载仅分布于中国甘肃、西藏、四川、云南。

（八十）婀蛱蝶属 *Abrota* Moore, 1857

Abrota Moore, 1857; in Horsfield & Moore, Catholic Lepidoptral Insect Museum of East India Coy 1: 176; Type species: *Abrota ganga* Moore, 1857.

雌雄异型。雌蝶大、黑色，雄蝶小、褐色，斑纹多排列成横带。前翅三角形，外缘比后缘短；R_1 脉从中室上脉近上端角处分出，R_3 脉、R_4 脉、R_5 脉共柄且均伸到顶角，和 R_2 脉、M_1 脉一起，着生上端角；中室端脉连至 M_3 脉与 Cu_1 脉的分叉点，中段凹入成钝角，内有 1 条短回脉；中室闭式；M_3 脉与 Cu_1 脉从中室下端角分出。后翅中室开式，长的肩脉与 $Sc + R_1$ 脉从同一点分出。

注记：周尧（1998，1999）将此属置于线蛱蝶亚科 Limenitinae 线蛱蝶族 Limenitini，隶属于蛱蝶科 Nymphalidae。http://ftp.funet.fi/pub/sci/bio/life/insecta/lepidoptera/网站则将此属置于蛱蝶科 Nymphalidae 线蛱蝶亚科 Limenitinae 的 Adoliadini 族。

285. 婀蛱蝶 *Abrota ganga* Moore, 1857

Abrota ganga Moore, 1857; in Horsfield & Moore, Catholic Lepidoptral Insect Museum of East India Coy 1: 178, pl. 6a, fig. 1; Type locality: Darjeeling.
Adolias confinis Felder *et* Felder, 1859; Wien Entomology Monatschrs 3: 183, pl. 4: 3; Type locality: India.
Abrota jumna Moore, 1866; Proceedings of Zoological Society of London 1865(3): 764; Type locality: Darjeeling.
Abrota pratti Leech, 1891; Entomologist 24(Suppl.): 28; Type locality: 峨眉山.
Abrota ganga formosana Fruhstorfer, 1909; Entomologische Zeitschrift 22(49): 209; Type locality: 台湾.
Abrota ganga flavina Mell, 1923; Deutschla of Entomology Berlin 1923: 157; Type locality: 广东.
Abrota ganga riubaensis Yoshino, 1997; Neo Lepidoptera 2: 7; Type locality: 驲坝, 陕西.
Abrota ganga tonmuensis Yoshino, 2021; Butterfly Science 19: 61; Type locality: 武夷山.
Abrota ganga Yoshino, 2021; Butterfly Science 19: 59(note).

（1）查看标本：芦山，2005 年 9 月 10 日，1000-1500 m，1 只，邓合黎；维西，2006 年 8 月 18 日，2000-2500 m，1 只，李爱民；宝兴，2017 年 7 月 9 日，1500-2000 m，1 只，邓合黎；青川，2020 年 8 月 20 日，500-1000 m，1 只，左燕。

（2）分类特征：触角约为前翅长度一半，锤部细长。雌蝶翅短阔，斑纹多排成横带，中室内有圈状纹；顶角和臀角均钝圆；背面黑色，宽阔的斑纹土黄色；腹面色淡，斑纹似背面，但不规则的灰紫色斑散布中域，不规则的褐色斑散布基部。雄蝶前翅顶角、后翅臀角尖，前翅臀角、后翅顶角圆；背面红褐色，斑纹黑色，中室内有 1 个黑色圆点，中室端有黑褐色条纹，外缘有黑色线纹，中域 3 条断续黑纹从前翅前缘延伸至后翅后缘；腹面黄赭色，斑纹黑褐色、似背面。

（3）分布。

水平：维西、芦山、宝兴、青川。

垂直：500-2500 m。

生境：常绿阔叶林、针阔混交林、灌草丛、树林农田。

（4）出现时间（月份）：7、8、9。

（5）种群数量：少见种。

（6）标本照片：彩色图版 XVIII-2。

（7）注记：http://ftp.funet.fi/pub/sci/bio/life/insecta/lepidoptera/网站记载分布于中国陕西、西藏、四川、福建、云南、台湾、广东；Bhutan，India，Burma。

（八十一）奥蛱蝶属 *Auzakia* Moore, [1898]

Auzakia Moore, [1898]; Lepidoptera Indica 3(32): 146, 148; Type species: *Limenitis danava* Moore, [1858].

前翅中室闭式，R_1 脉、R_2 脉从中室上脉近上端角处分出，R_3 脉与 R_5 脉共柄，R_4 脉短、在 R_3 脉的终点近顶角处从 R_5 脉分出并到达外缘；端脉连至 M_3 脉与 Cu 脉的分叉点；M_3 脉和 Cu_1 脉从中室下端角分出。后翅中室开式，长的肩脉与 Sc + R_1 脉同处分出，M_1 脉接近 M_2 脉而离开 Rs 脉。

注记：周尧（1998，1999）将此属置于线蛱蝶亚科 Limenitinae 姹蛱蝶族 Chalingini，隶属于蛱蝶科 Nymphalidae。http://ftp.funet.fi/pub/sci/bio/life/insecta/lepidoptera/网站则将此属置于蛱蝶科 Nymphalidae 线蛱蝶亚科 Limenitinae 的 Limenitidini 族，并认为姹蛱蝶族 Chalingini 是 Limenitidini 族的同物异名。

286. 奥蛱蝶 *Auzakia danava* (Moore, 1858)

Limenitis danava Moore, 1858; in Horsfield & Moore, Catholic Lepidoptral Insect Museum of East India Coy 1: 180, pl. 6a, fig. 2; Type locality: Darjeeling.

Auzakia leechii Moore, 1898; Lepidoptera Indica 3(32): 150; Type locality: 穆坪.

Limenitis danava luri Yoshino, 1997; Neo Lepidoptera 2: 2, figs. 14-15; Type locality: 武夷山.

（1）查看标本：芦山，2005 年 6 月 8 日和 7 月 22、24 日，1000-1500 m，2 只，邓合黎；宝兴，2005 年 7 月 11 日，500-1000 m，1 只，左燕；宝兴，2005 年 7 月 11-12 日，500-2000 m，5 只，邓合黎；宝兴，2005 年 7 月 12 日，500-1000 m，2 只，李爱民；宝兴，2005 年 7 月 11 日，500-2000 m，9 只，杨晓东；康定，2005 年 8 月 19、26 日，1500-2000 m，2 只，杨晓东；康定，2005 年 8 月 19 日，2000-2500 m，1 只，邓合黎；宝兴，2006 年 6 月 17 日，1000-1500 m，1 只，杨晓东；荥经，2006 年 7 月 5 日，1000-1500 m，3 只，杨晓东；荥经，2006 年 7 月 5 日，1000-1500 m，1 只，邓合黎；荥经，2006 年 7 月 5 日，1000-1500 m，1 只，左燕；宝兴，2017 年 7 月 9 日，1500-2000 m，1 只，邓合黎；宝兴，2017 年 7 月 8 日，1500-2000 m，2 只，李爱民；景洪，2021 年 5 月 8 日，500-1000 m，1 只，余波。

（2）分类特征：雌雄异型。体强壮、色暗，触角长过翅 1/2、锤部细长。前翅三角形，外缘微凹入致顶角略突，有 1 个小白斑，中室仅有翅长 1/3。后翅扇状，顶角圆，臀角尖突，后缘弯曲。雌蝶背面黑褐色，前翅浅色横"U"形、后翅方形斑组成的中横带和外侧带斑列均从前翅前缘延伸至后缘；腹面中横带和外侧带斑纹似背面、灰紫色，中横带外侧有 1 列黄褐色斑，基部灰紫色并具黑褐色的点斑和线斑；前翅中室内有 2 个灰紫色的四方形斑纹。雄蝶背面黑褐色，外侧带宽阔、灰白色带翠绿色，中横带和前翅中室斑纹模糊；腹面斑纹似雌蝶腹面，但翅红褐色、斑纹灰紫色。

（3）分布。

水平：景洪、荥经、康定、芦山、宝兴。

垂直：500-2500 m。

生境：常绿阔叶林、山坡农田树林、阔叶林缘农田、河滩灌丛、河谷灌丛。

（4）出现时间（月份）：5、6、7、8。

（5）种群数量：常见种。

（6）标本照片：彩色图版 XVIII-3。

（7）注记：http://ftp.funet.fi/pub/sci/bio/life/insecta/lepidoptera/网站记载分布于中国西藏、云南、福建；Bhutan，India，Burma，Indonesia。

（八十二）穆蛱蝶属 *Moduza* Moore, [1881]

Moduza Moore, [1881]; Lepidopteral Ceylon 1(2): 47; Type species: *Papilio procris* Cramer, [1777].
Procris Herrich-Schäffer, 1864; Corresp Biological and Zoological-Mini Verhandlungen Regensburg 18(7/8):
    111; Type species: *Papilio procris* Cramer, [1777].

彩色种。前翅顶角圆形突出，波状外缘比后缘短；中室闭式、无白色纵带，R_1 脉和 R_2 脉从中室上脉近上端角处分出，R_3 脉、R_4 脉、R_5 脉共柄，R_3 脉在中室上端角与顶角间分出；端脉中段凹入，有短回脉，且横连 M_3 脉；后翅有白色横带，无淡色圆斑，腹面基部无白带，无成组的黑点，中室开式。

注记：周尧（1998，1999）将此属置于线蛱蝶亚科 Limenitinae 线蛱蝶族 Limenitini，隶属于蛱蝶科 Nymphalidae。http://ftp.funet.fi/pub/sci/bio/life/insecta/lepidoptera/网站则将此属置于蛱蝶科 Nymphalidae 线蛱蝶亚科 Limenitinae 的 Limenitidini 族，并认为线蛱蝶族 Limenitini 是 Limenitidini 族的同物异名。

287. 穆蛱蝶 *Moduza procris* (Cramer, 1777)

Papilio procris Cramer, 1777; Uitland Kapellen 2(9-16): 15, pl. 106, figs. E, F; Type locality: Java.
Moduza [sic] *neoprocris* Chou, Yuan, Yin, Zhang *et* Chen, 2002; Entomotaxonomia 24(1): 54; Type locality: 泉州.

（1）查看标本：景洪，2020 年 10 月 25 日，500-1000 m，1 只，余波；景洪，2021 年 4 月 10 日、5 月 21 日和 8 月 10 日，500-1000 m，9 只，余波。

（2）分类特征：前后翅背腹面有宽的椭圆形白斑组成的中横带，中域有 2 列黑褐色圆点组成的点斑列。背面翅深红褐色，外缘黑褐色，有波状外缘线和亚外缘线。前翅前缘黑褐色，中室端斑白色，m_2 室白斑非常小、似使中横带中断。腹面斑纹同背面，但基部淡蓝灰色。雄蝶背面基半部黑褐色、红褐色斑纹模糊，腹面前翅基半部 2 条白斑间有 1 个两侧是黑褐色线纹的红褐色斑，后翅基半部白色、黑褐色线斑模糊。雌蝶背面基半部有若干与中横带平行的红褐色线斑，亚外缘有 2 列与外缘平行的黄白色线斑；腹面斑纹近似雄蝶腹面，但后翅基半部的白色被灰蓝色替代。

（3）分布。

水平：景洪。

垂直：500-1000 m。

生境：常绿阔叶林。

（4）出现时间（月份）：4、5、8、10。

（5）种群数量：少见种。

（6）标本照片：彩色图版 XVIII-4。

（7）注记：http://ftp.funet.fi/pub/sci/bio/life/insecta/lepidoptera/网站记载分布于中国南部；India，Ceylon，Indochina，Indonesia。

（八十三）肃蛱蝶属 *Sumalia* Moore, [1898]

Sumalia Moore, [1898]; Lepidoptera Indica 3(32): 146, 150; Type species: *Limenitis daraxa* Doubleday, [1848].

　　前翅正三角形，比后缘短的外缘略凹入，顶角钝尖，中室闭式，端脉下段特长并连至 M_3 脉与 Cu_1 脉的分叉点；Sc 脉基部不膨大，R_1 脉、R_2 脉单独从中室上脉分出，R_3 脉短、从 R_5 脉分出处相当于 R_1 脉终点。后翅长的肩脉与 Sc + R_1 脉同处分出，后者通到外缘，Rs 脉基部接近 M_1 脉而远离 Sc + R_1 脉，外缘波状，臀角突出，无尾突，中室开式。

　　注记：周尧（1998，1999）将此属置于线蛱蝶亚科 Limenitinae 线蛱蝶族 Limenitini，隶属于蛱蝶科 Nymphalidae。http://ftp.funet.fi/pub/sci/bio/life/insecta/lepidoptera/网站则将此属置于蛱蝶科 Nymphalidae 线蛱蝶亚科 Limenitinae 的 Limenitidini 族，并认为线蛱蝶族 Limenitini 是 Limenitidini 族的同物异名。

288. 肃蛱蝶 *Sumalia daraxa* (Doubleday, [1848])

Limenitis daraxa Doubleday, [1848]; General Diurnal Lepioptera (1): 2, pl. 34, fig. 4; Type locality: Sylhet.

　　（1）查看标本：芒市，2006 年 3 月 26 日，1500-2000 m，1 只，吴立伟；福贡，2016 年 8 月 27 日，1000-1500 m，4 只，李爱民；福贡，2016 年 8 月 27 日，1500-2000 m，2 只，左燕；福贡，2016 年 8 月 27 日，1500-2000 m，2 只，邓合黎；沧源，2017 年 8 月 26 日，1000-1500 m，1 只，邓合黎。

　　（2）分类特征：翅背面黑褐色，从前翅的近顶角处到后翅的 2A 脉有淡绿色斑组成的中横带；腹面色较淡，中横带斑纹同背面，但基半部有与中横带平行的灰褐色条纹，亚外缘有数条浅色线纹，前翅中室有 3 条灰蓝色斑纹。

（3）分布。

水平：芒市、沧源、福贡。

垂直：1000-2000 m。

生境：常绿阔叶林、山坡农田树林。

（4）出现时间（月份）：3、8。

（5）种群数量：少见种。

（6）标本照片：彩色图版 XVIII-5。

（7）注记：http://ftp.funet.fi/pub/sci/bio/life/insecta/lepidoptera/网站记载分布于中国西部；India，Indochina，Indonesia。

（八十四）葩蛱蝶属 *Patsuia* Moore, [1898]

Patsuia Moore, [1898]; Lepidoptera Indica 3(32): 172; Type species: *Limenitis sinensium* Oberthür, 1876.

暗色种。前翅斜三角形，顶角圆，比后缘长的外缘斜、略凹入，Sc 脉基部不膨大，R_1 脉从中室上脉分出，R_2 脉、R_3 脉、R_4 脉、R_5 脉有短共柄；中室闭式，无白色纵带，长度是前翅 1/2，端脉下段直并连到 M_3 脉上。后翅梨形，外缘比后缘短、波状，基部有 1 个大的淡色圆斑；腹面基部无成组黑点和白带，肩脉与 Sc + R_1 脉同处分出，中室开式。

注记：周尧（1998，1999）将此属置于线蛱蝶亚科 Limenitinae 线蛱蝶族 Limenitini，隶属于蛱蝶科 Nymphalidae。http://ftp.funet.fi/pub/sci/bio/life/insecta/lepidoptera/网站则将此属置于蛱蝶科 Nymphalidae 线蛱蝶亚科 Limenitinae 的 Limenitidini 族，并认为线蛱蝶族 Limenitini 是 Limenitidini 族的同物异名。

289. 中华黄葩蛱蝶 *Patsuia sinensis* (Oberthür, 1876)

Limenitis sinensium Oberthür, 1876; Études d'Entomologie 2: 25, pl. 4, fig. 8; Type locality: 穆坪.

Limenitis sinensium sengei Kotzsch, 1929; Entomologische Zeitschrift 43: 205; Type locality: 西宁.

Limenitis sinensium minor Hall, 1930; Entomologist 63: 158; Type locality: 德钦.

Limenitis sinensium lisu Yoshino, 1997; Neo Lepidoptera 2: 3, figs. 16-17; Type locality: 中甸.

Limenitis (Patsuia) sinensium cinereus Huang, 2003; Neue Entomologische Nachrichten 55: 86; Type locality: 甘肃.

Limenitis (Patsuia) sinensium fulvus Huang, 2003; Neue Entomologische Nachrichten 55: 86; Type locality: 甘肃.

（1）查看标本：宝兴，2005 年 7 月 5、7、13 日，2000-2500 m，4 只，邓合黎；宝兴，2005 年 7 月 7、13 日，2000-2500 m，3 只，杨晓东；理县，2005 年 7 月 22 日，2000-2500 m，1 只，邓合黎；八宿，2005 年 8 月 6 日，3500-4000 m，1 只，邓合黎；天全，2006 年 6 月 15 日，1500-2000 m，1 只，李爱民；汉源，2006 年 6 月 27 日，2000-2500 m，1 只，左燕；汉源，2006 年 6 月 29 日，1500-2000 m，1 只，邓合黎；荥经，2006 年 7 月 1 日，

1000-1500 m，1只，左燕；天全，2007年8月3日，1500-2000 m，1只，杨晓东；九寨沟，2020年8月8日，2000-2500 m，1只，杨盛语；九寨沟，2020年8月8日，2000-2500 m，1只，左燕；九寨沟，2020年8月8日，2000-2500 m，1只，左瑞；景洪，2020年5月10日，500-1000 m，1只，余波。

（2）分类特征：翅脉褐色，按翅室分布有土黄色斑。翅背面黑色，有土黄色斑纹：前翅近顶角4个，外横带6个（前面3个小、后面3个大）；中室有2个横斑；后翅基部有1个大的淡色圆斑，外侧带7个斑排成弧形。腹面前翅顶角土黄色、斑纹同背面，后翅土黄色、弧形中横带和外缘带褐色。

（3）分布。

水平：景洪、汉源、荥经、天全、宝兴、理县、八宿、九寨沟。

垂直：1000-4000 m。

生境：常绿阔叶林、灌丛、河滩灌丛、高山农田灌丛、灌草丛。

（4）出现时间（月份）：5、6、7、8。

（5）种群数量：常见种。

（6）标本照片：彩色图版 XVIII-6。

（7）注记：Lang（2012）认为 *Patsuia sinensium yuennana* Forster, 1943 是 *Patsuia sinensium minor* (Hall, 1930)的同物异名（*Zoological Record* 13D: Lepidoptera Vol. 148-1948）。http://ftp.funet.fi/pub/sci/bio/life/insecta/lepidoptera/网站记载分布于中国北部和西部，特别是甘肃、西藏、四川、云南。

（八十五）俳蛱蝶属 *Parasarpa* Moore, [1898]

Parasarpa Moore, [1898]; Lepidoptera Indica 3(32): 146, 147; Type species: *Limenitis zayla* Doubleday, [1848].

Hypolimnesthes Moore, [1898]; Lepidoptera Indica 3(32): 146, 154; Type species: *Limenitis albomaculata* Leech, 1891.

横带白色或黄色，从前翅顶角贯穿到后翅臀角；R_3脉很长，到达顶角，分叉点相当于R_1脉终点；R_2脉、R_3脉、R_4脉、R_5脉有短共柄，与M_1脉一起，着生中室上端角；短的中室闭式，直的端脉下段连至M_3脉与Cu_1脉的叉点之前。后翅肩脉与$Sc + R_1$脉同处分出，中室开式。

注记：周尧（1998，1999）将此属置于线蛱蝶亚科 Limenitinae 线蛱蝶族 Limenitini，隶属于蛱蝶科 Nymphalidae。http://ftp.funet.fi/pub/sci/bio/life/insecta/lepidoptera/网站则将此属置于蛱蝶科 Nymphalidae 线蛱蝶亚科 Limenitinae 的 Limenitidini 族，并认为线蛱蝶族 Limenitini 是 Limenitidini 族的同物异名。

290. 丫纹俳蛱蝶 *Parasarpa dudu* (Westwood, 1850)

Limenitis dudu Westwood, 1850; in Doubleday, Westwood & Hewitson, General Diurnal Lepioptera 2: 276; Type locality: Sylhet.

Limenitis dudu jinamitra Fruhstorfer, 1908; Entomologcal Wochenbl 25(10): 41; Type locality: 台湾。

Limenitis dudu hainensis Joicey et Talbot, 1921; Bulletin of the Hill Museum 1(1): 170; Type locality: 海南.
Limenitis dudu ab. *isshikii* Matsumura, 1929; Insecta Matsumurana 3(2/3): 94; Type locality: 台湾.

（1）查看标本：天全，2005 年 8 月 31 日，1500-2000 m，2 只，邓合黎；景洪，2021 年 5 月 13 日，500-1000 m，1 只，余波。

（2）分类特征：雌雄同型。白色中横带从前翅顶角到后翅臀角，在接近前缘的区域，中横带向内弯曲，其外侧 rs 室至 m_2 室有 1 列小白斑，使得横带前端呈"Y"形。翅背面黑色，腹面淡青紫色；前翅有 2 个围绕黑线的暗红色斑，1 个从前缘通过中室中部到 cu_2 室，另一个从前缘到中室端，后翅基部有 3 个银白色小点。

（3）分布。

水平：景洪、天全。

垂直：500-2000 m。

生境：常绿阔叶林。

（4）出现时间（月份）：5、8。

（5）种群数量：少见种。

（6）标本照片：彩色图版 XVIII-7。

（7）注记：http://ftp.funet.fi/pub/sci/bio/life/insecta/lepidoptera/网站记载分布于中国山南地区、云南、台湾、香港、海南；Nepal，Bhutan，India，Burma。

291. 彩衣俳蛱蝶 *Parasarpa houlberti* (Oberthür, 1913)

Limenitis houlberti Oberthür, 1913; Etudes de Lépidoptérologie Comparée 7: 670; Type locality: 德钦.
Parasarpa hourberti sugisawai Funahashi, 2003; Wallace 8: 8; Type locality: N. Vietnam.

（1）查看标本：景洪，2021 年 7 月 13 日，500-1000 m，1 只，余波。

（2）分类特征：翅脉棕黄色，背面黑色，基半部无斑纹，黄白色中横带从前翅顶角到后翅臀角，m_2 室斑小、三角形，m_3 室与 cu_1 室斑半月形，外侧有 1 列浅色斑；翅亚外缘有赭黄色的"U"形线斑，外缘有波状浅色线斑。腹面棕黄色，斑纹似背面，但前翅中室和基部有若干波状线斑，后翅基半部蓝色，黄白色中横带与外缘间有白点和黑斑。

（3）分布。

水平：景洪。

垂直：500-1000 m。

生境：常绿阔叶林。

（4）出现时间（月份）：7。

（5）种群数量：罕见种。

（6）标本照片：彩色图版 XVIII-8。

（7）注记：http://ftp.funet.fi/pub/sci/bio/life/insecta/lepidoptera/网站记载分布于中国云南；Thailand。

292. 白斑俳蛱蝶 *Parasarpa albomaculata* (Leech, 1891)

Limenitis albomaculata Leech, 1891; Entomologist 24(Suppl.): 28; Type locality: 小路，穆坪.
Limenitis albomaculata albidior Hall, 1930; Entomologist 63: 157; Type locality: 德钦.
Limenitis albomaculata Huang, 2003; Nouveau Revisory Entomology 55: 86, pl. 9, figs. 5, 128(note).

（1）查看标本：宝兴，2005 年 7 月 7 日，2000-2500 m，1 只，左燕；宝兴，2005 年 7 月 7、12 日，1000-2500 m，8 只，邓合黎；宝兴，2005 年 7 月 7、12 日，1000-2500 m，8 只，杨晓东；天全，2005 年 9 月 3 日，1000-1500 m，1 只，李爱民；天全，2005 年 9 月 3 日，1500-2000 m，2 只，邓合黎；勐腊，2006 年 3 月 16 日，500-1000 m，1 只，左燕；汉源，2006 年 6 月 27 日，2000-2500 m，1 只，杨晓东；荥经，2006 年 7 月 4 日，1000-1500 m，1 只，左燕；荥经，2006 年 7 月 4-5 日，1000-2500 m，4 只，邓合黎；荥经，2006 年 7 月 5 日，1000-1500 m，1 只，李爱民；天全，2007 年 8 月 5 日，2000-2500 m，1 只，杨晓东。

（2）分类特征：雌雄异型，白色或橙黄色中横带从前翅顶角到后翅臀角。雄蝶翅背面黑色，中区有 1 个椭圆形的大白斑，前翅顶角有 1 个小白点；前翅腹面棕褐色，有淡紫色的顶角斑和前缘斜斑，后翅腹面基部乳白色，有网线，中横带白色，端部棕褐色。雌蝶背面黑褐色，斑纹黄色；前翅顶角有 3 个斑，中横带弧形，在 Cu_2 脉处错位，中室眉斑棒状；后翅中横带边缘整齐，有黑色和黄色并列的波状外缘线，外横线由 1 列新月形斑组成。

（3）分布。
水平：勐腊、汉源、荥经、天全、宝兴。
垂直：500-2500 m。
生境：常绿阔叶林、河滩灌丛、河谷灌丛、亚高山灌丛、阔叶林缘农田。
（4）出现时间（月份）：3、6、7、8、9。
（5）种群数量：常见种。
（6）标本照片：彩色图版 XVIII-9、10。
（7）注记：http://ftp.funet.fi/pub/sci/bio/life/insecta/lepidoptera/网站记载分布于中国陕西、河南、西藏、四川、湖南。

（八十六）瑟蛱蝶属 *Seokia* Sibatani, 1943

Seokia Sibatani, 1943; Transactions of the Kansai Entomological Society 13(2): 12; Type species: *Limenitis pratti* Leech, 1890.
Eolimenitis Kurentzov, 1950; Byulleten Moskovskogo Obshchestva Ispytatelei Prirody (Ser. biol) 55(3): 37; Type species: *Limenitis eximia* Moltrecht, 1909.
Ussuriensia Nekrutenko, 1960; Zoology of Anzus 165: 438; Type species: *Ussuriensia jefremovi* Nekrutenko, 1960.

狭横带白色、黄色、橙色、红色；中室闭式。前翅端脉中段短、下段细长并连至

M_3 脉，外缘平直且和后缘一样长，R_1 脉从中室上脉分出，R_2 脉、R_3 脉、R_4 脉、R_5 脉共柄，与 M_1 脉一起，着生中室上端角；M_3 脉从中室下端角分出。后翅长而弯曲的肩脉与 $Sc + R_1$ 脉同处分出，中室端脉连在 M_3 脉上。

注记：周尧（1998，1999）将此属置于线蛱蝶亚科 Limenitinae 姹蛱蝶族 Chalingini，隶属于蛱蝶科 Nymphalidae。http://ftp.funet.fi/pub/sci/bio/life/insecta/lepidoptera/网站则将此属置于蛱蝶科 Nymphalidae 线蛱蝶亚科 Limenitinae 的 Limenitidini 族，并认为姹蛱蝶族 Chalingini 是 Limenitidini 族的同物异名。

293. 锦瑟蛱蝶 *Seokia pratti* (Leech, 1890)

Limenitis pratti Leech, 1890; Entomologist 23: 34; Type locality: 长阳。
Limenitis eximia Moltrecht, 1909; Entomologische Zeitschrift 22(44): 184; Type locality: Amur.
Limenitis pratti coreana Matsumura, 1927; Insecta Matsumurana 1(4): 165, pl. 5, fig. 14; Type locality: Korea.
Ussuriensia jefremovi Nekrutenko, 1960; Zoology of Anzus 165: 438-441, figs. 1-5; Type locality: Ussuri.
Chalinga pratti Lang, 2010; Far Eastern Entomologist 218: 5.

（1）查看标本：金川，2016 年 8 月 11 日，2500-3000 m，1 只，邓合黎；九寨沟，2020 年 8 月 8 日，1500-2000 m，2 只，杨盛语；九寨沟，2020 年 8 月 8 日，1500-2000 m，1 只，左瑞。

（2）分类特征：雌雄同型，翅黑褐色，脉纹黑色。腹面前翅中室内 4 个黄白色斑夹 3 个黑斑，后翅红斑、黑斑各 2 个，中间有 1 个黄白色斑。中域从前翅前缘到后翅臀区有 1 条黄白色中横带，此带在前翅分为 3 段；中横带外侧是弯曲的橘红色斑组成的外侧带，从前翅前缘直达后翅后缘；外缘区有 2 列弯曲的黄白色斑，从前翅顶角直达后翅臀角；后翅后缘有 3 个黄白色的长纵斑。背面基半部无斑，端半部斑纹似腹面。雌蝶色彩比雄蝶偏淡。

（3）分布。
水平：金川、九寨沟。
垂直：1500-3000 m。
生境：常绿阔叶林、灌丛。
（4）出现时间（月份）：8。
（5）种群数量：少见种。
（6）标本照片：彩色图版 XVIII-11。
（7）注记：http://ftp.funet.fi/pub/sci/bio/life/insecta/lepidoptera/网站记载分布于中国中部和西部；Ussuri，Korea。

（八十七）姹蛱蝶属 *Chalinga* Moore, 1898

Chalinga Moore, [1898]; Lepidoptera Indica 3(33): 172; Type species: *Limenitis elwesi* Oberthür, 1884.
Seokia Sibatani, 1943; Far Eastern Entomologist 218: 3.
Eolimenitis Kurentzov, 1950; Far Eastern Entomologist 218: 3.
Ussuriensia Nekrutenko, 1960; Far Eastern Entomologist 218: 3.
Chalinga (Chalingini) Lang, 2010; Far Eastern Entomologist 218: 3.

中室闭式，前翅中室约为翅长一半；后翅中室短，约为前缘长度的 1/4。前翅外缘斜且比后缘长，端脉连至 M_3 脉；R_1 脉从中室上脉近上端角处分出，R_2 脉、R_3 脉、R_4 脉、R_5 脉共柄，与 M_1 脉一起，着生中室上端角；R_4 脉分出处相当于 R_2 脉终点；中室端脉下段连在 M_3 脉上。后翅端脉连至 M_3 脉和 Cu_1 脉的分叉点，长而弯曲的肩脉与 $Sc + R_1$ 脉同处分出。

注记：周尧（1998，1999）和 Lang（2012）将此属置于线蛱蝶亚科 Limenitinae 姹蛱蝶族 Chalingini，隶属于蛱蝶科 Nymphalidae。http://ftp.funet.fi/pub/sci/bio/life/insecta/lepidoptera/网站则认为此属是线蛱蝶属 *Limenitis* 的同物异名，将其置于蛱蝶科 Nymphalidae 线蛱蝶亚科 Limenitinae 的 Limenitidini 族，并认为姹蛱蝶族 Chalingini 是 Limenitidini 族的同物异名。

294. 姹蛱蝶 *Chalinga elwesi* (Oberthür, 1884)

Limenitis elwesi Oberthür, 1884; Bulletin Society of Entomology France (6)3: cxxviii; Type locality: 德钦.
Limenitis (Chalinga) elwesi Huang, 2003; Neue Entomologische Nachrichten 55: 86(note).

（1）查看标本：石棉，2006 年 6 月 21 日，1000-1500 m，1 只，邓合黎；汉源，2006 年 6 月 24、27 日，1500-2000 m，3 只，左燕；汉源，2006 年 6 月 24 日，1500-2000 m，3 只，杨晓东；香格里拉，2006 年 8 月 17 日，2000-2500 m，1 只，邓合黎；玉龙，2006 年 8 月 23 日，1500-2000 m，1 只，左燕；维西，2006 年 8 月 27 日，1500-2000 m，1 只，邓合黎；维西，2006 年 8 月 29 日，2000-2500 m，3 只，左燕；维西，2006 年 8 月 29 日，2000-2500 m，5 只，李爱民；兰坪，2006 年 9 月 1 日，2000-2500 m，1 只，李爱民；兰坪，2006 年 9 月 1 日，2000-2500 m，1 只，杨晓东；兰坪，2006 年 9 月 1 日，2000-2500 m，1 只，邓合黎。

（2）分类特征：翅脉黑褐色。前翅三角形，前缘平直，顶角尖，比后缘长的外缘向内斜；后翅梨形，外缘弧形、微波状，臀角微突。背面翅黑褐色带橙色并具紫色光泽。前翅除白色外缘和橘黄色亚外缘 2 列平行点斑外，所有白斑分组排列：顶角 3 个，中室内、中室下方及中室端各 1 个白斑，中横带白斑分 3 个、2 个、2 个三组；后翅斑列包括白色外缘、橘黄色亚外缘、黑色斑列和白色中横带，基半部无斑；a 室橘黄色。腹面前翅斑纹与背面基本相似，前缘和顶角朱红色，其余区域黑褐色；中室端斑外有 1 个橘黄色线斑，m_2 室至 cu_2 室每室各有 1 个内黑外白的长方形斑；后翅端半部有白色中横带、黑褐色外侧带和白色带黑点的外缘 3 条斑列，基半部前缘至 cu_2 室有 2 列三角形的金黄色斑，cu_2 室内 1 条金黄色纵纹到中横带止。

（3）分布。
水平：兰坪、维西、玉龙、香格里拉、石棉、汉源。
垂直：1000-2500 m。
生境：针阔混交林、农田树林、河滩灌丛、溪流灌丛、山坡灌丛。
（4）出现时间（月份）：6、8、9。
（5）种群数量：常见种。
（6）标本照片：彩色图版 XVIII-12。

（7）注记：http://ftp.funet.fi/pub/sci/bio/life/insecta/lepidoptera/网站记载分布于中国西南部。

（八十八）蜡蛱蝶属 *Lasippa* Moore, 1898

Lasippa Moore, 1898; Lepidoptera Indica 3(32): 146; Type species: *Papilio heliodore* Fabricius, 1787.
Bacalora Moore, 1898; Lepidoptera Indica 3(32): 146; Type species: *Neptis pata* Moore, 1858.
Bisappa Moore, 1898; Lepidoptera Indica 3(32): 146; Type species: *Neptis neriphus* Hewitson, 1868.
Palanda Moore, 1898; Lepidoptera Indica 3(32): 146; Type species: *Neptis illigera* Eschscholtz, 1821.
Pandassana Moore, 1898; Lepidoptera Indica 3(32): 146; Type species: *Neptis fuliginosa* Moore, 1881.
Lasippa (Neptina) Vane-Wright *et* de Jong, 2003; Zoologische Verhandelingen Leiden 343: 19.

中室均为开式，R_1 脉、R_2 脉从中室上脉分出，R_3 脉、R_4 脉、R_5 脉从中室上端角分出，端脉上段和中段非常短；后翅"工"字形肩脉与 Sc + R_1 脉从同一点分出。
注记：周尧（1998，1999）和 http://ftp.funet.fi/pub/sci/bio/life/insecta/lepidoptera/网站均将此属置于蛱蝶科 Nymphalidae 线蛱蝶亚科 Limenitinae 环蛱蝶族 Neptini。

295. 味蜡蛱蝶 *Lasippa viraja* (Moore, 1872)

Neptis viraja Moore, 1872; Proceedings of Royal Entomology Society London 1872(2): 563, pl. 32, fig. 6; Type locality: Bengal.

（1）查看标本：勐腊，2006 年 3 月 18 日，500-1000 m，1 只，左燕。
（2）分类特征：斑纹宽阔、黄褐色；前翅三角形，外缘比后缘短。背面无亚缘线，前翅斑纹愈合为三大块，一是顶角的斜斑，二是中室纵纹与室侧纹融合成的 1 条棒状带纹，三是臀角区中横带与外侧带融合而成的内斜带。后翅扇形，除间隔大的中横带与外侧带外，再无其他斑纹。腹面斑纹似背面，只是多了亚缘和亚外缘线纹。
（3）分布。
水平：勐腊。
垂直：500-1000 m。
生境：常绿阔叶林。
（4）出现时间（月份）：3。
（5）种群数量：罕见种。
（6）注记：http://ftp.funet.fi/pub/sci/bio/life/insecta/lepidoptera/网站记载分布于 Nepal，India，Burma。

（八十九）蟠蛱蝶属 *Pantoporia* Hübner, 1819

Pantoporia Hübner, [1819]; Verzeichniss Bekannter Schmettlinge (3): 44; Type species: *Papilio hordonia* Stoll, [1790].
Rahinda Moore, [1881]; Lepidopteral Ceylon 1(2): 56; Type species: *Papilio hordonia* Stoll, [1790].
Atharia Moore, 1898; Lepidoptera Indica 3(32): 146; Type species: *Limenitis consimilis* Boisduval, 1832.

Marosia Moore, 1898; Lepidoptera Indica 3(32): 146; Type species: *Neptis antara* Moore, 1858.
Tagatsia Moore, 1898; Lepidoptera Indica 3(32): 146; Type species: *Athyma dama* Moore, 1858.

触角超过前翅长度一半，翅黑色，斑纹橙色，中室开式。前翅较阔、长三角形，斑纹合成三大块，顶角钝，外缘略凹入，臀角圆；R_2 脉、R_3 脉、R_4 脉、R_5 脉共柄，其中前三脉距中室上端角等距离分出，R_2 脉、R_3 脉到前缘，R_4 脉从近顶角处分出并到达外缘。后翅肩脉与 $Sc + R_1$ 脉同处分出，Rs 脉与 $Sc + R_1$ 脉和 M_1 脉等距；横带 2 条。

注记：周尧（1998，1999）和 http://ftp.funet.fi/pub/sci/bio/life/insecta/lepidoptera/网站均将此属置于蛱蝶科 Nymphalidae 线蛱蝶亚科 Limenitinae 环蛱蝶族 Neptini。

296. 金蟠蛱蝶 *Pantoporia hordonia* (Stoll, 1790)

Papilio hordonia Stoll, 1790; Aanhangsel Werk, Uitland Kapellen (2-5): 149, pl. 33, figs. 4, 4D; Type locality: Bengal.
Neptis plagiosa Moore, 1878; Proceedings of Zoological Society of London 1878(4): 830; Type locality: 云南.
Neptis rihodona Moore, 1878; Proceedings of Zoological Society of London 1878(3): 698; Type locality: 海南.
Rahinda hordonia maligowa Fruhstorfer, 1913; in Seitz, Gross-Schmetterling Erde 9: 597; Type locality: 台湾.

（1）查看标本：勐腊，2006 年 3 月 17-18 日，500-1000 m，6 只，李爱民；芒市，2006 年 3 月 27 日和 4 月 1 日，1000-2000 m，4 只，李爱民；勐腊，2006 年 3 月 18 日，500-1000 m，2 只，吴立伟；勐海，2006 年 3 月 21 日，500-1000 m，1 只，吴立伟；勐腊，2006 年 3 月 17-18 日，500-1000 m，6 只，杨晓东；勐海，2006 年 3 月 21、23 日，500-1500 m，2 只，杨晓东；孟连，2017 年 8 月 28-29 日，1000-2000 m，5 只，李勇；孟连，2017 年 8 月 29 日，1000-1500 m，2 只，邓合黎；澜沧，2017 年 8 月 30 日，1000-1500 m，2 只，邓合黎；宁洱，2018 年 6 月 29 日，500-1000 m，2 只，左瑞。

（2）分类特征：缘毛黄色，背面黑褐色，斑纹橘黄色，前翅中室有带缺刻的纵条纹，其在末端与室侧纹愈合，中横带分为前后 2 段，亚缘线不完整；后翅中横带宽阔，外侧带较细，两者和外缘基本平行。腹面褐色，淡黄色斑纹形态似背面，但两侧均呈波状；前翅有亚前缘斑、波状外缘和亚外缘斑，顶角黄褐色；后翅基部和中横带与外侧带间密布杂乱的黄斑；前缘、外缘和后缘均圆。

（3）分布。
水平：瑞丽、芒市、孟连、勐海、勐腊、澜沧、宁洱。
垂直：500-2000 m。
生境：常绿阔叶林、林灌、针阔混交林草地、林灌草地。
（4）出现时间（月份）：3、4、6、8。
（5）种群数量：少见种。
（6）标本照片：彩色图版 XVIII-13。
（7）注记：http://ftp.funet.fi/pub/sci/bio/life/insecta/lepidoptera/网站记载分布于中国云南、海南；India，Ceylon，Burma，Vietnam，Malaysia，Indonesia，Japan。

297. 山蟠蛱蝶 *Pantoporia sandaka* (Butler, 1892)

Rahinda sandaka Butler, 1892; Proceedings of Zoological Society of London 1892(1): 120; Type locality: Borneo.

Pantoporia sandaka davidsoni Eliot, 1969; Bulletin of the British Museum (Natural History) Entomology (Suppl.) 15: 35; Type locality: Karwar.

（1）查看标本：勐腊，2006 年 3 月 17-18 日，500-1000 m，5 只，邓合黎；勐海，2006 年 3 月 21、23 日，500-1500 m，4 只，邓合黎；芒市，2006 年 4 月 1 日，1000-1500 m，1 只，邓合黎；芒市，2006 年 3 月 27 日，1000-1500 m，1 只，李爱民；芒市，2006 年 4 月 1 日，1000-1500 m，1 只，杨晓东；勐腊，2006 年 3 月 17-18 日，500-1000 m，3 只，李爱民；勐腊，2006 年 3 月 18 日，500-1000 m，3 只，杨晓东；勐腊，2006 年 3 月 18 日，500-1000 m，1 只，左燕；勐海，2006 年 3 月 21、23 日，500-1500 m，3 只，左燕；宁洱，2018 年 6 月 29 日，500-1000 m，1 只，邓合黎；宁洱，2018 年 6 月 29 日，500-1000 m，2 只，左瑞。

（2）分类特征：与金蟠蛱蝶 *P. hordonia* 非常相似，但前翅缘毛黑色，亚缘线完整，腹面有亚前缘斑。

（3）分布。

水平：芒市、勐海、勐腊、宁洱。

垂直：500-1500 m。

生境：常绿阔叶林、溪流灌丛、针阔混交林草地。

（4）出现时间（月份）：3、4、6。

（5）种群数量：少见种。

（6）标本照片：彩色图版 XVIII-14。

（7）注记：http://ftp.funet.fi/pub/sci/bio/life/insecta/lepidoptera/网站记载分布于中国海南；India，Burma，Thailand，Malaysia，Indonesia。

298. 鹮蟠蛱蝶 *Pantoporia paraka* (Butler, 1879)

Neptis paraka Butler, 1879; Transactions R. Entomological Society of London 1(8): 542, pl. 68, fig. 2; Type locality: Malaysia.

（1）查看标本：勐腊，2006 年 3 月 17 日，500-1000 m，2 只，左燕；勐腊，2006 年 3 月 17 日，500-1000 m，4 只，杨晓东；勐腊，2006 年 3 月 18 日，500-1000 m，1 只，李爱民。

（2）分类特征：前翅中横带下段 2 个斑融合在一起，中横带明显比外侧带宽。背面翅黑色，斑纹橘红色，有细亚缘线，后翅中横带与外侧带在前缘相连。腹面橘红色，金黄色斑纹清晰，无亚前缘斑；后翅中横带明显宽于外侧带。

（3）分布。

水平：勐腊。

垂直：500-1000 m。

生境：常绿阔叶林。

（4）出现时间（月份）：3。

（5）种群数量：少见种。

（6）标本照片：彩色图版 XVIII-15。

（7）注记：http://ftp.funet.fi/pub/sci/bio/life/insecta/lepidoptera/网站记载分布于中国海南；India，Burma。

299. 蔌蟠蛱蝶 *Pantoporia bieti* (Oberthür, 1894)

Neptis bieti Oberthür, 1894; Études d'Entomologie 19: 16, pl. 8, fig. 69; Type locality: 打箭炉.

Pantoporia bieti lixingguoi Huang, 2003; Neue Entomologische Nachrichten 55: 80(note); Type locality: 云南.

（1）查看标本：汉源，2006 年 6 月 29 日，2000-2500 m，1 只，左燕；汉源，2006 年 6 月 29 日，1000-2000 m，1 只，李爱民；荥经，2006 年 7 月 4-5 日，1000-1500 m，2 只，邓合黎；荥经，2006 年 7 月 4 日，1000-1500 m，1 只，李爱民；泸定，2015 年 9 月 4 日，1500-2000 m，1 只，左燕。

（2）分类特征：背面翅黑色，斑纹橘黄色，无细亚缘线；前翅中横带下段 2 个斑分离，后翅中横带宽，外侧带细、线状。腹面赭褐色，斑纹赭白色，前翅无亚前缘斑，室侧纹完整并与中室纹融合为 1 个粗大的棒状纹；后翅斑纹清晰，中横带与外侧带宽度相近；外侧带前半段有白点，两侧有线状斑列。

（3）分布。

水平：汉源、荥经、泸定。

垂直：1000-2500 m。

生境：常绿阔叶林、灌丛。

（4）出现时间（月份）：6、7、9。

（5）种群数量：少见种。

（6）标本照片：彩色图版 XVIII-16。

（7）注记：http://ftp.funet.fi/pub/sci/bio/life/insecta/lepidoptera/网站记载分布于中国中部和西部；India，Burma。

（九十）环蛱蝶属 *Neptis* Fabricius, 1807

Neptis Fabricius, 1807; Magazin für Insektenkunde 6: 282; Type species: *Papilio aceris* Esper, 1783.

Acca Hübner, [1819]; Verzeichniss Bekannter Schmettlinge (3): 44; Type species: *Papilio venilia* Linnaeus, 1758.

Philonoma Billberg, 1820; Enumeration of Inscriptionl Museum Billberg 78(repl. for *Neptis* Fabricius, 1807); Type species: *Papilio aceris* Esper, 1783.

Paraneptis Moore, 1898; Lepidoptera Indica 3(34): 214; Type species: *Papilio lucilla* Denis *et* Schiffermüller, 1775.

Kalkasia Moore, 1898; Lepidoptera Indica 3(32): 146; Type species: *Limenitis alwina* Bremer *et* Grey, [1852].

Hamadryodes Moore, 1898; Lepidoptera Indica 3(34): 215; Type species: *Athyma lactaria* Butler, 1886.

Bimbisara Moore, 1898; Lepidoptera Indica 3(32): 146; Type species: *Neptis amba* Moore, 1858.

Stabrobates Moore, 1898; Lepidoptera Indica 3(32): 146; Type species: *Neptis radha* Moore, 1857.

Rasalia Moore, 1898; Lepidoptera Indica 3(32): 146; Type species: *Athyma gracilis* Kirsch, 1885.

Neptidomima Holland, 1920; Bulletin of the American Museum of Natural History 43(6): 116, 164; Type species: *Neptis exaleuca* Karsch, 1894.

Pantoporia Eliot, 1969; Bulletin of the British Museum (Natural History) Entomology (Suppl.) 15: 6.

翅背面黑色，斑纹白色、少数土黄色或淡黄色，各翅室斑纹分界明显、不融合；前后翅斑纹连成二重的环，中室开式。前翅长三角形，背面中室有纵条纹，中横带分为前后 2 段；R_1 脉从中室上脉近上端角处分出，R_3 脉、R_4 脉、R_5 脉共柄并到达外缘，和 R_2 脉、M_1 脉一起，着生上端角；外缘比后缘短；上外侧带的外侧无白色斑列，无亚前缘斑，室侧条未延伸至 m_3 室基部。后翅阔卵形，背面前缘区有灰色镜区，前翅后缘腹面相对应地有珠光区但并不是特别显著；肩脉与 Sc + R_1 脉同处分出，后者比前翅的 A 脉短很多且仅到达前缘而未到顶角；横带 2 条。

注记：周尧（1998，1999）和 http://ftp.funet.fi/pub/sci/bio/life/insecta/lepidoptera/网站均将此属置于蛱蝶科 Nymphalidae 线蛱蝶亚科 Limenitinae 环蛱蝶族 Neptini。

300. 珂环蛱蝶 *Neptis clinia* Moore, 1872

Neptis clinia Moore, 1872; Proceedings of Zoological Society of London 1872(2): 563, pl. 32, fig. 5; Type locality: Bengal.

Neptis susruta Moore, 1872; Proceedings of Zoological Society of London 1872(2): 563, pl. 32, fig. 4; Type locality: India.

Neptis mananda Moor, 1877; Proceedings of Zoological Society of London 1877(3): 586, pl. 58, fig. 4; Type locality: Andaman Is.

Neptis micromegethes Holland, 1887; Transactions of the American Entomological Society 14: 118; Type locality: 海南.

Neptis tibetana Moore, 1899; Lepidoptera Indica 3(36): 245; Type locality: 四川.

Neptis nandina apharea Fruhstorfer, 1908; Stettin Entomology Ztg 69(2): 320; Type locality: Sumatra.

Neptis ancus Swinhoe, 1917; Annual Magazine of Natural History (8)20(120): 409; Type locality: Toungoo.

（1）查看标本：宝兴，2005 年 7 月 12 日，1000-1500 m，1 只；色达，2005 年 7 月 24 日，4000-4500 m，1 只，邓合黎；天全，2005 年 9 月 3 日，1500-2000 m，2 只，杨晓东；天全，2005 年 9 月 3、7 日，500-1500 m，2 只，邓合黎；勐腊，2006 年 3 月 17 日，500-1000 m，1 只，邓合黎；勐海，2006 年 3 月 21 日，500-1000 m，1 只，邓合黎；芒市，2006 年 3 月 26 日，1000-1500 m，1 只，邓合黎；宝兴，2006 年 6 月 17 日，1500-2000 m，1 只，邓合黎；汉源，2006 年 6 月 29 日，1500-2000 m，1 只，邓合黎；荥经，2006 年 7 月 2、4 日，500-1500 m，2 只，邓合黎；维西，2006 年 8 月 23 日，1500-2000 m，1 只，邓合黎；勐腊，2006 年 3 月 17-18 日，500-1000 m，2 只，左燕；芒市，2006 年 3 月 28 日，1000-1500 m，2 只，左燕；勐腊，2006 年 3 月 17-18 日，500-1000 m，5 只，李爱民；芒市，2006 年 3 月 27-28 日，5000-1500 m，4 只，李爱民；勐腊，2006 年 3 月 18 日，500-1000 m，3 只，吴立伟；芒市，2006 年 3 月 28 日，500-1000 m，1 只，吴立伟；勐腊，2006 年 3 月 17-18 日，500-1000 m，7 只，杨晓东；芒市，2006 年 3 月

26-27 日和 4 月 1 日，500-1500 m，2 只，杨晓东；瑞丽，2006 年 3 月 31 日，500-1000 m，1 只，杨晓东；宝兴，2006 年 6 月 17 日，1000-1500 m，1 只，邓合黎；汉源，2006 年 6 月 29 日，1500-2000 m，2 只，李爱民；宝兴，2006 年 6 月 17 日，1000-1500 m，1 只，汪柄红；天全，2007 年 8 月 3、6 日，1000-1500 m，2 只，邓合黎；宝兴，2016 年 5 月 11 日，500-1000 m，1 只，杨丽娜；贡山，2016 年 8 月 25 日，1500-2000 m，1 只，李爱民；福贡，2016 年 8 月 27 日，1500-2000 m，2 只，邓合黎；福贡，2016 年 8 月 27 日，1500-2000 m，1 只，左燕；澜沧，2017 年 8 月 30 日，500-1000 m，1 只，邓合黎；孟连，2017 年 8 月 31 日，500-1000 m，1 只，左燕；青川，2020 年 8 月 19-20 日，500-1000 m，2 只，杨盛语；青川，2020 年 8 月 19 日，1500-2000 m，1 只，左燕；青川，2020 年 8 月 20 日，500-1000 m，3 只，邓合黎。

（2）分类特征：翅背面黑色，腹面橘红色或棕赭色，乳白色斑纹背腹面相近。前翅 r_4 室、r_5 室缘毛深色，无亚前缘斑，室侧条不伸至 m_3 室基部，上外侧带的外侧无白色斑列。后翅中横带幅宽基本一致，中横带与外侧带间有显著的中线，有亚基条，基条不达 $Sc + R_1$ 脉；雄蝶 $Sc + R_1$ 脉短于前翅 2A 脉。

（3）分布。

水平：瑞丽、芒市、孟连、勐海、勐腊、澜沧、维西、福贡、贡山、汉源、荥经、天全、宝兴、色达、青川。

垂直：500-4500 m。

生境：常绿阔叶林、针阔混交林、天然林灌、农田林灌、灌丛、河滩灌丛、溪流灌丛、山坡灌丛、溪流山坡灌丛、农田树林灌丛、灌草丛、山坡灌草丛、草地、高寒草甸、树林农田、阔叶林缘农田。

（4）出现时间（月份）：3、4、5、6、7、8、9。

（5）种群数量：常见种。

（6）标本照片：彩色图版 XVIII-17。

（7）注记：http://ftp.funet.fi/pub/sci/bio/life/insecta/lepidoptera/网站记载分布于中国南部和西部；India，Indochina，Philippines，Indonesia。

301. 仿珂环蛱蝶 *Neptis clinioides* de Nicéville, 1894

Neptis clinioides de Nicéville, 1894; Journal of Asiatic Society of Bengal 63 Pt. II (1): 6, pl. 1, fig. 8.
Neptis clinioides yaana Wang, 1994; in Chou, Monographia Rhopalocerum Sinensium II: 532, 764, fig. 49;
Type locality: 雅安.

（1）查看标本：理县，2005 年 7 月 22 日，1500-2000 m，1 只，薛俊；康定，2005 年 8 月 25 日，1500-2000 m，2 只，邓合黎；宝兴，2005 年 9 月 8 日，1000-1500 m，1 只，邓合黎；宝兴，2005 年 9 月 8 日，1000-2000 m，2 只，李爱民；勐腊，2006 年 3 月 17 日，500-1000 m，1 只，邓合黎；勐腊，2006 年 3 月 18 日，500-1000 m，1 只，吴立伟；勐腊，2006 年 3 月 18 日，500-1000 m，1 只，李爱民；景洪，2006 年 3 月 21 日，500-1000 m，1 只，李爱民；孟连，2017 年 8 月 29 日，1000-1500 m，1 只，邓合黎。

（2）分类特征：似珂环蛱蝶 *N. clinia*，但后翅中横带从中部到前缘逐渐变宽。

（3）分布。

水平：孟连、景洪、勐腊、康定、宝兴、理县。

垂直：500-2000 m。

生境：常绿阔叶林、阔叶林缘、河滩灌丛、树林农田。

（4）出现时间（月份）：3、7、8、9。

（5）种群数量：常见种。

（6）标本照片：彩色图版 XIX-1。

（7）注记：http://ftp.funet.fi/pub/sci/bio/life/insecta/lepidoptera/网站记载分布于中国四川；Indonesia。

302. 小环蛱蝶 *Neptis sappho* (Pallas, 1771)

Papilio sappho Pallas, 1771; Reise Russian and Reich 1: 471; Type locality: Russia.

Papilio aceris tatarici Lepechin, 1774; Reise Russian and Reich 1: 203, pl. 17, figs. 5-6; Type locality: Russia.

Papilio lucilla Schrank, 1801; Fauna Boica 2(1): 191; Type locality: Russia.

Papilio plautilla Hübner, [1799-1800]; Sammlung Exotischer Schmetterling 1: 17, pl. 21, figs. 99-100; Type locality: Russia.

Neptis intermedia Pryer, 1877; Cistern Entomology 2: 231, pl. 4, fig. 1; Type locality: 中国北部.

Neptis hylas yessonensis Fruhstorfer, 1913; in Seitz, Gross-Schmetterling Erde 9: 601; Type locality: Sapporo.

Neptis astola Moore, 1872; Proceedings of Zoological Society of London 1872(2): 560; Type locality: NW. Himalayas.

Neptis emodes Moore, 1872; Proceedings of Zoological Society of London 1872(2): 561, pl. 32, fig. 2; Type locality: Khasia Hills.

Neptis nandina formosana Fruhstorfer, 1908; Stettin Entomology Ztg 69(2): 411; Type locality: 台湾.

Neptis sappho sangangi Huang, 2002; Neue Entomologische Nachrichten 51: 83, pl. 5: 36, figs. 66, 69; Type locality: 察隅.

（1）查看标本：芦山，2005 年 6 月 8 日，1000-1500 m，2 只，邓合黎；宝兴，2005 年 7 月 5 日和 9 月 8 日，1000-2000 m，10 只，邓合黎；宝兴，2005 年 7 月 7、12 日，1000-2500 m，2 只，左燕；宝兴，2005 年 7 月 12 日和 9 月 8 日，1000-2500 m，10 只，李爱民；理县，2005 年 7 月 22 日，1500-2000 m，1 只，薛俊；康定，2005 年 8 月 25 日，1500-2000 m，2 只，邓合黎；天全，2005 年 8 月 29、31 日和 9 月 2-3、7-8 日，500-1500 m，10 只，邓合黎；宝兴，2005 年 7 月 5 日和 9 月 8 日，1000-2500 m，6 只，杨晓东；康定，2005 年 8 月 19、21 日，1000-3000 m，2 只，邓合黎；天全，2005 年 8 月 29 日和 9 月 2-3 日，1000-2000 m，5 只，杨晓东；天全，2005 年 9 月 3 日，1000-1500 m，2 只，李爱民；芒市，2006 年 3 月 28 日，1000-1500 m，1 只，邓合黎；瑞丽，2006 年 3 月 30 日，1000-1500 m，1 只，邓合黎；宝兴，2006 年 6 月 17 日，1000-1500 m，2 只，邓合黎；石棉，2006 年 6 月 21 日，1000-1500 m，1 只，邓合黎；汉源，2006 年 6 月 27 日，500-2500 m，2 只，邓合黎；荥经，2006 年 7 月 4 日，1000-1500 m，1 只，邓合黎；德钦，2006 年 8 月 14 日，2500-3000 m，1 只，邓合黎；香格里拉，2006 年 8 月 17 日，

2000-2500 m，1 只，邓合黎；芒市，2006 年 3 月 26-27 日，1000-1500 m，2 只，左燕；瑞丽，2006 年 3 月 30 日，1000-1500 m，1 只，左燕；石棉，2006 年 6 月 21 日，1000-1500 m，1 只，左燕；汉源，2006 年 6 月 23-24 日，500-1500 m，2 只，左燕；荥经，2006 年 7 月 4 日，1000-1500 m，2 只，左燕；德钦，2006 年 8 月 9、14 日，2500-3500 m，2 只，左燕；玉龙，2006 年 8 月 23 日，1500-2000 m，1 只，左燕；维西，2006 年 8 月 27 日，1500-2000 m，1 只，左燕；瑞丽，2006 年 3 月 31 日，1000-1500 m，1 只，李爱民；宝兴，2006 年 6 月 17 日，1000-1500 m，2 只，李爱民；汉源，2006 年 6 月 23 日，500-1000 m，1 只，李爱民；荥经，2006 年 7 月 2、4 日，500-1500 m，3 只，李爱民；德钦，2006 年 8 月 9 日，2000-2500 m，2 只，李爱民；维西，2006 年 8 月 31 日，1500-2000 m，2 只，李爱民；勐海，2006 年 3 月 14 日，1000-1500 m，3 只，杨晓东；勐腊，2006 年 3 月 17 日，500-1000 m，3 只，杨晓东；景洪，2006 年 3 月 20 日，500-1000 m，1 只，杨晓东；芒市，2006 年 3 月 26 日，1500-2000 m，1 只，杨晓东；德钦，2006 年 8 月 9 日，3000-3500 m，4 只，杨晓东；芒市，2006 年 3 月 28 日和 4 月 1 日，1500-2000 m，3 只，吴立伟；木里，2008 年 8 月 9 日，2500-3000 m，2 只，杨晓东；乡城，2013 年 8 月 18 日，2500-3000 m，1 只，李爱民；稻城，2013 年 8 月 20 日，3000-3500 m，1 只，李爱民；宝兴，2016 年 5 月 11 日，500-1000 m，1 只，张乔勇；金川，2016 年 8 月 11 日，2500-3000 m，1 只，邓合黎；理县，2016 年 8 月 15 日，2500-3000 m，1 只，邓合黎；贡山，2016 年 8 月 25 日，2000-2500 m，1 只，李爱民；泸水，2016 年 8 月 28 日，2000-2500 m，1 只，邓合黎；金川，2017 年 5 月 29 日，2500-3000 m，1 只，李爱民；宝兴，2017 年 7 月 9、13 日，500-1000 m，2 只，左燕；镇康，2017 年 8 月 20 日，1000-1500 m，1 只，邓合黎；耿马，2017 年 8 月 22 日，1000-1500 m，1 只，左燕；澜沧，2017 年 8 月 31 日，1000-1500 m，1 只，邓合黎；宝兴，2018 年 4 月 25 日、5 月 10、12-13、16 日和 6 月 4 日，1000-2000 m，6 只，周树军；宝兴，2018 年 6 月 1 日，1000-1500 m，1 只，邓合黎；宝兴，2018 年 6 月 1 日，1000-1500 m，3 只，左燕；宝兴，2018 年 6 月 3 日，1000-1500 m，1 只，左瑞；宁洱，2018 年 6 月 27 日，1000-1500 m，1 只，左瑞；宁洱，2018 年 6 月 29 日，1000-1500 m，1 只，左燕；茂县，2020 年 8 月 3 日，1500-2000 m，1 只，左燕；九寨沟，2020 年 8 月 8 日，1500-2000 m，1 只，左瑞；青川，2020 年 8 月 19 日，500-1000 m，1 只，左燕；青川，2020 年 8 月 20 日，500-1000 m，3 只，邓合黎；青川，2020 年 8 月 20 日，500-1000 m，1 只，左瑞。

（2）分类特征：背面黑色，翅腹面始终红褐色或更红，背腹面斑纹基本一致但腹面更清晰。前翅缘毛 r_4 室、r_5 室具白斑，背面中室条后半部有暗色条纹，无亚前缘斑，室侧条不伸至 m_3 室基部，上外侧带的外侧无白色斑列；后翅相间的白色缘毛与深色缘毛等宽，中横带幅宽基本一致，m_1 室斑和 m_2 室斑的内缘或多或少弧形，中横带与外侧带间有显著的中线，中横带及其他斑纹无深色外围线；有亚基条，基条不达 $Sc + R_1$ 脉；雄蝶 $Sc + R_1$ 脉短于前翅 2A 脉。

（3）分布。

水平：瑞丽、芒市、镇康、耿马、勐海、景洪、勐腊、澜沧、宁洱、贡山、泸水、维西、玉龙、香格里拉、德钦、乡城、稻城、木里、石棉、汉源、荥经、康定、天全、芦山、宝兴、金川、理县、茂县、九寨沟、青川。

垂直：500-3500 m。

生境：常绿阔叶林、针叶林、针阔混交林、农田树林、河流树林、山坡树林、林间小道、针阔混交林林灌、溪流林灌、农田林灌、灌丛、溪流灌丛、河滩灌丛、河谷灌丛、山坡灌丛、溪流农田灌丛、山坡灌草丛、山坡树林草地、阔叶林缘农田、山坡树林农田、树林农田、林灌农田。

（4）出现时间（月份）：3、4、5、6、7、8、9。

（5）种群数量：优势种。

（6）标本照片：彩色图版 XIX-2。

（7）注记：Lang（2012）将 *Neptis sangangi* Huang, 2002 降为小环蛱蝶的亚种 *Neptis sappho sangangi* Huang, 2002（*Zoological Record* 13D: Lepidoptera Vol. 148-1948）。http://ftp.funet.fi/pub/sci/bio/life/insecta/lepidoptera/网站记载分布于中国；C. EU，E. EU，S. EU，S. Russia，SE. Siberia，Temperate Asia，Korea，Japan，Pakistan，India，Indonesia。

303. 中环蛱蝶 *Neptis hylas* (Linnaeus, 1758)

Papilio hylas Linnaeus, 1758; Systematic Nature (10th ed.) 1: 486; Type locality: 中国.

Neptis kamarupa Moore, 1875; Proceedings of Zoological Society of London 1874(4): 570; Type locality: Assam.

Neptis hainana Moore, 1878; Proceedings of Zoological Society of London 1878(3): 697; Type locality: 海南.

Limenitis eurynome Westwood, 1842; Donative Insects of China (2nd ed.) 66: pl. 37, fig. 3; Type locality: 上海.

Neptis hylas luculenta Fruhstorfer, 1907; International Entomological Zeitschrift 1(22): 160; Type locality: 台湾.

Neptis coenobita formosicola Matsumura, 1929; Illustration of Community Insects Japan 1: 21; Type locality: 台湾.

Neptis sangaica Moore, 1877; Annual Magazine of Natural History (4)2(115): 47; Type locality: 宁波.

（1）查看标本：宝兴，2005 年 7 月 12 日，1000-1500 m，1 只，左燕；宝兴，2005 年 7 月 10 日和 9 月 8 日，1000-2000 m，2 只，邓合黎；理县，2005 年 7 月 22 日，1500-2000 m，1 只，邓合黎；理县，2005 年 7 月 22 日，1500-2000 m，1 只，李爱民；康定，2005 年 9 月 26-27 日，1500-2000 m，2 只，邓合黎；天全，2005 年 8 月 31 日和 9 月 5-7 日，1000-2000 m，7 只，杨晓东；天全，2005 年 9 月 6 日，500-1500 m，10 只，邓合黎；景洪，2006 年 3 月 21 日，500-1000 m，2 只，左燕；勐海，2006 年 3 月 21-23 日，500-1500 m，5 只，左燕；芒市，2006 年 3 月 26、28 日和 4 月 1 日，1000-1500 m，4 只，左燕；瑞丽，2006 年 3 月 30-31 日，500-1500 m，7 只，左燕；汉源，2006 年 6 月 27、29 日，1500-2500 m，2 只，左燕；玉龙，2006 年 9 月 23 日，1500-2000 m，1 只，左燕；维西，2006 年 8 月 26-27、29 日，1500-2500 m，7 只，左燕；兰坪，2006 年 9 月 4 日，1000-1500 m，1 只，左燕；勐海，2006 年 3 月 14、21-23 日，500-2000 m，8 只，邓合黎；芒市，2006 年 3 月 26-28 日，1000-2000 m，5 只，邓合黎；瑞丽，2006 年 3 月 30-31 日，500-1500 m，1 只，邓合黎；天全，2006 年 6 月 15 日，1500-2000 m，1 只，邓合黎；汉源，2006 年

6月29日，1500-2000 m，1只，邓合黎；德钦，2006年8月9日，3000-3500 m，2只，陈建仁；维西，2006年8月26-27、29日，1500-2500 m，8只，邓合黎；兰坪，2006年9月1、3-4日，1000-2500 m，3只，邓合黎；勐海，2006年3月14、21-22日，500-1500 m，21只，吴立伟；勐腊，2006年3月18日，500-1000 m，1只，吴立伟；景洪，2006年3月21日，500-1000 m，1只，吴立伟；芒市，2006年3月26-28日，1000-2000 m，9只，吴立伟；瑞丽，2006年3月30-31日，500-1500 m，5只，吴立伟；勐海，2006年3月14、21-23日，500-1500 m，21只，杨晓东；景洪，2006年3月20日，500-1000 m，1只，杨晓东；芒市，2006年3月26-28日，500-2000 m，4只，杨晓东；瑞丽，2006年3月30-31日，1000-1500 m，10只，杨晓东；汉源，2006年6月27、29日，500-2000 m，2只，杨晓东；荥经，2006年9月4日，1000-1500 m，4只，杨晓东；德钦，2006年8月9日，3000-3500 m，1只，杨晓东；玉龙，2006年8月23日，1500-2000 m，1只，杨晓东；维西，2006年8月26-29日，1500-3000 m，13只，杨晓东；兰坪，2006年9月2、4日，1000-1500 m，7只，杨晓东；勐海，2006年3月21-23日，500-1000 m，10只，李爱民；芒市，2006年3月26-28日和4月1日，500-2000 m，9只，李爱民；瑞丽，2006年3月31日，1000-1500 m，8只，李爱民；汉源，2006年6月24日，1000-1500 m，2只，李爱民；德钦，2006年8月14日，2500-3000 m，3只，杨晓东；玉龙，2006年8月23日，1500-2000 m，1只，杨晓东；维西，2006年8月23、26-28、31日，1500-3000 m，11只，李爱民；兰坪，2006年9月1日，2000-2500 m，1只，李爱民；木里，2008年8月9、13、20日，2500-3000 m，4只，邓合黎；盐源，2008年8月20日，2500-3000 m，1只，邓合黎；金川，2014年8月8日，2000-2500 m，1只，邓合黎；雅江，2015年8月15日，2500-3000 m，1只，邓合黎；泸定，2015年9月4日，1500-2000 m，3只，张乔勇；泸定，2015年9月2日，1500-2000 m，2只，李爱民；泸定，2015年9月2、4日，1500-2000 m，3只，左燕；泸定，2015年9月2、4日，1500-2000 m，4只，邓合黎；宝兴，2016年5月10日，1500-2000 m，1只，李爱民；金川，2016年8月11日，3000-3500 m，1只，李爱民；贡山，2016年8月25日，1500-2000 m，1只，李爱民；福贡，2016年8月27日，1000-1500 m，1只，左燕；泸水，2016年8月30日，1500-2000 m，1只，左燕；泸定，2016年9月2日，1500-2000 m，2只，李爱民；瑞丽，2017年8月18日，500-1000 m，1只，李勇；瑞丽，2017年8月18日，500-1000 m，1只，邓合黎；耿马，2017年8月22-23日，1500-2500 m，2只，左燕；镇康，2017年8月20日，1000-1500 m，1只，李勇；耿马，2017年8月21-22日，1000-1500 m，5只，李勇；孟连，2017年8月28日，1000-1500 m，1只，左燕；孟连，2017年8月28日，1000-1500 m，1只，李勇；澜沧，2017年8月30日，500-1000 m，1只，李勇；宝兴，2018年6月1日，1000-1500 m，1只，邓合黎；宝兴，2018年6月1日，1000-1500 m，1只，左瑞；南涧，2018年6月17-18日，1500-2000 m，2只，邓合黎；景东，2018年6月19日，1000-1500 m，1只，邓合黎；江城，2018年6月23日，500-1000 m，1只，左燕；宁洱，2018年6月27日，1000-1500 m，1只，邓合黎；宁洱，2018年6月27-28日，1000-1500 m，5只，左燕；宁洱，2018年6月27、29日，500-1500 m，3只，左瑞；马尔康，2020年7月31日，2000-2500 m，1只，左瑞；茂县，2020年8月4日，1500-2000 m，1只，左瑞；茂县，2020年8月3日，1500-2000 m，1只，杨盛语；茂

县，2020 年 8 月 3-4 日，1500-2000 m，4 只，左燕；文县，2020 年 8 月 10 日，1000-1500 m，1 只，左瑞；文县，2020 年 8 月 10 日，1500-2000 m，1 只，杨盛语；文县，2020 年 8 月 10 日，1500-2000 m，1 只，左燕；青川，2020 年 8 月 19-20 日，500-1500 m，5 只，杨盛语。

（2）分类特征：前翅缘毛 r_4 室、r_5 室具白斑，翅背面黑色，翅腹面黄色至红褐色，白色斑纹背腹面相近。背面中室条后半部有暗色条纹，无亚前缘斑，室侧条不伸至 m_3 室基部，上外侧带的外侧无白色斑列；后翅相间的白色缘毛与深色缘毛等宽，中横带幅宽基本一致，m_1 室斑、m_2 室斑的内缘或多或少较圆，中横带与外侧带间有显著的中线，中横带及其他斑纹均有深色外围线；有亚基条，基条不达 $Sc + R_1$ 脉；雄蝶 $Sc + R_1$ 脉短于前翅 2A 脉。

（3）分布。

水平：瑞丽、芒市、镇康、耿马、孟连、勐海、景洪、江城、宁洱、澜沧、景东、南涧、泸水、福贡、贡山、兰坪、维西、玉龙、德钦、盐源、木里、汉源、荥经、雅江、康定、泸定、天全、宝兴、金川、理县、都江堰、马尔康、茂县、青川、文县。

垂直：500-3500 m。

生境：常绿阔叶林、针阔混交林、溪流树林、阔叶林缘农田竹林、居民点树林、农田树林、林灌、河滩林灌、河谷林灌、山坡栎树矮灌丛、农田林灌、灌丛、河谷树林灌丛、农田树林灌丛、山坡灌丛、河滩灌丛、河谷灌丛、溪流灌丛、山坡灌丛、草地、针阔混交林草地、灌草丛、山坡灌草丛、林灌草地、灌丛草地、山坡灌丛草地、树林农田、林灌农田。

（4）出现时间（月份）：3、4、5、6、7、8、9。

（5）种群数量：优势种。

（6）标本照片：彩色图版 XIX-3。

（7）注记：Lang（2012）将 *Neptis argiromaculosa* Wang, Sasaki, Hsu *et* Yata, 2003 降为中环蛱蝶的亚种 *Neptis hylas argiromaculosa* Wang, Sasaki, Hsu *et* Yata, 2003（*Zoological Record* 13D: Lepidoptera Vol. 148-1947）。http://ftp.funet.fi/pub/sci/bio/life/insecta/lepidoptera/网站记载分布于中国；Korea，Japan，Nepal，India，Ceylon，Indochina，Indonesia。

304. 耶环蛱蝶 *Neptis yerburii* Butler, 1886

Neptis yerburii Butler, 1886; Proceedings of Zoological Society of London 1886: 360; Type locality: Murree.

Neptis nandina tibetan f. *capnodes* Fruhstorfer, 1908; Entomologische Zeitschrift Stettin 69: 326(Partim.); Type locality: 四川.

Neptis yerburii tsaoekianga Okano, 1982; Artes Liberales 30: 114, pls. 2: 1-4; Type locality: 四面山.

Neptis clinioides yaana Wang, 1994; in Chou, Monographia Rhopalocerum Sinensium II: 532, 754; Type locality: 雅安.

（1）查看标本：宝兴，2006 年 6 月 17 日，1000-1500 m，1 只，邓合黎；宝兴，2006 年 6 月 17 日，1000-1500 m，1 只，杨晓东；荥经，2006 年 7 月 4 日，1000-1500 m，1

只，杨晓东；宝兴，2018 年 4 月 22 日和 5 月 10、13、16 日，1500-2000 m，5 只，周树军；江城，2018 年 6 月 23 日，500-1000 m，1 只，邓合黎。

（2）分类特征：前翅缘毛 r_4 室、r_5 室具白斑，白色缘毛比深色缘毛窄。背面中室条无暗色条纹和亚前缘斑，室侧条不伸至 m_3 室基部，上外侧带的外侧无白色斑列；后翅相间的白色缘毛斑较宽、深色缘毛斑较窄，中横带幅宽基本一致、内缘较平直，中横带与外侧带间有显著的中线；有亚基条，基条不达 $Sc + R_1$ 脉；雄蝶 $Sc + R_1$ 脉短于前翅 2A 脉。

（3）分布。

水平：江城、荥经、宝兴。

垂直：1000-2000 m。

生境：常绿阔叶林、灌丛、林灌草地。

（4）出现时间（月份）：4、5、6、7。

（5）种群数量：少见种。

（6）标本照片：彩色图版 XIX-4。

（7）注记：周尧（1998，1999）、Lang（2012）、武春生和徐堵峰（2017 年）均将耶环蛱蝶 *Neptis yerburii* Butler, 1886 作为独立的种。http://ftp.funet.fi/pub/sci/bio/life/insecta/lepidoptera/网站将 *Neptis yerburyi ominicola* Fruhstorfer, 1908 视为 *Neptis soma ominicola* Fruhstorfer, 1908 的同物异名，并作为 *Neptis nata* Moore, [1858]的亚种 *Neptis nata yerburii* Butler, 1886。

305. 娜环蛱蝶 *Neptis nata* Moore, 1858

Neptis nata Moore, 1858; in Horsfield & Moore, Catholic Lepidoptral Insect Museum of East India Coy 1: 168, pl. 4a, fig. 6; Type locality: Borneo.

Neptis adipala Moore, 1872; Proceedings of Zoological Society of London 1872(2): 563, pl. 32, fig. 8; Type locality: Khasia Hills.

Neptis soma lutatia Fruhstorfer, 1913; in Seitz, Gross-Schmetterling Erde 9: 607; Type locality: 台湾.

Neptis soma candida Joicey *et* Talbot, 1922; Bulletin of the Hill Museum 1(2): 353; Type locality: 海南.

（1）查看标本：德钦，2006 年 8 月 9 日，3000-3500 m，2 只，李爱民；福贡，2016 年 8 月 27 日，2000-2500 m，1 只，左燕；宝兴，2017 年 5 月 27 日，1500-2000 m，1 只，邓合黎；金川，2017 年 5 月 29 日，2500-3000 m，1 只，邓合黎；耿马，2017 年 8 月 22 日，1000-1500 m，1 只，左燕；宝兴，2018 年 4 月 22、28、30 日，1000-1500 m，3 只，周树军；宁洱，2018 年 6 月 28 日，1000-1500 m，1 只，邓合黎；宁洱，2018 年 6 月 28 日，1000-1500 m，1 只，左瑞。

（2）分类特征：翅背面黑色，斑纹白色。触角末端黄棕色，与其余部分对比鲜明。前翅缘毛 r_4 室、r_5 室色深，无前亚缘斑，室侧条不伸至 m_3 室基部，上外侧带的外侧无斑列；后翅中横带从后部向前缘逐渐膨大，中横带与外侧带间有显著、连续完整的中线；有亚基条，基条不达 $Sc + R_1$ 脉；雄蝶 $Sc + R_1$ 脉短于前翅 2A 脉。

（3）分布。

水平：耿马、宁洱、福贡、德钦、金川、宝兴。

垂直：1000-3500 m。

生境：常绿阔叶林、针阔混交林、林间小道、农田山林、农田林灌、草地。

（4）出现时间（月份）：4、5、6、8。

（5）种群数量：常见种。

（6）标本照片：彩色图版 XIX-5。

（7）注记：Smetacek（2011）将 *Neptis yerburii* Butler, 1886 降为娜环蛱蝶的亚种 *Neptis nata yerburii* Butler, 1886，并认为 *Neptis nata peilei* Eliot, 1969 是此亚种的同物异名（*Zoological Record* 13D: Lepidoptera Vol. 148-3206）。http://ftp.funet.fi/pub/sci/bio/life/insecta/lepidoptera/网站记载分布于中国四川、云南、台湾、海南；Pakistan，Nepal，India，Indochina，Indonesia。

306. 娑环蛱蝶 *Neptis soma* Moore, 1858

Neptis soma Moore, 1858; Proceedings of Zoological Society of London 1858(347/348): 9, pl. 49; Type locality: Silhet, N. India.

Neptis yerburyi ominicola Fruhstorfer, 1908; Stettin Entomology Ztg 69(2): 411; Type locality: 峨眉山.

Neptis yerburyi shania Evans, 1924; Journal of the Bombay Natural History Society 30(1): 78; Type locality: Burma.

Neptis soma shirozui Eliot, 1969; Bulletin of the British Museum (Natural History) Entomology (Suppl.) 15: 70(preocc. *Neptis coenobita shirozui* Okano, 1955); Type locality: 台湾.

（1）查看标本：宝兴，2005 年 7 月 9、13 日和 9 月 8 日，1500-2500 m，6 只，邓合黎；宝兴，2005 年 7 月 10、12 日，1000-1500 m，2 只，左燕；八宿，2005 年 8 月 5 日，3000-3500 m，1 只，邓合黎；康定，2005 年 8 月 19 日，2000-2500 m，1 只，邓合黎；天全，2005 年 9 月 3 日，1000-1500 m，2 只，邓合黎；天全，2005 年 9 月 3、6 日，500-1500 m，3 只，杨晓东；宝兴，2005 年 9 月 8 日，1000-1500 m，1 只，李爱民；勐海，2006 年 3 月 14 日，1000-1500 m，1 只，杨晓东；瑞丽，2006 年 3 月 30 日，1000-1500 m，1 只，李爱民；芒市，2006 年 4 月 1 日，1000-1500 m，1 只，李爱民；天全，2006 年 6 月 15 日，1000-1500 m，2 只，李爱民；汉源，2006 年 6 月 29 日，1000-1500 m，1 只，李爱民；德钦，2006 年 8 月 9 日，3000-3500 m，3 只，李爱民；芒市，2006 年 3 月 26-27 日和 4 月 1 日，1000-1500 m，3 只，吴立伟；芒市，2006 年 3 月 28 日和 4 月 1 日，1000-1500 m，2 只，左燕；石棉，2006 年 6 月 21 日，1000-1500 m，1 只，左燕；荥经，2006 年 7 月 2 日，2000-2500 m，1 只，左燕；维西，2006 年 8 月 28、31 日，2500-3000 m，2 只，左燕；兰坪，2006 年 9 月 1 日，2000-2500 m，1 只，左燕；勐海，2006 年 3 月 22 日，500-1000 m，1 只，邓合黎；芒市，2006 年 3 月 28 日和 4 月 1 日，1000-1500 m，2 只，邓合黎；德钦，2006 年 8 月 9 日，3000-3500 m，1 只，邓合黎；香格里拉，2006 年 8 月 22 日，1500-2000 m，1 只，邓合黎；维西，2006 年 8 月 29 日，2000-2500 m，1 只，邓合黎；天全，2007 年 8 月 3 日，1000-1500 m，1 只，杨晓东；木里，2008 年 8 月 13 日，2000-2500 m，1 只，杨晓东；木里，2008 年 8 月 9 日，2000-2500 m，1 只，邓合黎；稻城，2013 年 8 月 22 日，2500-3000 m，2 只，李爱民；金川，2014 年 8 月 8 日，2500-3000 m，2 只，李爱民；金川，2014 年 8 月 11 日，2500-3000 m，1 只，邓合

黎；金川，2014 年 8 月 8-9、11 日，2000-3000 m，3 只，左燕；泸定，2015 年 9 月 4
日，1500-2000 m，1 只，张乔勇；泸定，2015 年 9 月 4 日，2000-2500 m，2 只，邓合
黎；宝兴，2016 年 5 月 10 日，1500-2000 m，1 只，邓合黎；金川，2016 年 8 月 11 日，
2500-3000 m，1 只，邓合黎；金川，2017 年 5 月 29 日，2500-3000 m，1 只，邓合黎；
宝兴，2017 年 6 月 4 日和 9 月 28 日，1000-2000 m，2 只，周树军；宝兴，2018 年 6 月
4 日，1500-2000 m，1 只，周树军；宁洱，2018 年 6 月 28 日，1000-1500 m，1 只，左
瑞；青川，2020 年 8 月 10 日，1000-1500 m，1 只，邓合黎；青川，2020 年 8 月 10 日，
1000-1500 m，1 只，左燕。

（2）分类特征：翅背面黑色，斑纹乳白色。前翅无亚缘斑，室侧条不伸至 m_3 室基部，
上外侧带的外侧无白色斑列；后翅腹面中横带与外侧带间的中线明显，中横带由后缘至前
缘明显逐渐加宽；有亚基条，基条不达 Sc + R_1 脉；雄蝶 Sc + R_1 脉短于前翅 2A 脉。

（3）分布。

水平：瑞丽、芒市、勐海、宁洱、兰坪、维西、香格里拉、德钦、稻城、木里、石
棉、汉源、荥经、康定、泸定、天全、宝兴、金川、八宿、青川。

垂直：500-3500 m。

生境：常绿阔叶林、针阔混交林、林间小道、山坡树林、阔叶林缘农田竹林、沟谷
林灌、灌丛、河滩灌丛、河谷灌丛、高山农田灌丛、山坡灌草、草地、河滩草丛、树林
草地、树林农田。

（4）出现时间（月份）：3、4、5、6、7、8、9。

（5）种群数量：常见种。

（6）标本照片：彩色图版 XIX-6。

（7）注记：http://ftp.funet.fi/pub/sci/bio/life/insecta/lepidoptera/网站记载分布于中国西
藏；Pakistan，Nepal，India，Burma，Thailand。

307. 回环蛱蝶 *Neptis reducta* Fruhstorfer, 1908

Neptis mahendra reducta Fruhstorfer, 1908; Entomologische Zeitschrift 22(35): 141; Type locality: 台湾.
Neptis machendra [sic] *reducta* ab. *reductissima* Murayama *et* Chung, 1960; Tyô to Ga 11(2): 30, figs. 8, 17.
Neptis reducta Eliot, 1969; Bulletin of the British Museum (Natural History) Entomology (Suppl.) 15: 79, 311.

（1）查看标本：宝兴，2005 年 7 月 10 日，1000-1500 m，1 只，左燕；宝兴，2006
年 6 月 17 日，1000-1500 m，1 只，李爱民。

（2）分类特征：触角末端暗棕色；翅前缘、后缘弧形，外缘波状；斑纹白色，背面
黑色，腹面棕色。前翅室侧条不延伸到 m_3 室基部，无亚前缘斑；上外侧带的外侧无白
色斑列，下外侧带 m_3 室、cu_1 室白斑指向顶角下方的外缘。后翅中横带幅宽一致，腹面
显著的中线位于中横带与外侧带之间；有亚基条，基条不达 Sc + R_1 脉。雄蝶后翅 Sc + R_1
脉比前翅 2A 脉短。

（3）分布。

水平：宝兴。

垂直：1000-1500 m。

生境：常绿阔叶林、阔叶林缘农田竹林。

（4）出现时间（月份）：6、7。

（5）种群数量：罕见种。

（6）标本照片：彩色图版 XIX-7。

（7）注记：http://ftp.funet.fi/pub/sci/bio/life/insecta/lepidoptera/网站记载分布于中国台湾。

308. 宽环蛱蝶 *Neptis mahendra* Moore, 1872

Neptis mahendra Moore, 1872; Proceedings of Zoological Society of London 1872(2): 560; Type locality: NW. Himalayas.

Neptis mahendra var. *extensa* Leech, 1892; Butterflies from China, Japan and Corea (1): 202, pl. 19, fig. 5; Type locality: 穆坪, 泸定.

Neptis mahendra ursula Eliot, 1969; Bulletin of the British Museum (Natural History) Entomology (Suppl.) 15: 78, pl. 1, fig. 5; Type locality: 德钦.

Neptis mahendra xizangensis Wang *et* Wang, 1994; in Chou, Monographia Rhopalocerum Sinensium II: 535, 765, fig. 50; Type locality: 察隅.

Neptis mahendra dulongensis Huang, 2002; Neue Entomologische Nachrichten 55: 82(note); Type locality: 独龙江.

（1）查看标本：宝兴，2005 年 7 月 12 日，1000-1500 m，2 只，邓合黎；康定，2005 年 8 月 21 日，2500-3000 m，1 只，邓合黎；康定，2005 年 8 月 23 日，3000-3500 m，1 只，杨晓东；天全，2005 年 9 月 3 日，1500-2000 m，2 只，杨晓东；天全，2005 年 9 月 3 日，500-1000 m，1 只，邓合黎；勐海，2006 年 3 月 14、22 日，500-2000 m，3 只，邓合黎；芒市，2006 年 3 月 26 日和 4 月 1 日，1000-2000 m，2 只，邓合黎；汉源，2006 年 6 月 24 日，1000-1500 m，1 只，邓合黎；德钦，2006 年 8 月 9 日，3000-3500 m，1 只，邓合黎；勐腊，2006 年 3 月 17 日，500-1000 m，1 只，李爱民；芒市，2006 年 3 月 27 日，1500-2000 m，1 只，李爱民；天全，2006 年 6 月 15 日，1000-1500 m，1 只，李爱民；维西，2006 年 8 月 28 日，2000-2500 m，1 只，李爱民；芒市，2006 年 3 月 28 日，1500-2000 m，1 只，杨晓东；德钦，2006 年 8 月 9 日，3000-3500 m，1 只，杨晓东；稻城，2013 年 8 月 22 日，2500-3000 m，1 只，张乔勇；稻城，2013 年 8 月 22 日，2500-3000 m，1 只，左燕；宝兴，2017 年 5 月 27 日，1500-2000 m，1 只，李爱民；宝兴，2017 年 10 月 1 日，1500-2000 m，1 只，周树军；宝兴，2018 年 5 月 16 日，1500-2000 m，1 只，周树军；宝兴，2018 年 6 月 1 日，1000-1500 m，1 只，左瑞；青川，2020 年 8 月 19 日，500-1000 m，1 只，左瑞。

（2）分类特征：翅背面黑色，斑纹白色、宽大；触角末端暗棕色，与其余部分对比不明显。前翅无亚缘斑，室侧条未伸至 m_3 室基部，上外侧带的外侧无白色斑列，下外侧带 m_2 室斑和 m_3 室斑指向顶角外缘；后翅中横带由后缘向前逐渐加宽，中横带与外侧带间的中线明显；有亚基条，基条不达 Sc + R_1 脉；雄蝶 Sc + R_1 脉短于前翅 2A 脉。

（3）分布。

水平：芒市、勐海、维西、勐腊、德钦、稻城、汉源、康定、天全、宝兴、青川。

垂直：500-3500 m。

生境：常绿阔叶林、针阔混交林、河滩灌丛树林、河滩灌丛、山坡灌丛、灌丛草地、阔叶林缘农田。

（4）出现时间（月份）：3、4、5、6、7、8、9、10。

（5）种群数量：常见种。

（6）标本照片：彩色图版 XIX-8。

（7）注记：http://ftp.funet.fi/pub/sci/bio/life/insecta/lepidoptera/网站记载分布于中国四川、西藏、云南；Nepal，India。

309. 弥环蛱蝶 *Neptis miah* Moore, 1857

Neptis miah Moore, 1857; in Horsfield & Moore, Catholic Lepidoptral Insect Museum of East India Coy 1: 164, pl. 4a, fig. 1; Type locality: Darjeeling.

Neptis nolana Druce, 1874; Proceedings of Zoological Society of London 1874(1): 105; Type locality: Siam.

Neptis disopa Swinhoe, 1893; Annual Magazine of Natural History (6)12(70): 256; Type locality: 峨眉山.

（1）查看标本：荥经，2006 年 7 月 5 日，1000-1500 m，1 只，邓合黎；江城，2018 年 6 月 23 日，500-1000 m，1 只，邓合黎。

（2）分类特征：翅背面黑色，腹面褐色或黑褐色，斑纹橘黄色。前翅上外侧带 m_2 室有斑点，中室条与室侧条愈合但有缺刻，无亚前缘斑，室侧条不伸至 m_3 室基部，上外侧带的外侧无白色斑列；后翅中横带与外侧带间的中线靠近中横带而远离外侧带，或部分模糊或由点状斑列替代，中横带比外侧带宽；有亚基条，基条不达 $Sc + R_1$ 脉；雄蝶 $Sc + R_1$ 脉短于前翅 2A 脉。

（3）分布。

水平：江城、荥经。

垂直：500-1500 m。

生境：河滩灌丛、林灌草地。

（4）出现时间（月份）：6、7。

（5）种群数量：罕见种。

（6）标本照片：彩色图版 XIX-9。

（7）注记：http://ftp.funet.fi/pub/sci/bio/life/insecta/lepidoptera/网站记载分布于中国四川、云南；Nepal，Bhutan，India，Indochina，Indonesia。

310. 烟环蛱蝶 *Neptis harita* Moore, [1875]

Neptis harita Moore, [1875]; Proceedings of Zoological Society of London 1874(4): 571, pl. 66, fig. 8; Type locality: Bengal.

Neptis vikasi sakala Fruhstorfer, 1908; Stettin Entomology Ztg 69(2): 351; Type locality: Tonkin.

Neptis harita mingia Eliot, 1969; Bulletin of the British Museum (Natural History) Entomology (Suppl.) 15: 85, pl. 1, fig. 10; Type locality: Sumatra.

（1）查看标本：勐腊，2006 年 3 月 18 日，500-1000 m，1 只，邓合黎。

（2）分类特征：小型种类。背面黑褐色，腹面棕褐色。斑纹和背面前翅中室条与室侧条愈合、愈合处前缘有缺刻的弥环蛱蝶 N. miah 相似，但棕灰色斑纹狭窄，斑纹边缘模糊并呈烟雾状；亚顶角有 2 个明显的细纹，其后面有 1 个月牙形斑。后翅有 2 条细横带，中线和外侧带细。腹面斑纹似背面。

（3）分布。

水平：勐腊。

垂直：500-1000 m。

生境：常绿阔叶林。

（4）出现时间（月份）：3。

（5）种群数量：罕见种。

（6）注记：周尧（1994，1998）未记载此种。http://ftp.funet.fi/pub/sci/bio/life/insecta/lepidoptera/网站记载分布于中国云南；India，Bengal，Indochina，Sumatra。

311. 断环蛱蝶 *Neptis sankara* (Kollar, 1844)

Limenitis sankara Kollar, 1844; in Hügel, Kaschmir und das Reich der Siek 4: 428; Type locality: Masuri.

Neptis amba Moore, 1858; Proceedings of Zoological Society of London 1858(347/348): 7, pl. 49, fig. 4; Type locality: Nepal.

Limenitis antonia Oberthür, 1876; Études d'Entomologie 2: 22, pl. 4, fig. 3; Type locality: 穆坪.

Neptis amboides Moore, 1882; Proceedings of Zoological Society of London 1882(1): 241; Type locality: Kashmir.

Neptis quilta Swinhoe, 1897; Annual Magazine of Natural History (6)19(112): 408; Type locality: Cherra Punji.

Bimbisara sinica Moore, 1899; Lepidoptera Indica 4: 10; Type locality: 中国西部.

Neptis sankara segesta Fruhstorfer, 1909; Entomologische Zeitschrift 23(8): 42; Type locality: 峨眉山.

Neptis shirakiana Matsumura, 1929; Insecta Matsumurana 3(2/3): 95, pl. 4, fig. 10; Type locality: 台湾.

Neptis sankara guiltoides Tytler, 1940; Journal of the Bombay Natural History Society 42(1): 117; Type locality: Maymyo.

Neptis sankara xishuanbannaensis Yoshino, 1997; Neo Lepidoptera 2: 4, figs. 22-23; Type locality: 勐海.

（1）查看标本：宝兴，2005 年 7 月 11 日，500-1000 m，1 只，李爱民；宝兴，2005 年 7 月 12 日，500-1000 m，1 只，左燕；宝兴，2005 年 7 月 12 日，1500-2000 m，3 只，杨晓东；宝兴，2005 年 7 月 12 日和 9 月 8 日，1000-2000 m，6 只，邓合黎；芦山，2005 年 7 月 24 日，1000-1500 m，1 只，邓合黎；天全，2005 年 8 月 29 日和 9 月 3 日，1000-2000 m，2 只，邓合黎；天全，2005 年 9 月 3 日，1000-1500 m，1 只，杨晓东；勐腊，2006 年 3 月 17 日，500-1000 m，1 只，杨晓东；宝兴，2006 年 6 月 17 日，1000-1500 m，1 只，汪柄红；汉源，2006 年 6 月 29 日，1500-2000 m，1 只，邓合黎；荥经，2006 年 7 月 2、4 日，1000-2000 m，2 只，邓合黎；荥经，2006 年 7 月 4-5 日，1000-2000 m，4 只，左燕；荥经，2006 年 7 月 5 日，1000-2000 m，2 只，杨晓东；维西，2006 年 8 月 27 日，1500-2000 m，1 只，左燕；天全，2007 年 8 月 3 日，1000-1500 m，1 只，杨晓东；福贡，2016 年 8 月 27 日，1000-1500 m，1 只，李爱民；福贡，2016 年 8 月 27 日，1000-1500 m，

1 只，左燕；宝兴，2017 年 7 月 9 日，1000-1500 m，1 只，左燕；瑞丽，2017 年 8 月 18 日，1000-1500 m，1 只，李勇；耿马，2017 年 8 月 22 日，1000-1500 m，1 只，李勇；祥云，2018 年 8 月 16 日，2000-2500 m，1 只，邓合黎；江城，2018 年 6 月 23 日，1000-1500 m，1 只，邓合黎；墨江，2018 年 8 月 1 日，1000-1500 m，1 只，邓合黎。

（2）分类特征：翅背面黑褐色，腹面棕赭色，斑纹白色；前翅无亚缘斑，室侧条不伸至 m_3 室基部；中室条和室侧条愈合处有 1 个深的缺刻，上外侧带 m_3 室斑与 cu_1 室斑离基部距离相近，外侧无白色斑列但 m_2 室有斑点；m_1 室斑、cu_1 室斑与基部等距。后翅腹面中横带与外侧带间的中线退化，中横带与外侧带在翅前缘非常接近，与中横带宽度接近的外侧带梯形；有亚基条，基条不达 $Sc + R_1$ 脉；M_1 脉下面的中横带内侧没有 "V" 形斑或 "U" 形斑。雄蝶 $Sc + R_1$ 脉短于前翅 2A 脉。

（3）分布。

水平：瑞丽、耿马、勐腊、江城、墨江、福贡、维西、祥云、汉源、荥经、天全、芦山、宝兴。

垂直：500-2500 m。

生境：常绿阔叶林、针阔混交林、山坡农田树林、林灌、农田林灌、河滩灌丛、山坡灌丛、灌草丛、阔叶林缘农田。

（4）出现时间（月份）：3、6、7、8、9。

（5）种群数量：常见种。

（6）标本照片：彩色图版 XIX-10。

（7）注记：http://ftp.funet.fi/pub/sci/bio/life/insecta/lepidoptera/网站记载分布于中国西部；Kashmir，Nepal，India，Burma，Thailand，Sumatra。

312. 基环蛱蝶 *Neptis nashona* Swinhoe, 1896

Neptis nashona Swinhoe, 1896; Annual Magazine of Natural History (6)17(101): 357; Type locality: Khasia Hills.

Neptis nashona patricia Oberthür, 1906; Etudes de Lépidoptérologie Comparée 2: 14, pl. 8, fig. 6; Type locality: 小路.

Neptis nashona chapa Eliot, 1969; Bulletin of the British Museum (Natural History) Entomology (Suppl.) 15: 95, pl. 2, fig. 17; Type locality: Vietnam.

（1）查看标本：勐腊，2006 年 3 月 18 日，500-1000 m，1 只，李爱民。

（2）分类特征：背面黑褐色，腹面棕褐色，较细的斑纹白色。前翅无前亚缘斑，中室条与室侧条完全愈合，室侧条不伸至 m_3 室基部，m_3 室无外侧带斑或仅是 cu_1 室斑通过 Cu_1 脉延伸至 m_3 室，上外侧带的外侧无白色斑列。后翅腹面无亚基条、中线，基条宽大并与 $Sc + R_1$ 脉接触；亚外缘线明显。雄蝶 $Sc + R_1$ 脉短于前翅 2A 脉。

（3）分布。

水平：勐腊。

垂直：500-1000 m。

生境：常绿阔叶林。

（4）出现时间（月份）：3。

（5）种群数量：罕见种。

（6）标本照片：彩色图版 XIX-11。

（7）注记：http://ftp.funet.fi/pub/sci/bio/life/insecta/lepidoptera/网站记载分布于中国西部；India，Burma，Thailand，Vietnam。

313. 卡环蛱蝶 *Neptis cartica* Moore, 1872

Neptis cartica Moore, 1872; Proceedings of Zoological Society of London 1872(2): 562; Type locality: Nepal.

Neptis cartica pagoda Yoshino, 1997; Neo Lepidoptera 2: 3, figs. 20-21; Type locality: 勐海.

（1）查看标本：景洪，2021 年 5 月 13 日，500-1000 m，1 只，余波。

（2）分类特征：与基环蛱蝶 *N. nashona* 近似。前翅无亚缘斑，中室条和室侧条宽而明显且愈合不完整，室侧条不伸至 m_3 室基部，上外侧带的外侧无白色斑列，下外侧带斑纹较宽大，m_3 室具显著的外侧带斑。后翅无亚基条，基条大并与 $Sc + R_1$ 脉接触。雄蝶 $Sc + R_1$ 脉短于前翅 2A 脉。

（3）分布。

水平：景洪。

垂直：500-1000 m。

生境：常绿阔叶林。

（4）出现时间（月份）：5。

（5）种群数量：罕见种。

（6）标本照片：彩色图版 XIX-12。

（7）注记：Yoshino（1997）认为 *Neptis cartica pagoda* Yoshino, 1997 是指名亚种 *Neptis c. cartica* Moore, 1872 的同物异名（*Zoological Record* 13D: Lepidoptera Vol. 133-3949）。http://ftp.funet.fi/pub/sci/bio/life/insecta/lepidoptera/网站记载分布于中国云南；Nepal，Bhutan，India，Burma，Thailand，Vietnam。

314. 中华卡环蛱蝶 *Neptis sinocartica* Chou *et* Wang, 1994

Neptis sinocartica Chou *et* Wang, 1994; in Chou, Monographia Rhopalocerum Sinensium II: 540, 765, figs. 52-53; Type locality: 龙山.

（1）查看标本：勐腊，2006 年 3 月 17 日，500-1000 m，1 只，邓合黎。

（2）分类特征：与卡环蛱蝶 *N. cartica* 近似。前翅无亚缘斑，中室条和室侧条狭窄而模糊，室侧条不伸至 m_3 室基部，m_3 室具显著的外侧带斑；上外侧带的外侧无白色斑列，下外侧带模糊；腹面灰色，斑纹带红色，亚外缘斑直而长。后翅无亚基条，基条宽大并与 $Sc + R_1$ 脉接触，中横带近外缘处较直。雄蝶 $Sc + R_1$ 脉短于前翅 2A 脉。

（3）分布。

水平：勐腊。

垂直：500-1000 m。

生境：常绿阔叶林。

（4）出现时间（月份）：3。

（5）种群数量：罕见种。

（6）标本照片：彩色图版 XIX-13。

（7）注记：http://ftp.funet.fi/pub/sci/bio/life/insecta/lepidoptera/网站记载仅分布于中国广西。

315. 阿环蛱蝶 *Neptis ananta* Moore, 1858

Neptis ananta Moore, 1858; in Horsfield & Moore, Catholic Lepidoptral Insect Museum of East India Coy 1: 166, pl. 4a, fig. 3; Type locality: India.

Neptis ananta var. *chinensis* Leech, 1892; Butterflies from China, Japan and Corea (1): 198, pl. 19, fig. 2; Type locality: 峨眉山.

Neptis (*Bimbisara*) *ananta chinensis* f. *areus* Fruhstorfer, 1908; Stettin Entomological Ztg 69(2): 392; Type locality: 云南.

Neptis ananta yanagisawai Sugiyama, 1992; Pallarge 1: 1-19; Type locality: 海南.

Neptis ananta minus Yoshino, 1997; Neo Lepidoptera 2: 4, figs. 24-25; Type locality: 武夷山.

Neptis ananta lancangensis Lang, 2010; Atalanta 41: 224; Type locality: 云南.

Neptis ananta yanagisawai Lang *et* Wang, 2010; Atalanta 41: 224(note).

（1）查看标本：宝兴，2005 年 7 月 12 日，1500-2000 m，1 只，邓合黎；宝兴，2005 年 7 月 12 日，1500-2000 m，4 只，杨晓东；勐腊，2006 年 3 月 17 日，500-1000 m，1 只，李爱民；天全，2006 年 6 月 15 日，1000-1500 m，2 只，邓合黎；天全，2006 年 6 月 15 日，1000-1500 m，1 只，杨晓东；天全，2006 年 6 月 15 日，1000-1500 m，2 只，李爱民；宝兴，2006 年 6 月 17 日，1000-1500 m，1 只，邓合黎；宝兴，2006 年 6 月 17 日，1000-1500 m，1 只，杨晓东；石棉，2006 年 6 月 21 日，500-1000 m，1 只，杨晓东；汉源，2006 年 6 月 29 日，1500-2000 m，1 只，杨晓东；汉源，2006 年 6 月 29 日，1500-2000 m，1 只，李爱民；荥经，2006 年 7 月 4 日，1000-1500 m，3 只，邓合黎；荥经，2006 年 7 月 2、4-5 日，500-1500 m，3 只，杨晓东；荥经，2006 年 7 月 4-5 日，1000-1500 m，3 只，李爱民；天全，2007 年 8 月 4 日，500-1000 m，1 只，杨晓东；宝兴，2016 年 6 月 16 日，1500-2000 m，2 只，李爱民；贡山，2016 年 8 月 24 日，1500-2000 m，1 只，左燕；福贡，2016 年 8 月 27 日，1000-1500 m，1 只，李爱民；宝兴，2017 年 7 月 9 日，1500-2000 m，1 只，邓合黎；宝兴，2018 年 6 月 1 日，1000-1500 m，1 只，邓合黎；墨江，2018 年 7 月 1 日，1000-1500 m，1 只，左瑞。

（2）分类特征：背面黑色，斑纹较宽、黄色；缘毛黑白相间不明显。前翅中室条与室侧条愈合不完整而有缺刻，无亚缘斑，室侧条不伸至 m_3 室基部，m_3 室无外侧带斑或仅是 cu_1 室斑通过 Cu_1 脉延伸至 m_3 室；上外侧带的外侧无白色斑列，rs 室斑的侧下角有 1 个长的尖尾突，下外侧带点斑状，cu 室斑近长方形。后翅腹面棕褐色，缘毛对比不显著，无亚基条，基条和中线蓝灰紫，基条宽大并与 Sc + R_1 脉接触；中横带与中线在 sc + r_1 室非常接近。雄蝶 Sc + R_1 脉短于前翅 2A 脉。

（3）分布。

水平：勐腊、墨江、福贡、贡山、石棉、汉源、荥经、天全、宝兴。

垂直：500-2000 m。

生境：常绿阔叶林、农田树林、山坡农田树林、灌丛、河滩灌丛、阔叶林缘农田、林灌农田。

（4）出现时间（月份）：3、6、7、8。

（5）种群数量：常见种。

（6）标本照片：彩色图版 XIX-14。

（7）注记：Murayama（1990）认为 *Neptis namba leechi* Eliot, 1969 是 *Neptis ananta lucida* Lee, 1962 的同物异名（*Zoological Record* 13D: Lepidoptera Vol. 127-2235）。Lang 等（2009）认为 *Neptis ananta hainana* Wang et Gu, 1997 是 *Neptis ananta yangisawai* Sugiyama, 1992 的同物异名（*Zoological Record* 13D: Lepidoptera Vol. 146-2024）。http://ftp.funet.fi/pub/sci/bio/life/insecta/lepidoptera/网站记载分布于中国江西、浙江、福建、云南、海南；Bhutan，India，Burma，Thailand。

316. 娜巴环蛱蝶 *Neptis namba* Tytler, 1915

Neptis namba Tytler, 1915; Journal of the Bombay Natural History Society 23(3): 510, pl. 3, fig. 20; Type locality: Naga Hills.

Neptis lucida Lee, 1962; Acta Entomology Sinica 11(2): 140; Type locality: 西双版纳.

Neptis namba leechi Eliot, 1969; Bulletin of the British Museum (Natural History) Entomology (Suppl). 15: 100; Type locality: 峨眉山.

（1）查看标本：八宿，2005 年 8 月 4 日，3500-4000 m，1 只，邓合黎；宝兴，2005 年 9 月 8 日，1000-1500 m，1 只，邓合黎；勐海，2006 年 3 月 14 日，1000-1500 m，1 只，杨晓东；荥经，2006 年 7 月 5 日，1000-2000 m，1 只，李爱民；天全，2007 年 8 月 3 日，1000-1500 m，1 只，杨晓东；泸定，2015 年 9 月 4 日，1500-2000 m，1 只，左燕；宝兴，2016 年 5 月 6 日，1500-2000 m，2 只，李爱民；青川，2020 年 8 月 19 日，500-1000 m，1 只，杨盛语。

（2）分类特征：与阿环蛱蝶 *N. ananta* 近似。背面深黑色，腹面棕褐色，斑纹较狭窄、橘红色；黑白相间的缘毛比较明显。前翅无亚缘斑，室侧条不伸至 m_3 室基部，m_3 室无外侧带斑或仅是 cu_1 室斑通过 Cu_1 脉延伸至 m_3 室，上外侧带的外侧无白色斑列，下外侧带 cu 室斑椭圆形。后翅无亚基条，基条大而模糊并与 $Sc + R_1$ 脉接触；中线、亚外缘线均不显，中线与中横带在 $sc + r_1$ 室相距较远。雄蝶 $Sc + R_1$ 脉短于前翅 2A 脉。

（3）分布。

水平：勐海、荥经、泸定、天全、宝兴、八宿、青川。

垂直：500-4000 m。

生境：常绿阔叶林、高山灌丛。

（4）出现时间（月份）：3、5、7、8、9。

（5）种群数量：少见种。

（6）标本照片：彩色图版 XIX-15。

（7）注记：Murayama（1994）认为 *Neptis namba leechi* Eliot, 1969 是 *Neptis namba lucida* Lee, 1962 的同物异名（*Zoological Record* 13D: Lepidoptera Vol. 131-2172）。Huang 和 Wu（2003）认为 *Neptis lucida* Lee, 1962 是娜巴环蛱蝶指名亚种 *Neptis n. namba* Tytler, 1915 的同物异名（*Zoological Record* 13D: Lepidoptera Vol. 140-1374）。http://ftp.funet. fi/pub/sci/bio/life/insecta/lepidoptera/网站记载分布于中国西部；India，Indochina。

317. 泰环蛱蝶 *Neptis thestias* Leech, 1892

Neptis thestias Leech, 1892; Butterflies from China, Japan and Corea (2): 196; Type locality: 峨眉山.

Neptis annaika Oberthür, 1906; Etudes de Lépidoptérologie Comparée 2: 13, pl. 8, fig. 5; Type locality: 西藏.

Neptis thestias Fruhstorfer, 1908; Stettin Entomology Ztg 69(2): 338, 257.

（1）查看标本：天全，2006 年 6 月 15 日，1000-1500 m，1 只，李爱民；宝兴，2006 年 6 月 17 日，1000-1500 m，1 只，杨晓东；宝兴，2006 年 6 月 17 日，1000-1500 m，1 只，邓合黎；荥经，2006 年 7 月 5 日，1000-1500 m，1 只，左燕

（2）分类特征：近似阿环蛱蝶 *N. ananta*。翅背面黑褐色，斑纹明显较宽、橙黄色。前翅长三角形，亚顶角有 4 个界限不清的橙黄色斑，中间 2 个斑明显大于两侧斑；与中室条连接的眉形黄斑大而完整，并侵入下方翅室；上外侧带的外侧无白色斑列，无亚前缘斑，室侧条未延伸至 m_3 室基部；m_3 室无外侧带斑或仅是 cu_1 室斑通过 Cu_1 脉的延伸至 m_3 室，下外侧带 cu 室斑大、近方形；后翅赭黄色、阔卵圆形，中横带和亚外缘带外侧有浅灰棕色的模糊细带。腹面橘黄色，斑纹黄白色，无亚基条，基条大而模糊并与 $Sc + R_1$ 脉接触。雄蝶后翅 $Sc + R_1$ 脉短于前翅 2A 脉。

（3）分布。

水平：荥经、天全、宝兴。

垂直：1000-1500 m。

生境：常绿阔叶林、河滩灌丛。

（4）出现时间（月份）：6、7。

（5）种群数量：少见种。

（6）标本照片：彩色图版 XIX-16。

（7）注记：http://ftp.funet.fi/pub/sci/bio/life/insecta/lepidoptera/网站记载仅分布于中国西南部。

318. 玫环蛱蝶 *Neptis meloria* Oberthür, 1906

Neptis meloria Oberthür, 1906; Etudes de Lépidoptérologie Comparée 2: 12, pl. 8, fig. 5; Type locality: 小路.

（1）查看标本：宝兴，2005 年 7 月 12 日，1000-1500 m，1 只，邓合黎；勐腊，2006 年 3 月 18 日，500-1000 m，1 只，李爱民；荥经，2006 年 7 月 5 日，1000-1500 m，1 只，邓合黎；荥经，2006 年 7 月 5 日，1500-2000 m，1 只，左燕。

（2）分类特征：翅背面棕黑色，腹面黄褐色或黑褐色，斑纹橘黄色或黄白色。前翅有亚前缘斑，中室上方色深；中室条与室侧条完整未被分割、细长矛状，外侧带 m_3 室斑正好在 cu_1 室之上，上外侧带的外侧无白色斑列，下外侧带的 cu 室斑巨大、方形。后翅无基带和亚基带，外侧带由"M"形斑组成，其宽度与中横带相近，两者的外侧色深；中横带内侧的基部无斑点。雄蝶 $Sc + R_1$ 脉短于前翅 2A 脉。

（3）分布。

水平：勐腊、荥经、宝兴。

垂直：500-2000 m。

生境：常绿阔叶林、河滩灌丛、阔叶林缘农田。

（4）出现时间（月份）：3、7。

（5）种群数量：少见种。

（6）注记：http://ftp.funet.fi/pub/sci/bio/life/insecta/lepidoptera/网站记载仅分布于中国中部和西部。

319. 矛环蛱蝶 *Neptis armandia* (Oberthür, 1876)

Limenitis armandia Oberthür, 1876; Études d'Entomologie 2: 23, pl. 4, figs. 4a-b; Type locality: 左贡.

Neptis armandia mothone Fruhstorfer, 1907; International Entomological Zs 1(37): 279; Type locality: 长阳.

Neptis armandia tristis Oberthür, 1916; Etudes de Lépidoptérologie Comparée 12(2): 43, pl. 411, fig. 3513;
　　Type locality: 天祝.

Neptis armandia laetifica Oberthür, 1916; Etudes de Lépidoptérologie Comparée 12(2): 43, pl. 411, fig. 3514;
　　Type locality: 打箭炉.

Neptis armandia manardia Eliot, 1969; Bulletin of the British Museum (Natural History) Entomology (Suppl.)
　　15: 104, pl. 2, fig. 16; Type locality: 芒康, 德钦.

（1）查看标本：芦山，2005 年 6 月 8 日，1000-1500 m，5 只，邓合黎；宝兴，2005 年 7 月 11-12 日，500-2000 m，4 只，邓合黎；宝兴，2005 年 7 月 12 日，1500-2000 m，1 只，杨晓东；天全，2006 年 6 月 15 日，1500-2000 m，3 只，杨晓东；宝兴，2006 年 6 月 17 日，1000-1500 m，4 只，杨晓东；汉源，2006 年 6 月 24、27 日，1500-2500 m，3 只，杨晓东；荥经，2006 年 7 月 4 日，1000-1500 m，1 只，杨晓东；天全，2006 年 6 月 15 日，1500-2000 m，2 只，李爱民；宝兴，2006 年 6 月 17 日，1000-1500 m，1 只，李爱民；汉源，2006 年 6 月 29 日，1500-2000 m，1 只，李爱民；荥经，2006 年 7 月 1 日，1500-2000 m，1 只，李爱民；汉源，2006 年 6 月 29 日，1500-2000 m，1 只，邓合黎；荥经，2006 年 7 月 2、4 日，1000-1500 m，2 只，邓合黎；汉源，2006 年 6 月 29 日，2000-2500 m，1 只，左燕；天全，2007 年 8 月 6 日，1000-1500 m，杨晓东；荥经，2006 年 8 月 9 日，1000-1500 m，2 只，杨晓东；荥经，2006 年 8 月 10 日，1000-1500 m，1 只，李爱民；青川，2020 年 8 月 20 日，500-1000 m，1 只，左瑞。

（2）分类特征：翅背面黑色，腹面黄褐色或黑褐色，斑纹宽大、黄色或黄白色。前翅有亚前缘斑，中室上方色深；中室条完整未被分割并与室侧条愈合，m_3 室外侧带斑圆而大、是 cu_1 室斑通过 Cu_1 脉的延伸，室侧条未进入 m_3 室基部；上外侧带的外侧无白色斑列；腹面中室前缘与中室条颜色相同，m_1 室的上外侧带斑白色。后翅无基带和亚基带，中横带外侧色深；腹面中横带内侧的基部有深色云状斑纹，外侧带两侧是在顶角连在一起的波状斑列。雄蝶 Sc + R$_1$ 脉短于前翅 2A 脉。

（3）分布。

水平：汉源、荥经、天全、芦山、宝兴、青川。

垂直：500-2500 m。

生境：常绿阔叶林、针阔混交林、农田树林、灌丛、河滩灌丛、溪流灌丛、山坡灌丛、阔叶林缘农田。

（4）出现时间（月份）：6、7、8。

（5）种群数量：常见种。

（6）标本照片：彩色图版 XIX-17。

（7）注记：http://ftp.funet.fi/pub/sci/bio/life/insecta/lepidoptera/网站记载分布于中国中部和西部；India，Burma。

320. 莲花环蛱蝶 *Neptis hesione* Leech, 1890

Neptis hesione Leech, 1890; Entomologist 23: 34; Type locality: 长阳.

Neptis hesione podarces Nire, 1920; Zoological Magazin Tokyo 32: 374; Type locality: 台湾.

Neptis karenkonis Matsumura, 1929; Insecta Matsumurana 3(2/3): 94, pl. 4, fig. 9; Type locality: 台湾.

Neptis hesione luyanguani Huang, 2019; Neue Entomologische Nachrichten 78: 207; Type locality: 维西.

（1）查看标本：天全，2007 年 8 月 3 日，1500-2000 m，1 只，杨晓东；荥经，2007 年 8 月 9 日，1000-1500 m，2 只，杨晓东；泸定，2015 年 9 月 4 日，1500-2000 m，1 只，左燕；青川，2020 年 8 月 20 日，500-1000 m，1 只，左瑞。

（2）分类特征：与矛环蛱蝶 *N. armandia* 近似。背面黑褐色，腹面黄褐色或褐色。前翅有亚缘斑，中室上方色深，中室条完整未被分割并与室侧条愈合为粗大的矛状斑纹；m$_3$ 室外侧带斑宽大、方形、是 cu$_1$ 室斑通过 Cu$_1$ 脉的延伸，室侧条未进入 m$_3$ 室基部；上外侧带的外侧无白色斑列；腹面中室的红棕色前缘与褐色中室条相异显著；外缘和亚外缘线为平直、明显、完整的线斑列。后翅背面无基带和亚基带；腹面中横带内侧的基部有模糊杂乱的深色云斑；中线被 2 列不规则的褐斑替代，外侧带两侧是波状线斑列，外缘、亚外缘有波状线斑。雄蝶 Sc + R$_1$ 脉短于前翅 2A 脉。

（3）分布。

水平：荥经、泸定、天全、青川。

垂直：500-2000 m。

生境：常绿阔叶林、灌丛。

（4）出现时间（月份）：8、9。

（5）种群数量：少见种。

（6）标本照片：彩色图版 XX-1、2。

（7）注记：http://ftp.funet.fi/pub/sci/bio/life/insecta/lepidoptera/网站记载仅分布于中国中部和西部及台湾。

321. 紫环蛱蝶 *Neptis radha* Moore, 1857

Neptis radha Moore, 1857; in Horsfield & Moore, Catholic Lepidoptral Insect Museum of East India Coy 1: 166, pl. 4a, fig. 4; Type locality: Bhutan.

Neptis radha sinensis Oberthür, 1906; Etudes de Lépidoptérologie Comparée 2: 18; Type locality: 小路.

Neptis omeia Okano, 1982; Artes Liberales 30: 114, pls. 2: 9, 10; Type locality: 峨眉山.

（1）查看标本：天全，2005 年 9 月 3 日，1000-1500 m，3 只，邓合黎；天全，2005 年 9 月 3 日，1000-1500 m，1 只，李爱民；天全，2005 年 9 月 3 日，1000-1500 m，1 只，杨晓东。

（2）分类特征：腹面黄褐色或黑褐色，有紫红色斑纹。翅背腹面中室条完整未被分割，室侧条延伸进入 m_3 室基部。背面翅黑色，斑纹橘黄色；前翅有亚前缘斑，m_3 室外侧带斑显著；上外侧带的外侧无白色斑列；后翅中横带杂乱、较外侧带宽，后者为排列整齐的弧形斑列。腹面除前翅中室条两侧色深，后翅无基带和亚基带，中横带和外侧带较明显外，整个翅面均是杂乱不规则的灰紫色斑纹。雄蝶 $Sc + R_1$ 脉短于前翅 2A 脉。

（3）分布。

水平：天全。

垂直：1000-1500 m。

生境：常绿阔叶林。

（4）出现时间（月份）：9。

（5）种群数量：少见种。

（6）注记：Lang（2012）认为 *Neptis omeia* Okano, 1982 是 *Neptis radha sinensis* Oberthur, 1906 的同物异名（*Zoological Record* 13D: Lepidoptera Vol. 148-1948）。http://ftp.funet.fi/pub/sci/bio/life/insecta/lepidoptera/网站记载分布于中国四川；Nepal，Bhutan，India，Burma，Laos。

322. 那拉环蛱蝶 *Neptis narayana* Moore, 1858

Neptis narayana Moore, 1858; Proceedings of Zoological Society of London 1858(347/348): 6, pl. 49, fig. 3; Type locality: India.

Neptis narayana sylvia Oberthür, 1906; Etudes de Lépidoptérologie Comparée 2: 17, pl. 9, fig. 4; Type locality: 小路.

Neptis narayana dubernardi Eliot, 1969; Bulletin of the British Museum (Natural History) Entomology (Suppl.) 15: 107; Type locality: 德钦.

（1）查看标本：宝兴，2016 年 6 月 9 日，1500-2000 m，2 只，李爱民。

（2）分类特征：翅背面黑色，斑纹橘黄色，前翅中室条完整未被分割且与室侧条愈合不完全而有缺刻，外侧无白色斑列，m_1 室无亚前缘斑，外侧带 m_3 室斑显著，室侧条进入 m_3 室基部。腹面红褐色或黄褐色，除中室条黄色外，其余斑纹白色；前翅中室条下方深色，后翅腹面无紫红色斑纹，但有模糊不显的亚基条或基条，中横带内侧的基部有白色线纹，中线、外侧带为模糊的白色线斑，亚缘区色浅。雄蝶后翅 Sc + R_1 脉短于前翅 2A 脉。

（3）分布。

水平：宝兴。

垂直：1500-2000 m。

生境：常绿阔叶林。

（4）出现时间（月份）：6。

（5）种群数量：罕见种。

（6）标本照片：彩色图版 XX-3。

（7）注记：http://ftp.funet.fi/pub/sci/bio/life/insecta/lepidoptera/网站记载分布于中国四川、云南；Bhutan，India。

323. 黄重环蛱蝶 *Neptis cydippe* Leech, 1890

Neptis cydippe Leech, 1890; Entomologist 23: 36; Type locality: 长阳.

Neptis cydippe yongfui Huang, 2003; Neue Entomologische Nachrichten 55: 82(note), fig. 116; Type locality: 怒江河谷.

（1）查看标本：芦山，2005 年 9 月 10 日，1000-1500 m，1 只，邓合黎；汉源，2006 年 6 月 27 日，2000-2500 m，1 只，杨晓东；荥经，2006 年 7 月 5 日，1000-1500 m，1 只，李爱民。

（2）分类特征：背面黑褐色，斑纹黄色或黄白色，有亚外缘线斑。前翅中室条完整未被分割，有 3-4 个细长白斑组成的亚前缘斑，下外侧带 m_2 室斑下半部、m_3 室斑全部和 cu_1 室斑上半部组成 1 个长菱形斑并向内偏移，但尚未与室侧条接触，并未形成"曲棍球杆"状斑纹；上外侧带的外侧无白色斑列；沿 R_2 脉有长的黄色条纹，把不显著的亚前缘斑与上外侧带连在一起；后翅仅有排列整齐、较宽的中横带和较狭窄的外侧带。后翅 Sc + R_1 脉短于前翅 2A 脉。腹面淡棕褐色，斑纹白色偏黄、形态似背面；前翅中横带区域色深，后翅基部有杂乱的黄白色斑纹，中横带外侧色深，外侧带内侧有 1 列半椭圆形的浅褐色斑列。

（3）分布。

水平：汉源、荥经、芦山。

垂直：1000-2500 m。

生境：常绿阔叶林、河滩灌丛。

（4）出现时间（月份）：6、7、9。

（5）种群数量：少见种。

（6）标本照片：彩色图版 XX-4。

（7）注记：http://ftp.funet.fi/pub/sci/bio/life/insecta/lepidoptera/网站记载分布于中国中部和西部；India。

324. 折环蛱蝶 *Neptis beroe* Leech, 1890

Neptis beroe Leech, 1890; Entomologist 23: 36; Type locality: 长阳.

(1) 查看标本：石棉，2006 年 6 月 21 日，1000-1500 m，1 只，左燕；宝兴，2018 年 6 月 1 日，1000-1500 m，1 只，左燕。

(2) 分类特征：背面黑色，斑纹黄色或黄白色。背面前翅中室条完整未被分割并与外侧带颜色相同，有亚前缘斑，外侧带 m_3 室斑、cu_1 室斑与室侧条仅由翅脉隔开，并向内偏移与室侧条接触，然后与中室条一起形成"曲棍球杆"状斑纹；上外侧带的外侧无白色斑列；前缘中部、沿 R_2 脉有长的黄色条纹，把不显著的亚前缘斑与上外侧带连在一起；后翅宽的中横带与狭窄的外侧带在翅前缘连在一起，再无其他斑纹。腹面棕褐色，斑纹同背面，外缘有黑色线斑；前翅中室与后缘间是灰白色带紫色的区域，后翅中横带与外侧带颜色相同，两者间黑褐色，基部无斑点。后翅 $Sc + R_1$ 脉短于前翅 2A 脉。最显著的特征是雄性后翅 $Sc + R_1$ 脉和 Rs 脉明显弯曲。

(3) 分布。

水平：石棉、宝兴。

垂直：1000-1500 m。

生境：农田树林、溪流灌丛。

(4) 出现时间（月份）：6。

(5) 种群数量：罕见种。

(6) 标本照片：彩色图版 XX-5。

(7) 注记：http://ftp.funet.fi/pub/sci/bio/life/insecta/lepidoptera/网站记载仅分布于中国中部和西部。

325. 蛛环蛱蝶 *Neptis arachne* Leech, 1890

Neptis arachne Leech, 1890; Entomologist 23: 38; Type locality: 长阳.
Neptis giddeneme Oberthür, 1891; Études d'Entomologie 15: 9, pl. 1, fig. 7; Type locality: 德钦.

(1) 查看标本：荥经，2006 年 7 月 1 日，1000-1500 m，1 只，邓合黎。

(2) 分类特征：翅背面黑褐色，斑纹黄白色，前翅有亚前缘斑，上外侧带 r_2 室、r_3 室正常并构成条纹，其外侧无白色斑列；中室条完整未被分割，外侧带 m_3 室斑、cu_1 室斑与室侧条仅由翅脉隔开，并向内偏移与室侧条接触，然后与中室条一起构成"曲棍球杆"状斑纹，其两侧为黑褐色；后翅中横带宽，外侧带有由各翅室长方形纹组成的不宽、较平直的斑列，两者颜色相同。腹面褐黄色，斑纹形状同背面、黄白色；基部色浅，翅脉褐色；前翅"曲棍球杆"状斑纹两侧黑褐色；后翅前缘区深色，中线为曲折的褐色线斑；外缘区宽，色浅。后翅 $Sc + R_1$ 脉短于前翅 2A 脉。

(3) 分布。

水平：荥经。

垂直：1000-1500 m。

生境：常绿阔叶林。

（4）出现时间（月份）：7。

（5）种群数量：罕见种。

（6）注记：http://ftp.funet.fi/pub/sci/bio/life/insecta/lepidoptera/网站记载仅分布于中国云南。

326. 茂环蛱蝶 *Neptis nemorosa* Oberthür, 1906

Neptis nemorosa Oberthür, 1906; Éntomologische Lepidopteral Company 2: 16, pl. 9, fig. 5; Type locality: 德钦.

Neptis nemorosa diqingensis Yoshino, 1999; Neo Lepidoptera 4: 2, figs. 11-12; Type locality: 维西.
Neptis nemorosa diqingensis Huang, 2003; Nouveau Revisory Entomology 55: 82(note).

（1）查看标本：宝兴，2005 年 7 月 7 日，2000-2500 m，1 只，左燕；天全，2006 年 6 月 15 日，1500-2000 m，1 只，李爱民；荥经，2006 年 7 月 5 日，2000-2500 m，1 只，邓合黎；金川，2016 年 8 月 12 日，2500-3500 m，2 只，李爱民。

（2）分类特征：背面黑褐色，斑纹黄色；前翅中室条完整未被分割，有亚前缘斑；外侧带 m_3 室斑、cu 室斑与室侧条仅由翅脉隔开，并向内偏移与室侧条接触，然后与中室条一起构成"曲棍球杆"状斑纹；上外侧带 r_2 室、r_3 室正常并构成条纹，其外侧无白色斑列；后翅各翅室长方形斑组成幅宽基本一致的中横带，梯形斑构成弧形外侧带。腹面棕褐色，前翅中室端有 1 条浅黄色条纹，中室下方有灰白色镜区，上外侧带的心形 m_1 室斑与后翅中横带白色；后翅基部具杂乱的浅色斑纹，中横带和外侧带颜色相同且具有红色的波状外围线，后者比前者宽，中线波状；外缘区宽、色浅。

（3）分布。

水平：荥经、天全、宝兴、金川。

垂直：1500-3500 m。

生境：常绿阔叶林、溪流树林。

（4）出现时间（月份）：6、7、8。

（5）种群数量：少见种。

（6）标本照片：彩色图版 XX-6。

（7）注记：Lang（2012）认为 *Neptis nemorosa ningshanensis* Wang *et* Niu, 1996 是指名亚种 *Neptis nemorosa ningshanensis* Wang *et* Niu, 1996 的同物异名（*Zoological Record* 13D: Lepidoptera Vol. 148-1948）。http://ftp.funet.fi/pub/sci/bio/life/insecta/lepidoptera/网站记载仅分布于中国四川、云南。

327. 黄环蛱蝶 *Neptis themis* Leech, 1890

Neptis thisbe var. *themis* Leech, 1890; Entomologist 23: 35; Type locality: 长阳.
Neptis themis theodora Oberthür, 1906; Etudes de Lépidoptérologie Comparée 2: 11, pl. 9: 3; Type locality: 德钦.

Neptis nemorum var. *sylvarum* Oberthür, 1906; Etudes de Lépidoptérologie Comparée 2: 12; Type locality: 德钦.

Neptis themis muri Eliot, 1969; Bulletin of the British Museum (Natural History) Entomology (Suppl.) 15: 111; Type locality: 张家界.

Neptis themis theodora Eliot, 1969; Bulletin of the British Museum (Natural History) Entomology (Suppl.) 15: 112.

（1）查看标本：宝兴，2005 年 7 月 12 日，1000-1500 m，1 只，杨晓东；天全，2006 年 6 月 15 日，1500-2000 m，1 只，李爱民；宝兴，2006 年 6 月 17 日，1000-1500 m，1 只，邓合黎；汉源，2006 年 6 月 27 日，2000-2500 m，1 只，邓合黎；荥经，2006 年 7 月 1、5 日，1500-2500 m，4 只，邓合黎；荥经，2006 年 7 月 1 日，1500-2500 m，1 只，左燕；荥经，2006 年 7 月 1、5 日，1500-2500 m，3 只，李爱民；金川，2014 年 8 月 8 日，2500-3000 m，1 只，李爱民；金川，2014 年 8 月 8 日，2500-3000 m，1 只，邓合黎；金川，2014 年 8 月 8 日，2500-3500 m，2 只，左燕；金川，2016 年 8 月 11-13 日，2500-3500 m，9 只，李爱民；金川，2016 年 8 月 11 日，2500-3000 m，5 只，邓合黎；金川，2016 年 8 月 11 日，2500-3000 m，2 只，左燕；九寨沟，2020 年 8 月 8 日，1500-2000 m，1 只，邓合黎。

（2）分类特征：背面翅黑色，斑纹黄色；前翅有亚前缘斑，中室条完整未被分割，外侧带 m_3 室斑、cu 室斑与室侧条仅由翅脉隔开，并向内偏移与室侧条接触，然后与中室条一起组成"曲棍球杆"状斑纹；上外侧带的外侧无白色斑列；后翅中横带黄白色，细而模糊的外侧带灰白紫色；外缘无棕色斑纹，臀角无色斑。腹面土黄色，斑纹形态似背面，除亚前缘斑、上外侧带 m_1 室斑、亚基条和中横带前面 2 个斑纹白色，外侧带紫白色外，其余斑纹黄色；前翅上外侧带与下外侧带间、臀角、后翅前缘红褐色；中室内有 3 个小白点，后翅亚基条完整、眉状，中横带与外侧带间有 2 条红褐色斑列；外缘区宽，有 1 条橘色线斑。

（3）分布。

水平：汉源、荥经、天全、宝兴、金川、九寨沟。

垂直：1000-3500 m。

生境：常绿阔叶林、溪流树林、灌丛、河滩灌丛、溪流灌丛、河流农田灌丛。

（4）出现时间（月份）：6、7、8。

（5）种群数量：常见种。

（6）标本照片：彩色图版 XX-7。

（7）注记：周尧（1998，1999）将此种作为独立的种。Huang（2000）认为 *Neptis themis muri* Eliot, 1969 是指名亚种 *Neptis t. themis* Leech, 1890 的同物异名，并将亚种 *Neptis themis theodora* Oberthür, 1906 升为独立的种（*Zoological Record* 13D: Lepidoptera Vol. 136-1795）。Lang（2012）则将 *Neptis theodora* Oberthür, 1906 作为此种的亚种（*Zoological Record* 13D: Lepidoptera Vol. 148-1948）。http://ftp.funet.fi/pub/sci/bio/life/insecta/lepidoptera/ 网站将此种作为 *Neptis theodora* Oberthür, 1906 的同物异名，并记载分布于中国云南。

328. 伊洛环蛱蝶 *Neptis ilos* Fruhstorfer, 1909

Neptis ilos Fruhstorfer, 1909; Entomologische Zeitschrift (Stuttgart) 23: 42. Type locality: Amur.

Neptis themis nirei Nomura, 1935; Zephyrus 6: 31; Type locality: 台湾.

Neptis themis kumgangsana Murayama, 1978; Transactions Lepidoptera Society Japan 29: 159; Type locality: Korea.

Neptis nise Sugiyama, 1993; Pallarge 2: 1, figs. 1, 2, 15; Type locality: 四姑娘山.

Neptis ilos sichuanensis Wang, 1994; Entomotaxonomia 16(2): 116, figs. 1-4, 7; Type locality: 大邑.

Neptis ilos neoyunnana Huang *et* Li, 1998; Entomologische Zeitschrift 108(8): 335; Type locality: 金平.

（1）查看标本：宝兴，2005 年 7 月 5 日，2000-2500 m，1 只，邓合黎；宝兴，2005 年 7 月 12 日，1000-1500 m，1 只，李爱民；汉源，2006 年 7 月 1 日，2000-2500 m，1 只，李爱民；荥经，2006 年 7 月 1 日，1500-2000 m，1 只，李爱民；天全，2007 年 8 月 5 日，1000-1500 m，1 只，杨晓东；金川，2014 年 8 月 8 日，2500-3000 m，1 只，左燕；泸定，2015 年 9 月 2 日，1500-2000 m，1 只，左燕；金川，2016 年 8 月 13 日，2500-3000 m，1 只，左燕；青川，2020 年 8 月 20 日，500-1000 m，1 只，邓合黎。

（2）分类特征：与黄环蛱蝶 *N. themis* 非常相似，区别在于此种前翅 R_2 脉从中室上端角分出，不与 R_5 脉共柄，而黄环蛱蝶 R_2 脉与 R_5 脉共柄；另外，此种腹面镜区内有淡色斑，与周围镜区的深色对比显著。

（3）分布。

水平：汉源、荥经、泸定、天全、宝兴、金川、青川。

垂直：500-3000 m。

生境：常绿阔叶林、河滩林灌、河谷林灌、灌丛、溪流灌丛、山坡灌丛、亚高山灌丛、灌丛草地、阔叶林缘农田。

（4）出现时间（月份）：7、8、9。

（5）种群数量：少见种。

（6）标本照片：彩色图版 XX-8。

（7）注记：周尧（1998，1999）将此种置于环蛱蝶属 *Neptis*。Lang（2012）将伞蛱蝶属 *Aldania* Moore, [1896]作为环蛱蝶属 *Neptis* Fabricius, 1807 的同物异名，并认为 *Neptis ilos taihangensis* Yaun *et* Liu, 2002 是 *Neptis ilos nise* Sugiyama, 1993 的同物异名（*Zoological Record* 13D: Lepidoptera Vol. 148-1948）。http://ftp.funet.fi/pub/sci/bio/life/insecta/lepidoptera/网站将此种置于伞蛱蝶属 *Aldania* Moore, [1896]，并记载分布于中国东北地区和西部及台湾；Amur，Ussuri。

329. 提环蛱蝶 *Neptis thisbe* Ménétriés, 1859

Neptis thisbe Ménétriés, 1859; Bulletin Physical-Math Academy Sciences St. Pétersb 17(12-14): 214; Type locality: Amur.

Neptis thisbe thisbe f. *deliquata* Atichel, 1909; in Seitz, Macrolepidoptera of the World 1: 178; Type locality: Russia.

Neptis thisbe ussuriensis Kurentzov, 1970; The Butterflies of the Far East USSR 92; Type locality: Russia.

Neptis thisbe dilutior Oberthür, 1906; Etudes de Lépidoptérologie Comparée 2: 9, pl. 92; Type locality: 德钦.

（1）查看标本：汉源，2006 年 7 月 1 日，2500-3000 m，1 只，邓合黎；金川，2014 年 8 月 8 日，3000-3500 m，1 只，邓合黎；金川，2014 年 8 月 8 日，2500-3000 m，1 只，左燕；金川，2014 年 8 月 10 日，2500-3000 m，1 只，李爱民；宝兴，2016 年 5 月 9 日，1500-2000 m，1 只，李爱民；九寨沟，2020 年 8 月 8 日，1500-2000 m，1 只，左瑞。

（2）分类特征：翅背面黑色，腹面黑褐色，斑纹黄白色，背腹面斑纹近似。背面前翅有亚前缘斑，中室条完整未被分割，外侧带 m_3 室斑、cu 室斑与室侧条仅由翅脉隔开，m_3 室斑向内偏移并常与室侧条接触，二者与中室条一起组成"曲棍球杆"状斑纹；上外侧带的外侧无白色斑列；后翅宽的中横带黄白色，细长方形斑组成的外侧带白棕色；rs 室常有更大的斑点，sc + r_1 室的中横带斑短小。腹面翅基部、外缘及顶角前缘均色浅；前翅中室具浅色端斑，镜区灰白色，上外侧带 m_1 室斑特别小；后翅臀角至 m_3 室中部之间的外侧带有黄褐色亚外缘斑，外缘黄色，无基条，中横带外侧 m_1 室亚基条与中横带部分并入中横带内缘。

（3）分布。

水平：汉源、宝兴、金川、九寨沟。

垂直：1500-3500 m。

生境：常绿阔叶林、灌丛、山坡树林草地、山坡灌丛草地。

（4）出现时间（月份）：5、7、8。

（5）种群数量：少见种。

（6）标本照片：彩色图版 XX-9。

（7）注记：周尧（1998，1999）、Lang（2012）均将此种作为独立的种。http://ftp.funet. fi/pub/sci/bio/life/insecta/lepidoptera/网站将此种作为海环蛱蝶 *Neptis thetis* Leech, 1890 的同物异名。

330. 海环蛱蝶 *Neptis thetis* Leech, 1890

Neptis thisbe var. *thetis* Leech, 1890; Entomologist 23: 35; Type locality: 长阳.

Neptis thetis tangmaiensis Koiwaya, 1996; Studies of Chinensis Butterflies 3: 252, figs. 4, 8; Type locality: 维西.

Neptis thetis pumi Yoshino, 1998; Neo Lepidoptera 3: 2, figs. 4, 8; Type locality: 维西.

Neptis thetis tibetothetis Huang, 1998; Neue Entomologische Nachrichten 41: 230, pls. 6, 7, figs. 1c, 2c, 3b, 3d, 4b, 4d; Type locality: 墨脱.

（1）查看标本：天全，2006 年 6 月 15 日，1500-2000 m，1 只，杨晓东；宝兴，2016 年 5 月 26 日，1500-2000 m，5 只，李爱民。

（2）分类特征：翅背面黑色，腹面黑褐色，斑纹黄白色，具亚缘线，背腹面斑纹近似。背面前翅有亚前缘斑，中室条完整未被分割，外侧带 m_3 室斑、cu 室斑与室侧条仅由翅脉隔开，m_3 室斑向内偏移并常与室侧条接触，二者与中室条一起组成"曲棍球杆"状斑纹；上外侧带的外侧无白色斑列；后翅宽的中横带黄白色，细长方形斑组成的外侧带白棕色；rs 常有更大的斑点，sc + r_1 室的中横带斑短小。腹面翅基部、外缘及顶角前缘均色浅；前翅中室具浅色端斑，镜区灰白色，上外侧带 m_1 室斑特别小；后翅臀角至

m₃ 室中部之间的外侧带有黄褐色亚外缘斑，外缘黄色，无基条，亚基条分为 2 段，中横带外侧 m₁ 室亚基条与中横带部分并入中横带内缘。

（3）分布。

水平：天全、宝兴。

垂直：1500-2000 m。

生境：常绿阔叶林。

（4）出现时间（月份）：5、6。

（5）种群数量：少见种。

（6）标本照片：彩色图版 XX-10。

（7）注记：Huang（2000）认为 *Neptis thetis tibetothetis* Huang, 1998 是亚种 *Neptis thetis tangmaiensis* Koiwaya, 1996 的同物异名（*Zoological Record* 13D: Lepidoptera Vol. 136-1795）。http://ftp.funet.fi/pub/sci/bio/life/insecta/lepidoptera/网站记载分布于中国陕西、西藏、四川、湖北、云南。

331. 云南环蛱蝶 *Neptis yunnana* Oberthür, 1906

Neptis yunnana Oberthür, 1906; Etudes de Lépidoptérologie Comparée 2: 11, pl. 8: 1; Type locality: 德钦.

Neptis nemorum Oberthür, 1906; Etudes de Lépidoptérologie Comparée 2: 12, pl. 8, fig. 3; Type locality: 德钦.

Neptis yunnana yunnana Huang, 2003; Nouveau Revisory Entomology 55: 82(note).

（1）查看标本：德钦，2006 年 8 月 9 日，3000-3500 m，1 只，李爱民；金川，2016 年 8 月 12 日，3000-3500 m，1 只，李爱民。

（2）分类特征：背面黑褐色，斑纹黄赭色；前翅有亚前缘斑；中室条完整未被分割，外侧带 m₃ 室斑、cu 室斑与室侧条仅由翅脉隔开，从而形成一个椭圆形的大斑并向内偏移；上外侧带的 m₁ 室斑白色且小，其外侧有白色斑列；后翅从 a 室至 m₁ 室的中横带宽阔，rs 室斑小；外侧带由梯形斑构成，在前缘弯曲并与中横带连在一起。腹面黄褐色，斑纹形态似背面；上外侧带的 m₁ 室斑小，和亚前缘斑、亚基条斑、外侧带两端斑、中横带 rs 室斑均为白色，亚前缘区宽、黄褐色，其余斑纹黄色；前翅 m₁ 室具有淡紫色的亚缘点，与中横带相距较远；r₁ 室、rs 室与中横带相距较近；后翅亚基条被分割为数段，中线波状、棕褐色，外侧带外侧橙色。

（3）分布。

水平：德钦、金川。

垂直：3000-3500 m。

生境：针阔混交林、溪流树林。

（4）出现时间（月份）：8。

（5）种群数量：罕见种。

（6）注记：周尧（1998，1999）和 Lang（2012）均将此种置于环蛱蝶属 *Neptis*。http://ftp.funet.fi/pub/sci/bio/life/insecta/lepidoptera/网站则将此种置于伞蛱蝶属 *Aldania* Moore, [1896]，并记载分布于中国云南。

332. 单环蛱蝶 *Neptis rivularis* (Scopoli, 1763)

Papilio rivularis Scopoli, 1763; Entomologia Carniolica 165: fig. 443; Type locality: Austria.

Neptis lucilla var. *magnata* Heyne, [1895]; in Rühl & Heyne, Die Pal. Gross-Schmetterling 1: 857; Type locality: Baikal Lake.

Neptis coenobita var. *formosana* Matsumura, 1919; Thousand Instute of Japan Addition 3: 729; Type locality: 台湾.

Neptis coenobita formosicola Matsumura, 1929; Illustration of Common Insects Japan 1: 21; Type locality: 台湾.

Neptis matsumurai Shirôzu, 1960; Butterflies of Formosa in Colou 448; Type locality: 台湾.

Neptis rivularis peninsularum Murayama, 1960; Tyô to Ga 11(2): 28, figs. 2, 11; Type locality: Korea.

Neptis rivularis sinta Eliot, 1969; Bulletin of the British Museum (Natural History) Entomology (Suppl.) 15: 115, pl. 2, fig. 21; Type locality: 天祝.

（1）查看标本：宝兴，2005 年 7 月 4-5 日，1500-2500 m，2 只，邓合黎；宝兴，2005 年 7 月 7 日，2000-2500 m，2 只，杨晓东；荥经，2006 年 6 月 15 日，2000-2500 m，1 只，李爱民；荥经，2006 年 7 月 5 日，2000-2500 m，2 只，邓合黎；荥经，2006 年 7 月 5 日，2000-2500 m，2 只，左燕；天全，2006 年 7 月 5 日，1500-2000 m，1 只，李爱民；天全，2007 年 8 月 4-5 日，1500-2500 m，3 只，杨晓东；荥经，2007 年 8 月 9 日，1000-1500 m，1 只，杨晓东；金川，2014 年 8 月 8 日，2500-3500 m，3 只，李爱民；金川，2014 年 8 月 8 日，2500-3000 m，2 只，左燕；金川，2014 年 8 月 8、10-11 日，2500-3500 m，3 只，邓合黎；巴塘，2015 年 8 月 12 日，3000-3500 m，1 只，李爱民；金川，2016 年 8 月 12 日，2500-3500 m，4 只，李爱民；小金，2017 年 5 月 28 日，2000-2500 m，1 只，李爱民；金川，2017 年 5 月 29 日，2500-3000 m，2 只，李爱民；马尔康，2020 年 7 月 31 日，2000-2500 m，1 只，杨盛语；茂县，2020 年 8 月 3 日，1500-2000 m，1 只，杨盛语；九寨沟，2020 年 8 月 8 日，1500-2500 m，4 只，杨盛语；九寨沟，2020 年 8 月 8 日，1500-2500 m，2 只，左燕；九寨沟，2020 年 8 月 8 日，1500-2500 m，3 只，邓合黎；马尔康，2020 年 7 月 31 日，2000-2500 m，1 只，左瑞；九寨沟，2020 年 8 月 8 日，1500-2500 m，2 只，左瑞；文县，2020 年 8 月 10 日，1500-2500 m，2 只，左瑞。

（2）分类特征：翅黑色，斑纹白色，前翅有亚缘斑。背面中室条狭窄，至少被黑线分割为 4 段，与室侧条、外侧带 m_1 室以下各室斑形成倒 "U" 形斑列，上外侧带的外侧无白色斑列；后翅白色外侧带消失，仅有长条形斑构成的中横带，sc + r_1 室斑、rs 室斑特别小。腹面斑纹色彩似背面，基部无斑点，前后翅缘线和亚缘线清晰，后翅分割成数段的亚基条明显。

（3）分布。

水平：荥经、天全、宝兴、小金、金川、巴塘、马尔康、茂县、九寨沟、文县。

垂直：1000-3500 m。

生境：常绿阔叶林、溪流树林、河滩灌丛树林、树丛、农田树林、林间小道、灌丛、河谷灌丛、农田灌丛、山坡灌丛、灌草丛、灌丛草地、亚高山灌草丛。

（4）出现时间（月份）：5、6、7、8。

（5）种群数量：常见种。

（6）标本照片：彩色图版 XX-11。

（7）注记：http://ftp.funet.fi/pub/sci/bio/life/insecta/lepidoptera/网站记载分布于中国四川；C. EU，Türkiye，Russia，Middle Asia，Pamirs，Tianshan，Altai，Korea，Japan。

333. 五段环蛱蝶 *Neptis divisa* Oberthür, 1908

Neptis divisa Oberthür, 1908; Annual Society of Entomology France 77: 310, pl. 5: 6; Type locality: 德钦.

（1）查看标本：康定，2005 年 8 月 22 日，2500-3000 m，1 只，杨晓东；天全，2005 年 8 月 30 日，2000-2500 m，1 只，邓合黎；巴塘，2015 年 8 月 12 日，3000-3500 m，2 只，李爱民；雅江，2015 年 8 月 15 日，2500-3000 m，1 只，邓合黎。

（2）分类特征：翅黑褐色，斑纹白色，中室条被黑线分割为 5 段；左右翅的前翅中室条、室侧条及外侧带下段和后翅宽阔的长条形斑列构成一个完整的椭圆形斑纹；外缘因均匀间断的白色羽毛而呈波状；前翅有亚前缘斑。前翅背面 rs 室、cu$_1$ 室在亚缘有 1 个线状斑；腹面斑纹似背面，外缘和亚外缘斑列明显。

（3）分布。

水平：巴塘、雅江、康定、天全。

垂直：2000-3500 m。

生境：常绿阔叶林、河谷林灌、河谷灌丛、山坡灌丛。

（4）出现时间（月份）：8。

（5）种群数量：少见种。

（6）标本照片：彩色图版 XX-12。

（7）注记：http://ftp.funet.fi/pub/sci/bio/life/insecta/lepidoptera/网站记载仅分布于中国云南。

334. 链环蛱蝶 *Neptis pryeri* Butler, 1871

Neptis pryeri Butler, 1871; Transactions of the Entomological Society of London 1871(3): 403; Type locality: 上海.

Limenitis arboretorum Oberthür, 1876; Études d'Entomologie 2: 24, pl. 3, fig. 3; Type locality: 中国.

Neptis pryeri jucundita Fruhstorfer, 1908; Entomologische Zeitschrift 22(35): 141; Type locality: 台湾.

（1）查看标本：康定，2005 年 7 月 12 日，1500-2000 m，1 只，邓合黎；宝兴，2005 年 7 月 12 日，1500-2000 m，1 只，杨晓东；理县，2005 年 7 月 22 日，1500-2000 m，1 只，李爱民；天全，2005 年 9 月 3 日，1500-2000 m，1 只，邓合黎；天全，2005 年 9 月 3 日，1500-2000 m，1 只，杨晓东；石棉，2006 年 6 月 21 日，1500-2000 m，2 只，李爱民；汉源，2006 年 6 月 29 日，1500-2000 m，1 只，邓合黎；汉源，2006 年 6 月 29 日，2000-2500 m，3 只，左燕；汉源，2006 年 6 月 29 日，1500-2000 m，1 只，李爱

民；荥经，2006 年 7 月 1 日，1500-2000 m，1 只，李爱民；荥经，2006 年 7 月 1 日，1500-2000 m，2 只，杨晓东；荥经，2006 年 7 月 4 日，1000-1500 m，1 只，杨晓东；荥经，2006 年 7 月 4 日，1000-1500 m，3 只，左燕；荥经，2006 年 7 月 4 日，1000-1500 m，1 只，邓合黎；泸定，2015 年 9 月 4 日，1500-2000 m，1 只，李爱民；青川，2020 年 8 月 20 日，500-1000 m，1 只，邓合黎。

（2）分类特征：翅背面棕黑色；前翅中室条被黑线分割，上外侧带 m_2 室斑、m_3 室斑长椭圆形，其向内凹入并在靠近外缘的地方被黑线分为 2 段，外侧有白色斑列。腹面棕褐色，斑纹形态似背面，翅脉淡黑色；前翅有亚前缘斑列，中室条被黑线分割，室侧条外侧有多个缺刻，外缘线斑和亚外缘线斑不完整；后翅基部内棕色、外白色且有许多黑点，较狭窄的中横带近 "S" 形且后段外侧有数个黑点，宽的外侧带长梯形，亚外缘线斑较粗。

（3）分布。

水平：石棉、汉源、荥经、康定、泸定、天全、宝兴、理县、青川。

垂直：500-2500 m。

生境：常绿阔叶林、沟谷林灌、农田树林、河谷树林灌丛、灌丛、河滩灌丛、溪流灌丛、山坡灌丛。

（4）出现时间（月份）：6、7、8、9。

（5）种群数量：常见种。

（6）标本照片：彩色图版 XX-13。

（7）注记：Lang（2012）在横断山范围内未记载此种。http://ftp.funet.fi/pub/sci/bio/life/insecta/lepidoptera/网站记载分布于中国；Amur，Korea，Japan。

335. 细带链环蛱蝶 *Neptis andetria* Fruhstorfer, 1912

Neptis pryeri andetria Fruhstorfer, 1912; in Seitz, Macrolepidoptera of the World 9: 609, pl. 126: c; Type locality: Amur.

Neptis lucilla-melanis Oberthür, 1913; Etudes de Lépidoptérologie Comparée 7: 670, pl. 187, fig. 1822; Type locality: 打箭炉.

Neptis andetria oberthueri Eliot, 1969; Bulletin of the British Museum (Natural History) Entomology (Suppl.) 15: 116; Type locality: 打箭炉.

Neptis pryeri andetria Fukuda *et* Minotani, 1999; Transactions Lepidoptera Society Japan 50(2): 93(note).

（1）查看标本：理县，2005 年 7 月 22 日，2000-2500 m，1 只，李爱民；天全，2005 年 9 月 3 日，1500-2000 m，1 只，邓合黎；天全，2005 年 9 月 3 日，1500-2000 m，1 只，杨晓东；汉源，2006 年 6 月 24 日，1500-2000 m，2 只，李爱民；汉源，2006 年 6 月 24 日，1500-2000 m，1 只，杨晓东；天全，2006 年 6 月 15 日，1500-2000 m，1 只，李爱民；汉源，2006 年 6 月 29 日，1500-2000 m，1 只，邓合黎；荥经，2006 年 7 月 4-5 日，1000-2500 m，5 只，左燕；荥经，2006 年 7 月 4 日，1000-1500 m，4 只，李爱民；金川，2014 年 8 月 10 日，2000-2500 m，1 只，李爱民；青川，2020 年 8 月 19 日，1000-1500 m，1 只，左燕。

（2）分类特征：与链环蛱蝶 *N. pryeri* 非常相似，共同的明显特点是在后翅基部黄白色区域内有若干小黑点，前翅中室条被黑线分割，上外侧带 m_2 斑室、m_3 室斑长椭圆形，其向内凹入并在正中被黑线分为 2 段，外侧有白色斑列。

本种特征：白斑较狭窄，后翅腹面中横带排列参差不一，外侧带排成弧形并与外缘线斑平行。而链环蛱蝶中横带排列整齐、近"S"形，外侧带直且与外缘不平行。

（3）分布。

水平：汉源、荥经、天全、理县、金川、青川。

垂直：1000-2500 m。

生境：常绿阔叶林、农田树林、灌丛、河滩灌丛、河流山坡灌丛、山坡灌丛。

（4）出现时间（月份）：6、7、8、9。

（5）种群数量：常见种。

（6）标本照片：彩色图版 XX-14。

（7）注记：周尧（1998，1999）未记载此种。http://ftp.funet.fi/pub/sci/bio/life/insecta/lepidoptera/网站记载分布于中国山西、湖南、四川；Siberia，Korea。

336. 重环蛱蝶 *Neptis alwina* Bremer *et* Grey, 1852

Neptis alwina Bremer *et* Grey, 1852; in Motschulsky, Études d'Entomologie 1: 59; Type locality: 北京.
Limenitis kaempferi d'Orza, 1867; Lepidoptera of Japana: 24; Type locality: Nikko.
Neptis alwina subspecifica Bryk, 1946; Arkansas Zoology 38A(3): 35; Type locality: Korea.

（1）查看标本：宝兴，2005 年 7 月 7 日和 9 月 8 日，1000-2500 m，3 只，邓合黎；宝兴，2005 年 7 月 7 日，2000-2500 m，1 只，左燕；宝兴，2005 年 7 月 7 日，2000-2500 m，4 只，杨晓东；理县，2005 年 7 月 22 日，2000-3000 m，3 只，邓合黎；理县，2005 年 7 月 22 日，1500-2000 m，1 只，李爱民；天全，2005 年 8 月 29 日，1000-1500 m，1 只，邓合黎；天全，2005 年 8 月 29 日和 9 月 3 日，1000-1500 m，3 只，杨晓东；宝兴，2006 年 6 月 17 日，1000-1500 m，1 只，邓合黎；宝兴，2006 年 6 月 17 日，1000-1500 m，1 只，杨晓东；宝兴，2006 年 6 月 17 日，1000-1500 m，2 只，汪柄红；石棉，2006 年 6 月 21 日，1000-1500 m，1 只，邓合黎；汉源，2006 年 6 月 27 日，1500-2000 m，1 只，左燕；荥经，2006 年 7 月 4 日，1000-1500 m，2 只，左燕；荥经，2006 年 7 月 5 日，1000-1500 m，1 只，杨晓东；金川，2014 年 8 月 8 日，2000-2500 m，1 只，李爱民；金川，2014 年 8 月 9 日，3000-3500 m，1 只，左燕；泸定，2015 年 9 月 2、4 日，1500-2000 m，2 只，李爱民；金川，2016 年 8 月 11 日，3000-3500 m，1 只，李爱民；理县，2016 年 8 月 15 日，2500-3000 m，1 只，李爱民；宝兴，2017 年 7 月 9 日，1000-1500 m，1 只，邓合黎；宝兴，2018 年 6 月 4 日，1500-2000 m，1 只，周树军；马尔康，2020 年 7 月 31 日，2000-2500 m，1 只，左瑞；马尔康，2020 年 7 月 31 日，2000-2500 m，1 只，杨盛语；茂县，2020 年 8 月 3 日，1500-2000 m，1 只，左燕；茂县，2020 年 8 月 3 日，1500-2000 m，2 只，左瑞；九寨沟，2020 年 8 月 7-8 日，1500-2000 m，1 只，邓合黎。

（2）分类特征：前翅顶角有 1 个明显的小白斑，有微小的亚前缘斑，外缘比后缘短，上外侧带的外侧具 1 列上外侧斑，中横带与外侧带宽度相近。背面黑褐色，腹面棕褐色；腹面后翅亚基条完整，中室及 r_1 室、rs 室基部有深色斑点，亚外缘线斑明显。雄蝶后翅 Sc + R_1 脉几与前翅 2A 脉等长。

（3）分布。

水平：石棉、汉源、荥经、泸定、天全、宝兴、金川、理县、马尔康、茂县、九寨沟。

垂直：1000-3500 m。

生境：常绿阔叶林、溪流农田树林、农田树林、河滩林灌、溪流林灌、河谷树林灌丛、灌丛、溪流灌丛、河滩灌丛、沟谷灌丛、山坡灌丛、河流农田灌丛、灌草丛、亚高山灌草丛、树林草地、河滩草甸。

（4）出现时间（月份）：6、7、8、9。

（5）种群数量：常见种。

（6）标本照片：彩色图版 XX-15。

（7）注记：http://ftp.funet.fi/pub/sci/bio/life/insecta/lepidoptera/网站记载分布于中国东北地区和中部；Amur，Usuuri，Mongolia，Korea。

337. 德环蛱蝶 *Neptis dejeani* Oberthür, 1894

Neptis dejeani Oberthür, 1894; Études d'Entomologie 19: 15; Type locality: 打箭炉，德钦.

（1）查看标本：荥经，2006 年 7 月 5 日，2000-2500 m，1 只，李爱民；香格里拉，2006 年 8 月 21 日，2000-2500 m，1 只，李爱民；维西，2006 年 8 月 23 日，1500-2000 m，1 只，邓合黎；维西，2006 年 8 月 28 日，1500-2000 m，1 只，杨晓东；维西，2006 年 8 月 31 日，2500-3000 m，2 只，李爱民；维西，2006 年 8 月 31 日，2500-3000 m，1 只，杨晓东；木里，2008 年 8 月 9 日，2000-2500 m，3 只，邓合黎。

（2）分类特征：斑纹清晰。前翅顶角有 1 个明显的小白斑，有微小的亚前缘斑，外缘比后缘短，上外侧带的外侧具 1 列上外侧斑，中横带与外侧带宽度相近，中室条外侧有若干缺刻。背面黑褐色，腹面棕褐色；腹面后翅亚基条大并被浓黑的翅脉分开成为若干点状、线状斑纹，中室及 r_1 室、rs 室基部无深色斑点，亚外缘线斑明显。雄蝶后翅 Sc + R_1 脉几与前翅 2A 脉等长。

（3）分布。

水平：维西、香格里拉、木里、荥经。

垂直：1500-3000 m。

生境：针阔混交林、居民点树林、河谷林灌、河滩草丛。

（4）出现时间（月份）：7、8。

（5）种群数量：少见种。

（6）标本照片：彩色图版 XX-16。

（7）注记：http://ftp.funet.fi/pub/sci/bio/life/insecta/lepidoptera/网站记载分布于中国西南部；Japan。

（九十一）菲蛱蝶属 *Phaedyma* Felder, 1861

Phaedyma Felder, 1861; Novelty Actinic Leopard of Carolina 28(3): 31; Type species: *Papilio heliodora* Cramer, [1779].

Andrapana Moore, 1898; Lepidoptera Indica 3(32): 146; Type species: *Papilio columella* Cramer, 1780.

Andasenodes Moore, 1898; Lepidoptera Indica 3(32): 146; Type species: *Neptis mimetica* Grose-Smith, 1895.

Phaedyma (Neptini) Eliot, 1969; Bulletin of the British Museum (Natural History) Entomology (Suppl.) 15: 6.

Phaedyma (Neptina) Vane-Wright *et* de Jong, 2003; Zoologische Verhandelingen Leiden 343: 200.

  翅背面黑色，斑纹白色，各翅室斑纹分界清楚，中室开式。前翅长三角形；R_1 脉和 R_2 脉从中室上脉近上端角处分出，R_2 脉长并到达 R_4 脉起点，R_3 脉、R_4 脉、R_5 脉共柄且均到达外缘，与 M_1 脉一起，着生上端角；外缘比后缘短。后翅扇形，肩脉与 $Sc + R_1$ 脉同处分出。雄蝶 $Sc + R_1$ 脉长，和前翅 A 脉一样长，并到达顶角附近；Rs 脉距离 $Sc + R_1$ 脉比距离 M_1 脉近，镜区特别明显。

  注记：周尧（1998，1999）和 http://ftp.funet.fi/pub/sci/bio/life/insecta/lepidoptera/网站均将此属置于蛱蝶科 Nymphalidae 线蛱蝶亚科 Limenitinae 环蛱蝶族 Neptini。

338. 蔼菲蛱蝶 *Phaedyma aspasia* (Leech, 1890)

Neptis aspasia Leech, 1890; Entomologist 23: 37; Type locality: 长阳.

Phaedyma chihga shaanxiensis Wang, 1994; in Chou, Monographia Rhopalocerum Sinensium II: 552, 766; Type locality: 宁陕.

Neptis aspasia weisiensis Yoshino, 1997; Neo Lepidoptera 2(2): 3, figs. 21-24; Type locality: 维西.

  （1）查看标本：天全，2005 年 8 月 29 日，1000-1500 m，1 只，邓合黎；天全，2006 年 6 月 15 日，1000-1500 m，1 只，李爱民；天全，2006 年 6 月 15 日，1000-1500 m，3 只，邓合黎；天全，2006 年 6 月 15 日，1000-1500 m，1 只，杨晓东；芦山，2006 年 6 月 16 日，1500-2000 m，1 只，汪柄红；芦山，2006 年 6 月 16 日，1500-2000 m，1 只，杨晓东；宝兴，2006 年 6 月 17 日，1000-1500 m，1 只，邓合黎；荥经，2006 年 7 月 4-5 日，1000-1500 m，2 只，邓合黎；荥经，2006 年 7 月 5 日，1000-1500 m，1 只，左燕；荥经，2007 年 8 月 9 日，1500-2000 m，1 只，杨晓东。

  （2）分类特征：翅外缘斑列消失或模糊不显，前翅外缘微凹入，后翅外缘波状。背面黑色，斑纹黄色；前翅中室条与侧室条、中横带下段愈合成"曲棍球杆"状斑纹；亚前缘斑很小、不明显，中横带稍宽，外侧带稍狭窄，两者相对呈弧形。腹面红棕色，斑纹形态似背面，细线状中线可见、浅褐色，基部色浅、无斑纹；前翅 r_5 室斑不伸到 m_1 室斑外缘，后翅中室腹面无斑点，无基条和亚基条。

  （3）分布。

  水平：荥经、天全、芦山、宝兴。

  垂直：1000-2000 m。

  生境：常绿阔叶林、河滩灌丛、山坡灌丛、河滩草地。

（4）出现时间（月份）：6、7、8。

（5）种群数量：常见种。

（6）标本照片：彩色图版 XX-17。

（7）注记：Huang（2003）认为 *Neptis Aspasia weisiensis* Yoshino, 1997 是指名亚种 *Phaedyma a. aspasia* (Leech, 1890)的同物异名（*Zoological Record* 13D: Lepidoptera Vol. 140-1373）。http://ftp.funet.fi/pub/sci/bio/life/insecta/lepidoptera/网站将此种置于环蛱蝶属 *Neptis*，并记载分布于中国中部和西部；Bhutan，Nepal，India。

339. 柱菲蛱蝶 *Phaedyma columella* (Cramer, 1780)

Papilio columella Cramer, 1780; Uitland Kapellen 4: 15, pls. 296: A, B; Type locality: 中国.

Acca columena Hübner, [1819]; Vestnik Zoologii (3): 44; Type locality: 香港，海南.

Neptis martabana Moore, 1881; Transactions of the Entomological Society of London 1881(3): 310; Type locality: 云南.

Neptis columella tonkiniana Fruhstorfer, 1905; Entomologische Zeitschrift (Stuttgart) 19: 90, pl. 6: 3; Type locality: Tonkin.

Phaedyma chihga shaanxiensis Wan, 1994; Sichuan Journal of Zoology 15(2): 70; Type locality: 陕西.

（1）查看标本：澜沧，2017 年 8 月 30 日，500-1000 m，1 只，李勇；景洪，2020 年 10 月 25 日，500-1000 m，1 只，余波；景洪，2021 年 4 月 10 日、5 月 13 日和 7 月 12 日，500-1000 m，3 只，余波。

（2）分类特征：翅背面黑色，斑纹白色，基部无斑纹；前翅外缘弧形，中室条与侧室条、中横带下段不愈合，且未形成"曲棍球杆"状斑纹，中横带明显比外侧带宽，无亚前缘斑，亚外缘斑列模糊；后翅中横带与外侧带几等宽，中线和亚外缘线可见。腹面棕褐色，斑纹形态似背面；中线、外缘线和亚外缘线均清晰明显；前翅镜区灰色，后翅有基条和亚基条。

（3）分布。

水平：景洪、澜沧。

垂直：500-1000 m。

生境：常绿阔叶林、天然林灌。

（4）出现时间（月份）：4、5、7、8、10。

（5）种群数量：少见种。

（6）标本照片：彩色图版 XXI-1。

（7）注记：http://ftp.funet.fi/pub/sci/bio/life/insecta/lepidoptera/网站记载分布于中国南部；Japan，India，Burma，Laos，Vietnam，Philippines，Sumatra。

（九十二）丽蛱蝶属 *Parthenos* Hübner, 1819

Parthenos Hübner, 1819; Verzeichniss Bekannter Schmettlinge (3): 38; Type species: *Papilio sylvia* Cramer, [1776].

Minetra Boisduval, 1832; in d'Urville, Voyage de Découvertes de l'Astrolabe (Faune ent. Pacif.) 1: 126; Type species: *Papilio sylvia* Cramer, [1776].

　　复眼光滑。前翅外缘明显比后缘长，且特别短阔；中室较长，约为翅长的 2/5，下脉基部有 1 个朝外侧的小刺状脉；R_1 脉和 R_2 脉很长并从中室上脉中间分出，R_3 脉、R_4 脉、R_5 脉、M_1 脉共柄，前三脉在翅前缘近顶角处分叉并到达外缘；Cu_1 脉和 M_3 脉着生中室下端角，M_3 脉在其分叉点后的与下脉上的 Cu_1 脉、Cu_2 脉分叉点距离相等的地方折成钝角；M_1 脉在近上端角处分叉；端脉仅 2 段，下段凹入。后翅中室非常短小，肩室狭长，锚状肩脉在分出后的 $Sc + R_1$ 脉上生出，M_3 脉分叉后折为钝角。

　　注记：周尧（1998，1999）和 http://ftp.funet.fi/pub/sci/bio/life/insecta/lepidoptera/ 网站均将此属置于蛱蝶科 Nymphalidae 线蛱蝶亚科 Limenitinae 丽蛱蝶族 Parthenini。

340. 丽蛱蝶 *Parthenos sylvia* Cramer, 1775

Parthenos sylvia Cramer, 1775; Uitland Kapellen 1: 5, pl. 43, fig. g; Type locality: Java.
Papilio gambrisius Fabricius, 1787; Mantissa Insectorum 2: 12; Type locality: 云南.

　　（1）查看标本：芒市，2006 年 3 月 27 日，1500-2000 m，1 只，李爱民；瑞丽，2017 年 8 月 18 日，1000-1500 m，1 只，邓合黎；景洪，2021 年 5 月 13 日、6 月 5 日和 10 月 28 日，500-1000 m，5 只，余波。

　　（2）分类特征：翅橄榄绿色，基部淡蓝色被黑色条纹分割。背面前翅有由不同形状的小白斑组成的一个大长三角形，中横带透明，亚缘是黑带。后翅中区有黑色放射状纹，亚缘有三角形黑斑。腹面淡绿色，斑纹似背面、色淡。

　　（3）分布。

　　水平：瑞丽、芒市、景洪。

　　垂直：500-2000 m。

　　生境：常绿阔叶林。

　　（4）出现时间（月份）：3、5、6、8、10。

　　（5）种群数量：少见种。

　　（6）标本照片：彩色图版 XXI-2。

　　（7）注记：Parsons（1999）认为 *Parthenos sylvia rookicola* Strand, 1916 是 *Parthenos sylvia couppei* Ribbe, 1898 的同物异名；*Parthenos sylvia cyanargyrys* Fruhstorfer, 1915、*Parthenos sylvia pherekides* Fruhstorfer, 1904、*Parthenos sylvia theriotes* Fruhstorfer, 1915 等均是 *Parthenos sylvia guineensis* Fruhstorfer, 1898 的同物异名（*Zoological Record* 13D: Lepidoptera Vol. 135-2586）。http://ftp.funet.fi/pub/sci/bio/life/insecta/lepidoptera/ 网站记载分布于中国云南；Iran, Ceylon, India, Bengal, Burma, Malaya, Philippines, New Guinea。

十三、芯蛱蝶亚科 Bylinae Chou, 1998

Bylinae Chou, 1998; Classification and Identification of Chinese Butterflies 155-156.
Biblidinae Harvey, 1991; in Nijhour, The Development and Evolution of Butterfly Wing Patterns 255-272.
Biblidinae de Jong *et al.*, 1996; Entomologist of Scandinavia 27: 65-102.
Bylinae Chou, 1999; Monographa Rhopalocerorum Sinensium II: 555-557.
Bylinae (Nymphalidae) Vane-Wright *et* de Jong, 2003; Zoologische Verhandelingen Leiden 343: 188.

前翅亚前缘 Sc 脉基部膨大。

注记：周尧（1998，1999）仍维持此亚科级位，隶属于蛱蝶科 Nymphalidae。http://ftp.funet.fi/pub/sci/bio/life/insecta/lepidoptera/网站则将此亚科的种类置于 Biblidinae 亚科，隶属于蛱蝶科 Nymphalidae。

（九十三）波蛱蝶属 *Ariadne* Horsfield, [1829]

Ariadne Horsfield, [1829]; Describe Catholic Lepidopteral Institute of Museum East India Coy (1): 3(ref. pl. 6); Type species: *Papilio coryta* Cramer, [1776].
Ergolis Boisduval, [1836]; Histoire Naturelle des insectes; Spécies Général des Lépidoptères 1: 23, pls. 4, 4A, fig. 4; Type species: *Papilio ariadne* Linnaeus, 1763.

中室闭式，长度约为翅 1/3。前翅三角形，外缘在 M_1 脉前截成角度，M_1 脉与 Cu_1 脉间凹入，R_1 脉和 R_2 脉从中室上脉近上端角处分出；R_3 脉、R_4 脉、R_5 脉共柄并共同终于翅外缘，与 M_1 脉一起，着生上端角；Cu_1 脉从中室下端角分出。后翅圆形，外缘波状。肩脉呈"⊤"形，从 $Sc + R_1$ 脉分出；端脉下端连在 M_3 脉与 Cu_1 脉的分叉点之前。

注记：周尧（1998，1999）仍维持此属级位，隶属于芯蛱蝶亚科 Bylinae 蛱蝶科 Nymphalidae。http://ftp.funet.fi/pub/sci/bio/life/insecta/lepidoptera/网站则将此属置于芯蛱蝶亚科 Biblidinae 芯蛱蝶族 Biblidini 族芯蛱蝶亚族 Eurytelina，隶属于蛱蝶科 Nymphalidae。

341. 波蛱蝶 *Ariadne ariadne* (Linnaeus, 1763)

Papilio ariadne Linnaeus, 1763; Amoenitates Academic 6: 407; Type locality: Java.
Ergolis alternus Moore, 1878; Proceedings of Zoological Society of London 1878(3): 698; Type locality: 海南.
Ergolis ariadne minorata Fruhstorfer, 1899; Berlin Entomology Zoology 44(1/2): 90; Type locality: Assam.
Ariadne ariadne gedrosia Fruhstorfer, 1912; Zoologische Verhandelingen Leide 248: 343.

（1）查看标本：勐腊，2006 年 3 月 17 日，500-1000 m，1 只，杨晓东；兰坪，2006 年 9 月 3 日，1500-2000 m，1 只，杨晓东；兰坪，2006 年 9 月 3-4 日，1000-2000 m，2 只，李爱民；瑞丽，2017 年 8 月 18 日，500-1000 m，1 只，邓合黎；瑞丽，2017 年 8

月 18 日，500-1000 m，1 只，左燕；瑞丽，2017 年 8 月 18 日，500-1000 m，1 只，李勇；孟连，2017 年 8 月 29 日，1000-1500 m，2 只，李勇；景东，2018 年 6 月 19 日，1500-2000 m，1 只，左瑞；宁洱，2018 年 6 月 29 日，1000-1500 m，1 只，邓合黎；宁洱，2018 年 6 月 29 日，500-1000 m，1 只，左瑞。

（2）分类特征：翅展 50 mm 以上，背面翅红褐色，基部有细纹，从亚基部到外缘有 5 条贯穿翅面的黑色波状横线；前翅前缘近顶角有 1 个小白点，m_1 室和 cu_1 室突出成角状。腹面浓灰褐色，斑纹似背面。

（3）分布。

水平：瑞丽、孟连、勐腊、宁洱、景东、兰坪。

垂直：500-2000 m。

生境：常绿阔叶林、针阔混交林、针阔混交林林灌、农田林灌、溪流灌丛、河流灌丛、针阔混交林草地。

（4）出现时间（月份）：3、6、8、9。

（5）种群数量：常见种。

（6）标本照片：彩色图版 XXI-3。

（7）注记：http://ftp.funet.fi/pub/sci/bio/life/insecta/lepidoptera/网站记载分布于中国南部、台湾；Ceylon，India，Indochina，Sumatra。

342. 细纹波蛱蝶 *Ariadne merione* (Cramer, 1777)

Papilio merione Cramer, 1777; Uitland Kapellen 2(9-16): 76, pl. 144, figs. G, H; Type locality: India.
Ariadne merione pharis Fruhstorfer, 1912; in Seitz, Macrolepidoptera of the World 9: 456; Type locality: Thailand.

（1）查看标本：勐腊，2006 年 3 月 17 日，500-1000 m，1 只，李爱民。

（2）分类特征：似波蛱蝶 *A. ariadne*，翅展 50 mm 以下，翅浓棕褐色，黑色成双的波状细线密而模糊。

（3）分布。

水平：勐腊。

垂直：500-1000 m。

生境：常绿阔叶林。

（4）出现时间（月份）：3。

（5）种群数量：罕见种。

（6）注记：http://ftp.funet.fi/pub/sci/bio/life/insecta/lepidoptera/网站记载分布于 Ceylon，India，Burma，Thailand，Malaysia，Philippines，Sumatra。

十四、丝蛱蝶亚科 Marpesiinae Chou, 1998

Marpesiinae Chou, 1998; Classification and Identification of Chinese Butterflies 156-158.
Cyrestinae Harvey, 1991; in Nijhour, The Development and Evolution of Butterfly Wing Patterns 255-272.
Cyrestinae de Jong et al., 1996; Entomologist of Scandinavia 27: 65-102.
Marpesiinae Chou, 1999; Monographa Rhopalocerorum Sinensium II: 559-560.
Marpesiinae Vane-Wright et de Jong, 2003; Zoologische Verhandelingen Leiden 343: 188.

　　翅短阔。前翅亚前缘 Sc 脉基部不膨大，外缘比后缘长，R_2 脉在接近顶角处从 R_5 脉分出并终于前缘。后翅肩脉从 $Sc + R_1$ 脉分出并在 M_3 脉尾状突出，臀角瓣状突出。
　　注记：周尧（1998，1999）仍维持此亚科级位，隶属于蛱蝶科 Nymphalidae。http://ftp.funet.fi/pub/sci/bio/life/insecta/lepidoptera/网站将此亚科设立为 Cyrestinae 亚科，隶属于蛱蝶科 Nymphalidae。

（九十四）丝蛱蝶属 Cyrestis Boisduval, 1832

Cyrestis Boisduval, 1832; in d'Urville, Voyage de Découvertes de l'Astrolabe (Faune ent. Pacif.) 1: 117; Type species: Papilio thyonneus Cramer, [1779].
Apsithra Moore, [1899]; Lepidoptera Indica 4: 58; Type species: Papilio cocles Fabricius, 1787.
Sykophages Martin, 1903; Deutschla of Entomological and Zoological Iris 16(1): 81; Type species: Papilio thyonneus Cramer, [1779].
Azania Martin, 1903; Deutschla of Entomological and Zoological Iris 16(1): 160; Type species: Papilio camillus Fabricius, 1781.

　　翅薄、白色，有细的暗色线纹，中室闭式。R_1 脉和 R_2 脉从中室上脉近上端角处分出；R_3 脉、R_4 脉、R_5 脉共柄，R_3 脉与共柄的分叉点远离中室上端角而接近翅顶角，R_3 脉终于翅前缘；Cu_1 脉从中室下端角分出；端脉连在 M_3 脉与 Cu_1 脉的分叉点上。后翅肩脉与 $Sc + R_1$ 脉同点从中室上脉分出并到达顶角。
　　注记：周尧（1998，1999）和 http://ftp.funet.fi/pub/sci/bio/life/insecta/lepidoptera/网站将此属置于丝蛱蝶族 Cyrestini，隶属于蛱蝶科 Nymphalidae 丝蛱蝶亚科 Cyrestinae。

343. 网丝蛱蝶 Cyrestis thyodamas Boisduval, 1846

Cyrestis thyodamas Boisduval, 1846; in Cuvier, Règne of Animal and Insects 2: 127, pl. 138; Type locality: India.
Amathusia ganescha Kollar, 1848; in Hügel, Kaschmir und das Reich der Siek 4: 430, pl. 7, figs. 3-4; Type locality: W. Himalayas.
Cyrestis thyodamas formosana Fruhstorfer, 1898; Social Entomology 13(10): 74; Type locality: 台湾。
Cyrestis thyodamas chinensis Martin, 1903; Deutschla of Entomological and Zoological Iris 16(1): 87; Type locality: 中国中部和西部。
Cyrestis thyodamas f. tappana Matsumura, 1929; Insecta Matsumurana 3(2/3): 93; Type locality: 台湾。

（1）查看标本：宝兴，2005 年 7 月 12 日，1500-2000 m，1 只，杨晓东；天全，2005 年 9 月 3 日，1000-1500 m，2 只，邓合黎；天全，2005 年 9 月 6 日，5000-1000 m，1 只，杨晓东；勐腊，2006 年 3 月 17 日，500-1000 m，2 只，杨晓东；勐腊，2006 年 3 月 17 日，500-1000 m，1 只，邓合黎；勐腊，2006 年 3 月 18 日，500-1000 m，1 只，吴立伟；芒市，2006 年 3 月 27 日，1000-1500 m，1 只，邓合黎；瑞丽，2006 年 3 月 31 日，500-1000 m，1 只，杨晓东；汉源，2006 年 6 月 27 日，2000-2500 m，1 只，邓合黎；荥经，2006 年 7 月 2 日，500-1000 m，1 只，杨晓东；荥经，2006 年 7 月 2 日，500-1000 m，1 只，邓合黎；天全，2007 年 8 月 6 日，1000-1500 m，1 只，杨晓东；景洪，2021 年 3 月 7 日、4 月 10 日和 5 月 13 日，500-1000 m，10 只，余波。

（2）分类特征：雌雄同型。翅短阔、白色，多条褐色长线不规则弯曲并相互交叉或会合，顶角无三角形斑，无黑色圆点。中室短，约为翅长 1/3。前翅顶角非截形，R_5 脉和 cu_2 室间凹入的外缘比后缘长，外缘无黑带。后翅肩脉从 Sc + R_1 脉分出，外缘波状，r_1 室凹入。

（3）分布。

水平：瑞丽、芒市、景洪、勐腊、汉源、荥经、天全、宝兴。

垂直：500-2500 m。

生境：常绿阔叶林、针叶林、河滩灌丛、山坡灌丛。

（4）出现时间（月份）：3、4、5、6、7、8、9。

（5）种群数量：常见种。

（6）标本照片：彩色图版 XXI-4。

（7）注记：http://ftp.funet.fi/pub/sci/bio/life/insecta/lepidoptera/网站记载分布于中国西部及台湾；India，Indochina。

（九十五）坎蛱蝶属 *Chersonesia* Distant, 1883

Chersonesia Distant, 1883; Rhopalocera Malayana 86: 142; Type species: *Cyrestis rahria* (Moore, [1858]).

小型种类。翅有与躯体平行的条纹，中室闭式且非常短，约为翅长 1/4。前翅短三角形，外缘比后缘长；R_1 脉从中室上脉近上顶角处分出，R_2 脉、R_3 脉、R_4 脉、R_5 脉、M_1 脉共柄，其中 R_2 脉、R_3 脉、R_4 脉到达前缘，而 R_5 脉与 M_1 脉共柄并到达外缘；M_3 脉弯曲，端脉连在 R 脉与 M_1 脉共柄和 M_3 脉与 Cu_1 脉共柄交会处之上。后翅外缘由于 Rs 脉、M_3 脉和 Cu_2 脉末端微突而成角度。

注记：周尧（1998，1999）将此属置于丝蛱蝶族 Cyrestini，隶属于蛱蝶科 Nymphalidae 丝蛱蝶亚科 Marpesiinae。http://ftp.funet.fi/pub/sci/bio/life/insecta/lepidoptera/网站则将此属置于丝蛱蝶族 Cyrestini，隶属于蛱蝶科 Nymphalidae 的 Biblidinae 亚科。

344. 黄绢坎蛱蝶 *Chersonesia risa* (Doubleday, [1848])

Cyrestis risa Doubleday, [1848]; General Diurnal Lepioptera (1): pl. 32, fig. 4; Type locality: Assam.

Cyrestis (Chersonesia) risa transiens Martin, 1903; Deutschla of Entomological and Zoological Iris 16(1): 154; Type locality: 中国西部。

（1）查看标本：勐腊，2006 年 3 月 17 日，500-1000 m，1 只，左燕。

（2）分类特征：翅橙黄色，每 2 条成一组的 10 条黑褐色条纹自前翅外缘通向后翅臀角。

（3）分布。

水平：勐腊。

垂直：500-1000 m。

生境：常绿阔叶林。

（4）出现时间（月份）：3。

（5）种群数量：罕见种。

（6）注记：http://ftp.funet.fi/pub/sci/bio/life/insecta/lepidoptera/网站记载分布于中国西部；India，Indochina。

十五、蛱蝶亚科 Nymphalinae Harvey, 1991

Nymphalinae Harvey, 1991; in Nijhour, The Development and Evolution of Butterfly Wing Patterns 255-272.
Nymphalinae de Jong *et al.*, 1996; Entomologist of Scandinavia 27: 65-102.
Nymphalinae Chou, 1998; Classification and Identification of Chinese Butterflies 158-171.
Nymphalinae Chou, 1999; Monographa Rhopalocerorum Sinensium II: 561-589.
Nymphalinae Ackery *et al.*, 1999; Handbook of Zoology 4(35): 263-300.
Nymphalinae (Nymphalidae) Vane-Wright *et* de Jong, 2003; Zoologische Verhandelingen Leiden 343: 205.

前翅亚前缘 Sc 脉基部不膨大，R_1 脉和 R_2 脉从中室上脉近上端角处分出；R_3 脉、R_4 脉、R_5 脉共柄，R_3 脉与共柄的分叉点远离中室上端角而接近翅顶角，R_3 脉终于翅外缘；Cu_1 脉从中室下脉分出，与中室下端角有一段距离。后翅肩脉从 Sc + R_1 脉分出，中室开式。蛹褐色。

注记：周尧(1998,1999)设立的此亚科包含斑蛱蝶族 Hypolimni、蛱蝶族 Nymphalini、网蛱蝶族 Melitaeini。http://ftp.funet.fi/pub/sci/bio/life/insecta/lepidoptera/网站就中国分布的相关种类，在此亚科内保留了周尧设立的蛱蝶族 Nymphalini 和网蛱蝶族 Melitaeini 2个族，以眼蛱蝶族 Junonini 替代斑蛱蝶族 Hypolimni，并设立枯叶蛱蝶族 Kallimini，共4个族。

（九十六）蠹叶蛱蝶属 *Doleschallia* C. *et* R. Felder, 1860

Doleschallia C. *et* R. Felder, 1860; Wien Entomology Monatschrs 4(12): 399; Type species: *Papilio bisaltide* Cramer, [1777].
Apatura Hübner, [1819]; Verzeichniss Bekannter Schmettlinge (3): 35; Type species: *Papilio bisaltide* Cramer, [1777].

拟似枯叶，中室开式，复眼无毛，腹面有枯叶状斑纹。前翅顶角尖出而平截，前缘弧形，外缘凹入，后翅 A 脉在臀角处形成尾突。

注记：周尧(1998,1999)将此属置于斑蛱蝶族 Hypolimni，隶属于蛱蝶科 Nymphalidae 蛱蝶亚科 Nymphalinae。http://ftp.funet.fi/pub/sci/bio/life/insecta/lepidoptera/网站则将此属置于叶蛱蝶族 Kallimini，隶属于蛱蝶科 Nymphalidae 蛱蝶亚科 Nymphalinae。

345. 蠹叶蛱蝶 *Doleschallia bisaltide* (Cramer, [1777])

Papilio bisaltide Cramer, [1777]; Uitland Kapellen 2(9-16): 9, pls. 102: c, d; Type locality: Java.
Doleschallia bisaltide continentalis Fruhstor, 1899; Berlin entomology Zoology 44: 279, pl. 2, fig. 8; Type locality: 云南.
Doleschallia indica Moore, 1899; Lepidoptera Indica 4: 155, pl. 336; Type locality: India.

（1）查看标本：景洪，2020 年 10 月 25 日，500-1000 m，2 只，余波；景洪，2021 年 5 月 13、21 日、6 月 5 日和 7 月 13 日，500-1000 m，10 只，余波。

（2）分类特征：触角长过翅一半，锤部明显；前翅顶角平截且略突，臀角成直角，前缘明显弧形；后翅顶角成角度，尾突长、似叶柄。背面翅红褐色，中室端 1 个黑斑从上端角向外侧延伸与顶角黑色连在一起；头胸无小白点，翅脉黑褐色；前翅顶角和外缘有黑色阔边。后翅端半部深色，有 1 条平行外缘的亚外缘线斑。腹面斑纹似枯叶、棕褐色，基部深色，中横带由深浅 2 条线斑组成，浅色在内侧并从前翅前缘通向后翅臀角；前翅中室端深色，前缘有 3 个小白点，基部有 5 个小白点，端半部有 6 个模糊的眼状斑；后翅基半部有 2 个小白点，端半部有 6 个模糊的眼状斑，外缘区色浅。

（3）分布。

水平：景洪。

垂直：500-1000 m。

生境：常绿阔叶林。

（4）出现时间（月份）：5、6、7、10。

（5）种群数量：少见种。

（6）标本照片：彩色图版 XXI-5、6。

（7）注记：http://ftp.funet.fi/pub/sci/bio/life/insecta/lepidoptera/网站记载分布于中国云南；Ceylon，India，Burma，Australia。

（九十七）枯叶蛱蝶属 *Kallima* Doubleday, 1849

Kallima Doubleday, 1849; General Diurnal Lepioptera (1): pl. 52, figs. 2-3; Type species: *Paphia paralekta* Horsfield, [1829].

复眼无毛，头胸无小白点，中室微闭、约为翅长 1/4。前翅顶角尖出；R_1 脉、R_2 脉从中室上脉近上端角处分出，R_3 脉、R_4 脉、R_5 脉、M_1 共柄，一起着生上端角，R_3 脉到达前缘，R_4 脉和 R_5 脉到达外缘；端脉 2 段，下段凹入。后翅在 2A 脉处突出成尾突；Sc + R 脉、Rs 脉、M_1 脉、M_2 脉共柄，M_3 脉、Cu 脉共柄，2 支共柄再共柄并着生翅基，长而弯曲且呈 "Y" 形的肩脉着生在再共柄上。

注记：周尧（1998，1999）将此属置于斑蛱蝶族 Hypolimni，隶属于蛱蝶科 Nymphalidae 蛱蝶亚科 Nymphalinae。http://ftp.funet.fi/pub/sci/bio/life/insecta/lepidoptera/网站则将此属置于叶蛱蝶族 Kallimini，隶属于蛱蝶科 Nymphalidae 蛱蝶亚科 Nymphalinae。

346. 枯叶蛱蝶 *Kallima inachus* (Boisduval, 1846)

Kallima inachus (Boisduval, 1846); in Cuvier, Règne of Animal and Institute 2: 26, pl. 139, fig. 3; Type locality: NW. Himalayas.

Papilio inachchus Doyere, 1840; in Cuvier, Règne of Animal and Insects 2: 26, pl. 139: 3; Type locality: Nepal.

Kallima atkinsoni Moore, 1879; Transactions R. Entomological Society of London 1879: 10; Type locality: Darjeeling.

Kallima buckleyi Moore, 1879; Transactions R. Entomological Society of London 1879: 11; Type locality: NW. Himalayas.

Kallima inachus siamensis Fruhstorfer, 1912; in Seitz, Macrolepidoptera of the World 9: 565; Type locality: 云南.

Kallima chinensis Swinhoe, 1893; Annual Magazine of Natural History 12(6): 255; Type locality: 峨眉山.

（1）查看标本：宝兴，2005 年 7 月 10 日，1000-1500 m，1 只，邓合黎；宝兴，2005 年 7 月 11 日，500-1000 m，1 只，李爱民；天全，2005 年 9 月 3、6 日，500-2000 m，3 只，杨晓东；石棉，2006 年 6 月 21 日，1000-1500 m，1 只，邓合黎；荥经，2006 年 7 月 2 日，1000-1500 m，1 只，杨晓东；天全，2007 年 8 月 3 日，1000-1500 m，1 只，杨晓东；宝兴，2016 年 5 月 11 日，500-1000 m，1 只，李爱民；宝兴，2018 年 4 月 1 日和 5 月 16 日，1000-2000 m，4 只，周树军；景洪，2020 年 10 月 25 日，500-1000 m，2 只，余波；景洪，2021 年 6 月 5 日、7 月 13 日和 8 月 16 日，500-1000 m，3 只，余波。

（2）分类特征：翅背面橙褐色，基部黑褐色并具青紫色光泽；前翅从前缘中部到臀角前外缘的橙带宽，顶角、外缘黑色，前缘明显弧形，外缘平直并在 Cu_2 脉处突出，臀角显著；前翅顶角尖出呈叶尖状，并与后翅叶柄状尾突组成叶片形态，加以腹面的枯叶状色彩，非常似枯叶叶脉及枯叶锈斑，使得枯叶蛱蝶成为非常像枯叶的有名的拟态昆虫。

（3）分布。

水平：景洪、石棉、荥经、天全、宝兴。

垂直：500-2000 m。

生境：常绿阔叶林、农田树林、河滩灌丛、溪流山坡灌丛、树林农田。

（4）出现时间（月份）：4、5、6、7、8、9、10。

（5）种群数量：常见种。

（6）标本照片：彩色图版 XXI-7。

（7）注记：http://ftp.funet.fi/pub/sci/bio/life/insecta/lepidoptera/网站记载分布于中国西部和中部；India，Indochina。

（九十八）斑蛱蝶属 *Hypolimnas* Hübner, [1819]

Hypolimnas Hübner, [1819]; Verzeichniss Bekannter Schmettlinge (3): 45; Type species: *Papilio pipleis* Linnaeus, 1758.

Esoptria Hübner, [1819]; Verzeichniss Bekannter Schmettlinge (3): 45; Type species: *Papilio bolina* Linnaeus, 1758.

Diadema Boisduval, 1832; in d'Urville, Voyage de Découvertes de l'Astrolabe 1: 135; Type species: *Papilio bolina* Linnaeus, 1758.

Eucalia Felder, 1861; Novelty Actinic Leopard of Carolina 28(3): 25; Type species: *Diadema anthedon* Doubleday, 1845.

雌雄异型，中型偏大种类，复眼无毛，拟似斑蝶属 *Danaus*。雌蝶多型，头部和胸部黑色，各有 1 对白色斑点，中室闭式。前翅似直角三角形，前缘明显弯曲，外缘 M_1

脉微突，其下凹入，使顶角呈镰刀状突出；中室短，白色；R_1脉从中室上脉近上端角处分出；R_2脉、R_3脉、R_4脉、R_5脉共柄，与M_1脉一起，着生上端角；中室端脉下端连在弯曲的M_3脉上。后翅阔卵形，外缘波状，顶角不显，M_3脉和Cu_1脉从中室下端角分出，臀角外缘在M_3脉处明显突出，无尾突。

注记：周尧（1998，1999）将此属置于斑蛱蝶族 Hypolimni，隶属于蛱蝶科 Nymphalidae 蛱蝶亚科 Nymphalinae。http://ftp.funet.fi/pub/sci/bio/life/insecta/lepidoptera/网站则将此属置于眼蛱蝶族 Junoniini，隶属于蛱蝶科 Nymphalidae 蛱蝶亚科 Nymphalinae。

347. 幻紫斑蛱蝶 *Hypolimnas bolina* (Linnaeus, 1758)

Papilio bolina Linnaeus, 1758; Systematic Nature (10th ed.) 1: 479; Type locality: 广州.

Diadema kezia Butler, 1877; Proceedings of Royal Entomology Society London 1877: 812; Type locality: 台湾.

Diadema priscilla Butler, 1877; Proceedings of Royal Entomology Society London 1877: 812; Type locality: 台湾.

Hypolimnas bolina priscilla ab. *formosana* Sonan, 1926; Transactions of the Natural History Society of Formosa 16: 233; Type locality: 台湾.

（1）查看标本：勐海，2006年3月22日，500-1000 m，1只，杨晓东；瑞丽，2017年8月18日，500-1000 m，1只，邓合黎；瑞丽，2017年8月18日，1000-1500 m，1只，左燕；澜沧，2017年8月31日，1000-1500 m，1只，左燕；宁洱，2018年6月29日，1000-1500 m，1只，邓合黎；景洪，2021年3月7日、5月13日、6月5日、7月12日和8月10日，500-1000 m，5只，余波。

（2）分类特征：雌雄异型，拟似紫斑蝶属 *Euploea*，翅背面中室外的中域区有蓝紫色斑，在不同光线照射下此斑中心白色；前翅蓝紫色斑为长条形，后翅为圆形。雄蝶背面黑紫色，前翅外缘有波状白线，亚缘小白斑"S"形排列，顶角有2个小白斑；后翅外缘斑列较大并整齐排列；腹面棕褐色，基半部无斑纹，前翅中室端外有1列外斜的白色条形斑，中室内前缘有3个小白点；后翅中域有1条白带，白带前缘的外侧有1个白斑，外缘内侧有1列齿状白斑和1列白色圆点，在齿状斑列内的近外缘处有1条平行外缘的棕褐色线斑。雌蝶后翅中域区无蓝紫色圆形大斑，背腹面后翅外缘有波状白线，其内侧有1列"M"形白斑和1列白色圆点。不同个体间，后翅的齿状白斑列和比邻的圆点斑列变化很大，从而产生多型雌雄蝶。

（3）分布。

水平：瑞丽、勐海、景洪、澜沧、宁洱。

垂直：500-1500 m。

生境：常绿阔叶林、针阔混交林林灌、农田林灌。

（4）出现时间（月份）：3、5、6、7、8。

（5）种群数量：少见种。

（6）标本照片：彩色图版XXI-8、9。

（7）注记：http://ftp.funet.fi/pub/sci/bio/life/insecta/lepidoptera/网站记载分布于中国西南部；Arabia，Madagascar，India，Ceylon，Burma，Philippines，Indonesia，Oceania。

（九十九）麻蛱蝶属 *Aglais* Dalman, 1816

Aglais Dalman, 1816; K. Vetensk Academic Handle 1816(1): 56; Type species: *Papilio urticae* Linnaeus, 1758.

Ichnusa Reuss, 1939; Entomologische Zeitschrift 53(1): 3; Type species: *Papilio* (*Vanessa*) *ichnusa* Bonelli, [1823-1824].

中型种类，复眼有毛。Sc 脉基部不膨大，中室闭式，R_2 脉从中室上脉分出，R_3 脉从近中室上顶角的 R_5 脉分出并止于外缘，Cu_1 脉距下端角有一定距离并从中室下脉分出。前翅中室无棒状斑纹，顶角截形或尖出，后缘直；后翅肩脉从 Sc + R_1 脉分出，端脉连至 M_3 脉上；臀角 M_3 脉处外缘突出。蛹褐色。

注记：周尧（1998，1999）将此属置于蛱蝶族 Nymphalini，隶属于蛱蝶科 Nymphalidae 蛱蝶亚科 Nymphalinae。http://ftp.funet.fi/pub/sci/bio/life/insecta/lepidoptera/网站则将此属降为亚属 Subgenus *Aglais*，隶属于蛱蝶科 Nymphalidae 蛱蝶亚科 Nymphalinae 蛱蝶族 Nymphalini 蛱蝶属 *Nymphalis*。

348. 荨麻蛱蝶 *Aglais urticae* (Linnaeus, 1758)

Papilio urticae Linnaeus, 1758; Systematic Nature (10th ed.) 1: 477; Type locality: Sweden.

Vanessa urticae var. *chinensis* Leech, 1892; Butterflies from China, Japan and Corea (2): 258-260, pl. 1; Type locality: 瓦斯沟.

Nymphalis urticae stoetzneri (Kleinschmidt, 1929); Bulletin of the Institutical Catalogue, Historical Nature (2)10(7): 113; Type locality: 四川.

Vanessa urticae kansuensis Kleinschmidt, 1940; Falco 23: 4; Type locality: 中国西北部.

（1）查看标本：宝兴，2005 年 7 月 4-5 日，1500-2000 m，3 只，邓合黎；康定，2005 年 8 月 17 日，4000-4500 m，1 只，杨晓东；芒康，2005 年 8 月 8 日，5000-5500 m，1 只，杨晓东；汉源，2006 年 7 月 1 日，2000-2500 m，2 只，邓合黎；汉源，2006 年 7 月 1 日，2000-2500 m，2 只，杨晓东；德钦，2006 年 8 月 14 日，3000-3500 m，1 只，杨晓东；香格里拉，2006 年 8 月 20 日，3000-3500 m，1 只，邓合黎；香格里拉，2006 年 8 月 20 日，3000-3500 m，1 只，杨晓东；维西，2006 年 8 月 31 日，3000-3500 m，1 只，杨晓东；德钦，2006 年 8 月 12 日，3000-3500 m，1 只，李爱民；香格里拉，2006 年 8 月 21 日，2500-3000 m，1 只，左燕；香格里拉，2006 年 8 月 21 日，2500-3000 m，1 只，李爱民；维西，2006 年 8 月 31 日，2500-3000 m，1 只，李爱民；木里，2008 年 8 月 2、9、18、22 日，2500-3500 m，6 只，邓合黎；木里，2008 年 8 月 9 日，2500-3500 m，2 只，杨晓东；盐源，2008 年 8 月 23 日，2000-2500 m，1 只，杨晓东；得荣，2013 年 8 月 13 日，4000-4500 m，1 只，邓合黎；得荣，2013 年 8 月 14 日，4000-4500 m，1 只，左燕；得荣，2013 年 8 月 14 日，3500-4000 m，1 只，李爱民；乡城，2013 年 8 月 18 日，4000-4500 m，1 只，左燕；稻城，2013 年 8 月 20 日，3000-3500 m，1 只，李爱民；金川，2014 年 8 月 9 日，3000-3500 m，1 只，李爱民；金川，2014 年 8 月 9 日，

2500-3000 m，1 只，邓合黎；金川，2014 年 8 月 9 日，2500-3000 m，1 只，左燕；宝兴，2016 年 5 月 2 日，1500-2000 m，1 只，李爱民；泸水，2016 年 8 月 28 日，2000-2500 m，1 只，李爱民；金川，2017 年 5 月 29 日，2500-3000 m，1 只，李爱民；宝兴，2018 年 4 月 1 日，1000-1500 m，2 只，周树军；宾川，2018 年 4 月 16 日，1000-1500 m，1 只，邓合黎；茂县，2020 年 8 月 4 日，1500-2000 m，1 只，邓合黎。

（2）分类特征：前后翅无孔雀翎状斑，整个腹面密布波状细纹。背面翅橘红色，中室无棒状斑纹，翅外缘有黑边，其内有 1 列近三角形的淡蓝色斑；前翅前缘有 3 个长方形黑斑，基部黑褐色，顶角截形，外缘在 M_1 脉突出；后翅基半部黑褐色，外缘在 Rs 脉前未凹入、在 M_3 脉突出。腹面斑纹似背面、黑褐色，但背面橘红色区域被浅褐色替代。

（3）分布。

水平：泸水、宾川、维西、香格里拉、德钦、得荣、乡城、稻城、盐源、木里、汉源、康定、芦山、宝兴、芒康、金川、茂县。

垂直：1000-5500 m。

生境：常绿阔叶林、针阔混交林、山坡农田树林、林间小道、山坡林灌、河滩灌丛、山坡灌丛、高山灌丛、林下灌丛、树林草地、灌草丛、高山灌丛草甸、山坡草地、高山草地、高山草甸。

（4）出现时间（月份）：4、5、7、8。

（5）种群数量：常见种。

（6）标本照片：彩色图版 XXI-10。

（7）注记：http://ftp.funet.fi/pub/sci/bio/life/insecta/lepidoptera/网站将此种置于蛱蝶属 *Nymphalis*，并记载分布于中国东半部；EU，Asia。

349. 西藏麻蛱蝶 *Aglais ladakensis* (Moore, 1878)

Vanessa ladakensis Moore, 1878; Annual Magazine of Natural History 1(5): 227; Type locality: Ladakh.

（1）查看标本：芒康，2005 年 8 月 8 日，5000-5500 m，1 只，杨晓东；乡城，2013 年 8 月 18 日，4500-5000 m，1 只，左燕。

（2）分类特征：翅背面橘黄色，顶角圆形，外缘平滑、微弧形。前翅背面顶角有块白斑，后翅基半部和端半部颜色不同，基半部黑褐色，中部色浅，缘区色深；外缘在 Rs 脉前不凹入、在 M_3 脉突出但不显著；后缘端半部凹入。

（3）分布。

水平：乡城、芒康。

垂直：4500-5500 m。

生境：高山灌丛、高山灌丛草甸。

（4）出现时间（月份）：8。

（5）种群数量：罕见种。

（6）标本照片：彩色图版 XXI-11。

（7）注记：周尧（1998，1999）未记载此种。http://ftp.funet.fi/pub/sci/bio/life/insecta/lepidoptera/网站将此种置于蛱蝶属 *Nymphalis*，并记载分布于中国西藏；W. Himalayas。

（一〇〇）红蛱蝶属 *Vanessa* Fabricius, 1807

Vanessa Fabricius, 1807; Magazin für Insektenkunde 6: 281; Type species: *Papilio atalanta* Linnaeus, 1758.

Nymphalis Latreille, 1804; Nouveau Dictionnaire d'Histoire Naturelle 24(6): 184, 199; Type species: *Papilio atalanta* Linnaeus, 1758.

Cynthia Fabricius, 1807; Magazin für Insektenkunde 6: 281; Type species: *Papilio cardui* Linnaeus, 1758.

Pyrameis Hübner, [1819]; Verzeichniss Bekannter Schmettlinge (3): 33; Type species: *Papilio atalanta* Linnaeus, 1758.

Bassaris Hübner, [1821]; Sammlung Exotischer Schmetterling 2: 236, pl. 24; Type species: *Papilio itea* Fabricius, 1775.

Ammiralis Rennie, 1832; Conspectus of Butterflies and Moths: 10; Type species: *Papilio atalanta* Linnaeus, 1758.

Phanessa Sodoffsky, 1837; Bulletin Society Imp. Nature Moscou 1837(6): 80(unj. emend. of *Vanessa* Fabricius, 1807).

Neopyrameis Scudder, 1889; Butterflies of the Eastern U. S. Canada 1: 434; Type species: *Papilio cardui* Linnaeus, 1758.

Fieldia Niculescu, 1979; Revue Verve History Nature 36(1-3): 3; Type species: *Hamadryas carye* Hübner, [1812].

Neofieldia Özdikmen, 2008; Munimwnt of Entomology and Zoology 3(1): 321(repl. *Fieldia* Niculescu, 1979); Type species: *Hamadryas carye* Hübner, [1812].

　　复眼有毛，中型种类。中室闭式，腹面有隐晦的斑纹。前翅顶角截形，外缘在 Rs 脉前未凹入、在 M_1 脉略突出，后缘平直；Sc 脉基部不膨大，R_1 脉、R_2 脉从中室上脉近上端角处分出，R_3 脉、R_4 脉、R_5 脉共柄，和 M_1 脉一起，着生上端角；Cu_1 脉从中室下脉分出，距中室下端角有一段距离；端脉 2 段，均平直。后翅肩脉从 Sc + R_1 分出，M_3 脉处外缘未突出，臀角瓣状，外缘弧形、微波状；无尖出和尾突。

　　注记：周尧（1998，1999）和 http://ftp.funet.fi/pub/sci/bio/life/insecta/lepidoptera/ 网站均将此属作为亚属 Subgenus *Vanessa*，隶属于蛱蝶科 Nymphalidae 蛱蝶亚科 Nymphalinae 蛱蝶族 Nymphalini。

350. 大红蛱蝶 *Vanessa indica* (Herbst, 1794)

Papilio atalanta indica Herbst, 1794; Natursys Schmetterling 180: 1, 2; Type locality: India.

Hamadryas calliroe Hübner, 1808; Sammlung Exotischer Schmetterling 46: 3, 4; Type locality: 中国.

Pyrameis indica var. *asakurae* Matsumura, 1908; Entomologische Zeitschrift 22(39): 158; Type locality: 台湾.

Vanessa (*Vanessa*) *indica indica* Vane-Wright *et* Hughes, 2007; Journal of the Lepidopterists' Society 61(4): 212.

　　（1）查看标本：芦山，2005 年 6 月 8 日，1000-1500 m，1 只，邓合黎；宝兴，2005 年 7 月 12 日，500-1000 m，1 只，左燕；宝兴，2005 年 9 月 8 日，500-1500 m，2 只，李爱民；康定，2005 年 8 月 17、19 日，1500-4000 m，2 只，杨晓东；康定，2005 年 8 月 19 日，2000-2500 m，2 只，邓合黎；勐海，2006 年 3 月 22 日，500-1000 m，1 只，左燕；瑞丽，2006 年 3 月 31 日，1000-1500 m，1 只，杨晓东；芒市，2006 年 6 月 1 日，1500-2000 m，1 只，左燕；芒市，2006 年 6 月 1 日，1500-2000 m，2 只，杨晓东；汉

源，2006 年 6 月 27 日，1500-2000 m，1 只，左燕；汉源，2006 年 6 月 27 日，2000-2500 m，1 只，杨晓东；荥经，2006 年 7 月 5 日，1000-1500 m，1 只，李爱民；玉龙，2006 年 8 月 23 日，1500-2000 m，1 只，左燕；维西，2006 年 8 月 23 日，1500-2000 m，1 只，杨晓东；维西，2006 年 8 月 29 日，2000-2500 m，1 只，李爱民；玉龙，2006 年 8 月 31 日，2500-3000 m，1 只，邓合黎；兰坪，2006 年 9 月 4 日，1000-1500 m，1 只，邓合黎；天全，2007 年 8 月 3 日，1000-1500 m，2 只，杨晓东；金川，2014 年 8 月 9 日，3000-3500 m，1 只，左燕；泸定，2015 年 9 月 2、4 日，1500-2000 m，2 只，张乔勇；宝兴，2016 年 5 月 10 日，1500-2000 m，1 只，杨晓东；宝兴，2016 年 5 月 11 日，500-1000 m，1 只，李爱民；宝兴，2016 年 5 月 10-11 日，500-2000 m，2 只，左燕；金川，2016 年 8 月 13 日，2000-2500 m，1 只，左燕；贡山，2016 年 8 月 24 日，2000-2500 m，1 只，左燕；宝兴，2017 年 5 月 27 日，1500-2000 m，1 只，邓合黎；宝兴，2017 年 7 月 9、13 日，500-2000 m，2 只，左燕；宝兴，2017 年 10 月 1 日，1500-2000 m，1 只，周树军；宝兴，2018 年 4 月 14、19 日和 6 月 4 日，1000-2000 m，4 只，周树军，宝兴，2018 年 6 月 1、4 日，1000-2000 m，3 只，左瑞；宝兴，2018 年 6 月 3 日，500-1000 m，1 只，邓合黎；茂县，2020 年 8 月 4 日，1500-2000 m，2 只，左燕；茂县，2020 年 8 月 4 日，1500-2000 m，1 只，左瑞。

（2）分类特征：翅展 50 mm 以上，黑褐色。背面前翅顶角有几个小白点，亚顶角斜列 4 个白斑，基半部橘红色，亚基线是 3 个不规则的黑斑，其外侧还有 1 个黑斑。后翅黑色，只是外缘从 m_1 室至 cu_2 室有 1 条橘红色带，带内有 2 列小黑点。腹面斑纹形态色彩似背面，且有隐约的亚外缘线斑，但无橘红色外缘带，后翅翅面散布不规则的模糊白色线纹。

（3）分布。

水平：瑞丽、芒市、勐海、兰坪、维西、玉龙、贡山、汉源、荥经、康定、泸定、天全、芦山、宝兴、金川、茂县。

垂直：500-4000 m。

生境：常绿阔叶林、针阔混交林、溪流林灌、河滩林灌、沟谷林灌、灌丛、河滩灌丛、河谷灌丛、溪流灌丛、山坡灌丛、溪流山坡灌丛、高山灌丛、溪流农田灌丛、半干旱灌丛、灌草丛、草地、树林草地、灌丛草地、树林农田。

（4）出现时间（月份）：3、4、5、6、7、8、9、10。

（5）种群数量：常见种。

（6）标本照片：彩色图版 XXI-12。

（7）注记：http://ftp.funet.fi/pub/sci/bio/life/insecta/lepidoptera/网站记载分布于中国；Kashmir，India，Ceylon，Burma。

351. 小红蛱蝶 *Vanessa cardui* (Linnaeus, 1758)

Papilio cardui Linnaeus, 1758; Systematic Nature (10th ed.) 1: 475; Type locality: Europe.
Papilio carduelis Cramer, 1775; Uitland Kapellen 1: 26, pls. 26: e, f; Type locality: Sweden.
Papilio belladonna Ghodrt, 1821; Historical Natura of Lepidoptera Papilio Erie 102: pl. 14: 2.
Vanessa pulchra Chou, Yin, Zhang *et* Chen, 2002; Entomotaxonomia 24(1): 58; Type locality: 甘孜.

（1）查看标本：芦山，2005 年 6 月 8 日，1000-1500 m，1 只，邓合黎；宝兴，2005 年 7 月 5、12 日，1500-2500 m，3 只，杨晓东；宝兴，2005 年 7 月 6 日，3500-4000 m，1 只，左燕；理县，2005 年 7 月 22 日，2500-3000 m，1 只，杨晓东；八宿，2005 年 8 月 3、5 日，3000-4000 m，2 只，邓合黎；八宿，2005 年 8 月 5 日，3000-3500 m，1 只，杨晓东；康定，2005 年 8 月 16、19、21-22 日，2500-4000 m，11 只，杨晓东；康定，2005 年 8 月 21 日，2500-3000 m，1 只，邓合黎；天全，2005 年 8 月 30 日，2000-2500 m，1 只，邓合黎；天全，2005 年 8 月 30 日和 9 月 3 日，1000-2500 m，3 只，杨晓东；天全，2005 年 9 月 3 日，2000-2500 m，7 只，李爱民；宝兴，2005 年 9 月 8 日，1000-1500 m，1 只，李爱民；勐海，2006 年 3 月 14 日，1000-1500 m，1 只，吴立伟；芒市，2006 年 3 月 27 日，1 只，杨晓东；芦山，2006 年 6 月 16 日，1500-2000 m，2 只，李爱民；汉源，2006 年 7 月 1 日，1500-2500 m，2 只，李爱民；德钦，2006 年 8 月 10 日，3500-4000 m，1 只，李爱民；香格里拉，2006 年 8 月 17 日，2000-2500 m，1 只，李爱民；芦山，2006 年 6 月 16 日，1500-2000 m，1 只，杨晓东；汉源，2006 年 6 月 25 日和 7 月 1 日，1500-2500 m，5 只，杨晓东；德钦，2006 年 8 月 9 日，3000-3500 m，1 只，杨晓东；香格里拉，2006 年 8 月 17、20-21 日，2000-3500 m，3 只，杨晓东；维西，2006 年 8 月 31 日，3000-3500 m，1 只，杨晓东；芦山，2006 年 6 月 16 日，1500-2000 m，1 只，邓合黎；汉源，2006 年 7 月 1 日，2500-3000 m，2 只，邓合黎；勐海，2006 年 3 月 14 日，500-1000 m，1 只，左燕；汉源，2006 年 6 月 24、27、29 日和 7 月 1 日，1500-2500 m，6 只，左燕；荥经，2006 年 7 月 4 日，1000-1500 m，1 只，左燕；香格里拉，2006 年 8 月 17 日，2000-2500 m，1 只，左燕；兰坪，2006 年 9 月 1 日，2000-2500 m，1 只，左燕；天全，2007 年 8 月 3 日，1000-1500 m，1 只，杨晓东；木里，2008 年 8 月 22 日，3000-3500 m，1 只，杨晓东；盐源，2008 年 8 月 23 日，3000-3500 m，1 只，邓合黎；稻城，2013 年 8 月 20 日，3000-4000 m，3 只，张乔勇；得荣，2013 年 8 月 13、16 日，3000-3500 m，2 只，李爱民；乡城，2013 年 8 月 16-17 日，3500-4000 m，2 只，李爱民；得荣，2013 年 8 月 16 日，3000-3500 m，2 只，邓合黎；稻城，2013 年 8 月 20 日，3000-4000 m，3 只，邓合黎；稻城，2013 年 8 月 20 日，3000-4000 m，4 只，左燕；理县，2014 年 8 月 6 日，2500-3000 m，2 只，左燕；芒康，2015 年 8 月 11 日，3500-4000 m，1 只，李爱民；泸定，2015 年 9 月 2 日，1500-2000 m，1 只，李爱民；泸定，2015 年 9 月 2 日，1500-2500 m，6 只，张乔勇；宝兴，2016 年 5 月 10 日，1500-2000 m，3 只，张乔勇；宝兴，2016 年 5 月 10 日，1500-2000 m，1 只，李爱民；宝兴，2016 年 5 月 10 日，2000-2500 m，2 只；左燕；理县，2016 年 8 月 15 日，2500-3000 m，1 只，左燕；理县，2016 年 8 月 15 日，2500-3000 m，1 只，邓合黎；贡山，2016 年 8 月 24 日，2500-3500 m，2 只，左燕；泸水，2016 年 8 月 28 日，2500-3000 m，1 只，邓合黎；腾冲，2016 年 8 月 30 日，2000-2500 m，1 只，左燕；宝兴，2017 年 5 月 27 日，1500-2000 m，2 只，李爱民；金川，2017 年 5 月 29 日，2500-3000 m，2 只，李爱民；宝兴，2018 年 3 月 24 日、4 月 19、25、28 日和 5 月 13-14、16 日，500-2000 m，7 只，周树军；宝兴，2018 年 6 月 1 日，1000-1500 m，2 只，左燕；宝兴，2018 年 6 月 1 日，1000-1500 m，1 只，左瑞；宁洱，2018 年 6 月 28 日，1000-1500 m，1 只，左燕；茂县，2020 年 8 月 4 日，1500-2000 m，1 只，左瑞；茂县，2020 年 8 月 4 日，1500-2000 m，1 只，邓合黎；青川，2020 年 8 月 13 日，1000-1500 m，

1只，邓合黎；青川，2020年8月13日，1000-1500 m，1只，左瑞。

（2）分类特征：翅展50 mm以下；前翅前缘略弧形，外缘微凹入，后缘较平直；后翅前缘和外缘弧形，后缘端半部浅凹入，臀角显著而尖。翅橘红色或稍浅，背面前翅端半部和外缘下段黑褐色，中域有3个畸形黑斑，基部有2个黑斑；顶角有4个小白点，亚顶角4个长方形白斑组成1斜列斑；后翅基部、前缘、后缘外半段黑褐色，a室灰紫色，端半部有3列小黑点和黑斑。腹面前翅顶角浅橘红色，后翅基半部黑褐色被浅褐色替代，并被不规则的若干个浅色线斑分割为小块斑，端半部3列小黑点的内侧是1列眼状斑。

（3）分布。

水平：芒市、勐海、宁洱、腾冲、泸水、兰坪、维西、香格里拉、贡山、德钦、得荣、乡城、稻城、盐源、木里、汉源、荥经、康定、泸定、天全、芦山、宝兴、芒康、金川、理县、八宿、茂县、青川。

垂直：500-4000 m。

生境：常绿阔叶林、针阔混交林、高山针叶林、林间小道、河滩灌丛树林、河谷林灌、河滩林灌、灌丛、阔叶林缘灌丛、溪流灌丛、河滩灌丛、河谷灌丛、山坡灌丛、高山灌丛、高山草甸灌丛、高山农田灌丛、山坡溪流灌丛、溪流农田灌丛、山坡灌丛草地、灌草丛、草地、灌丛草地、高山草地、高山草甸、阔叶林缘农田、树林农田。

（4）出现时间（月份）：3、5、6、7、8、9。

（5）种群数量：优势种。

（6）标本照片：彩色图版XXI-13。

（7）注记：http://ftp.funet.fi/pub/sci/bio/life/insecta/lepidoptera/网站记载分布于EU，Africa，Asia，Oceania，N. America，Hawaii。

（一〇一）璃蛱蝶属 *Kaniska* Moore, [1899]

Kaniska Moore, [1899]; Lepidoptera Indica 4: 91; Type species: *Papilio canace* Linnaeus, 1763.

中型种类，复眼有毛，中室闭式。翅黑色，蓝色外侧带宽，外缘明显波状，后缘端半部凹入，臀角尖出。前翅顶角尖出、截形，其下 M_1 脉至 Cu_2 脉间凹入；R_3 脉、R_4 脉、R_5 脉共柄，着生上端角；端脉上下2段直，上段非常短，中段凹入。后翅外缘在着生肩脉的 $Sc + R_1$ 脉处明显弯曲、在 Rs 脉前凹入，M_3 脉突出成短尾。

注记：周尧（1998，1999）将此属置于蛱蝶族 Nymphalini，隶属于蛱蝶科 Nymphalidae 蛱蝶亚科 Nymphalinae。http://ftp.funet.fi/pub/sci/bio/life/insecta/lepidoptera/网站则将此属降为亚属 Subgenus *Kaniska*，隶属于蛱蝶科 Nymphalidae 蛱蝶亚科 Nymphalinae 蛱蝶族 Nymphalini 蛱蝶属 *Nymphalis*。

352. 琉璃蛱蝶 *Kaniska canace* (Linnaeus, 1763)

Papilio canace Linnaeus, 1763; Amoenitates Academy 6: 406; Type locality: 中国。

Papilio charonia Drury, 1770; Illustration of Nattural History of Exotisch Insects 1: 9-11, pls. 15: 1, 2; Type locality: 中国。

（1）查看标本：芦山，2005 年 6 月 8 日，1000-1500 m，2 只，邓合黎；康定，2005 年 8 月 21 日，2500-3000 m，1 只，邓合黎；勐海，2006 年 3 月 14 日，1500-2000 m，1 只，邓合黎；宝兴，2006 年 6 月 17 日，1000-1500 m，1 只，汪柄红；汉源，2006 年 6 月 29 日，1000-1500 m，1 只，李爱民；荥经，2006 年 7 月 2、4-5 日，500-1500 m，3 只，李爱民；荥经，2006 年 7 月 4-5 日，1000-1500 m，2 只，杨晓东；荥经，2006 年 7 月 4 日，1000-1500 m，2 只，邓合黎；荥经，2006 年 7 月 4 日，1000-1500 m，1 只，左燕；德钦，2006 年 8 月 9 日，3000-3500 m，1 只，左燕；木里，2008 年 8 月 16 日，3500-4000 m，1 只，邓合黎；福贡，2016 年 8 月 27 日，1500-2000 m，1 只，李爱民；金川，2017 年 5 月 29 日，2500-3000 m，1 只，左燕；孟连，2017 年 8 月 28 日，1000-1500 m，1 只，李勇；宝兴，2018 年 3 月 14 日和 5 月 14 日，1000-1500 m，2 只，周树军。

（2）分类特征：背面翅黑褐色，顶角有 1 个白斑；外侧带蓝色且宽，在前翅前缘区呈 "Y" 形，后翅蓝色带内有 1 列小黑点。翅腹面褐色，斑纹模糊不清，1 条宽的黑褐色中横带从前翅前缘通到后翅臀区。

（3）分布。

水平：孟连、勐海、福贡、德钦、木里、汉源、荥经、康定、芦山、宝兴、金川。

垂直：500-4000 m。

生境：常绿阔叶林、针阔混交林、针叶林、林间小道、山坡农田树林、灌丛、河滩灌丛、溪流灌丛、山坡灌丛、林灌草地。

（4）出现时间（月份）：3、5、6、7、8。

（5）种群数量：常见种。

（6）标本照片：彩色图版 XXII-1。

（7）注记：http://ftp.funet.fi/pub/sci/bio/life/insecta/lepidoptera/网站记载分布于中国南部；India，Ceylon，Burma，Thailand，Malaysia，Sumatra，Siberia，Ussuri，Korea，Japan。

（一〇二）蛱蝶属 *Nymphalis* Kluk, 1780

Nymphalis Kluk, 1780; Historyja Naturalna Zwierzat Domowych i Dzikich, Osobliwie Kraiowych, Historyi Naturalney Poczatki, i Gospodarstwo 4: 86; Type species: *Papilio polychloros* Linnaeus, 1758.

Hamadryas Hübner, [1806]; Tentamen Determinationis Digestionis 1: 7(reject.); Type species: *Papilio io* Linnaeus, 1758.

Aglais Dalman, 1816; K. Vetensk Academic Handle 1816(1): 56; Type species: *Papilio urticae* Linnaeus, 1758.

Polygonia Hübner, [1819]; Verzeichniss Bekannter Schmettlinge (3): 36; Type species: *Papilio c-aureum* Linnaeus, 1758.

Eugonia Hübner, [1819]; Verzeichniss Bekannter Schmettlinge (3): 36; Type species: *Papilio angelica* Stoll, [1782].

Inachis Hübner, [1819]; Verzeichniss Bekannter Schmettlinge (3): 37; Type species: *Papilio io* Linnaeus, 1758.

Comma Rennie, 1832; Conspectus Butterflies Moths 8: 17-18; Type species: *Papilio c-album* Linnaeus, 1758.

Grapta Kirby, 1837; in Richardson, Fauna Boreal American: 292; Type species: *Vanessa c-argenteum* Kirby, 1837.

Scudderia Grote, [1873]; Canadian Entomologist 5(8): 144(preocc. *Scudderia* Stål, 1873); Type species: *Papilio antiopa* Linnaeus, 1758.

Euvanessa Scudder, [1889]; Butterflies of Eastern U. S. and Canada 1: 387; Type species: *Papilio antiopa* Linnaeus, 1758.

Kaniska Moore, [1899]; Lepidoptera Indica 4: 91; Type species: *Papilio canace* Linnaeus, 1763.

Subgenus *Ichnusa* (*Aglais*) Reuss, 1939; Entomology Zoological Society Frankfa. M. 53(1): 3; Type species: *Papilio* (*Vanessa*) *ichnusa* Bonelli, 1826.

Roddia Korshunov, [1995]; Butterflies of Asian Russia 3: 81; Type species: *Papilio l-album* Esper, 1781.

Antiopana Korb, [2005]; A Catalogue of Butterflies of the ex-USSR: 78; Type species: *Papilio antiopa* Linnaeus, 1758.

一个古老的属，身体、足、翅基有毛，中室闭式。翅紫褐色、黑褐色或黄褐色，有黄色、白色或黑色缘带；腹面有很密的波纹。翅前缘微弧形，外缘明显波状，前翅后缘平直，后翅后缘端半部凹入。R_3 脉、R_4 脉、R_5 脉共柄，着生上端角，止于外缘；端脉 3 段、均直，上段、中段很短，Cu_1 脉从中室下脉分出且离下端角近；后翅直立的肩脉从 $Sc + R_1$ 脉分出，M_3 脉突出为短尾状。

注记：周尧（1998，1999）将此属置于蛱蝶族 Nymphalini，隶属于蛱蝶科 Nymphalidae 蛱蝶亚科 Nymphalinae。Bolshakov（2007）认为 *Antiopala* Korb, 2005 是 *Nymphalis* Kluk, 1780 的同物异名（*Zoological Record* 13D: Lepidoptera Vol. 144-0315）。http://ftp.funet.fi/pub/sci/bio/life/insecta/lepidoptera/网站则将此属作为亚属 Subgenus *Euvanessa*，置于蛱蝶属 *Nymphalis*，隶属于蛱蝶科 Nymphalidae 蛱蝶亚科 Nymphalinae 蛱蝶族 Nymphalini。

353. 黄缘蛱蝶 *Nymphalis antiopa* (Linnaeus, 1758)

Papilio antiopa Linnaeus, 1758; Systematic Nature (10th ed.) 1: 476; Type locality: Sweden.

Vanessa antiopa yedanula Fruhstorfer, 1909; International Entomological Zs 3(17): 94; Type locality: 小路.

（1）查看标本：康定，2005 年 8 月 18 日，2500-3500 m，4 只，邓合黎；芒康，2015 年 8 月 11 日，3500-4000 m，1 只，李爱民；金川，2017 年 5 月 29 日，2500-3000 m，2 只，左燕。

（2）分类特征：翅浓紫褐色，外缘有黄色宽带，内侧 7-8 个蓝紫色的小椭圆形斑横排成列并平行外缘；前缘有 3 个横的黄斑。腹面黑褐色、密布波状细纹，外缘黄色被黄白色替代，前缘黄斑变为白色。

（3）分布。

水平：芒康、康定、金川。

垂直：2500-4000 m。

生境：常绿阔叶林、针阔混交林、灌丛、山坡溪流灌丛、林间草地。

（4）出现时间（月份）：5、8。

（5）种群数量：少见种。

（6）标本照片：彩色图版 XXII-2。

（7）注记：http://ftp.funet.fi/pub/sci/bio/life/insecta/lepidoptera/网站记载分布于中国四川；EU，Temperate Asia，Bhutan，Mexico。

354. 朱蛱蝶 *Nymphalis xanthomelas* (Esper, 1781)

Papilio xanthomelas Esper, 1775; Schmetterling 1(2): 63; Type locality: Leipzig.

Papilio xanthomelas Denis *et* Schiffermüller, 1775; Systematic Verzeichniss Schmettlinge Wien Geg: 175.

Papilio xanthomelas Esper, 1781; Die Schmetterling Supplement Th. I, Bd 2(3): 77, pl. 63, fig. 4.

Eugonia pyrrhomelaena Hübner, 1819; Verzeichniss Bekannter Schmettlinge (3): 37.

Vanessa xanthomelas formosana Matsumura, 1925; Journal of College Agricultural Hokkaido Imperial University 15: 97, pl. 8, fig. 12♂; Type locality: 台湾.

（1）查看标本：九龙，2005 年 6 月 8 日，1000-1500 m，1 只，邓合黎；康定，2005 年 8 月 16 日，3500-4000 m，2 只，邓合黎；汉源，2006 年 7 月 1 日，2000-2500 m，1 只，李爱民；泸定，2015 年 9 月 4 日，2000-2500 m，1 只，张乔勇；金川，2016 年 8 月 13 日，4000-4500 m，1 只，邓合黎；宝兴，2018 年 3 月 9 日，1000-1500 m，1 只，邓合黎；松潘，2020 年 8 月 5 日，2000-2500 m，1 只，左瑞。

（2）分类特征：翅橘黄色，锯齿状外缘淡黄白色，亚外缘有平行外缘的黑色宽带且其与外缘间青蓝色。前翅中室内有 2 个相连的黑色圆斑，中室端有 1 个宽大的黑色横斑，m_3 室、cu_1 室各有 1 个及 cu_2 室有 2 个黑斑斜向基部排列，其内侧是黑色宽带，顶角有灰白色短斑，内侧是 1 个黑色横斑。后翅背面亚缘黑带宽，外侧与外缘间青蓝色线斑明显，前缘中部有 1 个大黑斑。腹面密布波状细纹，前翅和后翅端半部浅灰褐色、斑纹似背面；后翅基半部黑褐色。

（3）分布。

水平：九龙、汉源、康定、泸定、宝兴、金川、松潘。

垂直：1000-4500 m。

生境：常绿阔叶林、山坡灌丛、灌草丛、高山草甸灌丛、河谷山坡灌草丛、高山裸岩。

（4）出现时间（月份）：3、6、7、8、9。

（5）种群数量：少见种。

（6）标本照片：彩色图版 XXII-3。

（7）注记：http://ftp.funet.fi/pub/sci/bio/life/insecta/lepidoptera/网站记载分布于中国；C. EU，SE. EU，Middle Asia，India，Japan。

355. 白矩朱蛱蝶 *Nymphalis l-album* (Esper, 1781)

Papilio l-album Esper, 1781; Schmetterling, Supplement I, Bd 2(3): 69, pl. 62, figs. 3a, 3b; Type locality: Ungarn, Oesterreich.

Papilio vau album Denis *et* Schiffermüller, 1775; Ankunft System Schmetterling Wienergegend 5: 176(nom. nud.); Type locality: Vienna.

Vanessa l-album ab. *chelone* Schultz, 1903; Deutschla of Entomological and Zoological Iris 15(2): 324; Type locality: Oesterreich.

Vanessa l-album ab. *contexta* Schultz, 1908; Social Entomology 22(23): 177.

Polygonia l-album ab. *koentzeyi* Diószeghy, 1913; Rovartani Lapok 20: 193; Type locality: Romania.

（1）查看标本：景洪，2020 年 10 月 25 日，500-1000 m，2 只，余波。

（2）分类特征：与朱蛱蝶 *N. xanthomelas* 极相似。翅红褐色，有黑色亚外缘带。后翅背面前缘中部横斑的外侧有白斑，亚外缘黑带狭窄、无青蓝色线斑；腹面中室有 1 个明显的"L"形纹。

（3）分布。

水平：景洪。

垂直：500-1000 m。

生境：常绿阔叶林。

（4）出现时间（月份）：10。

（5）种群数量：罕见种。

（6）标本照片：彩色图版 XXII-4。

（7）注记：http://ftp.funet.fi/pub/sci/bio/life/insecta/lepidoptera/网站记载分布于中国；E. EU，Temperate Asia，Japan。

（一〇三）钩蛱蝶属 *Polygonia* Hübner, 1818

Polygonia Hübner, [1819]; Verzeichniss Bekannter Schmettlinge (3): 36; Type species: *Papilio c-aureum* Linnaeus, 1758.

中型种类。翅黄褐色或红褐色，无蓝色带，多黑色斑点，但基部无黑点，顶角截形，中室开式、长度为翅一半；外缘波状。前翅后缘端半部凹入，R_1 脉从中室上脉近上端角处分出，R_3 脉、R_4 脉、R_5 脉共柄，与 R_2 脉一起，着生中室上端角；端脉 3 段、均直；Cu_1 脉从中室下脉分出，距下端角有一定距离；外缘在 M_1 脉处尖出，其下明显凹入，但在 Cu_2 脉处突出。后翅肩脉着生 Sc +R_1 脉，外缘在 Rs 脉前有缺刻、在 M_3 脉处齿状突出，臀角尖；腹面中室内有 1 个"L"形的银白色纹。

注记：周尧（1998，1999）将此属置于蛱蝶族 Nymphalini，隶属于蛱蝶科 Nymphalidae 蛱蝶亚科 Nymphalinae。http://ftp.funet.fi/pub/sci/bio/life/insecta/lepidoptera/网站则将此属降为亚属 Subgenus *Polygonia*，隶属于蛱蝶科 Nymphalidae 蛱蝶亚科 Nymphalinae 蛱蝶族 Nymphalini 蛱蝶属 *Nymphalis*。Lang（2012）记载的贡嘎蛱蝶 *Polygonia gongga* Lang, 2010 未被武生春和徐埔峰 （2017） 及周尧 （1998， 1999） 和 http://ftp.funet.fi/pub/sci/bio/life/insecta/lepidoptera/网站记载。而武生春和徐埔峰（2017）记载的 *Polygonia extesa* Leech, 1892 被周尧（1998，1999）和 http://ftp.funet.fi/pub/sci/bio/life/insecta/lepidoptera/网站认为是 *Polygonia c-album* (Linnaeus, 1758)的亚种。

356. 白钩蛱蝶 *Polygonia c-album* (Linnaeus, 1758)

Papilio c-album Linnaeus, 1758; Systematic Nature (10th ed.) 1: 477; Type locality: Sweden.

Polygonia c-album kultukensis Kleinschmidt, 1929; Falco 25(1): 14; Type locality: Kultuk.

Grapta agnicula Moore, 1872; Proceedings of Zoological Society of London 1872: 559; Type locality: Nepal.

Vanessa c-album var. *tibetana* Elwes, 1888; Transactions of the Entomological Society of London 1888: 363, pl. 10: 1; Type locality: Sikkim.

Grapta c-album var. *extensa* Leech, [1892]; Butterflies from China, Japan and Corea (2): 265-266, pl. 25, fig. 5.
Polygonia asakurai Nakahara, 1920; Catalogue of the Entomology 52(6): 138; Type locality: 台湾.

（1）查看标本：宝兴，2005 年 9 月 8 日，1000-1500 m，1 只，李爱民；德钦，2006 年 8 月 12 日，3000-3500 m，1 只，邓合黎；兰坪，2006 年 9 月 3 日，3000-3500 m，1 只，左燕；得荣，2013 年 8 月 13 日，3000-3500 m，1 只，张乔勇；乡城，2013 年 8 月 16 日，3500-4000 m，1 只，张乔勇；巴塘，2015 年 8 月 12 日，1 只，李爱民；宝兴，2016 年 5 月，1500-2000 m，1 只，李爱民；宝兴，2018 年 3 月 9 日，1000-1500 m，1 只，周树军。

（2）分类特征：翅橘黄色，基部无黑点，外缘的突出均钝，黑斑未愈合成横带，外缘是黑色宽带。前翅顶角尖；背面黑色斑纹清晰；前翅前缘有 4 个黑色横斑，其中中室 2 个近圆形，中室端、亚顶角和顶角各有 1 个黑斑，后缘和中域各有 2 个黑斑，后翅 a 室浅褐色，内侧从基部到臀角室有 1 条宽的弧形深褐色带纹，中域 3 个黑斑排成三角形，外侧带平行外缘。腹面无银白色点，斑纹色彩同背面，但非常模糊不清。因春型和秋型的差异，不同季节和个体间形态、斑纹和色彩均有较大不同。秋型偏红色，腹面黑褐色，顶角圆。两型的后翅腹面均有"L"形的银色斑纹。

（3）分布。

水平：兰坪、德钦、得荣、乡城、巴塘、宝兴。

垂直：1000-4000 m。

生境：常绿阔叶林、河滩灌丛、溪流灌丛、山坡灌丛、山坡灌草丛、树林农田。

（4）出现时间（月份）：3、5、8、9。

（5）种群数量：少见种。

（6）标本照片：彩色图版 XXII-5。

（7）注记：http://ftp.funet.fi/pub/sci/bio/life/insecta/lepidoptera/网站将此种置于蛱蝶属 *Nymphalis*，并记载分布于中国中部和西部；N. Africa，EU，Temperate Asia，Japan。

357. 黄钩蛱蝶 *Polygonia c-aureum* (Linnaeus, 1758)

Papilio c-aureum Linnaeus, 1758; Systematic Nature (10th ed.) 1: 477; Type locality: Asia.
Papilio angelica Cramer, 1782; Uitland Kapellen 4: 159, pls. 388: b, g; Type locality: 中国.

（1）查看标本：天全，2005 年 9 月 3、6-7 日，500-1500 m，7 只，杨晓东；天全，2005 年 9 月 6-7 日，500-1500 m，3 只，邓合黎；天全，2005 年 9 月 8 日，1500-2000 m，1 只，李爱民；勐海，2006 年 3 月 21-22 日，500-1500 m，4 只，左燕；芦山，2006 年 6 月 16 日，1000-1500 m，1 只，杨晓东；荥经，2006 年 7 月 2 日，500-1000 m，3 只，左燕；荥经，2006 年 7 月 2 日，500-1000 m，2 只，邓合黎；维西，2006 年 8 月 28 日，1500-2500 m，2 只，邓合黎；天全，2007 年 8 月 3、6 日，1000-1500 m，2 只，杨晓东；理县，2016 年 8 月 15 日，2000-2500 m，2 只，左燕；宝兴，2018 年 3 月 9、14 日和 6 月 4 日，1000-2000 m，5 只，周树军；宝兴，2018 年 6 月 1 日，1000-1500 m，2 只，左瑞；九寨沟，2020 年 8 月 7 日，1500-2000 m，4 只，杨盛语；茂县，2020 年 8 月 4

日，1000-2000 m，5 只，左燕；茂县，2020 年 8 月 4 日，1000-2000 m，4 只，左瑞；九寨沟，2020 年 8 月 7 日，1500-2000 m，1 只，左燕；九寨沟，2020 年 8 月 7 日，1500-2000 m，1 只，邓合黎；九寨沟，2020 年 8 月 7 日，1500-2000 m，1 只，左瑞；青川，2020 年 8 月 19 日，500-1000 m，1 只，左燕；青川，2020 年 8 月 20 日，500-1000 m，1 只，邓合黎；景洪，2021 年 7 月 13 日和 8 月 10、16 日，500-1000 m，6 只，余波。

（2）分类特征：与白钩蛱蝶 *P. c-album* 近似，但本种外缘在前翅 Cu_2 脉处的突出、后翅外缘在 Rs 脉处的缺刻、在 M_3 脉处的齿状突出和臀角的尖突均不如白钩蛱蝶明显；前翅中室基部多 1 个黑斑，外侧带断裂为各翅室的黑斑，外缘橘黄色亚外缘是黑褐色线斑。

（3）分布。

水平：勐海、景洪、维西、荥经、天全、芦山、宝兴、理县、茂县、九寨沟、青川。

垂直：500-2500 m。

生境：常绿阔叶林、针阔混交林、居民点树林、树林农田、河谷林灌、灌丛、河滩灌丛、河谷灌丛、灌草丛、灌丛草地、河滩草地。

（4）出现时间（月份）：3、6、7、8、9。

（5）种群数量：常见种。

（6）标本照片：彩色图版 XXII-6、7。

（7）注记：http://ftp.funet.fi/pub/sci/bio/life/insecta/lepidoptera/网站记载分布于中国东北地区及台湾；Amur，Korea，Japan。

（一〇四）孔雀蛱蝶属 *Inachis* Hübner, 1818

Inachis Hübner, [1818]; Vestnik Zoologii (3): 37; Type species: *Papilio io* Linnaeus, 1758.

中型种类。翅的顶角具孔雀翎状斑纹、中心黑色具青紫色光泽，中室短、闭式、有细纹，复眼有毛。前翅顶角截形，中室无棒状斑纹，外缘在 M_1 脉处尖出，其下明显凹入，在 Cu_2 脉处微突；后缘直。后翅外缘在 Rs 脉前末凹入，在 M_3 脉处齿状突出。

注记：周尧（1998，1999）将此属置于蛱蝶族 Nymphalini，隶属于蛱蝶科 Nymphalidae 蛱蝶亚科 Nymphalinae。http://ftp.funet.fi/pub/sci/bio/life/insecta/lepidoptera/网站则将此属作为亚属 Subgenus *Inachis*，隶属于蛱蝶科 Nymphalidae 蛱蝶亚科 Nymphalinae 蛱蝶族 Nymphalini 蛱蝶属 *Nymphalis*。

358. 孔雀蛱蝶 *Inachis io* (Linnaeus, 1758)

Papilio io Linnaeus, 1758; Systematic Nature (10th ed.) 1: 472; Type locality: Sweden.

（1）查看标本：理县，2014 年 8 月 6 日，1000-1500 m，1 只，左燕；九寨沟，2020 年 8 月 7 日，1500-2000 m，1 只，左燕；九寨沟，2020 年 8 月 7 日，1500-2000 m，2 只，左瑞。

（2）分类特征：翅朱红色，顶角钝、截形，外缘波状，翅基部深色。前翅 R_1 脉、

R_2 脉紧靠中室上端角分出，R_3 脉、R_4 脉、R_5 脉共柄，着生上端角；Cu_1 脉从中室下脉分出，距下端角有一定距离；3 段端脉直，上段非常短，下段连在 M_3 脉上。后翅后缘端半部凹入，臀角尖；$Sc + R_1$ 脉长并到达外缘，肩脉着生此脉上。背面前翅前缘和外缘黑褐色，前缘 1 个倒三角形黑斑进入并横在中室内，外侧带上有在孔雀翎状斑纹外侧向后排列的 6 个小白点，后翅 a 室中心黄白色，孔雀翎状斑纹外侧和外缘黑褐色，基部到外缘下段棕褐色；腹面黑褐色或更浅，斑纹似背面，因密布黑色波状细线，致斑纹模糊不清。

（3）分布。

水平：理县、九寨沟。

垂直：1000-2000 m。

生境：灌丛、灌丛草地。

（4）出现时间（月份）：8。

（5）种群数量：少见种。

（6）标本照片：彩色图版 XXII-8。

（7）注记：http://ftp.funet.fi/pub/sci/bio/life/insecta/lepidoptera/网站记载分布于 EU，Temperate Asia，Japan。

（一〇五）眼蛱蝶属 *Junonia* Hübner, 1819

Junonia Hübner, 1819; Verzeichniss Bekannter Schmettlinge (3): 34; Type species: *Papilio lavinia* Cramer, [1775].

Alcyoneis Hübner, [1819]; Verzeichniss Bekannter Schmettlinge (3): 35; Type species: *Alyconeis almane* Hübner, [1819].

Aresta Billberg, 1820; Enumeration of Inscriptionl Museum Billberg 79; Type species: *Papilio laomedia* Linnaeus, 1767.

Kamilla Collins *et* Larsen, 1991; in Larsen, The Butterflies of Kenya and their Natural History: 444; Type species: *Papilio cymodoce* Cramer, [1777].

Junonia (Kallimini) Vane-Wright *et* de Jong, 2003; Zoologische Verhandelingen Leiden 343: 208.

中型种类，复眼光滑无毛，翅亚缘具眼斑，背面色彩鲜艳。二型，夏型眼斑明显；秋型翅缘波状或齿突明显，腹面色暗、枯叶状。前翅顶角截形，外缘在 M_1 脉处尖出，中室闭式，R_1 脉、R_2 脉从中室上脉近上端角处分出，R_3 脉、R_4 脉、R_5 脉、M_1 脉共柄，M_3 脉和 Cu_1 脉从中室下端角分出，端脉 2 段、均凹入。后翅中室开式，后缘端半部凹入，无尾，臀角瓣状突出。

注记：周尧（1998，1999）将此属置于蛱蝶族 Nymphalini，隶属于蛱蝶科 Nymphalidae 蛱蝶亚科 Nymphalinae。http://ftp.funet.fi/pub/sci/bio/life/insecta/lepidoptera/网站则将此属置于眼蛱蝶族 Junoniini，隶属于蛱蝶科 Nymphalidae 蛱蝶亚科 Nymphalinae。

359. 美眼蛱蝶 *Junonia almana* (Linnaeus, 1758)

Papilio almana Linnaeus, 1758; Systematic Nature (10th ed.) 1: 472; Type locality: 广州.

Papilio asterie Linnaeus, 1767; Systematic Nature (12th ed.) 1: 472; Type locality: India.

Precis almana asterie ab. *inauditus* Murayama, 1961; Tyô to Ga 11(4): 57, figs. 15, 21; Type locality: 台湾.
Precis almana asterie ab. *fluentis* Murayama, 1961; Tyô to Ga 11(4): 57, figs. 16, 22; Type locality: 台湾.
Precis almana asterie ab. *liquefactus* Murayama, 1961; Tyô to Ga 11(4): 57, figs. 17, 23; Type locality: 台湾.

（1）查看标本：景洪，2006 年 3 月 20 日，500-1000 m，1 只，杨晓东；勐海，2006 年 3 月 21 日，500-1000 m，1 只，左燕；芒市，2006 年 3 月 27 日，1000-1500 m，2 只，左燕；芒市，2006 年 3 月 27 日，1000-1500 m，1 只，邓合黎；芒市，2006 年 3 月 27 日，1000-1500 m，1 只，吴立伟；芒市，2006 年 3 月 27 日和 4 月 1 日，1000-1500 m，2 只，李世民；石棉，2006 年 6 月 21 日，1000-1500 m，1 只，左燕；汉源，2006 年 6 月 27、29 日，1000-2500 m，4 只，左燕；汉源，2006 年 6 月 27、29 日，1500-2000 m，5 只，邓合黎；汉源，2006 年 6 月 27、29 日，1000-1500 m，1 只，杨晓东；兰坪，2006 年 9 月 3 日，1500-2000 m，3 只，杨晓东；兰坪，2006 年 9 月 4 日，1000-1500 m，1 只，李爱民；木里，2008 年 8 月 1、9 日，2000-2500 m，3 只，邓合黎；木里，2008 年 8 月 9 日，2500-3000 m，3 只，杨晓东；泸定，2015 年 9 月 2 日，1500-2000 m，1 只，张乔勇；泸定，2015 年 9 月 2 日，1500-2000 m，3 只，李爱民；泸定，2015 年 9 月 2 日，1500-2000 m，1 只，邓合黎；福贡，2016 年 8 月 27 日，2000-2500 m，1 只，邓合黎；宁洱，2018 年 6 月 24 日，1000-1500 m，1 只，左燕。

（2）分类特征：背面橘红色，前后翅外缘有 3 条黑褐色波状线斑和 2 个眼斑；前翅前缘黑褐色中室内有 2 条褐色横线，中室端有 1 个黑色横斑，亚顶角 1 个黑斑与 1 个小眼斑相连；后翅前面 1 个眼斑特别大、孔雀翎状，基部有深色线斑。腹面色彩比背面深，斑纹似背面。

季节型：秋型色彩比夏型深，前翅外缘和后翅臀角角状突出；背面斑纹不显；腹面中横带明显，从前翅前缘近顶角经前后翅眼斑内侧延伸至后翅臀角，呈枯叶的叶脉状，后翅亚基条线状并与中横带平行。

（3）分布。

水平：芒市、勐海、景洪、宁洱、福贡、兰坪、木里、石棉、汉源、泸定。

垂直：500-3000 m。

生境：常绿阔叶林、山坡树林、农田树林、农田山林、河滩林灌、河谷林灌、灌丛溪流灌丛、灌草丛、山坡灌草丛、河滩草丛。

（4）出现时间（月份）：3、4、6、8、9。

（5）种群数量：常见种。

（6）标本照片：彩色图版 XXII-9、10。

（7）注记：http://ftp.funet.fi/pub/sci/bio/life/insecta/lepidoptera/网站记载分布于中国云南、台湾、香港；Ceylon，India，Burma，Malaysia，Philippines，Java，Sumatra。

360. 翠蓝眼蛱蝶 *Junonia orithya* (Linnaeus, 1758)

Papilio orithya Linnaeus, 1758; Systematic Nature (10th ed.) 1: 473; Type locality: 中国南部.
Precis orithya hainanensis Fruhstorfer, 1912; in Seitz, Gross-Schmetterling Erde 9: 522; Type locality: 海南.
Junonia orithya ocyale Hübner, 1819; Sammlung Exotischer Schmetterling 2: 24, pl. 33, figs. 3-4; Type locality: 云南.

（1）查看标本：景洪，2006 年 3 月 20 日，500-1000 m，2 只，杨晓东；勐海，2006 年 3 月 21-22 日，500-1000 m，7 只，左燕；芒市，2006 年 3 月 26 日，1500-2000 m，1 只，邓合黎；芒市，2006 年 3 月 27 日，1000-1500 m，1 只，左燕；芒市，2006 年 3 月 27 日和 4 月 1 日，500-1500 m，10 只，李爱民；芒市，2006 年 3 月 27 日和 4 月 1 日，1000-1500 m，3 只，杨晓东；芒市，2006 年 3 月 27、31 日，1000-1500 m，3 只，吴立伟；瑞丽，2006 年 3 月 31 日，500-1000 m，1 只，左燕；瑞丽，2006 年 3 月 31 日和 4 月 1 日，1000-1500 m，1 只，李爱民；汉源，2006 年 6 月 24 日，1000-1500 m，1 只，邓合黎；汉源，2006 年 6 月 25 日，1000-2000 m，2 只，邓合黎；汉源，2006 年 6 月 25 日，1000-1500 m，1 只，杨晓东；玉龙，2006 年 8 月 23 日，1500-2000 m，2 只，杨晓东；玉龙，2006 年 8 月 23 日，1500-2000 m，1 只，邓合黎；玉龙，2006 年 8 月 23 日，1500-2000 m，1 只，左燕；玉龙，2006 年 8 月 23 日，1500-2000 m，2 只，李爱民；维西，2006 年 8 月 23、26 日，1500-2500 m，2 只，左燕；维西，2006 年 8 月 26 日，2000-2500 m，1 只，杨晓东；维西，2006 年 8 月 26 日，2000-2500 m，1 只，李爱民；维西，2006 年 8 月 28 日，2000-2500 m，2 只，邓合黎；兰坪，2006 年 9 月 4 日，1000-1500 m，1 只，邓合黎；耿马，2017 年 8 月 22 日，1000-1500 m，2 只，李勇；沧源，2017 年 8 月 26 日，1000-1500 m，1 只，李勇；景东，2018 年 6 月 19 日，1000-2000 m，5 只，左燕；景东，2018 年 6 月 19 日，1000-1500 m，1 只，邓合黎；景东，2018 年 6 月 19 日，1000-2000 m，3 只，左瑞；普洱，2018 年 6 月 24 日，1000-1500 m，1 只，左燕；普洱，2018 年 6 月 24 日，1000-1500 m，1 只，邓合黎；普洱，2018 年 6 月 24 日，1000-1500 m，3 只，左瑞；宁洱，2018 年 6 月 27 日，1000-1500 m，2 只，左燕；宁洱，2018 年 6 月 27-28 日，1000-1500 m，2 只，邓合黎；宁洱，2018 年 6 月 27-29 日，500-1500 m，6 只，左瑞；墨江，2018 年 7 月 1 日，1000-1500 m，2 只，左瑞；文县，2020 年 8 月 10 日，1000-1500 m，1 只，杨盛语；文县，2020 年 8 月 9 日，1000-1500 m，4 只，左燕；文县，2020 年 8 月 9 日，1000-1500 m，1 只，邓合黎；文县，2020 年 8 月 9 日，1000-1500 m，1 只，左瑞；青川，2020 年 8 月 19 日，500-1000 m，1 只，邓合黎。

（2）分类特征：翅色鲜艳，前翅端部有白色斜带并从前缘中部通向外缘近臀角，前后翅有 2 个眼斑。背面前后翅外缘有 3 条平行外缘的褐色波状线斑，后翅翠蓝色；腹面以橙色为主，除与背面相似的斑纹外，还密布模糊不清形态相异的线斑，其中中横带可见。背面雄蝶前翅基半部藏青色，后翅臀角橙黄色；雌蝶基半部黑褐色，端半部翠蓝色，亚外缘浅橙黄色。

季节型：a 室夏型橙黄色，秋型同基半部色彩；秋型前翅 M_1 脉尖状突出，后翅眼斑消失。背面雌蝶夏型中室内和端各有 1 个橙色横斑。

（3）分布。

水平：瑞丽、芒市、耿马、景洪、勐海、墨江、沧源、景东、宁洱、普洱、兰坪、维西、玉龙、汉源、青川、文县。

垂直：500-2500 m。

生境：常绿阔叶林、针阔混交林、居民点树林、针阔混交林林灌、农田林灌、河滩灌丛、溪流灌丛、山坡灌丛、灌草丛、山坡灌草丛、林灌草地、草地、针阔混交林草地、灌丛草地、河滩草地、林灌农田。

（4）出现时间（月份）：3、4、6、7、8、9。

（5）种群数量：常见种。

（6）标本照片：彩色图版XXII-11、12。

（7）注记：http://ftp.funet.fi/pub/sci/bio/life/insecta/lepidoptera/网站记载分布于中国南部；Tropical Africa，Madagascar，Arabia，India，Ceylon，Burma，Thailand，Malaysia，Singapore，Philippines，Java，Sumatra，Bali Is.，Australia。

361. 黄裳眼蛱蝶 *Junonia hierta* (Fabricius, 1798)

Papilio hierta Fabricius, 1798; Entomological Systematics (Suppl.) 424; Type locality: India.
Papilio lintingensis Osbeck, 1765; Deutschla of Entomological and Zoological Iris 30(2-3): 99.
Precis oenone Rothschild *et* Jordan, 1903; Noviates Zoologicae 10(3): 512; Type locality: 中国.
Precis magna Evans, 1926; Journal of the Bombay Natural History Society 31(3): 715; Type locality: Sikkim.

（1）查看标本：景洪，2006年3月20日，500-1000 m，3只，吴立伟；芒市，2006年3月27-28日，1000-1500 m，2只，邓合黎；芒市，2006年3月27日，1000-1500 m，1只，左燕；瑞丽，2006年3月31日，500-1000 m，2只，左燕；芒市，2006年4月1日，1000-1500 m，1只，左燕；芒市，2006年4月1日，1000-1500 m，1只，吴立伟；芒市，2006年4月1日，1000-1500 m，1只，李爱民；汉源，2006年6月23日，500-1000 m，5只，李爱民；汉源，2006年4月23日，500-1000 m，4只，杨晓东；汉源，2006年6月23-24日，500-1000 m，2只，左燕；汉源，2006年4月23日，500-1000 m，4只，邓合黎；景东，2018年6月19日，1000-1500 m，1只，左瑞；景洪，2021年5月13日和8月10日，500-1000 m，2只，余波。

（2）分类特征：雄蝶背面前翅橙黄色，前缘、外缘、后缘和基部均黑色，中室内有1个线状横斑，顶角有1个小白斑，外缘和后缘黑褐色区域均向内突出成1个黑色短斑；后翅基半部黑褐色，其中有1个大的圆形紫蓝色斑，端半部橙色，外缘是黑褐色斑列，臀角淡褐色。腹面前翅基半部淡色并与端半部相近，斑纹似背面；后翅基半部浅褐色，中横带上半段黑褐色、下半段浅褐色，端半部浅黄色。雌蝶背面前后翅中域各有2个黑色圆斑，前翅黄白色，前缘、外缘和后缘均黑色，中室内有1个线状横斑，顶角1个小白斑和3个黑色横斑组成亚缘斑列；后翅基半部黑褐色，其中有1个大的圆形紫蓝色斑，端半部橙色，外缘一系列黑褐色长方形线斑组成斑列，a室淡褐色。腹面黄褐色，斑纹似背面。

（3）分布。

水平：瑞丽、芒市、景洪、景东、汉源。

垂直：500-1500 m。

生境：常绿阔叶林、针阔混交林、溪流灌丛、山坡灌丛。

（4）出现时间（月份）：3、4、5、6、8。

（5）种群数量：常见种。

（6）标本照片：彩色图版XXII-13、14。

（7）注记：http://ftp.funet.fi/pub/sci/bio/life/insecta/lepidoptera/网站记载分布于中国南部和西部；Madagascar，Africa，Arabia，India，Ceylon，Burma，Cambodia。

362. 蛇眼蛱蝶 *Junonia lemonias* (Linnaeus, 1758)

Papilio lemonias Linnaeus, 1758; Systematic Nature (10th ed.) 1: 473; Type locality: 广州.
Papilio aonis Linnaeus, 1758; Systematic Nature (10th ed.) 1: 472, no. 91; Type locality: Asia.
Precis lemonias f. *persicaria* Fruhstorfer, 1912; in Seitz, Gross-Schmetterling Erde 9: 520.
Junonia lemonias ab. *nirei* Esaki *et* Nakahara, 1930; Zephyrus 2(3): 148.

（1）查看标本：勐腊，2006 年 3 月 17 日，500-1000 m，1 只，左燕；勐腊，2006 年 3 月 18 日，500-1000 m，1 只，邓合黎；勐海，2006 年 3 月 21 日，500-1000 m，1 只，杨晓东；勐海，2006 年 3 月 22-23 日，500-1000 m，3 只，左燕；勐海，2006 年 3 月 22-23 日，500-1000 m，1 只，邓合黎；芒市，2006 年 3 月 27 日，1000-1500 m，1 只，吴立伟；芒市，2006 年 3 月 27 日和 4 月 1 日，1000-1500 m，2 只，邓合黎；瑞丽，2006 年 3 月 31 日，500-1000 m，3 只，左燕；瑞丽，2006 年 3 月 31 日，500-1000 m，1 只，李爱民；芒市，2006 年 4 月 1 日，1000-1500 m，1 只，李爱民；孟连，2017 年 8 月 28 日，1000-2000 m，1 只，邓合黎；孟连，2017 年 8 月 28、30 日，1000-2000 m，2 只，左燕；澜沧，2017 年 8 月 30 日，500-1000 m，1 只，左燕；澜沧，2017 年 8 月 30 日，500-1000 m，1 只，李勇；宁洱，2018 年 6 月 29 日，500-1500 m，4 只，左燕；宁洱，2018 年 6 月 29 日，500-1500 m，4 只，邓合黎；宁洱，2018 年 6 月 27、29 日，500-1500 m，6 只，左瑞；景洪，2021 年 3 月 7 日和 4 月 10 日，500-1000 m，10 只，余波。

（2）分类特征：背面褐色，前后翅亚缘是橘红色的新月形斑列。前翅中室及中室端有黄白色斑纹，前翅 cu_1 室、后翅 m_1 至 cu 各翅室有黑色眼斑并围绕橘黄色点状环，m_1 室眼斑不大。腹面夏型黄褐色，后翅眼斑明显；秋型微具红色或褐色，散布杂乱斑纹，后翅眼状纹不明显，中横带可见、似枯叶状。

（3）分布。

水平：瑞丽、芒市、勐海、景洪、勐腊、孟连、澜沧、宁洱。

垂直：500-2000 m。

生境：常绿阔叶林、针阔混交林林灌、天然林灌、农田林灌、河滩灌丛、溪流灌丛、山坡灌丛、草地、针阔混交林草地、林灌草地。

（4）出现时间（月份）：3、4、6、8。

（5）种群数量：常见种。

（6）标本照片：彩色图版 XXII-15。

（7）注记：http://ftp.funet.fi/pub/sci/bio/life/insecta/lepidoptera/网站记载分布于中国中部及台湾；India，Ceylon，Bengal，Indochina。

363. 波纹眼蛱蝶 *Junonia atlites* (Linnaeus, 1763)

Papilio atlites Linnaeus, 1763; Amoenitates Academy 6: 407; Type locality: 广州.
Papilio laomedia Linnaeus, 1767; Systematic Nature (12th ed.) 1(2): 772.

（1）查看标本：芒市，2006 年 3 月 27 日，1000-1500 m，3 只，左燕；景洪，2021

年 5 月 21 日，500-1000 m，1 只，余波。

（2）分类特征：翅淡褐色，顶角钝、截形。前后翅背面有 1 列 6 个眼状斑，其中 m_3 室斑和 cu_1 室斑最明显，内半部橘红色、外半部褐色，围有白圈和褐圈；亚缘有 2 条波状褐色线纹，具中横线斑。前翅中室内有 3 条、中室端有 1 条波状褐色纹线，后翅外缘稍微弧形，臀角瓣状不显。

（3）分布。

水平：芒市、景洪。

垂直：500-1500 m。

生境：常绿阔叶林、溪流灌丛。

（4）出现时间（月份）：3、5。

（5）种群数量：少见种。

（6）标本照片：彩色图版 XXIII-1。

（7）注记：http://ftp.funet.fi/pub/sci/bio/life/insecta/lepidoptera/网站记载分布于 India，Ceylon，Burma。

364. 钩翅眼蛱蝶 *Junonia iphita* (Cramer, 1779)

Papilio iphita Cramer, 1779; Uitland Kapellen 3(17-21): 30, pl. 209, figs. c, d; Type locality: 中国.
Precis iphita ab. *pullus* Murayama, 1961; Tyô to Ga 11(4): 57, figs. 8, 13; Type locality: 台湾.

（1）查看标本：天全，2005 年 8 月 29、31 日和 9 月 3 日，1000-1500 m，3 只，杨晓东；勐腊，2006 年 3 月 17 日，500-1000 m，1 只，左燕；勐腊，2006 年 3 月 17 日，500-1000 m，1 只，邓合黎；勐海，2006 年 3 月 21 日，500-1000 m，1 只，左燕；勐海，2006 年 3 月 21 日，500-1500 m，2 只，邓合黎；勐海，2006 年 3 月 21 日，500-1500 m，2 只，杨晓东；芒市，2006 年 3 月 27 日，1000-1500 m，3 只，左燕；芒市，2006 年 3 月 27 日，1000-2000 m，3 只，邓合黎；芒市，2006 年 3 月 27 日，1000-1500 m，5 只，李爱民；芒市，2006 年 3 月 27 日，1000-2000 m，3 只，吴立伟；芒市，2006 年 3 月 27-28 日，1000-1500 m，4 只，杨晓东；瑞丽，2006 年 4 月 1 日，1000-1500 m，1 只，杨晓东；石棉，2006 年 6 月 21 日，1000-1500 m，1 只，左燕；石棉，2006 年 6 月 21 日，1000-1500 m，2 只，邓合黎；石棉，2006 年 6 月 21 日，500-1000 m，1 只，李爱民；石棉，2006 年 6 月 21 日，500-1000 m，3 只，杨晓东；汉源，2006 年 6 月 25 日，1000-1500 m，1 只，左燕；汉源，2006 年 6 月 25 日，1500-2000 m，1 只，邓合黎；荥经，2006 年 7 月 2 日，500-1500 m，3 只，左燕；荥经，2006 年 7 月 2 日，500-1500 m，1 只，李爱民；荥经，2006 年 7 月 2 日，500-1500 m，2 只，杨晓东；兰坪，2006 年 9 月 4 日，1000-1500 m，3 只，左燕；兰坪，2006 年 9 月 4 日，1000-1500 m，1 只，邓合黎；兰坪，2006 年 9 月 4 日，1000-1500 m，1 只，李爱民；兰坪，2006 年 9 月 4 日，1000-1500 m，1 只，杨晓东；孟连，2017 年 8 月 28 日，1000-1500 m，1 只，邓合黎；孟连，2017 年 8 月 28-29 日，1000-1500 m，2 只，左燕；澜沧，2017 年 8 月 31 日，1000-1500 m，1 只，左燕；景东，2018 年 6 月 19 日，1500-2000 m，2 只，左燕；景东，

2018年6月19日，1000-2000 m，2只，邓合黎；景东，2018年6月19日，1000-2000 m，2只，左瑞；宁洱，2018年6月28-29日，1000-1500 m，4只，左燕；宁洱，2018年6月29日，500-1500 m，2只，邓合黎；宁洱，2018年6月28-29日，500-1500 m，2只，左瑞；景洪，2021年6月10日，500-1000 m，1只，余波。

（2）分类特征：前翅顶角色浅，M₁脉突出成喙状，后翅臀角钩形突出似尾状；外缘有3条波状线斑，中域自前翅前缘中部至后翅臀角有中横带。翅深褐色，斑纹黑褐色。后翅背面有1列6个眼斑，外缘明显弧形；前翅眼斑退化。

（3）分布。

水平：瑞丽、芒市、孟连、勐海、景洪、勐腊、澜沧、景东、宁洱、兰坪、石棉、汉源、荥经、天全。

垂直：500-2000 m。

生境：常绿阔叶林、针阔混交林、农田树林、针阔混交林林灌、河滩灌丛、溪流灌丛、山坡灌丛、半干旱灌丛、草地、针阔混交林草地、林灌草地。

（4）出现时间（月份）：3、4、6、7、8、9。

（5）种群数量：常见种。

（6）标本照片：彩色图版 XXIII-2、3。

（7）注记：http://ftp.funet.fi/pub/sci/bio/life/insecta/lepidoptera/网站记载分布于中国西部和南部；Ceylon，India，Burma，Thailand，Malaya，Java，Sumatra。

（一〇六）盛蛱蝶属 *Symbrenthia* Hübner, [1819]

Symbrenthia Hübner, [1819]; Verzeichniss Bekannter Schmettlinge (3): 43; Type species: *Symbrenthia hippocle* Hübner, [1819].

Laogona Boisduval, [1836]; Historic and Natural Institute of Species and Génera Lépidoptera 1: 8, pls. 6B, 10; Type species: *Vanessa hypselis* Godart, [1824].

Brensymthia Huang, 2001; Type species: *Symbrenthia niphanda* Moore, 1872.

Symbrenthia (Nymphalini) Vane-Wright *et* de Jong, 2003; Zoologische Verhandelingen Leiden 343: 205.

中型种类，复眼有毛。翅背面黑色、有橙褐色带，腹面多变化。前翅三角形，外缘和后缘一样长，后缘平直、端半部稍微凹入，顶角圆形；R₂脉从中室上脉分出，R₃脉、R₄脉、R₅脉共柄并着生上端角；端脉3段，上段非常短，中段凹入，下段直；Cu₁脉从中室下脉分出；中室闭式，内有棒状斑纹。后翅外缘波状并特别呈现在M₃脉与3A脉间，在Rs脉前不凹入，M₃脉处外缘齿状突出，中室开式。

注记：周尧（1998，1999）和 http://ftp.funet.fi/pub/sci/bio/life/insecta/lepidoptera/网站均将此属置于蛱蝶族 Nymphalini，隶属于蛱蝶科 Nymphalidae 蛱蝶亚科 Nymphalinae。

365. 黄豹盛蛱蝶 *Symbrenthia brabira* Moore, 1872

Symbrenthia brabira Moore, 1872; Proceedings of Zoological Society of London 1872(2): 558; Type locality: India.

Symbrenthia asthala Moore, 1874; Journal of the Bombay Natural History Society 6: 357; Type locality: Karen Hills.

Symbrenthia sivokana Moor, 1899; Lepidoptera Indica 4: 117; pl. 323: 2; Type locality: 中国西部.

Symbrenthia sinica Moore, [1899]; Lepidoptera Indica 4: 123; Type locality: 中国西部.

Symbrenthia brabira scatinia ab. *mediochracea* Sugitani, 1932; Zephyrus 4(1): 8; Type locality: 台湾.

Symbrenthia leoparda Chou et Li, 1994; in Chou, Monographia Rhopalocerum Sinensium II: 581, 766, figs. 57-58; Type locality: 大围山, 云南.

Symbrenthia brabira Huang, 1998; Neue Entomologische Nachrichten 41: 236, pl. 9, figs. 1a, 2a, 281, 581(note).

（1）查看标本：八宿，2005 年 8 月 4 日，3500-4000 m，1 只，杨晓东；天全，2005 年 8 月 31 日，1000-1500 m，1 只，邓合黎；贡山，2016 年 8 月 25 日，1000-1500 m，1 只，李爱民。

（2）分类特征：背面翅黑色，宽度相差不大的斑纹橘红色；前翅中室纵带逐渐变宽并到达中域，顶角有 1 个外斜的斑，臀角也有 1 个相对应的斑纹；后翅外缘在 M_1 脉处角状突出，中横带与外侧带几平行，a 室中部橘黄色。腹面橘黄色，斑纹黑褐色，很多大小不等、形状各异的斑列排成砖墙状；亚外缘是马蹄形眼状斑：前翅 2 个，后翅 5 个；外缘有 2 条平行黑线。

（3）分布。

水平：贡山、天全、八宿。

垂直：1000-4000 m。

生境：常绿阔叶林、河谷树林、高山灌丛。

（4）出现时间（月份）：8。

（5）种群数量：少见种。

（6）标本照片：彩色图版 XXIII-4。

（7）注记：武春生和徐堉峰（2017）记载的星豹盛蛱蝶 *Symbrenthia sinica* Moore, 1899 是此种的亚种。Huang 和 Xue（2004a）将亚种 *Symbrenthia brabira doni* Tytler, 1940 升为独立的种 *Symbrenthia doni* Tytler, 1940，并认为 *Symbrenthia dalailama* Huang, 1998 是 *Symbrenthia doni* Tytler, 1940 的同物异名（*Zoological Record* 13D: Lepidoptera Vol. 140-1379）。http://ftp.funet.fi/pub/sci/bio/life/insecta/lepidoptera/网站记载分布于中国西部及台湾；India，Burma。

366. 斑豹盛蛱蝶 *Symbrenthia leoparda* Chou *et* Li, 1994

Symbrenthia leoparda Chou et Li, 1994; in Chou, Monographia Rhopalocerum Sinensium II: 581, 766, figs. 57-58; Type locality: 大围山, 云南.

（1）查看标本：荥经，2007 年 8 月 9 日，1000-2000 m，4 只，杨晓东；宝兴，2016 年 5 月 11 日，500-1000 m，1 只，张乔勇；宝兴，2017 年 5 月 27 日，1500-2000 m，1 只，左燕；宝兴，2018 年 4 月 19 日，1500-2000 m，1 只，周树军。

（2）分类特征：与黄豹盛蛱蝶 *S. brabira* 相似，但翅背面橘红色斑纹较狭窄，腹面中域有小白斑，较大的黑褐色斑纹方块状堆积；前翅亚外缘上段有 2 个 "()" 状斑纹，后翅亚外缘 5 个 "=" 形斑成列并平行外缘；外缘 2 条黑褐色线纹间显蓝色。

（3）分布。

水平：荥经、宝兴。

垂直：500-2000 m。

生境：常绿阔叶林、溪流农田灌丛。

（4）出现时间（月份）：4、5、8。

（5）种群数量：少见种。

（6）标本照片：彩色图版 XIII-5。

（7）注记：Huang（1998）、武春生和徐堉峰（2017）及 http://ftp.funet.fi/pub/sci/bio/life/insecta/lepidoptera/网站均认为此种是 *Symbrenthia brabira* Moore, 1872 的亚种。http://ftp.funet.fi/pub/sci/bio/life/insecta/lepidoptera/网站记载分布于中国云南。

367. 花豹盛蛱蝶 *Symbrenthia hypselis* Godart, 1824

Symbrenthia hypselis Godart, 1824; Encyclopédie Méthodique 9: 818; Type locality: Java.

Vanessa hypselis Godart, [1824]; Encyclopédie Méthodique 9(2): 818, no. 5-6.

Laogona hypselis Boisduval, 1836; in Boisduval & Guenée, Historical Natural Institute 1: 10, pl. 10: 3.

Symbrenthia cotanda Moore, 1875; Proceedings of Zoological Society of London 1874: 569; Type locality: Darjeeling.

Symbrenthia sinis de Nicéville, 1891; Journal of the Bombay Natural History Society 6: 357, pl. 43: 9; Type locality: Karen Hills.

Symbrenthia hypselis assama Fruhstorfer, 1900; Berlin Entomology Zoology 45(1/2): 21; Type locality: Assam.

Symbrenthia hypselis cotanda Huang, 2003; Neue Entomologische Nachrichten 55: 80.

（1）查看标本：芦山，2005 年 6 月 8 日和 9 月 10 日，1000-1500 m，2 只，邓合黎；宝兴，2005 年 7 月 11 日，500-1000 m，1 只，李爱民；宝兴，2005 年 7 月 11 日，500-1000 m，1 只，杨晓东；天全，2005 年 9 月 3 日，1000-1500 m，1 只，邓合黎；芒市，2006 年 3 月 26 日，1500-2000 m，1 只，左燕；芒市，2006 年 3 月 27 日，1000-1500 m，1 只，邓合黎；勐腊，2006 年 3 月 18 日，500-1000 m，1 只，吴立伟；荥经，2006 年 7 月 2 日，1000-1500 m，1 只，邓合黎；贡山，2016 年 8 月 25 日，1000-1500 m，1 只，李爱民；景洪，2020 年 10 月 25 日，500-1000 m，1 只，余波。

（2）分类特征：与黄豹盛蛱蝶 *S. brabira* 相似，但翅背面橘红色斑纹特别宽，顶角斑与亚端斑连成"V"形横斑；腹面橘黄色，很多较大的黑斑排成砖墙状，亚外缘是非常明显的马蹄形眼斑：前翅 2 个、后翅 5 个，斑内有绿色鳞片；Cu_1 脉至臀角的外缘内侧是淡蓝绿色带，外缘线斑断裂为一个个"="形斑；M_1 脉端非常突出，使外缘成为上下 2 段，下段明显突出。

（3）分布。

水平：芒市、景洪、勐腊、贡山、荥经、天全、芦山、宝兴。

垂直：500-2000 m。

生境：常绿阔叶林、农田树林、河滩灌丛、溪流灌丛、河谷灌丛、树林农田。

（4）出现时间（月份）：3、6、7、8、9、10。

（5）种群数量：常见种。

（6）标本照片：彩色图版 XXIII-6。

（7）注记：http://ftp.funet.fi/pub/sci/bio/life/insecta/lepidoptera/网站记载分布于中国西部；India，Burma，Malaya，Indonesia，Australia。

368. 云豹盛蛱蝶 *Symbrenthia niphanda* Moore, 1872

Symbrenthia niphanda Moore, 1872; Proceedings of Zoological Society of London 1872(2): 559; Type locality: Sikkim, Himalayas.

Symbrenthia niphanda niphanda Fruhstorfer, 1912; in Seitz, Macrolepidoptera of the World 9: 533, pl. 121: d.

Symbrenthia sinoides Hall, 1935; Entomologist 68: 221; Type locality: 四川西部.

Brensymthia sinoides Huang, 2001; Neue Entomologische Nachrichten 51: 65-151(note).

（1）查看标本：芦山，2005 年 6 月 8 日和 8 月 1 日，1000-1500 m，2 只，邓合黎；天全，2005 年 9 月 3 日，1000-1500 m，1 只，邓合黎；天全，2005 年 9 月 3 日，1000-1500 m，1 只，李爱民；宝兴，2018 年 4 月 28 日，500-1000 m，1 只，周树军；景洪，2021 年 10 月 25 日，500-1000 m，1 只，余波。

（2）分类特征：与黄豹盛蛱蝶 *S. brabira* 相似，但翅背面橘红色斑纹更细，顶角斑断裂为 2 个点状斑纹；后翅腹面 5 个圈斑与黄豹盛蛱蝶明显不同，上缘 2 个是实心黑斑，中间圈斑最大、内为金属蓝色，最下方圈斑显著退化。

（3）分布。

水平：景洪、天全、芦山、宝兴。

垂直：500-1500 m。

生境：常绿阔叶林、河谷灌丛、溪流农田灌丛。

（4）出现时间（月份）：4、6、8、9、10。

（5）种群数量：少见种。

（6）标本照片：彩色图版 XXIII-7。

（7）注记：武春生和徐堉峰（2017）及 http://ftp.funet.fi/pub/sci/bio/life/insecta/lepidoptera/网站记载分布于中国四川。

369. 散纹盛蛱蝶 *Symbrenthia lilaea* (Hewitson, 1864)

Laogona lilaea Hewitson, 1864; Transactions of the Entomological Society of London (3)2(3): 246, pl. 15, figs. 5-6; Type locality: India.

Symbrenthia khasiana Moore, 1875; Proceedings of Zoological Society of London 1874(4): 569; Type locality: Khasia Hills.

Symbrenthia hyppoclus [sic] *formosanus* Fruhstorfer, 1908; Entomologcal Wochenbl 25(10): 41; Type locality: 台湾.

（1）查看标本：宝兴，2005 年 7 月 10 日，1000-1500 m，1 只，左燕；天全，2005 年 8 月 31 日和 9 月 3 日，1000-1500 m，2 只，邓合黎；勐海，2006 年 3 月 14 日，1000-2000 m，3 只，邓合黎；勐海，2006 年 3 月 14 日，500-1500 m，3 只，吴立伟；芒市，2006 年 3 月 26-27 日，1000-2000 m，3 只，邓合黎；芒市，2006 年 3 月 26-27 日，1500-2000 m，

2 只，吴立伟；芒市，2006 年 3 月 26-27、31 日和 4 月 1 日，1000-2000 m，6 只，李爱民；瑞丽，2006 年 3 月 31 日，500-1000 m，3 只，左燕；瑞丽，2006 年 3 月 31 日，1000-1500 m，1 只，吴立伟；芒市，2006 年 4 月 1 日，1500-2000 m，2 只，左燕；汉源，2006 年 6 月 23 日，500-1000 m，1 只，邓合黎；汉源，2006 年 6 月 27 日，1500-2000 m，1 只，左燕；荥经，2006 年 7 月 2 日，1000-1500 m，1 只，邓合黎；荥经，2006 年 7 月 2、4 日，500-1500 m，3 只，左燕；荥经，2006 年 7 月 2 日，500-1000 m，4 只，李爱民；天全，2007 年 8 月 6 日，1000-1500 m，1 只，杨晓东；荥经，2007 年 8 月 10 日，1000-1500 m，1 只，李海平；福贡，2016 年 8 月 27 日，1000-2500 m，2 只，左燕；腾冲，2016 年 8 月 30 日，2000-2500 m，1 只，左燕；腾冲，2016 年 8 月 30 日，2000-2500 m，1 只，邓合黎；腾冲，2016 年 8 月 30 日，2000-2500 m，1 只，李爱民；孟连，2017 年 8 月 28 日，1000-1500 m，1 只，李勇；江城，2018 年 6 月 23 日，500-1000 m，1 只，左燕；江城，2018 年 6 月 23 日，500-1000 m，1 只，邓合黎；江城，2018 年 6 月 23 日，500-1000 m，1 只，左瑞；宁洱，2018 年 6 月 29 日，500-1000 m，1 只，左燕；宁洱，2018 年 6 月 27 日，1000-1500 m，1 只，左瑞；青川，2020 年 8 月 20 日，500-1000 m，1 只，杨盛语；青川，2020 年 8 月 19 日，500-1000 m，1 只，左燕；青川，2020 年 8 月 19 日，500-1000 m，1 只，左瑞。

（2）分类特征：背面翅黑褐色，3 条波状橘红色条纹带状排列：第一条是前翅中室和外侧带斑上段相连形成的橘红色纹，第二条由前翅外侧带斑与后翅亚基部条纹组成，第三条是后翅外侧带条斑。腹面橘黄色，密布红褐色斑与线条组成的复杂花纹。后翅 M_3 脉形成的尾突明显。

（3）分布。

水平：瑞丽、芒市、孟连、勐海、江城、宁洱、腾冲、福贡、汉源、荥经、天全、宝兴、青川。

垂直分布：500-2500 m。

生境：常绿阔叶林、针阔混交林、针叶林、农田山林、农田树林、阔叶林缘农田竹林、林灌、河滩灌丛、河谷灌丛、山坡灌丛、草地、针阔混交林草地、林灌草地、灌草丛、灌丛草地、农田灌丛草地、林灌农田。

（4）出现时间（月份）：3、4、6、7、8、9。

（5）种群数量：常见种。

（6）标本照片：彩色图版 XXIII-8。

（7）注记：http://ftp.funet.fi/pub/sci/bio/life/insecta/lepidoptera/网站记载分布于中国；India，Indochina，Indochina。

（一〇七）蜘蛱蝶属 *Araschnia* Hübner, 1819

Araschnia Hübner, 1819; Verzeichniss Bekannter Schmettlinge (3): 37; Type species: *Papilio levana* Linnaeus, 1758.

小型种类，复眼有毛，触角棒状部明显，中室闭式、有细脉。背面黑褐色，斑纹黄色或橘黄色，腹面基部有蜘蛛网状淡色纹。前翅中室无棒状纹，后缘直；Sc 脉和中室上脉分出的 R₁ 脉在近末端交叉，R₂ 脉、R₃ 脉、R₄ 脉、R₅ 脉共柄，从上端角生出；端脉 3 段，均几乎平直。后翅外缘波状成角度，在 Rs 脉前未凹入，在 M₃ 脉处齿状突出；Sc + R₁ 脉长并到达顶角，与 Rs 脉、M₁ 脉、M₂ 脉同处分出，臀角明显。

注记：周尧（1998，1999）和 http://ftp.funet.fi/pub/sci/bio/life/insecta/lepidoptera/网站均将此属置于蛱蝶族 Nymphalini，隶属于蛱蝶科 Nymphalidae 蛱蝶亚科 Nymphalinae。

370. 直纹蜘蛱蝶 *Araschnia prorsoides* (Blanchard, 1871)

Vanessa prorsoides Blanchard, 1871; Comptes Rendus de l'Académie des Sciences 72: 810; Type locality: 中国西部.

Vanessa prorsoides var. *levanoides* Blanchard, 1871; Comptes Rendus de l'Académie des Sciences 72: 810; Type locality: 穆坪.

Araschnia prorsoides Leech, 1892; Butterflies from China, Japan and Corea (2): 273-274, pls. 26: 1, 2.

（1）查看标本：芦山，2005 年 6 月 8 日、7 月 24 日和 8 月 1 日，1000-1500 m，9 只，邓合黎；宝兴，2005 年 7 月 5、11 日，500-2500 m，2 只，邓合黎；八宿，2005 年 8 月 1、5 日，3000-4500 m，2 只，杨晓东；康定，2005 年 8 月 19、22、25-26 日，1500-3500 m，6 只，邓合黎；康定，2005 年 8 月 18-19、22 日，1500-3000 m，3 只，杨晓东；天全，2005 年 8 月 29、31 日，1000-2000 m，6 只，邓合黎；天全，2005 年 8 月 29、31 日和 9 月 2 日，1000-2000 m，17 只，杨晓东；天全，2005 年 9 月 3 日，1000-1500 m，6 只，李爱民；宝兴，2005 年 7 月 4、12 日和 9 月 8 日，1000-2000 m，9 只，邓合黎；宝兴，2005 年 7 月 12 日，500-1500 m，2 只，左燕；宝兴，2005 年 7 月 12 日和 9 月 8 日，5000-2000 m，13 只，李爱民；宝兴，2005 年 7 月 4、11 日和 9 月 8 日，500-2000 m，15 只，杨晓东；天全，2006 年 6 月 12、15 日，1000-1500 m，2 只，杨晓东；天全，2006 年 6 月 12 日，1000-1500 m，2 只，李爱民；宝兴，2006 年 6 月 17 日，1000-1500 m，2 只，邓合黎；宝兴，2006 年 6 月 17 日，1000-1500 m，2 只，杨晓东；石棉，2006 年 6 月 21 日，500-1000 m，1 只，李爱民；汉源，2006 年 6 月 29 日，2000-2500 m，1 只，左燕；荥经，2006 年 7 月 4-5 日，1000-2000 m，2 只，杨晓东；维西，2006 年 8 月 26、31 日，2000-3000 m，4 只，邓合黎；维西，2006 年 8 月 26、31 日，2500-3000 m，5 只，杨晓东；维西，2006 年 8 月 28、31 日，2 只，左燕；维西，2006 年 8 月 31 日，2500-3000 m，1 只，李爱民；天全，2007 年 8 月 3 日，1000-1500 m，1 只，杨晓东；木里，2008 年 8 月 9 日，2000-2500 m，2 只，邓合黎；泸定，2015 年 9 月 2、4 日，1500-2500 m，4 只，左燕；泸定，2015 年 9 月 4 日，2000-2500 m，2 只，邓合黎；泸定，2015 年 9 月 2、4 日，2000-2500 m，4 只，左燕；泸定，2015 年 9 月 4 日，2000-2500 m，1 只，李爱民；宝兴，2016 年 5 月 6 日，1500-2000 m，6 只，李爱民；贡山，2016 年 8 月 25 日，1000-1500 m，1 只，邓合黎；福贡，2016 年 8 月 27 日，2000-2500 m，1 只，邓合黎；泸水，2016 年 8 月 28 日，2000-2500 m，1 只，李爱民；宝兴，2017 年 7 月 9 日，1500-2000 m，2 只，左燕；宝兴，2017 年 7 月 9 日，1500-2000 m，2 只，邓合黎；宝兴，2017 年 9 月 28 日，1000-1500 m，2 只，周树军；宝兴，2018 年 6 月 1 日，1000-1500 m，2 只，左燕；宝兴，2018 年 6 月 1 日，1000-1500 m，1 只，左瑞；宝兴，2018 年 3 月 24 日、5 月 10

日和 6 月 4 日，500-2000 m，6 只，周树军；都江堰，2019 年 6 月 29 日，500-1000 m，1 只，左瑞；青川，2020 年 8 月 19 日，500-1000 m，1 只，左燕；茂县，2020 年 8 月 4 日，1000-1500 m，1 只，邓合黎；茂县，2020 年 8 月 4 日，1500-2000 m，1 只，左瑞；青川，2020 年 8 月 20 日，500-1000 m，1 只，邓合黎；青川，2020 年 8 月 14、19 日，500-2000 m，3 只，左瑞。

（2）分类特征：背面黑褐色，斑纹橘黄色，基部可见橘黄色线纹；外侧带从前缘平行外缘一直通达后翅臀角，外缘线纹断续可见；后翅外缘成角度，在 M$_3$ 脉处突出。前翅中室有橘黄色点和线条，前翅中横带后半段与后翅中横带连成一直线，中横带在前翅 m$_1$ 室、m$_2$ 室各有 1 个浅色斑外移，后缘直。腹面褐黄色并被白线或斑割裂，基部有蜘蛛网状淡色纹，与背面形态相同的中横带白色并止于 cu$_2$ 室，外侧带橘黄色，外缘线纹完整、明晰，后翅外缘在 Rs 脉前未凹入、在 M$_3$ 脉处齿状突出；臀角明显。

（3）分布。

水平：泸水、福贡、维西、贡山、木里、石棉、汉源、荥经、康定、泸定、天全、芦山、宝兴、都江堰、八宿、茂县、青川。

垂直：500-4500 m。

生境：常绿阔叶林、针阔混交林、农田山林、山坡农田树林、居民点树林、河滩林灌、河谷林灌、灌丛、河滩灌丛、溪流灌丛、河谷灌丛、溪流农田灌丛、山坡灌草、河滩草地、阔叶林缘农田、树林农田。

（4）出现时间（月份）：3、5、6、7、8、9。

（5）种群数量：优势种。

（6）标本照片：彩色图版 XXIII-9。

（7）注记：http://ftp.funet.fi/pub/sci/bio/life/insecta/lepidoptera/网站记载分布于中国西部；India，Burma。

371. 曲纹蜘蛱蝶 *Araschnia doris* Leech, [1892]

Araschnia doris Leech, [1892]; Butterflies from China, Japan and Corea (1): 272, pl. 26, figs. 4-5; Type locality: 穆坪.

Araschnia burejana leechi Oberthür, 1909; Etudes de Lépidoptérologie Comparée 3: 203; Type locality: 四川.

Araschnia zhangi Chou, 1994; in Chou, Monographia Rhopalocerum Sinensium II: 584, 767; Type locality: 南京.

（1）查看标本：芦山，2005 年 6 月 8 日，1000-1500 m，7 只，邓合黎；色达，2005 年 7 月 24 日，3500-4000 m，1 只，杨晓东；八宿，2005 年 8 月 1、5 日，3000-5000 m，2 只，杨晓东；八宿，2005 年 8 月 4 日，3500-4000 m，1 只，邓合黎；宝兴，2005 年 7 月 10、12 日和 9 月 8 日，1500-2000 m，9 只，杨晓东；宝兴，2005 年 7 月 10、12 日和 9 月 8 日，1000-2000 m，4 只，邓合黎；宝兴，2005 年 7 月 12 日，1500-2000 m，1 只，左燕；康定，2005 年 8 月 18-19、21 日，1000-4000 m，3 只，邓合黎；康定，2005 年 8 月 27 日，1500-2000 m，1 只，杨晓东；天全，2005 年 8 月 29、31 日，1000-1500 m，5 只，邓合黎；天全，2005 年 8 月 29、31 日和 9 月 3 日，1000-2000 m，8 只，杨晓东；

天全, 2005 年 9 月 3 日, 1000-1500 m, 6 只, 李爱民; 宝兴, 2005 年 9 月 8 日, 1000-1500 m, 3 只, 李爱民; 天全, 2006 年 6 月 15 日, 1000-1500 m, 1 只, 李爱民; 天全, 2006 年 6 月 15 日, 1000-1500 m, 1 只, 杨晓东; 芦山, 2006 年 6 月 16 日, 500-1000 m, 3 只, 李爱民; 芦山, 2006 年 6 月 16 日, 1500-2000 m, 1 只, 杨晓东; 宝兴, 2006 年 6 月 17 日, 1000-1500 m, 1 只, 汪柄红; 荥经, 2006 年 7 月 2、4-5 日, 1000-1500 m, 3 只, 左燕; 荥经, 2006 年 7 月 2 日, 1000-1500 m, 2 只, 邓合黎; 荥经, 2006 年 7 月 4-5 日, 1000-2000 m, 5 只, 杨晓东; 荥经, 2006 年 7 月 4 日, 1000-1500 m, 3 只, 李爱民; 天全, 2007 年 8 月 3-4 日, 500-1500 m, 2 只, 杨晓东; 泸定, 2015 年 9 月 2、4 日, 1500-2000 m, 2 只, 李爱民; 泸定, 2015 年 9 月 2、4 日, 1500-2000 m, 3 只, 张乔勇; 贡山, 2016 年 8 月 24 日, 1500-2000 m, 1 只, 邓合黎; 宝兴, 2017 年 7 月 9 日, 1000-1500 m, 2 只, 邓合黎; 宝兴, 2017 年 7 月 9 日, 1500-2000 m, 1 只, 左燕; 宝兴, 2018 年 5 月 16 日, 1500-2000 m, 1 只, 周树军; 宝兴, 2018 年 6 月 4 日, 1500-2000 m, 1 只, 左燕; 茂县, 2020 年 8 月 4 日, 1000-1500 m, 1 只, 左瑞; 茂县, 2020 年 8 月 4 日, 1000-1500 m, 1 只, 杨盛语; 青川, 2020 年 8 月 19 日, 500-1500 m, 4 只, 杨盛语; 青川, 2020 年 8 月 13、19 日, 1000-1500 m, 4 只, 左燕; 青川, 2020 年 8 月 19 日, 500-1500 m, 4 只, 左瑞。

（2）分类特征：与直纹蜘蛱蝶 A. prorsoides 非常近似，前翅黄色中横带的后半段与后翅先端弯曲的中横带连成一曲折纹。后翅外缘弧形，在 Rs 脉前不凹入，在 M_3 脉处齿状突出不明显；臀角不显。

（3）分布。

水平：贡山、荥经、康定、泸定、天全、芦山、宝兴、八宿、色达、茂县、青川。

垂直：500-5000 m。

生境：常绿阔叶林、针阔混交林、阔叶林缘农田竹林、溪流林灌、河滩林灌、农田树林、灌丛、河滩灌丛、河谷灌丛、高山灌丛、高山灌丛草甸、河滩草地、阔叶林缘农田、树林农田。

（4）出现时间（月份）：5、6、7、8、9。

（5）种群数量：优势种。

（6）标本照片：彩色图版 XXIII-10。

（7）注记：http://ftp.funet.fi/pub/sci/bio/life/insecta/lepidoptera/网站记载分布于中国中部、西部。

372. 断纹蜘蛱蝶 *Araschnia dohertyi* Moore, [1899]

Araschnia dohertyi Moore, [1899]; Lepidoptera Indica 4: 108, pl. 320, fig. 3.

（1）查看标本：宝兴, 2016 年 5 月 11 日, 500-1000 m, 2 只, 左燕; 宝兴, 2018 年 3 月 24 日, 1000-1500 m, 6 只, 周树军。

（2）分类特征：个体较小，外缘锯齿状、在前翅 Cu_2 脉和后翅 M_3 脉处突出，臀角明显。背面橘红色，斑纹黑褐色或白色，基部有蜘蛛网状黑褐色斑块，前后翅黑褐色中横带错开，不相连的外侧带断续；前翅中室端有 1 个白斑，端半部断续的白斑构成 1 个 "Y" 形斑；后翅中横带内侧并行 1 条白色斑列，a 室中部白色。腹面橘黄色，斑纹白色或黑褐色，基部黑褐色、白色、橘黄色斑块错落分布，外缘白色和黑褐色斑块相间排列；中域断续的白色、黑褐色斑块从前翅前缘到后翅后缘；端半部前翅亚外缘为白色 "Y" 形斑，后翅 m₃ 室有 1 条白色纵带。

（3）分布。

水平：宝兴。

垂直：500-1500 m。

生境：常绿阔叶林，溪流山坡灌丛。

（4）出现时间（月份）：3、5。

（5）种群数量：少见种。

（6）标本照片：彩色图版 XXIII-11。

（7）注记：http://ftp.funet.fi/pub/sci/bio/life/insecta/lepidoptera/网站记载分布于中国云南；Burma。

373. 布网蜘蛱蝶 *Araschnia burejana* Bremer, 1861

Araschnia burejana Bremer, 1861; Bulletin Physical-Math Academy Sciences St. Pétersb 3: 466.
Araschnia strigosa Butler, 1866; Journal of the Linnean Society of Zoology, London 9: 54.
Araschnia fallax Janson, 1878; Cistern Entomology 2: 271, pl. 5: 3; Type locality: Japan.
Araschina burejana ab. *azumiana* Sugitani, 1932; Zephyrus 4(2): 91.
Araschnia burejana Korb *et* Bolshakov, 2011; Eversmannia (Suppl.) 2: 37.

（1）查看标本：宝兴，2016 年 5 月 11 日，1500-2000 m，1 只，李爱民；宝兴，2018 年 5 月 16 日，1500-2000 m，1 只，周树军；宝兴，2018 年 6 月 4 日，1500-2000 m，1 只，左燕；宝兴，2018 年 6 月 4 日，1500-2000 m，1 只，左瑞。

（2）分类特征：外缘锯齿状，前翅顶角截形，后翅外缘在 M₃ 脉处齿状突出，臀角明显。后翅背腹面基半部有 1 个非常明显的 "K" 形白纹，腹面白斑更显著。背面橙红色，斑纹褐色，前翅端半部形成 "NX" 形斑，腹面基部有蜘蛛网状淡色纹，端半部橙红色，前翅顶角有 1 列小白点构成的弧形斑，后翅 m₃ 室有 1 个紫白色圆斑，其中心有 1 个白点。

（3）分布。

水平：宝兴。

垂直：1500-2000 m。

生境分布：常绿阔叶林，溪流山坡树林。

（4）出现时间（月份）：5、6。

（5）种群数量：少见种。

（6）标本照片：彩色图版 XXIII-12。

（7）注记：http://ftp.funet.fi/pub/sci/bio/life/insecta/lepidoptera/网站记载分布于中国西南部；Amur，Korea，Japan。

374. 大卫蜘蛱蝶 *Araschnia davidis* Poujade, 1885

Araschnia davidis Poujade, 1885; Bulletin Society of Entomology France (6)5: xciv; Type locality: 穆坪.

Araschnia davidis var. *oreas* Leech, 1892; Butterflies from China, Japan and Corea (2): 275, pl. 26: 6; Type locality: 瓦斯沟, 八字房.

Araschnia davidis oreas Stichel, 1909; in Seitz, Macrolepidoptera of the World 1: 210, pl. 64: fig. 78.

Araschnia chinensis Oberthür, 1917; Etudes de Lépidoptérologie Comparée 14: 125, pl. 474: 3906; Type locality: 打箭炉.

（1）查看标本：九龙，2005 年 4 月 8 日，1000-1500 m，3 只，邓合黎；宝兴，2018 年 5 月 16、23 日，500-1500 m，2 只，周树军；宝兴，2018 年 6 月 4 日，1500-2000 m，1 只，左燕。

（2）分类特征：翅无中横带，后翅外缘波状成角度、在 Rs 脉前未凹入、在 M_3 脉处齿状突出，臀角明显。背面棕黑色，前翅基部有黄白色线条构成的蜘蛛网状纹，其余的橘黄色斑纹构成"NY"形纹。后翅基半部有黄白色线条构成的蜘蛛网状纹，亚外缘 2 条橘红色线斑前后两端接近。腹面前翅从基部到外缘的白色和黑褐色条斑相间；后翅基半部有黄白色线条构成的蜘蛛网状纹；端半部斑纹似背面，亚外缘 m_3 室有 1 个近方形的紫白色斑纹。

（3）分布。

水平：九龙、宝兴。

垂直：500-2000 m。

生境：常绿阔叶林、溪流农田灌丛。

（4）出现时间（月份）：4、5、6。

（5）种群数量：少见种。

（6）标本照片：彩色图版 XXIII-13。

（7）注记：http://ftp.funet.fi/pub/sci/bio/life/insecta/lepidoptera/网站记载分布于中国西部和中部。

（一〇八）网蛱蝶属 *Melitaea* Fabricius, 1807

Melitaea Fabricius, 1807; Magazin für Insektenkunde 6: 284; Type species: *Papilio cinxia* Linnaeus, 1758.

Schoenis Hübner, 1819; Verzeichniss Bekannter Schmettlinge (2): 28; Type species: *Papilio delia* Denis *et* Schiffermüller, 1775.

Cinclidia Hübner, 1819; Verzeichniss Bekannter Schmettlinge (2): 29; Type species: *Papilio phoebe* Denis *et* Schiffermüller, 1775.

Mellicta Billberg, 1820; Enumeration of Inscriptionl Museum Billberg 77; Type species: *Papilio athalia* Rottemburg, 1775.

Melinaea Sodoffsky, 1837; Bulletin Society Imp. Nature Moscou 1837(6): 80; Type species: *Papilio cinxia* Linnaeus, 1758.

Didymaeformia Verity, 1950; Le Farfalle Diurnal d'Italia 4: 89, 90; Type species: *Papilio didyma* Esper, 1778.

Athaliaeformia Verity, 1950; Le Farfalle Diurnal d'Italia 4: 89, 90, 157; Type species: *Papilio athalia* Rottemburg, 1775.

小型种类，触角锤部突然加粗呈梨形，复眼有毛，中室闭式。翅黄褐色，黑色斑纹多是点线，外缘圆形、未突出和凹入。前翅较狭，Cu_1 脉从中室下脉分出，距下端角有一定距离；R_1 脉从中室上脉近上端角出分出，R_2 脉、R_3 脉、R_4 脉、R_5 脉共柄，与 M_1 脉一起，从中室上端角分出，R_3 脉止于前缘。后翅腹面基部在中室上方有 3 个小黑点，中室端脉连在 M_3 脉上。

注记：周尧（1998，1999）将此属置于网蛱蝶族 Melitaeini，隶属于蛱蝶科 Nymphalidae 蛱蝶亚科 Nymphalinae。Hesselbarth 和 Wagener（1995）认为 *Mellicta* Billberg, 1820 是 *Melitaea* Fabricius, 1807 的同物异名（*Zoological Record* 13D: Lepidoptera Vol. 132-1324）。http://ftp.funet.fi/pub/sci/bio/life/insecta/lepidoptera/网站则将此属置于网蛱蝶族 Melitaeini 网蛱蝶亚族 Melitaeina，隶属于蛱蝶科 Nymphalidae 蛱蝶亚科 Nymphalinae。

375. 斑网蛱蝶 *Melitaea didymoides* Eversmann, 1847

Melitaea didymoides Eversmann, 1847; Bulletin Society Imp. Nature Moscou 20(3): 67, pl. 1, figs. 3-4; Type locality: Buryatia.
Melitaea didyma var. *latonia* Grum-Grshimailo, 1891; Horae Society Entomology Ross 25(3-4): 455.
Melitaea didyma pekinensis Seitz, 1909; in Seitz, Gross-Schmetterling Erde 1: 219, pl. 66e; Type locality: 北京.
Melitaea didyma eupatides Fruhstorfer, 1917; Archive Naturgesch 82A(2): 11; Type locality: 甘肃.

（1）查看标本：昌都，2005 年 7 月 31 日，3000-3500 m，1 只，邓合黎；左贡，2005 年 8 月 7 日，3500-4000 m，6 只，邓合黎；德钦，2006 年 8 月 11 日，2500-3000 m，12 只，邓合黎。

（2）分类特征：翅脉与分散的斑点不呈网状。背面无白斑，外缘黑带较狭窄，亚缘带不与其愈合，有成列的中横带与亚缘圆点，无外侧带；前翅中室内有 "8" 字形纹，中室端是环状纹，中横带 "S" 形，无外侧带。腹面前翅色彩比背面淡；前翅斑纹似背面但较模糊，顶角白色；后翅土黄色，中部和基部各有 1 条褐黄色带，其两侧区域内有多列黑褐色新月形纹和黑色圆点，这些成列斑纹几与外缘平行。

（3）分布。

水平：德钦、左贡、昌都。

垂直：2500-4000 m。

生境：河谷灌丛、山坡灌丛、河滩草地。

（4）出现时间（月份）：7、8。

（5）种群数量：少见种。

（6）标本照片：彩色图版 XXIII-14。

（7）注记：http://ftp.funet.fi/pub/sci/bio/life/insecta/lepidoptera/网站记载分布于中国北部；Siberia，Mongolia。

376. 圆翅网蛱蝶 *Melitaea yuenty* Oberthür, 1886

Melitaea yuenty Oberthür, 1886; Études d'Entomologie 11: 17, pl. 2, fig. 13; Type locality: 打箭炉.
Melitaea yuenty batangensis Belter, 1944; Entomologische Zeitschrift 57: 173; Type locality: 巴塘.

（1）查看标本：汉源，2006 年 6 月 23 日，500-1000 m，1 只，李爱民；汉源，2006 年 7 月 1 日，2000-2500 m，6 只，杨晓东；德钦，2006 年 8 月 11、14 日，2000-3000 m，10 只，左燕；德钦，2006 年 8 月 14 日，2000-3000 m，12 只，邓合黎；德钦，2006 年 8 月 11、14 日，2000-3000 m，46 只，李爱民；德钦，2006 年 8 月 11、14 日，2000-3000 m，61 只，杨晓东；香格里拉，2006 年 8 月 17 日，2000-2500 m，1 只，邓合黎；香格里拉，2006 年 8 月 17 日，2000-2500 m，1 只，左燕；香格里拉，2006 年 8 月 17 日，2000-2500 m，3 只，李爱民；香格里拉，2006 年 8 月 17 日，3000-3500 m，2 只，杨晓东；维西，2006 年 8 月 23、28、31 日，1500-3000 m，3 只，杨晓东；维西，2006 年 8 月 28 日，2000-2500 m，1 只，左燕；维西，2006 年 8 月 29 日，2000-2500 m，2 只，李爱民；维西，2006 年 8 月 31 日，2500-3000 m，2 只，邓合黎；兰坪，2006 年 9 月 1 日，2000-2500 m，2 只，左燕；兰坪，2006 年 9 月 4 日，1000-2500 m，4 只，邓合黎；木里，2008 年 8 月 2 日，2000-2500 m，1 只，杨晓东；木里，2008 年 8 月 2 日，2000-2500 m，3 只，邓合黎；得荣，2013 年 8 月 14-16 日，2500-3500 m，11 只，李爱民；得荣，2013 年 8 月 14-16 日，2500-3500 m，10 只，张乔勇；得荣，2013 年 8 月 14-16 日，3000-4000 m，10 只，邓合黎；得荣，2013 年 8 月 16 日，3000-3500 m，5 只，左燕；乡城，2013 年 8 月 16-17 日，2500-3500 m，12 只，左燕；乡城，2013 年 8 月 16-17 日，2500-4000 m，11 只，邓合黎；乡城，2013 年 8 月 16-17 日，2500-3500 m，13 只，张乔勇；乡城，2013 年 8 月 17 日，3000-3500 m，2 只，李爱民；稻城，2013 年 8 月 21 日，2500-3000 m，4 只，邓合黎；稻城，2013 年 8 月 21-22 日，2000-3000 m，5 只，左燕；稻城，2013 年 8 月 21 日，2500-3000 m，4 只，李爱民；稻城，2013 年 8 月 21 日，2500-3000 m，1 只，张乔勇；雅江，2015 年 8 月 14 日，2500-3000 m，2 只，张乔勇；雅江，2015 年 8 月 14 日，2500-3000 m，5 只，李爱民；雅江，2015 年 8 月 14 日，2500-3000 m，1 只，邓合黎；雅江，2015 年 8 月 15 日，2500-3000 m，4 只，左燕；祥云，2018 年 6 月 16 日，2000-2500 m，1 只，左燕；南涧，2018 年 6 月 18 日，1500-2000 m，1 只，邓合黎；南涧，2018 年 6 月 18 日，1500-2000 m，1 只，左瑞；甘孜，2020 年 7 月 27 日，2500-3000 m，1 只，邓合黎。

（2）分类特征：翅脉与斑点不呈网状。背面翅橘红色，无白色斑纹，外缘黑带较狭窄，亚缘带与其部分愈合，中横带斑纹大而显著，特别是前翅上段，外侧带完整并平行外缘；前翅中室有 3 个黑色横斑、1 个端斑，后翅亚外缘新月形黑斑贴近外缘带，基部有若干杂乱的小线斑。腹面前翅比背面色浅，中横带显著；后翅基部淡褐色区域内有 4 个黑点，中室内有 1 个具黑边的斑纹，外缘有三角形斑列，中域有 3 条断续的黄白色条斑，外缘斑列与中域间有 1 列线斑，这些斑列均平行外缘。

（3）分布。

水平：南涧、兰坪、维西、祥云、香格里拉、德钦、得荣、乡城、稻城、木里、汉源、雅江、甘孜。

垂直：500-4000 m。

生境：针阔混交林、山坡灌丛树林、居民点树林、林灌、河谷林灌、灌丛、林下灌丛、河滩灌丛、溪流灌丛、山坡灌丛、峡谷山坡灌丛、半干旱灌丛、山坡灌丛草地、灌草丛、河滩草地。

（4）出现时间（月份）：6、7、8、9。

（5）种群数量：优势种。

（6）标本照片：彩色图版 XXIII-15。

（7）注记：http://ftp.funet.fi/pub/sci/bio/life/insecta/lepidoptera/网站记载仅分布于中国西部。

377. 网蛱蝶 *Melitaea cinxia* (Linnaeus, 1758)

Papilio cinxia Linnaeus, 1758; Systematic Nature (10th ed.) 1: 480; Type locality: Sweden.
Papilio obsoleta Tutt, 1896; British Butterflies 310.
Papilio suffusa Tutt, 1896; British Butterflies 310.
Papilio pallida Tutt, 1896; British Butterflies 311.
Melitaea cinxia ab. *wittei* Geest, 1903; Allgemeines Zeitschrift of Entomology 8: 308.
Melitaea cinxia oasis Huang *et* Murayama, 1992; Tyô to Ga 43(1): 7, fig. 20; Type locality: Altai.
Melitaea cinxia cinxia Korb *et* Bolshakov, 2011; Eversmannia (Suppl.) 2: 42.

（1）查看标本：德钦，2006 年 8 月 11 日，2500-3000 m，1 只，邓合黎；甘孜，2020 年 7 月 26 日，3500-4000 m，1 只，左燕。

（2）分类特征：翅黄褐色，外缘和亚外缘有 2 列波状黑纹，外缘黑带狭窄，亚缘带不与其完全愈合，翅脉和分散的斑纹不呈网状。背面无白色斑纹，亚缘为连续的黑色波状线，无完整成列的外缘斑；前翅中部从前缘开始绕中室外方至后缘有 2 列黑斑，中室端黑斑形成 2 条细横带，中室内有飞鸟形黑斑，中横带 2 次曲折、末端指向外；后翅外缘内侧有 1 列黑点，基半部有弧形黑斑。腹面前翅顶角有 1 列内含黑点的黄斑；后翅外缘有 1 列内含黑色短线的黄白色斑，亚外缘有 1 列具黑点的方形橘黄色斑，内侧有 1 列具黑点的黄色纵长斑，基部有橘黄色斑和含黑点的黄斑。

（3）分布。

水平：德钦、甘孜。

垂直：2500-4000 m。

生境：山坡灌丛、高寒草甸。

（4）出现时间（月份）：7、8。

（5）种群数量：罕见种。

（6）标本照片：彩色图版 XXIII-16。

（7）注记：http://ftp.funet.fi/pub/sci/bio/life/insecta/lepidoptera/网站记载分布于中国新疆；Algeria，Morocco，EU，Iran，Türkiye，Russia，W. Asia。

378. 罗网蛱蝶 *Melitaea romanovi* Grum-Grshimailo, 1891

Melitaea romanovi Grum-Grshimailo, 1891; Horae Society Entomology Ross 25(3-4): 454; Type locality: 甘肃.
Euphidryas [sic] *romanovi shanshiensis* Murayama, 1955; Tyô to Ga 6(1): 1, fig. 2; Type locality: 太原.

（1）查看标本：昌都，2005 年 7 月 31 日，3000-3500 m，1 只，邓合黎。

（2）分类特征：雌雄异型。翅橘红色，腹面稍浅，斑纹白色或黑褐色；背腹面前后翅外缘由半椭圆形斑组成，斑内有 1 个黑色小圆点，此斑在腹面为白色。雄蝶前翅中室内有 1 个黑斑，端部有 1 个黑色横斑，中横带与外侧带白色，由于 cu_1 室的外侧带斑向内延伸，两带连成"H"形，其内侧有黑褐色斑纹。背面前翅黑色亚外缘带完整，在 m_2 室和 m_3 室的斑纹白色；后翅基部有数个黑色小圆点，白色中横带仅中段保留 1 个白点，白色外侧带贯穿中域、呈">"形。腹面基部白色，点斑、线斑黑色；中横带、外侧带与外缘间有数列与外缘平行的黑色圆点斑列。

雌蝶腹面似雄蝶，但翅色较雄蝶浅，除腹面外缘外，缺少白斑和白色斑列，黑褐色斑纹较雄蝶细、小。

（3）分布。

水平：昌都。

垂直：3000-3500 m。

生境：河滩草地。

（4）出现时间（月份）：7。

（5）种群数量：罕见种。

（6）标本照片：彩色图版 XXIV-1。

（7）注记：http://ftp.funet.fi/pub/sci/bio/life/insecta/lepidoptera/网站记载分布于中国山西；Mongolia，Baikal。

379. 菌网蛱蝶 *Melitaea agar* Oberthür, 1886

Melitaea agar Oberthür, 1886; Entomologische Zeitschrift 11: 18, pl. 5, figs. 31-32; Type locality: 打箭炉.
Melitaea didyma wardi Watkins, 1927; Annual Magazine of Natural History 9(19): 316; Type locality: 云南西北部.
Melitaea didyma baileyi Watkins, 1927; Annual Magazine of Natural History 9(19): 512.
Melitaea agar yunnanensis Belter, 1942; Entomologische Zeitschrift (Stuttgart) 56: 146; Type locality: 德钦.
Melitaea agar minuscula Belter, 1944; Entomologische Zeitschrift (Stuttgart) 57: 171; Type locality: 巴塘.
Melitaea agar amithaba Belter, 1944; Entomologische Zeitschrift (Stuttgart) 57: 171; Type locality: 巴塘.
Melitaea agar qinghaiensis Chou, Yuan, Yin, Zhang *et* Chen, 2002; Entomotaxonomia 24(1): 58; Type locality: 玉树.

（1）查看标本：八宿，2005 年 8 月 1 日，4000-4500 m，1 只，邓合黎；左贡，2005 年 8 月 7 日，3500-4000 m，1 只，邓合黎；左贡，2005 年 8 月 7 日，3500-4000 m，3 只，杨晓东；左贡，2015 年 8 月 9 日，4500-5000 m，1 只，张乔勇。

（2）分类特征：翅背面橘黄色，腹面淡黄色，翅脉与分散的斑点不呈网状，外缘黑带较宽，亚缘带与其完全愈合。背面前翅中室端、中室中和中室下方均有黑色环状斑纹，中横带、外侧带和外带 3 列黑斑完整；后翅无中横带，基半部有堆积成片的黑褐色点斑。腹面淡黄色，前翅斑纹似背面，顶角色浅；后翅黄白色中横带特别宽，外缘有近白色的半圆形斑列，内有 1 个黑褐色点斑，基半部斑纹杂乱。

（3）分布。

水平：八宿、左贡。

垂直：3500-5000 m。

生境：河谷灌丛、河滩草灌、高山灌丛草甸。

（4）出现时间（月份）：8。

（5）种群数量：少见种。

（6）标本照片：彩色图版 XXIV-2。

（7）注记：Lang（2012）认为 *Melitaea agar qinghaiensis* Chou, Yuan, Yin, Zhang *et* Chen, 2002 是 *Melitaea agar majori* Kocman, 1999 的同物异名（*Zoological Record* 13D: Lepidoptera Vol. 148-1948）。http://ftp.funet.fi/pub/sci/bio/life/insecta/lepidoptera/网站记载分布于中国西藏和云南。

380. 兰网蛱蝶 *Melitaea bellona* Leech, [1892]

Melitaea bellona Leech, [1892]; Butterflies from China, Japan and Corea (2): 219-220, pl. 24, figs. 1-5; Type locality: 中国西部.

Melitaea bellonides atromarginata Belter, 1944; Entomologische Zeitschrift 57: 172; Type locality: 云南北部.

（1）查看标本：色达，2005 年 7 月 24-25 日，3500-4500 m，3 只，邓合黎；甘孜，2005 年 7 月 26 日，3500-4000 m，1 只，邓合黎；甘孜，2005 年 7 月 26 日，3500-4000 m，2 只，杨晓东；江达，2005 年 7 月 29 日，3000-3500 m，1 只，邓合黎；江达，2005 年 7 月 29 日，3000-3500 m，1 只，杨晓东；昌都，2005 年 7 月 31 日，3000-3500 m，6 只，邓合黎；八宿，2005 年 8 月 1 日，4000-4500 m，2 只，邓合黎；芒康，2005 年 8 月 8 日，4000-4500 m，1 只，邓合黎；康定，2005 年 8 月 16-17 日，3500-4000 m，2 只，杨晓东；康定，2005 年 8 月 23 日，3000-3500 m，1 只，邓合黎；稻城，2013 年 8 月 20 日，3500-4000 m，1 只，李爱民；理塘，2015 年 8 月 13 日，4000-4500 m，1 只，左燕；甘孜，2020 年 7 月 27 日，3500-4000 m，1 只，左燕。

（2）分类特征：背面黄褐色，斑纹、带斑褐色；因与亚缘带完全愈合，外缘带宽，带内在前翅是 1 列黄白色小端斑、在后翅是弧形斑列；基部深色，中室有褐色线斑。前翅中横带、外侧带明显而并列，前者与中室端斑分离。腹面橘黄色，前翅斑纹似背面，基半部、中横带、外侧带斑纹褐色，亚外缘带与顶角黄白色；后翅基部 5 个白斑成列，曲折的中横带白色，半圆形亚外缘斑列白色。

（3）分布。

水平：稻城、康定、八宿、昌都、江达、甘孜、色达、芒康、理塘。

垂直：3000-4500 m。

生境：针阔混交林、河滩灌丛、高山灌丛、高山河谷灌丛、高山灌丛草甸、河滩草地、高山草甸、高寒草甸。

（4）出现时间（月份）：7、8。

（5）种群数量：常见种。

（6）标本照片：彩色图版 XXIV-3。

（7）注记：http://ftp.funet.fi/pub/sci/bio/life/insecta/lepidoptera/网站记载分布于中国西部。

381. 黑网蛱蝶 *Melitaea jezabel* Oberthür, 1886

Melitaea jezabel Oberthür, 1886; Études d'Entomologie 11: 18, pl. 2, fig. 14; Type locality: 打箭炉.

Melitaea leechi Alphéraky, 1895; Deutschla of Entomological and Zoological Iris 8(1): 182.

Melitaea jezabel yunnana Watkins, 1927; Annual Magazine of Natural History 9(19): 316; Type locality: 栓潭, 洛马谷, 云南西北部.

Melitaea bellona kansuensis Nordstrom, 1935; Arkansas Zoology 27A(7): 26; Type locality: 甘肃.

Melitaea sindura honei Belter, 1942; Entomologische Zeitschrift (Stuttgart) 56: 147; Type locality: 德钦.

Melitaea sindura bellonides Belter, 1942; Entomologische Zeitschrift (Stuttgart) 56: 147; Type locality: 德钦.

Melitaea bellonides atromarginata Belter, 1944; Entomologische Zeitschrift (Stuttgart) 57: 172; Type locality: 德钦.

（1）查看标本：甘孜，2005 年 7 月 26 日，3000-3500 m，1 只，杨晓东；江达，2005 年 7 月 29 日，3000-3500 m，1 只，杨晓东；昌都，2005 年 7 月 31 日，3000-3500 m，5 只，杨晓东；昌都，2005 年 7 月 31 日，3000-3500 m，1 只，邓合黎；八宿，2005 年 8 月 1、3 日，3500-5000 m，14 只，邓合黎；八宿，2005 年 8 月 1-4、6-8 日，3500-5000 m，13 只，杨晓东；八宿，2005 年 8 月 4 日，3500-4000 m，1 只，李爱民；左贡，2005 年 8 月 7 日，3500-4000 m，1 只，杨晓东；芒康，2005 年 8 月 8 日，4000-4500 m，3 只，杨晓东；芒康，2005 年 8 月 8 日，5 只，4000-4500 m，邓合黎；德钦，2006 年 8 月 9、12、14 日，2000-3000 m，7 只，杨晓东；德钦，2006 年 8 月 12 日，2500-3000 m，3 只，李爱民；德钦，2006 年 8 月 12、14 日，3000-4000 m，4 只，左燕；德钦，2006 年 8 月 14 日，3500-4000 m，8 只，邓合黎；香格里拉，2006 年 8 月 20 日，3000-3500 m，4 只，左燕；香格里拉，2006 年 8 月 20 日，2500-3500 m，6 只，邓合黎；香格里拉，2006 年 8 月 20-21 日，3000-3500 m，6 只，李爱民；香格里拉，2006 年 8 月 20 日，3000-3500 m，8 只，杨晓东；木里，2008 年 8 月 18 日，3500-4000 m，2 只，邓合黎；得荣，2013 年 8 月 14 日，4000-4500 m，1 只，左燕；乡城，2013 年 8 月 17 日，2500-3000 m，1 只，左燕；乡城，2013 年 8 月 17 日，3500-4000 m，1 只，邓合黎；稻城，2013 年 8 月 19-20 日，3500-4000 m，6 只，左燕；稻城，2013 年 8 月 19-20 日，3500-4000 m，19 只，邓合黎；稻城，2013 年 8 月 19-20 日，3500-4000 m，6 只，张乔勇；稻城，2013 年 8 月 19-20 日，3500-4000 m，4 只，李爱民；左贡，2015 年 8 月 9 日，4000-4500 m，1 只，左燕；左贡，2015 年 8 月 9 日，4000-4500 m，1 只，邓合黎；左贡，2015 年 8 月 9 日，4000-4500 m，2 只，李爱民；左贡，2015 年 8 月 9 日，4500-5000 m，1 只，张乔勇；芒康，2015 年 8 月 11 日，3500-4000 m，1 只，李爱民；理塘，2015 年 8 月 13 日，4000-4500 m，1 只，邓合黎；理塘，2015 年 8 月 13 日，4000-4500 m，2 只，李爱民；理塘，2015 年 8 月 13 日，4000-4500 m，3 只，张乔勇；巴塘，2015 年 8 月 13 日，4000-4500 m，1 只，左燕；巴塘，2015 年 8 月 13 日，4000-4500 m，3 只，张乔勇；雅江，2015 年 8 月 15 日，2500-3000 m，2 只，邓合黎；金川，2016 年 8 月 11 日，3000-3500 m，1 只，李爱民；甘孜，2020 年 7 月 27 日，3500-4000 m，1 只，杨盛语；甘孜，2020 年 7 月 27 日，3500-4000 m，1 只，左燕；甘孜，2020 年 7 月 27 日，3500-4000 m，2 只，

邓合黎。

（2）分类特征：翅脉与斑点不呈网状，背面橘红色，斑纹黑色，翅外缘带很宽，亚缘带与其完全愈合；前翅基部黑色，中室中部有 2 条线斑，端部具斑，中横带与中室端斑的前角有黑斑相连，形成"？"形，中横带狭窄，后缘带宽而黑。腹面橘黄色，斑纹形态似背面、白色或黑褐色，后翅中横带 m_2 室斑明显外移，亚基条由 4 个白斑组成，亚外缘半圆形白斑成列。

（3）分布。

水平：香格里拉、德钦、得荣、乡城、稻城、木里、巴塘、理塘、雅江、金川、芒康、左贡、八宿、昌都、江达、甘孜。

垂直：2500-5000 m。

生境：阔叶林、针阔混交林、高山针叶林、山脊林灌、高山灌草丛树林、高山草甸林灌、河谷林灌、灌丛、河滩灌丛、河谷灌丛、山坡溪流灌丛、高山灌丛、高山沼泽灌丛、高山山坡灌丛、河谷草灌、针阔混交林草地、高山灌丛草地、高山灌丛草甸、高山草地、高山草甸、高寒草甸。

（4）出现时间（月份）：7、8。

（5）种群数量：优势种。

（6）标本照片：彩色图版 XXIV-4。

（7）注记：Lang（2012）认为 *Melitaea bellonides honei* Belter, 1942、*Melitaea bellonides* Belter, 1942 和 *Melitaea bellonides atromarginata* Belter, 1944 均是 *Melitaea jezabel yunnana* Wtkins, 1927 的同物异名（*Zoological Record* 13D: Lepidoptera Vol. 148-1948）。http://ftp.funet.fi/pub/sci/bio/life/insecta/lepidoptera/网站记载仅分布于中国西藏。

382. 阿尔网蛱蝶 *Melitaea arcesia* Bremer, 1861

Melitaea arcesia Bremer, 1861; Bulletin Physical-Math Academy Sciences St. Pétersb 3: 466; Type locality: Baical.

Melitaea sindura honei Belter, 1942; Entomologische Zeitschrift 56: 147; Type locality: 云南西北部.

（1）查看标本：色达，2005 年 7 月 25 日，3500-4000 m，1 只，杨晓东；德钦，2006 年 8 月 12 日，3000-3500 m，4 只，邓合黎；得荣，2013 年 8 月 14 日，4000-4500 m，1 只，邓合黎。

（2）分类特征：非常近似于黑网蛱蝶 *M. jezabel*。本种翅的缘毛黑白相间，以白色为主，腹面色彩不太鲜亮；而黑网蛱蝶缘毛橘黄色，腹面色彩较鲜亮。本种主要分布在横断山以外区域。

（3）分布。

水平：德钦、得荣、色达。

垂直：3000-4500 m。

生境：河滩灌丛、高山灌丛。

（4）出现时间（月份）：7、8。

（5）种群数量：少见种。

（6）标本照片：彩色图版XXIV-5。

（7）注记：Lang（2012）认为 *Melitaea arcesia schasiensis* Belter, 1942 是指名亚种 *Melitaea a. arcesia* Bremer, 1861 的同物异名（*Zoological Record* 13D: Lepidoptera Vol. 148-1948）。http://ftp.funet.fi/pub/sci/bio/life/insecta/lepidoptera/网站记载分布于中国山西、云南；Altai，Siberia，Amur，Mongolia，Nepal。

十六、绢蛱蝶亚科 Calinaginae Harvey, 1991

Calinaginae Harvey, 1991; in Nijhour, The Development and Evolution of Butterfly Wing Patterns 255-272.
Calinaginae de Jong *et al.*, 1996; Entomologist of Scandinavia 27: 65-102.
Calinaginae Ackery *et al.*, 1999; Handbook of Zoology 4(35): 263-300.
Calinaginae Chou, 1998; Classification and Identification of Chinese Butterflies 171-172.
Calinaginae Chou, 1999; Monographa Rhopalocerorum Sinensium II: 590-592.

前翅亚前缘 Sc 脉基部不膨大，R_1 脉和 R_2 脉从中室上脉近上端角处分出；R_3 脉、R_4 脉、R_5 脉共柄，与 M_1 脉一起，着生中室上端角，R_3 脉与共柄的分叉点在中室上端角与翅顶角中间。

注记：周尧（1998，1999）和 http://ftp.funet.fi/pub/sci/bio/life/insecta/lepidoptera/网站均将此亚科 Calinaginae 置于蛱蝶科 Nymphalidae。

（一〇九）绢蛱蝶属 *Calinaga* Moore, 1857

Calinaga Moore, 1857; in Horsfield & Moore, Catholic Lepidoptral Insect Museum of East India Coy 1: 162;
   Type species: *Calinaga buddha* Moore, 1857.

触角短，只有前翅长度的 1/3，锤部不显著；翅薄、半透明近白色，有暗色斑纹；外缘倾斜，平滑无凹凸；R_1 脉、R_2 脉从中室上脉分出，R_3 脉、R_4 脉、R_5 脉共柄，与 M_1 脉一起，着生上端角；中室长，约为翅 1/2，闭式；着生 Sc + R_1 脉的肩脉弯向翅基。

注记：周尧（1998，1999）和 http://ftp.funet.fi/pub/sci/bio/life/insecta/lepidoptera/网站记载的绢蛱蝶亚科 Calinaginae 均只收录了绢蛱蝶属 *Calinaga* 1 个属。

383. 大卫绢蛱蝶 *Calinaga davidis* Oberthür, 1879

Calinaga davidis Oberthür, 1879; Études d'Entomologie 4: 107; Type locality: 穆坪.
Calinaga genestieri Oberthür, 1922; Bulletin Society of Entomology France 1922: 251; Type locality: 云南.

（1）查看标本：汉源，2006 年 6 月 29 日，2000-2500 m，1 只，左燕；金川，2017 年 5 月 29 日，2500-3000 m，2 只，李爱民。

（2）分类特征：头与胸间生有橙黄色毛，背面大部分白色，淡黑色部分狭窄，只端部 1/4-1/3 淡黑色，内有 2 列白色的椭圆形斑。

（3）分布。

水平：汉源、金川。

垂直：2000-3000 m。

生境：常绿阔叶林、林间小道。

（4）出现时间（月份）：5、6。

（5）种群数量：少见种。

（6）标本照片：彩色图版 XXIV-6。

（7）注记：http://ftp.funet.fi/pub/sci/bio/life/insecta/lepidoptera/网站记载分布于中国西部；Vietnam。

384. 绢蛱蝶 *Calinaga buddha* Moore, 1857

Calinaga buddha Moore, 1857; in Horsfield & Moore, Catholic Lepidoptral Insect Museum of East India Coy 1: 163, pl. 3a, fig. 5.

Calinaga buddha lactoris Fruhstorfer, 1908; Entomologische Zeitschrift 22(36): 147; Type locality: 长阳.

Calinaga budda [sic] *formosana* Fruhstorfer, 1908; Entomologische Zeitschrift 22(35): 140; Type locality: 台湾.

Calinaga buddha yunnana Okano *et* Okano, 1984; Artes Liberales 34: 119-120; Type locality: 大理.

（1）查看标本：芦山，2006 年 6 月 16 日，1500-2000 m，1 只，杨晓东；汉源，2006 年 6 月 24、27、29 日，1500-2500 m，4 只，杨晓东；宝兴，2016 年 6 月 10 日，1500-2000 m，1 只，邓合黎；宝兴，2016 年 6 月 11 日，1500-2000 m，1 只，左燕；宝兴，2018 年 4 月 29 日、5 月 10、12、14、16-17、20、23、25 日和 6 月 4 日，500-2000 m，41 只，周树军；宝兴，2018 年 6 月 4 日，1500-2000 m，5 只，左燕；宝兴，2018 年 6 月 4 日，1500-2000 m，2 只，左瑞；宝兴，2018 年 6 月 4 日，1500-2000 m，1 只，邓合黎；南涧，2018 年 6 月 17 日，1500-2000 m，1 只，邓合黎。

（2）分类特征：与大卫绢蛱蝶 *C. davidis* 近似，翅端半部棕褐色，其内有 1 列大小不等的黄白色椭圆形斑纹，亚外缘如果还有此类斑纹，最多 2 个。

（3）分布。

水平：南涧、汉源、芦山、宝兴。

垂直：500-2500 m。

生境：常绿阔叶林、溪流灌丛、山坡灌丛、溪流农田灌丛、溪流山坡灌丛。

（4）出现时间（月份）：4、5、6。

（5）种群数量：常见种。

（6）标本照片：彩色图版 XXIV-7。

（7）注记：http://ftp.funet.fi/pub/sci/bio/life/insecta/lepidoptera/网站记载分布于中国云南、陕西；India，Burma。

385. 大绢蛱蝶 *Calinaga sudassana* Melvill, 1893

Calinaga sudassana Melvill, 1893; Transactions of the Entomological Society of London 1893(2): 121; Type locality: Siam.

Calinaga sudassana sudassana Huang *et* Xue, 2004; Neue Entomologische Nachrichten 57: 140.

（1）查看标本：景洪，2020 年 3 月 7 日和 10 月 25 日，500-1000 m，2 只，余波。

（2）分类特征：胸部红毛非常醒目；翅背面底色为黑褐色，斑纹淡蓝白色。后翅外缘斑点小，臀角砖红色；外缘背面黑褐色，腹面浅红褐色。

（3）分布。

水平：景洪。

垂直：500-1000 m。

生境：常绿阔叶林。

（4）出现时间（月份）：3、10。

（5）种群数量：罕见种。

（6）标本照片：彩色图版 XXIV-8。

（7）注记：http://ftp.funet.fi/pub/sci/bio/life/insecta/lepidoptera/网站记载分布于中国云南；Burma，Thailand。

十七、珍蝶亚科 Acraeinae Harvey, 1991

Acraeinae Harvey, 1991; in Nijhour, The Development and Evolution of Butterfly Wing Patterns 255-272.
Acraeinae (Nymphalidae) Henning, 1992, Metamorphosis 3(3): 101.
Acraeini (Acraeinae) Henning, 1992; Metamorphosis 3(3): 101; Henning 1993; Metamorphosis 4(1): 5.
Actinotina (Acraeini) Henning, 1992; Metamorphosis 3(3): 101; Type genus: Acraea Fabricius, 1807.
Acraeinae de Jong et al., 1996; Entomologist of Scandinavia 27: 65-102.
Acraeidae Chou, 1998; Classification and Identification of Chinese Butterflies 173-174.
Acraeidae Chou, 1999; Monographa Rhopalocerorum Sinensium II: 593-596.
Acraeini (Heliconiinae) Vane-Wright et de Jong, 2003; Zoologische Verhandelingen Leiden 343: 236.

中型偏小种类。翅狭长，前翅比后翅显著长，中室闭式，腹部细长，前足退化，中后足的爪不对称。

注记：周尧（1998，1999）将此亚科独立为珍蝶科 Acraeidae。http://ftp.funet.fi/pub/sci/bio/life/insecta/lepidoptera/网站则将此亚科降为珍蝶族 Acraini，置于蛱蝶科 Nymphalidae 釉蛱蝶亚科 Heliconiinae。

（一一〇）珍蝶属 *Acraea* Fabricius, 1807

Acraea Fabricius, 1807; Magazin für Insektenkunde 6: 284; Type species: Papilio horta Linnaeus, 1764.
Telchinia violae Moore, [1881]; Lepidopteral Ceylon 1(2): 66, pl. 33, figs. 1a-b.
Aphanopeltis Mabille, 1887; Histoire of Madagascar 18(Lép. 1): 85; Type species: Papilio horta Linnaeus, 1764.
Phanopeltis Mabille, 1887; Histoire of Madagascar 18(Lép. 1): 84; Type species: Acraea ranavalona Boisduval, 1833.
Solenites Mabille, 1887; Histoire of Madagascar 18(Lép. 1): 82; Type species: Acraea igati Boisduval, 1833.
Miyana Fruhstorfer, 1914; in Seitz, Gross-Schmetterling Erde 9: 743; Type species: Acraea moluccana Felder, 1860.
Acraea (Acraeini) Vane-Wright et de Jong, 2003; Zoologische Verhandelingen Leiden 343: 236.

中型种类，中室狭长、约为翅长 1/2。前翅 R_1 脉从中室上脉末端分出，R_2 脉、R_3 脉、R_4 脉、R_5 脉共柄，与 M_1 脉一起，从中室上端角分出，M_2 脉从中室端脉中间分叉，M_3 脉从中室下端角生出。后翅无斑点，Rs 脉、M_1 脉共柄，从中室上端角生出，M_2 脉从中室端脉中间分叉，M_3 脉从中室下端角生出。

注记：周尧（1998，1999）记载的珍蝶亚科 Acraeinae 只收录了载珍蝶属 *Acraea* 1 个属。http://ftp.funet.fi/pub/sci/bio/life/insecta/lepidoptera/网站记载的珍蝶族 Acraini 除珍蝶属 *Acraea* 外，还收录了锯蛱蝶属 *Cethosia* Fabricius, 1807、黑珍蝶属 *Actinote* Hübner, [1819]和 *Actinote* Hübner, [1819]。

386. 苎麻珍蝶 *Acraea issoria* (Hübner, 1819)

Telchinia issoria Hübner, 1819; Verzeichniss Bekannter Schmettlinge (2): 27.
Papilio cephea Cramer, 1780; Uitland Kapellen 4(25-26a): 18, pl. 298, figs. D, E.
Papilio vesta Fabricius, 1787; Mantissa Insectorum 2: 14; Type locality: 中国南部.
Pareba vesta sordice Fruhstorfer, 1914; in Seitz, Macrolepidoptera of the World 9: 741; Type locality: Tenasserim.
Acraea issoria yunnana Okano, 1982; Artes Liberales 31: 93, pls. 1: 3-8; Type locality: 大理.

（1）查看标本：宝兴，2005 年 7 月 12 日，1000-1500 m，7 只，左燕；汉源，2006 年 6 月 24、29 日，1000-1500 m，4 只，左燕；石棉，2006 年 6 月 21 日，1000-1500 m，1 只，邓合黎；汉源，2006 年 6 月 21、24 日，1000-1500 m，2 只，邓合黎；汉源，2006 年 6 月 23-24、29 日，500-2000 m，6 只，李爱民；汉源，2006 年 6 月 24、27、29 日，500-2000 m，7 只，杨晓东；荥经，2006 年 7 月 5 日，1000-1500 m，2 只，左燕；腾冲，2016 年 8 月 30 日，2000-2500 m，3 只，邓合黎；腾冲，2016 年 8 月 30 日，1500-2500 m，4 只，李爱民；宝兴，2018 年 6 月 4 日，1500-2000 m，1 只，邓合黎；江城，2018 年 6 月 23 日，1000-1500 m，1 只，邓合黎；江城，2018 年 6 月 23 日，1000-1500 m，3 只，左瑞；江城，2018 年 6 月 23 日，1000-1500 m，3 只，左燕；普洱，2018 年 6 月 4 日，1500-2000 m，3 只，邓合黎；普洱，2018 年 6 月 4 日，1000-1500 m，1 只，左瑞；普洱，2018 年 6 月 4 日，1000-1500 m，1 只，左燕；宁洱，2018 年 6 月 24 日，1500-2000 m，3 只，邓合黎；宁洱，2018 年 8 月 27 日，1000-1500 m，1 只，左燕；宁洱，2018 年 6 月 29 日，1000-1500 m，1 只，左瑞；青川，2020 年 8 月 19 日，500-1000 m，1 只，杨盛语。

（2）分类特征：翅狭长、淡赭黄色，翅脉褐色或黑褐色，外缘有黑色宽带，带的外侧有 1 列灰白色的三角形闭式斑，内侧是红褐色狭带，后翅无斑点。雄蝶前翅中室端有 1 条横纹，雌蝶在横纹内外还各有 1 条横纹。

（3）分布。

水平：江城、腾冲、宁洱、普洱、石棉、汉源、荥经、宝兴、青川。

垂直：500-2500 m。

生境：常绿阔叶林、针阔混交林、农田树林、山坡农田树林、林灌、灌丛、溪流农田灌丛、灌草丛、山坡灌草丛、林灌草地、阔叶林缘、林灌农田。

（4）出现时间（月份）：6、7、8。

（5）种群数量：常见种。

（6）标本照片：彩色图版 XXIV-9。

（7）注记：http://ftp.funet.fi/pub/sci/bio/life/insecta/lepidoptera/ 网站将此种置于 *Telchinia* Hübner, [1819]，并记载分布于中国中部和西部及海南；India，Indochina，Sumatra。

十八、喙蝶亚科 Libytheinae Harvey, 1991

Libytheinae Harvey, 1991; in Nijhour, The Development and Evolution of Butterfly Wing Patterns 255-272.
Libytheinae de Jong et al., 1996; Entomologist of Scandinavia 27: 65-102.
Libytheidae Chou, 1998; Classification and Identification of Chinese Butterflies 175-176.
Libytheidae Chou, 1999; Monographa Rhopalocerorum Sinensium II: 597-600.
Libytheinae Ackery et al., 1999; Handbook of Zoology 4(35): 263-300.
Libytheinae (Nymphalidae) Vane-Wright et de Jong, 2003; Zoologische Verhandelingen Leiden 343: 167.

中型或较小种类，是蛱蝶科最原始的分支。头小，触角短、锤部明显，复眼退化无毛。下唇须特长，是头 2 倍，和胸部相等，伸出在头的前方并呈喙状，非常显著。色彩暗，为灰褐色、黑褐色，有白色或红褐色斑纹。雄蝶前足退化，跗节只 1 节，无爪；雌蝶前足正常。前翅顶角截形并突出成钩状。

注记：周尧（1998，1999）将此亚科独立为喙蝶科 Libytheidae。http://ftp.funet.fi/pub/sci/bio/life/insecta/lepidoptera/网站则仍维持此亚科级位，置于蛱蝶科 Nymphalidae。

（一一一）喙蝶属 Libythea Fabricius, 1807

Libythea Fabricius, 1807; Magazin für Insektenkunde 6: 284; Type species: Papilio celtis Laicharting, [1782].
Hecaerge Ochsenheimer, 1816; Schmetterling Europe 4: 32; Type species: Papilio celtis Laicharting, [1782].
Chilea Billberg, 1820; Enumeration of Inscriptionl Museum Billberg 79(repl. for Libythea Fabricius, 1807).
Hypatus Hübner, 1822; Systematic-Alph Verzeichniss 3; Type species: Papilio celtis Laicharting, [1782].
Libythaeus (Libythea) Boitard, 1828; Manuel Entomology 2: 299.
Dichora Scudder, 1889; Annual Republish U. S. Geologic Survey 8(1): 470; Type species: Libythea labdaca Westwood, [1851].
Libythea (Libytheinae) Vane-Wright et de Jong, 2003; Zoologische Verhandelingen Leiden 343: 167.

前翅 R_2 脉从中室上脉近上端角处分出，R_3 脉、R_4 脉、R_5 脉共柄，与 M_1 脉一起，着生上端角；M_2 脉从中室末端中部分出，2A 脉基部分叉。后翅 M_3 脉与 Cu_1 脉从中室下端角分叉，3A 脉很短。中室开式。端脉退化。

注记：周尧（1998，1999）和 http://ftp.funet.fi/pub/sci/bio/life/insecta/lepidoptera/网站均将此属置于喙蝶亚科 Libytheinae。

387. 朴喙蝶 Libythea celtis (Laicharting, [1782])

Papilio celtis Laicharting, [1782]; in Fuessly, Archive Insectengesch (Heft 2) (4): 1, pl. 8, figs. 1-3; Type locality: Italy.
Libythea lepita Moore, [1858]; in Horsfield & Moore, Catholic Lepidoptral Insect Museum of East India Coy 1: 240; Type locality: India.
Libythea celtis formosana Fruhstorfer, 1909; Entomologische Zeitschrift 22(49): 209; Type locality: 台湾.
Libythea celtis chinensis Fruhstorfer, 1909; Entomologische Zeitschrift 22(49): 209; Type locality: 峨眉山.
Libythea lepita sophene Fruhstorfer, 1914; in Seitz, Macrolepidoptera of the World 9: 769; Type locality: 芒康.

（1）查看标本：天全，2006 年 6 月 15 日，1000-1500 m，1 只，邓合黎；宝兴，2006 年 6 月 17 日，1000-1500 m，10 只，邓合黎；宝兴，2006 年 6 月 17 日，1000-1500 m，9 只，杨晓东；宝兴，2006 年 6 月 17 日，1000-1500 m，5 只，李爱民；宝兴，2006 年 6 月 17 日，1000-1500 m，7 只，汪柄红；得荣，2013 年 8 月 16 日，3000-3500 m，1 只，李爱民；稻城，2013 年 8 月 22 日，2500-3000 m，1 只，李爱民；宝兴，2016 年 6 月，1500-2000 m，3 只，李爱民；金川，2016 年 8 月 11 日，2500-3000 m，2 只，邓合黎；马尔康，2020 年 7 月 31 日，2000-2500 m，1 只，邓合黎。

（2）分类特征：雌雄同型。翅黑褐色，前翅顶角截形、镰刀钩状突出，近顶角有 3 个小白斑，中室钩状红褐色斑与室外红褐色圆斑接触并成角度。后翅中部有 1 条褐色横带，前缘半圆形，外缘微弧形、锯齿状，后缘平直；腹面褐色，亚前缘近基部有 1 个白斑，基部至顶角的 1 条灰白色带斑从顶角折向后缘中部而形成"＞"形斑纹；亚外缘有 1 条平行外缘的黑褐色线纹，中室有 1 个小黑点。

（3）分布。

水平：得荣、稻城、天全、宝兴、金川、马尔康。

垂直：1000-3500 m。

生境：常绿阔叶林、河滩灌丛、山坡灌丛、亚高山灌草丛。

（4）出现时间（月份）：6、7、8。

（5）种群数量：常见种。

（6）标本照片：彩色图版 XXIV-10。

（7）注记：http://ftp.funet.fi/pub/sci/bio/life/insecta/lepidoptera/网站记载分布于中国西部及台湾；N. Africa，S. EU，Kashmir，Pakistan，India，Ceylon，Burma，Japan。

参 考 文 献

Acker P R, de Jong R, Vane-Wright R I. 1999. The Butterflies: Hedyloidea, Hesperioidea and Papilionoidea. *In*: Kristensen N P. Lepidoptera: Moths and Butterflies. 1. Evolution, Systematics, and Biogeography. Berlin and New York: De Gruyter: 263-300.

Chen M Y. 2001 The investigation report of butterfly resources in Xishuangbanna Region, Yunnan. Journal of Jilin Agricultural University, 23(3): 50-57 [陈明勇. 2001. 云南省西双版纳州蝴蝶资源调查报告. 吉林农业大学学报, 23(3): 50-57].

Chen Y Y. 1992. The development trend of systematic zoology and zoogeography, and the recent development strategy in our country. Chinese Journal of Zoology, 27(3): 50-56 [陈宜瑜. 1992. 系统动物学和动物地理学的发展趋势及我国近期的发展战略. 动物学杂志, 27(3): 50-56].

Chou I. 1998. Classification and Identification of Chinese Butterflies. Zhengzhou: Henan Scientific and Technological Publishing House: 1-349 [周尧. 1998. 中国蝴蝶分类与鉴定. 郑州: 河南科学技术出版社: 1-349].

Chou I. 1999. Monographa Rhopalocerorum Sinensium (Revised Ed. I, II). Zhengzhou: Henan Scientific and Technological Publishing House: 1-852 [周尧. 1999. 中国蝶类志(修订本 上下册). 郑州: 河南科学技术出版社: 1-852].

Clark A H. 1947. The interrelationships of the several groups within the butterfly Superfamily Nymphaloidea. The Proceedings of the Entomological Society of Washington, 49: 148-149.

de Jong R, Vane-Wright R I, Ackery P R. 1996. The higher classification of butterflies (Lepidoptera): Problems and prospects. Entomologist of Scandinavia, 27: 65-102.

Deng H L, Li A M, Wei L W. 2011. A survey of butterflies at south border region in Hengduan Mountains. Journal of Southwest China Normal University (Natural Science Edition), 36(1): 154-161 [邓合黎, 李爱民, 吴立伟. 2011. 横断山南部边缘地区蝶类调查研究. 西南师范大学学报(自然科学版), 36(1): 154-161].

Dong D Z, David K, Li H. 2002. Butterfly resources of Nujiang Canyon in Yunnan. Journal of Southwest Agricultural University, 24(4): 289-292 [董大志, 大卫·卡凡诺, 李恒. 2002. 云南怒江峡谷的蝴蝶资源. 西南农业大学学报, 24(4): 289-292].

Gross F J. 1958. Zur schmetterlings-fauna odtasiens i. Gattung *Satyrus* Lart., Untergattung *Aulocera* But. Bonn Zoology Beitrag, 3(5): 261-293.

Harvey D J. 1991. Higher Classification of the Nymphalidae. *In*: Nijhout H F. The Development and Evolution of Butterfly Wing Patterns. Washington DC: Smithsonian Institution Press: 255-272.

Hu Y Z. 2001. Preliminary study of the butterfly species of Longmen Mountain in Sichuan. Journal of Sichuan College of Education, 17: 195-108 [胡一中. 2001. 四川平武龙门山蝶类考察初报. 四川教育学院学报, 17: 105-108].

Huang H. 1998. Research on the butterflies of the Namjagbarwa Region, SE Tibet (Lepidoptera: Hesperiidae). Neue Entomologische Nachrichten, 41: 207-247.

Huang H. 2000. A list of butterflies collected from Tibet during 1993-1996, with new descriptions, revisional notes and discussion on zoogeography-1. Lambillionea, 100(1): 141-158.

Huang H. 2001. In Huang, report of H. Huang's 2000 expedition to SE Tibet for Rhopalocera (Insect, Lepidoptera). Neue Entomologische Nachrichten, 51: 65-151.

Huang H. 2003. A list of butterflies collected from Nujiang (Lou Tse Kiang) and Dulong jiang, China with descriptions of new species, new Subspecies, and revisional notes (Lepidoptera: Rhopalocera). Neue Entomologische Nachrichten, 55: 3-114.

Huang H, Wu C S. 2003. New and little known Chinese butterflies in the collection of the Institute of Zoology, Academia Sinica, Beijing-1 (Lepidoptera, Rhopalocera). Neue Entomologische Nachrichten, 55: 115-143, 178-181.

Huang H, Xue Y P. 2004a. A contribution to the butterfly Fauna of Southern Yunnan. Neue Entomologische Nachrichten, 57: 135-154.

Huang H, Xue Y P. 2004b. Notes on some Chinese butterflies (Lepidoptera, Rhopalocera). Neue Entomologische Nachrichten, 57: 171-177.

Johnson K. 1992. The Palaearctic "Elfin" butterflies (Lycaenidae: Theclinae). Neue Entomological Nachrichtr, 29: 1-14.

Junzo A, Li F, Lewis C. 2016. Butterflies of Mei-li Snow Mountain. Kunming: Yunnan University Press Co., Ltd: 1-86.

Koiwaya S. 1989. Description of New Gener, Nine New Species and Subspecies of Lepidoptera from China. Tokyo: Studies of Chinese Butterflies I: 40-49.

Koiwaya S. 1993. Description of Three Gener, Eleven new Species and Seven Subspecies of Butterflies from China. Tokyo: Studies of Chinese Butterflies II: 199-230.

Lang S Y. 2010. Notes on taxonomy and distribution of the *Stichophthalma howqua* (Westwood, 1851)–Group (Lepidoptera Nymphalidae). Atalanta, 41(3-4): 323-326.

Lang S Y. 2012. The Nymphalidae of China (Lepidoptera, Rhopalocera). Czech: Tshikolovets Publications: 1-454.

Lang S Y. 2013. Some notes on the *Minois paupera* (Alpheraky, 1888)–Group with description of a new Subspecies from SE Tibet, China (Lepidoptera, Nymphalidae, Satyrinae). Animma, X 56: 1-8.

Leech J H. 1890. New species of Lepidoptera from China. Entomologist, 23: 26-50.

Leeeh J H. 1892-1894. Butterflies from China, Japan and Corea. London: R H Porter 18 Princes Street, Cavendish Square, W, Street, Cavendish Square, W: 1-662.

Li C L. 1989. Butterfly investigation on Jizu Mountain of Western part of Yunnan. Journal of Southwest Agricultural University, 11(1): 77-89 [李昌廉. 1989. 滇西鸡足山蝴蝶考察. 西南农业大学学报, 11(1): 77-89].

Li C L. 1995. Yunnan Butterfliy. Beijing: China Forestry Publishing House: 1-152 [李传隆. 1995. 云南蝴蝶. 北京: 中国林业出版社: 1-152].

Li X, Yuan X Z, Deng H L. 2009. Vertical distribution and diversity of butterflies in Hengduan Mountains, Southwest China. Chinese Journal of Ecology, 28(9):1847-1852 [黎璇, 袁兴中, 邓合黎. 2009. 横断山区蝶类的垂直分布及其多样性. 生态学杂志, 28(9): 1847-1852].

Li X S. 2003. Study on butterfly diversity and endangered meehanisms and conservation methods of rare species in Baishuijiang Natural Reserve. Yangling: Dissertation for Doctor Degree, Northwest Sci-Tech University of Agriculture and Forestry: 1-102 [李秀山. 2003. 白水江自然保护区蝶类多样性及珍稀种类濒危机制与保护措施研究. 杨凌: 西北农林科技大学博士学位论文, 1-102].

Liu W P. 1997. New records of butterflies in Sichuan Province. Journal of Southwest Agricultural University, 19(3): 249-251 [刘文萍. 1997. 四川省蝶类新记录. 西南农业大学学报, 1(3): 249-251].

Liu W P. 2005. Butterfly resources and protection of rare species in Hengduan Mountains. Sichuan Journal of Zoology, 24(4): 529-531 [刘文萍. 2005. 横断山区的蝶类资源与珍稀蝴蝶的保护. 四川动物, 24(4): 529-531].

Liu W P, Deng H L. 1997. The butterfly diversities in Muli, Sichuan Province. Acta Ecologica Sinica, 17(3): 266-271 [刘文萍, 邓合黎. 1997. 木里蝶类多样性研究. 生态学报, 17(3): 266-271].

Liu W P, Wang B H. 1997. The butterflies of Lushan County in Sichuan. Journal of Southwest Agricultural University, 19(3): 244-247 [刘文萍, 汪炳红. 1997. 四川省芦山县蝶类. 西南农业大学学报, 19(3): 244-247].

Liu W Q. 1996. Preliminary study of the butterfly species of Tengchong. Yunnan Environmental Science, 15(2): 29-32 [刘维圻. 1996. 腾冲蝴蝶的初步研究. 云南环境科学, 15(2): 29-32].

Miuller L D. 1968. The higher classification, phylogeny and zoogeography of the Satyridae (Lepidoptera).

Memoirs of the American Entomological Society, 24: 1-174.

Monastyrskii A L. 2004. Infraspecific variation in *Faunis aerope* (Leech, 1890) and the description of a new Subspecies from Vietnam (Lepidoptera, Nymphalidae, Amaathusiinae). Atalanta, 35(12): 37-44, 152-153.

Ou X H, Yang C Q, Song J X, Xiong J. 2004. Survey and analysis of butterfly diversity in Gaoligongshan National Nature Reserve//Progress in Biodiversity Conservation and Research in China–Proceedings of the 6th National Symposium on Conservation and Sustainable Utilization. Beijing: The 6th National Symposium on Conservation and Sustainable Utilization, 170-180 [欧晓红, 杨春清, 宋劲忻, 熊江. 2004. 高黎贡山自然保区蝶类多样性的调查与分析. 见: 中国生物多样性保护与研究进展Ⅵ 第六届全国生物多样性保护与持续利用研讨会论文集. 北京: 第六届全国生物多样性保护与持续利用研讨会, 170-180].

Peng X, Lei D. 2007. Survey report on butterfly resources in Shimian County, Sichuan. Sichuan Journal of Zoology, 26(4): 903-905 [彭徐, 雷电. 2007. 四川石棉县蝴蝶资源调查报告. 四川动物, 26(4): 903-905].

Qin J D. 1995. Studies on insect-plant relationships: Recent trands and prospect. Acta Zoologica Sinica, 40(1): 12-20 [钦俊德. 1995. 昆虫与植物关系的研究进展和前景. 动物学报, 40(1): 12-20].

Sakai S, Aoki T, Yamaguchi S. 2001. Notes on the genus *Aulocera* Butler (Nymphalidae, Satyrinae) from China and its neighbors. Butterflies, 30: 36-57.

Sugiyama H. 1992. New Butterflies from West-China, Including Hainan. Gifu: Pallarge:1-19.

Sugiyama H. 1993. New Butterflies from West China (I). Gifu: Pallarge: 1-10.

Sugiyama H. 1994a. New Butterflies from West China (II). Gifu: Pallarge: 1-12.

Sugiyama H. 1994b. New Butterflies from West China (III). Gifu: Pallarge: 1-8.

Sugiyama H. 1996. New Butterflies from West China (IV). Gifu: Pallarge: 1-11.

Sugiyama H. 1997. New Butterflies from West China (V). Gifu: Pallarge: 1-8.

Sugiyama H. 1999. New butterflies from Western China (VI). Gifu: Pallarge: 1-14.

Vane-Wright R I, de Jong R. 2003. The butterflies of Sulawesi: Annotated checklist for a critical island fauna. Zoologische Verhandelingen Leiden, 343: 3-268.

Wang H S. 1989. Study on the origin of spermatophytic genera endemic to China. Acta Botanica Yunnanica, 11(1): 1-16 [王荷生. 1989. 中国种子植物特有属起源的探讨. 云南植物研究, 11(1): 1-16].

Wang H S, Zhang Y L. 1994. The biodiversity and characters of spermatophytic genera endemic to China. Acta Botanica Yunnanica, 16(3): 209-220 [王荷生, 张镱锂. 1994. 中国种子植物特有属的生物多样性和特征. 云南植物研究, 16(3): 209-220].

Wu C S, Xu Y F. 2017. Butterflies of China. Vol. 2 and 3. Fuzhou: The Straits Publishing & Distributing Group/Straits Publishing House Co., Ltd. 432-938, 939-1017 [武春生, 徐堉峰. 2017. 中国蝴蝶图鉴. Vol. 2, 3. 福州: 海峡出版发行集团/海峡书局: 432-938, 939-1017].

Xie S G, Li S H. 2004. Fauna and diversity of butterflies in Jiuzhaigou Nature Reserve of Sichuan. Journal of Southwest Agricultural University (Natural Science), 26(5): 584-588 [谢嗣光, 李树恒. 2004. 四川省九寨沟自然保护区蝶类区系组成及多样性. 西南农业大学学报(自然科学版), 26(5): 584-588].

Xie S G, Li S H. 2007. The fauna vertical distribution and diversity of butterflies in Labahe Nature Reserve of China. Journal of Southwest Agricultural University (Natural Science), 29(2): 112-118 [谢嗣光, 李树恒. 2007. 四川省喇叭河自然保护区蝶类垂直分布及多样性研究. 西南大学学报(自然科学版), 29(2): 112-118].

Xu Z Z, He J W, Yang Y L, Yang H T, Li Y, Li Z Y. 2007. The study of the resources conservation and the developm ent and utilization of the butterfly resources of Jade Dragon Snow Mountain. Southwest China Journal of Agricultural Sciences, 23(3): 551-555 [徐中志, 和加卫, 杨燕林, 杨洪涛, 李燕, 李正跃. 2007. 玉龙雪山蝴蝶资源保护及开发利用研究. 西南农业学报, 23(3): 551-555].

Xu Z Z, Wang H X, Yu Z R, He Y Q. 2000. The 15 species of butterfly new to Yunnan China. Journal of Yunnan Agricultural University, 15(4): 305-307 [徐中志, 王化新, 余自荣, 和允祺. 2000. 玉龙雪山云南蝴蝶新记录. 云南农业大学学报, 15(4): 305-307].

Yang D R. 1998. Studies on the structure of the butterfly community and diversity in the fragm entary tropical rain forest of Xishuangbanna, China. Acta Entomologica Sinica, 41(1): 48-55 [杨大荣. 1998. 西双版纳片断热带雨林蝶类群落结构与多样性研究. 昆虫学报, 41(1): 48-55].

Yang Z Z, Mao B Y. 2000. A survey of the butterflies in Xishuangbanna's Mengla Nature Reserve. Journal of Dali Teacher's College, 23(3): 88-93 [杨自忠, 毛本勇. 2000. 西双版纳勐腊自然保护区蝶类调查. 大理师专学报, 23(3): 88-93].

Yoshino K. 1995. New Butterflies from China 1. Kakogawa: Neo Lepidoptera: 1-4.

Yoshino K. 1997. New Butterflies from China 2. Kakogawa: Neo Lepidoptera: 1-8.

Yoshino K. 1999. New Butterflies from China 5. Kakogawa: Neo Lepidoptera: 1-10.

Yoshino K. 2001. New Butterflies from China 6. Kakogawa: Futao: 9-14.

Yoshino K. 2003. New Butterflies from China 8. Kakogawa: Futao: 6-11.

Zhang R Z. 1995. The prospective of zoogeographical study in China–A discussion on methodology. Acta Zoologica Sinica, 40(1): 21-27 [张荣祖. 1995. 我国动物地理学研究的前景: 方法论探讨. 动物学报, 40(1): 21-27].

Zhang R Z. 2011. Zoogeography of China. Beijing: Science Press: 1-330 [张荣祖. 2011. 中国动物地理. 北京: 科学出版社: 1-330].

Zhao L. 1993. The investigation of the butterfly resources in West Sichuan. Sichuan Journal of Zoology, 12(3): 12-14 [赵力. 1993. 四川西部蝶类资源调查. 四川动物, 12(3): 12-14].

Zhao Z M, Guo Y Q. 1990. Principle and Methods of Community Ecology. Chongqing: Publishing House of Scientific and Technical Documentation, Chongqing Branch: 1-288 [赵志模, 郭依泉. 1990. 群落生态学原理与方法. 重庆: 科学技术文献出版社重庆分社: 1-288].

中文名索引

学 名 索 引

C

D

E

M

1. 金斑蝶 *Danaus chrysippus* (Linnaeus, 1758)♂ 背面，腹面；2-3. 虎斑蝶 *Danaus genutia* (Cramer, [1779])♀，♂ 背面，腹面；4. 青斑蝶 *Tirumala limniace* (Cramer, [1775]) 背面，腹面；5. 蔷青斑蝶 *Tirumala septentrionis* Butler, 1874 背面，腹面；6. 大绢斑蝶 *Parantica sita* (Kollar, [1844]) 背面，腹面；7. 黑绢斑蝶 *Parantica melunea* (Cramer, [1775]) 背面，腹面；8. 绢斑蝶 *Parantica aglea* (Stoll, [1782]) 背面，腹面；9-10. 异型紫斑蝶 *Euploea mulciber* (Cramer, [1777])♀，♂ 背面，腹面；11. 白璧紫斑蝶 *Euploea radamantha* (Fabricius, 1793) 背面，腹面；12. 惊恐方环蝶 *Discophora timora* Westwood, [1850]♂ 背面，腹面；13. 紫斑环蝶 *Thaumantis diores* Doubleday, 1845 背面，腹面；14. 斜带环蝶 *Thauria lathyi* (Fruhstorfer, 1902) 背面，腹面；15. 串珠环蝶 *Faunis eumeus* (Drury, [1773])♂ 背面，腹面。

10 mm

1

5

9

2

6

10

3

7

11

4

8

12

13

1. 灰翅串珠环蝶 *Faunis aerope* (Leech, 1890) 背面，腹面；2-3. 双星箭环蝶 *Stichophthalma neumogeni* Leech, [1892]♀，♂ 背面，腹面；4. 箭环蝶 *Stichophthalma howqua* (Westwood, 1851) 背面，腹面；5-6. 暮眼蝶 *Melanitis leda* (Linnaeus, 1758) 夏型，秋型背面，腹面；7. 睇暮眼蝶 *Melanitis phedima* (Cramer, [1780]) 背面，腹面；8. 黄带暮眼蝶 *Melanitis zitenius* (Herbst, 1796) 背面，腹面；9. 污斑眼蝶 *Cyllogenes maculata* Chou et Qi, 1999 背面，腹面；10. 黛眼蝶 *Lethe dura* (Marshall, 1882) 背面，腹面；11. 甘萨黛眼蝶 *Lethe kansa* (Moore, 1857) 背面，腹面；12. 波纹黛眼蝶 *Lethe rohria* (Fabricius, 1787)♀ 背面，腹面；13. 白水隆黛眼蝶 *Lethe shirozui* Sugiyama, 1997 背面，腹面。

1. 小云斑黛眼蝶 *Lethe jalaurida* (de Nicéville, 1881) 背面，腹面；2. 米勒黛眼蝶 *Lethe moelleri* (Elwes, 1887) 背面，腹面；3. 云纹黛眼蝶 *Lethe elwesi* (Moore, [1892]) 背面，腹面；4-5. 曲纹黛眼蝶 *Lethe chandica* (Moore, 1858)♀，♂背面，腹面；6. 华山黛眼蝶 *Lethe serbonis* (Hewitson, 1876) 背面，腹面；7. 白带黛眼蝶 *Lethe confusa* Aurivillius, 1897 背面，腹面；8. 玉带黛眼蝶 *Lethe verma* (Kollar, [1844]) 背面，腹面；9. 八目黛眼蝶 *Lethe oculatissima* (Poujade, 1885) 背面，腹面；10. 宽带黛眼蝶 *Lethe helena* Leech, 1891 背面，腹面；11-12. 紫线黛眼蝶 *Lethe violaceopicta* (Poujade, 1884)♀，♂背面，腹面；13. 小圈黛眼蝶 *Lethe ocellata* (Poujade, 1885) 背面，腹面；14. 西峒黛眼蝶 *Lethe sidonis* (Hewitson, 1863) 背面，腹面；15. 圣母黛眼蝶 *Lethe cybele* Leech, 1894 背面，腹面；16. 黑带黛眼蝶 *Lethe nigrifascia* Leech, 1890 背面，腹面；17. 明带黛眼蝶 *Lethe helle* (Leech, 1891) 背面，腹面；18. 彩斑黛眼蝶 *Lethe procne* (Leech, 1891) 背面，腹面；19. 迷纹黛眼蝶 *Lethe maitrya* de Nicéville, 1881 背面，腹面；20. 纤细黛眼蝶 *Lethe gracilis* (Oberthür, 1886) 背面，腹面；21. 白条黛眼蝶 *Lethe albolineata* (Poujade, 1884) 背面，腹面；22. 安徒生黛眼蝶 *Lethe andersoni* (Atkinson, 1871) 背面，腹面；23. 棕褐黛眼蝶 *Lethe christophi* Leech, 1891♂背面，腹面；24. 奇纹黛眼蝶 *Lethe cyrene* Leech, 1890 背面，腹面。

图版 IV

10 mm

1. 连纹黛眼蝶 *Lethe syrcis* (Hewitson, 1863) 背面，腹面；2. 边纹黛眼蝶 *Lethe marginalis* Motschulsky, 1860 背面，腹面；3. 罗丹黛眼蝶 *Lethe laodamia* Leech, 1891 背面，腹面；4. 泰妲黛眼蝶 *Lethe titania* Leech, 1891 背面，腹面；5. 苔娜黛眼蝶 *Lethe diana* (Butler, 1866) 背面，腹面；6. 康定黛眼蝶 *Lethe sicelides* Grose-Smith, 1893♀ 腹面；7. 直带黛眼蝶 *Lethe lanaris* Butler, 1877 背面，腹面；8. 侧带黛眼蝶 *Lethe latiaris* (Hewitson, 1862)♂ 背面，腹面；9. 比目黛眼蝶 *Lethe proxima* Leech, [1892] 背面，腹面；10. 舜目黛眼蝶 *Lethe bipupilla* Chou et Zhao, 1994 背面，腹面；11. 珠连黛眼蝶 *Lethe monilifera* Oberthür, 1923 背面，腹面；12. 圆翅黛眼蝶 *Lethe butleri* Leech, 1889 背面，腹面；13. 蛇神黛眼蝶 *Lethe satyrina* Butler, 1871 背面，腹面；14. 细黛眼蝶 *Lethe siderea* Marshall, 1881 背面，腹面；15. 厄目黛眼蝶 *Lethe umedai* Koiwaya, 1998♂ 腹面；16. 黄斑荫眼蝶 *Neope pulaha* (Moore, [1858]) 背面，腹面；17. 黑斑荫眼蝶 *Neope pulahoides* (Moore, 1892) 背面，腹面；18. 布莱荫眼蝶 *Neope bremeri* (C. et R. Felder, 1862) 背面，腹面。

1. 田园荫眼蝶 *Neope agrestis* (Oberthür, 1876) 背面，腹面；2. 德祥荫眼蝶 *Neope dejeani* Oberthür, 1894 背面，腹面；
3. 蒙链荫眼蝶 *Neope muirheadii* (Felder *et* Felder, 1862) 背面，腹面；4. 丝链荫眼蝶 *Neope yama* (Moore, [1858]) 背面，
腹面；5. 奥荫眼蝶 *Neope oberthueri* Leech, 1891 背面，腹面；6. 宁眼蝶 *Ninguta schrenkii* (Ménétriés, 1859) 背面，腹面；
7. 网眼蝶 *Rhaphicera dumicola* (Oberthür, 1876) 背面，腹面；8. 棕带眼蝶 *Chonala praeusta* (Leech, 1890) 背面，腹面；
9. 带眼蝶 *Chonala episcopalis* (Oberthür, 1885) 背面，腹面；10. 马森带眼蝶 *Chonala masoni* (Elwes, 1882) 背面，腹面；
11. 藏眼蝶 *Tatinga thibetanus* (Oberthür, 1876) 背面，腹面；12. 丛林链眼蝶 *Lopinga dumetorum* (Oberthür, 1886) 背面，
腹面；13. 小链眼蝶 *Lopinga nemorum* (Oberthür, 1890) 背面，腹面；14. 小毛眼蝶 *Lasiommata minuscula* (Oberthür,
1923) 背面，腹面；15. 大毛眼蝶 *Lasiommata majuscula* Leech, [1892] 背面，腹面；16. 和丰毛眼蝶 *Lasiommata
hefengana* Chou *et* Zhang, 1994 背面，腹面；17. 多眼蝶 *Kirinia epaminondas* (Staudinger, 1887) 背面，腹面；18. 小眉
眼蝶 *Mycalesis mineus* (Linnaeus, 1758) 春型背面，腹面。

图版 VI

10 mm

1-2. 稻眉眼蝶 *Mycalesis gotama* Moore, 1857 春型，夏型背面，腹面；3. 僧袈眉眼蝶 *Mycalesis sangaica* Butler, 1877 春型背面，腹面；4. 裴斯眉眼蝶 *Mycalesis perseus* (Fabricius, 1775) 背面，腹面；5. 拟稻眉眼蝶 *Mycalesis francisca* (Stoll, [1780]) 背面，腹面；6. 中介眉眼蝶 *Mycalesis intermedia* (Moore, [1892]) 背面，腹面；7-8. 平顶眉眼蝶 *Mycalesis panthaka* Fruhstorfer, 1909 春型，夏型背面，腹面；9. 君主眉眼蝶 *Mycalesis anaxias* Hewitson, 1862 背面；10. 密纱眉眼蝶 *Mycalesis misenus* de Nicéville, 1901 背面，腹面；11. 珞巴眉眼蝶 *Mycalesis lepcha* (Moore, 1880) 背面，腹面；12. 大理石眉眼蝶 *Mycalesis mamerta* (Stoll, [1780]) 背面，腹面；13. 白斑眼蝶 *Penthema adelma* (Felder *et* Felder, 1862) 背面，腹面；14. 彩裳斑眼蝶 *Penthema darlisa* Moore, 1878 背面，腹面；15. 粉眼蝶 *Callarge sagitta* (Leech, 1890) 背面，腹面；16. 凤眼蝶 *Neorina patria* Leech, 1891 背面，腹面。

1. 素裙锯眼蝶 *Elymnias vasudeva* Moore, 1857 背面，腹面；2. 玳眼蝶 *Ragadia crisilda* Hewitson, 1862 背面，腹面；
3. 白眼蝶 *Melanargia halimede* (Ménétriés, 1859) 背面，腹面；4. 华西白眼蝶 *Melanargia leda* Leech, 1891 背面，腹面；5. 甘藏白眼蝶 *Melanargia ganymedes* Rühl, 1895 背面，腹面；6. 黑纱白眼蝶 *Melanargia lugens* Honrath, 1888 背面，腹面；7. 华北白眼蝶 *Melanargia epimede* Staudinger, 1892 背面，腹面；8. 亚洲白眼蝶 *Melanargia asiatica* (Oberthür *et* Houlbert, 1922) 背面，腹面；9. 曼丽白眼蝶 *Melanargia meridionalis* Felder, 1862 背面，腹面；10. 山地白眼蝶 *Melanargia montana* Leech, 1890 背面，腹面；11. 居间云眼蝶 *Hyponephele interposita* (Erschoff, 1874)♀ 背面，腹面；12. 蛇眼蝶 *Minois dryas* (Scopoli, 1763) 背面，腹面；13. 异点蛇眼蝶 *Minois paupera* (Alphéraky, 1888) 背面，腹面；14. 古北拟酒眼蝶 *Paroeneis palaearctica* (Staudinger, 1889) 背面，腹面；15. 锡金拟酒眼蝶 *Paroeneis sikkimensis* (Staudinger, 1889) 背面，腹面；16. 拟酒眼蝶 *Paroeneis pumila* (Felder *et* Felder, [1867]) 背面，腹面；17. 仁眼蝶 *Hipparchia autonoe* (Esper, 1873) 背面，腹面；18. 大型林眼蝶 *Aulocera padma* (Kollar, [1884]) 背面，腹面。

图版 VIII

10 mm

1. 罗哈林眼蝶 *Aulocera loha* Doherty, 1886 背面，腹面；2. 细眉林眼蝶 *Aulocera merlina* (Oberthür, 1890) 背面，腹面；3. 四射林眼蝶 *Aulocera magica* (Oberthür, 1886) 背面，腹面；4. 小型林眼蝶 *Aulocera sybillina* (Oberthür, 1890) 背面，腹面；5. 喜马林眼蝶 *Aulocera brahminoides* (Moore, [1896]) 背面，腹面；6. 棒纹林眼蝶 *Aulocera lativirta* Leech, 1892 背面，腹面；7. 矍眼蝶 *Ypthima baldus* (Fabricius, 1775) 背面，腹面；8. 卓矍眼蝶 *Ypthima zodia* Butler, 1871 背面，腹面；9. 幽矍眼蝶 *Ypthima conjuncta* Leech, 1891 背面，腹面；10. 黎桑矍眼蝶 *Ypthima lisandra* (Cramer, [1780]) 背面，腹面；11. 魔女矍眼蝶 *Ypthima medusa* Leech, [1892] 背面，腹面；12. 连斑矍眼蝶 *Ypthima sakra* Moore, 1857 背面，腹面；13. 融斑矍眼蝶 *Ypthima nikaea* Moore, [1875] 背面，腹面；14. 大波矍眼蝶 *Ypthima tappana* Matsumura, 1909 背面，腹面；15. 前雾矍眼蝶 *Ypthima praenubila* Leech, 1891 背面，腹面；16. 鸶矍眼蝶 *Ypthima ciris* Leech, 1891 背面，腹面；17. 完璧矍眼蝶 *Ypthima perfecta* Leech, [1892] 背面，腹面；18. 东亚矍眼蝶 *Ypthima motschulskyi* (Bremer et Grey, 1853) 背面，腹面；19. 中华矍眼蝶 *Ypthima chinensis* Leech, [1892] 背面，腹面。

10 mm

1. 小矍眼蝶 *Ypthima nareda* (Kollar, [1844]) 背面，腹面；2. 拟四眼矍眼蝶 *Ypthima imitans* Elwes et Edwards, 1893 背面，腹面；3. 虹矍眼蝶 *Ypthima iris* Leech, 1891 背面，腹面；4. 普氏矍眼蝶 *Ypthima prattii* Elwes et Edwards, 1893 背面，腹面；5. 密纹矍眼蝶 *Ypthima multistriata* Butler, 1883 背面，腹面；6. 重光矍眼蝶 *Ypthima dromon* Oberthür, 1891 背面，腹面；7. 乱云矍眼蝶 *Ypthima megalomma* Butler, 1874 背面，腹面；8. 大艳眼蝶 *Callerebia suroia* Tytler, 1914 背面，腹面；9. 混同艳眼蝶 *Callerebia confusa* Watkins, 1925 背面，腹面；10. 多斑艳眼蝶 *Callerebia polyphemus* (Oberthür, 1877) 背面，腹面；11. 白瞳舜眼蝶 *Loxerebia saxicola* (Oberthür, 1876) 背面，腹面；12. 垂泪舜眼蝶 *Loxerebia ruricola* (Leech, 1890) 背面，腹面；13. 草原舜眼蝶 *Loxerebia pratorum* (Oberthür, 1886) 背面，腹面；14. 黑舜眼蝶 *Loxerebia martyr* Watkins, 1927 背面，腹面；15. 十目舜眼蝶 *Loxerebia carola* (Oberthür, 1893) 背面，腹面；16. 林区舜眼蝶 *Loxerebia sylvicola* (Oberthür, 1886) 背面，腹面；17. 白点舜眼蝶 *Loxerebia albipuncta* (Leech, 1890) 背面，腹面；18. 巨晴舜眼蝶 *Loxerebia megalops* (Alphéraky, 1895) 背面，腹面。

1. 丽舜眼蝶 *Loxerebia phyllis* (Leech, 1891) 背面，腹面；2. 云南舜眼蝶 *Loxerebia yphthimoides* (Oberthür, 1891) 背面，腹面；3. 明眸眼蝶 *Argestina waltoni* (Elwes, 1906) 背面，腹面；4. 红裙边明眸眼蝶 *Argestina inconstans* (South, 1913) 背面，腹面；5. 牧女珍眼蝶 *Coenonympha amaryllis* (Stoll, [1782]) 背面，腹面；6. 新疆珍眼蝶 *Coenonympha xinjiangensis* Chou *et* Huang, 1994 背面,腹面；7. 爱珍眼蝶 *Coenonympha oedippus* (Fabricius, 1787) 背面,腹面；8. 西门珍眼蝶 *Coenonympha semenovi* Alphéraky, 1887 背面，腹面；9. 阿芬眼蝶 *Aphantopus hyperantus* (Linnaeus, 1758) 背面，腹面；10. 大斑阿芬眼蝶 *Aphantopus arvensis* (Oberthür, 1876) 背面，腹面；11. 红眼蝶 *Erebia alcmena* Grum-Grshimailo, 1891 背面，腹面；12. 凤尾蛱蝶 *Polyura arja* (Felder *et* Felder, 1867) 背面，腹面；13. 窄斑凤尾蛱蝶 *Polyura athamas* (Drury, 1773) 背面，腹面；14. 黑凤尾蛱蝶 *Polyura schreiber* (Godart, [1824]) 背面，腹面；15. 二尾蛱蝶 *Polyura narcaea* (Hewitson, 1854) 背面，腹面；16. 大二尾蛱蝶 *Polyura eudamippus* (Doubleday, 1843) 背面，腹面；17. 针尾蛱蝶 *Polyura dolon* (Westwood, 1847) 背面，腹面。

1. 忘忧尾蛱蝶 *Polyura nepenthes* (Grose-Smith, 1883) 背面，腹面；2. 螯蛱蝶 *Charaxes marmax* Westwood, 1847 背面，腹面；3. 亚力螯蛱蝶 *Charaxes aristogiton* Felder *et* Felder, 1867 背面，腹面；4. 白带螯蛱蝶 *Charaxes bernardus* (Fabricius, 1793) 背面，腹面；5. 红锯蛱蝶 *Cethosia biblis* (Drury, 1773)♂背面，腹面；6-7. 白带锯蛱蝶 *Cethosia cyane* (Drury, 1773)♀，♂背面，腹面；8-9. 紫闪蛱蝶 *Apatura iris* (Linnaeus, 1758)♀，♂背面，腹面；10. 柳紫闪蛱蝶 *Apatura ilia* (Denis *et* Schiffermüller, 1775) 背面，腹面；11. 曲带闪蛱蝶 *Apatura laverna* Leech, 1893 背面，腹面；12. 迷蛱蝶 *Mimathyma chevana* (Moore, 1866) 背面，腹面。

1. 夜迷蛱蝶 Mimathyma nycteis (Ménétriés, 1859) 背面，腹面；2. 环带迷蛱蝶 Mimathyma ambica (Kollar, 1844) 背面，腹面；3. 白斑迷蛱蝶 Mimathyma schrenckii (Ménétriés, 1859) 背面，腹面；4. 铂铠蛱蝶 Chitoria pallas (Leech, 1890) 背面，腹面；5. 那铠蛱蝶 Chitoria naga (Tytler, 1915) 背面，腹面；6. 罗蛱蝶 Rohana parisatis (Westwood, 1850)♂ 腹面；7. 累积蛱蝶 Lelecella limenitoides (Oberthür, 1890) 背面，腹面；8. 帅蛱蝶 Sephisa chandra (Moore, [1858])♂ 背面，腹面；9. 黄帅蛱蝶 Sephisa princeps (Fixsen, 1887)♀ 背面，腹面；10. 爻蛱蝶 Herona marathus Doubleday, 1848 背面，腹面；11-12. 芒蛱蝶 Euripus nyctelius (Doubleday, 1845)♀,♂ 背面，腹面；13-14. 黑脉蛱蝶 Hestina assimilis (Linnaeus, 1758)♀, ♂ 背面，腹面；15. 拟斑脉蛱蝶 Hestina persimilis (Westwood, 1850) 背面，腹面。

1. 蓝黎纹脉蛱蝶 *Hestina nama* (Doubleday, 1844) 背面，腹面；2. 大紫蛱蝶 *Sasakia charonda* (Hewitson, 1863)♀ 背面，腹面；3. 秀蛱蝶 *Pseudergolis wedah* (Kollar, 1848) 背面，腹面；4. 素饰蛱蝶 *Stibochiona nicea* (Gray, 1846) 背面，腹面；5. 电蛱蝶 *Dichorragia nesimachus* (Boisduval, 1840) 背面，腹面；6. 文蛱蝶 *Vindula erota* (Fabricius, 1793)♂ 背面，腹面；7. 彩蛱蝶 *Vagrans egista* (Cramer, [1780]) 背面，腹面；8. 黄襟蛱蝶 *Cupha erymanthis* (Drury, 1773) 背面，腹面；9. 珐蛱蝶 *Phalanta phalantha* (Drury, 1773) 背面，腹面；10. 幸运辘蛱蝶 *Cirrochroa tyche* Felder *et* Felder, 1861♂ 背面，腹面；11-12. 绿豹蛱蝶 *Argynnis paphia* (Linnaeus, 1758)♀, ♂ 背面，腹面；13. 斐豹蛱蝶 *Argyreus hyperbius* (Linnaeus, 1763)♂ 背面，腹面；14. 老豹蛱蝶 *Argyronome laodice* (Pallas, 1771) 背面，腹面。

图版 XIV

10 mm

1-2. 青豹蛱蝶 *Damora sagana* (Doubleday, 1847)♀, ♂ 背面, 腹面; 3. 银豹蛱蝶 *Childrena childreni* (Gray, 1831) 背面, 腹面; 4. 曲纹银豹蛱蝶 *Childrena zenobia* (Leech, 1890) 背面, 腹面; 5. 银斑豹蛱蝶 *Speyeria aglaja* (Linnaeus, 1758) 背面, 腹面; 6. 高山银斑豹蛱蝶 *Speyeria clara* (Blanchard, 1844) 背面, 腹面; 7. 福蛱蝶 *Fabriciana niobe* (Linnaeus, 1758) 背面, 腹面; 8. 蟾福蛱蝶 *Fabriciana nerippe* (Felder *et* Felder, 1862) 背面, 腹面; 9-10. 灿福蛱蝶 *Fabriciana adippe* (Denis *et* Schiffermüller, 1775)♀, ♂ 背面, 腹面; 11. 东亚福蛱蝶 *Fabriciana xipe* Grum-Grshimailo, 1891 背面, 腹面; 12. 珍蛱蝶 *Clossiana gong* (Oberthür, 1914) 背面, 腹面; 13. 洛神宝蛱蝶 *Boloria napaea* (Hoffmannsegg, 1804) 背面, 腹面; 14. 龙女宝蛱蝶 *Boloria pales* (Denis *et* Schiffermüller, 1775) 背面, 腹面; 15. 曲斑珠蛱蝶 *Issoria eugenia* (Eversmann, 1847) 背面, 腹面; 16. 珠蛱蝶 *Issoria lathonia* (Linnaeus, 1758) 背面, 腹面; 17. 白裙玳蛱蝶 *Tanaecia lepidea* (Butler, 1868)♂ 背面, 腹面。

10 mm

1-2. 黄裙玳蛱蝶 *Tanaecia cocytus* (Fabricius, 1787)♀，♂ 背面，腹面；3. 暗斑翠蛱蝶 *Euthalia monina* (Fabricius, 1787)♀ 背面，腹面；4. 鹰翠蛱蝶 *Euthalia anosia* (Moore, [1858])♂ 背面，腹面；5. 黄铜翠蛱蝶 *Euthalia nara* (Moore, 1859)♂ 背面，腹面；6.V 纹翠蛱蝶 *Euthalia alpheda* (Godart, 1824) 背面；7. 散斑翠蛱蝶 *Euthalia khama* Alphéraky, 1895 背面，腹面；8. 嘉翠蛱蝶 *Euthalia kardama* (Moore, 1859) 背面，腹面；9. 珐琅翠蛱蝶 *Euthalia franciae* Gray, 1846 背面，腹面；10. 渡带翠蛱蝶 *Euthalia duda* Staudinger, 1886 背面，腹面；11. 西藏翠蛱蝶 *Euthalia thibetana* (Poujade, 1885) 背面，腹面；12. 锯带翠蛱蝶 *Euthalia alpherakyi* Oberthür, 1907 背面，腹面；13. 波纹翠蛱蝶 *Euthalia undosa* Fruhstorfer, 1906 背面，腹面。

10 mm

1. 陕西翠蛱蝶 *Euthalia kameii* Koiwaya, 1996 背面，腹面；2. 新颖翠蛱蝶 *Euthalia staudingeri* Leech, 1891 背面，腹面；3. 点蛱蝶 *Neurosigma siva* (Westwood, [1850]) 背面，腹面；4. 蓝豹律蛱蝶 *Lexias cyanipardus* Butler, 1868♀背面，腹面；5-6. 小豹律蛱蝶 *Lexias pardalis* (Moore, 1878)♀，♂背面，腹面；7. 黑角律蛱蝶 *Lexias dirtea* (Fabricius, 1793)♂背面，腹面；8. 尖翅律蛱蝶 *Lexias acutipenna* Chou *et* Li, 1994♂背面，腹面；9. 红线蛱蝶 *Limenitis populi* (Linnaeus, 1758) 背面，腹面；10. 巧克力线蛱蝶 *Limenitis ciocolatina* Poujade, 1885 背面，腹面；11. 折线蛱蝶 *Limenitis sydyi* Lederer, 1853 背面，腹面；12. 细线蛱蝶 *Limenitis cleophas* Oberthür, 1893 背面，腹面；13. 扬眉线蛱蝶 *Limenitis helmanni* Lederer, 1853 背面，腹面；14. 戟眉线蛱蝶 *Limenitis homeyeri* Tancré, 1881 背面，腹面。

1. 断眉线蛱蝶 *Limenitis doerriesi* Staudinger, 1892 背面，腹面；2. 残锷线蛱蝶 *Limenitis sulpitia* (Cramer, [1779]) 背面，腹面；3. 愁眉线蛱蝶 *Limenitis disjuncta* (Leech, 1890) 背面，腹面；4. 珠履带蛱蝶 *Athyma asura* Moore, [1858] 背面，腹面；5. 虬眉带蛱蝶 *Athyma opalina* (Kollar, [1844]) 背面，腹面；6. 东方带蛱蝶 *Athyma orientalis* Elwes, 1888 背面，腹面；7. 玄珠带蛱蝶 *Athyma perius* (Linnaeus, 1758) 背面，腹面；8. 新月带蛱蝶 *Athyma selenophora* (Kollar, [1844]) 背面，腹面；9. 双色带蛱蝶 *Athyma cama* Moore, 1858♂ 背面，腹面；10. 孤斑带蛱蝶 *Athyma zeroca* Moore, 1872♂ 背面，腹面；11. 六点带蛱蝶 *Athyma punctata* Leech, 1890♂ 背面，腹面；12. 离斑带蛱蝶 *Athyma ranga* Moore, 1858 背面，腹面；13. 倒钩带蛱蝶 *Athyma recurva* Leech, 1893 背面，腹面；14. 玉杵带蛱蝶 *Athyma jina* Moore, 1858 背面，腹面；15. 幸福带蛱蝶 *Athyma fortuna* Leech, 1889 腹面；16. 畸带蛱蝶 *Athyma pravara* Moore, 1858 背面，腹面；17. 相思带蛱蝶 *Athyma nefte* (Cramer, 1780)♂ 背面，腹面；18. 拟缕蛱蝶 *Litinga mimica* (Poujade, 1885) 背面，腹面。

10 mm

1. 娄蛱蝶 *Litinga cottini* (Oberthür, 1884) 背面，腹面；2. 娴蛱蝶 *Abrota ganga* Moore, 1857♂ 背面，腹面；3. 奥蛱蝶 *Auzakia danava* (Moore, 1858)♂ 背面，腹面；4. 穆蛱蝶 *Moduza procris* (Cramer, 1777) 背面，腹面；5. 肃蛱蝶 *Sumalia daraxa* (Doubleday, [1848]) 背面，腹面；6. 中华黄葩蛱蝶 *Patsuia sinensis* (Oberthür, 1876) 背面，腹面；7. 丫纹俳蛱蝶 *Parasarpa dudu* (Westwood, 1850) 背面，腹面；8. 彩衣俳蛱蝶 *Parasarpa houlberti* (Oberthür, 1913) 背面，腹面；9-10. 白斑俳蛱蝶 *Parasarpa albomaculata* (Leech, 1891)♀，♂ 背面，腹面；11. 锦瑟蛱蝶 *Seokia pratti* (Leech, 1890) 背面，腹面；12. 姹蛱蝶 *Chalinga elwesi* (Oberthür, 1884) 背面，腹面；13. 金蟠蛱蝶 *Pantoporia hordonia* (Stoll, 1790) 背面，腹面；14. 山蟠蛱蝶 *Pantoporia sandaka* (Butler, 1892)♂ 背面，腹面；15. 鹍蟠蛱蝶 *Pantoporia paraka* (Butler, 1879) 背面，腹面；16. 芯蟠蛱蝶 *Pantoporia bieti* (Oberthür, 1894) 背面，腹面；17. 珂环蛱蝶 *Neptis clinia* Moore, 1872 背面，腹面。

10 mm

1. 仿珂环蛱蝶 *Neptis clinioides* de Nicéville, 1894 背面，腹面；2. 小环蛱蝶 *Neptis sappho* (Pallas, 1771) 背面，腹面；3. 中环蛱蝶 *Neptis hylas* (Linnaeus, 1758) 背面，腹面；4. 耶环蛱蝶 *Neptis yerburii* Butler, 1886 背面，腹面；5. 娜环蛱蝶 *Neptis nata* Moore, 1858 背面，腹面；6. 娑环蛱蝶 *Neptis soma* Moore, 1858 背面，腹面；7. 回环蛱蝶 *Neptis reducta* Fruhstorfer, 1908 背面，腹面；8. 宽环蛱蝶 *Neptis mahendra* Moore, 1872 背面，腹面；9. 弥环蛱蝶 *Neptis miah* Moore, 1857 背面，腹面；10. 断环蛱蝶 *Neptis sankara* (Kollar, 1844) 背面，腹面；11. 基环蛱蝶 *Neptis nashona* Swinhoe, 1896 背面，腹面；12. 卡环蛱蝶 *Neptis cartica* Moore, 1872 背面，腹面；13. 中华卡环蛱蝶 *Neptis sinocartica* Chou *et* Wang, 1994 背面；14. 阿环蛱蝶 *Neptis ananta* Moore, 1858 背面，腹面；15. 娜巴环蛱蝶 *Neptis namba* Tytler, 1915 背面，腹面；16. 泰环蛱蝶 *Neptis thestias* Leech, 1892 背面，腹面；17. 矛环蛱蝶 *Neptis armandia* (Oberthür, 1876) 背面，腹面。

1-2. 莲花环蛱蝶 *Neptis hesione* Leech, 1890♀，♂ 背面，腹面；3. 那拉环蛱蝶 *Neptis narayana* Moore, 1858 背面，腹面；4. 黄重环蛱蝶 *Neptis cydippe* Leech, 1890 背面，腹面；5. 折环蛱蝶 *Neptis beroe* Leech, 1890♂ 背面，腹面；6. 茂环蛱蝶 *Neptis nemorosa* Oberthür, 1906 背面，腹面；7. 黄环蛱蝶 *Neptis themis* Leech, 1890 背面，腹面；8. 伊洛环蛱蝶 *Neptis ilos* Fruhstorfer, 1909 背面，腹面；9. 提环蛱蝶 *Neptis thisbe* Ménétriés, 1859 背面，腹面；10. 海环蛱蝶 *Neptis thetis* Leech, 1890 背面，腹面；11. 单环蛱蝶 *Neptis rivularis* (Scopoli, 1763) 背面，腹面；12. 五段环蛱蝶 *Neptis divisa* Oberthür, 1908 背面，腹面；13. 链环蛱蝶 *Neptis pryeri* Butler, 1871♂ 背面，腹面；14. 细带链环蛱蝶 *Neptis andetria* Fruhstorfer, 1912♂ 背面，腹面；15. 重环蛱蝶 *Neptis alwina* Bremer et Grey, 1852 背面，腹面；16. 德环蛱蝶 *Neptis dejeani* Oberthür, 1894 背面，腹面；17. 蔼菲蛱蝶 *Phaedyma aspasia* (Leech, 1890) 背面，腹面。

1. 柱菲蛱蝶 *Phaedyma columella* (Cramer, 1780) 背面，腹面；2. 丽蛱蝶 *Parthenos sylvia* Cramer, 1775 背面，腹面；3. 波蛱蝶 *Ariadne ariadne* (Linnaeus, 1763) 背面，腹面；4. 网丝蛱蝶 *Cyrestis thyodamas* Boisduval, 1846 背面，腹面；5-6. 蠹叶蛱蝶 *Doleschallia bisaltide* (Cramer, [1777])♀, ♂ 背面，腹面；7. 枯叶蛱蝶 *Kallima inachus* (Boisduval, 1846) 背面，腹面；8-9. 幻紫斑蛱蝶 *Hypolimnas bolina* (Linnaeus, 1758)♀, ♂ 背面，腹面；10. 荨麻蛱蝶 *Aglais urticae* (Linnaeus, 1758) 背面，腹面；11. 西藏麻蛱蝶 *Aglais ladakensis* (Moore, 1878) 背面，腹面；12. 大红蛱蝶 *Vanessa indica* (Herbst, 1794) 背面，腹面；13. 小红蛱蝶 *Vanessa cardui* (Linnaeus, 1758) 背面，腹面。

10 mm

1. 琉璃蛱蝶 *Kaniska canace* (Linnaeus, 1763) 背面，腹面；2. 黄缘蛱蝶 *Nymphalis antiopa* (Linnaeus, 1758) 背面，腹面；3. 朱蛱蝶 *Nymphalis xanthomelas* (Esper, 1781) 背面，腹面；4. 白矩朱蛱蝶 *Nymphalis l-album* (Esper, 1781) 背面，腹面；5. 白钩蛱蝶 *Polygonia c-album* (Linnaeus, 1758) 秋型背面，腹面；6-7. 黄钩蛱蝶 *Polygonia c-aureum* (Linnaeus, 1758) 春型，秋型背面，腹面；8. 孔雀蛱蝶 *Inachis io* (Linnaeus, 1758) 背面，腹面；9-10. 美眼蛱蝶 *Junonia almana* (Linnaeus, 1758) 春夏型，秋冬型背面，腹面；11-12. 翠蓝眼蛱蝶 *Junonia orithya* (Linnaeus, 1758)♀夏型背面，腹面；♂背面，腹面；13-14. 黄裳眼蛱蝶 *Junonia hierta* (Fabricius, 1798)♀，♂背面，腹面；15. 蛇眼蛱蝶 *Junonia lemonias* (Linnaeus, 1758) 夏型背面，腹面。

1. 波纹眼蛱蝶 *Junonia atlites* (Linnaeus, 1763) 背面，腹面；2-3. 钩翅眼蛱蝶 *Junonia iphita* (Cramer, 1779)♀，♂ 背面，腹面；4. 黄豹盛蛱蝶 *Symbrenthia brabira* Moore, 1872 背面，腹面；5. 斑豹盛蛱蝶 *Symbrenthia leoparda* Chou et Li, 1994 背面，腹面；6. 花豹盛蛱蝶 *Symbrenthia hypselis* Godart, 1824 背面，腹面；7. 云豹盛蛱蝶 *Symbrenthia niphanda* Moore, 1872 背面，腹面；8. 散纹盛蛱蝶 *Symbrenthia lilaea* (Hewitson, 1864) 背面，腹面；9. 直纹蜘蛱蝶 *Araschnia prorsoides* (Blanchard, 1871) 背面，腹面；10. 曲纹蜘蛱蝶 *Araschnia doris* Leech, [1892] 背面，腹面；11. 断纹蜘蛱蝶 *Araschnia dohertyi* Moore, [1899] 背面，腹面；12. 布网蜘蛱蝶 *Araschnia burejana* Bremer, 1861 背面，腹面；13. 大卫蜘蛱蝶 *Araschnia davidis* Poujade, 1885 背面，腹面；14. 斑网蛱蝶 *Melitaea didymoides* Eversmann, 1847 背面，腹面；15. 圆翅网蛱蝶 *Melitaea yuenty* Oberthür, 1886 背面，腹面；16. 网蛱蝶 *Melitaea cinxia* (Linnaeus, 1758) 背面，腹面。

10 mm

1
5
2
6
3
8
7
9
4
10

1. 罗网蛱蝶 *Melitaea romanovi* Grum-Grshimailo, 1891 背面，腹面；2. 菌网蛱蝶 *Melitaea agar* Oberthür, 1886 背面，腹面；3. 兰网蛱蝶 *Melitaea bellona* Leech, [1892] 背面，腹面；4. 黑网蛱蝶 *Melitaea jezabel* Oberthür, 1886 背面，腹面；5. 阿尔网蛱蝶 *Melitaea arcesia* Bremer, 1861 背面，腹面；6. 大卫绢蛱蝶 *Calinaga davidis* Oberthür, 1879 背面，腹面；7. 绢蛱蝶 *Calinaga buddha* Moore, 1857 背面，腹面；8. 大绢蛱蝶 *Calinaga sudassana* Melvill, 1893 背面，腹面；9. 苎麻珍蝶 *Acraea issoria* (Hübner, 1819) 背面，腹面；10. 朴喙蝶 *Libythea celtis* (Laicharting, [1782]) 背面，腹面。